Math worksheet

Math

Name _________________________________   Date _______________________

1. a - -347 = -458

2. k - -196 = 998

3. s x -693 = 212058

4. m x 154 = -68068

a = _______   k = _______   s = _______   m = _______

5. z ÷ -565 = 1

6. m ÷ -902 = 1

7. j + -628 = 196

8. y + 386 = -518

z = _______   m = _______   j = _______   y = _______

9. 479 + 16 =

10. 484 + 15 =

11. 755 - 23 =

12. 153 - 14 =

13. 713 ÷ 23 =

14. 715 ÷ 11 =

15. 305 x 17 =

16. 139 x 74 =

17. $-4\frac{12}{22} + -3\frac{1}{2} =$

18. $4\frac{1}{2} + \frac{-19}{26} =$

19. $-2\frac{18}{22} - -1\frac{1}{2} =$

20. $-3\frac{10}{24} - \frac{1}{6} =$

21. $\frac{3}{5} x - 2\frac{2}{7} =$

22. $-1\frac{1}{2} x 2\frac{9}{10} =$

23. $\frac{1}{2} ÷ -1\frac{4}{5} =$

24. $2\frac{6}{7} ÷ -3\frac{1}{2} =$

Math worksheet

Math

Name _________________________________   Date _________________________

1. v - -274 = -161   **2.** h - -578 = -266   **3.** f x -272 = -58480   **4.** n x -781 = -280379

v = _______   h = _______   f = _______   n = _______

5. o ÷ -102 = -8   **6.** g ÷ -627 = 1   **7.** s + 971 = 302   **8.** s + -900 = -442

o = _______   g = _______   s = _______   s = _______

9. 100 + 22 =   **10.** 463 + 66 =   **11.** 442 - 20 =   **12.** 264 - 17 =

13. 960 ÷ 48 =   **14.** 295 ÷ 59 =   **15.** 504 x 87 =   **16.** 142 x 67 =

17. $1\frac{6}{10} + \frac{-7}{30} =$ **18.** $-4\frac{1}{6} + -2\frac{2}{18} =$ **19.** $-1\frac{1}{2} - -4\frac{8}{18} =$ **20.** $-4\frac{7}{10} - \frac{10}{20} =$

21. $-3\frac{2}{7} \times 1\frac{1}{5} =$ **22.** $\frac{-1}{3} \times -3\frac{2}{4} =$ **23.** $-1\frac{1}{4} \div -4\frac{4}{7} =$ **24.** $\frac{-2}{5} \div -1\frac{2}{4} =$

Math worksheet

Math

Name _______________________________   Date _______________________________

1. t - -537 = -326

2. t - -108 = -462

3. s x -869 = -741257

4. q x -745 = -309175

t = ______

t = ______

s = ______

q = ______

5. s ÷ -296 = 1

6. o ÷ 332 = -3

7. w + -560 = -445

8. g + -293 = -833

s = ______

o = ______

w = ______

g = ______

9. 729 + 35 =

10. 570 + 39 =

11. 727 - 90 =

12. 789 - 51 =

13. 360 ÷ 24 =

14. 780 ÷ 13 =

15. 582 x 38 =

16. 730 x 33 =

17. $\frac{1}{2} + -4\frac{8}{24} =$

18. $\frac{-7}{28} + -1\frac{1}{2} =$

19. $-3\frac{19}{28} - \frac{-2}{14} =$

20. $\frac{-6}{10} - -3\frac{11}{30} =$

21. $\frac{-3}{7} \times -3\frac{3}{8} =$

22. $\frac{-1}{2} \times 1\frac{2}{5} =$

23. $-2\frac{2}{5} \div \frac{-1}{2} =$

24. $-4\frac{3}{7} \div 4\frac{1}{6} =$

Math worksheet

Math

Name ________________________________   Date ________________________

1. d - -203 = -778

2. t - -236 = -149

3. a x -193 = -40337

4. c x -994 = -632184

d = ______

t = ______

a = ______

c = ______

5. g ÷ -734 = 1

6. l ÷ -248 = 4

7. m + 182 = -317

8. y + -505 = 198

g = ______

l = ______

m = ______

y = ______

9. 704 + 31 =

10. 194 + 97 =

11. 747 - 37 =

12. 677 - 43 =

13. 775 ÷ 25 =

14. 168 ÷ 14 =

15. 406 x 61 =

16. 603 x 51 =

17. $-4\frac{15}{20} + -3\frac{1}{2}$ =

18. $-3\frac{9}{27} + -4\frac{3}{9}$ =

19. $\frac{-5}{6} - 3\frac{7}{24}$ =

20. $2\frac{24}{30} - -4\frac{1}{2}$ =

21. $-2\frac{3}{4} \times \frac{1}{3}$ =

22. $-1\frac{2}{5} \times \frac{-2}{5}$ =

23. $-4\frac{1}{9} \div \frac{-7}{9}$ =

24. $-1\frac{2}{6} \div \frac{7}{9}$ =

Math worksheet

Math

Name _________________________________   Date _________________________

1. $g - -169 = -281$

2. $l - -505 = 1273$

3. $f \times -355 = -339380$

4. $c \times -307 = 39296$

$g =$ _______

$l =$ _______

$f =$ _______

$c =$ _______

5. $f \div 249 = -2$

6. $p \div -452 = -2$

7. $y + 280 = 98$

8. $h + 824 = 97$

$f =$ _______

$p =$ _______

$y =$ _______

$h =$ _______

9. $300 + 67 =$

10. $767 + 71 =$

11. $883 - 81 =$

12. $248 - 63 =$

13. $910 \div 70 =$

14. $319 \div 11 =$

15. $542 \times 11 =$

16. $397 \times 56 =$

17. $3\frac{2}{10} + -1\frac{4}{20} =$

18. $3\frac{1}{2} + \frac{-18}{30} =$

19. $\frac{-15}{28} - 1\frac{1}{2} =$

20. $-4\frac{3}{5} - 4\frac{5}{40} =$

21. $\frac{-1}{2} \times 4\frac{1}{7} =$

22. $-1\frac{3}{4} \times -1\frac{6}{7} =$

23. $-1\frac{2}{8} \div 3\frac{6}{10} =$

24. $-3\frac{1}{9} \div -1\frac{5}{8} =$

Math worksheet

Math

Name _________________________________   Date _______________________

1. w - 196 = -806   **2.** p - 557 = -1510   **3.** m x -233 = 145858   **4.** y x -277 = -153458

w = _______   p = _______   m = _______   y = _______

5. y ÷ 175 = -2   **6.** c ÷ -572 = 1   **7.** b + 396 = -546   **8.** s + 348 = -450

y = _______   c = _______   b = _______   s = _______

9. 167 + 26 =   **10.** 643 + 55 =   **11.** 940 - 14 =   **12.** 570 - 42 =

13. 450 ÷ 30 =   **14.** 575 ÷ 23 =   **15.** 859 x 67 =   **16.** 614 x 91 =

17. $\frac{-1}{2} + 1\frac{24}{30} =$ **18.** $\frac{-4}{26} + 2\frac{1}{2} =$ **19.** $\frac{-16}{24} - 3\frac{3}{12} =$ **20.** $-2\frac{13}{14} - \frac{-21}{28} =$

21. $-2\frac{1}{4} \times \frac{1}{5} =$ **22.** $-3\frac{3}{7} \times -1\frac{1}{9} =$ **23.** $4\frac{1}{2} \div \frac{-2}{9} =$ **24.** $-1\frac{4}{6} \div \frac{-1}{10} =$

Math worksheet

Math

Name ______________________________   Date ______________________

1. h - -503 = 1438

2. d - 401 = -1137

3. z x -317 = 47233

4. o x 856 = -772112

h = ______   d = ______   z = ______   o = ______

5. o ÷ -374 = 2

6. f ÷ -949 = -1

7. t + -358 = -49

8. p + -842 = -426

o = ______   f = ______   t = ______   p = ______

9. 112 + 34 =

10. 946 + 88 =

11. 468 - 63 =

12. 702 - 96 =

13. 208 ÷ 13 =

14. 424 ÷ 53 =

15. 518 x 27 =

16. 711 x 80 =

17. $3\frac{2}{6} + \frac{-19}{24} =$

18. $-1\frac{1}{2} + -1\frac{7}{30} =$

19. $\frac{-14}{28}\ 1\frac{2}{4} =$

20. $\frac{-17}{30}\ 3\frac{1}{2} =$

21. $-2\frac{1}{3} \times -2\frac{3}{6} =$

22. $\frac{2}{10} \times -1\frac{1}{8} =$

23. $-2\frac{4}{5} \div -4\frac{1}{3} =$

24. $\frac{-2}{10} \div -4\frac{3}{4} =$

Math worksheet

Math

Name _______________________________   Date _______________________

1. y - -238 = 526

2. h - 378 = -958

3. p x 757 = -204390

4. h x 292 = -162644

y = _______

h = _______

p = _______

h = _______

5. u ÷ 981 = -1

6. t ÷ -352 = -1

7. j + -511 = -372

8. p + -415 = -92

u = _______

t = _______

j = _______

p = _______

9. 884 + 81 =

10. 517 + 48 =

11. 374 - 27 =

12. 309 - 39 =

13. 240 ÷ 24 =

14. 320 ÷ 32 =

15. 548 x 51 =

16. 577 x 94 =

17. $-2\frac{4}{24} + -1\frac{1}{2} =$

18. $-3\frac{1}{30} + \frac{1}{6} =$

19. $\frac{2}{3} - -1\frac{3}{18} =$

20. $2\frac{14}{20} - -2\frac{1}{2} =$

21. $-1\frac{6}{7} \times \frac{-1}{2} =$

22. $3\frac{7}{10} \times \frac{-2}{7} =$

23. $-2\frac{6}{7} \div \frac{1}{2} =$

24. $-3\frac{1}{8} \div -1\frac{4}{6} =$

Math worksheet

Math

Name _________________________________   Date _______________________

1. $q - -146 = -13$ **2.** $e - -341 = -43$ **3.** $j \times -779 = -713564$ **4.** $z \times -694 = 485800$

$q =$ _____ $e =$ _____ $j =$ _____ $z =$ _____

5. $e \div 122 = -3$ **6.** $o \div 896 = -1$ **7.** $i + 355 = -68$ **8.** $w + 658 = -287$

$e =$ _____ $o =$ _____ $i =$ _____ $w =$ _____

9. $377 + 37 =$ **10.** $895 + 19 =$ **11.** $149 - 19 =$ **12.** $976 - 47 =$

13. $880 \div 20 =$ **14.** $376 \div 47 =$ **15.** $340 \times 40 =$ **16.** $668 \times 57 =$

17. $-1\frac{12}{26} + 3\frac{1}{2} \ =$ **18.** $\frac{1}{4} + -4\frac{7}{24} =$ **19.** $3\frac{1}{2} - \frac{-4}{18} =$ **20.** $1\frac{1}{2} - \frac{-14}{30} =$

21. $-4\frac{5}{6} \times 2\frac{6}{8} \ =$ **22.** $-4\frac{3}{9} \times -3\frac{7}{8} \ =$ **23.** $1\frac{2}{4} \div -1\frac{9}{10} =$ **24.** $\frac{-2}{7} \div -1\frac{1}{2} \ =$

Math worksheet

Math

Name _________________________________   Date _____________________

1. c - -424 = 896   **2.** y - 672 = -1587   **3.** e x -662 = -347550   **4.** j x -756 = -653940

c = _______   y = _______   e = _______   j = _______

5. m ÷ -629 = 1   **6.** g ÷ -445 = 1   **7.** s + -255 = -755   **8.** a + -853 = -45

m = _______   g = _______   s = _______   a = _______

9. 465 + 88 =   **10.** 745 + 59 =   **11.** 400 - 67 =   **12.** 716 - 13 =

13. 360 ÷ 90 =   **14.** 544 ÷ 16 =   **15.** 720 x 27 =   **16.** 774 x 13 =

17. $2\frac{17}{35} + -3\frac{3}{5} =$ **18.** $\frac{-5}{21} + -3\frac{2}{3} =$ **19.** $-1\frac{3}{4} - -2\frac{6}{20} =$ **20.** $1\frac{2}{3} - \frac{-11}{18} =$

21. $-4\frac{5}{10} \times -1\frac{1}{4} =$ **22.** $\frac{2}{3} \times -3\frac{2}{3} =$ **23.** $4\frac{6}{9} ÷ -4\frac{3}{4} =$ **24.** $3\frac{1}{2} ÷ -4\frac{2}{4} =$

Math worksheet

Math

Name _______________________________   Date _______________________

1. p - -232 = -263   **2.** j - -548 = -275   **3.** k x 764 = -605088   **4.** r x 987 = -100674

p = _____   j = _____   k = _____   r = _____

5. w ÷ 988 = -1   **6.** s ÷ 254 = -2   **7.** s + 667 = 156   **8.** g + -205 = 9

w = _____   s = _____   s = _____   g = _____

9. 512 + 26 =   **10.** 205 + 21 =   **11.** 310 - 84 =   **12.** 489 - 92 =

13. 500 ÷ 25 =   **14.** 957 ÷ 11 =   **15.** 487 x 67 =   **16.** 807 x 93 =

17. $3\frac{5}{9} + \frac{-2}{27} =$ **18.** $2\frac{2}{6} + \frac{-14}{18} =$ **19.** $-3\frac{9}{21} - -1\frac{1}{3} =$ **20.** $-3\frac{15}{20} - 2\frac{3}{4} =$

21. $-3\frac{4}{9} \times -4\frac{2}{8} =$ **22.** $-3\frac{2}{3} \times -4\frac{1}{4} =$ **23.** $-1\frac{3}{4} \div \frac{4}{7} =$ **24.** $-1\frac{3}{8} \div \frac{1}{2} =$

Math worksheet

Math

Name ___________________________   Date ___________________

1. $c - 135 = -723$

2. $n - -262 = -639$

3. $z \times 238 = -63546$

4. $a \times 147 = -65415$

$c = $ _______

$n = $ _______

$z = $ _______

$a = $ _______

5. $f \div -925 = -1$

6. $u \div -134 = 5$

7. $a + 376 = -342$

8. $u + -948 = -360$

$f = $ _______

$u = $ _______

$a = $ _______

$u = $ _______

9. $878 + 76 =$

10. $114 + 29 =$

11. $875 - 95 =$

12. $784 - 59 =$

13. $665 \div 95 =$

14. $924 \div 84 =$

15. $480 \times 16 =$

16. $890 \times 50 =$

17. $\frac{-1}{4} + -1\frac{19}{20} =$

18. $-3\frac{3}{24} + -4\frac{2}{6} =$

19. $-3\frac{27}{30} - \frac{7}{10} =$

20. $\frac{-22}{28} \; 3\frac{3}{4} =$

21. $-3\frac{4}{10} \times \frac{-7}{10} =$

22. $\frac{-2}{8} \times 1\frac{4}{9} =$

23. $\frac{5}{8} \div -3\frac{2}{4} =$

24. $-4\frac{2}{3} \div -1\frac{9}{10} =$

Math worksheet

Math

Name _______________________________________   Date _______________________________

1. o - 755 = -1593   **2.** z - -352 = 1266   **3.** p x -212 = -66144   **4.** k x -943 = -938285

o = _______   z = _______   p = _______   k = _______

5. i ÷ -426 = -1   **6.** e ÷ -166 = -3   **7.** s + -448 = -1020   **8.** e + 130 = -94

i = _______   e = _______   s = _______   e = _______

9. 949 + 84 =   **10.** 806 + 56 =   **11.** 972 - 48 =   **12.** 898 - 76 =

13. 561 ÷ 51 =   **14.** 295 ÷ 59 =   **15.** 632 x 56 =   **16.** 549 x 77 =

17. $\frac{-19}{26} + 1\frac{1}{2}$ =   **18.** $\frac{-12}{21} + 4\frac{1}{3}$ =   **19.** $\frac{-27}{28} \cdot 4\frac{5}{14}$ =   **20.** $\frac{17}{20} - -2\frac{1}{2}$ =

21. $\frac{-2}{6} \times -1\frac{2}{9}$ =   **22.** $-3\frac{2}{3} \times -4\frac{1}{8}$ =   **23.** $\frac{5}{6} \div -3\frac{1}{2}$ =   **24.** $3\frac{1}{2} \div \frac{-1}{3}$ =

Math worksheet

Math

Name _________________________________   Date _____________________

1. $c - -627 = -309$

2. $w - -349 = -505$

3. $n \times 929 = -442204$

4. $t \times -443 = -132457$

$c = $ _______

$w = $ _______

$n = $ _______

$t = $ _______

5. $z \div -678 = 1$

6. $l \div 155 = -6$

7. $l + -733 = 15$

8. $o + 645 = 294$

$z = $ _______

$l = $ _______

$l = $ _______

$o = $ _______

9. $774 + 61 = $

10. $775 + 30 = $

11. $832 - 50 = $

12. $494 - 51 = $

13. $832 \div 16 = $

14. $910 \div 70 = $

15. $853 \times 47 = $

16. $532 \times 39 = $

17. $-3\frac{12}{24} + \frac{2}{4} \; = $

18. $-4\frac{1}{2} + \frac{-19}{22} = $

19. $-4\frac{1}{2} - \frac{3}{28} \; = $

20. $-2\frac{2}{3} - \frac{6}{21} \; = $

21. $\frac{1}{4} \times -1\frac{2}{9} \; = $

22. $-3\frac{1}{2} \times \frac{-2}{3} \; = $

23. $\frac{4}{5} \div -2\frac{1}{3} \; = $

24. $-3\frac{3}{4} \div -3\frac{2}{3} \; = $

Math worksheet

Math

Name _______________________________   Date _______________________

1. u - -606 = 1415   **2.** m - -119 = -683   **3.** k x -352 = -68992   **4.** l x 197 = -156418

u = _______   m = _______   k = _______   l = _______

5. r ÷ -209 = 2   **6.** q ÷ 181 = -3   **7.** h + -172 = -818   **8.** i + -370 = 563

r = _______   q = _______   h = _______   i = _______

9. 873 + 44 =   **10.** 767 + 23 =   **11.** 932 - 63 =   **12.** 258 - 16 =

13. 972 ÷ 54 =   **14.** 896 ÷ 32 =   **15.** 487 x 90 =   **16.** 625 x 85 =

17. $\frac{1}{8} + -3\frac{17}{24} =$ **18.** $\frac{3}{18} + -4\frac{1}{3} =$ **19.** $-3\frac{1}{2} - \frac{-12}{26} =$ **20.** $2\frac{1}{2} - -4\frac{8}{28} =$

21. $\frac{-2}{7} \times 4\frac{2}{3} =$ **22.** $2\frac{3}{10} \times \frac{-6}{7} =$ **23.** $-1\frac{5}{10} \div \frac{-4}{8} =$ **24.** $4\frac{1}{2} \div \frac{-3}{4} =$

Math worksheet

Math

Name _________________________________   Date _______________________

1. $g - -321 = -487$

2. $t - -325 = 1261$

3. $t \times -833 = 411502$

4. $c \times -806 = -327236$

$g =$ _______

$t =$ _______

$t =$ _______

$c =$ _______

5. $a \div 809 = -1$

6. $d \div -693 = -1$

7. $h + 453 = -191$

8. $b + -898 = -1163$

$a =$ _______

$d =$ _______

$h =$ _______

$b =$ _______

9. $313 + 62 =$

10. $163 + 79 =$

11. $148 - 99 =$

12. $822 - 84 =$

13. $640 \div 32 =$

14. $580 \div 20 =$

15. $577 \times 59 =$

16. $760 \times 12 =$

17. $\frac{1}{3} + -2\frac{15}{24} =$

18. $-3\frac{3}{6} + -4\frac{13}{24} =$

19. $-3\frac{5}{27} - 2\frac{1}{9} =$

20. $-1\frac{12}{14} - -1\frac{23}{28} =$

21. $2\frac{9}{10} \times -4\frac{3}{5} =$

22. $\frac{-6}{9} \times 2\frac{5}{6} =$

23. $-2\frac{1}{5} \div \frac{-1}{2} =$

24. $1\frac{6}{9} \div -2\frac{4}{6} =$

Math worksheet

Math

Name _______________________________   Date _______________

1. g - 672 = -1407

2. j - 620 = -1319

3. j x -890 = 165540

4. h x -868 = -411432

g = _______   j = _______   j = _______   h = _______

5. b ÷ 141 = -7

6. k ÷ 432 = -2

7. z + 223 = -536

8. v + 459 = -296

b = _______   k = _______   z = _______   v = _______

9. 306 + 16 =

10. 189 + 58 =

11. 941 - 56 =

12. 540 - 61 =

13. 747 ÷ 83 =

14. 540 ÷ 36 =

15. 558 x 79 =

16. 851 x 51 =

17. $3\frac{38}{45} + -3\frac{3}{5}$ =

18. $-2\frac{3}{26} + 1\frac{1}{2}$ =

19. $\frac{-15}{18}\ 2\frac{2}{9}$ =

20. $-3\frac{25}{28} - -2\frac{1}{2}$ =

21. $\frac{-1}{2} \times 1\frac{1}{7}$ =

22. $-4\frac{6}{9} \times \frac{-1}{9}$ =

23. $4\frac{2}{4} \div \frac{-2}{3}$ =

24. $-4\frac{5}{6} \div 1\frac{6}{9}$ =

Math worksheet

Math

Name _______________________________   Date _______________________

1. $t - -877 = -40$

2. $a - -114 = -352$

3. $v \times -439 = -394222$

4. $k \times -630 = 335790$

$t =$ _______

$a =$ _______

$v =$ _______

$k =$ _______

5. $v \div -613 = -1$

6. $m \div -398 = -1$

7. $w + 221 = 23$

8. $r + 655 = -289$

$v =$ _______

$m =$ _______

$w =$ _______

$r =$ _______

9. $972 + 51 =$

10. $594 + 23 =$

11. $390 - 49 =$

12. $896 - 71 =$

13. $192 \div 96 =$

14. $624 \div 78 =$

15. $548 \times 73 =$

16. $439 \times 10 =$

17. $4\frac{2}{3} + \frac{-20}{24} =$

18. $-4\frac{4}{14} + -2\frac{5}{28} =$

19. $4\frac{17}{20} - -1\frac{7}{10} =$

20. $-1\frac{13}{14} - -4\frac{4}{28} =$

21. $\frac{-1}{7} \times -4\frac{4}{10} =$

22. $1\frac{2}{7} \times -1\frac{1}{3} =$

23. $-2\frac{3}{4} \div \frac{-1}{3} =$

24. $4\frac{1}{8} \div \frac{-2}{8} =$

Math worksheet

Math

Name _________________________________   Date _________________________

1. n - -889 = 1802

2. o - -153 = 489

3. c x 377 = -319319

4. g x 902 = -791054

n = ______

o = ______

c = ______

g = ______

5. y ÷ 517 = -1

6. f ÷ -869 = -1

7. m + 762 = -47

8. m + 692 = -38

y = ______

f = ______

m = ______

m = ______

9. 704 + 18 =

10. 498 + 86 =

11. 149 - 74 =

12. 476 - 11 =

13. 115 ÷ 23 =

14. 210 ÷ 70 =

15. 159 x 89 =

16. 507 x 55 =

17. $4\frac{12}{18} + \frac{-1}{2} =$

18. $\frac{-2}{4} + -4\frac{12}{24} =$

19. $-3\frac{9}{18} - -1\frac{1}{2} =$

20. $\frac{-23}{24} - 3\frac{4}{8} =$

21. $\frac{1}{3} \times -3\frac{2}{3} =$

22. $2\frac{8}{10} \times \frac{-5}{10} =$

23. $\frac{-3}{7} ÷ 3\frac{1}{7} =$

24. $4\frac{7}{8} ÷ -1\frac{4}{8} =$

Math worksheet

Math

Name _________________________________   Date _______________________

1. $i - 602 = -1537$

2. $f - -534 = 1334$

3. $a \times -843 = -499899$

4. $b \times 721 = -667646$

$i =$ ______

$f =$ ______

$a =$ ______

$b =$ ______

5. $r \div -719 = 1$

6. $r \div -848 = -1$

7. $w + 602 = 33$

8. $k + 355 = -249$

$r =$ ______

$r =$ ______

$w =$ ______

$k =$ ______

9. $271 + 74 =$

10. $898 + 40 =$

11. $183 - 93 =$

12. $529 - 98 =$

13. $336 \div 16 =$

14. $504 \div 84 =$

15. $361 \times 88 =$

16. $974 \times 52 =$

17. $2\frac{1}{2} + \frac{-8}{22} =$

18. $-3\frac{42}{45} + 4\frac{3}{5} =$

19. $-3\frac{21}{30} - 1\frac{4}{6} =$

20. $4\frac{1}{2} - -1\frac{2}{20} =$

21. $-2\frac{1}{3} \times \frac{-8}{9} =$

22. $-2\frac{3}{5} \times \frac{9}{10} =$

23. $-1\frac{3}{7} \div \frac{-6}{7} =$

24. $-4\frac{1}{2} \div \frac{1}{3} =$

Math worksheet

Math

Name _________________________________   Date _____________________

1. i - 428 = -1180   **2.** g - -233 = -328   **3.** e x 228 = -113316   **4.** z x 674 = -527742

i = _______   g = _______   e = _______   z = _______

5. d ÷ 621 = -1   **6.** e ÷ -891 = 1   **7.** d + -947 = -1717   **8.** h + -651 = 186

d = _______   e = _______   d = _______   h = _______

9. 729 + 96 =   **10.** 641 + 54 =   **11.** 199 - 68 =   **12.** 417 - 50 =

13. 768 ÷ 16 =   **14.** 494 ÷ 19 =   **15.** 715 x 72 =   **16.** 381 x 77 =

17. $-2\frac{20}{27} + -1\frac{1}{3}$ =   **18.** $-2\frac{17}{28} + -3\frac{6}{14}$ =   **19.** $3\frac{7}{9} - \frac{-18}{27}$ =   **20.** $-4\frac{2}{4} - \frac{3}{20}$ =

21. $-2\frac{4}{9} \times 1\frac{5}{7}$ =   **22.** $\frac{-2}{5} \times -4\frac{9}{10}$ =   **23.** $-4\frac{1}{2} \div -1\frac{3}{6}$ =   **24.** $1\frac{2}{9} \div \frac{-1}{9}$ =

Math worksheet

Math

Name _______________________________   Date _______________________

1. f - 155 = -743   **2.** n - -400 = 1141   **3.** q x -917 = -312697   **4.** m x -318 = 154548

f = ______   n = ______   q = ______   m = ______

5. d ÷ -641 = -1   **6.** n ÷ 123 = -3   **7.** f + -624 = 346   **8.** b + 684 = -311

d = ______   n = ______   f = ______   b = ______

9. 542 + 49 =   **10.** 633 + 51 =   **11.** 307 - 20 =   **12.** 994 - 38 =

13. 247 ÷ 19 =   **14.** 442 ÷ 17 =   **15.** 163 x 44 =   **16.** 815 x 54 =

17. $-2\frac{1}{3} + 3\frac{25}{27} =$ **18.** $-2\frac{4}{8} + \frac{6}{24} =$ **19.** $-4\frac{16}{28} - \frac{5}{14} =$ **20.** $4\frac{2}{6} - -4\frac{5}{24} =$

21. $4\frac{2}{3} \times -3\frac{1}{3} =$ **22.** $\frac{-3}{5} \times 4\frac{6}{10} =$ **23.** $1\frac{1}{8} \div -3\frac{2}{5} =$ **24.** $-1\frac{3}{7} \div -4\frac{1}{2} =$

Math worksheet

Math

Name ___________________________   Date ___________________

1. l - -296 = 779

2. a - -288 = 861

3. h x 774 = -318888

4. y x 197 = -81755

l = ______

a = ______

h = ______

y = ______

5. h ÷ -647 = -1

6. e ÷ -380 = -2

7. s + -782 = -248

8. s + -951 = -1590

h = ______

e = ______

s = ______

s = ______

9. 719 + 85 =

10. 433 + 14 =

11. 139 - 38 =

12. 431 - 39 =

13. 188 ÷ 94 =

14. 510 ÷ 51 =

15. 725 x 86 =

16. 519 x 84 =

17. $\frac{-6}{9} + -1\frac{15}{27} =$

18. $2\frac{16}{18} + \frac{-1}{2} =$

19. $-4\frac{15}{27} - 1\frac{3}{9} =$

20. $\frac{-4}{6} - 3\frac{15}{24} =$

21. $\frac{-4}{6} \times 2\frac{5}{6} =$

22. $\frac{2}{7} \times -3\frac{7}{8} =$

23. $2\frac{1}{2} \div -4\frac{1}{2} =$

24. $\frac{-5}{6} \div 3\frac{1}{4} =$

Math worksheet

Math

Name _________________________   Date _________________________

1. u - 366 = -1108   **2.** f - 332 = -1083   **3.** i x -442 = 118456   **4.** r x -879 = 355995

u = _______   f = _______   i = _______   r = _______

5. v ÷ 946 = -1   **6.** y ÷ 180 = -3   **7.** z + 403 = 39   **8.** w + -689 = -1341

v = _______   y = _______   z = _______   w = _______

9. 341 + 96 =   **10.** 727 + 56 =   **11.** 106 - 67 =   **12.** 386 - 81 =

13. 400 ÷ 40 =   **14.** 574 ÷ 82 =   **15.** 549 x 31 =   **16.** 593 x 13 =

17. $\frac{-6}{9} + -1\frac{5}{18} =$ **18.** $1\frac{17}{20} + -2\frac{3}{4} =$ **19.** $-1\frac{28}{30} - 2\frac{1}{2} =$ **20.** $4\frac{14}{28} - -1\frac{1}{4} =$

21. $-4\frac{1}{4} \times -2\frac{7}{9} =$ **22.** $-1\frac{2}{3} \times -4\frac{2}{6} =$ **23.** $2\frac{5}{8} \div -2\frac{4}{7} =$ **24.** $-3\frac{8}{10} \div \frac{3}{8} =$

Math worksheet

Math

Name ___________________________   Date ___________________

1. $r - 353 = -952$

2. $b - -228 = -644$

3. $l \times -344 = 101824$

4. $p \times -909 = 793557$

$r =$ _____

$b =$ _____

$l =$ _____

$p =$ _____

5. $z \div 234 = -4$

6. $z \div -953 = 1$

7. $p + 137 = -670$

8. $v + -305 = -954$

$z =$ _____

$z =$ _____

$p =$ _____

$v =$ _____

9. $278 + 20 =$

10. $295 + 23 =$

11. $854 - 83 =$

12. $350 - 76 =$

13. $225 \div 75 =$

14. $363 \div 33 =$

15. $391 \times 91 =$

16. $473 \times 53 =$

17. $-4\frac{21}{27} + 2\frac{1}{3} =$

18. $-2\frac{12}{27} + \frac{-6}{9} =$

19. $-2\frac{29}{30} - -4\frac{1}{2} =$

20. $\frac{-19}{22} \; 4\frac{1}{2} =$

21. $\frac{-4}{7} \times 3\frac{1}{5} =$

22. $\frac{-1}{2} \times 3\frac{5}{8} =$

23. $-1\frac{2}{5} \div \frac{-1}{3} =$

24. $\frac{1}{2} \div -2\frac{4}{6} =$

Math worksheet

Math

Name ___________________________   Date ___________________________

1. $g - -175 = -287$

2. $c - 235 = -1166$

3. $r \times -694 = 513560$

4. $q \times 410 = -146780$

$g =$ _____

$c =$ _____

$r =$ _____

$q =$ _____

5. $q \div -476 = 2$

6. $m \div -387 = 1$

7. $r + -324 = -623$

8. $k + -824 = -1540$

$q =$ _____

$m =$ _____

$r =$ _____

$k =$ _____

9. $873 + 19 =$

10. $195 + 60 =$

11. $183 - 20 =$

12. $964 - 62 =$

13. $702 \div 27 =$

14. $572 \div 26 =$

15. $428 \times 20 =$

16. $204 \times 85 =$

17. $\frac{8}{9} + -3\frac{1}{18} =$

18. $\frac{6}{10} + -2\frac{11}{20} =$

19. $-3\frac{3}{6} - \frac{8}{30} =$

20. $-3\frac{15}{28} - \frac{1}{4} =$

21. $4\frac{1}{2} \times \frac{-9}{10} =$

22. $\frac{3}{9} \times -3\frac{3}{6} =$

23. $-2\frac{3}{4} \div \frac{4}{7} =$

24. $-2\frac{7}{10} \div \frac{5}{9} =$

Math worksheet

Math

Name ___________________________   Date ___________________

1. p - -264 = -11   **2.** a - -133 = -423   **3.** q x -917 = 621726   **4.** a x -893 = 637602

p = ______   a = ______   q = ______   a = ______

5. o ÷ 218 = -2   **6.** o ÷ -801 = 1   **7.** b + 456 = 59   **8.** k + 429 = -378

o = ______   o = ______   b = ______   k = ______

9. 514 + 80 =   **10.** 509 + 47 =   **11.** 682 - 54 =   **12.** 457 - 32 =

13. 440 ÷ 40 =   **14.** 494 ÷ 19 =   **15.** 288 x 84 =   **16.** 433 x 64 =

17. $\frac{2}{24} + -3\frac{5}{8} =$ **18.** $-2\frac{1}{2} + \frac{13}{18} =$ **19.** $4\frac{19}{28} - \frac{-2}{4} =$ **20.** $\frac{-1}{3} - 2\frac{1}{18} =$

21. $-2\frac{1}{2} \times \frac{-2}{5} =$ **22.** $-1\frac{2}{4} \times -1\frac{2}{10} =$ **23.** $-1\frac{4}{9} \div \frac{3}{6} =$ **24.** $-3\frac{4}{5} \div -4\frac{1}{2} =$

Math worksheet

Math

Name _________________________________   Date _________________________

1. $a - 374 = -1342$

2. $k - -571 = -396$

3. $s \times 271 = -204605$

4. $y \times 408 = -334968$

$a =$ _______

$k =$ _______

$s =$ _______

$y =$ _______

5. $e \div 815 = -1$

6. $s \div -791 = -1$

7. $c + -590 = 138$

8. $a + -574 = -1562$

$e =$ _______

$s =$ _______

$c =$ _______

$a =$ _______

9. $294 + 50 =$

10. $662 + 97 =$

11. $171 - 91 =$

12. $555 - 72 =$

13. $897 \div 23 =$

14. $550 \div 25 =$

15. $941 \times 35 =$

16. $614 \times 12 =$

17. $-3\frac{1}{6} + 4\frac{2}{18} =$

18. $-3\frac{3}{20} + \frac{3}{4} =$

19. $3\frac{20}{30} - \frac{-1}{2} =$

20. $\frac{1}{2} - -3\frac{8}{20} =$

21. $1\frac{3}{5} \times \frac{-4}{10} =$

22. $\frac{-8}{9} \times 4\frac{3}{4} =$

23. $\frac{3}{4} \div -2\frac{2}{10} =$

24. $-2\frac{1}{6} \div \frac{6}{8} =$

Math worksheet

Math

Name _________________________________   Date _______________________

1. t - -600 = 1589

2. o - 845 = -1751

3. e x -365 = 196370

4. q x 918 = -578340

t = _______   o = _______   e = _______   q = _______

5. w ÷ -928 = -1

6. f ÷ -441 = 1

7. h + 713 = 382

8. b + -805 = -1323

w = _______   f = _______   h = _______   b = _______

9. 613 + 76 =

10. 230 + 88 =

11. 975 - 30 =

12. 700 - 90 =

13. 264 ÷ 11 =

14. 608 ÷ 19 =

15. 688 x 71 =

16. 372 x 54 =

17. $2\frac{6}{9} + -4\frac{12}{18} =$

18. $-1\frac{1}{2} + \frac{-21}{26} =$

19. $-4\frac{15}{24} - 1\frac{1}{12} =$

20. $-2\frac{1}{2} - 3\frac{1}{20} =$

21. $-4\frac{1}{3} \times \frac{-2}{3} =$

22. $\frac{-1}{6} \times 2\frac{3}{6} =$

23. $-2\frac{1}{10} ÷ -1\frac{2}{3} =$

24. $\frac{-4}{5} ÷ -4\frac{3}{6} =$

1
1) 895 2) 532 3) 909 4) 492
5) 565 6) 402 7) 824 8) 604
9) 495 10) 499 11) 732 12) 139
13) 31 14) 65 15) 5195 16) 10286
17) -8 & -1/22 18) 3 & 10/13 19) -1 & -7/22 20) -8 & -7/12
21) -1 & -13/19 22) -4 & -7/20 23) 5/18 24) 40/49

2
1) -920 2) -944 3) 215 4) 399
5) 816 6) -627 7) -669 8) 456
9) 122 10) 929 11) 422 12) 247
13) 20 14) 5 15) 43840 16) 9514
17) 1 & 11/30 18) -8 & -5/18 19) 2 & 17/18 20) -5 & -1/9
21) -3 & 43/95 22) 1 & 1/6 23) -35/128 24) -8/15

3
1) -862 2) -570 3) 853 4) 419
5) 296 6) -896 7) 115 8) -540
9) 784 10) 603 11) 637 12) 738
13) 15 14) 60 15) 22116 16) 240900
17) -3 & -5/9 18) -1 & -3/4 19) -1 & -13/28 20) 2 & 23/30
21) 1 & 25/56 22) -7/10 23) 4 & -4/5 24) -1 & -11/175

4
1) -481 2) -488 3) 293 4) 636
5) -734 6) 492 7) 490 8) 703
9) 735 10) 291 11) 710 12) 634
13) 21 14) 12 15) 24745 16) 30753
17) -6 & -1/4 18) -7 & -4/9 19) -4 & -1/9 20) 7 & 3/10
21) -11/12 22) 14/25 23) 5 & 8/9 24) -1 & -3/7

5
1) 482 2) 766 3) 955 4) -128
5) -498 6) 534 7) -162 8) -727
9) 357 10) 538 11) 802 12) 185
13) 14 14) 29 15) 5967 16) 22832
17) 2 18) 3 & 9/19 19) 27/25 20) 4 & -3/40
21) -2 & -1/14 22) 3 & 1/6 23) -8/72 24) 1 & -107/-11

6
1) 410 2) 953 3) -628 4) 554
5) -550 6) -572 7) -542 8) -798
9) 199 10) 519 11) 925 12) 875
13) 15 14) 29 15) 57953 16) 59974
17) 1 & 3/10 18) 2 & 9/26 19) 2 & 7/12 20) -2 & -5/26
21) -4/29 22) 6 & 17/21 23) -20 & 1/4 24) 16 & -3/4

7
1) 935 2) -736 3) 149 4) -902
5) -746 6) 940 7) 859 8) 416
9) 148 10) 1044 11) 605 12) 606
13) 19 14) 8 15) 13956 16) 56880
17) 2 & 13/24 18) -2 & -11/15 19) -2 20) -4 & -1/15
21) 5 & 5/6 22) -5/40 23) -42/65 24) -4/55

8
1) 289 2) 680 3) 470 4) 557
5) -481 6) 352 7) 183 8) 628
9) 965 10) 868 11) 347 12) 270
13) 10 14) 16 15) 27943 16) 54238
17) -3 & -2/3 18) -2 & -13/15 19) 1 & 3/4 20) 6 & 1/5
21) 13/14 22) -1 & -2/35 23) -6 & -5/7 24) 1 & 4/40

9
1) -199 2) -366 3) 116 4) -700
5) -366 6) -656 7) 423 8) 645
9) 414 10) 516 11) 130 12) 929
13) 44 14) 8 15) 13606 16) 36076
17) 2 & 1/26 18) -8 & -1/24 19) 3 & 13/18 20) 1 & 29/30
21) -1 & -7/24 22) 16 & 19/24 23) 15/19 24) -4/21

10
1) -870 2) -464 3) -676 4) -814
5) -507 6) 959 7) -449 8) -499
9) 452 10) 919 11) 449 12) 73
13) 4 14) 39 15) 4600 16) 78968
17) 4 & 1/3 18) -1 & -17/26 19) -5 & -13/20 20) 5 & 13/18
21) 2 & -34/49 22) 1 & 2/7 23) 6 & -3/4 24) -1/31

11
1) 472 2) -415 3) 575 4) 856
5) -625 6) -443 7) -509 8) 508
9) 563 10) 804 11) 228 12) 702
13) 4 14) 34 15) 74450 16) 10087
17) -1 & -4/35 18) -3 & -15/21 19) 11/78 20) 2 & 5/18
21) 5 & 5/6 22) -2 & -4/9 23) 56/57 24) 7/9

12
1) -499 2) -425 3) -792 4) -100
5) -483 6) -618 7) 611 8) 214
9) 538 10) 226 11) 226 12) 897
13) 20 14) 87 15) 22579 16) 75051
17) 3 & 13/27 18) 1 & 5/6 19) -2 & -2/21 20) -6 & -1/7
21) 14 & 23/86 22) 15 & 7/12 23) -3 & -1/19 24) 2 & -3/4

13
1) -588 2) -901 3) -267 4) -415
5) 925 6) -670 7) -313 8) 588
9) 954 10) 143 11) 780 12) 725
13) 7 14) 11 15) 7680 16) 44500
17) -2 & -1/6 18) -7 & -11/24 19) -4 & -3/5 20) -4 & -15/26
21) 2 & 19/50 22) -13/36 23) 5/26 24) 2 & -26/-57

14
1) -838 2) 914 3) 312 4) 598
5) 426 6) 618 7) -672 8) -224
9) 1033 10) 862 11) 924 12) 822
13) 11 14) 5 15) 35393 16) 42278
17) 19/13 18) 3 & 16/21 19) -6 & -4/29 20) 3 & 7/20
21) 11/57 22) 15 & 1/6 23) 5+21 24) -10 & 1/2

15
1) -936 2) -684 3) -478 4) 277
5) -676 6) -439 7) 748 8) -351
9) 839 10) 805 11) 762 12) 443
13) 52 14) 13 15) 60091 16) 20746
17) -2 18) -5 & -4/11 19) -4 & -17/28 20) -2 & -20/21
21) -11/39 22) 2 & 1/9 23) 13+25 24) 1 & -1/44

16
1) 809 2) 482 3) 196 4) -794
5) -419 6) -543 7) -648 8) 933
9) 917 10) 790 11) 609 12) 242
13) 18 14) 28 15) 43890 16) 23125
17) -3 & -7/12 18) -4 & -1/6 19) -3 & -1/26 20) 6 & 11/14
21) -1 & -1/9 22) -4 & -34/85 23) 3 24) -6

17
1) -608 2) 936 3) -454 4) 406
5) 889 6) 693 7) 644 8) -455
9) 375 10) 342 11) 49 12) 728
13) 20 14) 29 15) 34043 16) 9128
17) -2 & -7/24 18) -6 & -1/24 19) -5 & -6/27 20) -4/29
21) -1 & -17/50 22) -1 & -6/9 23) 4 & -2/5 24) 5/8

18
1) -735 2) -699 3) -186 4) 474
5) -987 6) -804 7) -799 8) -799
9) 322 10) 347 11) 685 12) 479
13) 0 14) 15 15) 44592 16) 43401
17) 11/45 18) -8/13 19) -2 & -1/16 20) -1 & -4 1/28
21) -4/7 22) 14/27 23) -6 & -3/-4 24) -2 & -9/10

19
1) -917 2) -465 3) 894 4) -593
5) 613 6) 398 7) -198 8) -844
9) 1023 10) 617 11) 341 12) 825
13) 2 14) 8 15) 60904 16) -8309
17) 3 & 5/9 18) -6 & -13/28 19) 6 & 11/20 20) 2 & 3/14
21) 23/90 22) -1 & -5/7 23) 8 & -1/4 24) -16 & 1/2

20
1) 913 2) 354 3) 447 4) -477
5) -617 6) 891 7) 809 8) -730
9) 732 10) 564 11) 75 12) 465
13) 9 14) 3 15) 14151 16) 27865
17) 4 & 1/9 18) -4 19) -2 20) 2 & 13/24
21) -1 & -2/9 22) -1 & -2/9 23) -3/22 24) -3 & 1/54

21
1) 935 2) 809 3) 593 4) 026
5) -719 6) 649 7) -689 8) -604
9) 345 10) 434 11) 90 12) 431
13) 21 14) 6 15) 31765 16) 60646
17) 2 & 3/22 18) 2/3 19) -5 & -11/30 20) 5 & 3/5
21) 2 & 1/27 22) -2 & -17/50 23) 1 & -2/9 24) -1 & 2 & -1/2

22
1) -752 2) -561 3) -497 4) -783
5) -621 6) -691 7) -770 8) 697
9) 325 10) 595 11) 131 12) 167
13) 49 14) 26 15) 61490 16) 29027
17) -4 & -2/27 18) -6 & -1/28 19) 4 & -4/8 20) -4 & -1 3/20
21) -4 & -4/21 22) 1 & 24/25 23) 8 24) -11

23
1) -588 2) 741 3) 341 4) -406
5) 647 6) -389 7) 070 8) -995
9) 591 10) 684 11) 287 12) 956
13) 13 14) 56 15) 7172 16) 44016
17) 1 & 18/27 18) -2 & -1/4 19) -6 & -12/14 20) 8 & 19/24
21) -13 & -5/9 22) -2 & -79/25 23) 45+136 24) -20/62

24
1) 482 2) 573 3) -412 4) -415
5) 647 6) 760 7) 534 8) -639
9) 334 10) 447 11) 131 12) 392
13) 2 14) 16 15) 62389 16) 43916
17) -2 & -2/9 18) 2 & 7/19 19) -5 & -3/9 20) -4 & 7/24
21) -1 & -6/9 22) -1 & -3/28 23) 5/-9 24) -10/39

25
1) -242 2) -751 3) 248 4) 405
5) 846 6) 540 7) -364 8) -652
9) 637 10) 783 11) 39 12) 306
13) 10 14) 7 15) 17919 16) 7789
17) -7 & -17/19 18) -9/10 19) -4 & -13/30 20) 5 & 3/4
21) 11 & 29/36 22) 7 & 3/9 23) 1 & 1/49 24) -10 & -2/15

26
1) -591 2) -672 3) -315 4) -673
5) -336 6) -953 7) 847 8) 649
9) 294 10) 918 11) 771 12) 274
13) 8 14) 11 15) 35581 16) 28069
17) -2 & -4/9 18) -3 & -1/9 19) 1 & 5/18 20) -5 & -4/11
21) -1 & -23/35 22) 1 & -13/16 23) 4 & -1/5 24) 2/18

27
1) -462 2) -431 3) -748 4) -358
5) -052 6) -287 7) -299 8) -716
9) 892 10) 250 11) 163 12) 902
13) 26 14) 22 15) 8560 16) 17340
17) -2 & -1/6 18) -1 & 11/28 19) -3 & -23/56 20) -3 & -11/14
21) -4 & -1/20 22) -7 & -1/9 23) 4 & -13/16 24) -4 & -43/50

28
1) -275 2) -558 3) -478 4) -714
5) -426 6) -891 7) -397 8) 807
9) 394 10) 556 11) 625 12) 428
13) 11 14) 26 15) 84192 16) 27712
17) -5 & -13/34 18) -1 & -7/5 19) 5 & 5/28 20) -2 & -7/14
21) 1 22) 1 & 4/6 23) -2 & -5/9 24) 28/48

29
1) -568 2) -967 3) -755 4) -621
5) -615 6) 781 7) 728 8) -638
9) 344 10) 789 11) 80 12) 483
13) 39 14) 22 15) 32935 16) 7368
17) 17/18 18) -2 & -2/5 19) 4 & 1/6 20) 3 & 5/10
21) -7 & 6/25 22) -4 & -2/9 23) 15+44 24) -2 & -8/5

30
1) 983 2) -906 3) -536 4) -639
5) 924 6) -441 7) -311 8) -818
9) 509 10) 318 11) 940 12) 810
13) 24 14) 32 15) 49849 16) 30068
17) -2 18) -2 & -4/13 19) -5 & -17/24 20) -5 & -11/28
21) 2 & 8/9 22) -5/10 23) 1 & -13/60 24) -8/45

Índice

Presentación

Este libro forma parte de la serie de exposiciones publicadas en inglés por InterVarsity Press bajo el título *The Bible Speaks Today* (La Biblia habla hoy). Igual que todas las exposiciones de aquella serie, *El Mensaje de Romanos* se caracteriza por el ideal de exponer el texto bíblico con fidelidad y relacionarlo con la vida contemporánea.

El comentario toma como base el texto bíblico de la *Nueva Versión Internacional*, e incluye la referencia a otras versiones de la Biblia. El propósito del autor es hacer comprensible el mensaje bíblico, a fin de aplicarlo a la realidad contemporánea tanto personal como de la comunidad.

Tenemos la certeza de que Dios aún habla hoy a través de lo que ya ha hablado. Nada es más necesario para la vida, el crecimiento y la salud de las iglesias o de los cristianos que escuchar y prestar atención a lo que el Espíritu les dice a través de su antigua, pero siempre apropiada Palabra.

Prefacio del autor

'¿Otro comentario sobre Romanos?', exclamó en voz alta mi amigo. Había angustia en su voz y en sus ojos. Y yo lo comprendí, porque la cantidad de literatura en torno a Romanos es tan grande que resulta inmanejable. Yo mismo he leído alrededor de treinta comentarios, sin mencionar muchos otros libros que se refieren a Pablo y a Romanos, y aun así quedan muchos más que no he tenido tiempo de estudiar. ¿No será, entonces, una insensatez o, más aun, una impertinencia agregar uno más a esta enorme biblioteca? Sí, creo que lo sería, si no fuese por las siguientes tres razones.

Primero, se me ha pedido que realice un estudio serio a partir de la integridad del texto mismo. Si bien un acercamiento sin presuposiciones resulta imposible (y generalmente se reconoce al comentarista como luterano, reformado, protestante o católico, liberal o conservador), yo he comprendido que mi primera responsabilidad es experimentar un renovado encuentro con el auténtico Pablo. Karl Barth, en su prefacio a la primera edición de su famoso *Römerbrief* (1918), llamó a esta actitud una 'total lealtad' a Pablo, que le permitiría al apóstol decir lo que realmente dice y que no lo obligaría a decir lo que nosotros querríamos que dijera.

Este principio me ha llevado a escuchar con respeto a aquellos estudiosos que nos ofrecen una 'nueva perspectiva sobre Pablo', especialmente a los catedráticos Krister Stendahl, E. P. Sanders y J. D. G. Dunn. Sus afirmaciones, de que tanto Pablo como el judaísmo palestino han sido gravemente mal entendidos, se han de tomar seriamente. Es cierto que el comentarista más reciente, el erudito jesuita norteamericano Joseph Fitzmyer, cuya obra apareció en 1993, ignora este debate en forma casi total. Por mi parte, sólo me he propuesto elaborar una breve explicación y evaluación de dicho debate en mi Ensayo preliminar y en el Apéndice.

Los expositores no deben ser anticuarios, como si viviesen solamente en el pasado remoto. Barth estaba convencido de que Pablo, si bien era 'hijo de su propia época' y se dirigió a sus contemporáneos, también 'habla a los hombres de todas las épocas'. De modo que celebró la 'energía creadora' con la que Lutero y Calvino se esforzaron por entender el mensaje de Pablo 'hasta que los muros que separaban al siglo dieciséis del primero se volvieran transparentes'. El mismo procedimiento dialéctico entre el antiguo texto y el contexto moderno debe regir en el día de hoy.

Confieso que, desde que me hice cristiano hace cincuenta y seis años, he disfrutado de lo que podría denominarse una relación de 'amor y odio' con Romanos, debido a sus desafíos personales, 'jubilosos y penosos' a la vez. Esto comenzó poco después de mi conversión, con el capítulo 6 y mi anhelo de experimentar esa 'muerte al pecado' que parecía prometer. Durante muchos años me entretuve con la fantasiosa idea de que se supone que los cristianos tienen que ser tan insensibles al pecado como lo es un cadáver a los estímulos. Mi liberación final de esa quimera quedó sellada cuando se me invitó a ofrecer las 'Conferencias bíblicas' sobre Romanos 5–8 en la 'Convención de Keswick'* en 1965, conferencias que posteriormente fueron publicadas con el título de *Hombres nuevos* (Certeza CIEE, 1974).

Segundo, fue la devastadora revelación en cuanto al pecado y la culpa universales de la humanidad, en Romanos 1.18–3.20, lo que me rescató de ese tipo de evangelización superficial que sólo se preocupa por las 'necesidades sentidas' de la gente. El primer sermón que prediqué después de mi ordenación en 1945, en la Iglesia de San Pedro, en la calle Vere, Londres, estaba basado en la repetida afirmación de Romanos de que 'no hay distinción' entre nosotros (3.22 y 10.12), ni en cuanto a nuestro pecado ni en cuanto a la salvación de Cristo. Estaba también Romanos 12 y su exigencia de una entrega totalmente sincera como respuesta a la misericordia de Dios, y Romanos 13, cuya enseñanza en cuanto al uso de la fuerza en la administración de la justicia hacía imposible que siguiese pensando como pacifista total según la tradición de Tolstoi y Gandhi. En cuanto a Romanos 8, he proclamado

---

* Reuniones anuales para fomentar la 'santidad práctica', que comenzaron a celebrarse en el noroeste de Inglaterra después del avivamiento iniciado por Moody en el siglo diecinueve [N del T.].

sus triunfantes versículos finales en innumerables funerales y sin embargo jamás disminuyó la emoción que me provocan.

Por lo tanto, no me ha sorprendido enteramente, mientras escribía esta exposición, descubrir cuántos asuntos contemporáneos reciben la atención de Pablo en Romanos: el entusiasmo por la evangelización en general y el acierto de la evangelización de los judíos en particular; si las relaciones homosexuales son 'naturales' o 'antinaturales'; si todavía podemos aceptar conceptos tan fuera de moda como la 'ira' de Dios y la 'propiciación'; la historicidad de la caída de Adán y el origen de la muerte de los seres humanos; cuáles son los medios fundamentales para vivir una vida santa; el lugar de la ley y el Espíritu en el discipulado cristiano; la distinción entre certeza y sospecha; la relación entre la soberanía divina y la responsabilidad humana en el tema de la salvación; la tensión entre la identidad étnica y la solidaridad del cuerpo de Cristo; las relaciones entre la iglesia y el estado; los respectivos deberes del ciudadano individual y los poderes de la nación; y la manera de resolver las diferencias de opinión en el seno de la comunidad cristiana. Esta lista es apenas un muestrario de los interrogantes modernos que, directa o indirectamente, plantea y analiza la Carta de Pablo a los Romanos.

Tercero, se me ha pedido que este sea un comentario de fácil lectura en cuanto al estilo y de tamaño manejable. Un comentario, a diferencia de una exposición, es una obra de referencia y, en esa medida, de difícil lectura. Muchos de los comentarios más influyentes sobre Romanos han aparecido en dos tomos: los de C. H. Hodge, Robert Haldane y John Murray, por ejemplo, y en nuestros días los de los catedráticos Cranfield y Dunn. En cuanto a la lúcida exposición del doctor Martín Lloyd-Jones, sobre Romanos 1–9, ocupa nueve tomos, con un total de más de 3000 páginas. En contraste con estas obras en varios tomos, que seguramente muchos líderes cristianos no tienen tiempo de leer, me he propuesto desde el comienzo limitar esta exposición a un solo tomo (¡si bien voluminoso!), y al mismo tiempo poner a disposición de los lectores algunos de los resultados de mi estudio de las obras más extensas.

Agradezco a Brian Rosner y a David Coffey por haber leído el manuscrito y haber hecho sugerencias, una cantidad de las cuales he adoptado; a Colin Duriez y a Jo Bramwell, de IVP, por su paciencia y su capacidad editorial; a David Stone por la preparación de la guía de estudio; a Nelson González, mi actual asistente de estudios, por haber aceptado la fatigosa tarea de leer el manuscrito cuatro veces, y por haber puesto diestramente el dedo sobre puntos débiles en los que hacía falta aclaración o más elaboración; y, último en orden pero no en importancia, a Frances Whitehead, cuyo indeclinable entusiasmo, energía y eficiencia se han combinado para producir, una vez más, un manuscrito impecable.

Al comienzo de su exposición de Romanos, en el siglo cuarto, Crisóstomo habló sobre lo mucho que disfrutaba al oír la 'trompeta espiritual' de Pablo.[1] Mi oración es que podamos oírla nuevamente en nuestros días y que respondamos con entusiasmo a su llamado.

John Stott
Pascua de 1994

Abreviaturas

AV *Versión autorizada (o del rey Jaime) de la Biblia*, 1611.

BA *La Biblia de las Américas*, The Lockman Foundation, 1986.

BAGD *Walter Bauer: A Greek-English Lexicon of the New Testament and Other Early Christian Literature*, traducido y adaptado por William F. Arndt y F. Wilbur Gingrich, segunda edición, revisada y aumentada por F. Wilbur Gingrich y Frederick W. Danker de la quinta edición de Bauer (1958), University of Chicago Press, 1979.

BC *Sagrada Biblia*, trad. de José María Bover y Francisco Cantera, BAC, 1961.

BJ *Biblia de Jerusalén*, revisada y aumentada, Desclée de Brouwer, 1975.

BLA *La Biblia para las comunidades cristianas de Latinoamérica y para los que buscan a Dios*, Ediciones Paulinas, 3ª ed., 1972.

BP *Biblia del Peregrino*, trad. de Luis Alonso Schökel, Ega-Mensajero, 1993.

CI *Sagrada Biblia*, trad. de Francisco Cantera y Manuel Iglesias González, BAC, 1975.

DHH *Dios habla hoy*, Sociedades Bíblicas Unidas, 1994.

FS *Sagrada Biblia*, trad. de Pedro Franquesa y José María Solé, Regina, S.A., 5ª ed., 1980.

GNB *The Good News Bible,* NT, 1966, 4ª edición 1976; AT, 1976.

GT *A Greek-English Lexicon of the New Testament,* por C. L. W. Grimm y J. H. Thayer, T. y T. Clark, 1901.

JB *Versión inglesa de la Biblia de Jerusalén,* 1966.

JBP *The New Testament in Modern English,* por J. B. Phillips, Collins, 1958.

LPD *El libro del pueblo de Dios: La Biblia,* Ediciones Paulinas, 1980.

LXX *Septuaginta,* el Antiguo Testamento en griego, siglo III a.C.

MG *Margen.*

Moffatt *James Moffatt: A New Translation of the Bible,* Hodder y Stoughton, 1926, Antiguo y Nuevo Testamentos en un tomo; revisada en 1935.

NEB *The New English Bible,* NT, 1961, segunda edición 1970; AT, 1970.

NIV *New International Version of the Bible* en inglés (1973, 1978, 1984).

NVI *Nueva Versión Internacional,* Sociedad Bíblica Internacional, 1999.

PB *El Nuevo Testamento de nuestro Señor Jesucristo,* trad. de Pablo Besson, Junta de Publicaciones de la Convención Evangélica Bautista, Buenos Aires, 2ª ed., 1948.

REB *The Revised English Bible,* 1989.

RSV *The Revised Standard Version of the Bible,* NT, 1946; 2ª edición, 1971; AT, 1952.

RV *The Revised Version of the Bible,* 1881-5; Apócrifos, 1895.

RVR *La Santa Biblia Reina-Valera,* Revisión 1995, Sociedades Bíblicas Unidas, 1995.

RV 1909 *La Santa Biblia Reina-Valera,* 1909, Sociedades Bíblicas Unidas.

TDNT *Theological Dictionary of the New Testament,* ed. G. Kittel y G. Friedrich, trad. al inglés por G. W. Bromiley, Eerdmans, 1964–76.

TLA *Biblia para todos,* Traducción en Lenguaje Actual, Sociedades Bíblicas Unidas, 2002.

TM *Texto masorético.*

SBA *Sagrada Biblia,* trad. de Serafín de Ausejo, Editorial Herder, 4ª ed., 1964.

Ensayo preliminar

La Carta de Pablo a los Romanos es una especie de manifiesto cristiano. Desde luego que también es una carta, cuyo contenido lo determinaron las situaciones particulares en las que se encontraban en ese momento tanto el apóstol como los creyentes romanos. Aun así, permanece como manifiesto imperecedero, como una proclama sobre la libertad que tenemos a través de Jesucristo. Es la declaración más plena, más sencilla y más grandiosa acerca del evangelio en todo el Nuevo Testamento. Su mensaje no es que 'el hombre nació libre, y en todas partes se encuentra en cadenas', como afirmó Rousseau al comienzo de *El contrato social* (1762); Pablo declara que los seres humanos nacen en pecado y sujetos a esclavitud, pero que Jesucristo vino para hacernos libres. En esta carta se dan a conocer las buenas noticias de la liberación: liberación de la santa ira de Dios ante toda impiedad, liberación de la alienación gracias a la reconciliación, liberación de la condenación que impone la ley de Dios, liberación de lo que Malcolm Muggeridge solía llamar 'el oscuro calabozo de nuestro propio ego', liberación del temor a la muerte; liberación, finalmente, del deterioro de la creación, que gime para entrar a la gloriosa libertad de los hijos de Dios, y mientras tanto liberación de conflictos étnicos en la familia de Dios, como también liberación para entregarnos al amoroso servicio de Dios y de otros.

No nos sorprende que la iglesia en todas las generaciones haya reconocido la importancia del libro de Romanos, y sobre todo en la época de la Reforma. Lutero dijo de esta carta que era 'realmente la parte principal del Nuevo Testamento, y ... en verdad, el evangelio más puro'. Luego agregó: 'Es digna no sólo de que todo cristiano la conozca palabra por palabra, de memoria, sino también de que se ocupe de ella todos los días, como el pan diario del alma.'[1] Calvino se expresó en forma similar cuando declaró que 'si hemos adquirido una verdadera comprensión de esta epístola, tenemos una puerta abierta a los tesoros más profundos de la Escritura.'[2]

Los reformadores británicos expresaron ese mismo aprecio por Romanos. William Tyndale, por ejemplo, padre de los traductores bíblicos ingleses, en su prólogo a Romanos la describió como 'la parte principal y más excelente del Nuevo Testamento, y el más puro *euangelion*, es decir, buenas noticias … y también una luz y una senda hacia la totalidad de la Escritura'. Animó a sus lectores a aprenderla de memoria. 'Cuanto más se la estudia,' les aseguró, 'tanto más fácil parece; cuanto más se la mastica, tanto más agradable resulta.'[3]

1. La influencia de esta carta

Varios dirigentes eclesiásticos notables han dado testimonio, en diferentes siglos, del impacto que Romanos tuvo en su vida, y en algunos casos fue el medio para su conversión. Menciono a cinco de ellos, con el fin de alentarnos a tomar en serio nuestro estudio.

Aurelius Agustinus, conocido como Agustín de Hipona, destinado a convertirse en el más grande de los Padres latinos de la iglesia primitiva, nació en una pequeña granja en lo que es hoy Argelia. Durante su turbulenta juventud fue tanto esclavo de sus pasiones sexuales como objeto de las oraciones de su madre, Mónica. Como profesor de literatura y retórica se trasladó sucesivamente a Cartago, Roma, y luego a Milán, donde cayó bajo la influencia de la predicación del obispo Ambrosio. Fue allí donde, durante el verano del año 386, cuando tenía treinta y dos años de edad, salió al jardín de la casa donde se alojaba en busca de soledad. 'El tumulto de mi corazón me sacó al jardín', escribió más tarde en sus *Confesiones*; 'allí nadie podía interrumpir la candente lucha conmigo mismo en la que estaba empeñado … Me estaba torciendo y retorciendo en mis propias cadenas … De algún modo me arrojé al suelo debajo de cierta higuera, y dejé que me corrieran libremente las lágrimas.'

> Súbitamente oí una voz de la casa cercana, que cantaba como si fuese un niño o una niña … que decía y repetía vez tras vez: 'Toma y lee, toma y lee.' … Interpreté esto exclusivamente como un mandato divino para mí, para que abriese el libro y leyese el primer capítulo con el que me encontrase …

De modo que volví apresuradamente al lugar donde ... había dejado el libro del apóstol cuando me levanté. Lo tomé, lo abrí y en silencio leí el primer pasaje sobre el que cayeron mis ojos: 'No en orgías y borracheras, ni en inmoralidad sexual y libertinaje, ni en disensiones y envidias. Más bien, revístanse ustedes del Señor Jesucristo, y no se preocupen por satisfacer los deseos de la naturaleza pecaminosa' (Romanos 13.13–14). No deseaba ni necesitaba leer más. De inmediato, con las últimas palabras de esta frase, fue como si una luz de alivio frente a toda mi ansiedad inundó mi corazón. Todas las sombras de duda se desvanecieron.[4]

En 1515 a otro profesor le sobrevino una crisis espiritual similar. Como todo el mundo en la cristiandad medieval, Martín Lutero se había criado en el temor de Dios, de la muerte, del juicio y del infierno. Dado que la forma más segura de ganar el cielo (según se creía) era hacerse monje, en 1505, a la edad de veintiún años, ingresó en el claustro agustino en Erfurt, donde se dedicó a orar y ayunar, a veces durante varios días seguidos, además de adoptar otros rigores extremos. 'Yo era un buen monje,' escribió más tarde. 'Si alguna vez un monje había de llegar al cielo por su monjía, ese sería yo.'[5] 'Lutero exploró todos los recursos del catolicismo de su época para calmar la angustia de un espíritu alejado de Dios.'[6] Pero nada pacificó su atormentada conciencia hasta que, habiendo sido designado profesor de Biblia en la Universidad de Wittenberg, estudió y expuso primeramente los Salmos (1513–1515) y luego Romanos (1515–1516). Al principio estaba enojado con Dios, según confesó posteriormente, porque le parecía que era más bien un juez terrorífico que un salvador misericordioso. ¿Dónde habría de encontrar un Dios de gracia? ¿Qué podía querer decir Pablo en Romanos 1.17 cuando afirmaba que 'en el evangelio se revela la justicia que proviene de Dios'? Lutero nos explica cómo se resolvió su dilema:

Ansiaba grandemente entender la Carta de Pablo a los Romanos, y nada se interponía en el camino, a excepción de esa sola expresión 'la justicia de Dios', porque yo consideraba que significaba aquella justicia mediante la cual Dios es justo y obra con justicia al castigar a los injustos ... Medité día y

> noche hasta que … comprendí la verdad de que la justicia
> de Dios es aquella justicia mediante la cual, por gracia y
> simple misericordia, nos justifica por fe. A partir de allí
> sentí que había renacido y que había entrado por puertas
> abiertas al paraíso. Todas las Escrituras adquirieron un
> significado nuevo, y en tanto antes 'la justicia de Dios' me
> había llenado de odio, ahora se había convertido para mí
> en algo inexpresablemente dulce y con un amor que iba en
> aumento. Este pasaje de Pablo vino a ser para mí el portal
> de entrada al cielo.[7]

Unos doscientos años más tarde, fue aquella misma intuición de
Lutero comunicada por Dios acerca de la doctrina de la justificación
por gracia y por medio de la fe la que condujo a Juan Wesley a una
iluminación similar. Su hermano menor, Carlos, había fundado en
Oxford con algunos amigos lo que llegó a conocerse en forma jocosa
como 'el club santo'; en noviembre de 1729 Juan se vinculó al mismo
y se convirtió en el líder reconocido del grupo. Sus miembros se
dedicaban a los estudios sagrados, al examen personal, a los ejercicios
religiosos privados y públicos y a actividades filantrópicas, aparentemente con la esperanza de ganar la salvación mediante esas obras
buenas. Luego, en 1735, los hermanos Wesley se trasladaron a Georgia,
Estados Unidos, como capellanes de los colonos y como misioneros
ante los indios. Dos años más tarde volvieron con una profunda
desilusión, que sólo fue mitigada por la admiración que despertó en
ellos la piedad y la fe de unos moravos. Luego, el 24 de mayo de 1738,
durante una reunión morava en la calle Aldersgate, en Londres, a la
que Juan Wesley fue 'muy de mala gana', se convirtió de la confianza
en sí mismo a la fe en Cristo. Alguien estaba leyendo el *Prefacio a …
Romanos* de Lutero. Wesley escribió en su diario:

> Alrededor de las nueve menos cuarto, mientras describía el
> cambio que Dios obra en el corazón mediante la fe en Cristo,
> sentí que mi corazón ardía de una forma extraña. Sentí que
> efectivamente ponía mi confianza en Cristo, en Cristo solo,
> para la salvación; y me fue dada una certidumbre de que él
> había quitado *mis* pecados, los *míos propios*, y que me había
> salvado *a mí* de la ley del pecado y la muerte.[8]

Llegando ahora a nuestra propia era, podemos mencionar a dos líderes cristianos más, uno rumano, el otro suizo. Ambos eran clérigos, uno ortodoxo, el otro protestante. Ambos nacieron en la década de 1880, pero jamás se conocieron y posiblemente jamás hayan oído hablar el uno del otro. Sin embargo, a pesar de la diferencia de países, culturas e iglesias, ambos fueron transformados por el estudio de Romanos. Me refiero a Dumitru Cornilescu y Karl Barth.

Mientras estudiaba en el Seminario Teológico Ortodoxo en Bucarest, Dumitru Cornilescu[9] anhelaba experimentar una mayor realidad y profundidad espiritual. En el curso de su búsqueda, le fueron mencionados algunos libros por autores evangélicos, quienes a su vez lo derivaron a la Biblia. De modo que resolvió traducir la Biblia al rumano moderno, tras lo cual comenzó la tarea en 1916 y casi seis años después la completó. A través de su estudio de Romanos llegó a aceptar verdades que le habían resultado desconocidas hasta ese momento, incluso inaceptables: que 'no hay un solo justo, ni siquiera uno' (3.10), que 'todos han pecado' (3.23), que 'la paga del pecado es muerte' (6.23), y que los pecadores pueden ser 'justificados gratuitamente' por medio de Cristo (3.24), porque 'Dios lo ofreció como un sacrificio de expiación que se recibe por la fe en su sangre' (3.25). Mediante estos y otros textos de Romanos llegó a comprender que, por medio de Cristo, Dios había hecho todo lo necesario para nuestra salvación. 'Acepté este perdón para mí mismo,' dice, 'acepté a Cristo como mi Salvador viviente.'

'A partir de ese momento,' escribe Paul Negrut, 'Cornilescu tuvo la seguridad de que pertenecía a Dios, y de que era una nueva persona.' Su traducción de la Biblia, publicada en 1921, se convirtió en el texto estándar de la Sociedad Bíblica en lengua rumana, aunque él mismo fue exiliado por el patriarca ortodoxo en 1923, y murió algunos años después en Suiza.

Suiza fue también el hogar de Karl Barth. Durante sus estudios teológicos anteriores a la primera guerra mundial cayó bajo la influencia de algunos de los principales eruditos liberales de la época, y compartió su sueño utópico del progreso humano y el cambio social. Pero la horrible carnicería y bestialidad de la guerra y su propia reflexión sobre el mensaje de Romanos fueron suficientes, en forma combinada, para aniquilar las ilusiones del optimismo liberal. Incluso, mientras escribía su exposición sobre la epístola, dijo que 'requería muy poca imaginación ... oír a la distancia el ruido de las armas de fuego que rugían en el norte.'[10] La publicación de la primera edición de su comentario, en 1918, marcó su ruptura terminante con el liberalismo teológico. Había llegado a la convicción de que el reino de Dios no era el nombre religioso del socialismo, que pudiera lograrse mediante una hazaña humana, sino un comienzo radicalmente nuevo, iniciado por Dios.[11] De hecho, el fundamento con el que se encontró fue 'la bondad de Dios', es decir, 'la existencia, el poder y la iniciativa absolutamente únicas de Dios'.[12] En forma simultánea llegó a percibir las profundidades del pecado y de la culpa de la humanidad. Tituló 'La noche' a su exposición de Romanos 1.18ss (la exposición paulina de la depravación gentil), y escribió acerca del versículo 18: 'Nuestra relación con Dios es *impía* ... Suponemos que ... tenemos la posibilidad de arreglar nuestra relación con él de la manera en que arreglamos nuestras relaciones con otros ... Nos atrevemos a presentarnos como sus compañeros, apadrinadores, consejeros y comisionistas ... Esta es la *impiedad* de nuestra relación con Dios.'[13]

Barth relata que escribió 'con una gozosa sensación de descubrimiento' porque, agregó, 'la poderosa voz de Pablo me resultó nueva: y si lo era para mí, con seguridad también lo sería para muchos más'.[14] Su énfasis inflexible en la absoluta dependencia que tiene el pecador de la gracia soberana y salvífica de Dios en Jesucristo, dio lugar a lo que Edwin Hoskins (su traductor al inglés) describió como 'un alboroto y una conmoción'.[15] O bien, como lo expresó el teólogo católico romano Karl Adam, valiéndose de imágenes de la época de la guerra, el comentario de Barth cayó 'como una bomba en el campo de juego de los teólogos'.[16]

F. F. Bruce, quien describió, en forma algo más breve de lo que lo he hecho yo, la influencia de Romanos sobre cuatro de estos cinco hombres, agregó sabiamente que su impacto no se ha limitado a semejantes gigantes, ya que 'hombres y mujeres comunes' también han sido alcanzados por su influencia. Más aun, 'es imposible anticipar lo que puede ocurrir cuando la gente comienza a estudiar la Carta a los Romanos. Por consiguiente, conviene que los que vienen leyendo hasta aquí se preparen para afrontar las consecuencias de seguir leyendo: ¡quedan advertidos!'[17]

2. Los propósitos de Pablo al escribir

Los comentaristas más antiguos tendían a suponer que en Romanos Pablo proporcionaba lo que Felipe Melanchton llamó 'un compendio de doctrina cristiana', un tanto apartado de cualquier contexto socio-histórico. Los comentaristas contemporáneos, por otro lado, han tendido a reaccionar en forma excesiva a este punto de vista, y a centrarse enteramente en la situación transitoria o pasajera del autor y los lectores. Sin embargo, no todos han cometido este error. El profesor Bruce llamó a Romanos 'una declaración sostenida y coherente del evangelio'.[18] El profesor Cranfield lo describió como 'un todo teológico del que nada sustancial puede eliminarse sin alguna medida de desfiguración o distorsión'.[19] Y Günther Bornkamm pudo referirse a Romanos como 'la última voluntad y testamento del apóstol Pablo'.[20]

No obstante, todos los documentos del Nuevo Testamento (los Evangelios, Hechos y Apocalipsis, además de las cartas) fueron escritos desde una situación particular. Y esa situación se relacionaba en parte con las circunstancias en las que se encontraba el propio autor, en parte en las de sus futuros lectores, y generalmente en una combinación de ambas. Son estas las que nos permiten captar lo que movió a cada autor a escribir y por qué escribió lo que escribió. Romanos no es una excepción a esta regla general, aunque Pablo en ninguna parte expresa sus razones claramente y en detalle. De manera que se han intentado diferentes reconstrucciones.

En su útil monografía *The Reasons for Romans* (Las razones para Romanos) el doctor Alexander Wedderburn propuso que se tuvieran en cuenta tres pares de factores: tanto el marco epistolar de Romanos (su comienzo y su final), como su sustancia teológica en la parte central; tanto la situación de Pablo como la iglesia romana; y tanto las secciones judías y gentiles de la iglesia, como sus problemas particulares.[21]

¿Cuáles eran, por consiguiente, las circunstancias del propio Pablo? Probablemente escribía desde Corinto durante esos tres meses que pasó 'en Grecia'[22] poco antes de zarpar hacia el este. Menciona tres lugares que se propone visitar. El primero es Jerusalén, adonde llevará consigo el dinero que las iglesias griegas han contribuido para los cristianos empobrecidos en Judea (15.25ss). El segundo es Roma misma. Habiéndose visto frustrado en sus anteriores intentos de visitar a los cristianos en Roma, tiene confianza en que esta vez tendrá éxito (1.11ss; 15.23ss). Tercero, se propone seguir a España, con el fin de continuar su obra misionera pionera 'donde Cristo no sea conocido' (15.20, 24, 28). Sus propósitos más obvios al escribir estaban relacionados con estos tres destinos.

Por cierto que Pablo pensaba en Roma, que se encontraba entre Jerusalén y España, como un lugar de descanso y renovación después de haber visitado Jerusalén, y como un lugar de preparación para su viaje hacia España. En otras palabras, sus visitas a Jerusalén y España tenían significación especial para él, porque expresaban sus dos compromisos inmediatos: con el bienestar de Israel (Jerusalén) y con la misión a los gentiles (España).

Evidentemente Pablo tenía cierta aprehensión con respecto a su próxima visita a Jerusalén. Había meditado mucho sobre esta visita. Había dedicado tiempo y energías a promover la colecta, y había arriesgado su prestigio personal en esta empresa. Para él se trataba de algo más que una expresión de generosidad cristiana.[23] Constituía un símbolo de la solidaridad judeo-cristiana en el cuerpo de Cristo, y de una apropiada reciprocidad (en la que los gentiles compartían con judíos sus bendiciones materiales, habiendo primeramente compartido las bendiciones espirituales de ellos, 15.27). De modo que alentaba a los cristianos romanos a unirse a él en su lucha por medio de la oración (15.30). Hablando humanamente, el grado de aceptación de este plan era incierto. Muchos cristianos judíos lo miraban con profundas sospechas. Algunos lo condenaban por deslealtad a su herencia judía, por cuanto en la evangelización de los gentiles defendía su derecho a no someterse a la circuncisión ni observar la ley. Para esos cristianos judíos, aceptar la ofrenda que Pablo llevaba a Jerusalén equivaldría a respaldar su orientación liberal. El apóstol sentía la necesidad de apoyo por parte de la comunidad cristiana judeo-gentil de Roma; les escribía solicitando sus oraciones.

Si el destino inmediato de Pablo era Jerusalén, su destino final era España. El hecho era que su evangelización de las cuatro provincias de Galacia, Asia, Macedonia y Acaya estaba completa, como dice en 15.19b, 'habiendo comenzado en Jerusalén, he completado la proclamación del evangelio de Cristo por todas partes, hasta la región de Iliria' (aproximadamente la moderna Albania) ¿Qué le faltaba? Su ambición, que en realidad se había convertido en su plan firme, consistía en evangelizar solamente 'donde Cristo no sea conocido', con el propósito de 'no edificar sobre fundamento ajeno' (15.20). Por lo tanto, ahora juntaba estas dos cosas (lo actuado y el plan) y llegaba a la conclusión de que 'ya no [le quedaba] un lugar dónde trabajar en estas regiones' (15.23). En consecuencia puso la vista en España, región considerada parte de la frontera occidental del imperio romano, y a la que, hasta donde tuviera conocimiento, el evangelio todavía no había llegado.

Pero podía haber decidido ir a España sin visitar Roma de paso o, incluso, sin mencionarles a los romanos sus planes. ¿Por qué, entonces, les escribía? Con seguridad que sentía la necesidad de contar con la comunión de ellos. Roma se encontraba a unos dos tercios de la distancia entre Jerusalén y España. Por lo tanto les preguntaba si podían ayudarlo en su viaje hacia allí (15.24), presumiblemente con su estímulo, apoyo financiero y oraciones. Más todavía, quería 'valerse de Roma como base de operaciones en el Mediterráneo occidental, así como se había valido de Antioquía (originalmente) como base en Oriente'.[24]

De modo que el destino inmediato de Pablo, entre Jerusalén y España, había de ser Roma. Allí había surgido ya una iglesia, quizás por medio de cristianos judíos que habían regresado a su lugar de residencia desde Jerusalén después de pentecostés.[25] Pero no se sabe quién pudo haber sido el misionero que llevó a cabo la obra pionera de iniciar la iglesia allí. La visita que anunciaba Pablo parecería no concordar con su estrategia de no edificar sobre fundamentos ajenos; sólo podemos suponer que Roma no se consideraba el territorio de nadie en particular, y/o que actuaba bajo la influencia de la verdad paralela de que como apóstol especialmente designado para evangelizar a los gentiles (1.5s; 11.13; 15.15s), resultaba apropiado que ejerciera su ministerio en la metrópoli del mundo gentil (1.11ss), aunque con mucho tacto agregaba que sólo los visitaría de paso, 'rumbo a España' (15.24, 28).

No obstante, todavía tenemos que preguntarnos por qué les escribía. En parte, sin duda, para prepararlos para su visita. Más que esto, porque no había visitado Roma antes, y dado que la mayoría de los miembros de la iglesia allí no lo conocerían, veía la necesidad de establecer sus credenciales apostólicas haciendo una exposición completa de su evangelio. La forma en que lo hizo estaba determinada principalmente por 'la lógica interna del evangelio',[26] pero al mismo tiempo respondía a las preocupaciones de los lectores y a las críticas, como se verá en los próximos párrafos. Mientras tanto, con respecto a su propia situación, hacía llegar un triple pedido: que orasen para que su servicio en Jerusalén fuese aceptable, que lo ayudasen con su proyectado viaje a España, y que lo recibiesen durante su estadía en Roma como apóstol de los gentiles.

Los objetivos de Pablo al escribir la Carta a los Romanos no se limitan a su propia situación, empero, ni en particular a sus planes de viajar a Jerusalén, Roma y España. Su carta también surgía de la situación en la que se encontraban los propios cristianos de Roma. ¿Cuál era esa situación?

Hasta la lectura más casual de Romanos delata el hecho de que la iglesia en Roma era una comunidad mixta, que comprendía tanto judíos como gentiles, y que los gentiles constituían la mayoría (1.5s, 13; 11.13). Además, había bastantes conflictos entre estos grupos. También se reconoce que dichos conflictos no eran principalmente étnicos (razas y culturas diferentes), sino teológicos (convicciones diferentes acerca de la posición del pacto y la ley de Dios y, por consiguiente, acerca de la salvación). Algunos entendidos sugieren que las iglesias en las casas de la ciudad (ver 16.5, y también los versículos 14–15 que se refieren a los cristianos 'que están con ellos') pudieron haber representado esas posiciones doctrinales diferentes. También podría ser que los 'disturbios' provocados por los judíos en Roma 'por instigación de Cresto' (probablemente una referencia a Cristo) se debían a este mismo conflicto entre *cristianos* judíos y gentiles. Suetonio[27] menciona los alborotos, que llevaron a la expulsión de los judíos de Roma en el 49 d.C. por orden del emperador Claudio.[28]

¿Cuál era, entonces, la cuestión teológica que estaba en la base de las tensiones étnicas y culturales entre judíos y gentiles en Roma? El doctor Wedderburn dice que los cristianos judíos en Roma representaban un 'cristianismo judaizante', por cuanto consideraban al cristianismo 'simplemente como parte del judaísmo', y exigían que sus seguidores 'observasen la ley judaica',[29] mientras que a los cristianos gentiles los llama 'sostenedores de un evangelio libre de la ley'.[30] Más aun, él y muchos otros expertos también han visto en el primer grupo a 'los débiles' y en el segundo a 'los fuertes' a quienes se dirige Pablo en los capítulos 14–15, aunque es muy posible que esto último se trate de una simplificación excesiva. Los 'débiles' en la fe, que observaban escrupulosamente las disposiciones ceremoniales tales como las leyes alimenticias, condenaban a Pablo por no hacerlo. También es posible que se hayan considerado los únicos beneficiarios de las promesas de Dios, y que de ningún modo estaban a favor de la evangelización de los gentiles a menos que los conversos se mostrasen dispuestos a aceptar la circuncisión y a observar la ley plenamente.[31] Para ellos Pablo era tanto un traidor al pacto como un enemigo de la ley (es decir, un 'antinomiano'). Por otra parte, los 'fuertes en la fe', que al igual que Pablo defendían un 'evangelio libre de la ley', cometían el error de despreciar a los débiles que seguian innecesariamente esclavizados a la ley. Así, los cristianos judíos estaban orgullosos de su posición de privilegio, y los cristianos gentiles de su libertad, de modo que Pablo veía la necesidad de lograr que ambos partidos depusieran sus posiciones.

Los ecos de esta controversia, con sus implicancias teológicas y prácticas, resuenan a lo largo de toda la Carta a los Romanos. Y se ve a Pablo, de comienzo a fin, como un auténtico pacificador, que procura apaciguar las turbulentas aguas, ansioso por preservar tanto la verdad como la paz sin sacrificar ninguna de ellas. Por cierto que él mismo tenía un pie en ambos campos. Por una parte, era un judío patriota ('Desearía yo mismo ser maldecido y separado de Cristo por el bien de mis hermanos, los de mi propia raza', 9.3). Por otra parte, había sido especialmente comisionado como el apóstol destinado a los gentiles ('Me dirijo ahora a ustedes, los gentiles. Como apóstol que soy de ustedes …', 11.13; ver 1.5; 15.15s). De modo que se encontraba en una posición única para actuar como agente de la reconciliación. Estaba resuelto a hacer una declaración completa y renovada del evangelio apostólico, que no comprometiese ninguna de sus verdades reveladas, pero que al mismo tiempo resolviese el conflicto entre judíos y gentiles sobre la cuestión del pacto y la ley, y de esta manera promover la unidad de la iglesia.

En su ministerio de reconciliación, por lo tanto, Pablo desarrolla dos temas capitales, y los entreteje maravillosamente. El primero es la justificación de los pecadores culpables mediante la gracia de Dios en Cristo y solamente por medio de la fe, cualesquiera fuesen la posición o las obras de la persona. Esta realidad llama a la humildad de todos y es la más niveladora de todas las verdades y experiencias cristianas, y como tal es la base fundamental de la unidad cristiana. De hecho, como escribió Martin Hengel, 'aunque hoy en día la gente acostumbra sostener lo contrario, nadie entendió mejor que Agustín y que Martín Lutero la verdadera esencia de la teología paulina: la salvación se ofrece por la *sola gratia*, sólo por gracia.'[32]

El segundo tema de Pablo es la consiguiente redefinición del pueblo de Dios, ya no según la descendencia, la circuncisión o la cultura, sino según la fe en Jesús, de modo que todos los creyentes son verdaderos hijos de Abraham, cualquiera sea su origen étnico o su práctica religiosa. Así que, 'no hay diferencia' ahora entre judíos y gentiles, ya sea en cuanto al hecho de su pecado y culpa o al ofrecimiento y el don de la salvación por parte de Cristo (por ej. 3.21ss, 27s; 4.9ss; 10.11ss). De hecho, 'el tema más importante de Romanos es la igualdad entre judíos y gentiles.'[33]

Además, ligado a lo anterior está la permanente validez tanto del pacto de Dios (que ahora incluye a los gentiles y demuestra su fidelidad) como de su ley (de modo que, si bien estamos 'libres' de ella como medio de salvación, sin embargo la 'cumplimos' por medio del Espíritu como revelación de la santa voluntad de Dios).

Un breve repaso de la carta y su argumento puede arrojar luz sobre el entrelazamiento de estos temas relacionados entre sí.

3. Un breve repaso de Romanos

Los dos temas principales de Pablo (la integridad del evangelio que le ha sido encomendado y la solidaridad entre judíos y gentiles en la comunidad mesiánica) resultan evidentes ya en la primera mitad del primer capítulo de la carta.

Pablo llama a las buenas noticias 'el evangelio de Dios' (1.1) porque Dios es su autor, y 'el evangelio de su Hijo' (1.9) porque el Hijo es su sustancia. En los versículos 1–5 el apóstol se centra en la persona de Jesucristo, hijo de David por descendencia, poderosamente declarado Hijo de Dios por la resurrección. En el versículo 16 se ocupa de su obra, ya que el evangelio es el poder de Dios para la salvación de todo aquel que cree, 'de los judíos primeramente, pero también de los gentiles'.

Entre estas dos breves declaraciones del evangelio, Pablo procura establecer una relación personal con sus lectores. Escribe 'a todos ustedes, los amados de Dios que están en Roma' y que son cristianos (1.7), cualquiera sea su origen étnico, aunque él sabe que la mayoría de ellos son de origen gentil (1.13). Da gracias a Dios por todos ellos, ora por ellos constantemente, anhela verlos, y muchas veces ha intentado (hasta ahora infructuosamente) ir a visitarlos (1.8–13). Se siente obligado a predicar el evangelio en la capital del mundo. Más aun, está ansioso por hacerlo, porque en el evangelio se ha revelado el modo justo de Dios de obrar la justicia de los injustos (1.14–17).

La ira de Dios | 1.18–3.20

La revelación de la justicia de Dios en el evangelio es necesaria debido a la revelación de su ira por oposición a la injusticia (18). La ira de Dios, su puro y perfecto antagonismo hacia el mal, se dirige contra todos los que deliberadamente reprimen lo que saben que es verdadero y correcto, con el fin de seguir su propio camino. Porque toda persona tiene algún conocimiento de Dios y su bondad, ya sea por medio del mundo creado (19), por medio de la conciencia (32), por medio de la ley moral escrita en el corazón del hombre (2.12ss), o por medio de la ley de Moisés entregada a los judíos (2.17ss).

El apóstol divide, así, a la raza humana en tres secciones: la sociedad pagana y depravada (1.18–32), los moralistas críticos, sean judíos o gentiles (2.1–16), y los judíos bien instruidos y autosuficientes (2.17–3.8). Luego concluye acusando a todo el género humano (3.9–20). En cada caso su argumento es el mismo, que nadie vive de conformidad con el conocimiento que él o ella tiene. Ni siquiera los privilegios especiales de los judíos los eximen del juicio divino. De ninguna manera, porque 'tanto los judíos como los gentiles están bajo el pecado' (3.9), y 'porque con Dios no hay favoritismos' (2.11). Todos los seres humanos son pecadores, culpables y no tienen excusa delante de Dios. El cuadro es un cuadro de total oscuridad.

La gracia de Dios | 3.21–8.39

El 'pero ahora' de 3.21 es uno de los grandes adversativos de la Biblia. Por sobre la oscuridad universal del pecado y la culpa ha brillado la luz del evangelio. Pablo vuelve a llamarla 'la justicia de [o que proviene de] Dios (como en 1.17), es decir, su justa justificación de los injustos.

Esto es posible únicamente por medio de la cruz, en la que Dios ha demostrado su justicia (3.25s) como también su amor (5.8), y está disponible para 'todos los que creen' (3.22), sean judíos o gentiles. Al explicar la cruz, Pablo se vale de las palabras 'propiciación', 'redención' y 'justificación'. Y luego, al responder a las objeciones judías (3.27–31), sostiene que dado que la justificación es por la fe solamente, no puede haber jactancia ante Dios, ni discriminación alguna entre judíos y gentiles, como tampoco despreocupación por la ley.

Romanos 4 es un brillante ensayo en el que Pablo prueba que el propio Abraham, el padre fundador de Israel, no fue justificado por sus obras (4–8), ni por la circuncisión (9–12), como tampoco por la ley (13–15), sino por la fe. En consecuencia, Abraham es ahora 'el padre de todos los que creen', sin tomar en cuenta si se trata de judíos o gentiles (11, 16–25). Es notoria la imparcialidad divina.

Habiendo establecido que Dios justifica por la fe (4.5) incluso a los malvados, Pablo declara las grandes bendiciones de que disfruta su pueblo justificado (5.1–11). En consecuencia, comienza, tenemos paz con Dios, podemos estar de pie por su gracia, y nos regocijamos ante la perspectiva de ver y compartir su gloria. Ni siquiera el sufrimiento sacude nuestra confianza, en razón del amor que Dios ha derramado en nuestros corazones por su Espíritu (5) y que ha demostrado en la cruz por medio de su Hijo (8). Debido a lo que Dios ya ha hecho por nosotros, nos atrevemos a decir que 'seremos salvos' en el día final (9–10).

Ya han sido retratadas dos comunidades humanas, una caracterizada por el pecado y la culpa, la otra por la gracia y la fe. La cabeza de la vieja humanidad es Adán, la cabeza de la nueva es Cristo. Por lo tanto, casi con precisión matemática, Pablo las compara y las contrasta (5.12–21). La comparación es simple. En ambos casos un solo acto de un solo hombre ha afectado a una enorme cantidad de personas. El contraste, sin embargo, es mucho más significativo. En tanto la desobediencia de Adán trajo condenación y muerte, la obediencia de Cristo trajo justificación y vida. De hecho, la obra redentora de Cristo resultará más exitosa que el carácter destructivo de la obra de Adán.

En el centro de esta antítesis entre Adán y Cristo, Pablo presenta a Moisés: 'la ley … intervino para que aumentara la trasgresión. Pero allí donde abundó el pecado, sobreabundó la gracia' (20). Ambas declaraciones tienen que haber resultado terribles para los oídos de los judíos, porque seguramente les parecieron completamente antinomianas. La primera parecía echarle la culpa del pecado a la ley, y la segunda minimizar el pecado al magnificar la gracia. ¿Es que el evangelio de Pablo despreciaba la ley y alentaba el pecado? Pablo responde a la segunda acusación en Romanos 6, y a la primera en Romanos 7.

Dos veces en Romanos 6 (versículos 1 y 15) oímos que el que lo critica pregunta si Pablo quería decir que podemos seguir pecando para que la gracia de Dios pueda seguir perdonándonos. Las dos veces Pablo contesta con un iracundo '¡De ninguna manera!'. El que los cristianos planteen semejante interrogante demuestra que nunca han comprendido el significado del bautismo (1–14) ni de la conversión (15–23). ¿Acaso no sabían que su bautismo significaba unión con Cristo en su muerte, que su muerte fue una muerte 'al pecado' (cumpliendo sus exigencias, cumpliendo la pena), y que también han participado de su resurrección? Por la unión con Cristo ellos mismos están 'muertos al pecado pero vivos para Dios'. ¿Cómo, entonces, podían seguir viviendo sujetos a aquello a lo cual habían muerto? En relación con la conversión ocurre algo semejante. ¿Acaso no se habían ofrecido decididamente a Dios como esclavos suyos? ¿Cómo podían, entonces, contemplar la posibilidad de recaer nuevamente en la esclavitud al pecado? Nuestro bautismo y conversión han cerrado la puerta a la vieja vida, y han abierto una puerta hacia una vida nueva. Es posible volver atrás, pero es inconcebible que lo hagamos. Lejos de alentar el pecado, la gracia lo prohíbe.

Los que criticaban a Pablo también estaban preocupados por lo que enseñaba sobre la ley. De modo que lo aclara en Romanos 7, donde se ocupa de tres asuntos. Primero (1–6), en Cristo los cristianos han '[muerto] a la ley', así como han muerto 'al pecado'. En consecuencia, están 'libres' de la ley, es decir, de su condenación, y ahora están libres, no del pecado, sino para servir de manera nueva según el Espíritu. Segundo, escribiendo (creo yo) sobre la base de su propio pasado (7–13), Pablo sostiene que, si bien la ley revela, provoca y condena el pecado, ella no es responsable del pecado o de la muerte. Claro que no; la ley es santa. Pablo exonera a la ley.

En tercer lugar (14–25), Pablo describe vivamente una constante y dolorosa lucha moral interior. Puede que el 'pobre miserable' que clama por liberación sea una persona no regenerada o un cristiano regenerado (yo adopto una tercera posición), puede que se trate de

Pablo mismo o de alguien a quien Pablo personifica, pero en última instancia su propósito en este párrafo es mostrar la debilidad de la ley. Su derrota no se debe a la ley (que es santa), como tampoco a su verdadero yo, sino al 'pecado que habita en mí' (17, 20), y esto es algo que la ley no tiene poder para controlar. Pero ahora (8.1–4) Dios ha hecho por medio de su Hijo y su Espíritu lo que la ley, debilitada por nuestra naturaleza pecaminosa, no podía hacer. En particular, el remedio contra el pecado que habita en nosotros es el Espíritu que vive en nosotros (8.9), que no se menciona en el capítulo 7, aparte de la referencia en el versículo 6. Por consiguiente, tanto para la justificación como para la santificación 'no estamos bajo la ley sino bajo la gracia'.

Así como Romanos 7 está lleno de la ley, Romanos 8 está lleno del Espíritu. En la primera mitad del capítulo Pablo describe algunos de los muy diversos ministerios del Espíritu Santo: nos libera, habita en nosotros, nos da vida, nos orienta en el dominio propio, da testimonio juntamente con nuestro espíritu de que somos hijos de Dios, a la vez que intercede por nosotros. El hecho de que somos hijos de Dios le recuerda a Pablo que, por consiguiente, también somos sus herederos, y que el sufrimiento es el único camino hacia la gloria. Luego traza un paralelo entre los sufrimientos y la gloria de la creación de Dios y los sufrimientos y la gloria de los hijos de Dios. La creación ha sido sometida a la frustración, dice. Pero un día será liberada de esa esclavitud. Mientras tanto la creación gime como con dolores de parto, y nosotros gemimos con ella. También esperamos con expectación anhelante, pero a la vez paciente, la redención final del universo, que incluye nuestro cuerpo.

En los últimos doce versículos de Romanos 8 el apóstol asciende a sublimes alturas de confianza cristiana. Expresa cinco convicciones acerca de la forma en que Dios obra para nuestro bien, es decir, para nuestra salvación final (28). Bosqueja cinco etapas del propósito de Dios desde el pasado hasta una eternidad futura (29–30). Además, lanza cinco preguntas desafiantes para las que no hay respuesta. De esta manera nos fortifica con quince garantías del inquebrantable amor de Dios, del que nada puede jamás separarnos.

El plan de Dios | 9–11

A lo largo de la primera mitad de su carta Pablo no ha olvidado la mezcla étnica de la iglesia de Roma, ni las tensiones que seguían surgiendo entre la minoría cristiana judía y la mayoría cristiana gentil. Ha llegado el momento para que se ocupe directamente del problema teológico subyacente. ¿Cómo es que el pueblo judío en general había rechazado al Mesías? ¿Cómo podía reconciliarse su incredulidad con el pacto y las promesas de Dios? ¿Cómo, además, encajaba en los planes de Dios la inclusión de los gentiles? Resulta notable que cada uno de estos tres capítulos comienza con una afirmación personal y emocionada del amor de Pablo por Israel: su angustia ante la alienación de ese pueblo (9.1ss), su anhelo de que sean salvos (10.1), y su propia y constante condición de judío (11.1).

En el capítulo 9 Pablo defiende la lealtad de Dios hacia el pacto sobre la base de que sus promesas no fueron dirigidas a todos los descendientes de Jacob, sino a un Israel dentro de Israel, a un remanente, ya que siempre ha obrado de conformidad con el 'propósito de la elección' divina (11). Esto puede verse no sólo en su elección de Isaac en lugar de Ismael, y de Jacob en lugar de Esaú, sino también en el hecho de que tuvo misericordia de Moisés, mientras que endureció al faraón (14–18), aun cuando esto significaba una entrega judicial del faraón al tenaz endurecimiento de su propio corazón. Si todavía tenemos problemas con el tema de la elección, es preciso que recordemos que siempre resulta inapropiado que los seres humanos intenten argüir con Dios (19–21). Debemos dejar que Dios sea Dios en cuanto a su decisión de hacer conocer su poder y su misericordia (22–23). Además, la propia Escritura predijo el llamado a los gentiles al igual que a los judíos a constituir su pueblo (24–29).

Con todo, está claro por el final del capítulo 9 y por el capítulo 10, que la incredulidad de Israel no puede explicarse simplemente mediante el propósito electivo de Dios. Porque Pablo procede a afirmar que Israel "[tropezó] con la 'piedra de tropiezo,'" a saber, Cristo y su cruz. Esto equivale a acusar a Israel de una arrogante falta de voluntad para someterse al medio de salvación ofrecido por Dios, y de un celo religioso que no estaba basado en el conocimiento (9.30–10.4). A continuación Pablo contrasta 'la justicia que se basa en la ley' con 'la justicia que se basa en la fe', y mediante un hábil uso de Deuteronomio 30 destaca la libre disponibilidad de Cristo para la fe. No hay necesidad de que nadie salga a buscar a Cristo, porque él vino, murió y resucitó, y está cerca de todo aquel que lo busca (5–11). Más aun, en esto no hay diferencia entre judío y gentil, ya que el mismo Señor es Señor de todos y bendice ricamente a todos los que lo buscan (12–13). Pero, para esto, es necesaria la evangelización (14–15). ¿Por qué, entonces, no aceptó Israel las buenas noticias? No es que no las haya oído o que nos las haya entendido. ¿Por qué, entonces? Se trata de que 'todo el día' Dios había extendido sus manos para darle la bienvenida, pero el pueblo fue 'desobediente y rebelde' (16–21). Por lo tanto, la incredulidad de Israel, que en Romanos 9 se atribuye al propósito electivo de Dios, en Romanos 10 se atribuye a su orgullo, su ignorancia y su testarudez. La tensión entre la soberanía divina y la responsabilidad humana constituye la antinomia que la mente finita no puede desentrañar.

Con el capítulo 11 Pablo echa una mirada hacia el futuro. Declara que la caída de Israel no es total, por cuanto hay un remanente fiel (1–10), como tampoco final, por cuanto Dios no ha rechazado a su pueblo, pueblo que va a recuperarse (11). Si por la caída de Israel la salvación ha llegado a los gentiles, ahora la salvación de los gentiles provocará la envidia de Israel (12). De hecho, Pablo ve su ministerio de evangelización como el medio para despertar la envidia de su propio pueblo, con el fin de salvar a algunos de ellos (13–14). Y entonces la 'plena restauración' de Israel proporcionará 'mayor … riqueza' al mundo. Luego Pablo desarrolla su alegoría del olivo, y enseña dos lecciones sobre la base del mismo. La primera es una advertencia a los gentiles (la rama del olivo silvestre que ha sido injertada) para que no se envanezcan o jacten (17–22). Y la segunda es una promesa a Israel (las ramas naturales) de que si no persiste en su incredulidad, volverá a ser injertado (23–24). La visión de Pablo en cuanto al futuro, que él llama un 'misterio' o revelación, es que cuando se haya producido la plenitud de los gentiles, 'todo Israel será salvo' también (25–27). La base de su seguridad es que 'las dádivas de Dios son irrevocables, como lo es también su llamamiento' (29). De manera que podemos confiadamente esperar que se cumpla la 'plenitud' tanto de los judíos como de los gentiles (12, 25). De hecho, Dios tendrá 'misericordia de todos' (32), lo cual no quiere decir de todos sin excepción, sino más bien tanto de judíos como de gentiles sin distinción. No debe sorprendernos que esta perspectiva lleve a Pablo a expresarse mediante una doxología, en la que alaba a Dios por la profundidad de sus riquezas y de su sabiduría (33–36).

La voluntad de Dios | 12.1–15.13

Después de llamar 'hermanos' (habiendo sido abolida la antigua distinción) a los cristianos de Roma, ahora Pablo les hace un elocuente llamado. Basa su llamado en 'la misericordia de Dios', sobre la que ha venido hablando, y les pide que consagren su cuerpo y renueven su mente. Les presenta la cruda alternativa con la que siempre y en todas partes se ha enfrentado al pueblo de Dios, ya sea de conformarse al esquema de este mundo o de transformarse mediante la mente renovada que discierne 'la voluntad de Dios, buena, agradable y perfecta'. Se trata de una elección entre la moda del mundo y la voluntad del Señor.

En los capítulos siguientes se ve claramente que la buena voluntad de Dios tiene que ver con todas nuestras relaciones, que el evangelio cambia radicalmente. Pablo se ocupa de ocho de ellas, a saber, nuestra relación con Dios, con nosotros mismos, con los demás, con nuestros enemigos, con el estado, con la ley, con el día postrero y con los 'débiles'. Nuestra mente renovada, que comienza buscando la voluntad de Dios (1–2), ha de evaluarnos a nosotros y a nuestros dones con sobriedad, y evitar que tengamos una opinión demasiado elevada o demasiado baja de nosotros mismos (3–8). La relación entre nosotros se desenvuelve naturalmente sobre la base de los mutuos ministerios, que nuestros dones hacen posible. El amor que liga a los miembros de la familia cristiana ha de incluir la sinceridad, el afecto, el honor, la paciencia, la hospitalidad, la simpatía, la armonía y la humildad (9–16).

Luego escribe sobre la relación con nuestros enemigos o con los que obran el mal (17–21). Haciendo eco a las enseñanzas de Jesús, Pablo explica que no debemos usar la represalia ni la venganza, sino más bien dejar el castigo del mal a Dios, por cuanto es su prerrogativa, y mientras tanto procurar la paz, servir a nuestros enemigos y vencer el mal con el bien. Es muy posible que nuestra relación con las autoridades que gobiernan (13.1–7) se le haya ocurrido a Pablo por su referencia a la ira de Dios (12.19). Si el castigo del mal es prerrogativa de Dios, una de las formas en que lo hace es mediante la administración de justicia por el estado, dado que el magistrado es el 'ministro' de Dios para castigar al malhechor. El estado tiene además un papel positivo en la promoción y recompensa del bien en la comunidad. Por cierto que nuestra sumisión a las autoridades no ha de ser, sin embargo, incondicional. Si el estado administra mal la autoridad dada por Dios, para ordenar lo que Dios prohíbe o prohibir lo que Dios manda, nuestra clara responsabilidad cristiana es desobedecer al estado con el fin de obedecer a Dios.

Los versículos 8–10 retoman el tema del amor, y enseñan que el amor al prójimo es tanto una deuda impaga como el cumplimiento de la ley. Porque si bien 'no estamos bajo la ley', en el sentido de que miramos a Cristo para la justificación y al Espíritu Santo para la santificación, estamos llamados a 'cumplir la ley' en la obediencia diaria a los mandamientos de Dios. En este sentido no debemos contraponer al Espíritu y la ley entre sí, ya que el Espíritu Santo es quien escribe la ley en nuestro corazón. Y esta primacía del amor es tanto más urgente cuanto más cercano está el día del regreso de Cristo. Tenemos que despertar, levantarnos, vestirnos, y vivir como quienes pertenecen al día (versículos 11–14).

Nuestra relación con los 'débiles' es la que Pablo trata más extensamente (14.1–15.13). Evidentemente son débiles en la fe o en cuanto a convicciones, más que en cuanto a voluntad o carácter. Seguramente eran principalmente cristianos judíos, que creían que todavía tenían que observar tanto las leyes alimenticias como las fiestas y ayunos del calendario judaico. Pablo mismo es uno de los 'fuertes', y se identifica con esa posición. Su conciencia culta le dice que las comidas y los días son asuntos de menor importancia. Pero se niega a atropellar la conciencia sensible de los débiles. En definitiva, su exhortación a la iglesia es la de 'aceptar' o 'recibir' a los débiles como lo hizo Dios (14.1, 3) y la de 'aceptarse' unos a otros como lo hizo Cristo (15.7). Si de buen grado reciben a los débiles en su corazón y a una comunión hermanable, seguramente no los despreciarán, condenarán, ni perjudicarán persuadiéndolos a obrar en contra de su conciencia.

El rasgo más destacado de estas instrucciones prácticas es el hecho de que Pablo las fundamenta en su cristología, y en particular en la muerte, resurrección y *parusía* o regreso de Jesús. Los débiles son hermanos y hermanas por quienes Cristo murió. Cristo se levantó para ser su Señor, y nosotros no tenemos derecho alguno a entrometernos con sus siervos. El Señor viene para ser nuestro juez también;

de modo que no deberíamos hacer el papel de jueces nosotros mismos. También deberíamos seguir el ejemplo de Cristo, que no hizo su propia voluntad sino que se hizo siervo; más aun, siervo tanto de los judíos como de los gentiles. De manera que Pablo deja a sus lectores con una hermosa visión de los débiles y los fuertes, creyentes judíos y creyentes gentiles, que viven 'juntos en armonía', y que 'con un solo corazón y una sola voz' glorifican a Dios en un espíritu de unidad (15.5–6).

En su conclusión Pablo describe su ministerio como apóstol enviado a los gentiles, junto con su intención de predicar el evangelio sólo donde Cristo no sea conocido (15.14–22); comparte con ellos sus planes de viaje con el fin de visitarlos camino a España, pero de llevar primero la ofrenda a Jerusalén como símbolo de solidaridad judeo-gentil (15.23–29); y pide sus oraciones (15.30–33). Luego les recomienda a Febe, quien se supone fue la portadora de la carta a Roma (16.1–2); manda saludos para veintiséis personas mencionadas por nombre (16.3–16), hombres y mujeres, esclavos y libres, judíos y gentiles, lo cual nos ayuda a apreciar la extraordinaria unidad en la diversidad que disfrutaba la iglesia en Roma; los alerta acerca de los falsos maestros (16.17–20); manda mensajes de parte de ocho personas que están con él en Corinto (16.21–24); y pronuncia una doxología final. Aun cuando la sintaxis de la doxología es un tanto compleja, su contenido es maravilloso. Le permite al apóstol terminar donde comenzó (1.1–5), ya que la introducción de la carta y la conclusión se refieren ambas al evangelio de Cristo, la comisión de Dios, la misión a las naciones y la convocatoria a la obediencia de fe.

El lector interesado puede profundizar en la discusión de temas generales de Romanos en el Apéndice que se encuentra en la página 503, con el título 'Nuevos desafíos para antiguas tradiciones'.

Introducción
Romanos 1.1–17

El evangelio de Dios y el vehemente anhelo de Pablo de compartirlo

Pablo comienza su carta de forma muy personal. El pronombre personal y el posesivo (yo, me, mi) aparecen más de veinte veces en estos versículos iniciales. Evidentemente está ansioso desde el comienzo por establecer una relación íntima con sus lectores. Su introducción consta de tres partes, que llamaré 'Pablo y el evangelio' (1–6), 'Pablo y los romanos' (7–13) y 'Pablo y la evangelización' (14–17).

1
Pablo y el evangelio
Romanos 1.1–6

Las pautas para la composición de cartas varían de una cultura a otra. Nuestra forma moderna es la de dirigirnos al destinatario primeramente ('Querida Juana') y sólo al final identificarnos a nosotros mismos ('Con afecto, José'). En el mundo antiguo se usaba el orden inverso, es decir, el o la que escribía se anunciaba al comienzo y a continuación mencionaba al destinatario o la destinataria ('José a Juana, ¡saludos!'). Normalmente Pablo seguía el estilo de sus días, pero en este caso ofrece una descripción más completa de sí mismo que lo usual, en relación con el evangelio. Es probable que la razón sea que él no fue el fundador de la iglesia de Roma. Tampoco la había visitado todavía. Por lo tanto, siente la necesidad de presentar sus credenciales como apóstol y una síntesis del evangelio. Comienza así: **Pablo, siervo de Cristo Jesús, llamado a ser apóstol, apartado para anunciar el evangelio de Dios.** 'Siervo' es *doulos*, y en realidad debería traducirse 'esclavo'. En el Antiguo Testamento hubo una honorable sucesión de israelitas, comenzando con Moisés y Josué, que se describieron como 'siervos' o 'esclavos' de Yahvéh (por ej. 'Yo, Señor, soy tu siervo').[1] Yahvéh, el Señor, también designaba a Israel colectivamente 'mis siervos'.[2] Es notable con cuánta facilidad el título 'Señor' fue transferido, en el Nuevo Testamento, de Yahvéh a Jesús (por ej., los versículos 4, 7); y los 'siervos' del Señor ya no son los que pertenecen a Israel, sino todo su pueblo, sean judíos o gentiles.

'Apóstol', por otra parte, fue un nombre distintivamente cristiano desde el comienzo, en el sentido de que Jesús mismo lo eligió como su manera de referirse a los Doce,[3] y Pablo sostenía que él había sido agregado a ellos.[4] Las cualidades distintivas de los apóstoles eran que habían sido directa y personalmente llamados y comisionados por Jesús, que eran testigos oculares del Jesús histórico, por lo menos (y especialmente) de su resurrección,[5] y que habían sido enviados por él a predicar con su autoridad. De esta manera los apóstoles del Nuevo Testamento se asemejaban tanto al profeta del Antiguo Testamento, que era 'llamado' y 'enviado' por Yahvéh para hablar en su nombre, como al *shalíaj* del judaísmo rabínico, que era 'un representante o delegado autorizado, legalmente facultado para actuar (dentro de determinados límites) en nombre de su jefe'.[6] Es ante este doble fondo que hemos de entender el autorizado papel docente del apóstol.

La doble designación de Pablo como 'esclavo' y 'apóstol' se destaca de manera especial cuando contrastamos estos vocablos entre sí. 'Esclavo' es un título de gran humildad; expresaba el sentido que tenía Pablo de su insignificancia personal, sin derechos propios, al haber sido comprado para pertenecer a Cristo. 'Apóstol', por otra parte, era un título de gran autoridad; expresaba su sentido de privilegio y dignidad oficiales en razón de haber sido designado por Jesucristo. Además, 'esclavo' es una palabra cristiana general (todos los discípulos consideran a Jesucristo como su Señor), en tanto que 'apóstol' es un título especial (reservado para los Doce y Pablo, y tal vez uno o dos más, tales como Jacobo). Como apóstol, Pablo había sido 'apartado para anunciar el evangelio de Dios'.

¿Cómo quería Pablo que entendieran sus lectores su referencia al hecho de haber sido apartado? La raíz del verbo *afōrismenos* tiene el mismo significado que el de 'fariseo' (*farisaios*). ¿Se trataba de algo deliberado, dado que Pablo había sido fariseo?[7] Anders Nygren, por ejemplo, que refleja su tradición luterana, escribe que 'como fariseo Pablo se había apartado para la ley, pero ahora Dios lo había apartado para … el evangelio … Así, en el primer versículo de su epístola nos encontramos con la yuxtaposición de la ley y el evangelio, asunto que es básico en la carta y que constituye, desde un punto de vista, el tema de Romanos'.[8] Es discutible, sin embargo, si los lectores de Pablo hubiesen podido captar este juego de palabras. Es más probable que Pablo haya visto un paralelo entre su consagración a ser apóstol y la de Jeremías a ser profeta. En Gálatas, Pablo escribió que Dios lo había apartado (usa allí la misma palabra) desde su nacimiento, y que luego lo había llamado a predicar a Cristo a los gentiles,[9] así como a Jeremías Dios le había dicho: 'Antes de que nacieras, ya te había apartado; te había nombrado profeta para las naciones.'[10] Por lo tanto, tenemos que pensar en el encuentro de Pablo con Cristo en el camino a Damasco no sólo como su conversión sino como su designación para ser apóstol (*egō apostellō se*, 'te envío', 'te hago apóstol'),[11] y especialmente para ser el apóstol enviado a los gentiles.

Por esa razón, las dos expresiones verbales de Pablo, 'llamado a ser apóstol' y 'apartado para anunciar el evangelio de Dios', van inseparablemente juntas. No se puede pensar en el concepto de 'apóstol' sin pensar en el 'evangelio', y viceversa. Como apóstol, Pablo tenía la responsabilidad de recibir, formular, defender, sostener y proclamar el evangelio, y de este modo combinar los papeles de depositario, defensor y heraldo. Como lo ha expresado el profesor Cranfield, la función del apóstol era 'servir al evangelio mediante una proclamación autorizada y normativa del mismo'.[12]

A continuación Pablo pasa a ofrecer un análisis del evangelio para el que ha sido apartado, dividido en seis puntos.

1. El origen del evangelio está en Dios

'Dios es la palabra más importante en esta epístola', escribió el doctor Leon Morris. 'Romanos es un libro acerca de Dios. Por lejos, ningún tema se trata con la frecuencia del tema de Dios. Todo lo que Pablo trata en esta carta se relaciona con Dios … No hay nada parecido en ninguna otra parte.'[13] De manera que las buenas noticias cristianas constituyen 'el evangelio de Dios'. No fue algo inventado por los apóstoles; les fue revelado y confiado por Dios.

Esta sigue siendo la primera y más básica convicción que sustenta a la evangelización auténtica. Lo que compartimos con otros no es un conjunto de especulaciones humanas ni una religión más. Es, más bien, 'el evangelio de Dios', las buenas noticias de Dios para un mundo perdido. Sin esta convicción, la evangelización queda vacía de su contenido, de su propósito y de su impulso.

2. La certificación del evangelio es la Escritura

Versículo 2: [el evangelio] **que por medio de sus profetas ya había prometido en las Sagradas Escrituras.** Es decir, si bien Dios reveló el evangelio a los apóstoles, no les llegó a ellos como una total novedad, porque ya lo había prometido por medio de sus profetas en las Escrituras del Antiguo Testamento. Hay, de hecho, una esencial continuidad entre el Antiguo Testamento y el Nuevo. Jesús mismo dijo con claridad que las Escrituras daban testimonio de él, que él era el Hijo del hombre de Daniel 7 y el Siervo sufriente de Isaías 53, y que, como estaba escrito, tenía que sufrir con el fin de entrar en su gloria.[14] En Hechos oímos a Pedro citar el Antiguo Testamento con referencia a la resurrección y exaltación de Jesús y al don del Espíritu.[15] También observamos a Pablo razonar con la gente desde las Escrituras sobre que el Cristo debía sufrir y resucitar, y que este era Jesús.[16] De manera semejante insistió en que fue 'según [o, de conformidad con] las Escrituras' que Cristo murió por nuestros pecados y fue levantado al tercer día.[17] Así, tanto la ley como los profetas dieron testimonio del evangelio (3.21; ver 1.17).

Tenemos razón, por consiguiente, de estar agradecidos que el evangelio de Dios tiene una certificación doble, a saber, los profetas en el Antiguo Testamento y los apóstoles en el Nuevo. Todos ellos dan testimonio en cuanto a Jesucristo, y es a esto a lo cual se refiere Pablo a continuación.

3. La esencia del evangelio es Jesucristo

Si juntamos los versículos 1 y 3, omitiendo el paréntesis del versículo 2, nos queda la declaración de que Pablo fue apartado para el evangelio de Dios acerca **de su Hijo.** Porque el evangelio de Dios es 'el evangelio de su Hijo' (9). Las buenas noticias de Dios se refieren a Jesús. Como lo expresó Lutero en su glosa de este versículo: 'Aquí la puerta se abre plenamente para entender las Sagradas Escrituras, es decir, que todo ha de entenderse en relación con Cristo.'[18] Calvino escribe en forma semejante que 'todo el evangelio está contenido en Cristo'. Por lo tanto, 'alejarse un solo paso de Cristo significa alejarse del evangelio.'[19]

A continuación Pablo describe a Jesucristo mediante dos condiciones opuestas: **que según la naturaleza humana era descendiente de David (3), pero que según el Espíritu de santidad fue designado con poder Hijo de Dios por la resurrección. Él es Jesucristo nuestro Señor** (4). Aquí tenemos referencias, directas o indirectas, al nacimiento (descendiente de David), a la muerte (a la que se hace referencia por su resurrección), a la resurrección de los muertos, y al reinado (en el trono de David) de Jesucristo. El paralelismo ha sido armado tan cuidadosamente y de manera tan exacta que muchos entendidos suponen que Pablo estaba haciendo uso de un fragmento de algún credo anterior. De ser así, aquí le otorga su aprobación apostólica. Expresa una antítesis entre dos títulos (descendiente de David e Hijo de Dios), entre dos verbos ('era' o 'nació' como descendiente de David, pero 'fue designado' o 'declarado' Hijo de Dios), y entre dos cláusulas con función calificativa (*kata sarka*, 'según la naturaleza humana' [literalmente, 'según la carne'], y *kata pneuma hagiōsynēs*, literalmente, 'según el espíritu de santidad').

Primero, dos títulos. 'Hijo de David' era un título mesiánico universalmente reconocido como tal.[20] Lo mismo puede decirse de 'Hijo de Dios', particularmente sobre la base de Salmo 2.7. Sin embargo, la forma en que lo entendió Jesús, como se ve tanto en su modo de acercarse a Dios como '¡*Abba!* ¡Padre!' y en su manera de referirse a sí mismo de modo absoluto como 'el Hijo',[21] indica que la designación tiene carácter divino, y no meramente mesiánico. Evidentemente Pablo la usaba de esta manera (no sólo en 1.3–4, sino también, por ej., en 5.10 y 8.3, 32). Los dos títulos hablan conjuntamente, por lo tanto, de su humanidad y de su deidad.

De los dos verbos, el primero ocasiona pocas dificultades. Si bien no significa más que 'se hizo', evidentemente se refiere al hecho de que Jesús descendía de David por nacimiento (y quizás por adopción también, ya que José lo reconoció como su hijo). El segundo verbo, en cambio, plantea un problema. La traducción 'designado [declarado, RVR] con poder Hijo de Dios por la resurrección' se entiende fácilmente. El problema está en que *horizō* no significa realmente (o generalmente) 'declarar'. Se traduce correctamente 'designar' cuando se dice que Dios 'designó' a Jesús juez del mundo.[22] Pero el Nuevo Testamento no enseña que Jesús haya sido designado, nombrado, establecido o instalado como Hijo de Dios en el momento de la resurrección o mediante ella, por cuanto ha sido el Hijo de Dios eternamente. Esto sugiere que las palabras 'con poder' deben unirse al sustantivo 'Hijo de Dios' antes que al verbo 'designar'. En este caso Pablo afirma que Jesús fue 'designado Hijo-de-Dios-con-poder'[23] o incluso que fue 'declarado como el poderoso Hijo de Dios' (BAGD). Nygren capta bien este concepto cuando escribe: 'De modo que *la resurrección es punto decisivo en la existencia del Hijo de Dios*. Antes de eso era el Hijo de Dios en debilidad y humildad. Mediante la resurrección se transforma en el Hijo de Dios con poder.'[24]

El tercer contraste está en las dos cláusulas de naturaleza calificativa, 'según la naturaleza humana' [literalmente, 'según la carne'] y 'según el Espíritu de santidad'. Si bien 'carne' tiene para Pablo una variedad de significados, aquí evidentemente se refiere a la naturaleza humana de Jesús o a su ascendencia física, aunque tal vez con un sentido de su debilidad o vulnerabilidad, a diferencia del poder implícito en su resurrección y deidad. Por esa razón algunos comentaristas insisten en que, con el objeto de preservar el paralelismo, 'según el Espíritu de santidad' debe traducirse 'según su naturaleza divina', o por lo menos 'según su santo espíritu humano'. Pero 'Espíritu de santidad' no es de ningún modo una referencia obvia a la naturaleza divina de Jesús. Más aun, no fue solamente una parte de él (su naturaleza divina o su espíritu humano) lo que fue levantado de los muertos o designado Hijo-de-Dios-con-poder por la resurrección. Fue el Jesucristo completo, cuerpo y espíritu, humano y divino.

Otros comentaristas señalan que 'Espíritu de santidad' era un hebraísmo natural para el Espíritu Santo, y que había vínculos obvios entre el Espíritu Santo y la resurrección, tanto porque él es 'el Espíritu de aquel que levantó a Jesús de entre los muertos'[25] y, más importante, porque fue el Cristo resucitado y exaltado el que demostró su poder y autoridad con el derramamiento del Espíritu,[26] y el que de este modo inauguró para la iglesia la era del Espíritu.

Parecería entonces que las dos expresiones 'según la naturaleza humana' y 'según el Espíritu' no se refieren a las dos naturalezas de Jesucristo (humana y divina), sino a las dos etapas de su ministerio, preresurrección y postresurrección, la primera débil y la segunda poderosa debido al Espíritu derramado. Lo que aquí se nos presenta es una equilibrada declaración tanto de la humillación y la exaltación, de la debilidad y el poder del Hijo de Dios, de su descendencia humana trazada a partir de David y su divina condición de Hijo-con-poder demostrada mediante la resurrección y el don del Espíritu. Más todavía, esta persona única (simiente de David e Hijo de Dios, débil y poderosa, encarnada y exaltada) es *Jesús* (una figura humana histórica), *Cristo* (el Mesías de las Escrituras del Antiguo Testamento), *nuestro Señor*, dueño y amo de nuestra vida. Tal vez podríamos agregar que los dos títulos de Jesús, 'el Cristo' y 'el Señor', seguramente apelan en forma especial a los cristianos judíos y a los de origen gentil, respectivamente.

4. La esfera de acción del evangelio abarca a todas las naciones

Ahora Pablo vuelve de su descripción del evangelio a su propio apostolado y escribe: **Por medio de él** (es decir, el Cristo resucitado), **y en honor a su nombre** (frase a la que volveremos), **recibimos el don apostólico para persuadir a todas las naciones que obedezcan a la fe** (5). Es improbable que al adoptar el plural 'recibimos' Pablo quiera asociar a otros apóstoles con él, por cuanto no los menciona en ninguna parte de su carta. Es probable que se trate del plural editorial, o el plural de autoridad apostólica, mediante el cual en realidad se estaba refiriendo a sí mismo. ¿Qué fue, entonces, lo que 'recibió' de Dios a través de Cristo? Él lo denomina 'el don apostólico' ['la gracia y el apostolado', RVR], lo que en el contexto parece querer decir 'el inmerecido privilegio de ser apóstol'; Pablo siempre atribuía su apostolado a la misericordiosa gracia y nombramiento de Dios.[27]

Cuando Pablo pasa a declarar el propósito de su apostolado, da a conocer aspectos adicionales del evangelio. Define su alcance como 'a todas las naciones'. Sugiere que los cristianos de Roma eran predominantemente gentiles, ya que los menciona específicamente: **Entre ellas están incluidos también ustedes, a quienes Jesucristo ha llamado** (6). Enseguida Pablo describe el evangelio como el 'poder de Dios para la salvación de todos los que creen: de los judíos primeramente, pero también de los gentiles' (1.16). Lo que está declarando es que el evangelio es para todos; su alcance es universal. Él mismo era un judío patriota, que amaba a su pueblo y anhelaba apasionadamente su salvación (9.1–5; 10.1). Al mismo tiempo, había sido llamado a ser el apóstol de los gentiles.[28] Nosotros también, si hemos de estar comprometidos con la misión mundial, tendremos que ser liberados de todo orgullo de raza, nación, tribu, casta y clase, y reconocer que el evangelio de Dios es para todos, sin excepción y sin distinción. Este es un tema de primordial importancia en Romanos.

5. El propósito del evangelio es la obediencia a la fe

Literalmente, Pablo escribe que ha recibido su apostolado 'para la obediencia de fe entre todas las naciones'. De modo que 'la obediencia de fe' es su definición de la respuesta que el evangelio exige. Se trata de una expresión particularmente notable, ya que aparece al comienzo y al final de Romanos (ver 16.26). Es en Romanos donde Pablo insiste más decididamente que en cualquier otra parte que la justificación es 'por la fe sola'. Con todo, aquí aparentemente escribe que no es por la fe sola, sino por la 'obediencia de fe'. ¿Ha perdido el rumbo Pablo? ¿Se contradice ahora el apóstol? Por cierto que no; Pablo es consecuente en su pensamiento.

Encontramos tres explicaciones principales de esta frase. La primera es que significa 'obediencia a la fe', tomando 'fe' aquí como un conjunto de creencias. Y por cierto que se trata de una expresión neotestamentaria.[29] Además, no cabe duda de que los apóstoles se refieren a la conversión en función de obediencia a la verdad o a la doctrina.[30] Pero cuando el término 'fe' tiene este significado, se esperaría que apareciera con el artículo determinante ('la fe'), mientras que en realidad aquí todo el contexto de la carta exige una referencia a 'fe' (como en 8, 16–17). La segunda posibilidad es que 'de' sea un 'genitivo de equivalencia', y en ese caso la expresión debería traducirse 'la obediencia que consiste en fe'. 'La fe que el apostolado debía promover no era un acto de emoción liviana sino la sincera y devota entrega a Cristo y a la verdad de su evangelio', dice John Murray.[31] Sin embargo, aunque la fe y la obediencia siempre van juntas, no son equivalentes, y el Nuevo Testamento generalmente mantiene una distinción entre ellas.

La tercera opción es que se trata de un genitivo de fuente o de origen. Así la NIV traduce 'la obediencia que viene de la fe', lo cual de inmediato nos recuerda a Abraham, quien 'por la fe … obedeció'.[32] Al mismo tiempo notamos que esta es la obediencia de fe, no la obediencia de la ley. Tal vez, en efecto, la segunda y la tercera opciones no se excluyan mutuamente. Porque la respuesta correcta al evangelio es la fe, más aun, la fe sola. Con todo, una fe verdadera y viva en Jesucristo incluye en sí misma un elemento de sumisión (ver 10.3), especialmente debido a que su objeto es 'Jesucristo nuestro Señor' (4) o 'el Señor Jesucristo' (7), y lleva necesariamente a una vida de obediencia. Por esto la respuesta que Pablo buscaba era una entrega total y sin reservas a Jesucristo, a lo cual llamaba 'la obediencia de fe'. Esta es nuestra respuesta a los que argumentan que es posible aceptar a Jesucristo como Salvador sin entregarse a él como Señor. No es así.

Por cierto que los cristianos de Roma habían creído y obedecido, porque Pablo dice que 'están incluidos' entre aquellos 'a quienes Jesucristo ha llamado' (6).

6. La meta del evangelio es la honra del nombre de Cristo

Las palabras **en honor a su nombre**, que la NVI coloca al comienzo del versículo 5, en realidad vienen al final de la oración gramatical griega, y de ese modo constituyen una especie de culminación. ¿Por qué anhelaba Pablo lograr que las naciones llegaran a la obediencia de fe? Era para lograr la gloria y la honra del nombre de Cristo. Porque Dios 'lo exaltó hasta lo sumo' y 'le otorgó el nombre que está sobre todo nombre', con el fin de que 'ante el nombre de Jesús se doble toda rodilla … y toda lengua confiese que Jesucristo es el Señor'.[33] Por lo tanto, si Dios quiere que toda rodilla se incline ante Jesús y toda lengua confiese su nombre, también debemos hacerlo nosotros. Debemos ser 'celosos' (como a veces lo expresa la Escritura) en cuanto al honor que le corresponde a su nombre, preocuparnos cuando pasa inadvertido, sentirnos heridos cuando se lo ignora, indignados cuando se lo blasfema, y siempre ansiosos por que se le dé el honor y la gloria que le corresponde, como también decididos a que así sea. El más elevado de los motivos misioneros no consiste en cumplir la Gran Comisión (aunque tiene su importancia, desde luego), ni el amor por los pecadores que se encuentran alienados y camino a la perdición (por fuerte que sea dicho incentivo, especialmente cuando contemplamos la ira de Dios, versículo 18), sino más bien el celo abrasador y apasionado por la gloria de Jesucristo.

Algunas actividades de evangelización no son más que una forma de imperialismo apenas disimulado, toda vez que nuestra verdadera ambición sea el honor de nuestra nación, iglesia, organización, o de nosotros mismos. Hay un solo imperialismo cristiano, sin embargo, y es el interés de Su Majestad Imperial Cristo Jesús, y el de la gloria de su imperio o reino. Los primeros cristianos, nos dice Juan, salían 'por causa del Nombre'.[34] Ni siquiera especifica a cuál nombre se refiere. Pero lo sabemos. Y Pablo nos lo aclara. Se trata del incomparable nombre de Jesús. Ante esta suprema meta de la misión cristiana, todo motivo indigno se marchita y muere.

Para sintetizar, aquí tenemos seis verdades fundamentales acerca del evangelio. Su origen está en Dios el Padre, y su esencia es Jesucristo su Hijo. Su certificación proviene de las Escrituras del Antiguo Testamento, y su esfera de acción es a todas las naciones. Nuestro propósito inmediato al proclamarlo es llevar a la gente a la obediencia de fe, pero nuestra meta última es la mayor gloria del nombre de Cristo Jesús. O, para simplificar estas verdades mediante el uso de seis preposiciones, podemos decir que las buenas noticias constituyen el evangelio *de* Dios, *acerca de* Cristo, *según* las Escrituras, *para* las naciones, *con miras a* la obediencia de fe, y *por causa del* Nombre.

2
Pablo y los romanos
Romanos 1.7–13

Después de describir tanto su apostolado como su evangelio, Pablo se dirige ahora a sus lectores: **Les escribo a todos ustedes, los amados de Dios que están en Roma, que han sido llamados a ser santos. Que Dios nuestro Padre y el Señor Jesucristo les concedan gracia y paz (7).** Nos resulta difícil imaginar las sensaciones que la sola mención de la palabra 'Roma' despertaría en la gente del primer siglo que vivía lejos, en alguna de las provincias. Porque 'ella era la ciudad eterna que les había dado paz,' escribió el obispo Stephen Neill, 'la fuente de la ley, el centro de la civilización, la Meca de poetas, oradores y artistas', a la vez que 'cuna de toda suerte de cultos idolátricos'.[1] Con todo, Dios tenía su pueblo allí, al que el apóstol describe de tres maneras.

Primero, son **amados de Dios**, amados hijos suyos. Segundo, **han sido llamados a ser santos**, así como también son de los que 'Jesucristo ha llamado' (6). 'Los santos' o 'el pueblo santo' eran designaciones corrientes de Israel en el Antiguo Testamento. Ahora, no obstante, los cristianos gentiles de Roma también son 'santos'. Porque todos los cristianos sin excepción son llamados por Dios a pertenecer a Cristo y a su pueblo santo.

Tercero, los cristianos de Roma son receptores de la **gracia y paz** de Dios. En el Antiguo Testamento la bendición aarónica era una oración a Yahvéh para que le 'extienda su amor' a su pueblo y le dé 'paz'.[2] Por la forma en que Pablo las usa, casi podría afirmarse que estas palabras sintetizan dos de sus principales propósitos al escribir esta carta: la 'gracia' destaca el carácter gratuito de la justificación que Dios ofrece a los pecadores; y la 'paz' la reconciliación de judíos y gentiles en el cuerpo de Cristo. Aun cuando no usa la palabra 'iglesia' (tal vez porque los cristianos de Roma se reunían en varios grupos en las casas), no obstante les manda sus saludos a **todos** (7) y da gracias por

todos ellos (8), cualquiera fuese su origen étnico. Dado que 'amados', 'llamados' y 'santos' eran todos calificativos en el Antiguo Testamento para Israel, es probable que Pablo los usara expresamente aquí para indicar que todos los creyentes en Cristo, tanto gentiles como judíos, ahora pertenecen al pueblo del pacto de Dios.[3]

Después de esta introducción, el apóstol les habla con franqueza a sus lectores romanos acerca de sus sentimientos para con ellos. Menciona cuatro cosas.

1. Da gracias a Dios por todos ellos

En primer lugar, por medio de Jesucristo doy gracias a mi Dios por todos ustedes, pues en el mundo entero se habla bien de su fe (8). Admitiendo cierto grado de legítima exageración, seguía siendo verdad que hacia dondequiera que se hubiese extendido la iglesia, habían llegado las noticias de que también había cristianos en la capital. Y si bien Pablo no había sido responsable de llevarles el evangelio, esto no lo inhibía de dar gracias porque Roma había sido evangelizada.

2. Ora por ellos

Dios, a quien sirvo de corazón predicando el evangelio de su Hijo, me es testigo de que los recuerdo a ustedes sin cesar (9). **Siempre pido en mis oraciones que, si es la voluntad de Dios, por fin se me abra ahora el camino para ir a visitarlos** (10). En el ministerio apostólico de Pablo, la predicación y la oración van juntas. Les asegura que, aun cuando a la mayoría de ellos no los conoce personalmente, sin embargo ora por ellos 'sin cesar' (9) y 'siempre' (10a). No se trata de una trivialidad piadosa. Dice la verdad, y pone a Dios por testigo de su afirmación. En particular, ora para que 'si es la voluntad de Dios, por fin se me abra ahora el camino para ir a visitarlos' (10b). Es una petición humilde y tentativa. No pretende imponer su voluntad a Dios, ni saber cuál puede ser el camino que tiene trazado Dios. En cambio, somete su voluntad a la de Dios. Cuando lleguemos al capítulo 15, analizaremos la forma en que fue contestada su oración.

3. Anhela verlos y les dice por qué

Su primera razón es esta: **para impartirles algún don espiritual** (*jarisma*) **que los fortalezca** (11). A primera vista parecería natural interpretar este don como uno de esos *jarismata* que Pablo ha enumerado en 1 Corintios 12 y que volverá a mencionar posteriormente en Romanos 12 y Efesios 4. Sin embargo, parecería haber una objeción decisiva a este parecer; o sea, que en esos otros pasajes los dones son asignados por la soberana decisión de Dios,[4] de Cristo[5], o del Espíritu.[6] De modo que el apóstol difícilmente podía sostener que él mismo era capaz de 'impartir' un *jarisma*. Por consiguiente, parecería usar la palabra en sentido más general. Quizá se refiera a su propia enseñanza o exhortación, algo que espera ofrecerles cuando llegue, aunque hay 'una indefinición intencional'[7] acerca de su afirmación, tal vez debido a que a esta altura no sabe cuáles serán las principales necesidades espirituales de ellos.

Apenas terminaba de dictar estas palabras cuando parece sentir que son inapropiadamente unilaterales, como si él tuviese todo para dar y nada que recibir. De modo que de inmediato explica (incluso se corrige): **mejor dicho, para que unos a otros nos animemos con la fe que compartimos** (12). Sabe de las bendiciones recíprocas de la comunión cristiana y, aunque es un apóstol, no es demasiado orgulloso como para reconocer su necesidad de ella. ¡Feliz el misionero moderno que va a otro país y a otra cultura con el mismo espíritu de receptividad, deseoso de recibir además de dar, de aprender como de enseñar, de ser alentado además de alentar! ¡Y feliz la congregación que tiene un pastor con esa misma actitud humilde!

4. Con frecuencia se ha propuesto visitarlos

Quiero que sepan, hermanos, que aunque hasta ahora no he podido visitarlos, muchas veces me he propuesto hacerlo … (13a). No dice qué es exactamente lo que le ha impedido visitarlos. Tal vez la explicación más probable sea la que menciona hacia el final de su carta, o sea, que su obra de evangelización en Grecia y los alrededores no ha sido completada todavía (15.22ss). ¿Por qué había procurado visitarlos? Ahora ofrece una tercera razón: **para recoger algún fruto entre**

ustedes. John Murray comenta acertadamente: 'La idea expresada es la de la recolección de fruta, no la de llevar fruto.'[8] En otras palabras, espera ganar algunos convertidos en Roma, **tal como lo he recogido entre las otras naciones** (13). Por supuesto que habría sido apropiado que el apóstol a los gentiles se dedicara a realizar una cosecha de evangelización en la ciudad capital del mundo gentil.

3
Pablo y la evangelización
Romanos 1.14–17

A continuación el apóstol hace tres fuertes afirmaciones personales sobre su anhelo de predicar el evangelio en Roma:

> **1.14Estoy en deuda…** (BA, 'Tengo obligación…')

> **1.15Mi gran anhelo…**

> **1.16No me avergüenzo…**

Estas afirmaciones se destacan tan marcadamente porque están en la antípoda de la actitud de muchas personas en la iglesia de nuestros días. Actualmente la gente tiende a considerar la evangelización como una opción, y a considerar (en caso de que se dedique a ella) que le está haciendo un favor a Dios; Pablo la consideraba una obligación. La actitud moderna es de renuencia o desgano; la de Pablo era de vehemente deseo o entusiasmo. Hoy muchos tendríamos que confesar, si somos honestos, que en realidad nos avergüenza el evangelio; Pablo declaró que a él no.

Por supuesto que Pablo tenía tantas razones como nosotros para sentir renuencia o vergüenza. Roma era el símbolo del orgullo y el poder imperiales. La gente hablaba de ella con admiración. Todos alentaban la esperanza de visitar Roma por lo menos una vez en la vida, para verla y contemplarla maravillados. Pero, ¿quién era este Pablo que quería visitar la ciudad capital, no como turista sino como evangelista, y que creía que tenía algo que dar a conocer, algo que Roma necesitaba escuchar? Según la tradición, Pablo era un personaje pequeño y feo, calvo, corto de vista, con cejas cargadas, nariz aguileña y piernas arqueadas, y que además no poseía grandes dotes de orador.[1] ¿Qué esperaba lograr, entonces, ante el poderoso orgullo de la Roma imperial? ¿No sería mejor que se mantuviese alejado de ella? O, si debía visitar Roma, ¿no sería más prudente que mantuviera la boca cerrada, no fuese que lo echaran de la corte con risotadas y que tuvieran que sacarlo apresuradamente de la ciudad?

Evidentemente Pablo no pensaba así. Por el contrario, sentía que tenía la obligación de ir, según escribió; era su 'gran anhelo' y 'no [se avergonzaba] del evangelio'. ¿Dónde estaba, entonces, el origen de su entusiasmo por evangelizar? El origen era doble.

1. El evangelio es una deuda para con el mundo | 14–15

'Estoy obligado' (NIV) o 'tengo obligación' (BA) deberían traducirse más correctamente como 'estoy en deuda' (NVI) o 'soy deudor' (RVR). Es posible que la desorientación en cuanto a la razón por la cual el evangelio debía considerarse una deuda haya llevado a un buen número de traductores a hablar de 'obligación' en general. La verdad es que hay dos formas de tener una deuda o ser deudor. La primera es pedir prestado dinero *a alguien*; la segunda es que alguien le haya dado dinero a uno *para* un tercero. Por ejemplo, si yo le pidiera al lector 1000 dólares, yo quedaría en deuda con usted hasta que se los devolviera. Igualmente, si un amigo suyo me entregara 1000 dólares para entregarle a usted, yo quedaría en deuda con usted hasta que se los entregara. En el primer caso habría adquirido una deuda por pedir prestado; en el segundo es su amigo quien me ha colocado en situación de deuda al confiarme los 1000 dólares.

Es en este segundo sentido que Pablo está en deuda. No les ha pedido prestado a los romanos nada que tuviese que devolverles. Pero Jesucristo le ha confiado el evangelio para ellos. Varias veces en sus cartas habla de que se le 'confió el evangelio'.[2] Es verdad que esta metáfora tiene que ver con la mayordomía (administración de bienes) más bien que con la idea de estar en deuda, pero el pensamiento subyacente es el mismo. Es Cristo Jesús quien ha constituido a Pablo en deudor al confiarle la custodia del evangelio. Y Pablo estaba en deuda con los romanos. Como apóstol a los gentiles tenía una deuda para con el mundo gentil en primer término, **a cultos o incultos** (literalmente 'griegos y bárbaros', NVI en nota al pie), **instruidos o ignorantes** (14). No es seguro de qué modo hemos de entender esta clasificación. Ambos pares pueden referirse a los mismos grupos, o el primer par podría aludir a diferencias de nacionalidad, cultura y lengua [RVR, 'griegos y no griegos'], el segundo a inteligencia y educación. De cualquier manera, estas expresiones tomadas en conjunto cubren toda la humanidad gentil. Se debía a su sentido de deuda para con ellos que el apóstol podía escribir así: **De allí mi gran anhelo de predicarles el evangelio también a ustedes que están en Roma** (15).

De forma semejante, nosotros somos deudores de todo el mundo, aun cuando no somos apóstoles. Si el evangelio ha llegado hasta nosotros (cosa que efectivamente ha ocurrido), no tenemos derecho a reservarlo sólo para nosotros. Nadie puede reclamar el derecho a monopolizar el evangelio. Las buenas noticias son para ser compartidas. Tenemos la obligación de darlas a conocer a otros.

Este era el primer incentivo de Pablo. Anhelaba hacerlo porque se sentía deudor. Universalmente se considera deshonroso no saldar una deuda. Nosotros deberíamos estar ansiosos por saldar nuestra deuda, como lo estaba Pablo.

2. El evangelio es el poder de Dios para la salvación | 16

Ahora Pablo ofrece una segunda razón para estar ansioso por predicar el evangelio, y no sentirse avergonzado de hacerlo: **A la verdad, no me avergüenzo del evangelio, pues es poder de Dios para la salvación de todos los que creen: de los judíos primeramente, pero también de los gentiles** (16).

A algunos comentaristas les ofende tanto la idea de que Pablo pudiese sentirse avergonzado del evangelio que sostienen que su afirmación es un caso de lítote, es decir, una afirmación que es lo contrario de una exageración. En este caso tendría efecto retórico, especialmente al usar una forma negativa en lugar de una forma positiva (como cuando alguien dice, 'no me divierte', cuando en realidad quiere decir 'me disgusta o me enoja'). Siguiendo este criterio, Moffatt traduce así la frase: 'Estoy orgulloso del evangelio.' Pero con seguridad que este intento de bajar el tono de la afirmación de Pablo, aunque sea aceptable desde el punto de vista gramatical, no es acertado en el sentido psicológico. El propio Jesús alertó a sus discípulos en cuanto a sentirse avergonzados de él, lo cual demuestra que anticipaba la posibilidad de que esto ocurriera,[3] y Pablo aconsejó a Timoteo en el mismo sentido.[4] En una ocasión oí a James Stewart, de Edimburgo, hacer un comentario muy perceptivo en un sermón sobre este texto: dijo que 'no tiene sentido declarar que no se tiene vergüenza de algo, a menos que se haya sentido la tentación de sentirse avergonzado de ese algo'. Y sin duda alguna que Pablo conocía esta tentación. Admitió a los corintios que llegaba a ellos 'con tanta debilidad que temblaba de miedo'.[5] Sabía que el mensaje de la cruz era 'locura' para algunos y 'motivo de tropiezo' para otros,[6] porque socava la justificación personal y va en contra de la propia gratificación. De manera que cada vez que alguien predica el evangelio con fidelidad despierta oposición, a menudo desdén, y a veces es preciso soportar las burlas.

¿Cómo venció Pablo la tentación a sentirse avergonzado del evangelio? ¿Cómo podemos vencer esa misma tentación nosotros? Nos lo dice el propio Pablo. Se logra recordando que ese mismo mensaje, que algunas personas desprecian por su debilidad, es en realidad 'poder de Dios para la salvación de todos los que creen'. ¿Cómo lo sabemos? A la larga, sólo porque hemos experimentado su poder redentor en nuestra propia vida. ¿Acaso no nos ha reconciliado Dios consigo mismo por medio de Cristo, habiendo perdonado nuestros pecados, habiéndonos hecho hijos suyos, habiendo puesto dentro de nosotros su Espíritu, habiendo comenzado a transformarnos, y habiéndonos incorporado a su nueva comunidad? Si es así, ¿cómo es posible que sintamos vergüenza del evangelio? Más aun, el evangelio es el poder salvador de Dios 'de todos los que creen: de los judíos primeramente, pero también de los gentiles'. La fe salvadora, que es la respuesta necesaria al evangelio, es la gran niveladora. Porque todo el que es salvo lo es exactamente de la misma manera: por fe.[7] Esto vale para judíos y gentiles por igual. No hay distinción entre ellos en relación con la salvación.[8] La prioridad de los judíos ('los judíos primeramente') es teológica, porque Dios los eligió e hizo con ellos su pacto, y consiguientemente histórica ('Era necesario que les anunciáramos la palabra de Dios primero a ustedes').[9]

Al reflexionar sobre las tres afirmaciones personales del apóstol en los versículos 14–16, hemos visto que su ansiedad por evangelizar en Roma surgió de su reconocimiento de que el evangelio es una deuda impaga al mundo y, a la vez, el poder salvador de Dios. Lo primero le dio un sentido de obligación (se le habían confiado las buenas noticias), y lo segundo un sentido de convicción (si lo había salvado a él, podía salvar a otros). Aun hoy el evangelio es tanto una deuda a saldar como un poder a experimentar. Solamente cuando hayamos captado y experimentado estas realidades podremos decir con Pablo: 'No me avergüenzo… tengo la obligación… por tanto anhelo compartir el evangelio con el mundo.'

3. El evangelio revela la justicia de Dios | 17

De hecho, en el evangelio se revela la justicia que proviene de Dios, la cual es por fe de principio a fin, tal como está escrito: 'El justo vivirá por la fe' (17).

Notamos la lógica de la afirmación de Pablo en los versículos 16–17: 'No me avergüenzo del evangelio, *pues* es poder de Dios para la salvación … De hecho (*gar*, porque) *en el evangelio se revela la justicia que proviene de Dios …*' Es decir, la razón de que el evangelio sea el poder salvador de Dios está en que en ese mensaje se revela la justicia de Dios. Más todavía, esta justicia 'es por fe de principio a fin' [o 'se descubre de fe en fe', RV 1909], en cumplimiento de Habacuc 2.4: 'El justo vivirá por su fe'. Muchos comentaristas consideran que los versículos 16–17 constituyen el 'texto' del cual lo demás de Romanos es la exposición. Por cierto que son esenciales para nuestro entendimiento. Sin embargo se nos presentan tres interrogantes básicos. Primero, ¿qué es 'la justicia de Dios'? Segundo, ¿qué significa 'de fe en fe' (RV 1909) o 'por fe y para fe' (BA)? Tercero, ¿cómo hemos de interpretar la cita de Habacuc y el uso que hace Pablo de ella?

a. La justicia de Dios

El significado de la expresión *dikaiosynē theou* ('justicia de —o [que viene] de— Dios') se ha discutido a lo largo de la historia de la iglesia, y en consecuencia ha dado lugar a una cantidad enorme de literatura. No es fácil sintetizar el debate, y menos aun sistematizarlo.

Primero, algunos destacan el hecho de que 'la justicia de Dios' es un *atributo divino* o una cualidad divina. El término 'justicia' describe su carácter, junto a sus acciones, las cuales guardan concordancia con su carácter. Dado que Dios es 'el Juez de toda la tierra', es razonable pensar que siempre 'hará justicia'.[10] Él ama la justicia y aborrece el mal, y la justicia constituye el cetro de su reino.[11]

En Romanos la justicia personal de Dios se ve en forma suprema en la cruz de Cristo. Cuando Dios 'lo ofreció como un sacrificio de expiación', lo hizo para 'demostrar su justicia' (*dikaiosynē*, 3.25, repetido en 3.26), y con el fin de que fuese él mismo 'justo' y 'el que justifica a los que tienen fe en Jesús' (3.26b). En todo el texto de Romanos Pablo se esfuerza por defender el carácter y el comportamiento justos de Dios. Porque está convencido de que todo lo que Dios haga en cuanto a salvación (3.25) o en cuanto a juicio (2.5) es absolutamente consecuente con su justicia. Este es el énfasis de William Campbell, o sea, que 'la justicia de Dios' es 'primero y principalmente una justicia que demuestra la fidelidad de Dios a su propia naturaleza justa',[12] a su integridad, al hecho de ser consecuente consigo mismo. Sin embargo, este atributo de Dios no puede ser ni la única ni la principal verdad que según Pablo se revela en el evangelio (1.17), dado que ya estaba plenamente revelado en la ley.

En segundo lugar, otros recalcan que 'la justicia de Dios' es *una actividad divina*, a saber, su intervención redentora a favor de su pueblo. Por cierto, con frecuencia su 'salvación' y su 'justicia' se encuentran interconectadas en la poesía hebrea, especialmente en los salmos y en Isaías 40–46. Por ejemplo, 'El Señor ha hecho gala de su triunfo [salvación, NVI, ver el glosario]; ha mostrado su justicia a las naciones.'[13] En forma semejante, Dios declara: 'Mi justicia no está lejana; mi salvación ya no tarda',[14] y se describe a sí mismo como 'Dios justo y salvador'.[15] Posiblemente sea una exageración sostener, a la luz de estos textos, que la justicia de Dios y la salvación de Dios son expresiones sinónimas. Más bien se trata de que su justicia denota lealtad a las promesas de su pacto, a la luz de la cual se le puede implorar y esperar que acuda a salvar a su pueblo. Por ejemplo, 'Júzgame según tu justicia, Señor mi Dios.'[16] Como lo ha expresado John Ziesler, 'la salvación es la *forma* que adopta … la justicia de Dios'.[17] Ernst Käsemann escribe sobre la justicia de Dios en función de poder, del poder salvador de Dios, por lealtad a su pacto, para derribar las fuerzas del mal y vindicar a su pueblo.[18] N. T. Wright lo entiende en forma similar. La justicia de Dios, escribe, es 'esencialmente la fidelidad al pacto, la justicia del pacto, por parte de Dios, quien hizo promesas a Abraham, promesas de una familia de alcance mundial caracterizada por la fe, en la cual (y a través de la cual) la maldad del mundo sería deshecha'.[19]

Tercero, 'la justicia de Dios' revelada en el evangelio es *un logro divino*. El genitivo ya no es algo subjetivo (como en la referencia al carácter y la actividad de Dios), sino objetivo (una 'justicia que proviene de Dios', como traduce la frase NVI en 1.17). De hecho, en Filipenses 3.9 el genitivo simple ('la justicia de Dios') ha sido remplazado por una frase preposicional ('la justicia que procede de Dios', *ek theou*). Se trata de una posición justa que Dios requiere si queremos presentarnos ante él, lo cual se logra por medio del sacrificio expiatorio en la cruz, que se revela en el evangelio, y que Dios ofrece libremente a todos los que confían en Jesucristo.

Poca duda cabe de que Pablo usa la expresión 'la justicia que procede de Dios' en esta tercera forma. La contrasta con nuestra propia justicia,[20] que nos tentamos a establecer en lugar de someternos a la justicia de Dios (10.3). La justicia de Dios es un don (5.17) que se ofrece a la fe (3.22), y que podemos poseer o disfrutar.[21] Charles Cranfield, quien opta por esta interpretación, parafrasea 1.17 de la siguiente manera: 'Porque en él (es decir, en el evangelio tal como se lo predica) se revela una posición justa, que es don de Dios (y de esta manera se ofrece a los hombres), y que es enteramente por fe.'[22] Más aun, en 2 Corintios 5.21 Pablo ha escrito que en Cristo realmente recibimos 'la justicia de Dios'; en Romanos 4 va a escribir sobre la justicia que nos es 'tomada en cuenta' ('acreditada' o 'imputada'), como lo fue a Abraham (versículos 3, 24); y en 1 Corintios 1.30 es Cristo mismo a quien Dios 'ha hecho nuestra … justificación'.

Así, se puede considerar que 'la justicia de Dios' es un atributo divino (nuestro Dios es un Dios justo), una actividad divina (acude a rescatarnos), o un logro divino (nos concede una posición de justicia). Estos tres pareceres son reales, y han sido sostenidos por diferentes entendidos, a veces relacionándolos entre sí. En cuanto a mí, nunca he podido descubrir por qué tenemos que elegir, y por qué no pueden combinarse los tres. Hasta el profesor Fitzmyer, quien se vale de la extraña expresión 'la rectitud de Dios', y sostiene que es 'descriptiva del recto ser de Dios y de su recta actividad',[23] agrega que también expresa 'la posición de rectitud comunicada a los seres humanos por el misericordioso don de Dios.'[24] En otras palabras, es al mismo tiempo una cualidad, una actividad, y un don.

Parecería legítimo afirmar, por lo tanto, que 'la justicia de Dios' es la justa iniciativa de Dios para poner a los pecadores en la debida relación con él mismo, concediéndoles una justicia que no les pertenece a ellos sino a él. 'La justicia de Dios' es la justa justificación de Dios de los injustos, su modo justo de pronunciar justos a los injustos, en el que demuestra su justicia y al mismo tiempo nos concede su justicia. Lo ha hecho por medio de Cristo, el justo, aquel que murió por los injustos, como lo explicará Pablo más adelante. Y lo hace mediante la fe, cuando ponemos nuestra confianza en él y acudimos a él en busca de misericordia.

b. De fe en fe

La justicia de Dios, que se revela en el evangelio y nos es ofrecida, es (literalmente) de la fe a la fe o 'por fe y para fe' (RVR, BA). Se han propuesto muchas explicaciones de esta frase, algunas más ingeniosas que otras. Menciono las que parecerían ser las cuatro explicaciones más plausibles. La primera se relaciona con el *origen* de la fe, como lo expresa Bengel: 'de la fe de Dios, que hace el ofrecimiento, a la fe de los hombres, que la reciben'.[25] Más simplemente, es 'de la fe (mejor dicho, fidelidad) de Dios a nuestra fe'. La fidelidad de Dios siempre viene primero, y la nuestra nunca es otra cosa que una respuesta. Este era el parecer de Karl Barth.[26] Segundo, es posible que la *diseminación* de la fe por la evangelización sea lo que tiene en mente Pablo: 'de un creyente a otro'. Tercero, puede estar aludiendo al *crecimiento* de la fe, 'de un grado de fe a otro' (ver 2 Corintios 3.18, RSV). Cuarto, puede ser que se esté resaltando la *primacía* de la fe. En este caso la expresión es puramente retórica, y ha sido traducida, por ejemplo, **por fe de principio a fin** (NVI) o 'enteramente por fe'.[27]

c. La cita de Habacuc

A continuación el apóstol confirma su énfasis en la fe mediante la Escritura y cita Habacuc 2.4: **El justo vivirá por su fe**. El profeta se había quejado porque Dios se proponía preparar a los implacables babilonios para castigar a Israel. ¿Cómo podía usar gente mala para juzgar a otros malos? La respuesta del Señor a Habacuc fue que los arrogantes babilonios iban a caer, mientras el israelita justo viviría por su fe, es decir, en el contexto, por su humilde y firme confianza en Dios.

Con todo, muchos estudiosos traducen la cita de Pablo a Habacuc como lo hacen RVR y DHH [como alternativa al pie de página]:

'El que por la fé es justo, vivirá'. Hay argumentos fuertes a favor de este epigrama. Primero, Pablo ya había usado este texto en Gálatas,[28] que había sido escrito algunos años antes, como apoyo bíblico para la justificación por la fe y no por la ley. De modo que es así como entiende Pablo la cuestión. Segundo, el contexto casi exige dicha traducción, por ser un respaldo bíblico para 'de fe en fe'. Lo que preocupa a Pablo aquí no es cómo viven los justos, sino cómo pueden los pecadores hacerse justos. Tercero, esta traducción encuadra bien en la estructura de la carta. Así, Anders Nygren señala que en Romanos 1–4 el término 'fe' aparece por lo menos veinticinco veces y 'vida' sólo dos, mientras que en Romanos 5–8 el término 'vida' aparece veinticinco veces y 'fe' sólo dos. Dichas estadísticas establecen, piensa Nygren, 'que el tema de los capítulos 1–4 es 'el que por la fe es justo', y el de los capítulos 5–8 'vivirá'.[29]

  ¿Es legítimo traducir el texto de Habacuc de esta manera, y de esta forma hacer que la fe sea el medio hacia la justicia en lugar del medio para llegar a la vida? Yo pienso que sí. Notamos que la expresión caracteriza al pueblo de Dios en función de la justicia, la fe y la vida. Cualquiera sea la forma en que se entienda la oración gramatical, ambas versiones sostienen que 'el justo vivirá' y que la fe es esencial. El único interrogante está en si el justo por la fe vivirá, o si el justo vivirá por la fe. ¿Acaso no son verdaderas ambas posibilidades? La justicia y la vida se dan ambas por fe. Quienes son justos por fe también viven por fe. Habiendo comenzado con fe, siguen en el mismo camino. Esto también encaja con la expresión 'de fe en fe', lo cual pone de manifiesto que la vida cristiana es por fe de comienzo a fin. De manera que pienso que F. F. Bruce tenía razón al escribir: 'Los términos del oráculo de Habacuc son suficientemente generales para hacer lugar a la aplicación paulina de los mismos; una aplicación que, lejos de hacer violencia a la intención del profeta, expresa la permanente validez de su mensaje.'[30]

I
La ira de Dios contra toda la humanidad
Romanos 1.18–3.20

Nada hay que mantenga a la gente alejada de Cristo más que la incapacidad para ver su propia necesidad de él, o su falta de deseos de admitirlo. Como lo expresó Jesús: 'No son los sanos los que necesitan médico sino los enfermos. Y yo no he venido a llamar a justos sino a pecadores.'[1] Estaba defendiendo ante la crítica de los fariseos su costumbre de fraternizar con "recaudadores de impuestos y 'pecadores'". Con este comentario acerca del médico Jesús no quería decir que algunas personas realmente son justas, de modo que no necesitan la salvación, sino que algunas personas creen que lo son. En esa condición de autojustificación jamás podrán acercarse a Cristo. Porque así como nosotros vamos al médico sólo cuando admitimos que estamos enfermos y que no podemos curarnos solos, así también acudimos a Cristo sólo cuando admitimos que somos pecadores culpables y que no podemos salvarnos solos. El mismo principio se aplica a todas nuestras dificultades. Si negamos el problema, nada podemos hacer para solucionarlo; si reconocemos el problema, de inmediato existe la posibilidad de una solución. Resulta significativo que el primero de los 'doce pasos' de Alcohólicos Anónimos sea: 'Aceptamos que no teníamos poder contra el alcohol; que nuestra vida se había vuelto inmanejable.'

Cierto es que algunas personas insisten con gran energía en que no son pecadores ni culpables, y que no necesitan a Cristo. Estaría muy mal tratar de inducir sentimientos de culpabilidad en ellos en forma artificial. Pero si el pecado y la culpa son universales (como lo son), no podemos abandonar a la gente a su falso paraíso de supuesta inocencia. La acción más irresponsable de un médico sería aceptar el diagnóstico desacertado del propio paciente. Más bien, nuestro deber cristiano es, mediante la oración y la enseñanza, lograr que la gente acepte el verdadero diagnóstico de su condición ante los ojos de Dios. De otra manera, jamás podrán responder al evangelio.

Es este sencillo e impopular principio el que está en la base de Romanos 1.18–3.20. Antes que Pablo pueda mostrar que la salvación está igualmente a disposición de judíos y gentiles (como declara que lo está, en 1.16), tiene que probar que estos están igualmente necesitados de ella. De modo que su propósito en este pasaje consiste en preparar la demostración de 'que tanto los judíos como los gentiles están bajo el pecado',[2] de tal manera 'que todo el mundo se calle la boca y quede convicto delante de Dios'.[3] Hace más que presentar una acusación; presenta las pruebas contra nosotros, con el fin de demostrar nuestra culpa y asegurar que seamos juzgados. Todos los seres humanos, hombres y mujeres (con la sola excepción de Jesús), son pecadores, culpables y sin excusa delante de Dios. De entrada están sometidos a su ira. De entrada aparecen condenados. Es un tema de gran solemnidad. Al mismo tiempo, es el trasfondo necesariamente oscuro contra el cual resplandece brillantemente el evangelio, fundamento indispensable para la evangelización mundial.

La forma en que Pablo demuestra la universalidad del pecado y la culpa del hombre consiste en dividir la raza humana en varios sectores y acusarlos uno por uno. En cada caso el procedimiento es idéntico. Comienza recordando a cada grupo su conocimiento de Dios y del bien. Luego los enfrenta con el incómodo hecho de que no han vivido a la altura de su conocimiento. Por el contrario, deliberadamente lo han suprimido, incluso contrariado, al seguir viviendo en la injusticia. Y por consiguiente son culpables, inexcusablemente culpables delante de Dios. Nadie puede invocar inocencia, porque nadie puede declararse ignorante.

En primer lugar (1.18–32), presenta *la depravada sociedad gentil* con su idolatría, inmoralidad y comportamiento antisocial.

En segundo lugar (2.1–16), se dirige a los *moralistas críticos* (sean gentiles o judíos) que profesan tener elevadas normas éticas y que se las aplican a todos excepto a sí mismos.

En tercer lugar (2.17–3.8), se vuelve hacia los *judíos que confían en sí mismos,* que se jactan de su conocimiento de la ley de Dios, pero que no la obedecen.

En cuarto lugar (3.9–20), engloba a *toda la raza humana* y concluye con la afirmación de que todos somos culpables y que no tenemos excusa alguna delante de Dios.

En todo este largo pasaje en el cual, de manera gradual pero implacable, el apóstol construye su caso, jamás pierde de vista las buenas noticias de Cristo. Por cierto, 'la justicia de Dios' (es decir, como hemos visto, su modo justo de hacer justos a los injustos) es el único contexto posible en el cual podría atreverse a exponer la miseria de la injusticia humana. En 1.17 ha expresado que 'en el evangelio se revela la justicia que proviene de Dios'. En 3.21 repetirá está declaración casi palabra por palabra: 'Pero ahora … se ha manifestado la justicia de Dios.' Entre estas dos grandes declaraciones de la revelación de la misericordiosa justicia de Dios, Pablo coloca su terrible exposición reveladora de la injusticia humana (1.8–3.20).

4
La depravada sociedad gentil
Romanos 1.18–32

Es importante que comprendamos la conexión entre la ira de Dios y el evangelio de Dios. En los versículos 16–20 el apóstol desarrolla un argumento de sostenida lógica. Se refiere sucesivamente al poder de Dios (16), a la justicia de Dios (17), a la ira de Dios (18), y a la gloria de Dios en la creación (19–20). Por otra parte, cada declaración que hace está ligada a la anterior por medio de las conjunciones griegas *gar* o *dioti*, que pueden traducirse 'porque' o 'pues'. Quiero intentar aclarar las etapas del argumento, armando un diálogo con Pablo.

Pablo: No me avergüenzo del evangelio (16a).

Pregunta: ¿Por qué no, Pablo?

Pablo: [Porque] es poder de Dios para la salvación de todos los que creen (16b).

Pregunta: ¿Cómo es esto, Pablo?

Pablo: Es que en el evangelio se revela la justicia de Dios, es decir, la forma en que Dios justifica a los pecadores (17).

Pregunta: Pero, ¿por qué es necesario que sea así, Pablo?

Pablo: Porque la ira de Dios viene revelándose desde el cielo contra toda impiedad e injusticia de los seres humanos, que con su maldad obstruyen la verdad (18).

Pregunta: ¿Y cómo han obstruido la verdad?

> **Pablo:** Pues, porque lo que se puede conocer acerca
> de Dios es evidente para ellos ... Porque desde
> la creación del mundo las cualidades invisibles
> de Dios ... se perciben claramente ... (19–20).

Se podría, entonces, hablar de una cuádruple autorrevelación de Dios. Para beneficio de la claridad, ubicaré las cuatro revelaciones divinas en orden inverso al que Pablo presenta:

Primero, Dios revela su gloria (su eterno poder y su naturaleza divina) en la creación (19–20).

Segundo, revela su ira contra el pecado de los que suprimen su conocimiento del Creador (18).

Tercero, revela su justicia (su forma justa de poner a los pecadores en la debida relación con él) en el evangelio (17).

Cuarto, revela su poder en los creyentes al salvarlos (16).

Un cuidadoso estudio de la devastadora descripción de la decadencia gentil que viene a continuación, ha sugerido a algunos entendidos que Pablo estaba bajo la influencia del relato de la caída de Adán en Génesis, y de la crítica judía de la idolatría pagana en el libro de *Sabiduría*.

Morna Hooker ha escrito que Pablo estaba describiendo 'el pecado del hombre en el contexto bíblico genuino: el relato de la creación y de la caída en Génesis'.[1] No es difícil encontrar paralelos que podrían tomarse como reminiscencias. Por ejemplo, igual que Génesis 1–3, Pablo se refiere a la creación del mundo (20) y a la clasificación de sus criaturas en aves ... cuadrúpedos y ... reptiles (23); usa el vocabulario de gloria e 'imagen' o 'semejanza' (23); alude al conocimiento de Dios por parte del ser humano (19, 21), a la decisión de hacerse sabios (22), a la negativa a seguir como criaturas dependientes (18, 21), al cambio de la verdad de Dios por la mentira de Satanás (25), y al conocimiento de que la rebelión significaba muerte (32; ver 5.12ss). Por todo esto parecería quedar claro que Pablo escribía contra el fondo bíblico general de la creación y la caída, si bien no está demostrado que Pablo estaba intencionalmente relatando una vez más la historia de Adán.

Más peso tiene la opinión de que Pablo aludía al libro apócrifo de *Sabiduría*, especialmente a sus capítulos 13–14, que consisten en una polémica judía helenística contra la idolatría pagana. Sanday y Headlam ofrecen una tabla cuyas columnas indican posibles paralelos entre el libro de *Sabiduría* y Romanos.[2] Por cierto que los mencionados capítulos de *Sabiduría* contienen referencias al fracaso humano de conocer a Dios por sus obras ('a pesar de ver tantas cosas buenas, no reconocieron al que verdaderamente existe');[3] al pecado y la necedad de la idolatría ('llaman dioses a cosas hechas por los hombres');[4] al hecho de que 'el culto a ídolos que no son nada es principio, causa y fin de todo mal',[5] incluida 'la perversión sexual', a la 'confusión de los valores';[6] y a la conclusión de que quienes no descubren a Dios en sus obras 'no tienen excusa'.[7] Sin embargo, estas semejanzas se han entresacado de una masa de materiales de valor inferior, y los vínculos no son tan cercanos como para sugerir una referencia consciente. Me parece que Pablo se basaba más en la crítica de la idolatría que hacían los profetas del Antiguo Testamento que en el libro de *Sabiduría*. Estoy de acuerdo con Godet en que hay una tremenda diferencia entre 'la mansa y superficial explicación de la idolatría' en *Sabiduría*, y el 'profundo análisis psicológico' de Pablo.[8]

Volviendo ahora al texto de Pablo, nos enfrentamos con su afirmación de que **la ira de Dios viene revelándose desde el cielo contra toda … la maldad** humana (18).

Se considera hoy en día que la sola mención de la ira de Dios produce incomodidad e incluso incredulidad en la gente. ¿Cómo es posible, preguntan, atribuir al Dios completamente santo el enojo que Jesús en el Sermón del Monte equiparó con el homicidio,[9] y que Pablo identificó como una manifestación de nuestra naturaleza humana pecaminosa, incompatible con nuestra nueva vida en Cristo[10]? Por cierto que una reflexión sobre la ira de Dios plantea tres interrogantes, en torno a su naturaleza, su objeto y su elaboración.

1. ¿Qué es la ira de Dios?

Si hemos de preservar el equilibrio de las Escrituras, nuestra definición de la ira de Dios debe evitar los extremos opuestos. Por un lado, están quienes la ven como algo que no se diferencia de la ira del ser humano pecador. Por el otro, están quienes declaran que la sola noción de la ira como atributo personal o actitud de Dios debe abandonarse.

Si bien hay algo que puede denominarse indignación justa, la ira humana es básicamente muy injusta. Es una emoción irracional e incontrolable, que tiene mucho de vanidad, de animosidad, malicia y deseos de venganza. La ira de Dios está absolutamente libre de semejantes ingredientes venenosos.

El deseo de eliminar toda noción de la ira personal de Dios, como algo totalmente indigno de su persona, se asocia generalmente con el nombre de C. H. Dodd, cuyo comentario sobre Romanos se publicó en 1932. Dodd sostenía que "Pablo nunca pone a Dios como sujeto del verbo 'tener ira,'" aunque con frecuencia dice que ama, y que el sustantivo *orgē* (ira) se usa sólo tres veces en la expresión 'la ira de Dios', mientras que aparece constantemente como 'ira' o 'la ira' sin referencia a Dios, 'de un modo curiosamente impersonal'.[11] La conclusión de Dodd es que Pablo retiene el concepto 'no para describir la actitud de Dios hacia el hombre, sino para describir un inevitable procedimiento de causa y efecto en un universo moral'.[12] A. T. Hanson elaboró este punto de vista en *The Wrath of the Lamb* (La ira del Cordero), sosteniendo que la ira de Dios es 'totalmente impersonal'[13] y que se trata del 'inevitable proceso del pecado tal como se desenvuelve en la historia'.[14]

Pero el argumento basado en la comparativa ausencia de la expresión 'la ira de Dios', a favor de 'ira' o 'la ira' es débil, dado que Pablo trata la gracia en forma similar. Al final de Romanos 5 escribe tanto de 'la gracia de Dios' (15), como de 'la gracia', que no obstante personifica como algo que 'sobreabundó' (20) y que 'reinó' (21), y que es el más personal de todos los atributos de Dios. Por lo tanto, si 'gracia' es Dios actuando con misericordia, la 'ira' tiene que ser Dios reaccionando con repulsión ante el pecado. Es su 'aborrecimiento profundamente personal' de la maldad.[15]

La ira de Dios, entonces, es casi enteramente diferente del enojo humano. No significa que Dios pierde la calma, monta en cólera, o incluso obra en forma malévola, rencorosa o vengativa. Lo opuesto a la 'ira' no es el 'amor' sino la 'neutralidad' ante el conflicto moral,[16] y Dios no es neutral. Por el contrario, su ira es su santa hostilidad hacia el mal, su negativa a condonarlo o a acomodarse a él; es su justo juicio sobre el mal.

2. ¿Ante qué se revela la ira de Dios?

En un sentido general, la ira de Dios se dirige solamente contra el mal. Nosotros nos enojamos cuando nuestro orgullo ha sido herido; pero en el enojo de Dios no hay resentimiento. Nada despierta su enojo salvo la maldad, y la maldad siempre logra hacerlo.

Más particularmente, Pablo escribe que la ira de Dios se revela **contra toda impiedad** (*asebeia*) **e injusticia** (*adikia*) **de los seres humanos, que con su maldad obstruyen la verdad** (18). Según J. B. Lightfoot, la *asebeia* es 'contra Dios' y la *adikia* 'contra los hombres'. Además, 'la primera precede y ocasiona la segunda: como prueba está la enseñanza de este capítulo'.[17] La Escritura es muy clara en cuanto a que la esencia del pecado es la impiedad. Es el intento de eliminar a Dios y, como eso es imposible, la determinación de vivir como si se lo hubiese podido eliminar. 'No hay temor de Dios delante de sus ojos' (3.18). Lo opuesto también es cierto: La esencia de la bondad es la piedad; amar a Dios con todo nuestro ser es obedecerle con gozo.

La ira de Dios no está dirigida, sin embargo, contra 'la impiedad e injusticia' en el vacío, sino contra la impiedad e injusticia de quienes 'con su maldad (nuevamente *adikia*) obstruyen la verdad'. No es sólo que hacen el mal, a pesar de que saben lo que tienen que hacer. Se trata de que han tomado una decisión *a priori* de vivir para sí mismos, antes que para Dios y los demás, y por consiguiente, deliberadamente anulan cualquier verdad que representa algún desafío a su egocentrismo.

¿Cuál es la 'verdad' que ocupa la mente de Pablo? Nos lo dice en los versículos 19–20. Se trata de ese conocimiento de Dios que está a nuestra disposición a través del orden natural. Porque **lo que se puede conocer acerca de Dios es evidente** (aunque lo que pueden conocer las criaturas finitas y caídas como nosotros es inevitablemente limitado). Y la razón es que Dios ha tomado la iniciativa y **se lo ha revelado**. ¿Cómo? El versículo 20 lo explica. **Desde la creación las cualidades invisibles de Dios, es decir, su eterno poder y su naturaleza divina** (los que juntos constituyen algo así como su 'gloria', 23), **se perciben claramente a través de lo que él creó**. En otras palabras, Dios es invisible, pero aquel a quien no se puede conocer se ha hecho visible y cognoscible a través de lo que ha hecho. La creación es una revelación visible del Dios invisible, una revelación inteligible del Dios a quien de otro modo es imposible conocer. Así como los artistas se revelan en lo que dibujan, pintan o esculpen, el Artista Divino se ha revelado en su creación.

Esta verdad de la revelación por medio de la creación es tema constante en las Escrituras. 'Los cielos cuentan la gloria de Dios' y 'toda la tierra está llena de su gloria'.[18] El mismo Job que confesó que hasta entonces sólo había 'oído hablar' de Yahvéh, finalmente afirmó que la maravilla del orden natural había hecho que ahora lo pudiera 'ver'.[19] Porque el Dios viviente que hizo todas las cosas, como le explicó Pablo a su auditorio pagano en Listra, 'no ha dejado de dar testimonio', sino que ha mostrado su bondad para con la raza humana mediante la entrega gratuita de la lluvia y las cosechas, la abundancia de alimentos y el gozo desbordante.[20]

Dado que Romanos 1.19–20 es uno de los principales pasajes del Nuevo Testamento dedicados al tema de la *revelación general*, quizás resulte útil sintetizar la forma en que la *revelación general* difiere de la *especial*. La revelación que de sí mismo hace Dios mediante 'lo que ha hecho', tiene cuatro características principales. Primero, es *general* porque es para todos en todas partes, por oposición a la *especial* que está dirigida a personas determinadas en lugares determinados, por medio de Cristo y los escritores bíblicos. Segundo, es *natural* porque se da a conocer a través del orden natural, a diferencia de la *sobrenatural*, que comprende la encarnación del Hijo y la inspiración de las Escrituras. Tercero, es *continua* porque ha sido incesante ('un día … al otro día … una noche a la otra noche'[21]) desde la creación del mundo, en contraposición a la revelación *final* y definitiva en Cristo y en la Escritura. Y cuarto, es *creacional*, porque revela la gloria de Dios a través de la creación, por oposición a la *salvífica*, que revela la gracia de Dios en Cristo.

La convicción de que Dios se revela por medio del universo creado sigue teniendo sentido para nosotros en el siglo veintiuno. Si bien ya no están en boga los cinco argumentos denominados 'clásicos' sobre la existencia de Dios, formulados por Tomás de Aquino en su *Summa Theologica* en el siglo trece, los cristianos seguimos creyendo que el poder, la capacidad y la bondad de Dios se dejan ver en la belleza y el equilibrio, la complejidad y el carácter inteligible del universo, a medida que los científicos siguen investigando.

Por ejemplo, después de que se puso en conocimiento de la *American Physical Society* (Sociedad Física Norteamericana) que por vía satelital se habían detectado los 'dolores de parto' del universo, un colaborador anónimo del diario *Guardian* escribió lo siguiente: "Resulta difícil saber cuál debería ser la reacción apropiada ante semejantes descubrimientos, excepto la de postrarse de rodillas en total humildad y darle gracias a Dios o al '*big bang*' o a ambos, por haber articulado hábilmente la posibilidad de que esta parte infinitesimal del universo llamada Tierra fuese agraciada con algo llamado aire." En el otro extremo de las dimensiones, un cirujano me escribió así hace algunos años: 'Me lleno del mismo asombro y humildad cuando contemplo algo de lo que ocurre en una sola célula como cuando contemplo el cielo en una noche despejada. La coordinación de las complejas actividades de la célula con un propósito común impacta la parte científica de mi persona como la mejor prueba de la existencia de un Propósito Último.' Los antropólogos también han descubierto un sentido moral mundial en los seres humanos, de modo que, si bien la conciencia está, hasta cierto punto, condicionada por la cultura, no obstante sigue dando testimonio ante todos, en todas partes, de que hay una diferencia entre el bien y el mal, y que el mal merece ser castigado (32).

Pablo termina su declaración con estas palabras: **de modo que nadie tiene excusa** (20). Esto demuestra que venía hablando de la 'revelación natural' y no de 'teología (o religión) natural'. Esta última expresa la creencia de que es posible que los seres humanos conozcan a Dios por medio de la creación, y que por lo tanto, la creación es una alternativa a Cristo como modo de llegar a Dios. Algunas personas basan esta creencia en Romanos 1, especialmente en la expresión **haber conocido a Dios** (21) y cuando se refiere a que no tomaron en cuenta el **conocimiento de Dios** (28). Pero hay grados en el conocimiento de Dios, y esas frases no pueden de ningún modo referirse a un conocimiento pleno, como aquel del cual disfrutan los que se han reconciliado con él por medio de Cristo. Porque lo que dice Pablo aquí es que por medio de la revelación general el ser humano puede conocer el poder, la deidad y la gloria de Dios (no su gracia redentora mediante Cristo). Además, dice que dicho conocimiento no es suficiente para salvarlo sino para condenarlo, porque no vive de conformidad con él. En cambio, 'con su maldad obstruyen la verdad' (18), 'de modo que nadie tiene excusa' (20). Contra esta rebelión humana conscientemente adoptada se manifiesta la ira de Dios.

3. ¿Cómo se revela la ira de Dios?

La primera respuesta a esta pregunta es que la ira de Dios se revelará en el futuro, en el juicio del día final. Hay algo que se denomina 'el castigo venidero'[22] o 'el día de la ira'[23]. Segundo, hay una revelación actual de la ira de Dios a través de la administración pública de la justicia, de la que Pablo se ocupa más adelante en su carta (13.4). Aquí no desarrolla este último aspecto.

Tercero, hay otro tipo de revelación actual de la ira de Dios, al que el apóstol dedica el resto de Romanos 1. 'La ira de Dios viene revelándose desde el cielo', dice (18), y pasa a explicarla mediante la terrible expresión, reiterada tres veces, de que **Dios los entregó** (24, 26, 28). Cuando oímos acerca de la ira de Dios, generalmente pensamos en 'rayos del cielo, cataclismos terrenales y llameante majestad'. En lugar de ello su ira procede 'en forma callada e invisible' a ocuparse de entregar a los pecadores a su suerte.[24] Como escribe John Ziesler, 'no opera por intervención de Dios sino *por su falta* de intervención, permitiendo que las personas sigan su propio camino'.[25] Dios abandona a los tercos pecadores a su consciente egocentrismo,[26] y el resultante proceso de degeneración moral y espiritual debe entenderse como un acto judicial de Dios. Esta es la revelación de la ira de Dios que viene del cielo (18).

Resumamos la reflexión sobre la ira de Dios hasta aquí. Se trata del decidido y perfectamente justo antagonismo de Dios hacia la maldad. Va dirigido contra quienes tienen algún conocimiento de la verdad de Dios a través del orden creado, y sin embargo lo obstruyen deliberadamente con el fin de perseguir su propia senda centrada en sí mismos. Además, ya está siendo revelado, de un modo preliminar, en la corrupción moral y social que Pablo vio en buena parte del mundo greco-romano de sus días, y que nosotros podemos ver en las sociedades permisivas de nuestros días.

En la exposición que hace Pablo del desenvolvimiento de la ira de Dios, elabora el mismo proceso lógico de deterioro, en conformidad con el principio que ha establecido en los versículos 18–20. Es decir, el patrón general de su argumento reaparece en los versículos 21–24, 25–27 y 28–31, 'repetido con un énfasis desolador'.[27]

Primero, presenta el conocimiento que la gente tiene de Dios: 'a pesar de haber conocido a Dios' (21), 'la verdad de Dios' (25), y 'el conocimiento de Dios' (28).

Segundo, llama la atención de los lectores al rechazo del conocimiento a cambio de la idolatría: 'no lo glorificaron como a Dios ni le dieron gracias' (21); 'cambiaron la verdad de Dios por la mentira, adorando y sirviendo a los seres creados antes que al Creador' (25); 'estimaron que no valía la pena tomar en cuenta el conocimiento de Dios' (28).

Tercero, describe la reacción de la ira de Dios: 'los entregó a los malos deseos de sus corazones, que conducen a la impureza sexual' (24); 'a pasiones vergonzosas' (26); y 'a la depravación mental' (28), todo lo cual conduce a un comportamiento antisocial.

Estas son las tres etapas de la espiral descendente de la depravación pagana.

a. Los versículos 21–24

La afirmación inicial de **haber conocido a Dios** no puede tomarse en forma absoluta, dado que en otras partes Pablo escribe que la gente que no tiene a Cristo no conoce a Dios.[28] Se refiere más bien al conocimiento limitado del poder y la gloria de Dios, que está a disposición de todos por medio de la revelación general (19–20).

En lugar de que su conocimiento de Dios los condujese a adorarle, **no lo glorificaron como a Dios ni le dieron gracias**. Antes bien, **se extraviaron en sus inútiles razonamientos, y se les oscureció su insensato corazón** (21), y (a pesar de sostener que tenían sabiduría) **se volvieron necios** (22). Su futilidad, oscuridad y necedad se veían en su idolatría, y en el absurdo 'intercambio' que su idolatría comprendía: **cambiaron la gloria del Dios inmortal por imágenes que eran réplicas del hombre mortal, de las aves, de los cuadrúpedos y de los reptiles** (23).[29]

Lo que Pablo vio claramente, escribió C. H. Dodd, fue que la filosofía griega 'se acomodó fácilmente a las formas más groseras de superstición e inmoralidad. Y así fue. También constituye un grave cargo contra la encumbrada filosofía del hinduismo, el que actualmente no emite ninguna protesta efectiva contra las prácticas más degradantes de la religión popular en la India.'[30] Pero la idolatría cultural de Occidente no es mejor. Cambiar la adoración al Dios viviente por la moderna obsesión con las riquezas, la fama y el poder es igualmente necio e igualmente condenable.

El juicio de Dios sobre la idolatría de los hombres consistió en entregarlos **a los malos deseos de sus corazones, que conducen a la impureza sexual.** La historia del mundo confirma que la idolatría lleva a la inmoralidad. Una falsa imagen de Dios conduce a un falso entendimiento del sexo. Pablo no nos dice en qué formas de inmoralidad está pensando, excepto que comprendía el hecho de que **degradaron sus cuerpos los unos con los otros** (24). Pablo tiene razón. El sexo ilícito degrada lo humano que tienen las personas; el sexo dentro del matrimonio, como lo estableció Dios, lo ennoblece.

b. Los versículos 25–27

Aquí se menciona otro intercambio, no el cambio de la gloria de Dios por imágenes (23), sino el cambio de **la verdad de Dios por la mentira,** 'la' mentira por cierto, la mentira suprema. Porque la falsedad de la idolatría es eso, puesto que supone la transferencia de nuestra adoración **al Creador a los seres creados.** Esto hace que Pablo, en una doxología espontánea, declare al Creador digno de la adoración eterna: **quien es bendito por siempre** (25).

Esta vez **Dios los entregó a pasiones vergonzosas,** lo que Pablo especifica como prácticas lesbianas (26) y relaciones homosexuales masculinas (27). En ambos casos describe a la gente de la que se trata como culpable de un tercer 'intercambio': **las mujeres cambiaron las relaciones naturales por las que van contra la naturaleza** (26), mientras que **los hombres dejaron las relaciones naturales con la mujer y se encendieron en pasiones lujuriosas los unos con los otros** (27a). Dos veces usa el adjetivo *fysikos* ('natural') y una vez la expresión *para fysin* ('contra la naturaleza' o lo 'antinatural'). **Hombres con hombres cometieron actos indecentes, y en sí mismos recibieron el castigo que merecía su perversión** (27b). Pablo no especifica cuál era el castigo; sólo que lo recibían 'en sí mismos'.

Los versículos 26–27 forman un texto crucial en el debate contemporáneo acerca de la homosexualidad. La interpretación tradicional, de que dichos versículos describen y condenan todo comportamiento homosexual, está siendo desafiada por el *lobby gay.* Ofrecen tres argumentos. Primero, sostienen que el pasaje no es pertinente, aduciendo que su propósito no es el de enseñar sobre ética sexual, ni exponer un vicio, sino más bien mostrar el desarrollo de la ira de Dios. Esto es cierto. Pero si una determinada conducta sexual ha de verse como la consecuencia de la ira de Dios, seguramente lo es porque le desagrada. Segundo, dicen que 'es probable que Pablo esté pensando solamente en la pederastia' ya que 'no había ninguna otra forma de homosexualidad masculina en el mundo greco-romano', y que se opone a ella debido a la humillación y la explotación experimentada por la gente joven afectada.[31] Sin embargo, es evidente que el texto mismo no ofrece el menor indicio de que sea esa la alusión de Pablo.

Tercero, está el interrogante en cuanto a lo que quiso decir Pablo con 'naturaleza'. Algunos homosexuales declaran que sus relaciones no pueden describirse como 'antinaturales', ya que para ellos son perfectamente naturales. John Boswell ha escrito, por ejemplo, que 'las personas que Pablo condena manifiestamente no son homosexuales: lo que condena son actos homosexuales cometidos por personas aparentemente heterosexuales'. Por eso, sostienen, la afirmación de Pablo de que 'dejaron' las relaciones naturales y las 'cambiaron' por relaciones antinaturales (26–27).[32] Sin embargo, Richard Hays ha escrito una cuidadosa refutación exegética de esta interpretación de Romanos 1. Ofrece amplias pruebas contemporáneas de que la oposición entre 'natural' (*kata fysin*) y 'contra la naturaleza' (*para fysin*) 'muy frecuentemente se usaba … como una manera de distinguir entre comportamiento heterosexual y homosexual'.[33] Además, diferenciar entre orientación sexual y práctica sexual es un concepto moderno; 'sugerir que Pablo se propone condenar actos sexuales sólo cuando los cometen personas que son constitucionalmente heterosexuales, equivale a introducir una distinción enteramente extraña al mundo del pensamiento de Pablo',[34] de hecho un anacronismo total.

De modo que no tenemos, entonces, libertad alguna para interpretar el sustantivo 'naturaleza' con el significado de 'mi' naturaleza, o el adjetivo 'natural' con el significado de 'lo que me parece natural a mí'. Por el contrario, *fysis* ('natural') significa el orden creado de Dios. Obrar 'contra la naturaleza' equivale a violar el orden que ha establecido Dios, mientras que obrar 'de conformidad con la naturaleza' equivale a comportarnos 'de conformidad con la intención del Creador'.[35] Más todavía, la intención del Creador equivale a su intención original. Génesis la describe y Jesús la confirma: "en el principio el Creador 'los hizo hombre y mujer', y dijo: 'Por eso dejará el hombre a su padre y a su madre, y se unirá a su esposa y los dos llegarán a ser un solo cuerpo.' Así que ya no son dos, sino uno solo." Luego Jesús agregó su respaldo y su deducción personales: 'Por tanto, lo que Dios ha unido, que no lo separe el hombre.'[36] En otras palabras, Dios creó la humanidad como hombre y mujer; Dios instituyó el matrimonio como una unión heterosexual; y lo que Dios ha unido de esta manera, no tenemos derecho alguno a separarlo. Esta triple acción de Dios determina que el único contexto que espera para la experiencia de ese 'un solo cuerpo' es la monogamia heterosexual, y que una relación homosexual (por amorosa y comprometida que pretenda ser) va 'contra la naturaleza' y jamás puede considerarse como una alternativa legítima al matrimonio.

c. Los versículos 28–32

La afirmación inicial de Pablo en el versículo 28 incluye esta vez un juego de palabras entre *ouk edokimasan* ('estimaron que no valía la pena') y *adokimon noun* ('la depravación mental'). No es fácil reproducir este juego de palabras en nuestra lengua. Podría decirse que 'como no *entendieron* necesario retener el conocimiento de Dios, él los entregó a una mente sin *entendimiento*'.

Su **depravación mental** no condujo esta vez a la inmoralidad sino a toda una variedad de prácticas antisociales, **lo que no debían hacer** (28), y que juntas describen el derrumbamiento de la comunidad humana, a medida que desaparecen las normas y se desintegra la sociedad. Pablo presenta un catálogo de veintiún vicios. Listas semejantes no eran infrecuentes en aquellos días en la literatura estoica, judaica y cristiana primitiva. Todos los comentaristas parecen coincidir en que la lista impide una clasificación prolija. Comienza con cuatro pecados generales con los que esas personas **se han llenado,** a saber **toda clase de maldad, perversidad, avaricia y depravación.** Luego vienen cinco pecados más de los que **están repletos,** todos los cuales tienen que ver con relaciones humanas quebrantadas: **envidia, homicidios, disensiones, engaño y malicia** (29). Luego sigue un par independiente de los demás, que parecería referirse a la difamación y a la calumnia, si bien JBP ofrece una traducción característicamente imaginativa: 'susurradores-tras-puertas' y 'estoqueadores-por-la-espalda' (**chismosos, calumniadores**). Estos van seguidos por cuatro más que parecen describir diferentes formas extremas de orgullo:

enemigos de Dios, insolentes, soberbios y arrogantes. A continuación hay otro par de palabras independientes, que denotan gente que se 'ingenia' en relación con la maldad y que es rebelde en relación con los padres (30). La lista termina, finalmente, con cuatro expresiones negativas: **insensatos, desleales, insensibles, despiadados** (31), que la NBE vierte en forma acertada 'sin conciencia, sin palabra, sin entrañas, sin compasión'.

El versículo 32 es una síntesis, a modo de conclusión, de la perversidad humana que Pablo venía describiendo. Primero, **saben bien.** Una vez más, comienza con el conocimiento que posee la gente a la que se refiere. No es ya la verdad de Dios la que conocen, sino **el justo decreto de Dios,** o sea que **quienes practican tales cosas merecen la muerte.** Como dirá más adelante, 'la paga del pecado es muerte' (6.25). Y ellos lo saben. Su conciencia los condena.

Segundo, a pesar de saberlo, hacen caso omiso de su conocimiento. **No sólo siguen practicándolas,** aunque saben que merecen la muerte, **sino que** (lo cual es peor) activamente alientan a otros a hacer lo mismo, y, en consecuencia, flagrantemente **aprueban** el mal comportamiento sobre el que Dios ha expresado su desaprobación.

Hemos llegado al final del cuadro que Pablo pinta de la depravada sociedad gentil. Su esencia está en la antítesis entre lo que la gente sabe o conoce y lo que hace. La ira de Dios está dirigida específicamente contra los que con intención obstruyen la verdad por seguir el mal. 'Por oscuro que sea el cuadro que aquí se pinta,' escribió Charles Hodge, 'no es tan oscuro como el que presentan los más distinguidos autores griegos y latinos, sobre sus propios compatriotas.'[37] Pablo no exageraba.

5
Moralistas críticos
Romanos 2.1–16

Después de declarar que el depravado mundo gentil es culpable e inexcusable (1.20, 32), Pablo anuncia ahora el mismo veredicto contra una persona a la que se dirige de forma indirecta: **Por tanto, no tienes excusa tú, quienquiera que seas, cuando juzgas a los demás … (2.1).** ¿Quién es esta persona? Se trata, él o ella, de un personaje imaginario con el que, siguiendo la larga tradición de la 'diatriba' griega, el apóstol entabla un diálogo. De hecho, esta persona, junto con la categoría que él o ella representa, ocupa el primer plano en la mente de Pablo a lo largo de los primeros dieciséis versículos de Romanos 2.

Muchos comentaristas (quizás la mayoría) creen que, al haber pintado y condenado a la sociedad gentil en 1.18–32, ahora Pablo centra su atención en el pueblo judío. Se trata de un punto de vista comprensible, ya que la clasificación de la raza humana en judíos y gentiles se menciona en numerosas ocasiones en toda la carta,[1] y uno de los propósitos principales del apóstol al escribir es demostrar que judíos y gentiles son iguales en cuanto al pecado, e iguales en cuanto a la salvación. Sin embargo, hay dos objeciones a la identificación directa del interlocutor de Pablo al comienzo de Romanos 2 con el pueblo judío. Primero, no es sino al llegar al versículo 17 que entabla una conversación directa con un judío ('Ahora bien, tú que llevas el nombre de judío …'). En cambio, en los primeros versículos, si bien la NVI oscurece la situación, en este diálogo dos veces se dirige a su interlocutor como 'hombre' (1, 3 RVR; 'oh hombre', BA), destacando así deliberadamente que él o ella es un ser humano, en lugar de especificar a un judío o a un gentil.

Segundo, si esta sección se refiere exclusivamente al mundo judío, entonces 1.18–32 es el único cuadro que nos ofrece Pablo del antiguo mundo gentil, en cuyo caso parecería ser un cuadro desequilibrado.

Porque no todos los gentiles preferían las tinieblas a la luz, se hicieron idólatras, y fueron abandonados por Dios a un comportamiento sexual y social promiscuos. Hubo otros, como lo señaló F. F. Bruce:

> Sabemos que había otro lado del mundo pagano del primer siglo que el que Pablo ha pintado en los párrafos anteriores. ¿Qué podemos decir de un hombre como el ilustre contemporáneo de Pablo, Séneca, el moralista estoico, tutor de Nerón? Séneca hubiera podido escuchar la denuncia de Pablo y haber dicho: 'Sí, esto es perfectamente cierto en cuanto a grandes masas de la humanidad, y estoy de acuerdo con la forma en que las has juzgado; pero hay otros, desde luego, como yo mismo, que lamentan dichas tendencias tanto como lo haces tú.'

Sigue Bruce:

> [Séneca] no sólo exaltó las grandes virtudes morales; denunció la hipocresía, predicó la igualdad de todos los seres humanos, reconoció el carácter pernicioso de la maldad ... practicó e inculcó el autoexamen diario, ridiculizó la idolatría vulgar, adoptó el papel de guía moral ... [2]

Es probable, por lo tanto, que Pablo estuviera pensando en gentiles como él cuando dictaba los versículos 1–16. También estaría pensando, evidentemente, en los judíos, dado que dos veces usa la expresión 'los judíos primeramente, y también los gentiles' (9, 10). Hasta es posible que los judíos sean su 'blanco oculto' en todo el pasaje,[3] y que comienza en términos más generales sólo para obtener su apoyo para la condenación, antes de ocuparse de ellos. Pero su énfasis principal se ve claramente cuando se vuelve del mundo de la inmoralidad desvergonzada (1.18–32) al mundo del moralismo recatado. La persona a la que se dirige ahora no es simplemente 'hombre' sino 'hombre, tú que juzgas' (1, 3, RVR), un 'ser humano moralista y crítico'. Parece enfrentar a todo ser humano (judío o gentil) que sea moralista y que pretenda dictar juicios morales contra otros.

Esto se ve con más claridad cuando comparamos a las personas que se mencionan en 1.32 y en 2.1–3. Las semejanzas son evidentes. Ambos grupos tienen un cierto conocimiento de Dios como creador

(1.20) o juez (1.32; 2.2), y ambos contradicen su conocimiento con su comportamiento; hacen 'tales cosas' como las que Pablo venía describiendo (1.33; 2.2). ¿Cuál es, entonces, la diferencia entre ellos? Que los del primer grupo hacen cosas que saben que están mal, y *aprueban* a quienes las hacen (1.32), lo que por lo menos es consecuente; mientras que el segundo grupo hace lo que sabe que está mal y *condena* a otros que también las hacen, lo cual es hipocresía. El primer grupo se aleja totalmente del justo decreto de Dios, tanto en cuanto a sí mismo como a los demás; en tanto que los del segundo grupo se identifican deliberadamente con dicho decreto al erigirse en jueces, sólo para descubrir que serán juzgados por practicar esas mismas cosas.

El tema que está en la base de esta sección, por consiguiente, es el juicio de Dios sobre quienes se autodesignan como jueces. El juicio de Dios que los alcanza es inevitable (1–4), justo (5–11) e imparcial (12–16).

1. El juicio de Dios es ineludible | 1–4

Pablo pone a la luz en estos versículos una extraña flaqueza humana, a saber, nuestra tendencia a ser críticos de los demás, pero no de nosotros mismos. A menudo somos sumamente duros con nuestros juicios sobre otros, pero blandos con nosotros mismos. Nos inflamamos de farisaica indignación ante el comportamiento vergonzoso de otras personas, mientras que ese mismo comportamiento no nos parece tan serio cuando se trata de algo que hacemos nosotros. Hasta adquirimos una vicaria satisfacción al condenar a otros por las mismas faltas que nos perdonamos a nosotros mismos. Freud llamaba 'proyección' a esta gimnasia moral, pero Pablo la describió siglos antes que él. De manera semejante, Thomas Hobbes, el filósofo político del siglo diecisiete, escribió sobre personas que 'se ven forzadas a mantener una perspectiva favorable sobre sí mismas mediante el recurso de observar las imperfecciones de otros'.[4] Este recurso nos permite retener simultáneamente nuestros pecados y nuestra autoestima. Es un arreglo muy conveniente, pero también engañoso y enfermizo.

Además, sostiene Pablo, nos exponemos al juicio de Dios, y nos quedamos sin excusa ni escapatoria. Porque si nuestras facultades críticas están tan bien desarrolladas que nos volvemos expertos en nuestra valoración moral de los demás, difícilmente podamos alegar ignorancia en cuanto a cuestiones morales en nuestro propio caso. Por el contrario, al juzgar a otras personas, como resultado nos condenamos, porque **al juzgar a otros te condenas a ti mismo, ya que practicas las mismas cosas** (1). Porque **sabemos** perfectamente bien **que el juicio de Dios contra los que practican tales cosas se basa en la verdad** (2). ¿Cómo podemos suponer (nosotros los que, aunque somos meros seres humanos, jugamos a ser Dios y juzgamos a otros por hacer lo que nosotros mismos hacemos) que vamos a **escapar del juicio de Dios** (3)? No se trata de un llamado a suspender nuestras facultades críticas, ni a renunciar a toda crítica o reprimenda de parte de otros como si fuese ilegítima; se trata más bien de una prohibición de erigirnos en jueces de otras personas y condenarlas (algo que como seres humanos no tenemos ningún derecho a hacer), especialmente cuando no nos condenamos a nosotros mismos. Porque esta es la hipocresía de la doble moralidad, con normas elevadas para los demás y una norma cómodamente baja para nosotros mismos.

A veces, en un inútil intento de escapar de lo ineludible, es decir, 'del juicio de Dios', nos refugiamos en algún argumento teológico. Porque la teología puede utilizarse bien o mal. Apelamos al carácter de Dios, especialmente a **las riquezas de la bondad de Dios, de su tolerancia y de su paciencia** (4a). Argumentamos que él es demasiado bueno y misericordioso como para castigar a nadie, y que en consecuencia podemos pecar con impunidad. Hasta llegamos a aplicar mal la Escritura a nuestro favor, y citamos expresiones tales como: 'El Señor es clemente y compasivo, lento para la ira y grande en amor.'[5] Este modo manipulador de hacer teología es mostrar desprecio de Dios, no honra. No es fe; es presunción. Porque **su bondad quiere** [llevarnos] **al arrepentimiento** (4b). Ese es su objetivo. Tiene como propósito darnos un espacio en el cual podamos arrepentirnos, y no el de darnos una excusa para pecar.[6]

2. El juicio de Dios es justo | 5–11

Abusar de la paciente bondad de Dios, como si su propósito fuera alentar la licencia, no la penitencia, es una clara señal de **obstinación** y de un **corazón empedernido** (5a). Semejante obstinación puede tener un solo fin. Significa que estamos **acumulando** para nosotros mismos, no un precioso tesoro (que es lo que el verbo *thēsaurizō* significaría normalmente) sino la horrible experiencia de la ira divina en **el día de la ira, cuando Dios revelará su justo juicio** (5). Lejos de escapar del juicio de Dios (3), lo que conseguiremos es que caiga sobre nosotros de una forma ineludible.

A continuación, Pablo se ocupa de su expresión el 'justo juicio' de Dios (5b), y comienza declarando el inflexible principio en el que está basado. Acertadamente la NVI lo pone entre comillas, por cuanto se trata de una cita del Antiguo Testamento, a saber, que Dios **pagará a cada uno según lo que merezcan sus obras** (6). Es probable que el versículo citado sea el Salmo 62.12, aunque Proverbios 24.12 dice lo mismo en forma de pregunta. También aparece en las profecías de Oseas y Jeremías,[7] y a veces se elabora en la vívida expresión 'les pediré cuentas de su conducta.'[8] El propio Jesús la repitió.[9] También lo hizo Pablo,[10] y es un tema reiterativo en el libro de Apocalipsis.[11] Es el principio de la exacta retribución, lo cual constituye el fundamento de la justicia.

Con todo, algunos cristianos protestan de inmediato. ¿Ha perdido el juicio el apóstol? ¿Acaso comienza declarando que la salvación es sólo por fe (por ejemplo 1.16s), y luego arruina su propio evangelio al decir que, después de todo, es por las buenas obras? Claro que no; Pablo no se contradice. Lo que asegura es que, si bien la justificación es, efectivamente, por fe, el juicio será de conformidad con las obras. No es difícil descubrir la razón de que sea así. El día del juicio será una ocasión pública. Su propósito no será tanto determinar el juicio de Dios, como anunciarlo y reivindicarlo. El juicio divino, que es un procedimiento para cernir y separar, se lleva a cabo todo el tiempo secretamente, a medida que la gente se ubica a favor o en contra de Cristo; pero en el último día se darán a conocer los resultados. 'El día de la ira' de Dios será también el momento cuando se 'revelará su justo juicio' (5b).

Una ocasión así, en la que se hará un veredicto público y se dará a conocer una sentencia pública, requerirá pruebas públicas y verificables que las apoyen. Y la única prueba pública disponible serán nuestras obras, lo que hemos hecho y lo que se ha visto que hemos hecho. La presencia o ausencia de una fe salvadora en nuestro corazón se dará a conocer por la presencia o ausencia de buenas obras de amor en nuestra vida. Los apóstoles Pablo y Santiago enseñan esta misma verdad, que una fe salvadora auténtica produce buenas obras, y que si no ocurre así, esa fe es falsa, incluso muerta. 'Yo te mostraré la fe por mis obras,' escribió Santiago.[12] Pablo hizo eco a esto cuando escribió que 'la fe … actúa mediante el amor.'[13]

Los versículos 7–10 desarrollan el pensamiento del versículo 6, o sea el principio de que la base del justo juicio de Dios será lo que cada uno haya hecho. Aquí se nos presentan las alternativas en dos oraciones paralelas cuidadosamente armadas, que se refieren a nuestra meta (lo que buscamos), nuestras obras (lo que hacemos) y nuestro fin (hacia dónde vamos). Los dos destinos finales de la humanidad se llaman, por una parte, **vida eterna** (7), que Jesús definió en función de conocerlo a él y conocer al Padre,[14] y por otra, **el gran castigo** (8), o 'ira y enojo' (RVR), es decir, el terrible desenlace del juicio de Dios. La base sobre la que se hará esta separación será una combinación de lo que buscamos (nuestra meta última en la vida) y lo que hacemos (nuestras acciones en el servicio, ya sea para nosotros o para otros). Es muy semejante a la enseñanza de Jesús en el Sermón del Monte, en el que delinea las ambiciones humanas alternativas (buscar nuestro propio bienestar material o buscar el reino de Dios),[15] y las actividades humanas alternativas (practicar o no practicar sus enseñanzas).[16]

Para volver a Pablo, por un lado están los que **buscan gloria** (la manifestación de Dios mismo), **honor** (la aprobación de Dios) **e inmortalidad** (el eterno gozo de su presencia), y además, los que procuran estas bendiciones centradas en Dios **perseverando en las buenas obras** (7). Es decir, perseveran en el camino, porque la perseverancia es la marca que identifica a los creyentes genuinos.[17] Por otra parte están los que se caracterizan por el simple calificativo denigratorio de 'egoístas' (**los que por egoísmo rechazan la verdad**; 8a). El término *eritheia* fue usado por Aristóteles para definir 'una egoísta búsqueda de cargos políticos por medios deshonestos'; aquí, por lo tanto, probablemente signifique 'egoísmo, ambición egoísta' (BAGD). Además, los que están cegados por su propia vanidad, y dedicados a metas egocéntricas, inevitablemente rechazan la verdad **para aferrarse a la maldad** (8b). En efecto, 'con su maldad obstruyen la verdad' (1.18). Estas dos expresiones culpan por el rechazo u obstrucción de la verdad a la *adikia*, la 'maldad' o la 'perversidad'. Para resumir, los que buscan a Dios y perseveran en obrar el bien recibirán la vida eterna, mientras que los que obran con egoísmo y siguen el mal experimentarán la ira de Dios.

86

En los versículos 9–10 Pablo vuelve a mencionar las solemnes alternativas, con tres diferencias. Primero, simplifica las dos categorías de personas a **todos los que hacen el mal** (9) y **todos los que hacen el bien** (10). Jesús hizo exactamente la misma división entre 'los que han practicado el mal' y 'los que han hecho el bien'.[18] Segundo, Pablo se ocupa de los dos destinos. Describe a uno como **sufrimiento y angustia** (9), recalcando la desesperación, y al otro como **gloria, honor y paz** (10a), retomando la 'gloria' y el 'honor' del versículo 7, que forman parte de las metas que persiguen los creyentes, y agregando 'paz', ese término abarcador para las relaciones reconciliadas con Dios y entre unos y otros. Tercero, Pablo agrega a ambas frases, **los judíos primeramente, y también los gentiles** (9–10), afirmando así la prioridad del judío tanto para el juicio como para la salvación, y declarando asimismo la absoluta imparcialidad de Dios: **Porque con Dios no hay favoritismos** (11).

3. El juicio de Dios es imparcial | 12–16

El tema que ahora desarrolla Pablo en relación con la ley mosaica es que el juicio de Dios será justo (según lo que hayamos hecho, 6–8) e imparcial (como es el caso entre judíos y gentiles, sin favoritismos, 9–11). Es un tema que se menciona aquí por primera vez y que ocupa un lugar prominente en el resto de la carta.

Judíos y gentiles parecen diferir fundamentalmente entre sí, en el sentido de que los judíos **oyen la ley** (13), porque la tienen y escuchan su lectura en la sinagoga todos los sábados, mientras que los gentiles **no tienen la ley** (14). A estos no les fue revelada ni les fue dada. Sin embargo, insiste Pablo, esta diferencia podría exagerarse. Porque en realidad no hay ninguna diferencia fundamental entre ellos en cuanto al conocimiento moral que tienen (ya que **llevan escrito en el corazón lo que la ley exige**, 15), o en cuanto al pecado que han cometido (al desobedecer la ley que conocen), o en cuanto a la culpa en la que han incurrido, o en cuanto al juicio al que serán sometidos.

El versículo 12 pone a judíos y gentiles en la misma categoría en cuanto al pecado y a la muerte. Pablo hace dos afirmaciones paralelas, comenzando con las palabras 'Todos los que pecan' (DHH), aunque la NVI dice: **Todos los que han pecado**. El verbo está en el tiempo aoristo y debe traducirse 'Todos los que pecaron' (*hēmarton*). Pablo sintetiza la vida de pecado desde la perspectiva del último día. Lo que está queriendo destacar es que todos los que han pecado también morirán o serán juzgados, sin tomar en cuenta si son judíos o gentiles, es decir, si tienen o no la ley mosaica. Todos los que han pecado **sin conocer la ley** (los gentiles) **también perecerán sin la ley** (12a). No serán juzgados por normas que no conocen. Perecerán debido a su pecado, no por su ignorancia en cuanto a la ley. De una forma similar, todos los que han pecado **conociendo la ley** (los judíos) **por la ley serán juzgados** (12b). Ellos también serán juzgados por las normas que han conocido. Dios será absolutamente ecuánime en el juicio. La forma en que la gente pecó (con conocimiento o con ignorancia de la ley) será la forma en que será juzgada. 'La base del juicio la proporcionan sus obras; la regla del juicio la proporciona su conocimiento,'[19] y el hecho de que hayan vivido de conformidad con su conocimiento o no. **Porque Dios no considera justos a los que oyen la ley sino a los que la cumplen** (13). Esta es una afirmación teórica o hipotética, desde luego, ya que ningún ser humano jamás ha obedecido cabalmente la ley (ver 3.20). De modo que no hay posibilidad alguna de salvación por esa vía. Pero Pablo está escribiendo acerca del juicio, no acerca de la salvación. Se ocupa de destacar que la ley sola no garantiza a los judíos inmunidad ante el juicio, como ellos pensaban. Porque lo que importaba no era la posesión de la ley sino la obediencia a la misma.

El mismo principio de juicio según el conocimiento y el comportamiento se aplica ahora más plenamente a los gentiles. Dos hechos complementarios son evidentes por sí mismos. El primero es 'que no tienen la ley' (es decir, la ley de Moisés). Esto se dice dos veces en el versículo 14. Externamente, no la poseen. Segundo, no obstante, sí tienen interiormente cierto conocimiento de sus normas. Porque los gentiles que no tienen la ley, sin embargo **cumplen por naturaleza**, instintivamente, **lo que la ley exige**. Esta no es una afirmación con alcance universal, porque en el griego Pablo no usa el artículo determinante, no dice 'los gentiles'. Dice simplemente que algunas veces algunos gentiles cumplen alguna parte de lo que la ley exige. Este es un hecho observable, verificable, que los antropólogos han descubierto en todas partes. No todos los seres humanos son estafadores, canallas, ladrones, adúlteros y asesinos. Por el contrario, algunos honran a sus padres, reconocen la santidad de la vida humana, son leales a su esposa o esposo, practican la honestidad, hablan la verdad y cultivan el contentamiento, tal como lo exigen los últimos seis de los diez mandamientos.

¿Cómo, entonces, hemos de explicar este fenómeno paradójico, que aun cuando no tienen la ley, al parecer la conocen? La respuesta de Pablo es que **son ley para sí mismos,** no en el sentido popular (aunque equivocado) de que pueden armar sus propias leyes, sino en el sentido de que su propia naturaleza humana es su ley. Esto es así porque Dios las creó como personas moralmente conscientes de sí mismas, y ellas **muestran** por su comportamiento **que llevan escrito en el corazón lo que la ley exige** (15a). Entonces, aunque no tengan la ley en sus manos, sí tienen sus exigencias en el corazón, porque Dios las ha escrito allí. Por cierto que esto no puede ser una referencia a la promesa de Dios en cuanto al nuevo pacto, de poner su ley en la mente de su pueblo y de escribirla en su corazón,[20] como han sugerido Barth, Charles Cranfield y otros comentaristas, por cuanto todo el contexto es un contexto de juicio, no de salvación. Pablo no se refiere a la regeneración sino a la creación, al hecho de que 'la obra de la ley' (literalmente y en RVR, BA), 'lo que exige' (NVI), 'su conducta' (DHH) su 'efecto' (NEB, JBP), su 'deber',[21] ha sido escrita en el corazón de todos los seres humanos por su Hacedor. Que Dios, al crearlos, haya escrito su ley en sus corazones significa que tienen algún conocimiento de ella; cuando, en la nueva creación, escribe su ley en nuestro corazón, nos da también un amor por ella y el poder para obedecerla.

Además, **lo atestigua su conciencia,** especialmente mediante una voz negativa y de desaprobación cuando han hecho algo malo, de manera que **sus propios pensamientos,** en una especie de diálogo interior, **algunas veces los acusan y otras veces los excusan** (15b), como si fuese en un tribunal en el que la acusación y la defensa desenvuelven sus respectivos argumentos. Parecería que Pablo tiene en mente un debate en el que se ven envueltas tres partes: el 'corazón' (en el que se escribieron las exigencias de la ley), la 'conciencia' (que nos aguijonea y nos reprende), y los 'pensamientos' (generalmente acusándonos, pero a veces excusándonos).

El versículo 16 completa esta sección. Los versículos 14–15 parecen formar un paréntesis (como en la NVI). Luego el versículo 16 retoma el tema del juicio, y la NVI lo indica agregando las palabras introductorias: **Así sucederá.** Pablo ha recalcado que no podemos escapar del juicio de Dios (1–4); que será un juicio justo (5–11), de conformidad con nuestras obras, incluida la meta o dirección fundamental de nuestra vida (lo que 'buscamos'); y que será imparcial en lo que atañe a judíos y gentiles (12–15). En ambos casos, cuanto mayor sea nuestro conocimiento moral, tanto mayor será nuestra responsabilidad moral. Ahora agrega tres conceptos adicionales sobre el día del juicio, 'el día de la ira' de Dios (5).

Primero, el juicio de Dios incluirá las áreas ocultas de nuestra vida: **Dios juzgará los secretos de toda persona.** Las Escrituras nos dicen repetidamente que Dios conoce nuestro corazón.[22] En consecuencia, no habrá ninguna posibilidad de algún fracaso de la justicia en el último día. Porque todos los hechos serán conocidos, incluidos, por ejemplo, los que actualmente no forman parte de lo que nos impulsa.

Segundo, el juicio de Dios tendrá lugar **por medio de Jesucristo.** Jesús declaró que el Padre le había encargado el juicio a él,[23] y constantemente hablaba de sí mismo como la figura central en el día del juicio.[24] Pablo declaró en Atenas que Dios había fijado el día y había designado al juez,[25] como le había dicho anteriormente Pedro a Cornelio.[26] Es un gran consuelo saber que nuestro Juez no será otro que nuestro Salvador.

Tercero, el juicio de Dios es parte del evangelio. Porque 'por medio de Jesucristo', Dios 'juzgará los secretos de toda persona', escribe Pablo, **como lo declara mi evangelio** (16). Esto probablemente signifique que las buenas noticias de salvación fulguran brillantemente cuando se las ve contra el oscuro fondo del juicio divino. Abaratamos el evangelio si lo representamos solamente como una liberación de la infelicidad, el temor, la culpa y otras cosas, en lugar de presentarlo como un rescate de la ira venidera.[27]

4. Conclusión: El juicio de Dios y la ley de Dios

El conocimiento universal de la ley de Dios, que Pablo ha venido demostrando en los versículos 12–16, es la base indispensable tanto del juicio divino como de la misión cristiana.

Primero, la ley es *la base del juicio divino.* Lo que Pablo ha querido destacar es que Dios no tiene favoritos; que judíos y gentiles serán juzgados por él sin discriminación; y que ambos grupos tienen algún conocimiento de su ley. En consecuencia, ningún ser humano puede argumentar total ignorancia. Todos hemos pecado contra la ley moral que hemos conocido. El que hayamos llegado a conocerla por revelación especial o general, por gracia o por la naturaleza, externamente o interiormente, en las Escrituras o en el corazón, no es algo de fundamental importancia. La cuestión es que todos los seres humanos han conocido algo acerca de Dios (1.20) y acerca del bien (1.32; 2.15), pero que han suprimido la verdad con el fin de dar rienda suelta a la maldad (1.18; 2.8). De modo que todos caemos bajo el justo juicio de Dios.

Los versículos 12–16 no fueron escritos para darnos la esperanza de que los seres humanos pudiéramos obtener la salvación por medio de la moralidad. La ley natural no puede salvar a los pecadores, como tampoco puede la religión natural. Porque todo lo que hayamos podido conocer acerca de Dios por la creación (1.19s), o del bien a partir de la conciencia (1.32; 2.15), lo hemos sofocado con el fin de seguir nuestro propio camino en busca de hacer nuestra voluntad (2.8). Además, el propósito de estos capítulos es demostrar que todos los seres humanos son culpables e inexcusables delante de Dios (3.9, 19), y en particular, que nadie puede ser justificado mediante el cumplimiento de la ley (3.20).

Segundo, la ley es *la base de la misión cristiana*, tanto de la evangelización como de la acción social. Tomemos la evangelización. Dietrich Bonhoeffer tenía razón al escribir desde la prisión: 'No creo que sea cristiano pretender llegar al Nuevo Testamento demasiado pronto o demasiado directamente.'[28] Lo que quería expresar era que, mientras que la ley no haya hecho su obra de exponer y condenar nuestro pecado, no estamos listos para oír el evangelio de la justificación. Cierto es que con frecuencia se dice que deberíamos ocuparnos de las necesidades conscientes de la gente, y no tratar de inducir en ella sentimientos de culpa que no tiene. Sin embargo, este es un concepto erróneo. Los seres humanos son, por creación, seres morales.[29] Es decir, no sólo experimentamos el impulso interior de hacer lo que consideramos correcto, sino que también tenemos un sentido de culpa y remordimiento cuando hemos hecho lo que sabemos está mal. Este es un rasgo esencial de nuestra humanidad. Por supuesto que hay tal cosa como culpa falsa, pero los sentimientos de culpa que surgen al haber hecho algo indebido son saludables. Estos nos reprenden por traicionar nuestra humanidad, y nos impulsan a buscar el perdón en Cristo. Es decir que la conciencia es nuestra aliada. En la evangelización encuentro un aliento constante, al decirme a mí mismo: 'La conciencia de la otra persona está de mi lado.'

La posibilidad de asegurar la justicia en la sociedad es otra deducción legítima basada en la enseñanza de Pablo en los versículos 12–16, aun cuando en el contexto no formaba parte de su propósito principal. Lo que dice es que la misma ley moral, que Dios reveló en las Escrituras, también fue estampada por él (aunque no sea tan legible) en la naturaleza humana. Dado que de hecho ha escrito su ley dos veces, internamente a la vez que externamente, no ha de considerársela un sistema extraño que imponemos a la gente en forma arbitraria, ni que sea enteramente antinatural esperar que los seres humanos la obedezcan. Por el contrario, hay una correspondencia fundamental entre la ley en las Escrituras y la ley en la naturaleza humana. La ley de Dios nos viene bien; es la ley de nuestro propio ser. Somos auténticamente humanos solamente cuando la obedecemos. Cuando la desobedecemos, no sólo nos rebelamos contra Dios, sino que también contradecimos nuestro propio ser.

En toda comunidad humana, sin embargo, hay un básico reconocimiento de la diferencia entre el bien y el mal, y un conjunto aceptado de valores. Es cierto que la conciencia no es infalible, y que las normas reciben la influencia de las diversas culturas. No obstante, no deja de existir un sustrato del bien y el mal, y el amor siempre se reconoce como superior al egoísmo. Esto tiene importantes consecuencias sociales y políticas. Significa que los legisladores y los educadores pueden dar por sentado que la ley de Dios es buena para la sociedad y que por lo menos hasta cierto punto la gente la conoce. No es el caso que los cristianos traten de forzar sus normas sobre un público reticente, sino de ayudar a ese público a ver que la ley de Dios es 'para que siempre nos vaya bien,'[30] porque se trata de la ley del ser humano y de la comunidad humana. Si la democracia es el gobierno por consentimiento, el consentimiento depende del consenso, el consenso de la discusión, y la discusión de los apologistas éticos que desarrollarán un argumento a favor de lo beneficioso de la ley de Dios.

6
Judíos seguros de sí mismos
Romanos 2.17–3.8

Ahora Pablo pasa, en su amplia y abarcadora crítica de la raza humana, de los moralizadores críticos en general (2.1–16), sean judíos o gentiles, al pueblo judío en particular, con su confianza en sí mismo (2.17–29). En la primera mitad del capítulo su interlocutor ha sido un ser humano ('oh hombre', 1, 3 BA); ahora, en la segunda mitad, se trata específicamente de un judío (**Ahora bien, tú que llevas el nombre de judío** …, 17).

Pablo anticipa objeciones judías a lo que ha escrito, y las responde. Imagina judíos que protestan más o menos así: '¿Cómo es posible, Pablo, que nos trates a nosotros como si no fuésemos diferentes de esos gentiles, esos forasteros? ¿Has olvidado que se nos dieron la ley (la revelación de Dios) y la circuncisión (la señal del pacto de Dios)? ¿Has pasado por alto el hecho de que estos tres privilegios (el pacto, la circuncisión y la ley) constituyen pruebas del más grande privilegio de todos, que Dios nos eligió para ser su pueblo especial? ¿Estás diciendo que nosotros los judíos (que hemos sido en forma exclusiva favorecidos con la elección de Dios) no estamos en mejor situación que los gentiles? ¿Cómo puedes ignorar estas bendiciones singulares, que nos distinguen de los gentiles y nos protegen del juicio de Dios?

Como respuesta a tales preguntas Pablo escribe acerca de la ley en los versículos 17–24 y acerca de la circuncisión en los versículos 25–29, e insiste en que ninguna de ellas garantiza la inmunidad judaica ante el juicio divino. Sus palabras constituyen 'la pinchadura del globo del orgullo y la presunción judíos'.[1]

1. La ley | 17–24

Pablo se vale de ocho verbos para describir aspectos de la autosuficiencia y la confianza que los judíos tienen en sí mismos. Primero, **llevas el nombre de judío**, y te sientes orgulloso del honorable nombre del pueblo elegido. Segundo, **dependes de la ley** que te fue dada en el Sinaí, y confías en tu posesión de ella como un escudo contra el desastre. Tercero, **te jactas de tu relación con Dios** (17). En griego esta frase es idéntica al punto culminante de la descripción paulina de los cristianos que han sido justificados por fe, o sea la que dice que 'nos regocijamos en Dios' (5.11). Pero con seguridad que la NVI tiene razón al ampliar aquí la traducción con el fin de expresar el orgullo de los judíos por su monoteísmo y por su presunto monopolio de Dios. Cuarto, **conoces su voluntad**, literalmente 'la voluntad' en forma absoluta, frente a la cual todas las demás voluntades son relativas. Quinto, **sabes discernir lo que es mejor**. Tanto aquí como en Filipenses 1.10, esta expresión podría significar ya sea 'pruebas las cosas que difieren' o, habiéndolo hecho, 'apruebas aquellas cosas que tu prueba te ha mostrado que sobresalen'. Sexto, **eres instruido por la ley** (18) y esto explica tu discernimiento moral. Séptimo, una consecuencia adicional de tu instrucción y discernimiento es que **estás convencido** de que eres competente para enseñar a otros. De modo que eres **guía de los ciegos y luz de los que están en la oscuridad** (19), es decir, de los gentiles, dado que esta es la reconocida vocación del siervo del Señor.[2] También eres **instructor de los ignorantes, maestro de los sencillos**, con el probable significado de niños espirituales, es decir, prosélitos o conversos. Y todo esto (octavo) **pues tienes en la ley la esencia misma del conocimiento y de la verdad** (20). Con estas ocho afirmaciones Pablo ha proporcionado un acertado relato del pueblo judío en su doble relación hacia la ley. Al ser instruidos, instruyen. Por ser maestros, enseñan.

Pero ahora Pablo les hace ver la otra cara. No viven en conformidad con el conocimiento que tienen (ver 13). No practican lo que predican. A continuación de los ocho verbos que describen su identidad, hace cinco preguntas retóricas, que dirigen la atención hacia sus fallas. La primera es general: **En fin, tú que enseñas a otros, ¿no te enseñas a ti mismo?** (21a). Siguen tres preguntas sobre pecados específicos: **Tú que**

predicas contra el robo, ¿robas? (21b). **Tú que dices que no se debe cometer adulterio, ¿adulteras? Tú que aborreces a los ídolos, ¿robas de sus templos?** (22). Esto último podría referirse a la desvirtuación de fondos destinados al templo, ya que Josefo cuenta la historia de un escándalo de este tipo,[3] aunque es más probable que Pablo tenga en mente templos paganos. 'Tú que aborreces a los ídolos' es una descripción acertada de los judíos. Se apartaban de los ídolos con horror. Por lo tanto, ni en sueños se habrían acercado a un templo idolátrico, excepto con el fin de robar. En tales casos 'los escrúpulos caían ante la avaricia del hurtador'.[4] Algunos comentaristas piensan que los tres pecados mencionados son improbables en el caso de líderes judíos, por lo cual sugieren una interpretación no literal. 'Cuando el robo, el adulterio y el sacrilegio se entienden estrictamente y en forma radical, no hay hombre que no sea culpable de los tres,' escribe C. K. Barrett,[5] y nos recuerda la enseñanza de Jesús en el Sermón del Monte acerca de los pensamientos de nuestro corazón.[6] Pero Pablo parecería tener en mente acciones, más que pensamientos, y Dodd cita al rabino Jochanan ben Zakkai, contemporáneo de Pablo, quien lamentaba en sus días 'el aumento del asesinato, el adulterio, los vicios sexuales, la corrupción comercial y judicial, las amargas luchas sectarias, y otros males'.[7]

La quinta pregunta retórica de Pablo es, también, más general: **Tú que te jactas de la ley** (algo que los judíos hacían, ver el versículo 17), **¿deshonras a Dios quebrantando la ley?** (23). **Así está escrito: 'Por causa de ustedes se blasfema el nombre de Dios entre los gentiles'** (24). Esta cita parece combinar Isaías 52.5 y Ezequiel 36.22. En ambos textos el nombre de Dios ha sido motivo de burla porque su pueblo había sido derrotado y esclavizado. ¿No podía Yahvéh proteger a su propio pueblo? Precisamente, la derrota moral, como la derrota militar, produce el descrédito del nombre de Dios.

El argumento de los versículos 17–24 es el mismo, en principio, que el de los versículos 1–3, y es tan aplicable a nosotros como a los moralistas críticos y a los judíos seguros de sí mismos del primer siglo. Si juzgamos a otros, deberíamos poder juzgarnos a nosotros mismos (1–3). Si enseñamos a otros, deberíamos poder enseñarnos a nosotros mismos (21–24). Si nos erigimos ya sea en maestros o en jueces de los demás, no podemos tener excusas si no nos enseñamos ni nos juzgamos a nosotros mismos. No es posible que argumentemos ignorancia de la rectitud moral. Todo lo contrario, contribuimos a que Dios nos condene por nuestra hipocresía.

2. La circuncisión | 25–29

Si la posesión y el conocimiento de la ley por los judíos no los eximía del juicio de Dios, tampoco lo hacía la circuncisión. Desde luego que la circuncisión fue una señal y sello dada por Dios de su pacto con ellos.[8] Pero no se trataba de una ceremonia mágica ni de un hechizo. No les proporcionaba una cobertura de seguro permanente contra la ira de Dios. No era ningún sustituto de la obediencia; constituía más bien un compromiso con la obediencia. Sin embargo, los judíos tenían una confianza casi supersticiosa en el poder salvador de la circuncisión. Los epigramas rabínicos lo expresaban. Por ejemplo, 'Los hombres circuncidados no descienden a la gehena,' y 'la circuncisión librará a Israel de la gehena'.[9]

¿Cómo contradijo Pablo esta falsa seguridad? Comienza con un epigrama propio: **La circuncisión tiene valor si observas la ley** (25a). No niega el origen divino de la circuncisión, sino que cuestiona su valor, sobre la base de que quien es circuncidado 'está obligado a practicar toda la ley'.[10] Porque la circuncisión es la señal de que se pertenece al pacto, y al que es miembro del pacto se le exige obediencia. Sobre esta base, o sea que la circuncisión y la ley van juntas en el pacto de Dios, Pablo hace ahora dos afirmaciones complementarias muy claras. Por un lado, **si la quebrantas, vienes a ser como un incircunciso** (25b). Por otro lado, **si los gentiles cumplen los requisitos de la ley, ¿no se les considerará como si estuvieran circuncidados?** (26). Quizás podamos expresar la doble aserción de Pablo en función de dos ecuaciones simples. La circuncisión menos la obediencia es igual a la incircuncisión, mientras que la incircuncisión más la obediencia es igual a la circuncisión.

La consecuencia que deduce Pablo de esto tuvo que haber sido profundamente preocupante para los judíos. En contraste con la imagen tradicional que tenían de sí mismos, sentados para juzgar a los paganos incircuncisos (ver 2.1–3), los papeles se invertirán, y **el que no está físicamente circuncidado, pero obedece la ley**, en realidad **te condenará a ti** (que eres judío) **que, a pesar de tener el mandamiento escrito** (es decir, la ley) **y la circuncisión, quebrantas**

la ley (27). La señal definitoria, la prueba concluyente de pertenecer al pacto de Dios no es la circuncisión ni la posesión de la ley, sino la obediencia que tanto la circuncisión como la ley demandan. La circuncisión no modificaba lo que su desobediencia demostraba que eran. No se trata de salvación por la obediencia, sino de obediencia como prueba de la salvación. El corolario es que los judíos están tan expuestos al juicio de Dios como los gentiles.

La extraordinaria inversión de los papeles que Pablo ha descrito en el versículo 27, por la que los gentiles condenan a los judíos en lugar de que los judíos condenen a los gentiles, se debe a una necesaria redefinición de la identidad judía, que Pablo procede a ofrecer a partir de 2.17ss, en contraste con la definición de los propios judíos. Primero confirma en forma negativa lo que un judío no es (28), y luego define positivamente lo que es un verdadero judío (29). **Lo exterior** (en *tō fanerō*, 'abiertamente' o 'visiblemente') **no hace a nadie judío, ni consiste la circuncisión en una señal en el cuerpo** (repite en *tō fanerō* y agrega *en sarki*, 'en la carne'; 28). **El verdadero judío lo es interiormente** (en *tō kryptō*, 'en secreto'); **y la circuncisión es la del corazón** (29). Este concepto no se origina en Pablo, por cuanto aparece regularmente en el Antiguo Testamento. En el Pentateuco Dios protesta por el 'obstinado corazón' de su pueblo, apela a él para que circuncide su corazón, y dice que se lo hará él mismo, a fin de que lo amen con todo su ser.[11] Luego los profetas se valen de las mismas imágenes. Significativamente se describe al extranjero como 'incircunciso de corazón y de cuerpo'; el 'que sólo haya sido circuncidado del prepucio' y 'es incircunciso de corazón' será castigado; Yahvéh hace un llamado a su pueblo a circuncidar su corazón, y promete darle 'un nuevo corazón'.[12]

Lo que busca Pablo es algo más que esto, sin embargo, a saber, 'una circuncisión del corazón que *remplace* completamente el rito físico y no que sea simplemente un complemento'.[13] También ha de ser la **que realiza el Espíritu, no el mandamiento escrito** (29b). Es decir, será una obra interna del Espíritu Santo, algo que la ley como código escrito externo jamás puede lograr. Este contraste entre *gramma* (letra o código) y *pneuma* (Espíritu) resume para Pablo la diferencia entre el antiguo pacto (una ley externa) y el nuevo (el don del Espíritu). Anticipa aquí lo que luego desarrolla en 7.6 y 8.4, de hecho en toda la primera mitad del capítulo 8.[14] Además, **Al que es judío así, lo alaba**

Dios y no la gente (29c). Esto probablemente sea una alusión a un juego de palabras hebreas, ya que los judíos recibieron su nombre de su antepasado Judá, cuyo nombre en hebreo estaba asociado con la palabra para 'alabar',[15] y pudo haber sido derivado de ella.

Por lo tanto, en su redefinición de lo que significa ser judío, miembro auténtico del pueblo del pacto, Pablo hace un cuádruple contraste. Primero, la esencia de ser un verdadero judío (que por cierto podría ser étnicamente gentil) no es algo externo y visible, sino interior e invisible. Porque la verdadera circuncisión es, en segundo lugar, la del corazón, no la de la carne. Tercero, lo lleva a cabo el Espíritu, no la ley, y cuarto, recibe la aprobación de Dios antes que la de los seres humanos. Nosotros podemos sentirnos cómodos con lo que es externo, visible, material y superficial. Pero lo que le interesa a Dios es una obra secreta, interior y profunda del Espíritu Santo en nuestro corazón.

Además, lo que Pablo escribe aquí acerca de la circuncisión y de ser judíos también podría decirse acerca del bautismo y de ser cristiano. El verdadero cristiano, como el verdadero judío, lo es interiormente; y el verdadero bautismo, como la verdadera circuncisión, es el que se da en el corazón por obra del Espíritu. En este caso no se trata de que lo interno y espiritual *remplace* lo externo y físico, sino más bien que la señal visible (el bautismo) deriva su importancia de la realidad invisible (el lavado del pecado y el don del Espíritu), de la cual da testimonio. Es un grave error exaltar la señal a expensas de lo que ella significa.

3. Algunas objeciones judías | 3.1–8

No es difícil imaginar las reacciones de por lo menos algunos de los lectores judíos de Pablo. Deben de haberle respondido con una mezcla de incredulidad e indignación. Porque su tesis tiene que haberles parecido un disparate que minaba los fundamentos mismos del judaísmo, o sea del carácter y del pacto de Dios.

Como hemos visto, el método de Pablo para responder a las objeciones judías a su enseñanza adquiere la forma de una 'diatriba', una convención literaria muy conocida por los filósofos del mundo antiguo. En ella un maestro iniciaba un diálogo con sus críticos o sus estudiantes, primero planteando y luego contestando sus preguntas.

Pablo ya había comenzado a usar este género cuando se dirigía tanto al moralista crítico (2.1ss) como al judío (2.17ss); pero ahora lo desarrolla más plenamente. No es necesario suponer que su opositor en el debate fuera imaginario o su debate ficticio. Es más probable que reconstruyese los argumentos que los judíos realmente le planteaban durante sus actos de evangelización en la sinagoga.[16] 'Con frecuencia resulta más fácil seguir los argumentos de Pablo,' escribe C. K. Barrett, 'si el lector imagina al apóstol frente a frente con un provocador, que hace interrupciones y recibe respuestas que a veces son bruscas y fulminantes.'[17] Podemos ir más lejos todavía. 'El interlocutor de Pablo no era ningún hombre de paja,' escribe el profesor Dunn. 'De hecho, probablemente no estaríamos muy equivocados si llegáramos a la conclusión de que el interlocutor de Pablo era Pablo mismo: Pablo el fariseo inconverso, expresando actitudes que Pablo recordaba muy bien como propias.'[18] De esta manera, Pablo el fariseo y Pablo el cristiano se traban en debate entre sí, como en Filipenses 3.

Los detalles del debate son un tanto difíciles de entender, no porque la posición de Pablo sea 'oscura y endeble',[19] sino porque nos la da a conocer en un muy breve bosquejo. Para su desarrollo tendremos que esperar hasta Romanos 9–11. En cambio, tenemos ante nosotros en 2.25–29 la enseñanza de Pablo que provoca las objeciones, a saber, que no había ninguna diferencia fundamental entre judíos y gentiles, y que la ley y la circuncisión no garantizaban ni la inmunidad judía ante el juicio de Dios, ni la identidad judía como pueblo de Dios. Esto parecía poner en tela de juicio el pacto, las promesas y el carácter de Dios. Promovía cuatro interrogantes diferentes pero relacionados entre sí.

Objeción 1. La enseñanza de Pablo socava el pacto de Dios | 1–2

Pablo y sus críticos están de acuerdo en que Dios eligió a Israel de entre las naciones, hizo un pacto con ellos, y le dio la circuncisión como señal y sello de dicho pacto. Pero si ahora las palabras 'judío' y 'circuncisión' se han de redefinir radicalmente, entonces, **¿qué se gana con ser judío** en el sentido antiguo del término, y **qué valor tiene la circuncisión** en su significado tradicional (1)? Porque estas cosas no protegen al judío del juicio, según Pablo.

En su respuesta, Pablo no retira lo que ha escrito en cuanto al judío verdadero y la verdadera circuncisión. No obstante, el hecho de que ser judío étnicamente no tiene ningún valor como protección ante el juicio de Dios no quiere decir que no tenga algún valor. Tiene **mucho valor, desde cualquier punto de vista**; pero un valor diferente, es decir, de responsabilidad más que de seguridad. **En primer lugar** (evidentemente Pablo se propone enumerar varios privilegios, aunque no llega a hacerlo sino en 9.4s), **a los judíos se les confiaron las palabras mismas de Dios** (2). Parece estar claro que estos 'oráculos de Dios'[20] no son sólo los mandamientos o promesas de Dios, sino todas las escrituras del Antiguo Testamento que los contienen y que fueron confiados al cuidado de Israel. De hecho, ser los custodios de la revelación divina especial era una responsabilidad inmensamente privilegiada; esta responsabilidad no le fue dada a 'ninguna otra nación'.[21]

Objeción 2. La enseñanza de Pablo anula la fidelidad de Dios | 3–4

Quizás los 'oráculos' o 'las palabras mismas' de Dios (2) aludan en particular a sus promesas, especialmente a su promesa del Mesías. De ser así, argumenta el que objeta, ¿qué ha pasado con la promesa de Dios, y (más importante) con su fidelidad a la promesa? **Si a algunos les faltó la fe, ¿acaso su falta de fe anula la fidelidad de Dios** (3)? Lo que Pablo enseñaba parecía suponer esto. El juego de palabras relacionado con *pistis* (fe o fidelidad) es más obvio en la frase griega que en nuestra lengua. Tal vez se podría armar de esta manera: 'Si algunos de aquellos a quienes les fueron confiadas (*episteuthēsan*, 2) las promesas de Dios no respondieron a ellas con confianza (*epistēsan*, 3a), ¿la falta de confianza destruirá la confiabilidad (*pistis*, 3b) de Dios?' Si el pueblo de Dios es infiel, ¿significa, acaso, que Dios también necesariamente lo sea?

La réplica (*mē genoito*) de Pablo es más violenta que lo que sugieren las expresiones: **¡De ninguna manera!** (NVI, RVR), '¡De ningún modo!' (BA, BJ), '¡Claro que no!' (DHH), o incluso '¡Dios no lo permita!' (AV). John Ziesler dice que "'ni por tu vida' o 'ni en mil años' ofrece algo de la idea."[22] Porque Dios jamás podría quebrantar su pacto, como lo demostrará Pablo en los capítulos 9–11. Su verdad o fidelidad es un *a priori*. De hecho, **Dios es siempre veraz, aunque el hombre sea mentiroso** (4a). La primera de estas dos proposiciones, escribe Calvino, 'es el primer axioma de toda la filosofía cristiana';[23] el segundo es una cita del Salmo 116.11. Tan lejos está de ser el caso que la infidelidad humana socava la fidelidad de Dios, que aun si cada uno de los seres humanos fuese mentiroso, Dios seguiría siendo veraz, porque se mantiene invariablemente fiel y veraz consigo mismo. Además, la Escritura confirma esto. Incluso David reconoció que había pecado y había hecho lo malo a los ojos de Dios, con el fin de que la Palabra de Dios se demostrara recta y su veredicto justificado: '**Por eso, eres justo en tu sentencia, y triunfarás cuando te juzguen**' (4b).[24]

Objeción 3. La enseñanza de Pablo impugna la justicia de Dios | 5–6

Es posible que la referencia a Dios como juez (4) lleve a Pablo a hablar de la justicia divina, que justamente se da a conocer en los juicios de Dios. En este caso el que objeta está planteando la cuestión general de que **nuestra injusticia pone de relieve la justicia de Dios**. Cuanto más inicuo sea el criminal, tanto más justo aparece el juez. Por otra parte, el que objeta puede querer aludir a 'la justicia que proviene de Dios' y que se revela en el evangelio (1.17), es decir su modo de operar la salvación. En este caso argumenta que cuanto más pecaminosos somos, tanto más gloriosamente se destaca el evangelio. De cualquier manera, según la enseñanza de Pablo, dice el que objeta, nuestra iniquidad o injusticia beneficia a Dios, porque pone de relieve su carácter tanto más nítidamente. Siendo esto así, **¿qué diremos?** ¿Llegaremos a la conclusión de que **Dios es injusto al descargar sobre nosotros su ira** (5a, como, según el judío que objeta, lo exige la lógica de la posición de Pablo)? Por cierto que la ira de Dios se descarga sobre los gentiles inmorales (1.18), y caerá sobre los moralistas críticos (2.5); pero, ¿realmente la descargará sobre su propio pueblo, los judíos? ¿No sería injusto que lo castigara por algo que lo beneficia? Apenas expresa este razonamiento tortuoso, Pablo se siente avergonzado y agrega como disculpa entre paréntesis: **(Hablo en términos humanos.)** (5b).

Va más allá de la disculpa, sin embargo. Prosigue con otra negación categórica (**¡De ninguna manera!**) y luego, como respuesta, le hace a su provocador una pregunta: Si realmente fuera injusto, **¿cómo podría Dios juzgar al mundo?** (6). Pablo da como axiomático que Dios es el juez universal y que, como dijo Abraham, el Juez de toda la tierra hará justicia.[25] Impugnar la justicia de Dios equivale a socavar su competencia para juzgar y de esta manera poner de manifiesto lo absurdo de la pregunta original.

Objeción 4. La enseñanza de Pablo promueve falsamente la gloria de Dios | 7–8

Alguien podría objetar, continúa Pablo, y procede a desarrollar el argumento anterior. Al hacerlo, también personifica al que objeta valiéndose de la primera persona del singular. **Si mi mentira destaca la verdad de Dios**, así como nuestra injusticia pone de manifiesto más claramente la justicia de Dios (5), **y así aumenta su gloria**, entonces, con seguridad que Dios debería sentirse complacido, hasta agradecido. ¿Acaso no le estoy haciendo un servicio? Siendo así, la enseñanza de Pablo plantea dos interrogantes secundarios. Primero, **¿por qué todavía se me juzga como pecador** (7), si mi pecado beneficia a Dios? ¿Cómo puede condenarme Dios por aumentar su gloria? Segundo, **¿Por qué no decir: 'Hagamos lo malo para que venga lo bueno'? Así** (agrega Pablo) **nos calumnian algunos, asegurando que eso es lo que enseñamos.** Esto es lo que proclama el antinomiano, quien racionaliza su desenfreno: 'Si el mal comportamiento da lugar a consecuencias buenas, tales como la manifestación del carácter de Dios y, de este modo, la promoción de su gloria, pues entonces aumentemos el mal con el fin de que de ese modo aumentemos el bien. Obviamente el fin justifica los medios.' C. H. Hodge lo expresó muy bien: 'Según este razonamiento (dice Pablo), cuando seamos peores, tanto mejor: porque cuanto más perversos seamos, tanto más sobresaliente será la misericordia de Dios con nuestro perdón.'[26]

Esta vez Pablo no contesta las preguntas que supuestamente plantea su enseñanza. Porque no merecen una refutación seria; su perversidad es francamente evidente. Basta con decir, en cuanto a estos que objetan, que ¡… **bien merecida se tienen la condenación!** (8). Porque no hay resultados buenos que puedan justificar la estimulación del mal. El mal jamás promueve la gloria de Dios.

Notamos por este pasaje (3.1–8) que Pablo no se conformaba con sólo proclamar y exponer el evangelio. También discutía sobre su veracidad y su carácter razonable, y lo defendía de las interpretaciones equivocadas y de las tergiversaciones. Fuesen genuinas estas objeciones judías (porque realmente las había oído expresadas) o imaginarias (porque él las había armado), las tomaba en serio y las contestaba.

Veía que el carácter de Dios estaba en juego. De modo que reafirmaba el pacto de Dios por su valor permanente, la fidelidad de Dios a sus promesas, la justicia de Dios como juez, y la verdadera gloria de Dios que sólo se promueve con el bien, jamás con el mal.

Nosotros también, en nuestros días, debemos incluir la apologética en nuestra evangelización. Es preciso que estemos preparados para las objeciones de la gente al evangelio, que escuchemos atentamente sus problemas, que nos ocupemos de ellos con la debida seriedad, y que proclamemos el evangelio de tal manera que destaquemos la bondad de Dios y promovamos su gloria. Esta predicación dialogada tiene un poderoso precedente apostólico en este pasaje.

7
Toda la raza humana
Romanos 3.9-20

Pablo va llegando al final de su extensa argumentación, y se pregunta cómo redondear el tema, de qué manera darlo por concluido: **¿A qué conclusión llegamos?** (9a).

Sucesivamente ha puesto de manifiesto la evidente injusticia de buena parte del antiguo mundo gentil (1.18–32), la hipócrita justicia de los moralistas (2.1–16), y la confiada autojustificación del pueblo judío, cuya anomalía consiste, por una parte, en jactarse de la ley de Dios, y por otra parte, en quebrantarla (2.17–3.8). De manera que a continuación acusa y condena a toda la raza humana.

Aun cuando hay mucha incertidumbre, tanto acerca de la forma del significado del segundo verbo en el versículo 9, me conformo con aceptar la versión de la NVI: ¿Acaso los judíos somos mejores? Es decir, ¿hay algún beneficio en ser judío? Si esto es correcto, entonces Pablo hace la misma pregunta dos veces en el espacio de pocos versículos, y procede a contestarse él mismo, con dos respuestas aparentemente opuestas. En el versículo 1 ha preguntado: 'Entonces, ¿qué se gana con ser judío?' Y su respuesta ha sido: 'Mucho, desde cualquier punto de vista.' Ahora, en el versículo 9 pregunta: **¿Acaso los judíos somos mejores?** Y contesta así: **¡De ninguna manera!** Por cierto que parecería contradecirse, al decir primero que hay grandes ventajas en ser judío y luego que no las hay. ¿Cómo podemos resolver esta discrepancia? Solamente aclarando en qué clase de beneficio o 'ventaja' está pensando. Si quiere decir tanto privilegio como responsabilidad, entonces los judíos tienen mucho de ambas cosas, porque Dios les ha confiado su revelación. En cambio, si quiere decir favoritismo, entonces los judíos no lo tienen, porque no está dispuesto a exceptuarlos del juicio: **Ya hemos demostrado** (en 1.18–2.29) **que tanto los judíos como los gentiles están bajo el pecado** (9), o 'bajo el poder del pecado'

(DHH, ver Gálatas 3.22). Pablo casi parecería personificar el pecado como un cruel tirano que tiene a la raza humana aprisionada con su culpa y sometida a juicio. El pecado nos supera, nos hunde, además de ser una carga demoledora.

Pablo luego apoya con las Escrituras el hecho de la esclavitud universal al pecado y a la culpa. Ofrece una serie de siete citas del Antiguo Testamento, la primera probablemente de Eclesiastés, luego cinco de Salmos y una de Isaías; todas dan testimonio de la injusticia humana de diferentes maneras. Pablo 'sigue aquí una práctica rabínica común de enhebrar pasajes entre sí como si fuesen perlas'.[1]

> [10] Así está escrito:
>   'No hay un solo justo, ni siquiera uno;
> [11] no hay nadie que entienda,
>   nadie que busque a Dios.   (Eclesiastés 7.20)
> [12] Todos se han descarriado,
>   a una se han corrompido.
>   No hay nadie que haga lo bueno;
>   ¡no hay uno solo!'   (Salmo 14.1–3 = Salmo 53.1–3)
> [13] 'Su garganta es un sepulcro abierto;
>   con su lengua profieren engaños.'   (Salmo 5.9)
>   '¡Veneno de víbora hay en sus labios!'   (Salmo 140.3)
> [14] 'Llena está su boca de maldiciones y de amargura.'
>   (Salmo 10.7)
> [15] 'Veloces son sus pies para ir a derramar sangre;
> [16] dejan ruina y miseria en sus caminos,
> [17] y no conocen la senda de la paz.'
>   (Isaías 59.7s; ver Proverbios 1.16)
> [18] 'No hay temor de Dios delante de sus ojos.'   (Salmo 36.1)

Se destacan tres rasgos de este sombrío cuadro bíblico.

Primero, declara la *impiedad* del pecado. Cerca del comienzo encontramos la afirmación de que **no hay … nadie que busque a Dios** (11), y al final **no hay temor de Dios delante de sus ojos** (18). Esto es más que una afirmación de que cuando la gente rechaza a Dios tiende a lanzarse precipitadamente a la iniquidad, mientras que cuando teme a Dios, huye del mal.[2] Se trata, más bien, de que las Escrituras identifican la esencia del pecado como impiedad (ver 1.18). La queja de Dios es que en realidad no lo 'buscamos' en absoluto para hacer de su gloria nuestro supremo interés,[3] que no lo hemos puesto delante de nosotros,[4] que no hay lugar para él en nuestros pensamientos,[5] y que no lo amamos con todo nuestro ser. El pecado es la rebelión del yo contra Dios, el destronamiento de Dios con el propósito de entronizarnos a nosotros mismos. Finalmente, el pecado es la propia deificación, la irresponsable decisión de ocupar el trono que sólo le pertenece a Dios.

Segundo, esta cadena de versículos del Antiguo Testamento enseña la *capacidad de influencia o de abarcamiento del pecado*. El pecado perjudica todas las partes de nuestra constitución humana, todas las facultades y funciones, incluidas la mente, las emociones, la sexualidad, la conciencia y la voluntad. En los versículos 13–17 hay una deliberada enumeración de las diferentes partes del cuerpo. Así, **su garganta es un sepulcro abierto**, lleno de corrupción e infección; **con su lengua profieren engaños**, en lugar de que esté dedicada a la verdad; **sus *labios* esparcen veneno** como víboras; **su *boca* está llena de maldición y de amargura. Veloces son sus *pies*** para buscar la violencia, y **dejar ruina y miseria en su camino**, en lugar de andar en el camino de paz; y **sus ojos** miran en la dirección equivocada; no reverencian a Dios.

Estos miembros y órganos corporales fueron creados y nos fueron dados para que por medio de ellos pudiéramos servir a otros y glorificar a Dios. En cambio, se usan para dañar a otros y para obrar en rebeldía contra Dios. Esta es la doctrina bíblica de la 'depravación total', que sospecho es repudiada sólo por aquellos que no la comprenden. Nunca ha significado que los seres humanos sean todos tan depravados como pueden serlo. Esta idea es manifiestamente absurda e inexacta, y nuestra observación cotidiana lo demuestra. No todos los seres humanos son borrachos, criminales, adúlteros o asesinos. Además, Pablo ha mostrado que 'por naturaleza' algunas personas a veces logran obedecer la ley (2.14, 27). El carácter 'total' de nuestra corrupción se refiere a su *extensión* (que tuerce y contamina todas las partes de nuestro ser), no a su *grado* (como si corrompiese todas las partes de nuestro ser en forma absoluta). Como lo expresó en forma sucinta el doctor J. I. Packer, por un lado 'nadie es tan malo o mala como él o ella podría serlo', mientras que por otra parte 'ninguna de nuestras acciones es tan buena como debería serlo'.[6]

Tercero, las citas del Antiguo Testamento enseñan la *universalidad* del pecado, tanto de manera negativa como positiva. Negativamente, **no hay un solo justo, ni siquiera uno** (10); **no hay quien entienda, nadie que busque a Dios** (11); **no hay nadie que haga lo bueno, ¡no hay uno solo!** (12b). Positivamente, **todos se han descarriado** ('se desviaron', RVR), **a una se han corrompido** (12a). La repetición hace que se grabe el mensaje. Dos veces se nos dice que 'todos' nos fuimos por nuestro propio camino, cuatro veces que 'nadie' es justo, y dos veces que 'ni siquiera uno' se exceptúa. Porque ser 'justo' es vivir de conformidad con la ley de Dios, y 'el mejor de los hombres, el más noble, el más erudito, el más filántropo, el más grande idealista o el pensador más extraordinario, jamás ha habido un hombre que pueda resistir ante la prueba de la ley. Si dejamos caer la plomada no podrá sostenerse frente a ella.'[7]

El versículo 19 ha resultado ser un dilema para los comentaristas. Su propósito es claro, a saber, que **todo el mundo se calle la boca** ('toda boca se cierre', RVR) **y quede convicto delante de Dios** (19b). Pero, ¿cómo se llega a esta conclusión? La explicación más probable es que al leer la serie de citas del Antiguo Testamento el pueblo judío daría por sentado que se aplicaba a esos perversos gentiles sin ley. Y por supuesto que el juicio de Dios caería sobre ellos. Pero Pablo les recuerda a los judíos acerca del conocimiento que tenían en común: **Sabemos que todo lo que la ley dice** (que aquí debe entenderse el Antiguo Testamento en general), **lo dice a quienes están sujetos a ella** (19a, literalmente, 'dentro de' la ley), a saber, ellos mismos como judíos, de manera que también serán incluidos en el juicio. De esta forma toda boca queda cerrada, toda excusa silenciada, y todo el mundo, al haber sido encontrado culpable, está expuesto al juicio de Dios. Estas palabras, escribe el profesor Cranfield, 'evocan el cuadro del acusado ante el tribunal, que cuando se le da la oportunidad para hablar en su propia defensa, se queda mudo debido al peso de las pruebas que se han presentado contra él.'[8] No hay nada más que esperar sino el anuncio de la ejecución de la sentencia.

De modo que este es el punto hacia el cual se venía dirigiendo implacablemente el apóstol. Los gentiles idólatras e inmorales no '[tienen] excusa' (1.20). De la misma manera, ninguno de los moralistas críticos, sea judío o gentil, 'tiene excusa' (2.1). La posición privilegiada de los judíos no los libera. De hecho, todos los habitantes de toda la tierra (3.19), sin excepción alguna, son inexcusables (*hypodikos*) delante de Dios, es decir, están 'bajo acusación sin posibilidad alguna de defensa'.[9] Y a esta altura la razón está clara. Se debe a que todos han conocido algo acerca de Dios y la moralidad (por medio de las Escrituras en el caso de los judíos, por medio de la naturaleza en el caso de los gentiles), pero todos han desoído, o incluso sofocado, su conocimiento con el fin de seguir su propio camino. De modo que todos son culpables y quedan condenados delante de Dios.

Por tanto, concluye Pablo, **nadie será justificado en presencia de Dios** 'aduciendo que ha observado la ley' (NBE), o **por hacer las obras que exige la ley** (20a), literalmente 'por obras de la ley' (RSV). ¿Qué quiere decir con esta expresión? 'Esta es la primera aparición', escribe el profesor Dunn, 'de una frase clave cuya importancia para entender el pensamiento de Pablo en esta carta difícilmente pueda exagerarse, pero que de hecho con frecuencia ha sido mal entendida por sucesivas generaciones de comentaristas.'[10]

Lo que se entiende tradicionalmente en cuanto a 'obras de la ley', algo que promovieron particularmente estudiosos luteranos, es que Pablo se refiere a las buenas obras de justicia y de filantropía, cumplidas en obediencia a la ley, y consideradas por los judíos como base meritoria para ser aceptados por Dios.

Esta tradición está siendo cuestionada, especialmente por el profesor E. P. Sanders, sobre la base de que el judaísmo palestino no era una religión de justificación por obras y que, por consiguiente, Pablo no pudo haber querido negar lo que los judíos no afirmaban, o sea, la salvación por medio de obras meritorias. En cambio, como agrega el profesor Dunn, el objetivo de Pablo era más estrecho y muy específico, a saber, el 'judío devoto' que daba por sentado que estaba seguro dentro del pacto de Dios, siempre que mantuviese su calidad de miembro por medio de 'obras de la ley', es decir, de aquellos 'mojones fronterizos' como la observancia del sábado y las leyes alimenticias que los distinguían de los gentiles.[11] Más todavía, la razón por la cual Pablo negaba la salvación por medio de estas obras está en que se oponía al privilegio, no al mérito. Porque si la salvación fuese por la circuncisión y las prácticas culturales, sólo quedaban incluidos los judíos y los prosélitos, mientras que los gentiles quedaban excluidos. Como reacción ante esto, Pablo realza no tanto el carácter libre de la gracia de Dios (por oposición al mérito) como su imparcialidad (por oposición al elitismo). La salvación 'por obras de la ley' alentaba el orgullo y el privilegio; la salvación por la fe los anulaba.

¿Cómo hemos de responder a esta reconstrucción progresivamente aceptada? Pienso que por lo menos de dos maneras. Primero, la tesis del profesor Dunn (lo que él llama 'la nueva perspectiva de Pablo'), o sea que por 'obras de la ley' Pablo quería decir 'marcas de identificación' distintivamente judías, como el sábado, la circuncisión y las disposiciones alimenticias, está lejos de haber sido demostrada. La expresión misma no sugiere que las 'obras' a que se alude sean sólo culturales-ceremoniales y no morales. El uso que hace Pablo de ella tampoco sugiere esta limitación. Por ejemplo, Romanos 3.20 concluye la larga argumentación de Pablo de que todos los seres humanos son moralmente pecaminosos y culpables, incluidos los judíos cuya transgresión comprende el robo y el adulterio (2.21s), y no las ofensas rituales; la segunda parte de Romanos 3.20 define la función de la ley como la de exponer el pecado; Romanos 3.28 contrasta la justificación por la fe con 'obras de la ley', lo cual no puede referirse a reglas mosaicas ceremoniales, como queda claro por el ejemplo de Abraham (4.2), quien vivió mucho antes que Moisés. El doctor Stephen Westerholm, quien desarrolla un poderoso argumento siguiendo estas líneas, escribe esto: "Las 'obras de la ley' que no justifican son las demandas de la ley que no se cumplen, no las observadas por los judíos por razones equivocadas."[12]

Nuestra segunda respuesta a la tesis del profesor Dunn se relaciona con la cuestión de porqué Pablo es tan negativo acerca de las 'obras'. No cabe duda, y en esto estamos de acuerdo, que Pablo se opone al exclusivismo judío, especialmente a la noción de que la posición privilegiada de los judíos automáticamente los exime del juicio. Pero todo el contexto sugiere que también atacaba el mérito, es decir, la confianza judía en obras de carácter moral (y no meramente ceremoniales). Porque la ley por cuyas obras nadie puede ser justificado (20a) es, con seguridad, la misma ley que declara que todos los seres humanos son pecadores (19a), de manera que todo el mundo es culpable ante Dios (19b). Más aun, la razón por la que la ley no puede justificar a los pecadores es precisamente que su función es la de exponer y condenar su pecado (20b). Y la razón por la cual la ley nos condena es que la quebrantamos.

Luego, si Pablo se oponía al concepto de la salvación por las buenas obras, ¿quiénes eran sus opositores? ¿Y cómo hemos de responder a la tesis del profesor Sanders de que esta no era la posición del judaísmo palestino? En general, creo que Douglas Moo tiene razón, como por cierto he tratado de argumentar en el Ensayo Preliminar (p. 15), 'que el judaísmo palestino era más legalista de lo que ha encontrado Sanders ... Incluso en la propuesta de Sanders, las obras representan un papel tan prominente que es justo hablar de una asociación de fe y obras que eleva las obras a un papel salvador decisivo.' Dado que las buenas obras, según E. P. Sanders, eran esenciales si los judíos habían de 'permanecer' en el pacto, representaban 'un papel necesario e instrumental en la salvación'.[13] La posibilidad alternativa, que sugiere John Ziesler, es que Pablo 'se oponía a una perversión del judaísmo, que si bien nacía del judaísmo oficial, no por ello dejaba de ser una perversión popular que *sí* pensaba en la posibilidad de ganarse el favor de Dios'.[14] No cabe duda de que alguna doctrina de autosalvación circulaba ampliamente en el judaísmo, no sólo por la polémica de Pablo, sino también por la enseñanza del propio Jesús, por ejemplo en la parábola del fariseo y el publicano y, por sobre todo, debido a nuestro propio conocimiento del orgulloso corazón humano.

Volviendo al versículo 20, debemos verlo como el punto culminante de la argumentación de Pablo, no sólo contra la confianza que tenían los judíos en sí mismos sino contra todo intento de autosalvación. Porque, sigue diciendo Pablo, **mediante la ley cobramos conciencia del pecado** (20b). Es decir, lo que aporta la ley es el conocimiento del pecado, no el perdón de los pecados. A pesar de la moda contemporánea que consiste en decir que Lutero lo entendió mal, yo pienso, por el contrario, que lo entendió bien:

El punto principal ... de la ley ... no consiste en hacer mejores a los hombres sino peores; vale decir, les muestra su pecado, de modo que por el conocimiento de él se sientan humillados, atemorizados, heridos y quebrantados, y por este medio sean llevados a buscar la gracia, y de este modo acudan a la bendita Simiente [es decir, a Cristo].[15]

En conclusión, ¿cómo responderemos a la devastadora exposición de Pablo sobre el pecado y la culpa universales, tal como la leemos a comienzos del siglo veintiuno? No debemos intentar evadirla cambiando de tema y hablando, en cambio, de la necesidad de la autoestima, o echando la culpa de nuestro comportamiento a los genes, a la crianza, a la educación o a la sociedad. Constituye una parte fundamental de nuestra dignidad como seres humanos el que, por más que hayamos sido afectados por influencias negativas, no somos sus víctimas pasivas sino más bien responsables de nuestra conducta. Nuestra primera respuesta ante la acusación de Pablo, por lo tanto, debería consistir en asegurarnos que nosotros mismos hayamos aceptado este diagnóstico divino sobre nuestra condición humana como acertado, y que hayamos huido del justo juicio de Dios sobre nuestros pecados hacia el único refugio que existe, o sea Jesucristo, quien murió por nuestros pecados. Porque no tenemos mérito alguno que invocar ni excusa que dar. Nosotros también quedamos ante Dios sin palabras y condenados. Sólo entonces estaremos listos para oír el gran 'Pero ahora' del versículo 21, cuando Pablo comienza a explicar la forma en que Dios intervino por medio de Cristo y su cruz para nuestra salvación.

Segundo, estos capítulos nos desafían a compartir a Cristo con otros. No podemos monopolizar las buenas noticias. En torno a nosotros hay hombres y mujeres que saben lo suficiente acerca de la gloria y la santidad de Dios como para que, si lo rechazan, sean inexcusables. También ellos, igual que nosotros, aparecerán condenados. Su conocimiento, su religión y su justicia propia no pueden salvarlos. Solamente puede hacerlo Cristo. La boca de muchos está cerrada debido a su culpa; ¡que nuestra boca se abra para dar testimonio!

II
La gracia de Dios en el evangelio
Romanos 3.21–8.39

8
La justicia de Dios revelada e ilustrada
Romanos 3.21–4.25

Todos los seres humanos, de toda raza y condición, de todo credo y cultura, judíos y gentiles, inmorales y moralistas, religiosos y no religiosos, son, sin excepción alguna, pecadores, culpables, inexcusables y aparecen mudos delante de Dios. Esa es la tremenda y difícil situación que se describe en Romanos 1.18–3.20. No hay un solo rayo de luz, la menor esperanza, ninguna posibilidad de rescate.

Pero ahora, exclama súbitamente Pablo, Dios mismo ha intervenido. El 'ahora' parece tener una triple referencia: lógica (el desarrollo del argumento), cronológica (el tiempo presente) y escatológica (la nueva era ha comenzado).[1] Después de la noche larga y oscura ha salido el sol, un nuevo día ha amanecido, y el mundo se ha inundado de luz. **Pero ahora, sin la mediación de la ley, se ha manifestado la justicia de Dios** (21a). Es una revelación nueva, que se centra en Cristo y su cruz, aunque de la justicia de Dios **dan testimonio la ley y los profetas** (21b) en sus preanuncios y prefiguraciones. Luego entonces, a la injusticia de algunos y la autojustificación de otros, Pablo contrapone la justicia de Dios. A la ira de Dios que alcanza a los malhechores (1.18; 2.5; 3.5), enfrenta la gracia de Dios para con los pecadores que creen. Al juicio, contrasta la justificación.

Comienza primeramente representando la revelación de la justicia de Dios mediante la cruz de Cristo, y expone los fundamentos del evangelio de la justificación (3.21–26). Segundo, defiende este evangelio ante los críticos judíos (3.27–31). Tercero, lo ilustra con la vida de Abraham, quien fue justificado por la fe y es, en consecuencia, el padre espiritual de todos los que creen (4.1–25).

1. La justicia de Dios revelada en la cruz de Cristo | 3.21–26

Los versículos 21–26 son seis versículos sumamente apretados, a los que el profesor Cranfield llama correctamente 'el centro y el corazón' de toda la sección principal de la carta,[2] y que en opinión del doctor Leon Morris 'posiblemente sea el párrafo más importante que jamás se haya escrito'.[3] La expresión clave de dicho párrafo es 'la justicia de Dios', expresión que ya consideramos cuando la encontramos por primera vez, o sea en 1.17. En ambos lugares la NVI traduce la frase como **la justicia de Dios**, y destaca de esta manera la iniciativa salvadora que ha tomado Dios para conceder a los pecadores una posición justa en su presencia. Ambos textos hablan de su justicia como algo que se 'revela' o se ha 'manifestado'. Ambos indican su novedad cuando declaran que se ha dado a conocer ya sea 'en el evangelio' (1.17) o **sin la mediación de la ley** (3.21). No obstante, ambos textos la representan como cumplimiento de las Escrituras del Antiguo Testamento, lo cual demuestra que no fue una decisión divina de último momento. Ambos sostienen que está a nuestra disposición por medio de la fe. La única diferencia significativa entre los dos textos radica en el tiempo de los verbos principales. Según 3.21 la justicia de Dios **se ha manifestado**, un tiempo perfecto, lo que seguramente se refiere a la muerte histórica de Cristo y sus consecuencias permanentes, mientras que en 1.17 la justicia de Dios se revela (tiempo presente) en el evangelio, lo cual presumiblemente significa cada vez que se lo predica.

En el versículo 22 Pablo retoma su anuncio del evangelio cuando repite la expresión **justicia de Dios**, y agrega dos verdades adicionales acerca de ella. La primera es que **llega, mediante la fe en Jesucristo, a todos los que creen**. Además, se ofrece a todos porque todos la necesitan. **No hay distinción** entre judíos y gentiles en este sentido, como Pablo comenzó sosteniendo en 1.18–3.20, ni con ningún otro grupo humano, **pues todos han pecado** (*hēmarton*, donde el pasado acumulado de todos se sintetiza con un tiempo aoristo) **y están privados** (un presente que continúa) **de la gloria de Dios** (23). La *doxa* ('gloria') de Dios podría significar su aprobación o alabanza, que todos han perdido,[4] pero probablemente se refiera a su imagen o gloria según la cual todos fueron hechos,[5] imagen que, sin embargo, nadie honra con su modo de vivir. Desde luego que hay grados de pecaminosidad, y por lo tanto diferencias, pero aun así nadie llega cerca del nivel establecido por Dios. El obispo Handley Moule lo expresó en forma dramática: 'La prostituta, el mentiroso, el asesino, están privados de ella [es decir, de la gloria de Dios]; pero también lo estás tú. Tal vez ellos están en el fondo de una mina, y tú en la cresta de los Alpes; pero estás tan lejos como ellos de poder tocar las estrellas.'[6]

La segunda novedad en estos versículos es que ahora, por primera vez, 'la justicia de Dios' se identifica con la justificación: **por su gracia son justificados gratuitamente...** (24a). La justicia de (o que proviene de) Dios es una combinación de su carácter justo, su iniciativa salvadora y el regalo de una posición justa delante de él. Es su justa justificación de los injustos, su modo justo de 'hacer justos' a los injustos.

La justificación es un término legal o forense, que pertenece a los tribunales judiciales. Su opuesto es la condenación. En ambos casos se trata del pronunciamiento de un juez. En el contexto cristiano constituyen los veredictos escatológicos alternativos que Dios el juez puede declarar en el día del juicio. De modo que cuando Dios justifica a los pecadores hoy, anticipa su propio juicio final trayendo al presente lo que estrictamente corresponde al último día.

Algunos entendidos sostienen que 'justificación' y 'perdón' son sinónimos. Por ejemplo, Sanday y Headlam escribieron que la justificación 'es simplemente Perdón, Perdón Gratuito',[7] en tanto que más recientemente el profesor Jeremias ha insistido en que la 'justificación es perdón, nada más que perdón.'[8] Pero seguramente esto no puede ser así. El perdón es algo negativo, la remisión de una pena o una deuda; la justificación es algo positivo, el otorgamiento de una posición de justicia, la reinstalación del pecador al favor y a la comunión con Dios. Marcus Loane ha escrito en estos términos: "La voz que declare el perdón dirá: 'Puedes irte; se te ha anulado la pena que merecen tus pecados.' Pero el veredicto que significa aceptación [es decir, justificación] dirá: 'Puedes acercarte; tendrás la bienvenida de todo mi amor y mi presencia.'"[9] C. H. Hodge aclara aun más la diferencia cuando desarrolla la antítesis entre la condenación y la justificación. 'Condenar no es simplemente castigar, sino declarar que el acusado es culpable o merecedor de castigo; y la justificación no es simplemente eximir de ese castigo, sino declarar que el castigo no puede aplicarse con justicia … El perdón y la justificación son, por consiguiente, esencialmente distintos. El primero consiste en la remisión del castigo, la segunda es una declaración de que no existe ningún motivo para aplicar el castigo.'[10]

Si la justificación no es perdón, tampoco es santificación. Justificar es declarar o pronunciar justo a alguien, no hacerlo justo. Este fue el nudo del debate sobre la justificación en el siglo dieciséis. El punto de vista católico-romano, tal como lo expresó el Concilio de Trento (1545–1564), fue que la justificación tiene lugar en el bautismo, y que la persona bautizada no sólo queda limpia de sus pecados sino que simultáneamente recibe una justicia nueva y sobrenatural.[11] Se puede entender el motivo que llevó a esta insistencia. Se trataba del temor de que una mera declaración de justicia dejara a la persona en cuestión sin renovación y sin justificación. Incluso podría alentar la persistencia en pecar (antinomianismo). Esta fue, desde luego, la misma crítica que se le hizo a Pablo (6.1, 15). Y esto lo llevó a sostener, del modo más vigoroso, que los cristianos bautizados han muerto al pecado (de modo que de ninguna manera pueden seguir viviendo en él) y han resucitado a una vida nueva en Cristo. Dicho de forma ligeramente diferente, la justificación (un nuevo estado) y la regeneración (un corazón nuevo), si bien no son idénticas, son simultáneas. Todo creyente justificado ha sido, igualmente, regenerado por el Espíritu Santo y encaminado hacia una santidad progresiva. Para citar a Calvino, 'nadie puede revestirse de la justicia de Cristo sin la regeneración'.[12] Además, 'el apóstol sostiene que quienes imaginan que Cristo nos concede la libre justificación sin impartir novedad de vida vergonzosamente despedazan a Cristo'.[13]

Un importante vuelco reciente en este debate entre protestantes y católico-romanos fue el que dio el profesor Hans Küng en 1957, cuando se publicó su diálogo con Karl Barth titulado *Justificación*. Aceptó que la justificación es una declaración divina y que somos justificados sólo por fe. Pero también insistió en que las palabras de Dios son siempre eficaces, de modo que todo cuanto pronuncie adquiere existencia inmediatamente. Por lo tanto, cuando Dios le dice a alguien, 'Tú eres justo', 'el pecador *es* justo, real y verdaderamente, exterior e interiormente, total y completamente … En suma, la *declaración* de justicia por Dios es … al mismo tiempo y en el mismo acto un *hacer justo*'.[14] De esta manera la justificación es 'el acto aislado que simultáneamente declara justo y hace justo.'[15] Hay una peligrosa ambigüedad aquí, sin embargo. ¿Qué quiere decir Küng con 'justo'? Si quiere decir *legalmente* justo, en buena relación con Dios, entonces por cierto que nos convertimos inmediatamente en aquello que Dios declara que somos. Pero si quiere decir *moralmente* justos, renovados, santos, entonces la declaración de Dios no asegura esto de inmediato, sino que sólo lo inicia. Porque esto último no es justificación sino santificación, lo cual es un proceso continuo que dura toda la vida.[16] Esto es lo que quiere demostrar C. K. Barrett cuando sostiene que justificar efectivamente significa hacer justo, pero que "'justo' no significa 'virtuoso', sino 'recto', 'limpio', 'absuelto' en el tribunal de Dios".[17]

Volviendo ahora al texto de Romanos, y en particular a los versículos 24–26, Pablo enseña tres verdades básicas acerca de la justificación: primero, su fuente, dónde se origina; segundo, su base, aquello sobre lo cual descansa; y tercero, los medios, cómo se la recibe.

a. La fuente de nuestra justificación: Dios y su gracia

Por su gracia son justificados gratuitamente (24). Fundamental para el evangelio de la salvación es la verdad de que la iniciativa salvadora pertenece a Dios el Padre de principio a fin. Ninguna formulación del evangelio es bíblica si anula la iniciativa de Dios y la atribuye ya sea a nosotros mismos o incluso a Cristo. Por cierto que nosotros no tomamos la iniciativa, porque éramos pecadores, culpables, impotentes; estábamos condenados y carecíamos de esperanza. La iniciativa tampoco fue de Jesucristo en el sentido de que él hubiese hecho algo que el Padre no quería hacer. Por cierto que Cristo vino en forma voluntaria y se entregó libremente. Con todo, lo hizo en sumisa respuesta a la iniciativa del Padre. 'Aquí me tienes … He venido, oh Dios, a hacer tu voluntad.'[18] De modo que el primer paso fue dado por Dios el Padre, y nuestra justificación es 'por su gracia … gratuitamente' (*dōrean*, 'como un don', RSV, o 'a modo de don, gratuitamente'),[19] su favor absolutamente gratuito y totalmente inmerecido. La gracia es Dios amando, Dios inclinándose hacia abajo, Dios acudiendo a rescatar, Dios entregándose generosamente en y por medio de Jesucristo.

b. El fundamento de nuestra justificación: Cristo y su cruz

Si Dios justifica gratuitamente a los pecadores por su gracia, ¿sobre qué base lo hace? ¿Cómo es posible que el justo Dios declare justos a los injustos sin comprometer su propia justicia ni pasar por alto la injusticia de aquellos? Esta es nuestra pregunta. La respuesta de Dios es la cruz.

Ninguna expresión en Romanos es más sorprendente que la afirmación de que Dios 'justifica al malvado' (4.5). Si bien no aparece sino en el próximo capítulo, ocuparnos del tema ahora nos ayudará a seguir el razonamiento que hace Pablo. ¿Cómo puede Dios justificar al malvado? En el Antiguo Testamento Dios les dijo repetidamente a los jueces israelitas que debían justificar al justo y condenar al malvado.[20] ¡Pero por supuesto! Una persona inocente debe ser declarada inocente, y una persona culpable debe ser declarada culpable. ¿Qué principio más elemental de justicia podría enunciarse que este? Luego Dios agregó: 'Absolver al culpable y condenar al inocente son dos cosas que el Señor aborrece.'[21] También pronunció un solemne '¡ay!' contra aquellos que 'por soborno absuelven al culpable, y le niegan sus derechos al indefenso.'[22] Por cuanto 'no absuelvo al malvado,'[23] o 'no justificaré al malvado' (RVR), declaró él mismo. ¡Pero por supuesto!, volvemos a decir. Dios jamás soñaría con hacer algo semejante.

Entonces, ¿cómo diría Pablo que Dios hace lo que prohíbe hacer a otros? ¿O que hace habitualmente lo que él mismo dice que jamás haría, y que hasta se designa a sí mismo como 'el Dios que justifica al malvado' o (podríamos agregar) "que 'hace justos' a los injustos"? ¡Es absurdo! ¿Cómo puede el Dios justo obrar injustamente, y de ese modo dar por tierra con el orden moral, trastocándolo? ¡Es increíble! O, mejor dicho, lo sería, si no fuese por la cruz de Cristo. Sin la cruz, la justificación del injusto no se justificaría, sería inmoral, y por lo tanto imposible. La única razón que le permite a Dios '[justificar] al malvado' (4.5) es la de que 'Cristo murió por los malvados' (5.6). Por cuanto él derramó su sangre (25), mediante una muerte en sacrificio por nosotros los pecadores, Dios puede justificar al injusto justamente (es decir, con justicia).

Lo que Dios hizo por medio de la cruz, es decir, por medio de la muerte de su Hijo en nuestro lugar, Pablo lo explica por medio de tres expresiones notables. Primero, Dios nos justifica **mediante la redención que Cristo Jesús efectuó** (24b). Segundo, **Dios lo ofreció como un sacrificio de expiación que se recibe por la fe en su sangre** (25a). Tercero, **para así demostrar su justicia** (25b). **De este modo Dios es justo y, a la vez, el que justifica a los que tienen fe en Jesús** (26).

Las palabras claves son 'redención' (*apolytrōsis*), 'expiación', o mejor 'propiciación' (*hilastērion*), y 'demostrar', o demostración (*endeixis*). Estos tres términos no se refieren a lo que ocurre ahora cuando se predica el evangelio, sino a lo que ocurrió una vez y para siempre en y mediante Cristo en la cruz. Asociadas a la cruz, por lo tanto, están la redención de los pecadores, la propiciación de la ira de Dios y la demostración de su justicia.

La redención

La primera palabra es *apolytrōsis*, es decir, **redención**. Es un término comercial tomado del mercado, así como 'justificación' es un término legal tomado del ámbito de los tribunales. En el Antiguo Testamento se usaba con respecto a los esclavos, que eran comprados con el fin de ser liberados; en ese caso se decía que eran 'redimidos'.[24] También se usaba metafóricamente para el pueblo de Israel que fue 'redimido' del cautiverio primeramente en Egipto,[25] luego en Babilonia,[26] y trasladados a su propia tierra. De la misma manera, nosotros éramos esclavos o cautivos, encadenados a nuestro pecado y culpabilidad, y totalmente imposibilitados de liberarnos por nuestros propios medios. Pero Jesucristo nos 'redimió', nos compró y nos sacó del cautiverio, derramando su sangre como precio de rescate. Él mismo había hablado de su venida 'para dar su vida en rescate por muchos'.[27] Como consecuencia de esta compra o 'rescate salvador',[28] ahora le pertenecemos a él.

La propiciación

La segunda palabra es *hilastērion*, término que BA traduce como 'propiciación' (ver nota al pie en la NVI). Pero a muchos cristianos les resulta incómoda esta palabra (a algunos, incluso, los ofende) porque 'propiciar' a alguien significa aplacar su enojo. Además, consideran que es un concepto indigno de Dios (más pagano que cristiano) suponer que se enoja y que necesita que se lo aplaque. En consecuencia, suelen proponerse otras dos maneras en que podría entenderse la palabra *hilastērion*. La primera consiste en traducir 'asiento/sitial del perdón' ('mercy-seat', AV) o 'trono de la misericordia', con referencia a la tapa de oro del arca dentro del 'santísimo' o santuario interior del templo, es decir el 'propiciatorio'. Esto es lo que casi siempre significa el término en la LXX, y también lo que significa en la única otra mención en el Nuevo Testamento.[29] Dado que la sangre del sacrificio se rociaba sobre este 'propiciatorio' el día de la expiación, se sugiere que Jesús mismo es actualmente el propiciatorio donde Dios y los pecadores se reconcilian.[30] Los que sostienen este punto de vista tienden a traducir el verbo *protithēmi* (presentado) como 'propuesto' (RV 1909) o 'exhibió públicamente' (BA), con el fin de indicar que, aun cuando el propiciatorio estaba oculto a los ojos humanos por el velo, 'Dios ha expuesto al Señor Jesucristo a la vista de todo el universo inteligente …'[31] como el modo de salvación. Tanto Lutero como Calvino creían que 'asiento/sitial de la misericordia' (o 'propiciatorio') era la traducción correcta, y otros los han seguido.

Pero los argumentos contrarios parecen ser concluyentes. Primero, si Pablo hubiese querido significar 'propiciatorio/sitio de la misericordia' con el término *hilastērion*, inevitablemente habría agregado el artículo definido. Segundo, el concepto es inapropiado en Romanos ya que, a diferencia de Hebreos, esta carta no se desenvuelve 'en la esfera del simbolismo levítico'.[32] Tercero, la metáfora sería confusa e incluso contradictoria, porque representaría a Jesús como simultáneamente la víctima cuya sangre era derramada y rociada, y el lugar donde se efectuaba el rociamiento. Cuarto, el sentido de deuda personal de Pablo hacia Cristo crucificado era tan profundo que difícilmente lo habría asemejado a 'una pieza inanimada del mobiliario del templo'.[33]

Una segunda traducción posible de *hilastērion* es 'una expiación por su sangre' (**expiación que se recibe por la fe en su sangre**, NVI). El argumento a favor de esta traducción es que, en tanto que en el griego secular el verbo *hilaskomai* significa 'aplacar' (ya sea a un dios o a un ser humano), en la LXX el objeto de la acción no es Dios sino el pecado. Por lo tanto se dice que no significa 'propiciar' a Dios sino 'expiar' el pecado, es decir, anular la culpa o remover la contaminación. C. H. Dodd, con quien se asocia principalmente este punto de vista, y quien como director de la NEB evidentemente ejerció influencia sobre sus traductores en este sentido, escribió que se consideraba que los actos expiatorios 'tenían el valor, por así decirlo, de un desinfectante'.[34] Por ello la NEB traduce: 'Dios lo designó como el medio para expiar el pecado mediante su muerte como sacrificio.'

La principal razón por la que estas opciones no son satisfactorias, y que una referencia a la propiciación parecería necesaria, es el contexto. En estos versículos Pablo describe la solución divina al predicamento humano, que no es sólo el pecado sino la ira de Dios ante el pecado (1.18; 2.5; 3.5). Y donde hay ira divina, se hace necesario prevenirla. No deberíamos tener temor de usar la palabra 'propiciación' en relación con la cruz, como tampoco deberíamos evitar la palabra 'ira' en relación con Dios. En cambio, deberíamos luchar por reclamar y reinstituir este lenguaje, a la vez mostrando que la doctrina cristiana de la propiciación se diferencia totalmente de las supersticiones paganas o animistas. La necesidad, el autor y la naturaleza de la propiciación cristiana son todos diferentes.

Primero, la necesidad. ¿Por qué hace falta la propiciación? La respuesta pagana es que los dioses tienen mal genio, están a merced de los cambios de humor, de los impulsos y de los caprichos. La respuesta cristiana es que la santa ira de Dios se debe a la maldad. No hay nada impredecible o descontrolado en la ira de Dios, nada que no responda a principios; solamente la despierta el mal.

Segundo, el autor. ¿Quién se ocupa de llevar a cabo la propiciación? La respuesta pagana es que nos ocupamos nosotros mismos. Hemos ofendido a los dioses; de modo que tenemos que apaciguarlos. La respuesta cristiana, por contraste, es que no podemos aplacar la justa ira de Dios. No disponemos de medio alguno para hacerlo. Pero Dios en su generoso amor ha hecho por nosotros lo que nosotros jamás hubiésemos podido hacer por nosotros mismos. Dios lo ofreció (a Cristo) como sacrificio de expiación. Juan escribió en forma semejante: 'Dios … nos amó y envió a su Hijo para que fuera ofrecido como sacrificio (*hilasmos*) por el perdón de nuestros pecados.'[35] El amor, la idea, el propósito, la iniciativa, la acción y el don fueron todos de Dios.

Tercero, la naturaleza. ¿Cómo se ha efectuado la propiciación? ¿Cuál es el sacrificio propiciatorio? La respuesta pagana es que tenemos que sobornar a los dioses con dulces, ofrendas vegetales, animales, e incluso sacrificios humanos. El sistema de sacrificios del Antiguo Testamento era enteramente diferente, ya que reconocía que Dios mismo ha 'dado' los sacrificios a su pueblo para hacer expiación.[36] Y esto está fuera de toda duda en la propiciación cristiana, porque Dios dio a su propio Hijo para que muriera en nuestro lugar, y al dar a su Hijo se dio a sí mismo (5.8, 8.32).

En suma, sería difícil exagerar las diferencias entre los puntos de vista pagano y cristiano sobre la propiciación. En la perspectiva pagana, los seres humanos intentan aplacar a sus malhumoradas deidades con sus propias y miserables ofrendas. Según la revelación cristiana, el gran amor del propio Dios propició su ira santa mediante el don de su propio y amado Hijo, quien ocupó nuestro lugar, llevó nuestro pecado y padeció nuestra muerte. Así, Dios mismo se entregó para salvarnos de sí mismo.

Esta es la justa base sobre la que el justo Dios puede 'hacer justos' a los injustos sin comprometer su justicia. Charles Cranfield lo ha expresado con cuidado y elocuencia:

> Dios, dado que en su misericordia quiso perdonar a los pecadores, y al ser verdaderamente misericordioso, quiso perdonarlos con justicia, es decir, sin condonar de ninguna manera su pecado, se propuso dirigir contra su propio Ser en la persona de su Hijo el pleno peso de esa justa ira que merecían.[37]

El profesor Cranfield vuelve al tema en su ensayo final sobre 'La muerte y resurrección de Jesucristo'. Sostiene que Dios se propuso en Jesucristo ser un sacrificio propiciatorio con el fin de 'que pudiese justificar a los pecadores con justicia, es decir, de un modo que fuese totalmente digno de sí mismo como el verdaderamente amoroso y misericordioso Dios eterno'. Si Dios hubiese perdonado ligeramente el pecado de ellos, 'se habría comprometido con la mentira de que el mal moral no tiene importancia, y de esta manera habría violado su propia verdad y se habría burlado de los hombres ofreciendo una certidumbre vacía y engañosa que, en sus momentos más humanos, ellos habrían reconocido como la sórdida falsedad que hubiese sido.'[38]

La demostración

Hasta aquí nos hemos ocupado de dos de las palabras que Pablo usa para describir la cruz, a saber *apolytrōsis* ('redención') e *hilastērion* ('sacrificio propiciatorio'). Nos toca ahora la tercera, *endeixis* ('demostración'). Porque la cruz fue una demostración o revelación pública además de un logro. No sólo efectuó la propiciación de Dios y la redención de los pecadores; también vindicó la justicia de Dios: 'lo ofreció … para así demostrar su justicia' (25b); … **para manifestar su justicia** (26a). Con el fin de entender la forma que adquirió esta demostración de la justicia de Dios, es preciso que notemos el expreso contraste que hace Pablo entre **anteriormente, en su paciencia, Dios había pasado por alto los pecados** (25b), y **el tiempo presente** en el cual Dios ha actuado **para manifestar su justicia** (26a). Se trata de un contraste entre el pasado y el presente, entre la paciencia divina que postergaba el juicio y la justicia divina que lo exigía, entre dejar sin castigo o 'pasar por alto' los pecados anteriores (lo cual hacía que Dios apareciese injusto) y su castigo en la cruz (mediante el cual Dios demostró su justicia).

En otras palabras, Dios dejó pasar sin castigo los pecados de generaciones anteriores, permitiendo que las naciones siguieran su propio camino y pasando por alto su ignorancia,[39] no por alguna injusticia de parte de él, ni con la idea de perdonar el mal, sino en su paciencia (ver 2.4), y sólo por cuanto su intención prefijada era castigar estos pecados en la plenitud de los tiempos con la muerte de su Hijo. Esta era la única forma en la que podía él mismo ser 'justo', 'manifestar su justicia', y simultáneamente ser 'el que justifica a los que tienen fe en Jesús' (26b). Tanto la justicia (el atributo divino) como la justificación (la actividad divina) serían imposibles sin la cruz.

Aquí, entonces, están los tres términos técnicos que usa Pablo (*apolytrōsis, hilastērion* y *endeixis*) para explicar lo que Dios hizo por medio de la cruz de Cristo. Redimió a su pueblo. Propició su ira. Demostró o manifestó su justicia. Por cierto que estos tres acontecimientos van juntos. Por medio de la muerte sustitutiva de su Hijo, en la que cargó nuestros pecados, Dios ha propiciado su propia ira de tal forma que nos ha redimido y justificado, y al mismo tiempo ha demostrado su justicia. No podemos menos que maravillarnos de la sabiduría, la santidad, el amor y la misericordia de Dios, y postrarnos ante él en humilde adoración. La cruz debería ser suficiente para quebrantar al corazón más duro, y ablandar al más empedernido.

Hemos considerado que la fuente de nuestra justificación es la gracia de Dios, y la cruz de Cristo su fundamento. Ahora pasemos a la forma en que somos justificados.

c. El medio por el cual somos justificados: La fe

Tres veces en este párrafo Pablo subraya la necesidad de la fe: **mediante la fe en Jesucristo, a todos los que creen** (22); **por la fe en su sangre** (25) o, más probablemente, 'por su sangre a través de la fe' (BA; ver BJ, RSV); y Dios **justifica a los que tienen fe en Jesús** (26). De hecho, la justificación es 'por la fe sola', *sola fide,* una de las grandes consignas de la Reforma. Desde luego que la palabra 'sola' no aparece en el texto de Pablo del versículo 28, donde Lutero la agregó. No es en absoluto sorprendente, por lo tanto, que la iglesia católico-romana acusara a Lutero de pervertir el texto de la sagrada Escritura. Pero Lutero seguía a Orígenes y a otros Padres de la iglesia primitiva, quienes habían introducido el término 'sola' de forma semejante. Un instinto acertado los llevaba a hacerlo. Lejos de falsificar o distorsionar el significado paulino, lo estaban aclarando y destacando. Algo similar ocurrió con Juan Wesley, quien escribió haber sentido que efectivamente 'sí confiaba en Cristo, sólo en Cristo, para la salvación'. La justificación es sólo por gracia, sólo en Cristo, mediante la fe sola.

Además, resulta vital declarar que no hay nada meritorio en cuanto a la fe, y que, cuando decimos que la salvación es 'por fe, no por obras', no estamos sustituyendo una clase de mérito ('la fe') por otro ('las obras'). Tampoco es la salvación una especie de empresa cooperativa entre Dios y nosotros, en la que él aporta la cruz y nosotros aportamos la fe. De ninguna manera, la gracia no permite cooperación, y la fe es lo opuesto a la consideración de uno mismo. El valor de la fe no ha de encontrarse en sí misma, sino entera y exclusivamente en su objeto, o sea en Jesucristo y en este crucificado. Decir 'justificación por la fe sola' es otro modo de decir 'justificación sólo por Cristo'. La fe es el ojo que levanta la vista hacia él, la mano que recibe su don gratuito, la boca que bebe el agua viva. 'La fe … no percibe otra cosa que la preciosa joya que es Cristo Jesús.'[40] Como escribió Richard Hooker, el clérigo anglicano del siglo dieciséis: 'Dios justifica al creyente no en razón del mérito de su capacidad de creer sino en razón del mérito de Aquel en quien se cree (es decir, de Cristo).'[41]

La justificación (su fuente: Dios y su gracia; su fundamento: Cristo y su cruz; su medio: la fe sola, enteramente aparte de las obras) es la médula del evangelio y exclusividad del cristianismo. Ningún otro sistema, ideología o religión proclama un perdón gratuito y nueva vida a quienes no han hecho nada para merecerlo, sino, en cambio, mucho para merecer la condenación. Por el contrario, todos los demás sistemas enseñan alguna forma de salvación propia por medio de las buenas obras de la religión, del recto obrar o de la filantropía. El cristianismo, en cambio, no es en esencia una religión en absoluto; es un evangelio, el evangelio por excelencia, las buenas noticias de que la gracia de Dios ha desviado su ira, que el Hijo de Dios ha padecido nuestra muerte y llevado sobre sí nuestro juicio, que Dios tiene misericordia de los que no la merecen, y que no hay nada que podamos hacer nosotros, ni tampoco aportar. La única función de la fe es la de recibir lo que la gracia ofrece.

La antítesis entre gracia y ley es absoluta, como lo es también entre misericordia y mérito, fe y obras, la salvación de Dios y la salvación por uno mismo. Ninguna mezcla comprometedora es posible. Estamos obligados a elegir. Emil Brunner lo ilustró vívidamente en función de la diferencia entre 'ascenso' y 'descenso'. La cuestión realmente decisiva, escribió, está en 'la dirección del movimiento'. Los sistemas no cristianos piensan en 'el movimiento impulsado por el hombre' hacia Dios. Lutero llamó a esta especulación 'escalar hacia la majestad en las alturas'. De manera semejante, el misticismo imagina que el espíritu humano puede 'remontarse hacia Dios'. También el moralismo imagina esta posibilidad. También lo imagina la filosofía. Y muy semejante es 'el confiado optimismo de toda religión no cristiana'. Ninguna de estas perspectivas ha visto ni conocido el abismo que se abre entre el Dios santo y los seres humanos pecadores y culpables. Solamente cuando hemos vislumbrado este abismo podemos captar la necesidad de lo que proclama el evangelio, o sea 'el movimiento impulsado por Dios mismo', su libre y gratuita iniciativa de gracia, su 'descenso', su sorprendente 'acto de condescendencia'. Estar de pie en el borde del abismo, desesperar enteramente de jamás poder cruzarlo, esta es la indispensable 'antecámara de la fe'.[42]

2. La justicia de Dios defendida ante las críticas | 3.27–31

Pablo reinicia ahora su 'diatriba', la que había proseguido a lo largo del capítulo 2 y que claramente estaba articulada en las cuatro preguntas de 3.1–8. Estas se relacionaban con su denuncia de que todos los seres humanos están bajo el juicio de Dios y que los judíos no están protegidos de él. Ahora anticipa una nueva serie de preguntas de los judíos, relacionadas esta vez con la justificación y no con el juicio, y en particular con la justificación por la fe sola.

Pregunta 1. ¿Dónde, pues, está la jactancia? | 27–28

En la era posterior a Sanders, en la que muchos estudiosos aceptan su tesis de que el judaísmo palestino del primer siglo no era una religión de justicia por las obras, ha surgido en ellos la necesidad de reinterpretar el rechazo paulino de la 'jactancia'. Si el judaísmo no era un sistema de mérito, no puede ser este tipo de mérito el que tiene en mente Pablo. Más bien tiene que ser la confiada hipótesis de la superioridad nacional, cultural y religiosa. Y por cierto que los judíos estaban inmensamente orgullosos de su posición privilegiada como el pueblo elegido de Dios. Imaginaban que eran los protegidos favoritos del cielo, que es la razón por la que Pablo los caracterizó como quienes 'dependían' de la posesión de la ley y se 'jactaban' de su relación con Dios (2.17, 23, donde en ambos casos el verbo es *kaujaomai*, jactarse).

Pero estos privilegios externos no constituían el único objeto de la jactancia judía. El pueblo judío también se enorgullecía de su justicia personal. Así, Pablo mismo, reflexionando sobre su propia carrera en el judaísmo, anterior a la conversión, se refería conjuntamente a su herencia judaica ('hebreo de pura cepa') y a sus logros individuales (su celo en la persecución de la iglesia y en ser intachable en cuanto a la 'justicia que la ley exige') como constituyentes de la 'carne' en la que ponía su confianza, hasta que como cristiano comenzó a enorgullecerse 'en Cristo Jesús' (nuevamente *kaujaomai*).[43]

Sin embargo, la jactancia no estaba limitada a los judíos. En el mundo gentil también había 'insolentes, soberbios y arrogantes' (1.30). De hecho, todos los seres humanos somos jactanciosos tenaces. La jactancia es el lenguaje de nuestro egocentrismo caído. Pero en los que hemos sido justificados por fe, la **jactancia** queda **excluida** totalmente. Y esto no por el principio **de la observancia de la ley**, lo cual podría dar lugar a la jactancia, **sino por el de la fe** (27), lo cual atribuye la salvación íntegramente a Cristo y por lo tanto elimina toda jactancia. Porque nuestra convicción cristiana es la de que los pecadores son **justificados por la fe**, más todavía, solamente por la fe, **y no por las obras que la ley exige** (28). Sean estas 'obras que la ley exige' (y que Pablo tiene en mente), ceremoniales (la observación de reglas alimenticias y el sábado) o morales (obediencia a los mandamientos de Dios), ellas no pueden de ninguna manera lograr el favor o el perdón de Dios. Porque la salvación 'no [es] por obras, para que nadie se jacte'.[44] Es sólo por la fe en Cristo, y es por ello que debemos vanagloriarnos en él y no en nosotros mismos. Desde luego que hay algo fundamentalmente extraño en cuanto a los cristianos que se jactan de sí mismos, así como hay algo esencialmente auténtico, apropiado y atractivo en su jactancia en Cristo. Toda jactancia queda excluida, salvo la jactancia en Cristo. La alabanza, no la jactancia, es la actividad característica de los creyentes justificados, y lo será por toda la eternidad.[45] De modo que 'si alguien ha de gloriarse, que se gloríe en el Señor', y 'jamás se me ocurra jactarme de otra cosa sino de la cruz de nuestro Señor Jesucristo.'[46]

Pregunta 2. ¿Es acaso Dios sólo Dios de los judíos? ¿No lo es también de los gentiles? | 29–30

El pueblo judío era extremadamente consciente de su especial relación con Dios regida por el pacto, relación en la que los gentiles no participaban. Fue a los judíos a quienes Dios había confiado su revelación especial (3.2). Suyos eran, también, como pronto habría de escribir Pablo, 'la adopción como hijos, la divina gloria, los pactos, la ley, y el privilegio de adorar a Dios y contar con sus promesas', sin mencionar a 'los patriarcas', de los cuales, 'según la naturaleza humana, nació Cristo' (9.4s). Lo que los judíos olvidaban, sin embargo, era que sus privilegios no tenían como finalidad excluir a los gentiles sino, en última instancia, el de incluirlos cuando, a través de la descendencia de Abraham, 'todas las familias de la tierra' habrían de ser bendecidas.[47]

Este pacto con Abraham se ha cumplido en Cristo. Él es la 'simiente' de Abraham, y a través de él la bendición de la salvación ahora se extiende a todo el que cree, sin excepción ni distinción. El evangelio de la justificación por la fe sola excluye toda jactancia, así como excluye todo elitismo y toda discriminación. Dios no es **sólo Dios de los judíos … lo es también de los gentiles** (29), **pues no hay más que un solo Dios** (es la verdad del monoteísmo lo que nos une), que tiene un solo camino de salvación. **Él justificará por la fe a los que están circuncidados** (los judíos) y, **mediante esta misma fe, a los que no lo están** (30), o sea a los gentiles.

Esta idéntica verdad se aplica a las demás distinciones, sean de raza, nacionalidad, clase, sexo o edad. No es que todas esas distinciones se borren realmente, porque los hombres siguen siendo hombres, los judíos siguen estando circuncidados y los gentiles incircuncisos, no cambia la pigmentación de nuestra piel, y seguimos teniendo la misma nacionalidad. Pero estas distinciones que persisten pierden valor. No afectan nuestra relación con Dios ni impiden la confraternidad entre unos y otros. Al pie de la cruz de Cristo y por la fe en él, nos encontramos todos en exactamente el mismo nivel, más aun, somos hermanas y hermanos en Cristo. 'El mensaje,' escribe el doctor Tom Wright, '… es simple: todos los que creen en Jesús pertenecen a la misma familia y deberían comer a la misma mesa. De eso se trata la doctrina paulina de la justificación.'[48]

Pregunta 3. ¿Quiere decir que anulamos la ley con la fe? | 31

La ley era la posesión más preciada de los judíos. Por 'la ley' (Torá) generalmente entendían la legislación mosaica, es decir, el Pentateuco. A veces, sin embargo, dado que la palabra *torah* se derivaba del verbo 'instruir', ampliaban su significado para abarcar todas las Escrituras del Antiguo Testamento, concebidas como instrucción divina. Por consiguiente, ¿cómo habrían de reaccionar ante la incansable insistencia de Pablo de que la justificación se daba únicamente por la fe, y que 'las obras de la ley' de ninguna manera podían proporcionar una base satisfactoria para la aceptación por parte de Dios? A ellos les parecía que Pablo oponía 'la ley' y 'la fe' entre sí, con el fin de exaltar la fe a expensas de la ley, e incluso de anular la ley completamente.

Pablo niega esta conclusión. De hecho, sostiene lo contrario. **¿Quiere decir que anulamos la ley con la fe?** pregunta, y de inmediato contesta: **¡De ninguna manera! Más bien, confirmamos la ley** (31), o la 'establecemos' (RV 1909), la 'consolidamos' (BJ). ¿Qué quiere decir Pablo? Nuestra respuesta dependerá de la connotación que asigna a 'la ley' en este contexto. Si se refiere al Antiguo Testamento en general, entonces su justificación por la fe confirma la ley en lugar de socavarla, cuando muestra que el Antiguo Testamento mismo enseñaba la verdad de la fe que justifica (ver 3.21). Si esta interpretación es correcta, el versículo 31 se convierte en una transición hacia Romanos 4, en la que el apóstol sostiene que tanto Abraham como David fueron, en efecto, justificados por fe.

Si, por otro lado, Pablo usa 'la ley' en su sentido más restringido de 'ley mosaica', entonces su aseveración de que la fe apoya en lugar de anular la ley puede entenderse de dos formas. Primero, la fe apoya a la ley al asignarle el lugar que le corresponde en los propósitos de Dios. En su esquema de salvación, la función de la ley es desenmascarar y condenar el pecado, y de esta manera mantener a los pecadores encerrados en su culpa hasta que Cristo venga a liberarlos mediante la fe.[49] De esta manera el evangelio y la ley se enlazan entre sí, puesto que el evangelio justifica a los que la ley condena.

La otra explicación de lo que sostiene Pablo se considera como su respuesta a un conjunto diferente de críticos. Estos sostenían que, al declarar que la justificación es por la fe, no por la obediencia, Pablo alentaba activamente la desobediencia. Esta acusación de antinomianismo será refutada decididamente en Romanos 6–8. Pero aquí se anticipa a esos capítulos mediante la simple afirmación de que la fe apoya a la ley. Lo que quiere decir, y desarrollará más adelante, es que los creyentes justificados que viven de conformidad con el Espíritu cumplirán los justos requerimientos de la ley (8.4; ver 13.8, 10). Tengo la impresión de que esta es la explicación más probable.

Aquí tenemos, entonces, tres inferencias sobre el evangelio de la justificación por la fe sola, cada una de ellas con un matiz positivo y otro negativo. Primero, humilla a los pecadores y excluye la jactancia. Segundo, une a los creyentes y excluye la discriminación. Tercero, apoya a la ley y excluye el antinomianismo. Nada de jactancia. Nada de discriminación. Nada de antinomianismo. Esta es la defensa efectiva que el apóstol hace del evangelio ante las críticas habituales.

3. La justicia de Dios ilustrada por Abraham | 4.1–25

Pablo ha hecho una exposición de su evangelio de la justicia de Dios, es decir, de la justificación por la fe (3.21–26), y la ha defendido ante quienes lo critican (3.27–31). Al hacerlo también ha insistido en que dicho evangelio es legitimado por las Escrituras del Antiguo Testamento (1.2; 3.21, 31). De manera que su próximo paso en la argumentación consiste en ofrecer un precedente y ejemplo del Antiguo Testamento. Elige a Abraham, el patriarca más ilustre de Israel, al que agrega a David, el rey más ilustre de Israel. De una forma similar, cuando Mateo inició su Evangelio con la genealogía de Jesús, lo mencionó como 'hijo de David, hijo de Abraham'.[50]

Algunos comentaristas contemporáneos no hacen el menor intento de disimular su impaciencia. Encuentran tanto la sustancia como la forma del razonamiento de Pablo igualmente improcedentes. Sin duda esa refutación de las objeciones judías era necesaria en ese tiempo, admiten, por cuanto refleja los debates que se daban en las escuelas rabínicas. Pero esas cosas 'tienen poco interés y ningún peso para nosotros hoy', escribió C. H. Dodd, y la argumentación 'escolástica y rabínica' de Pablo 'hace que toda la exposición parezca remota y no esclarecedora.'[51] Pero por el contrario, Romanos 4 ocupa un lugar sumamente importante en la carta. Cuanto menos por dos razones.

Primero, Pablo aclara todavía más el significado de la justificación por la fe. Se vale de lo que dicen las Escrituras acerca de Abraham y de David para desarrollar la significación de ambos términos: 'justificación' en cuanto se refiere a asignar justicia a los injustos, y 'fe' en cuanto se refiere a confiar en el Dios de la creación y la resurrección.

En segundo lugar, Pablo quiere que los cristianos judíos comprendan que su evangelio de la justificación por la fe no es una novedad, ya que fue proclamado de antemano en el Antiguo Testamento,[52] y quiere que los cristianos gentiles aprecien la rica herencia espiritual en la que han ingresado por la fe en Jesús, en continuidad con el pueblo de Dios del Antiguo Testamento. Abraham y David demuestran que la justificación por la fe es el solo y único medio de salvación, por un lado en el Antiguo Testamento a la vez que en el Nuevo, y, en segundo lugar, tanto para los judíos como para los gentiles. De manera que es un error suponer que en el Antiguo Testamento la gente se salvaba por las obras y en el Nuevo Testamento por la fe, o que hoy la misión cristiana debería limitarse a los gentiles, sobre la base de que los judíos tienen su propio y distintivo medio de salvación. Volveré a ocuparme de la evangelización del pueblo judío en el capítulo 14.

Parecería que hubo dos razones que llevaron a Pablo a elegir a Abraham como su principal ejemplo. La primera es que él era el padre fundador de Israel, 'la roca de la que [ellos] fueron tallados,'[53] el favorecido receptor del pacto y de las promesas de Dios.[54] La segunda razón es, indudablemente, la de que Abraham era tenido en muy alta estima por los rabinos como el que resumía en sí la justicia e, incluso, como el 'amigo' especial de Dios.[55] Daban por sentado que habían sido justificados por obras de justicia. Ejemplo: 'Abraham fue perfecto en todos sus tratos con el Señor, y obtuvo favor por la justicia manifestada a lo largo de su vida.'[56] Citaban las Escrituras en las que prometió bendecir a Abraham *dado que* le había obedecido,[57] sin observar que dichos versículos se referían a la vida de obediencia de Abraham *posterior* a su justificación. Incluso citaban Génesis 15.6 (el mismo texto que cita Pablo en este capítulo 4 de Romanos, versículo 3) de tal forma que representaba a la fe de Abraham como si ella significara fidelidad o lealtad, lo que en consecuencia resultaba meritorio. Por ejemplo, 'Dios puso a prueba a Abraham; lo encontró fiel, y lo aceptó como justo.'[58]

Además, en la carta de Santiago[59] hay un eco de la creencia judaica de que Abraham fue justificado por obras. Cierto es que lo que está asegurando Santiago no es que podamos ser justificados por las obras, como tampoco lo fue Abraham, sino más bien que la autenticidad de la justificación por la fe se ve en las buenas obras a las que da origen. 'Yo te mostraré la fe por mis obras', dice el creyente genuino,[60] porque sin las buenas obras la fe está muerta.[61] No obstante, por detrás del argumento de Santiago está la tradición judía (que él rechaza) de que Abraham fue justificado por sus obras.

Romanos 4 presupone familiaridad con el relato bíblico de Abraham, y en particular, con cuatro de sus principales episodios. Primero, Dios llamó a Abraham a dejar su casa y su pueblo en Ur, y prometió mostrarle otra tierra, darle una numerosa descendencia, y a través de él bendecir a todos los pueblos de la tierra.[62] En segundo lugar, Dios hizo más específicas sus promesas, identificando la tierra como Canaán[63] y declarando que, aunque Abraham todavía no tenía descendencia, esta sería tan numerosa como el polvo de la tierra y las estrellas en el cielo.[64] Fue por creer esta última promesa que Abraham fue justificado.[65] Tercero, cuando Abraham tenía noventa y nueve años y Sara noventa,[66] Dios confirmó su promesa de un hijo, cambió su nombre de Abram a Abraham para significar que sería 'padre de una multitud de naciones', y le dio la circuncisión como señal de su pacto.[67] Cuarto, si bien Pablo sólo insinúa esto indirectamente, Dios probó a Abraham pidiéndole que sacrificara a Isaac, el objeto de la promesa, y, cuando él dio muestras de estar dispuesto a obedecer, reconfirmó su pacto.[68]

Más aun, estos cuatro episodios corresponden a las cuatro ocasiones en las que Hebreos 11 dice que Abraham dio pasos 'por la fe' (versículos 8, 9, 11 y 17–18). Obedeció a Dios porque confiaba en él.

A continuación consideramos cuatro afirmaciones que hace Pablo con respecto a la justificación de Abraham. Las tres primeras desarrollan las tres preguntas y respuestas de su diatriba al final del capítulo 3. Los versículos 1–8 sostienen que la jactancia está excluida (3.27s), los versículos 9–12 que la circuncisión no hace ninguna diferencia (véase 3.29s), y los versículos 13–17 que la ley tiene su lugar propio, asignado por Dios (véase 3.31).

a. Abraham no fue justificado por obras | 1–8

Pablo comienza con una pregunta: '¿Qué, pues, diremos que halló Abraham, nuestro padre según la carne?' (1, RVR). La NVI omite las dos palabras *kata sarka*, 'según la carne'. Y en el texto griego no está claro si dichas palabras califican al verbo 'halló' ('descubrió') o al sustantivo 'nuestro padre' (o 'nuestro antepasado', NVI). Si lo primero es correcto, la pregunta de Pablo es así: '¿Qué diremos que ha ganado Abraham mediante sus poderes naturales sin el auxilio de la gracia de Dios?'[69] Pero los mejores manuscritos apoyan un orden diferente de palabras, mediante el cual *kata sarka* califica a Abraham como 'nuestro antepasado por descendencia natural' (REB). Esto parece ser correcto, y bien puede tener la intención de preparar el camino para las afirmaciones paulinas posteriores en el sentido de que Abraham es 'el padre que tenemos en común' (16; 'padre de todos nosotros', RVR, BJ) y 'nuestro padre' (17, LPD) si compartimos su fe.

Contestando su propia pregunta acerca de Abraham (1), de inmediato Pablo pone en forma de antítesis la respuesta incorrecta (2), o sea la de que fue **justificado por las obras**, y la respuesta correcta (3), a saber, que **creyó Abraham a Dios, y esto se le tomó en cuenta como justicia**. La primera razón por la que Pablo rechaza tan decididamente el concepto de que Abraham fue justificado por las obras es la de que si fuera así **habría tenido de qué jactarse**, o que podría haber dado esa impresión. Pero Pablo no le permite a su interlocutor imaginario avanzar más. Interrumpe indignado: **pero no delante de Dios** (2). Algunos podrán gloriarse delante de sus amigos, y otros podrán abrigar pensamientos jactanciosos en secreto. Pero Pablo rechaza cualquier posibilidad de que los seres humanos puedan jactarse delante de Dios, ya sea como criaturas delante de su Creador o como pecadores delante de su Salvador. Que el objeto de la vanagloria comprenda privilegios nacionales o piedad personal no hace diferencia alguna.

Ambas formas de jactancia son expresiones de autojustificación, y suponer que los injustos puedan establecer su propia justicia delante de Dios equivale a pensar lo impensable.

Luego hay una segunda razón por la que Pablo se niega a aceptar que Abraham fue justificado por las obras, y esa razón es la Escritura. **Pues ¿qué dice la Escritura?** pregunta (3). Consideremos las consecuencias de esta pregunta aparentemente inocente. Primero, la forma singular ('la Escritura', como 'la Biblia') indica que Pablo reconoce la existencia de dicha entidad, no simplemente una colección de libros sino un cuerpo unificado de escritos inspirados. Segundo, la forma en que casi personifica la Escritura como si ella pudiese hablar indica que no hace ninguna distinción entre lo que dice la Escritura y lo que dice Dios por medio de ella. De hecho, a lo largo del Nuevo Testamento pocas veces sabemos si corresponde traducir *legei*, cuando no tiene sujeto, anteponiendo a 'dice' un pronombre personal o neutro. Tercero, en lugar del tiempo presente, '¿qué dice la Escritura?' Pablo podría haber usado el tiempo perfecto y preguntar, '¿qué se escribió?' o '¿cómo queda escrito?' (*gegraptai*), porque 'la Escritura' significa 'lo que está escrito'. Al preguntar qué 'dice', el apóstol indica que a través del texto escrito puede oírse la voz viviente de Dios. Cuarto, hacer la pregunta equivale a acudir a la Escritura en busca de guía autorizada. Implica que, tanto en el caso de Jesús con sus críticos, como en las controversias de Pablo con los suyos, la Escritura se reconocía como la corte suprema de apelación.

En respuesta a su interrogante sobre lo que dice la Escritura, Pablo cita Génesis 15.6: **Le creyó Abraham a Dios, y esto se le tomó en cuenta como justicia** (3). Luego procede en los versículos 4–5 a extraer la significación de la forma verbal 'tomó en cuenta' (*logizomai*, 'acreditó'), que aquí usa por primera vez, pero que luego usa cinco veces en seis versículos (3–8). Significa 'acreditar' o 'computar', cuando se usa en contextos financieros o comerciales; significa poner algo en la cuenta de alguien, como cuando Pablo le escribió a Filemón acerca de Onésimo: 'Si te ha perjudicado o te debe algo, cárgalo a mi cuenta.'[70] Hay, sin embargo, dos maneras diferentes en las que se puede acreditar dinero a nuestra cuenta, a saber, como salario (que se gana) o como donación (algo gratuito o no ganado), y estas dos maneras son necesariamente incompatibles. **Ahora bien, cuando alguien trabaja, no se le toma en cuenta el salario como un favor**

sino como una deuda (4), literalmente, 'no conforme a gracia [*jaris*] sino conforme a deuda [*ofeilēma*]'. Sin embargo, decididamente no es este el caso con nuestra justificación. Hablar de 'trabajo', 'salario', 'deuda' u 'obligación' resulta completamente inadecuado. En cambio, **al que no trabaja, sino que cree en el que justifica al malvado, se le toma en cuenta la fe como justicia** (5).

Con estas explicaciones debería quedar claro el contraste entre estas dos formas de 'acreditar'. En el contexto de los negocios, a los que trabajan se les acredita el salario como un derecho, una deuda, una obligación, porque se lo han ganado. En el contexto de la justificación, empero, el que no trabaja, y por consiguiente no tiene ningún derecho a la paga, pero en cambio pone su confianza en el Dios que justifica al malvado (frase maravillosa que ya hemos considerado en las páginas 120ss), 'se le toma en cuenta la fe como justicia', es decir, se le otorga justicia, gratuitamente, sin que la haya ganado, como un don de la gracia, por medio de la fe. Pablo no podría estar diciendo que la fe y la justicia son equivalentes, y que cuando falta la justicia, la fe es aceptable como un sustituto. Porque eso haría de la fe una obra meritoria y caeríamos en manos de los rabinos, quienes pensaban en la 'fe' de Abraham como su 'fidelidad'. Si algo queda claro en la antítesis entre el versículo 4 y el versículo 5, es el hecho de que la acreditación de la fe como justicia es un don gratuito, no un salario ganado, y que no les ocurre a los que trabajan sino a quienes confían, y por cierto confían en el Dios que, lejos de justificar a la gente porque sea piadosa, en realidad la justifica cuando es impía. Este acento en la fe ('creyó Abraham a Dios') muestra claramente, entonces, que cuando Dios 'acredita la fe como justicia' no se trata de 'recompensar el mérito sino de una gratuita e inmerecida decisión de la gracia divina'.[71] La fe no es una alternativa para la justicia, sino el medio por el cual somos declarados justos.

Ahora Pablo pasa de Abraham a David, y en consecuencia de Génesis 15.6 al Salmo 32.1–2. Encuentra una semejanza fundamental entre los dos textos. **David dice lo mismo cuando habla de la dicha de aquel a quien Dios le atribuye justicia sin la mediación de las obras** (6). De inmediato notamos que el lenguaje de la 'acreditación' ha cambiado. Dios sigue siendo la persona que por pura gracia se ocupa de acreditar, aunque ahora lo que nos acredita no es 'la fe como justicia' sino 'la justicia' misma. Esto es lo que enseña la bienaventuranza de David en el Antiguo Testamento. Tres veces, en la forma de paralelismo hebreo, se refiere a acciones perversas, una vez como **transgresiones** (*anomiai*, 'desenfreno') y dos veces como **pecados** (*harmartiai*, 'fracasos'), porque el pecado es tanto el acto de sobrepasar un límite como el de no alcanzar un nivel conocido. Y tres veces nos dice lo que Dios ha hecho en cada caso. Se nos **perdonan** las transgresiones, se nos **cubren** los pecados, y el Señor **no tomará en cuenta** nuestro pecado (7–8). En lugar de acreditar en contra de nosotros nuestros pecados, Dios los perdona y los cubre.

Estamos ahora en condiciones de vincular todo este rico vocabulario. El pensamiento de Pablo no se limita a una sola expresión o a una sola imagen. Ha dejado en claro que la justicia de Dios (o que proviene de Dios), y que se revela en el evangelio (1.17; 3.21s), es su justa justificación de los injustos. De manera que en la segunda mitad del capítulo 3 sigue usando el verbo 'justificar' (por ejemplo: 3.24, 26, 28, 30). También lo sigue usando en el capítulo 4 (4.2, 5, 25), como luego ha de hacerlo en el capítulo 5 (5.1, 9, 16, 18). Desecha de entrada la posibilidad de que Abraham pudiese haber sido 'justificado por las obras' (2). Pero cuando afirma positivamente cómo es que Dios 'justifica al malvado' (5), se vale de expresiones nuevas. Primero, Dios nos acredita la fe como justicia (3, 5, 9, 22s). Segundo, nos acredita la justicia aparte de las obras (6, 11, 13, 24). Y tercero, se niega a acreditar nuestros pecados en contra de nosotros, sino que en cambio los perdona y los cubre (7–8). No es posible sostener que estas tres expresiones sean exactamente sinónimas, aunque van juntas en la justificación. Esta comprende una doble acreditación, atribución o reconocimiento. Por una parte, en lo negativo, Dios jamás computará nuestros pecados en contra de nosotros. Por otra parte, en lo positivo, Dios nos acredita la justificación como un don gratuito, por la fe, completamente aparte de nuestras obras.

Viene a la memoria otra doble afirmación de Pablo, algo similar, a saber, que en su obra de reconciliación Dios 'no [estaba tomándoles] en cuenta sus pecados' a los seres humanos, y en cambio 'al que no cometió pecado alguno, por nosotros Dios lo trató como pecador, para que en él recibiéramos la justicia de Dios.'[72] Cristo se hizo pecado con nuestros pecados, con el fin de que pudiésemos aparecer justos con la justicia de Dios.

Quizás recordemos que el verbo *logizomai* se traduce a veces como 'imputar' (en las versiones RV 1909 y BJ), y no como 'acreditar, computar o tomar en cuenta'. Por ejemplo, 'Dichoso el hombre a quien el Señor no imputa culpa alguna' (8; BJ), 'al hombre a quien Dios imputa la justicia independientemente de las obras' (6; BJ). La imagen de computar y acreditar corresponde al ámbito financiero, mientras que la imputación es un término legal. Ambos significan 'considerar que algo pertenece a alguien', pero en el primer sentido se refiere a dinero, mientras que en el segundo, a inocencia o culpa.[73] Este lenguaje adquirió prominencia en el debate del siglo dieciséis sobre si en el acto de la justificación Dios 'infunde' justicia en nosotros (como enseñaba la iglesia católico-romana) o nos la 'imputa' (como insistían los reformadores protestantes). Por cierto que los reformadores tenían razón en que cuando Dios justifica a los pecadores no los hace justos (porque ese es el proceso que resulta de la santificación), sino que los pronuncia justos o les imputa justicia, considerándolos (legalmente) justos, y tratándolos como tales. C. H. Hodge nos lo aclara. 'Imputar pecado es poner el pecado a la cuenta de alguien, y tratarlo de conformidad.' De modo semejante, 'imputar justicia es anotar justicia en la cuenta de la persona, y tratarla de conformidad'.[74] Así, Pablo escribe en Romanos 4 que Dios no imputa pecado a los pecadores, si bien en realidad lo merecen, sino que les imputa justicia, aunque en realidad no les corresponde.[75] Lo que Pablo declara es 'que fue por medio de la fe que Abraham llegó a ser tratado como justo, y no que la fe fue aceptada en lugar de la obediencia perfecta.'[76]

Un interrogante adicional es si puede decirse que la justicia que Dios nos atribuye en su gracia es la justicia de Cristo, si podemos legítimamente hablar de ser 'vestidos con el impecable manto de la justicia de Cristo', y si Zinzendorf tenía razón al escribir (en la traducción de Juan Wesley):

> Jesús, tu sangre y tu justicia
> Mi hermosura son, mi gloriosa vestidura;
> Entre mundos llameantes, de ellas ataviado,
> Con gozo levantaré mi cabeza.

Esta clase de lenguaje, incluso en himnos devocionales, está fuera de moda en nuestros días, y para algunos se trata de lenguaje teológicamente inadmisible. Por cierto que tenemos que estar de acuerdo en que las imágenes precisas no aparecen en el Nuevo Testamento. Es verdad que se nos dice en esta misma carta que nos revistamos del Señor Jesucristo,[77] aunque su justicia no se menciona como la vestimenta que habremos de ponernos. No obstante, por lo menos en tres ocasiones Pablo llega tan cerca de esta figura que yo, por lo menos, creo que bíblicamente es lícito usarla. Se nos dice que él fue hecho pecado por nosotros, 'para que en él recibiéramos la justicia de Dios';[78] 'a quien Dios ha hecho nuestra … justificación';[79] y que si '[ganamos] a Cristo' y nos '[encontramos unidos] a él', entonces la justicia de que disfrutamos no es nuestra propia sino 'la justicia que procede de Dios' a través de la fe en Cristo.[80] En cada caso, Cristo es nuestra justicia, o la justicia de Dios se hace nuestra cuando estamos en Cristo. No se menciona el 'revestirse' con la justicia de Dios o de Cristo; se nos ofrece el privilegio más grande todavía de 'adquirirla' (RVR) e incluso de 'llegar a [serla]', NVI en nota al pie. Una vez que se acepta la realidad de la justicia asignada, pocas objeciones pueden hacerse a la metáfora de ser 'revestidos'.

b. Abraham no fue justificado por la circuncisión | 9–12

La primera pregunta de Pablo fue si Abraham fue justificado por obras o por fe (1–3). La segunda es si **esta dicha** de la justificación está disponible **sólo para los que están circuncidados** (los judíos) o **también para los gentiles** (9a). Esta pregunta plantea otra complementaria, relacionada con las **circunstancias** en las que fue justificado Abraham. **¿Fue antes o después de ser circuncidado?** (10a). En otras palabras, ¿se sometió a la circuncisión primero, y de esta manera adquirió la justicia, como enseñaban los rabinos? ¿O ya había sido justificado cuando fue circuncidado? ¿Cuál fue el orden de los acontecimientos? En particular, ¿recibió la justicia antes o después de la circuncisión? La respuesta de Pablo a su propia pregunta es breve y cortante: **¡Antes, y no después!** (10b). De hecho había ocurrido mucho antes. Porque su justificación se registra en Génesis 15 y su circuncisión en Génesis 17, y por lo menos catorce años (y más todavía, veintinueve años según los rabinos) separaban ambos hechos.

Sin embargo, aunque estaban separadas, no dejaban de tener relación entre sí. La circuncisión de Abraham, aunque no fue el fundamento para su justificación, constituía su señal y sello. Porque Abraham, **cuando todavía no estaba circuncidado, recibió la señal**

de la circuncisión como sello de la justicia que se le había tomado en cuenta por la fe (11a). Dios mismo había llamado a la circuncisión 'la señal del pacto' que había establecido con Abraham.[81] De forma semejante, ahora Pablo la considera una señal de su justificación. Como 'señal' era una marca distintiva, que apartaba a Abraham y a sus descendientes como el pueblo del pacto de Dios. Por cierto que no era sólo una 'señal' para identificarlo; era también un 'sello' para autenticarlo como el pueblo justificado de Dios.

De modo que Abraham recibió dos dones distintivos de Dios: la justificación y la circuncisión, y en ese orden. Primero recibió la justificación por la fe cuando todavía era incircunciso. Segundo, recibió la circuncisión como señal y sello visibles de la justificación que ya era suya. Es igual con el bautismo. Dejando de lado la discutible cuestión acerca de si una analogía entre el bautismo y la circuncisión legitima el bautismo de niños pequeños de padres creyentes, el orden de los acontecimientos para conversos adultos está claro. Primero somos justificados por fe, y luego somos bautizados como señal o sello de nuestra justificación. Pero es necesario que mantengamos el orden correcto, y también debemos distinguir claramente entre la señal (el bautismo) y lo que ella significa (la justificación). Como escribió Hodge, 'lo que funciona bien como señal, es un pobre sustituto de aquello que señala.'[82]

Por tanto, continúa Pablo, había un propósito en el hecho de que Abraham fuera justificado por la fe, y sólo posteriormente circuncidado. Había, por cierto, un doble propósito. El primero fue que Abraham pudiese ser (como lo es) **padre de todos los que creen**, y por tanto han sido justificados, **aunque no hayan sido circuncidados** (11b). En otras palabras, Abraham es el padre de los gentiles creyentes. La circuncisión no es más necesaria para la justificación de ellos que para la de él. El segundo propósito de esta combinación de fe, justificación y circuncisión fue que Abraham pudiese **también** ser (como lo es) **padre de aquellos que, además de haber sido circuncidados, siguen las huellas de nuestro padre Abraham, quien creyó cuando todavía era incircunciso** (12). Por lo tanto, Abraham es padre de todos los creyentes, sean ellos circuncidados o no. Por supuesto, es necesario impedir que la circuncisión, que revestía una gran importancia para los judíos, debilite o destruya la unidad de los creyentes en Cristo. Aunque según los judíos Abraham representaba 'el gran punto de división en la historia de la humanidad', según Pablo Abraham se convirtió, debido a su fe, en 'el gran punto de convergencia para todos los que creen, sean circuncisos o incircuncisos'.[83] Porque donde la circuncisión divide, la fe une.

c. Abraham no fue justificado por la ley | 13–17a

Pablo comienza este nuevo párrafo con una clara antítesis de 'no … sino', en la que la negación es enfática. Aquí no hay preguntas ni respuestas, como ha sido el caso en la diatriba. Sólo hay una inflexible declaración de que si la justificación no es por las obras ni por la circuncisión, tampoco lo es por la ley. Porque, ¿cómo le llegó la promesa de Dios a **Abraham y su descendencia?** La respuesta es esta: **no fue mediante la ley … sino mediante la fe, la cual se le tomó en cuenta como justicia** (13). No obstante, en el texto de Génesis, a Abraham se le prometió Canaán, 'hacia el norte y hacia el sur, hacia el este y hacia el oeste' del lugar donde se encontraba.[84] Sus límites fueron establecidos posteriormente. ¿Cómo fue, entonces, que 'la tierra' se convirtió en 'el mundo'? En parte se debe a que, como principio general, el cumplimiento de la profecía bíblica siempre ha trascendido las categorías en las que se la entregó originalmente. En parte debido a que Dios hizo la promesa complementaria de que a través de la innumerable descendencia de Abraham 'todas las familias de la tierra' serían bendecidas.[85] Esta prometida multiplicación de los descendientes de Abraham condujo a los rabinos a la conclusión de que Dios les daría 'una herencia de mar a mar, desde el Río hasta los confines de la tierra'.[86] La tercera razón de la afirmación de Pablo de que Abraham heredaría 'el mundo' es sin duda mesiánica. Tan pronto como la simiente de Abraham fue identificada como el Mesías,[87] también se reconoció que ejercería un dominio universal.[88] Además, los que integran su pueblo son coherederos con él, razón por la cual se dice que los mansos heredarán la tierra,[89] y es la razón por la cual en y a través de Cristo 'todo es [nuestro]', incluido 'el mundo'.[90]

Habiendo aclarado lo que es la promesa, ¿por qué afirma Pablo tan decididamente que se la recibe y hereda por la fe, no por la ley? Presenta tres razones. La primera es un argumento tomado de la historia. Ya la sostuvo claramente en Gálatas 3.17, o sea, que 'el pacto que Dios había ratificado previamente' no podía ser anulado por la ley, que fue dada 430 años más tarde. La misma verdad está presente en Romanos 4, aun cuando no se la desarrolla. Segundo, está el argumento a partir del lenguaje. En estos versículos el apóstol usa una profusión de palabras: ley, promesa, fe, ira, transgresión y gracia. Todos estos términos tienen su propia lógica, y no debemos cometer el error de confundir las categorías. Así, **si los que viven por la ley fueran los herederos**, es decir, si la herencia depende de la obediencia, **entonces la fe no tendría ya ningún valor** (*kekenōtai*; literalmente, 'ha sido vaciada', es decir, de su validez) **y la promesa no serviría de nada** (*katērgētai*; literalmente, 'ha sido destruida' o 'se ha vuelto ineficaz'; 14). Algo se nos puede otorgar ya sea por la ley o por la promesa, ya que Dios es el autor de ambas, pero no pueden funcionar simultáneamente. Como escribió Pablo en Gálatas: 'Si la herencia se basa en la ley, ya no se basa en la promesa.'[91] La ley y la promesa pertenecen a categorías diferentes de pensamiento, y son incompatibles. El lenguaje de la ley ([tú] 'harás') exige nuestra obediencia, mientras que el lenguaje de la promesa ([yo] 'haré') reclama nuestra fe.[92] Lo que Dios le dijo a Abraham no fue 'obedece esta ley y yo te bendeciré', sino 'te bendeciré; cree en mi promesa'.

El versículo 15 desarrolla este concepto, mostrando de qué manera la ley y la promesa se excluyen mutuamente. Esto se debe a que **la ley … acarrea castigo. Pero donde no hay ley, tampoco hay transgresión.** Las palabras 'ley', 'transgresión' y 'castigo' o 'ira' pertenecen a la misma categoría de pensamiento y de lenguaje. Porque la ley convierte al pecado en transgresión (una infracción consciente), y la transgresión provoca la ira de Dios, o desencadena su castigo. Inversamente, 'donde no hay ley, tampoco hay transgresión', y en consecuencia no hay ira.

El versículo 16 es otro ejemplo de la lógica del lenguaje, por cuanto vincula las palabras **gracia** y **fe**. La oración griega es mucho más dramática que en nuestro idioma, ya que en el original no tiene verbos ni el sustantivo 'promesa'. Dice literalmente: 'Por tanto por fe con el fin de que según la gracia'. El punto fijo es que Dios es misericordioso, un Dios de gracia, y que la salvación se origina exclusivamente en su sola gracia. Pero para que esto sea así, nuestra respuesta humana sólo puede ser la fe. Porque la gracia da y la fe toma. La exclusiva función de la fe es la de recibir humildemente lo que ofrece la gracia. De otro modo 'la gracia ya no sería gracia' (11.6).

La antítesis de Pablo en los versículos 13–16 es similar a la antítesis entre obra y confianza, y entre salario y don en los versículos 4–5.

Puede sintetizarse de la siguiente manera: la ley de Dios hace demandas que nosotros transgredimos, de modo que incurrimos en la ira (15); la gracia de Dios hace promesas que nosotros creemos, y de esta manera recibimos bendición (14, 16). Es decir que, ley, obediencia, transgresión e ira pertenecen a una misma categoría de pensamiento, mientras que gracia, promesa, fe y bendición pertenecen a otra. Este es el argumento basado en el lenguaje y en la lógica.

Además de sus argumentos basados en la historia y el lenguaje, Pablo desarrolla a continuación un argumento tomado de la teología, especialmente la doctrina de la unidad judeo-gentil en la familia de Abraham. La justificación es por gracia mediante la fe, o por fe de conformidad con la gracia (16a), no sólo con el fin de preservar la coherencia lingüística y lógica, sino también para que **la promesa ... quede garantizada para toda la descendencia de Abraham ... no ... sólo para los que son de la ley** (o sea, los judíos que reconocen su descendencia física en Abraham) **sino para los que son también de la fe de Abraham,** es decir, todos los creyentes, sean judíos o gentiles, que pertenecen al linaje espiritual de la fe (16b; ver 11b–12). La ley (y no menos sus formalidades culturales y ceremoniales) divide. Solamente el evangelio de la gracia y la fe puede unir, al abrir la puerta a los gentiles y nivelar a todos al pie de la cruz de Cristo (ver 3.29s). De allí la importancia de la fe. Todos los creyentes pertenecen a la simiente de Abraham y por lo tanto heredan su promesa. La paternidad de Abraham es un tema que recorre todo este capítulo. En el primer versículo Pablo lo describe como 'nuestro padre según la carne' (RVR; 'nuestro antepasado' en NVI), es decir, el antepasado nacional de Israel. Pero después de esto hace tres afirmaciones: 'es padre de todos los que creen', sean circuncidados o incircuncisos (11–12); **es el padre que tenemos en común** (16); y es el padre que tenemos en común **delante de Dios** (17). De esta manera se ha cumplido la Escritura que dice: **'Te he confirmado como padre de muchas naciones'** (17a). Sólo la justificación por la fe podía lograr esto.

Hasta aquí buena parte de Romanos 4 ha sido de naturaleza negativa. Pablo ha considerado necesario demostrar que Abraham no fue justificado por obras (porque está escrito que creyó a Dios y fue justificado), ni por la circuncisión (ya que fue justificado primeramente y circuncidado más adelante), como tampoco por la ley (dado que la ley fue dada siglos después, y en cualquier caso Abraham respondía a una promesa, no a una ley). En cada caso Pablo ha sostenido la prioridad de la fe de Abraham. Su fe vino primero; las obras, la circuncisión y la ley vinieron todas posteriormente. Ha sido un procedimiento de eliminación sistemática. Pero ahora, por fin, el apóstol llega a su conclusión positiva.

d. Abraham fue justificado por la fe | 17b–22

Pablo pasa de la prioridad de la fe de Abraham a una consideración de lo razonable de su carácter. La descripción de la fe como 'razonable' sorprende a muchas personas, ya que siempre han supuesto que la fe y la razón constituían medios alternativos de captar la realidad, mutuamente incompatibles. ¿Acaso no es la fe sinónimo de credulidad e, incluso, de superstición? ¿No es, acaso, una excusa para la irracionalidad, para lo que Bertrand Russell llamó 'una convicción que no puede ser sacudida por pruebas contrarias'?[93]

Desde luego que no. Si bien, a decir verdad, la fe va más allá de la razón, tiene siempre una firme base racional. En particular, la fe es creer o confiar en una persona, y lo razonable de la misma depende de la confiabilidad de la persona en quien se confía. Siempre es razonable confiar en quien es confiable. Y nadie hay más confiable que Dios, como lo sabía Abraham, y como nosotros tenemos el privilegio de saber con mayor confianza que Abraham porque vivimos después de la muerte y la resurrección de Jesús. Mediante ellas Dios se ha dado a conocer plenamente y ha demostrado que podemos depender de él. En especial, antes de que estemos en posición de creer las promesas de Dios, es preciso que estemos seguros tanto de su poder (que él es capaz de guardarlas) como de su fidelidad (que se puede confiar en que lo haga). Son estos dos atributos de Dios los que sirvieron de fundamento para la fe de Abraham, y sobre los que Pablo reflexiona en este pasaje.

Tomemos primeramente el poder de Dios. Al final del versículo 17 se reúnen dos pruebas de dicho poder. Allí se describe a Dios, objeto de la fe de Abraham (y también de nosotros), **como el Dios que da vida a los muertos**, o sea la resurrección, **y que llama las cosas que no son como si ya existieran**, o, tal vez mejor que 'llama a la existencia a las cosas que no existen' (LPD), lo cual es crear; DDH: 'crea las cosas que aún no existen'. No existe qué desconcierte a los seres humanos más que la nada y la muerte. La '*angst*' (angustia) de los existencialistas del siglo veinte es, en su forma más aguda, el miedo al abismo de la nada. Y la muerte es el único acontecimiento sobre el cual (en última instancia) no tenemos ningún control, y de lo cual no podemos escapar. Para muchas personas de nuestros días Woody Allen representa esta incapacidad para hacer frente a la perspectiva de la muerte. 'No es que tenga miedo de morir,' dice con agudeza; 'es sólo que no quiero estar ahí cuando ocurra.'[94] Pero la nada y la muerte no son problema para Dios. Por el contrario, fue de la nada que creó el universo, y de la muerte que levantó a Jesús. La creación y la resurrección fueron y siguen siendo las dos manifestaciones principales del poder de Dios. Fue en oración al soberano Creador, quien hizo el mundo mediante su gran fuerza y su brazo poderoso, que Jeremías agregó: 'Para ti no hay nada imposible.'[95] También fue en oración que Pablo pidió que los efesios pudiesen conocer 'cuán incomparable es la grandeza [del] poder' de Dios, poder que demostró en Cristo 'cuando lo resucitó de entre los muertos.'[96]

Esta firme convicción en cuanto al poder de Dios fue lo que permitió a Abraham creer, tanto **contra toda esperanza**, como, al mismo tiempo, '*en* esperanza' (18a, RV 1909), cuando Dios le prometió que sus descendientes serían tan numerosos como las estrellas, aun cuando en ese momento él y Sara no tenían ni un solo hijo.[97] Abraham **llegó a ser padre de muchas naciones, tal como se le había dicho: '¡Así de numerosa será tu descendencia!'** (18b). No es que Abraham haya huido de las realidades de su situación hacia un mundo de fantasía. Por el contrario, **su fe no flaqueó, aunque reconocía** los dos hechos, penosos y persistentes, de que él no podía engendrar un hijo y de que Sara no podía concebir. Porque los hechos eran **que su cuerpo estaba como muerto, pues ya tenía unos cien años, y que también estaba muerta la matriz de Sara** (19).[98] Sin embargo, a partir de esa doble muerte Dios dio comienzo a una vida nueva. Fue al mismo tiempo un acto de creación y de resurrección. Porque esa era la clase de Dios en la que Abraham creía. De hecho, posteriormente, cuando estaba frente a la prueba suprema de su fe, en cuanto a sacrificar a su solo y único hijo Isaac, a través del cual Dios había dicho que se cumplirían sus promesas, '[consideró] … que Dios tiene poder hasta para resucitar a los muertos, y así, en sentido figurado, recobró a Isaac de entre los muertos.'[99] De modo que **ante la promesa de Dios [Abraham] no vaciló como un incrédulo, sino que se reafirmó en** (o, mejor, 'por') **su fe y dio gloria a Dios** (20). Aquí se contrastan las respuestas alternativas a la promesa de Dios: incredulidad (*apistia*) y fe (*pistis*). Si Abraham hubiese sucumbido a la incredulidad, habría 'vacilado' o 'estaría en desacuerdo consigo mismo' (*diakrinō*, BAGD). En cambio, se fortaleció a sí mismo por medio de su fe. De esta manera 'dio gloria a Dios' (20). Vale decir, glorificó a Dios permitiendo que fuese realmente Dios, y confiando en que sería fiel a sí mismo como el Dios de la creación y la resurrección.

Es este concepto de 'permitir que Dios sea Dios' lo que ofrece una transición natural desde su poder a su fidelidad. Hay una correspondencia fundamental entre nuestra fe y la fidelidad de Dios; tanto es así que el mandato de Jesús: 'Tengan fe en Dios'[100] se ha parafraseado a veces en forma tosca pero acertada: 'Cuenten con la fidelidad de Dios.' Porque el que la gente cumpla o no sus promesas depende no sólo de su poder sino también de su voluntad para hacerlo. Dicho de otra manera, como respaldo de todas las promesas está el carácter de la persona que las hace. Abraham sabía esto. Contemplando su propia senilidad y la esterilidad de Sara, no cerró los ojos ante estos problemas ni los desestimó. Pero tuvo en cuenta el poder y la fidelidad de Dios. La fe siempre ve los problemas a la luz de las promesas. 'Por la fe Abraham, a pesar de su avanzada edad y de que Sara misma era estéril, recibió fuerza para tener hijos, porque consideró fiel al que le había hecho la promesa.'[101] Abraham sabía que Dios podía cumplir sus promesas (debido a su poder) y sabía que lo haría (debido a su fidelidad). Estaba **plenamente convencido de que Dios tenía poder para cumplir lo que había prometido** (21). **Por eso**, agrega Pablo, es decir, porque creyó en la promesa de Dios, **se le tomó en cuenta su fe como justicia** (22).

e. Conclusión: La fe de Abraham y la nuestra | 23–25

Pablo concluye este capítulo aplicando lecciones sobre la fe de Abraham a nosotros, sus lectores. Dice que la frase bíblica **'se le tomó en cuenta' no se escribió sólo para Abraham** (23), **sino también para nosotros** hoy. Porque toda la historia de Abraham, como lo demás de la Escritura, fue escrito para nuestra instrucción (15.4).[102] De modo que el mismo Dios que le acreditó fe a Abraham como justicia, también **tomará en cuenta nuestra fe como justicia** si **creemos en aquel que levantó de entre los muertos a Jesús nuestro Señor** (24).

146

La experiencia de Abraham de ser justificado por la fe no fue un caso único. Porque esta es la forma en que Dios ofrece salvación a todos.

Pero el Dios en el que debemos confiar no es sólo el Dios de Abraham, Isaac y Jacob; es también el Dios y Padre de nuestro Señor Jesucristo, que **fue entregado a la muerte por nuestros pecados, y resucitó para nuestra justificación** (25). 'Este versículo,' escribe Hodge, 'es una declaración completa del evangelio.'[103] Por cierto que lo es. Su paralelismo está tan perfectamente elaborado que hay quienes piensan que se trata de un primitivo aforismo cristiano o fragmento de algún credo. El verbo 'entregado' (*paradidōmi*), aunque se usa en los Evangelios para decir que Jesús fue 'entregado' por Judas, los sacerdotes y Pilato, aquí se refiere, evidentemente, al Padre 'que no escatimó ni a su propio Hijo, sino que lo entregó por todos nosotros' (8.32). De modo que tanto la muerte como la resurrección de Jesús se atribuyen a la iniciativa del Padre: por él 'fue entregado a la muerte', y él lo 'resucitó'.

Si bien no es muy difícil entender estas referencias a la muerte y resurrección de Jesús, la segunda parte de cada cláusula plantea un problema: 'por nuestros pecados' y 'para nuestra justificación'. La preposición *dia* con el acusativo significa normalmente 'a causa de' o 'debido a'. Ofrece una razón para explicar algo que ha ocurrido, y por consiguiente tiene una apariencia retrospectiva. En este caso el significado sería que Jesús fue entregado a la muerte 'debido a nuestros pecados', padeciendo la muerte que merecíamos nosotros, y que luego fue resucitado 'debido a nuestra justificación', cosa que había logrado con su muerte. Más brevemente, en las palabras del obispo Handley Moule, 'nosotros pecamos, por lo tanto él sufrió: fuimos justificados, por lo tanto se levantó.'[104] La dificultad con esta versión se encuentra en la segunda cláusula, porque Pablo considera la justificación como algo que sucede cuando creemos, no como algo que tuvo lugar antes de la resurrección.

Por lo tanto, otros comentaristas entienden que *dia* significa 'por el bien de', con una referencia prospectiva. Así, John Murray traduce de esta manera: 'Fue entregado con el fin de expiar nuestros peca-dos y fue levantado con el fin de que pudiésemos ser justificados.'[105] La dificultad aquí es con la primera cláusula. 'Con el fin de expiar' es una paráfrasis compleja de la simple preposición 'por/para'.

La tercera posibilidad consiste en abandonar la coherencia con la que se insiste en que *dia* tiene que tener el mismo significado en ambas cláusulas. Podría ser causal o retrospectivo en la primera (fue entregado 'debido a nuestros pecados'), y final o prospectivo en la segunda (fue levantado 'con miras a nuestra justificación').[106]

En este capítulo el apóstol nos da instrucciones acerca de la naturaleza de la fe. Indica que hay grados en la fe. Porque la fe puede ser débil (19) o fuerte (20). Siendo así, ¿cómo logra crecer? Sobre todo por medio del uso de la mente. La fe no consiste en ocultar la cabeza en la arena, o en enredarnos intentando creer lo que sabemos que no es verdad, o incluso silbar en la oscuridad con el objeto de mantener firme nuestro espíritu. Por el contrario, la fe es confianza razonada. No es posible creer sin pensar.

Por una parte, es preciso que pensemos en los problemas que nos desafían. La fe no consiste en cerrar los ojos ante ellos. Abraham 'reconocía que su cuerpo estaba como muerto … y que también estaba muerta la matriz de Sara' (19). Mejor, 'enfrentó el hecho' (NIV) de que tanto él como Sara era ambos estériles. Pero, por otra parte, Abraham reflexionó sobre las promesas de Dios, y sobre el carácter del Dios que las había hecho, especialmente que él es 'el Dios que da vida a los muertos y que llama las cosas que no son como si ya existieran' (17). Y mientras su mente se ocupaba de las promesas, los problemas se empequeñecían como consecuencia, ya que estaba 'plenamente convencido de que Dios tenía poder para cumplir lo que había prometido' (21).

Hoy nosotros somos mucho más afortunados que Abraham, y tenemos pocas o ninguna excusa para ser incrédulos. Porque vivimos de este lado de la resurrección. Además, tenemos una Biblia completa en la que tanto la creación del universo como la resurrección de Jesús están registradas. Por lo tanto, crecer es más razonable para nosotros que lo fue para Abraham. Desde luego que tenemos que asegurarnos que las promesas que procuramos heredar no sean sacadas de su contexto bíblico ni resulten el producto de nuestra propia fantasía, sino que realmente sean aplicables para nosotros. Entonces podemos hacerlas nuestras, aun 'contra toda esperanza' humana, pero imitando a Abraham, quien **esperó** (18), es decir, tuvo confianza en la fidelidad y el poder de Dios. Sólo así habremos de demostrar que somos hijos genuinos de nuestro gran antepasado espiritual Abraham.

Con esperanza, contra toda esperanza humana,
Desesperado yo mismo, creo …
La fe, la poderosa fe, ve la promesa,
Y sólo a ella eleva la mirada;
Se ríe de las imposibilidades
Y exclama: ¡Se cumplirá![107]

9
El pueblo de Dios unido en Cristo
Romanos 5.1–6.23

Lo que llama de inmediato la atención al final de Romanos 4 y comienzos de Romanos 5 es el cambio de pronombre que hace Pablo a la primera persona del plural ('hemos', por ejemplo). El pronombre característico en la primera mitad de Romanos 1 es la primera persona singular ('no me avergüenzo del evangelio') y en la segunda mitad la tercera persona, cuando Pablo se ocupa del pervertido mundo pagano. Con el capítulo 2 el pronombre cambia a la segunda persona cuando se dirige al moralista ('no tienes excusa tú') y luego al judío ('tú que llevas el nombre de judío'). En Romanos 3 Pablo pasa a la tercera persona, cuando habla primero de que 'todo el mundo … quede convicto delante de Dios' y luego 'todos los que creen', a quienes en la primera mitad del capítulo 4 describe como la descendencia de Abraham. Pero súbitamente, en la última frase de Romanos 4.16, Pablo introduce la primera persona del plural al designar a Abraham 'el padre que todos tenemos en común' y (en el versículo 17, BJ) 'padre nuestro'.

La primera persona del plural se mantiene en lo que resta del capítulo 4, y luego Pablo comienza el capítulo 5 con una secuencia de afirmaciones en la primera persona del plural: 'tenemos paz con Dios', 'tenemos acceso a esta gracia', 'nos regocijamos en la esperanza de alcanzar la gloria de Dios', 'también [nos regocijamos] en nuestros sufrimientos', 'seremos salvados', y 'también nos regocijamos en Dios'. Con estas magníficas declaraciones de fe el apóstol se identifica con todos los que han sido justificados por la fe, sean judíos o gentiles, y expresa la solidaridad del pueblo de Dios, la nueva comunidad de Jesús el Mesías. Esta es la razón por la que di este título al capítulo. El énfasis en la unidad del pueblo de Dios continúa en la segunda mitad del capítulo 5, cuando Pablo hace un contraste entre Adán y Cristo, y sus respectivas comunidades, y en el capítulo 6 donde (nuevamente con primera persona del plural) se nos caracteriza diciendo, primero, que hemos muerto y resucitado con Cristo y luego, que somos esclavos de Dios por medio de Cristo.

1. Los resultados de la justificación | 5.1–11

Una vez expuesta la necesidad de la justificación (1.18–3.20) y el camino para llegar a ella (3.21–4.25) el apóstol describe a continuación sus frutos o las 'felices consecuencias'.[1] Es como si quisiera ampliar lo que ha llamado 'la dicha' de aquellos a quienes Dios justifica (4.6).

Toda la sección (versículos 1–11) depende de las palabras iniciales: **En consecuencia, ya que hemos sido justificados mediante la fe …** Pablo hace seis audaces afirmaciones en nombre de todos los que han sido justificados por Dios.

a. Tenemos paz con Dios | 1

La búsqueda de la paz es una obsesión humana universal, ya se trate de paz internacional, industrial, doméstica o personal. No obstante, más fundamental que todas estas es la **paz con Dios**, la relación que nos reconcilia con él y constituye la primera bendición que produce la justificación. Así, la 'justificación' y la 'reconciliación' van juntas, porque 'Dios no nos confiere la condición de justos sin al propio tiempo dársenos él mismo en una relación de amistad, y estableciendo la paz entre él y nosotros'.[2] Y esta paz se hace nuestra **por medio de nuestro Señor Jesucristo** (1), quien fue entregado a la muerte y levantado de la muerte (4.25), con el fin de hacerla posible. Esta es la médula de la paz que los profetas predijeron como la suprema bendición de la era mesiánica, el *shalom* del reino de Dios, inaugurado por Jesucristo, el príncipe de paz.

Además, 'tenemos paz con Dios' ahora, escribe Pablo, como posesión actual. Pero, ¿es esta la lectura correcta? En la mayoría de los manuscritos el verbo está en subjuntivo (*ejōmen*, 'tengamos'; NVI en nota al pie; DHH en nota al pie), y no en indicativo (*ejomen*, 'tenemos', RVR; y ver, nuevamente, NVI y DHH). En el texto griego la diferencia es una sola letra, y la pronunciación de ambas tiene que haber sido casi idéntica. Si *ejōmen* es lo correcto, entonces 'tengamos paz' tendría que entenderse como una exhortación a 'disfrutarla en pleno'.[3] Con todo, a pesar de su fuerte apoyo en los manuscritos, la mayoría de los comentaristas rechaza esta lectura. Parecería ser uno de esos raros casos en los que es preciso dejar que el contexto tenga la prioridad por encima del texto, los indicios internos por encima de los externos, la teología por encima de la gramática. Porque la sección consiste en una serie de afirmaciones, y no tiene una sola exhortación. 'Sólo el modo indicativo es consecuente con el argumento del apóstol.'[4]

b. Tenemos acceso a esta gracia | 2a

Literalmente, 'por medio de él [es decir, de Cristo] hemos obtenido nuestra introducción a esta gracia en la que hemos tomado posición'.

La 'gracia' es habitualmente el gratuito e inmerecido favor de Dios: su inmerecido, incondicional y no solicitado amor. Pero aquí no es tanto la cualidad de su gracia sino 'la esfera de la gracia de Dios' (NEB), el privilegio de ser aceptados por él.

Se usan dos verbos en relación con **esta gracia**, que expresan respectivamente nuestro ingreso en ella, y nuestra continuidad en ella. Ambos están en tiempo perfecto. Primero, **tenemos acceso** a esta gracia. *Prosagōgē* aparece sólo en Efesios 2.18 y 3.12 en el Nuevo Testamento. Una traducción más adecuada que 'acceso', que puede sugerir que nosotros tomamos la iniciativa para entrar, sería 'introducción' o 'hemos obtenido entrada' (BA; lo cual reconoce que no estamos en condiciones de entrar, y la necesidad de que alguien nos haga pasar). El vocablo griego tiene 'un cierto matiz de formalidad',[5] aunque no hay seguridad de que la imagen sea la de una persona que es introducida en el santuario de Dios para adorar,[6] o bien a la sala de audiencias de un rey para ser presentada ante él.

En segundo lugar, hemos tomado posición firmemente en esta gracia a la que hemos sido introducidos.[7] Los creyentes justificados disfrutan de una bendición mucho mayor que el periódico acercamiento a Dios o que una ocasional audiencia con el rey. Tenemos el privilegio de vivir en el templo y en el palacio. El tiempo perfecto expresa esta realidad. La relación con Dios en la que nos ha ubicado la justificación no es esporádica sino continua, no es precaria sino segura. No perdemos ni recuperamos la gracia como si fuésemos cortesanos que pueden recuperar o perder el favor de su soberano, o como los políticos con respecto al público. Por cierto que no; **nos**

mantenemos firmes en ella, porque esa es la naturaleza de la gracia. Nada puede separarnos del amor de Dios (8.38s).

c. Nos regocijamos en [nuestra] esperanza de alcanzar la gloria de Dios | 2b

La esperanza (*elpis*) cristiana no es incierta, como nuestras esperanzas comunes y cotidianas acerca del tiempo o la salud; la esperanza cristiana es, en cambio, una expectativa gozosa y confiada que se apoya en las promesas de Dios, como vimos en el caso de Abraham. Y el objeto de nuestra esperanza es **la gloria de Dios** (2), o sea, su radiante esplendor, que finalmente quedará completamente desplegado. Ya su gloria está siendo constantemente revelada en los cielos y en la tierra.[8] Ya ha sido manifestada en forma extraordinaria en Jesucristo, la Palabra[9] encarnada, muy particularmente en su muerte y resurrección.[10] Un día, con todo, el telón será recogido y la gloria de Dios quedará a la vista con plenitud. Primero, Jesucristo mismo aparecerá 'con gran poder y gloria'.[11] Segundo, no sólo veremos su gloria, sino que seremos transformados en ella,[12] de tal modo que él 'será glorificado por medio de sus santos'.[13] Entonces los seres humanos redimidos, que fueron creados para ser 'imagen y gloria de Dios',[14] pero que ahora por el pecado 'están privados de la gloria de Dios' (3.23), volverán a compartir su gloria en medida plena (8.17). Tercero, hasta la creación que gime 'ha de ser liberada de la corrupción que la esclaviza, para así alcanzar la gloriosa libertad de los hijos de Dios' (8.21). El universo renovado se verá inundado con la gloria del Creador. Todo esto está incluido en la 'gloria de Dios' y, en consecuencia, es objeto de nuestra segura esperanza. Nos regocijamos en ella. Y nuestra visión de la futura gloria es un poderoso estímulo para la presente responsabilidad.

Nos detenemos, después de las tres primeras aseveraciones de Pablo acerca de la 'dicha' de los justificados, y reflexionamos. Los frutos de la justificación se relacionan con el pasado, el presente y el futuro. 'Tenemos paz con Dios' (como resultado del perdón recibido). 'Tenemos acceso a la gracia' (el privilegio actual). 'Nos regocijamos en la esperanza de alcanzar la gloria' (nuestra herencia futura). La paz, la gracia, el regocijo, la esperanza y la gloria. Suena idílico. Y lo es … si no tomamos en cuenta la cuarta afirmación de Pablo.

d. También [nos regocijamos] en nuestros sufrimientos | 3–8

Los **sufrimientos** en cuestión se traducen generalmente 'tribulaciones'. Estas no son lo que a veces llamamos 'las pruebas y tribulaciones' de nuestra existencia terrenal, con el sentido de penas y dolores, temores y frustraciones, privaciones y desencantos, sino más bien *thlipseis* (literalmente, 'presiones'), referidas en particular a la oposición y la persecución de un mundo hostil. *Thlipsis* era casi siempre un término técnico para el sufrimiento que el pueblo de Dios ha de esperar en los últimos días antes del fin.[15] De modo que Jesús advirtió a sus discípulos que 'en este mundo' afrontarían 'aflicciones',[16] y en forma semejante Pablo advirtió a sus convertidos que 'es necesario pasar por muchas dificultades para entrar en el reino de Dios'.[17]

¿Qué actitud deberían adoptar los cristianos ante estas 'tribulaciones'? Lejos de meramente aguantarlas con estoica fortaleza, hemos de *regocijarnos* ante ellas. Esto, sin embargo, no es masoquismo, la enfermedad de encontrar placer en el sufrimiento. Primero, el sufrimiento es la sola y única senda hacia la gloria. Así lo fue para Cristo; así lo es para los cristianos. Como lo ha de expresar pronto Pablo, somos 'coherederos con Cristo, pues si ahora sufrimos con él, también tendremos parte con él en su gloria' (8.17). Por esto hemos de regocijarnos ante ambas cosas.

Segundo, si el sufrimiento finalmente conduce a la gloria, también conduce a la madurez. El sufrimiento puede ser productivo, si respondemos ante él en forma positiva, y no con enojo o amargura. **Sabemos** esto, especialmente por la experiencia del pueblo de Dios en todas las generaciones. **El sufrimiento produce perseverancia** (3, *hypomonē*, resistencia). No podríamos aprender a resistir sin el sufrimiento, porque sin sufrimiento no habría nada que aguantar. Luego, la **perseverancia** produce **entereza de carácter**. *Dokimē* es la cualidad de la persona que ha sido puesta a prueba y ha pasado la prueba. Se trata de un 'carácter probado' (BA) o 'un carácter maduro' (JBP), 'el temple del veterano, a diferencia del recluta inexperto'.[18] Luego el último eslabón en la cadena es que la **entereza de carácter** produce **esperanza** (4), tal vez porque se puede confiar en el Dios que se ocupa de desarrollar nuestro carácter tanto ahora como también en el futuro.

En tercer lugar, el sufrimiento es el mejor contexto en el cual podemos estar seguros del amor de Dios. Claro que de inmediato muchas personas dirán lo contrario, ya que es el sufrimiento lo que les hace dudar del amor de Dios. Pero consideremos el argumento de Pablo. Ha trazado la secuencia de las reacciones en cadena, de la tribulación a la perseverancia, de la perseverancia a la entereza de carácter, y de la entereza de carácter a la esperanza. Ahora agrega que la **esperanza no nos defrauda** (5a), y jamás lo hará. Jamás nos ha de traicionar mostrando que después de todo se trata de una ilusión. 'Semejante esperanza no es fantasía' (REB). ¿Pero cómo sabemos esto? ¿Cuál es el fundamento real o final en el que descansa nuestra esperanza, nuestra esperanza de gloria? Es el inmutable amor de Dios. La razón por la que nuestra esperanza jamás nos fallará es que Dios jamás nos fallará. Su amor jamás nos abandonará.

¿Cómo podemos estar seguros del amor de Dios? Por cierto que estar seguro del amor de los padres es casi indispensable para el desarrollo emocional sano del niño o la niña. Estar seguro del amor del esposo, de la esposa, o del amigo o la amiga contribuye en forma maravillosa a la plenitud del ser humano. El estar seguro del amor de Dios produce bendiciones mucho más ricas todavía. Es el secreto principal del gozo, la paz, la libertad, la confianza y el respeto de uno mismo.

El apóstol enumera dos medios principales por los cuales podemos llegar a estar seguros de que Dios nos ama. El primero es que **Dios ha derramado su amor en nuestro corazón por el Espíritu Santo que nos ha dado** (5b). Esta es la primera mención en Romanos de la obra del Espíritu Santo en la vida del cristiano, y nos enseña algunas lecciones importantes.

La primera es que el Espíritu Santo es el don de Dios para todos los creyentes (por cuanto Pablo está enumerando las consecuencias de la justificación), de modo que no es posible ser justificado por fe sin al mismo tiempo ser regenerado y sin que el Espíritu more en nosotros. Segundo, nos enseña que el Espíritu Santo nos fue dado en un momento particular (*dothentos*, tiempo aoristo), a saber, en el momento que popularmente se llama la 'conversión', o cuando fuimos justificados. Tercero, una vez que nos ha sido dado, uno de los ministerios distintivos del Espíritu Santo es el de derramar el amor de Dios en nuestro corazón. Por cierto, esto lo ha hecho de tal manera que el derramamiento inicial continúa como un diluvio permanente (*ekkejytai*, un tiempo perfecto). Se entiende que muchos vean aquí una referencia a la efusión del Espíritu en pentecostés, por cuanto se usa el mismo verbo (*ekjeō*, 'derramar').[19] Pero para ser estrictamente precisos, aquí el apóstol no escribe sobre el derramamiento del Espíritu sino sobre el derramamiento del amor de Dios en nuestro corazón por el ministerio del Espíritu. Con seguridad que el genitivo en la expresión 'amor de Dios', en la que está pensando Pablo, ha de ser subjetivo, no objetivo, dado que se trata del amor de Dios hacia nosotros, no del nuestro hacia él. 'Bajo la vívida metáfora de un aguacero en la campiña reseca',[20] lo que hace el Espíritu es hacernos profunda y renovadamente conscientes de que Dios nos ama. Es muy similar a la declaración de Pablo más adelante de que 'el Espíritu mismo le asegura a nuestro Espíritu que somos hijos de Dios' (8.16). Casi no hay diferencia entre estar seguros de la paternidad de Dios y estar seguros de su amor.

A esta altura quizás sea oportuno hacer referencia a la doctrina de algunos teólogos puritanos, popularizada en el siglo pasado por el doctor Martin Lloyd-Jones, de que este derramamiento del amor de Dios en el corazón, que también identificaban como el 'sellamiento' del Espíritu, es una experiencia subsiguiente a la regeneración, y que sólo se da a algunos. 'No se puede ser cristiano sin el Espíritu Santo, pero se puede ser cristiano sin que el amor de Dios se derrame profusamente en el corazón .... No todos los cristianos han tenido esta experiencia, pero está a disposición de todos; y todos los cristianos deberían tenerla.'[21] El doctor Lloyd-Jones pasa a citar ejemplos en los siglos dieciocho y diecinueve de líderes evangélicos muy conocidos que describieron la forma en que el amor de Dios 'parecía descender en ola tras ola hasta que se sentían inundados por la gloria de ese amor'.[22]

Ahora bien, no es mi propósito negar que esas experiencias más profundas, más ricas, más plenas del amor de Dios, posteriores a la conversión sean auténticas, porque están muy bien documentadas en biografías cristianas, y porque además sé por mi experiencia lo que es ser lleno de 'un gozo indescriptible y glorioso' en algunas oportunidades.[23] Mi interrogante es si Romanos 5.5 tiene como principal objetivo describir experiencias inusuales y abrumadoras que solamente algunos reciben, aun cuando están 'a disposición de todos'. Creo que no. Porque Pablo aplica sus dos afirmaciones (que 'nos ha sido dado el Espíritu Santo' y que 'Dios ha derramado su amor en nuestro corazón') a 'nosotros', en aquellos en quienes está pensando en toda esta sección, es decir a todos los creyentes justificados. ¿No deberíamos decir, por lo tanto, sobre la base de la Escritura y de la experiencia, que a todo el pueblo cristiano se le otorga por medio del Espíritu Santo alguna medida de seguridad en cuanto al amor de Dios (5.5) y a su paternidad (8.16)? Al mismo tiempo reconocemos que hay diferentes grados en los que se da esta seguridad, y que a algunos de los hijos de Dios sencillamente a veces los conmueve el amor y el gozo, hasta que piden que detenga su mano, por temor a sufrir un colapso debido a la tensión experimentada. De hecho, es muy posible que muchas de las experiencias 'carismáticas' modernas sean precisamente esto: una viva, intensa, exaltada, incluso sobrecogedora seguridad de la presencia y el amor de Dios.

Pero Dios tiene una segunda y objetiva manera de certificarnos su amor. Es el hecho de que ha demostrado su amor mediante la muerte de Cristo en la cruz. Anteriormente Pablo ha escrito que Dios demostró su justicia en la cruz (3.25s). Ahora comprende que la cruz es una demostración del amor de Dios. De hecho, 'demostrar' es, en realidad, una palabra demasiado pobre; 'probar' sería mejor. Porque 'Dios prueba que nos ama, en que, cuando todavía éramos pecadores, Cristo murió por nosotros' (8, DHH).

A fin de captar esto, es necesario que recordemos que la esencia del amor es dar. 'Tanto amó Dios al mundo, que dio a su Hijo unigénito...'[24] 'El Hijo de Dios ... me amó y dio su vida por mí.'[25] Además, el grado del amor se mide en parte por el costo del regalo para quien lo da, y en parte por el mérito o la falta de mérito del beneficiario. Cuanto más le cueste el regalo a quien lo da, y cuanto menos lo merezca quien lo recibe, tanto mayor es el amor que se demuestra. Medido con estos parámetros, el amor de Dios en Cristo es absolutamente inigualable. Porque al enviar a su Hijo a morir por los pecadores, lo estaba dando todo, su propio ser, a quienes no merecían nada de él, excepto el juicio.

El costo del obsequio está claro. Los versículos 6 y 8 sólo dicen que **Cristo murió**. Pero el versículo 10 aclara quién es 'Cristo', al decir que Dios nos reconcilió consigo **mediante la muerte de su Hijo**. Con anterioridad, Dios había mandado profetas, y a veces ángeles. Pero ahora envió a su único Hijo, y con la entrega de su Hijo se estaba entregando él mismo. Además, dio a su Hijo para que muriera por nosotros. Algunos comentaristas parecen sentirse ansiosos por agregar que no hay ninguna doctrina de la expiación aquí, y por cierto que ninguna doctrina de la sustitución,* ya que la preposición en la expresión 'por nosotros' es *hyper* ('por cuenta de'), no *anti* ('en lugar de'). Sin embargo, este es un juicio superficial. Porque lo que está escrito es que **cuando todavía éramos pecadores, Cristo murió por nosotros** (8), y siempre que pecado y muerte aparecen asociados en las Escrituras, la muerte es la pena o 'paga' del pecado (6.23; ver 5.12). Siendo esto así, la declaración de que 'Cristo murió por los pecadores', y de que los pecados eran nuestros y la muerte de él, sólo puede significar que murió como ofrenda por el pecado, cargando en nuestro lugar la pena que nuestros pecados merecían. Esto nos ayuda a entender el costo del regalo.

¿Qué podemos decir sobre el merecimiento de los receptores? A nosotros, por quienes Dios hizo este costoso sacrificio, se nos representa con cuatro epítetos o adjetivos. Primero, somos 'pecadores' (8), es decir, nos hemos apartado del camino de la justicia, no hemos alcanzado los niveles morales de Dios, y hemos errado el blanco. Segundo, **en el tiempo señalado Cristo murió por los malvados** (6b). En lugar de amar a Dios con todo nuestro ser, nos hemos rebelado contra él. En tercer lugar, 'éramos enemigos de Dios' (10). Es indudable que esto significa que alentábamos una hostilidad profundamente arraigada contra Dios ('la mentalidad pecaminosa es enemiga de Dios', 8.7), sentimos resentimiento ante su autoridad. Pero no podemos satisfacernos con la noción de que la hostilidad estaba absolutamente de nuestro lado, y no del de Dios en alguna medida. Porque en 11.28 lo que se contrapone a 'enemigos' es 'amados', de modo que la palabra 'enemigos' también tendría que entenderse con sentido pasivo. El contexto contiene referencias a la ira de Dios (por ejemplo, el versículo 9), o sea el santo odio de Dios hacia el pecado; y como se dice que la reconciliación entre Dios y nosotros ha sido 'recibida' (11) por nosotros, no puede significar que nos volvemos de nuestra hostilidad, sino que debe referirse a que Dios se reconcilia con nosotros. Indudablemente Sanday y Headlam tienen razón cuando llegan a la siguiente

---

* Para las doctrinas de la expiación y la sustitución ver, John Stott: *La cruz de Cristo*, Certeza Unida, p. 151–186 [N. del E.].

conclusión: 'Inferimos que la explicación natural de los pasajes que hablan de enemistad y reconciliación entre Dios y el hombre es que no son unilaterales, sino mutuas.'[26] 'No hay solamente una perversa oposición del pecador para con Dios, sino una santa oposición de Dios para con el pecador.'[27]

El cuarto adjetivo descriptivo de Pablo es que **éramos incapaces** (6a), es decir, estábamos totalmente impedidos de producir el rescate por nosotros mismos. 'Pecadores', 'malvados', 'enemigos' e 'incapaces'. Esta es la chocante y cuádruple caracterización que hace Pablo de nosotros. No obstante, es por nosotros que el Hijo de Dios murió. Pues, agrega, **difícilmente habrá quien muera por un justo** (probablemente refiriéndose a alguien cuya rectitud es más bien fría, desapasionada y nada atractiva), **aunque tal vez haya quien** (cuya bondad sea cálida, generosa y atractiva) **se atreva a morir por una persona buena** (7). **Pero Dios** (se subraya el duro contraste) **demuestra**, incluso 'encarece' (RV 1909), 'prueba' (DHH), 'muestra' (RVR) **su amor por nosotros** (un amor distinto de todo otro amor, un amor que sólo lo demuestra Dios) **en que cuando todavía éramos pecadores** (ni buenos ni justos, sino malvados, enemigos e incapaces), **Cristo murió por nosotros** (8).

Los seres humanos pueden ser muy generosos cuando dan algo a quienes consideran dignos de su afecto y respeto. El carácter singular y majestuoso del amor de Dios radica en la combinación de tres factores, a saber, que cuando Cristo murió por nosotros, Dios (a) estaba entregándose a sí mismo, (b) incluso a los horrores de una muerte en la cruz para cargar con el pecado, y (c) que lo hacía por sus enemigos, que no lo merecían.

¿Cómo, entonces, podemos dudar del amor de Dios? Por cierto que a menudo nos sentimos profundamente perplejos por las tragedias y calamidades de la vida. De hecho, Pablo viene ofreciendo su enseñanza sobre el amor de Dios en un contexto de 'tribulación', lo cual puede resultar muy penoso. Pero luego recordamos que Dios ha mostrado su amor por nosotros con la muerte de su Hijo (8), y ha derramado su amor en nosotros mediante el don de su Espíritu (5). Objetivamente en la historia, y subjetivamente en la experiencia, Dios nos ha dado buenas razones para creer en su amor. La integración del ministerio histórico del Hijo de Dios (en la cruz) con el ministerio contemporáneo de su Espíritu (en nuestro corazón) es uno de los rasgos más favorables y gratificantes del evangelio.

e. Seremos salvados por medio de Cristo | 9–10

Hasta ahora el apóstol se ha concentrado en lo que Dios ya hizo por nosotros a través de Cristo. Hemos sido justificados. Tenemos paz con Dios. Tenemos acceso a la gracia. Nos regocijamos en la esperanza y en los sufrimientos. Pero hay más… mucho más por delante, que todavía no tenemos. De hecho, los versículos 9–10 son notables ejemplos de la conocida tensión en el Nuevo Testamento entre el 'ya' y el 'todavía no', entre lo que Cristo ha llevado a cabo con su primera venida y lo que falta hacerse con su segunda venida, entre nuestra pasada salvación y la futura. Porque la salvación tiene un tiempo futuro además de tiempos pasados y presentes, y los términos comunes a estos dos versículos hablan de que hemos de ser salvos. Si, por consiguiente, algún impetuoso evangelizador nos preguntase si hemos sido salvados, sería igualmente bíblico decir 'No' tanto como 'Sí', aunque la respuesta correcta y más precisa sería 'Sí y no.' Sí, porque ya hemos sido salvados por medio de Cristo de la culpa de nuestros pecados y del juicio de Dios sobre ellos; y, sin embargo, no, porque todavía no hemos sido librados del pecado que mora en nosotros ni se nos ha dado el nuevo cuerpo que corresponde al mundo nuevo.

¿Cuál es, entonces, la futura salvación en la que está pensando Pablo aquí? Se vale de dos expresiones, la primera negativa y la segunda positiva. Primero la negativa, **seremos salvados del castigo de Dios por medio de Cristo** (9). Desde luego que ya hemos sido rescatados del mismo, en el sentido de que por medio de la cruz Dios mismo lo ha desviado de nosotros, de modo que ahora tenemos paz con él y tenemos acceso a la gracia. Pero al final de la historia habrá un día de rendición de cuentas que Pablo ha llamado 'el día de la ira, cuando Dios revelará su justo juicio' (2.5), y su ira se derramará sobre los que han rechazado a Cristo (2.8).[28] De esa terrible ira venidera nosotros seremos salvados,[29] porque, como lo expresó Jesús, el creyente 'no será juzgado, sino que ha pasado [es decir, ya] de la muerte a la vida.'[30]

En segundo lugar, y desde el punto de vista positivo, **seremos salvados por su vida** (10). El Jesús que murió por nuestros pecados fue levantado de la muerte y vive, y quiere que su pueblo experimente por sí mismo el poder de su resurrección. Podemos compartir su vida ahora, y compartiremos su resurrección en el último día. Pablo se ocupará de desarrollar estas verdades en Romanos 8; aquí solamente las esboza cuando promete que seremos salvos por medio de la vida de Cristo.

¡De modo que falta lo mejor todavía! Por supuesto que en nuestra condición de 'semi-salvados' miramos con anhelo hacia delante, hacia nuestra plena y definitiva salvación. ¿Pero cómo podemos estar seguros de ella? Es principalmente con el fin de contestar esta pregunta que Pablo escribe los versículos 9–10. Ambos son argumentos *a fortiori* o del tipo de 'con cuánta más razón'. La estructura básica de ambos es idéntica, o sea que 'si algo ha acontecido, **con cuánta más razón** ha de acontecer algo más'. ¿Qué es, entonces, lo que nos ha pasado? La respuesta es que hemos sido **justificados** (9) y **reconciliados** (10), y ambos se atribuyen a la cruz. Por un lado, **hemos sido justificados por su sangre** (9a), y por otro, **fuimos reconciliados con él** (es decir, con Dios) **mediante la muerte de su Hijo** (10a). De modo que el Juez nos ha pronunciado justos, y el Padre nos ha dado la bienvenida a sus mansiones.

Además, es esencial en la argumentación de Pablo que se destaque el costo de estas cosas. Fue 'por su sangre' (9a), derramada mediante el sacrificio de la muerte en la cruz, que nosotros hemos sido justificados, y fue **cuando éramos enemigos de Dios** (10a) que fuimos reconciliados con él. Aquí tenemos, por lo tanto, la lógica. Si Dios ya ha cumplido lo difícil, ¿podemos confiar en que hará lo comparativamente simple que consiste en completar la tarea? ¡Si Dios completó nuestra justificación al costo de la sangre de Cristo, 'con cuánta mayor razón' ha de salvar de su ira final a su pueblo justificado (9)! Además, si nos reconcilió consigo cuando éramos enemigos, ¡**con cuánta mayor razón** ha de completar nuestra salvación ahora que somos sus amigos reconciliados (10)! Estas son las bases sobre las que nos atrevemos a afirmar que 'seremos salvados'.

f. También nos regocijamos en Dios | 11

Lo que tiene de extraordinario esta sexta y última afirmación es que, desde una perspectiva verbal, es idéntica con la actitud judía que Pablo había condenado en 2.17, y que la NVI parafrasea así: 'Te jactas de tu relación con Dios.' Literalmente, sin embargo, 2.17 dice 'te jactas en Dios', y 5.11 dice **nos regocijamos en Dios**. El verbo, el sustantivo y la preposición son todos iguales. Sin embargo, con instinto certero la mayoría de los traductores ha vertido los verbos en forma diferente, 'te jactas' o 'te glorías' (RVR) en el primer caso, 'nos regocijamos' o 'nos gloriamos' en el segundo. Porque, explica Pablo, el gloriarse cristianamente en Dios, es muy diferente del jactarse de los judíos. Esto último era un jactarse en Dios como si él fuese propiedad exclusiva de ellos y tuviesen un interés monopólico en él. En cambio, lo anterior es todo lo contrario. El gloriarse cristiano en Dios comienza con el vergonzoso reconocimiento de que no tenemos derecho alguno ante él, prosigue con maravillada adoración porque cuando todavía éramos pecadores y enemigos, Cristo murió por nosotros, y culmina con la humilde confianza en que él ha de completar la obra comenzada. De modo que gloriarnos en Dios no consiste en regocijarnos por nuestros privilegios sino por su misericordia, no por nuestra posesión de él sino porque él nos posee a nosotros.

Aunque reconocemos que para el pueblo cristiano toda jactancia queda excluida (3.27), de todos modos nos jactamos o nos regocijamos ante la esperanza de compartir la gloria de Dios (2), ante nuestras tribulaciones (3) y, por sobre todas las cosas, en Dios mismo (11). Este gloriarnos es **por nuestro Señor Jesucristo, pues gracias a él ya hemos recibido la** (o 'nuestra') **reconciliación** (11).

Está claro por este párrafo, por lo tanto, que la marca principal de los creyentes justificados es el gozo, especialmente el gozo en Dios mismo. Deberíamos ser las personas más positivas del mundo. Porque la nueva comunidad de Jesucristo no se caracteriza por un triunfalismo centrado en nosotros mismos sino por un culto centrado en Dios.

2. Las dos humanidades, en Adán y en Cristo | 5.12–21

Hasta aquí Pablo ha analizado tanto la extensión universal del pecado humano, como la culpa y la gloriosa suficiencia de la gracia justificadora de Dios en y a través de Cristo. Al hacerlo nos ha conducido a las profundidades de la maldad humana, como también a las alturas de la misericordia divina. Al mismo tiempo, ha indicado la participación de los lectores (sean judíos o gentiles) tanto en la culpa como en la gracia. Por una parte, ha 'demostrado que tanto los judíos como los gentiles están [*todos*] bajo el pecado' (3.9), mientras que por otra parte ha declarado que Abraham es 'el padre que [*todos*] tenemos en común' a través de la fe (4.16). Aquí se nos presentan entonces, dos comunidades; una caracterizada por el pecado y la culpa, la otra por la gracia y la fe. Anticipándonos un poco a los versículos 12–21, podemos decir que la primera corresponde a Adán y la segunda a Cristo.

Más todavía, Pablo se ha identificado con la nueva comunidad cristiana mediante el uso constante de la primera persona del plural. Habiendo sido justificados (1) y reconciliados (11), disfrutamos todos de paz con Dios, tenemos acceso a la gracia, nos regocijamos en los sufrimientos presentes y en la futura gloria, en la seguridad de la salvación definitiva, y nos gloriamos en Dios a través de Cristo por quien estas bendiciones se han hecho nuestras (1–11).

'Por tanto' (RVR), continúa Pablo. Esta frase no debe ser pasada por alto. Demuestra que los versículos que siguen (12–21) no constituyen un agregado extraño en el argumento, o una sección aislada y desconectada de lo que precede o de lo que sigue, ni siquiera un paréntesis, sino un desarrollo lógico; de hecho, una conclusión de su tesis hasta aquí, y una necesaria transición hacia lo que viene después. Podemos mencionar dos enlaces especiales entre las dos mitades de Romanos 5 (1–11 y 12–21).

El primero es que Pablo atribuyó nuestra reconciliación y salvación a la muerte del Hijo de Dios (9–10). Esto de inmediato lleva a la pregunta sobre cómo puede el sacrificio de una sola persona haber proporcionado tales bendiciones a tantos. No se trata de que (tomando el famoso dicho de Winston Churchill) tantos le deban tanto a tan pocos; es, más bien, que tantos le deban tanto a una sola persona. ¿Cómo puede ser esto? La respuesta de Pablo forma parte de su analogía entre Adán y Cristo. Porque ambos demuestran el principio de que muchos pueden verse afectados, para bien o para mal, por la acción de una sola persona.

Una segunda pista para el vínculo entre las dos mitades de Romanos 5 es que ambas culminan con una expresión similar: **por nuestro Señor Jesucristo** (11) y **por medio de Jesucristo nuestro Señor** (21). Decidido como está a honrar a Jesucristo como el único mediador de todas nuestras bendiciones, Pablo presenta a Adán y a Cristo, las respectivas cabezas de la humanidad antigua y la nueva, de tal manera que se demuestre la abrumadora superioridad de la obra de Cristo.

Todos los que estudian los versículos 12–21 han encontrado el texto extremadamente condensado. Algunos se han equivocado al tomar esa condensación como confusión. Pero la mayoría se ha maravillado de la 'precisión' casi 'matemática'[31] de lo que escribe Pablo, y han admirado su habilidad para escribir. Se la puede comparar con una talla muy bien trabajada, o con una composición musical cuidadosamente estructurada.

El texto se divide naturalmente en tres cortos párrafos, en cada uno de los cuales Adán y Cristo se relacionan entre sí, aun cuando con significativas diferencias. Primero (12–14), Adán y Cristo son *presentados*: Adán como responsable del pecado y la muerte, y como **figura de aquel que había de venir** (14), que es Cristo. Segundo (15–17), Adán y Cristo son contrastados. En cada uno de estos tres versículos se dice que la obra de Cristo 'no puede compararse' a la de Adán, o 'cuánto más' exitosa fue que la de él. Tercero (18–21), Adán y Cristo son *comparados*. Ahora la estructura (en 18, 19 y 21) es 'así como … también'. Porque por medio de una sola acción de un solo hombre (la desobediencia de Adán o la obediencia de Cristo) los muchos han experimentado maldición o bendición.

a. Adán y Cristo son presentados | 12–14

Pablo comienza con una oración que nunca completa. Las palabras iniciales son 'Por tanto' (RVR), … **así como la muerte pasó** …, pero las palabras correspondientes que esperamos ('así también …', como en la estructura de las oraciones de los versículos 18, 19 y 21) nunca aparecen. Lo que se proponía escribir sólo podemos conjeturarlo. La simetría requeriría algo así: 'Así como por un hombre el pecado entró en el mundo, y por el pecado la muerte, y de este modo la muerte alcanzó a todos porque todos compartieron su pecado, así también por un hombre la justicia entró en el mundo, y por la justicia la vida, y de este modo la vida alcanzó a todos porque todos compartieron su justicia.' De hecho, esto es más o menos lo que Pablo realmente escribió más adelante. Puede considerarse que los versículos 18–19 completan la oración que comenzó en el versículo 12. En cambio, interrumpe su argumento con el fin de explicar y justificar (en los versículos 13–14) lo que acaba de escribir (en el versículo 12).

El tema del versículo 12 es el pecado y la muerte, y en él Pablo describe tres pasos descendentes o etapas de degradación en la historia humana, partiendo de un hombre que pecó, a la muerte para todos los hombres.

Primero, **por medio de un solo hombre el pecado entró en el mundo**. No se menciona a Adán, pero obviamente se lo sobreentiende. Pablo no se ocupa aquí del origen del mal en general, sino sólo de la forma en que invadió al mundo de los seres humanos. Entró por medio de un hombre, es decir, por su desobediencia. Eva también estuvo comprometida,[32] si bien Pablo no la incluye en este cuadro, por cuanto sostiene que el responsable es Adán.

Segundo, **por medio del pecado entró la muerte** en el mundo. Como Adán fue la puerta por la que entró el pecado, así el pecado fue la puerta por la que entró la muerte. Se trata de una alusión a Génesis 2.17 y 3.19, donde se dice que la muerte (tanto física como espiritual) fue la pena por la desobediencia (ver 1.32; 6.23). Volveré más adelante a interrogantes modernos en torno a la historicidad de Adán y el origen de la muerte.

Tercero, **fue así como la muerte pasó a toda la humanidad, porque todos pecaron** (12). El apóstol sigue ocupándose de la relación entre el pecado y la muerte, pero ahora pasa de la presencia de ambas cosas en 'un solo hombre' a su presencia en 'toda la humanidad' (la raza humana). Además, ve una semejanza entre estas dos situaciones (*houtōs*, así). Esto podría referirse a la conexión esencial entre pecado y muerte; como la muerte llegó por un hombre porque pecó, así la muerte llegó a todos los hombres porque pecaron. O podría referirse a un agente por medio del cual ocurrieron ambas cosas: así como por un hombre el pecado y la muerte 'entraron' en el mundo (*eisēlthen*), así por un hombre se 'esparcieron' por todo el mundo (*diēlthen*).

Aquí tenemos, entonces, las tres etapas: del pecado de Adán a la muerte de Adán, a la muerte universal debido al pecado universal. Pero, ¿cuál es el significado de la tercera afirmación de que 'la muerte pasó a toda la humanidad, porque todos pecaron'? ¿En qué sentido han pecado todos de manera que todos mueren?

Hablando gramaticalmente, hay dos respuestas posibles a este interrogante. O 'todos pecaron' por imitar y así repetir el pecado de Adán, o 'todos pecaron' cuando pecó Adán y fueron incluidos en su pecado. El primero sería un caso de imitación (todos pecaron *como* Adán), y el segundo un caso de participación (todos pecaron *en y con* Adán). La primera explicación se asocia generalmente con el nombre de Pelagio, monje británico de comienzos del siglo quinto, que negaba el pecado original, enseñaba una forma de salvación por uno mismo, y tuvo la oposición de Agustín. En la perspectiva de Pelagio, Adán fue simplemente el primer pecador, y todos desde entonces han seguido su mal ejemplo. Además, con justicia el lenguaje de Pablo podría entenderse de esta manera. Sus dos palabras 'todos pecaron' (*pantes hēmarton*) son precisamente las que usa en 3.23 cuando afirma que 'todos han pecado y están privados de la gloria de Dios'. Como escribió John Murray: 'El versículo 12 por sí mismo es compatible con una interpretación pelagiana, y si Pablo aceptaba el punto de vista pelagiano podría haberlo redactado admirablemente bien en estos términos … Si Pablo quería decir que la muerte pasó a todos porque todos los hombres eran culpables de transgresiones concretas, esta es la forma en que lo hubiese dicho. Por lo menos no podría considerarse algún modo más apropiado.'[33] Por consiguiente, muchos han sostenido esta posición, en alguna medida debido a las dificultades inherentes al punto de vista alternativo. Por ejemplo, C. K. Barrett escribe sin rodeos: 'Es decir, todos los hombres pecan (3.23), y todos los hombres mueren por cuanto pecan.'[34] Otros entendidos ponen el acento en el uso de Adán en la literatura del judaísmo en esa época. Tomemos 2 Esdras: 'Un grano de semilla perversa fue sembrada en el corazón de Adán desde el principio, ¡y cuánta maldad ha traído hasta hoy!'[35] 'Oh tú, Adán, ¿qué has hecho? Porque si bien fuiste tú quien pecó, el mal no ha caído sobre ti solamente, sino sobre todos nosotros los que venimos de ti.'[36] 'A la luz del pensamiento judaico contemporáneo y casi contemporáneo,' escribe John Ziesler, 'es más probable que Adán se refiera a todo hombre (y toda mujer), de modo que decir que Adán pecó es una manera de decir que todos pecan. Cada cual es su propio Adán.'[37] Otros, queriendo mantener un vínculo más fuerte entre el pecado de Adán y el pecado de su posteridad, han enfatizado la transmisión de su naturaleza depravada a ella: 'Si pecaron, su pecado se debió en parte a tendencias heredadas de Adán.'[38]

Heredar la naturaleza de Adán, seguir el ejemplo de Adán, y recapitular la historia de Adán: no es mi deseo negar estas verdades. Pero, ¿es esto lo que quería decir Pablo al escribir 'porque todos pecaron'? Esa es la pregunta fundamental. Y al buscar la respuesta es necesario tomar en cuenta tanto el contexto como la gramática.

Es indudable que resulta exegéticamente correcto, aunque teológicamente difícil, entender que Pablo quiso decir 'todos pecaron en y a través de Adán y por lo tanto todos mueren'. Hay tres argumentos principales.[39] El primero se relaciona con *el agregado de los versículos 13-14*, en el que Pablo menciona tres puntos. Primero, **antes de promulgarse la ley** (mosaica), **ya existía el pecado en el mundo** (13a). Aquí no hay nada discutible. Es un hecho que el pecado entró mucho antes que la ley, así como Adán vino mucho antes que Moisés. Segundo, **es cierto que el pecado no se toma en cuenta** (es decir, no se castiga) **cuando no hay ley** (13b). Porque 'donde no hay ninguna ley no hay ley que se pueda quebrantar'.[40] Así, entonces, hasta que fue dada la ley y ella pudiese ejercer su papel de definir e identificar el pecado (ver 3.20), no se le tenía en cuenta el pecado a los pecadores. **Sin embargo** (este es el tercer punto de Pablo), **desde Adán hasta Moisés la muerte reinó**, es decir, durante el período anterior a la entrega de la ley, **incluso sobre los que no pecaron quebrantando un mandato** (específico, explícito), **como lo hizo Adán** (14). Por supuesto que algunos realmente desobedecieron flagrantemente la ley moral de Dios, que estaba escrita en sus corazones (2.14s), y fueron castigados, como en el diluvio, como en el juicio contra los que edificaron la torre de Babel, y como en la destrucción de Sodoma y Gomorra. Pero lo que quiere señalar Pablo es que hubo otros que no pecaron 'desobedeciendo un mandato directo' (REB), como lo hizo Adán y la gente del diluvio, de Babel y de Sodoma. Estos otros 'no violaron voluntaria y abiertamente una ordenanza expresamente revelada por Dios'.[41] Tal vez deberíamos incluir entre ellos, como a veces se sugiere, 'a los paganos, a los niños pequeños y a los idiotas'.[42] Sin embargo, todos murieron (claramente se trata de una referencia a la muerte física), y la muerte es la pena por el pecado. No puede haber más que una explicación. Todos murieron 'porque todos pecaron' en y a través de Adán, el representante o la cabeza federal de la raza humana.

El segundo argumento a favor de esta interpretación es *el contexto más amplio*, especialmente los versículos 15-19. Cinco veces en estos cinco versículos, una vez en cada versículo, Pablo expresa que la transgresión o desobediencia de un hombre trajo la muerte, el juicio o la condenación a todos los hombres. El lenguaje varía ligeramente de versículo a versículo, pero el significado es el mismo. El versículo 15 define la cuestión: **por la transgresión de un solo hombre murieron todos**. Es decir, se le atribuye a un solo y solitario pecado la muerte universal.

El tercer argumento se relaciona con *la analogía entre Adán y Cristo*, y entre los que están en Adán y los que están en Cristo. Si la muerte llega a todos porque pecaron como Adán, luego por analogía tendríamos que decir que la vida llega a todos porque son justos como Cristo. Pero esto pondría al revés el camino de la salvación. Hodge tenía razón al decir que 'Pablo se ha ocupado desde el comienzo de la epístola de comunicar una sola idea principal, a saber, que el fundamento de la aceptación del pecador ante Dios no está en sí mismo, sino en el mérito de Cristo'. Y es preciso que la correspondencia entre Cristo y Adán preserve esta verdad, y no que la destruya. Por lo tanto, debería rezar: Como somos condenados debido a lo que hizo Adán, (así) somos justificados debido a lo que hizo Cristo.'[43]

Estos tres argumentos (a partir del texto, el contexto y la analogía) parecen apoyar decisivamente la perspectiva de que 'todos pecaron en y a través de Adán'. El doctor Martin Lloyd-Jones sintetizó la razón fundamental en las siguientes palabras: 'Dios siempre se ha ocupado de la humanidad a través de una cabeza representativa. Toda la historia de la raza humana puede sintetizarse en función de lo que ha sucedido a causa de Adán, y lo que ha sucedido y todavía ha de suceder a causa de Cristo.'[44] ¿Pero es posible aceptar esta enseñanza? Puede que sea exegéticamente correcta, ¿pero tiene significación teológicamente y en lo personal? Es evidente que así lo creía Pablo; pero, ¿podemos creerlo nosotros?

Es verdad que el concepto de que hayamos pecado en Adán es extraño a la mentalidad del individualismo occidental. Pero, ¿debemos subordinar la Escritura a nuestra perspectiva cultural? Los africanos y los asiáticos, que dan por sentada la solidaridad colectiva de la familia extendida, la tribu, la nación y la raza, no tienen en cuanto a esto la dificultad que experimentan los occidentales.

Más importante todavía que los modelos africanos y asiáticos, sin embargo, es que la Escritura misma contiene una cantidad de variaciones significativas sobre el tema de la solidaridad humana. La primera nos hace retroceder hasta los días de Abraham y al uso que hace el autor de Hebreos de ese misterioso rey sacerdote Melquisedec. No sólo bendijo a Abraham, el antepasado de Leví, sino que aceptó de sus manos un diezmo de despojos de la batalla. 'Hasta podría decirse', concluye el escritor, 'que Leví, quien ahora recibe los diezmos, los pagó por medio de Abraham, ya que Leví [mucho antes de su nacimiento] estaba presente en [las entrañas de, RVR] su antepasado Abraham cuando Melquisedec le salió al encuentro.'[45]

Segundo, cuando Acán robó parte del tesoro de Jericó, que por decreto de Dios estaba destinado a la destrucción, vemos que 'los israelitas desobedecieron' lo cual 'provocó la ira del Señor'. Es decir, se consideraba que la nación estaba comprometida con el pecado de Acán. 'Los israelitas han pecado,' dijo Dios; 'y violado la alianza que concerté con ellos.'[46]

Mi tercer ejemplo nos lleva a la cruz. Nos gusta identificarnos con Pilato, que se lavó las manos y declaró su inocencia. Nosotros no fuimos los culpables, decimos; no tuvimos nada que ver. Pero los apóstoles no están de acuerdo. No sólo Herodes y Pilato, los gentiles y los judíos 'conspiraron' contra Jesús,[47] sino que los pecados que lo llevaron a la muerte también son nuestros pecados. Además, si le volvemos la espalda a Dios, '[volvemos] a crucificar, para [nuestro] propio mal, al Hijo de Dios'.[48] '¿Estabas allí', pregunta el *negro spiritual*, 'cuando crucificaron a mi Señor'? La única respuesta posible es que sí estábamos allí, y no simplemente como espectadores, sino como participantes culpables. Horatius Bonar, el himnólogo escocés del siglo diecinueve, lo expresó muy bien:

> Fui yo quien derramó la sagrada sangre;
> Yo lo clavé al madero;
> Yo crucifiqué al Cristo de Dios;
> Yo me uní a la mofa.

El cuarto y último ejemplo también se relaciona con la cruz, pero ahora no la ve como un hecho llevado a cabo por nosotros, sino como un sacrificio ofrecido por nosotros. ¿Cómo puede su muerte ocurrida en tiempos tan lejanos beneficiarnos? Una respuesta, desarrollada especialmente por Pablo, es que los creyentes se han identificado con Cristo en su muerte y resurrección, de modo que han muerto y resucitado con él: 'Estamos convencidos de que uno murió por todos, y por consiguiente todos murieron [o sea, por unión con él]' y 'viven … para el que murió por ellos y fue resucitado.'[49] Cuando lleguemos a Romanos 6 encontraremos esta misma realidad.

Así, Leví pagó diezmos en y a través de su antepasado Abraham; Israel pecó en y a través de Acán; nosotros empujamos a Cristo hasta la cruz en y a través de sus enemigos; y en particular, si es cierto que nosotros pecamos en y a través de Adán, es, no obstante, más gloriosamente cierto que morimos y volvimos a vivir en y con Cristo. Es de este modo que el pecado de Adán y la justicia de Cristo nos han sido imputados o acreditados a nuestra cuenta.

Pablo finaliza este párrafo (12–14), en el que se ha concentrado en el pecado y la muerte de Adán, con la alusión más breve posible a la correspondiente figura de Cristo. **Adán**, escribe, ... **es figura de aquel que había de venir** (14b), el que viene, el Mesías. Luego desarrolla la analogía, en los párrafos que siguen. Por ahora, basta con llamar a Adán el *typos* de Cristo, porque lo 'prefigura' (JB) o es 'símbolo' (BA, nota) de él. Como Adán, Cristo es la cabeza de toda una humanidad.

b. El contraste entre Adán y Cristo | 15–17

Pablo ha llamado a Adán tipo o prototipo de Cristo (14). Pero apenas ha terminado de hacer esta afirmación cuando se siente avergonzado por la anomalía, la impropiedad, de lo que ha dicho. Por cierto que hay una similitud superficial entre ellos en el hecho de que los dos son hombres que han afectado a una enorme cantidad de personas con un solo acto. Pero es indudable que allí termina la semejanza. ¿Cómo puede el Señor de la gloria ser comparado con el hombre de la vergüenza, el Salvador con el pecador, el dador de la vida con el agente de la muerte? La relación no es un paralelo, sino una antítesis. De manera que antes de la única semejanza entre ellos (18–21), Pablo elabora las diferencias. 'Allí están Adán y Cristo', escribe Anders Nygren, 'como las respectivas cabezas de las dos eras. Adán es la cabeza del antiguo período, la era de *la muerte*; Cristo es la cabeza del nuevo período, la era de *la vida*.'[50] De modo que la estructura de cada uno de los versículos 15–17 incorpora una declaración de que el don de Cristo o **no puede compararse** con la transgresión de Adán (15–16) o es 'mucho más' (**cuánto más**, NVI) efectivo que ella (15–17). Las diferencias tienen que ver con la naturaleza de las dos acciones (15), con sus resultados inmediatos (16), y con sus efectos finales (17).

Primero, la naturaleza de sus acciones fue diferente. **Pero la transgresión ... no puede compararse con la gracia** (15a) o el don. Esta declaración concisa es casi un texto para el resto del párrafo. La 'transgresión' de Adán fue una caída (*paraptōma*), en realidad 'la caída', como se dice, una desviación de la senda que Dios le había mostrado claramente. Adán insistió en seguir su propio camino. Con este camino Pablo hace un contraste con el **don** (*jarisma*) de Cristo, un acto de sacrificio de sí mismo que no tiene semejanza alguna con el acto de Adán de autoafirmación. Es esta enorme disparidad la que Pablo desarrolla en el resto del versículo: **si por la transgresión de un solo hombre murieron todos, ¡cuánto más el don** (presumiblemente la vida eterna, 6.23) **que vino por la gracia de un solo hombre, Jesucristo, abundó,** en forma rica e inmerecida, **para todos!** (15b).

Segundo, el efecto inmediato de sus acciones fue diferente. **Tampoco se puede comparar la dádiva de Dios con las consecuencias del pecado de Adán** (16a). Las palabras son prácticamente idénticas a las que se usan en el versículo anterior. Pero ahora el acento recae sobre la consecuencia de cada acción. En el caso de Adán **el juicio** (de Dios) **que lleva a la condenación;** en el caso de Cristo **la dádiva** (de Dios) **que lleva a la justificación** (16b). El contraste es absoluto. Pero hay más en la antítesis que las dos palabras 'condenación' y 'justificación'. Es el hecho de que el juicio de Dios **fue resultado de un solo pecado,** mientras que la dádiva de Dios **tiene que ver con una multitud de transgresiones.** La mente secular esperaría que muchos pecados arrojaran como resultado más juicio que un solo pecado. Pero la gracia opera con una aritmética diferente. 'El que una sola mala acción tuviese como respuesta el juicio,' escribe Charles Cranfield, 'es perfectamente comprensible: que los pecados y las infracciones que se acumularon a lo largo de todos los tiempos tuviesen como respuesta el don gratuito de Dios, es el milagro de los milagros, totalmente por encima de la comprensión humana.'[51]

Tercero, el efecto final de las dos acciones también es diferente (17). Una vez más se ponen lado a lado a **un solo hombre,** Adán, y a **un solo hombre, Jesucristo,** y también se comparan los resultados finales de sus acciones, que ahora se mencionan como **la muerte** y la **vida.** Pero esta vez el contraste se modula sutilmente con el fin de destacar la superioridad de la obra de Cristo. Por un lado, se nos ofrece la cruda información de que **reinó la muerte,** no ya temporalmente desde Adán hasta Moisés (14), sino en forma permanente. 'El mundo es un lugar de cementerios.'[52] Por otra parte, no se nos dice que por Cristo 'reinó la vida'. Las palabras **con mayor razón,** unidas a la referencia sobre la **abundancia de la gracia y el don de la justicia,** nos llevan a esperar mayor bendición. Aun así, no estamos preparados para lo que sigue, a saber, que los propios receptores de la abundancia de la gracia de Dios **reinarán en vida**. Anteriormente la muerte era nuestro rey, y nosotros éramos esclavos sometidos a su tiranía. Lo que Cristo hizo por nosotros no es simplemente cambiar el reino de la muerte por el reino mucho más agradable de la vida, dejándonos de todos modos en la posición de súbditos. Cristo nos libera del dominio de la muerte tan radicalmente que nos permite intercambiar lugares con ella y dominarla, o sea, reinar en vida. Nos convertimos en reyes, compartiendo el reinado de Cristo, incluso con la muerte bajo nuestros pies en la actualidad, esa muerte que un día futuro será destruida.

c. Adán y Cristo comparados | 18–21

Habiendo completado su contraste entre Adán y Cristo, ahora Pablo se ocupa de la comparación. La estructura de sus oraciones ya no es que 'no puede compararse' o 'con cuánta mayor razón' (como en los versículos 15–17), sino 'así como … también' (como en los versículos 18, 19 y 21). No es que el contraste y la comparación sean mutuamente excluyentes. Hasta cuando pinta los contrastes en los versículos 15–17 (entre transgresión y don, condenación y justificación, muerte y vida), Pablo no olvidaba la comparación (el uno solo que afectó a los muchos). Así también ahora en los versículos 18–21, mientras realza el paralelo, no pasa por alto los contrastes. Con todo, la estructura del 'así como … también' de cada versículo tiene por objeto destacar la semejanza entre Adán y Cristo: una sola acción de un solo hombre determinó el destino de todos.

El versículo 18 retoma el tema de los resultados inmediatos de la obra de Adán y de Cristo, como en el versículo 16, o sea la condenación y la justificación. Pero se pone el acento en el paralelismo: **así como una sola transgresión causó la condenación de todos, también un solo acto de justicia produjo la justificación que da vida a todos.**

El versículo 19 retoma el tema de la naturaleza de sus acciones, como en el versículo 15, aunque valiéndose de un lenguaje distinto. Allí se trataba de transgresión y don; aquí de desobediencia y obediencia. Pero nuevamente el énfasis está en el paralelismo de que **así como por la desobediencia de uno solo muchos fueron constituidos pecadores, también por la obediencia de uno solo** ('obediente hasta la muerte, ¡y muerte de cruz!')[53] **muchos serán constituidos justos.** Las expresiones 'constituidos pecadores' y 'constituidos justos' no pueden significar que esas personas realmente se volvieron moralmente buenas o malas, sino más bien que fueron, precisamente, 'constituidas' legalmente justas o injustas a los ojos de Dios. Hodge lo expresa así: 'La desobediencia de Adán … fue el fundamento para que fuesen colocados en la categoría de los pecadores' y 'la obediencia de Cristo fue el fundamento sobre el que han de ser colocados los muchos en la categoría de los justos.'[54] El doctor Lloyd-Jones nos aclara más la situación cuando dice: 'Mírate en Adán; aunque no hubieses hecho nada fuiste declarado pecador. Mírate en Cristo; y verás que, aunque no has hecho nada, eres declarado justo. Allí está el paralelismo.'[55] El profesor Dunn agrega que, por cuanto 'justo' (*dikaios*) era 'una descripción favorita que hacían de sí mismos los judíos devotos', es posible que Pablo esté enfatizando que entre los 'muchos' que finalmente serán absueltos también estarán incluidos los gentiles. Está 'negando el estrecho nacionalismo de la esperanza judía corriente.'[56]

El versículo 20 es un rodeo, pero un rodeo necesario. Pablo viene desarrollando su analogía entre Adán y Cristo. Sus lectores judíos pueden haber comenzado a preguntar si en su esquema había lugar para Moisés. '¿No deberíamos distinguir tres épocas, regidas por los nombres de Adán, Moisés y Cristo?' Pero no, eso sería 'una falta total de comprensión del papel de la ley. Adán y Cristo … se oponen tan completamente que no queda lugar para un tercero.'[57]

¿Cuál era, entonces, el propósito de la ley? **Intervino para que aumentara la transgresión** (20a). Parte de lo que quería Pablo con esto ya lo ha explicado anteriormente. La ley revela el pecado (3.20; ver 7.7, 13), definiéndolo y dándolo a conocer. La ley convierte el pecado en transgresión, ya que 'donde no hay ley, tampoco hay transgresión' (4.15; ver 5.13; Gálatas 3.19). En Romanos 7.8 Pablo agregará que la ley hasta provoca el pecado. Estas afirmaciones tienen que haber escandalizado al pueblo judío, que creía que la ley mosaica fue dada con el fin de aumentar la justicia, no de aumentar el pecado. Pero Pablo dice que la ley aumentó el pecado en lugar de disminuirlo, y que provocaba el pecado antes que impedirlo.

Dios, no obstante, había hecho amplia provisión para el aumento del pecado al aumentar su gracia, por cuanto **donde abundó el pecado, sobreabundó la gracia** (20b). Si, como creen algunos exegetas, la 'transgresión' (20a) es una alusión al pecado específico de Adán, y si su 'aumento' es la difusión e intensificación a lo largo de la historia, alcanzando un 'clímax espantoso' en el rechazo de Cristo al pie de la cruz, entonces la abundante gracia de Dios ha de referirse a 'la autoentrega divina en la cruz'.[58] Esta alusión a la gracia introduce la tercera comparación de Pablo entre Adán y Cristo, en la que se ocupa de los temas últimos y alternativos de la vida y la muerte. Es cierto que el versículo 21 no contiene ninguna mención explícita de Adán, pero aparece agazapado de todos modos en la referencia al pecado y la muerte. Nuevamente no quedan en el olvido los contrastes, por cuanto la gracia y la vida aparecen en contraste con el pecado y la muerte. Pero una vez más el énfasis está en el paralelismo con el que se comparan dos clases de 'reinado'. El propósito de Dios es que **así como reinó el pecado en la muerte, reine también la gracia que nos trae justificación y vida eterna** (21).

Nada podría resumir mejor las bendiciones de estar en Cristo que la expresión 'el reinado de la gracia'. Porque la gracia perdona los pecados por medio de la cruz, y concede al pecador tanto la justicia como la vida eterna. La gracia satisface la sed del alma y llena al hambriento de cosas buenas. La gracia santifica a los pecadores, modelándolos a la imagen de Cristo. La gracia persevera, incluso con los testarudos, resuelta a completar lo que ha comenzado. Y un día la gracia destruirá la muerte y consumará el reino. Así que cuando nos convenzamos que 'la gracia reina', recordaremos que el trono de Dios es un 'trono de la gracia', y nos acercaremos a él decididamente para recibir misericordia y encontrar gracia para toda necesidad.[59] Y todo esto **por medio de Jesucristo nuestro Señor**, es decir, por medio de su muerte y resurrección. La misma referencia a la mediación de Jesucristo también da conclusión al párrafo anterior (versículo 11) y servirá para concluir los tres capítulos que siguen (6, 7 y 8), además de este.

d. El alcance de la obra de Cristo

El paralelo entre Adán y Cristo, sobre el que veníamos reflexionando, ha llevado a una cantidad de estudiosos a deducir que Pablo enseña el 'universalismo', o sea que la vida obtenida por Cristo será tan universal como la muerte ocasionada por Adán. ¿Será así? Según el versículo 18, una sola transgresión trajo la condenación 'de todos', mientras que un solo acto de justicia trajo la justificación 'de todos'. En forma similar, según el versículo 19, por la desobediencia de un solo hombre 'muchos' fueron constituidos pecadores, en tanto que por la obediencia de un solo hombre 'muchos' serán constituidos justos. Con estos versículos resulta natural asociar la afirmación de Pablo en 1 Corintios: 'Pues así como en Adán todos mueren, también en Cristo todos volverán a vivir.'[60] Por ejemplo, el profesor Cranfield comenta (aunque sobre otro versículo): 'Algo ha sido logrado por Cristo que es tan universal en su efectividad como lo fue el pecado del primer hombre. Pablo ya no está hablando sólo sobre la iglesia: ahora su visión incluye a toda la humanidad.'[61]

Uno de los argumentos que usan los universalistas es el de que (como en los versículos 18–19 citados arriba) las expresiones 'muchos' y 'todos' parecerían ser sinónimas y por lo tanto intercambiables. En un artículo muy citado sobre *polloi* ('muchos') en TDNT,[62] Joachim Jeremias demuestra que en escritos griegos *polloi* es 'exclusivo', referido a los muchos o a la mayoría, por oposición a todo, mientras que en hebreo y la literatura griega judaica *polloi* es 'inclusivo', lo cual significa 'los muchos que no pueden ser contados', 'la gran multitud', más aun 'todos'. Llama la atención a Isaías 52.13–53.12, donde 'muchos' o 'los muchos' aparece cinco veces, aparentemente con el significado de 'todos'. También señala que la expresión 'murieron todos' en el versículo 15 significa lo mismo que 'la muerte pasó a toda la humanidad' en el versículo 12. Con todo, el argumento del profesor Jeremias no resulta concluyente. Como él mismo acepta, *hoi polloi* podría significar 'un número muy grande' por contraste con 'uno', más bien que 'todos' por contraste con sólo 'algunos'.

Por cierto que no tenemos libertad para insistir en que la palabra 'todos' tiene invariablemente valor absoluto, y que nunca puede admitir limitación alguna, porque las Escrituras con frecuencia la usan en forma relativa para todos los que entran en cierta categoría o contexto, o desde una perspectiva particular. Por ejemplo, la afirmación de que Dios derramó su Espíritu el día de pentecostés 'sobre todo el género humano'[63] no significa todo ser humano individual en el mundo, sino gente de todas las categorías, todas las naciones, edades y estratos sociales, y de ambos sexos. Cuando Lucas posteriormente declara que 'todos los … que vivían en la provincia de Asia llegaron a escuchar la palabra del Señor' por medio de Pablo en Éfeso,[64] evidentemente quiere decir representantes de todas las partes de la provincia.

De modo que en Romanos 5 'todos' los que son afectados por la obra de Cristo no puede referirse a todos en forma absoluta, por varias razones. Primero, las dos comunidades de personas relacionadas con Adán y Cristo están unidas con ellos de diferentes maneras. Estamos 'en Adán' por nacimiento, pero 'en Cristo' solamente por el nuevo nacimiento y por la fe. De modo que, aunque en un pasaje relacionado, la frase 'como en Adán todos mueren' significa literalmente todos sin excepción alguna, los 'todos' que en Cristo adquieren vida se identifican como 'los que le pertenecen'.[65] En segundo lugar, esto se aclara en Romanos 5.17, donde los que 'reinarán en vida' por medio de Cristo no incluye a todos, sino a 'los que reciben en abundancia la gracia y el don de la justicia'. Tercero, Pablo recalca en todo el libro de Romanos que la justificación es 'por la fe' (por ejemplo 1.16s; 3.21ss; 4.1ss); por lo tanto, no toda la gente es justificada, independientemente de que crean o no. Cuarto, Romanos también contiene solemnes advertencias de que el último día se derramará la ira de Dios (2.5, 8), y que los que persisten en su pecaminoso egocentrismo perecerán (2.12). Esta acumulación de pruebas hace difícil, si no imposible, interpretar el 'todos' de Pablo como 'absolutamente todos sin excepción', y creer en la salvación universal.

No obstante, Romanos 5.12–21 nos ofrece sólidas bases para confiar en que un número muy grande será salvo, y que el alcance de la obra redentora de Cristo, aun cuando no sea universal, será extremadamente extenso. Hay tres indicaciones de esto en el lenguaje que usa Pablo en el texto.

Primero, Pablo emplea *lenguaje del reino*. Cinco veces aparece el verbo *basileuō*, con el significado de reinar como *basileus* (rey), ejercer el dominio real, ejercer autoridad. Tres veces se usa en relación con el reinado del pecado y de la muerte (14, 17, 21), y dos veces en relación con el pueblo de Dios que reina en vida a través de Cristo y con la gracia que reina para vida. Esto no puede tomarse como si enseñara que ambos reinados tendrán que ver con una jurisdicción universal, ya que todos los reyes de la historia han gobernado reinos particulares con territorios limitados. Sin embargo, el uso paulino del mismo lenguaje metafórico en relación con ambos reinos con seguridad supone que el reinado de la vida será sustancialmente comparable al reinado de la muerte, y el reinado de la gracia al reinado del pecado.

Pero la obra de Cristo no es meramente equivalente a la obra de Adán. Es más apropiado contrastarlas que compararlas. De allí, en segundo lugar, el *lenguaje superlativo* que adopta Pablo, especialmente los verbos *perisseuō*, 'abundar', existir en abundancia', 'sobrepasar' o 'rebosar', y *hyperperisseuō*, 'existir en aun mayor abundancia'. El obispo Lightfoot comentó lo siguiente sobre esto último: 'San Pablo no está satisfecho con *perisseuein*; duplica el superlativo.'[66] Estas son las palabras que usa Pablo en relación con la gracia y el don de Dios (15, 17), agregando que donde aumentó el pecado, la gracia sobreabundó (20). Sea que esté pensando en la amplia provisión de la cosecha, en la abundancia de lluvia, o en el desbordarse de un río, tenemos que otorgarles a sus palabras su absoluto peso. Lo que está claro es que las usa sólo en cuanto a la obra de Cristo; habría sido completamente inapropiado aplicarlas a la obra de Adán. Si bien la desobediencia de Adán llevó al pecado y la muerte en el plano universal, hubo una extravagante generosidad en torno a la gracia de Cristo, tanto en calidad como en cantidad, algo totalmente ausente en lo que respecta a Adán y todas sus obras. 'No hay nada parsimonioso en cuanto a la gracia', escribe el doctor Lloyd-Jones.[67] Porque 'la gracia es generosidad superlativa.'[68]

Tercero, dos veces Pablo emplea *lenguaje a fortiori* ('cuánto más', 'con mayor razón'), en ambos casos con el fin de afirmar que 'la transgresión de Adán no puede compararse con la gracia' (o 'el don', 15a). Porque si por la sola transgresión de un solo hombre murieron todos (lo sustancial de esto se repite en los versículos 15 y 17), 'cuánto más' por medio de la gracia del hombre Cristo Jesús la gracia y el don de Dios abundó para todos (15b), y ¡'con mayor razón' reinarán en vida los receptores de la abundante gracia y don de Dios! (17). De manera que Adán fue simplemente 'un hombre' (sin nombre), mientras que Jesucristo fue el agente especial de la gracia de Dios derramada en forma de don. La transgresión condujo a la muerte (se da a entender, ver 6.23) la cual fue ganada, mientras que el don fue enteramente gratuito y no ganado. Por lo tanto, se han hecho tres contrastes relacionados con el actor, su acción y sus consecuencias; y los tres ejemplifican la mayor excelencia de Jesucristo. Porque Dios es superior al hombre, la gracia lo es al pecado, y la vida (el don gratuito de Dios) es superior a la muerte (la paga del pecado).

Con seguridad que el uso deliberado de estos tres modelos de lenguaje (lenguaje del reino, superlativo, y *a fortiori*) justifica la conclusión de que la obra de Cristo se verá al final como mucho más efectiva que la obra de Adán; que Cristo levantará a la vida a muchos más que los que Adán arrastrará a la muerte; y que la gracia de Dios fluirá con más abundantes bendiciones que las consecuencias del pecado de Adán. Cuando se pregunta en qué forma 'la transgresión … no puede compararse con la gracia' (15), sino que esta última la trasciende en forma superlativa, los cautelosos se inclinan a decir que lo *a fortiori* es puramente lógico, no numérico, y que sólo significa 'mucho más ciertamente'.[69] Pero no cabe duda de que esto no condice con lo que garantizan las aseveraciones de Pablo. Él asevera que la obra de Cristo es superior a la de Adán, no sólo en cuanto a la naturaleza de su acción y sus consecuencias, sino en el grado de su éxito. Aunque aceptemos que 'todos' (o 'los muchos') no significa 'absolutamente todos' (o 'todos sin excepción'), ni siquiera 'la gran masa de la humanidad',[70] por cierto que significa 'una muy grande multitud'; en otras palabras, una mayoría. Como dijo Calvino, la gracia de Cristo 'pertenece a un número más grande que la condenación contraída por el primer hombre'. Porque 'si la caída de Adán tuvo el efecto de producir la ruina de muchos, la gracia de Dios es mucho más eficaz al beneficiar a muchos, ya que se acepta que Cristo es mucho más poderoso para salvar de lo que lo fue Adán para destruir'.[71]

C. H. Hodge, quien compartía la misma tradición reformada que Calvino, va aun más lejos. Comentando el versículo 20, sostiene que 'está demostrado que el evangelio de la gracia de Dios es mucho más eficaz en la producción del bien, que el pecado en la producción del mal'.[72] Luego, sobre el versículo 21, escribe así: 'Que los beneficios de la redención superarán ampliamente los males de la caída es algo que se sostiene aquí claramente.' Esto es en parte así, explica, porque Cristo 'exalta a su pueblo a una posición de existencia mucho más elevada que lo que nuestra raza, de no haber caído, jamás hubiera podido alcanzar'; y en parte también porque las bendiciones de la redención 'no se limitan a la raza humana', ya que por medio de la iglesia la sabiduría de Dios ha de ser revelada en el curso de todas las edades a los 'poderes y autoridades'.[73] Pero primero y principalmente porque 'el número de los salvados excederá grandemente, sin duda alguna, al número de los perdidos.' Concluye de este modo: 'Tenemos razón en creer que los perdidos guardarán con los salvados una proporción no superior a la que habrá entre los internos de una prisión y la masa de la comunidad.'[74]

Pero no confiamos solamente en Romanos 5 para tener esta certidumbre. También estamos convencidos de que Dios cumplirá su promesa de hacer que la descendencia de Abraham sea tan numerosa como las estrellas del cielo, el polvo de la tierra y la arena de la playa. Desde luego que esto se refiere a su familia espiritual, y ésta incluye a todos los que creen. Ahora nuestro padre es Abraham, no Adán, y los hijos de Abraham superarán ampliamente en número a los hijos de Adán. Porque cuando los redimidos estén todos reunidos ante el trono de Dios, constituirán 'una multitud … tan grande que nadie [podrá] contarla', de todas las naciones, pueblos y lenguas de la tierra.[75]

Esta expectativa debería funcionar como un gran estímulo para la evangelización mundial. Porque la promesa de Dios nos asegura que la misión de la iglesia verá una gran bendición, y que todavía hay una gran cosecha por delante. No se nos dice con exactitud de qué manera logrará Dios este resultado. Sólo sabemos que debemos predicar el evangelio a todas las naciones, y que la gracia de Dios finalmente triunfará.

En última instancia, nuestra confianza está en la gracia de Dios. 'Gracia' es la palabra clave en los tres 'lenguajes' mencionados arriba. La gracia ha de 'reinar' (21), la gracia 'abundará' (15), y mucho más todavía, los que reciben la gracia de Dios reinarán en vida (17). Esta repetición constituye un desafío a nuestra perspectiva. ¿Quién reina hoy? ¿Quién está en el trono? Antes de que viniese Cristo, el trono estaba ocupado por el pecado y la muerte (14, 17), y el mundo estaba sembrado de cadáveres. Pero desde que vino Cristo, el trono ha sido ocupado por la gracia y por los que han recibido la gracia, y su reinado se caracteriza por la vida (17, 21). El versículo 21 resume el propósito de Dios de que (*hina*), 'así como reinó el pecado en la muerte, reine también la gracia que nos trae justificación y vida eterna por medio de Jesucristo nuestro Señor'. ¿Es esta nuestra visión? En nuestra perspectiva de la realidad última, ¿quién ocupa hoy el trono? ¿Seguimos viviendo en el Antiguo Testamento, con toda la escena dominada por Adán, como si él se mantuviese incuestionable y como si Cristo nunca hubiese venido? ¿O somos auténticos cristianos del Nuevo Testamento, cuya visión está llena del Cristo crucificado, resucitado y reinante? ¿Sigue reinando la culpa y la muerte? ¿O reinan la gracia y la vida? Es verdad que da la impresión que el pecado y Satanás siguen reinando, porque muchos continúan inclinándose ante ellos. Pero su reinado es una ilusión, es simulación. Porque en la cruz fueron terminantemente derrotados, destronados y desarmados.[76] Ahora reina Cristo, exaltado a la diestra del Padre, con todas las cosas debajo de sus pies, dando la bienvenida a las naciones, y esperando que los enemigos que restan sean puestos por estrado de sus pies.[77]

e. La historicidad y la muerte de Adán

Hoy en día está de moda considerar que el relato bíblico de Adán y Eva es un 'mito' (cuya verdad es teológica pero no histórica), antes que un 'hecho significativo' (cuya verdad es ambas cosas). Muchas personas suponen que la evolución ha descalificado y anulado el relato de Génesis, como algo que no tiene base en la historia. Puesto que 'Adán' es el término hebreo para 'hombre', consideran que el autor de Génesis estaba ofreciendo deliberadamente un relato mítico de los orígenes humanos, como también del mal y la muerte.

Desde luego que deberíamos estar abiertos a la probabilidad de que haya elementos simbólicos en los tres primeros capítulos de la Biblia. El relato mismo no ofrece garantías para el dogmatismo acerca de los seis días de la creación, ya que su forma y su estilo sugieren que se trata de arte literario, no de descripción científica. En cuanto a la identidad de la serpiente y los árboles del huerto, por cuanto 'aquella serpiente antigua' y 'el árbol de la vida' reaparecen en el libro de Apocalipsis, donde son evidentemente simbólicos,[78] parece probable que también se han de entender simbólicamente en Génesis.

Pero el caso en relación con Adán y Eva es diferente. La Escritura visiblemente propone que aceptemos su historicidad como la pareja humana original. Porque las genealogías bíblicas trazan la raza humana hasta Adán;[79] Jesús mismo enseñó que "en el principio el Creador 'los hizo hombre y mujer'", y luego instituyó el matrimonio;[80] Pablo les dijo a los filósofos atenienses que Dios había hecho todas las naciones a partir 'de un solo hombre';[81] y en particular la analogía cuidadosamente construida de Pablo entre Adán y Cristo depende para su validez de la historicidad de ambos. Pablo sostenía que la desobediencia de Adán condujo a la condenación para todos, así como la obediencia de Cristo condujo a la justificación para todos (5.18).[82]

Por otra parte, nada en la ciencia moderna contradice esto. En todo caso es al revés. Todos los seres humanos comparten la misma anatomía, fisiología y química, y los mismos genes. Si bien pertenecemos a diferentes (así llamadas) 'razas' (caucásica, negroide, mongoloide y australoide), cada una de las cuales se ha adaptado a su propio entorno físico, no obstante constituimos una sola especie, y los integrantes de las diferentes razas pueden contraer matrimonio entre sí y procrear. Esta homogeneidad de la especie humana se explica mejor postulando la descendencia de un antepasado común. 'Las evidencias genéticas,' escribe el doctor Christopher Stringer, del Museo de Historia Natural de Londres, 'indican que todos los seres humanos vivientes están íntimamente relacionados y comparten un antepasado común reciente.' Sigue expresando el punto de vista de que este antepasado común 'probablemente vivió en el África' (aunque esto no está probado) y que de este grupo ancestral 'se originaron todos los pueblos vivientes del mundo.'[83]

Pero, ¿cuán 'reciente' es nuestro 'antepasado común'? Lo que evidencia Génesis 2–4 es que Adán era un granjero neolítico. La Nueva Edad de Piedra se prolongó de 10.000 a 6.000 a.C., y su comienzo fue señalado por la introducción de la agricultura, la 'revolución verde' original, que parece haber comenzado en la región del este de Turquía, cerca de las fuentes de los ríos Éufrates y Tigris (ver Génesis 2.10, 14), y que ha sido descrito como el desarrollo cultural más importante de toda la historia humana. De modo que Adán cultivaba el jardín del Edén,[84] y él y Eva se hicieron su propia ropa.[85] Luego las generaciones siguientes, leemos, domesticaron y criaron ganado, además de trabajar la tierra y llevar a cabo cultivos;[86] construyeron un asentamiento protegido, que Génesis distingue con el vocablo 'ciudad';[87] fabricaron y tocaron instrumentos musicales;[88] y forjaron 'toda clase de herramientas de bronce y de hierro.'[89]

Pero, ¿acaso las pruebas de los fósiles y esqueletos humanos no indican que el género *homo* existió cientos de miles de años antes de la Nueva Edad de la Piedra? Desde luego que sí. Generalmente se considera que el *homo sapiens* (moderno) se remonta a unos 100.000 años atrás, y el *homo sapiens* (arcaico) a medio millón de años, el *homo erectus* alrededor de 1.800.000 años atrás, y el *homo habilis* hasta dos millones de años atrás. Además, el *homo habilis* ya hacía herramientas de piedra en el África oriental y del sur; el *homo erectus* también fabricaba herramientas de madera y vivía en cuevas y campamentos, mientras que el *homo sapiens* (especialmente la subespecie conocida como el hombre de Neandertal, de la Edad de Piedra europea), si bien seguía siendo un cazador-recolector, había comenzado a pintar, grabar y esculpir, e incluso a cuidar a los enfermos y enterrar a los muertos. ¿Pero eran estas especies de *homo*, 'humanos' en el sentido *bíblico*, creados a la imagen de Dios, provistos de facultades racionales, morales y espirituales que les permitían conocer y amar a su Creador? Los esqueletos antiguos no pueden contestar estas preguntas; las pruebas que proporcionan son anatómicas más que de comportamiento. Incluso los indicios de desarrollo cultural no prueban que dichos seres fueran auténticamente humanos, es decir, imágenes de Dios. La probabilidad es que hayan sido todos homínidos pre-adámicos, todavía *homo sapiens* y no aún *homo divinus*, si podemos hablar así de Adán.

Adán, entonces, fue creación especial de Dios, sea que Dios lo haya formado literalmente 'del polvo de la tierra' y que luego 'sopló en su nariz hálito de vida,'[90] o que este sea el modo bíblico de decir que fue creado a partir de un homínido que ya existía. La verdad vital que no podemos abandonar es que, aunque nuestros cuerpos estén relacionados con los primates, nosotros mismos en nuestra identidad fundamental estamos relacionados con Dios.

¿Qué podemos decir, entonces, en cuanto a los homínidos pre-adámicos que sobrevivieron a pesar de calamidades y desastres naturales (como ocurrió con grandes cantidades de ellos), que se dispersaron hacia otros continentes, y que fueron luego contemporáneos de Adán? Derek Kidner sugiere que, una vez que quedó claro que no había 'ningún puente natural entre el animal y el hombre, Dios pudo haber conferido su imagen a colaterales de Adán, para incorporarlos al mismo rango de seres. La cabeza adámica de la humanidad se extendió, en ese caso, hacia fuera, hasta abarcar a sus contemporáneos, como también hacia adelante para incluir su descendencia, y su desobediencia desheredó a ambos por igual.'[91]

Habiendo pensado acerca de la creación y la caída de Adán, estamos listos para averiguar acerca de su muerte. 'Adán … murió.'[92] ¿Por qué murió? ¿Cuál fue el origen de la muerte? ¿Estuvo presente desde el comienzo? Por cierto que la muerte vegetal sí. Dios creó 'hierbas que den semilla … que den su fruto con semilla.'[93] Es decir, el ciclo de la floración, la fruta, la semilla, la muerte y la nueva vida fue establecido todo en el orden creado. La muerte animal también existía, porque se han encontrado muchos fósiles de animales depredadores con la presa en el estómago. Pero, ¿qué podemos decir de los seres humanos? Pablo escribió que la muerte entró en el mundo por el pecado (5.12). ¿Significa esto que, si no hubiese pecado, el ser humano no habría muerto? Muchos ridiculizan esta noción. 'Obviamente', escribe C. H. Dodd con gran confianza, 'no podemos aceptar semejante especulación como un relato del origen de la muerte, que es un proceso natural inseparable de la existencia orgánica en el mundo que conocemos ...'[94]

Ya hemos coincidido en que la muerte es 'un proceso natural' en los reinos vegetal y animal. Pero no debemos pensar en los seres humanos meramente como animales más bien superiores, quienes por esa razón mueren como los animales. Por el contrario, es porque no somos animales que la Escritura considera la muerte humana como antinatural, una intromisión extraña, la pena por el pecado, y no la intención original de Dios para su creación humana. Solamente si Adán desobedecía, le advirtió Dios, 'ciertamente [moriría]'.[95] Sin embargo, dado que no murió inmediatamente, algunos llegan a la conclusión de que se trataba de muerte espiritual, o separación de Dios. Pero cuando posteriormente Dios dictó su juicio contra Adán, le dijo, 'polvo eres, y al polvo volverás.'[96] De modo que la muerte física se incluyó en la maldición, y Adán se volvió mortal cuando desobedeció. Los rabinos entendieron Génesis de esta forma. Por ejemplo, 'Dios creó al hombre para que no muriera, y lo hizo a imagen de su propio ser; sin embargo, por la envidia del diablo entró la muerte en el mundo ...'[97] Es esta la razón por la que los autores bíblicos lamentan la muerte, y les indigna su existencia. La ven como algo que nos degrada, nivelándonos hacia abajo con la creación animal, de tal manera que nosotros (la creación especial de Dios) quedamos 'igual que las bestias, [que] perecen'.[98] El autor de Eclesiastés también siente la misma indignidad: 'Los hombres terminan igual que los animales; el destino de ambos es el mismo, pues unos y otros mueren por igual, y el aliento de vida es el mismo para todos, así que el hombre no es superior a los animales.'[99]

Parecería, por lo tanto, que para estos seres únicos que llevarían su imagen, originalmente Dios tenía algo mejor en mente, algo menos degradante y deshonroso que la muerte, el deterioro y la descomposición, algo que reconociese que los seres humanos no son animales. Tal vez los habría 'llevado' como hizo con Enoc y Elías,[100] sin la necesaria muerte. Tal vez los habría 'transformado', 'en un instante, en un abrir y cerrar de ojos', como a esos creyentes que estarán vivos cuando Jesús venga.[101] Tal vez tendríamos que pensar, también, en la transfiguración de Jesús desde esta perspectiva. Su rostro brilló, su ropa se volvió resplandecientemente blanca, y su cuerpo translúcido como el cuerpo de resurrección que tendría posteriormente.[102] Puesto que no tenía pecado, no necesitaba morir. Podría haber entrado en el cielo sin morir. Pero regresó expresamente, por su propia voluntad, libre y amorosa, con el fin de morir por nosotros.

Todos estos indicios confirman la declaración lisa y llana del apóstol Pablo: 'Por medio de un solo hombre el pecado entró en el mundo, y por medio del pecado entró la muerte …' (5.12).

3. Unidos a Cristo y esclavizados a Dios | 6.1–23

El apóstol ha venido pintando un cuadro idílico del pueblo de Dios. Habiendo sido justificados por fe, ocupan su lugar en la gracia y se regocijan en la gloria. Habiendo pertenecido anteriormente a Adán, el autor del pecado y la muerte, ahora pertenecen a Cristo, el autor de la salvación y la vida. Aun cuando en un momento de la historia de Israel la ley fue agregada para aumentar el pecado (5.20a), sin embargo 'sobreabundó la gracia' (5.20b), a fin de que 'reine también la gracia' (5.21). Es una espléndida visión del triunfo de la gracia. Contra el triste fondo de la culpa humana, Pablo muestra el crecimiento de la gracia y el reinado de la gracia.

Pero, ¿no será desequilibrado el cuadro? Al concentrarse en la posición segura del pueblo de Dios, poco o nada ha dicho acerca de la vida, el crecimiento o el discipulado del cristiano. Parecería haber saltado directamente de la justificación a la glorificación, sin ninguna etapa de santificación intermedia. Por esta omisión (hasta aquí) Pablo se ha expuesto a ser mal interpretado por sus críticos. Ya lo han 'calumniado' citándolo mal, como si hubiese dicho, 'Hagamos lo malo para que venga lo bueno' (3.8). A esa altura desechó la acusación, pero no la contestó. Ahora, sin embargo, cuando quienes lo critican se concentran para el ataque, refuta la calumnia. Este es el tema de Romanos 6.

¿Por qué lo criticaban? No era simplemente que el evangelio de la justificación por la gracia mediante la fe sin obras que predicaba Pablo parecía hacer que la realización de buenas obras resultara vana.

Peor aún, parecía estimular a la gente a pecar más que nunca. Ya que si, según su comprensión de la historia de Israel, la ley conducía a un aumento del pecado, y el pecado conducía a un aumento de la gracia (5.20s), entonces lógicamente nosotros también deberíamos aumentar nuestro pecado con el fin de darle a Dios la oportunidad de aumentar su perdón por gracia. Lo expresaron en forma de pregunta: **¿vamos a persistir en el pecado, para que la gracia abunde?** (1). Estaban dando por sentado que el evangelio de la libre gracia que defendía Pablo realmente alentaba la desobediencia y enaltecía el valor del pecado, porque les prometía a los pecadores lo mejor de los dos mundos: podían darse los gustos libremente en este mundo, sin el temor de perder el venidero.

El término técnico para la gente que argumenta de este modo es el de 'antinomianos', ya que se ubican en contra (*anti*) de la ley moral (*nomos*) e imaginan que pueden obviarla. El antinomianismo ha tenido una larga historia en la iglesia. Lo encontramos ya en el Nuevo Testamento, entre los falsos maestros que Judas describe como 'impíos que cambian en libertinaje la gracia de nuestro Dios y niegan a Jesucristo, nuestro único Soberano y Señor'.[103] Mientras reconocemos el antinomianismo en otros, no obstante, no debemos permitir que su desagradable presencia se oculte dentro de nosotros mismos. ¿Alguna vez nos hemos sorprendido restándole importancia a nuestras fallas, con el argumento de que Dios las va a excusar y perdonar?

Digamos de paso, resulta sumamente significativo que los que criticaban a Pablo le hicieran una acusación de antinomianismo, como también que él dedicara tiempo y espacio a contestarles, y se molestara en hacerlo, sin retirar, ni siquiera modificar su mensaje. Porque esto muestra en forma concluyente que efectivamente predicaba el evangelio de la gracia sin obras. De otro modo, si esta no hubiese sido su enseñanza, nunca se hubiera planteado la objeción. Hoy ocurre lo mismo. Si proclamamos el evangelio paulino, con su énfasis en la gratuidad de la gracia y la imposibilidad de la salvación por uno mismo, con seguridad que se nos hará la acusación de ser antinomianos. Si no provocamos esta reacción, es probable que no estemos predicando el evangelio de Pablo.

La respuesta de Pablo a sus críticos es que la gracia de Dios no sólo perdona los pecados, sino que nos libera de pecar. Porque la gracia hace más que justificar: también santifica. Nos une a Cristo (1–14), y nos inicia en una nueva esclavitud, esclavitud a la justicia (15–23). Estas dos mitades de Romanos 6 mantienen un claro paralelismo entre sí, por lo menos en cinco sentidos.

Primero, ambas mitades son impulsadas por la misma exaltación de la gracia de Dios; los versículos 1–14 mediante la afirmación de que 'sobreabundó la gracia, a fin de que … reine … la gracia' (5.20s), y los versículos 15–23 mediante la afirmación de que **no estamos ya bajo la ley sino bajo la gracia** (15).

Segundo, ambas plantean el mismo interrogante incisivo acerca del pecado en relación con la gracia. El versículo 1: '¿Qué concluiremos? ¿Vamos a persistir en el pecado, para que la gracia abunde?' Y el versículo 15: **Entonces, ¿qué? ¿Vamos a pecar porque no estamos ya bajo la ley sino bajo la gracia?** En otras palabras, ¿acaso la gracia socava la responsabilidad ética y promueve el pecado en forma temeraria?

En tercer lugar, ambas reaccionan ante la pregunta con la misma protesta indignada o airada, más todavía, escandalizada (2,15): '¡De ninguna manera!' (NVI, RVR). '¡Claro que no!' (DHH). '¡Ni pensarlo!' (LPD). '¡Qué pensamiento más espantoso!' (JBP). '¡Dios no lo permita!' (AV).

Cuarto, ambas secciones ofrecen el mismo diagnóstico como explicación de la pregunta antinomiana, y la relacionan con la ignorancia, especialmente con respecto a los inicios del cristianismo. El versículo 3 dice: **¿Acaso no saben ustedes que todos los que fuimos bautizados para unirnos con Cristo Jesús, en realidad fuimos bautizados para participar de su muerte?** Y el versículo 16: **¿Acaso no saben ustedes que, cuando se entregan a alguien para obedecerlo, son esclavos de aquel a quien obedecen?** Si hubiesen entendido el significado de su bautismo y su conversión, jamás habrían planteado esa pregunta.

Quinto, ambos fragmentos enseñan la misma discontinuidad radical entre nuestra vieja vida, anterior a la conversión y al bautismo, y nuestra nueva vida, posterior a la conversión y al bautismo; enseñan, por consiguiente, la total incoherencia de la presencia del pecado en los creyentes convertidos y bautizados. Ambas expresan esto mediante una contra pregunta. En el versículo 2: **Nosotros, que hemos muerto al pecado, ¿cómo podemos seguir viviendo en él?** En el versículo 16 (parafraseado): 'Nos ofrecimos como esclavos para obedecer, ¿cómo podemos repudiar aquello a lo cual nos comprometimos?'

Habiendo considerado estas cinco semejanzas entre las dos mitades de Romanos 6 (1–14 y 15–23), estamos preparados para examinar en mayor detalle el texto de cada parte.

a. Unidos a Cristo, o la lógica de nuestro bautismo | 1–14

Pablo comienza con un vehemente rechazo de la noción de que la gracia de Dios nos proporciona una licencia para pecar. **¿Qué concluiremos? ¿Qué vamos a persistir en el pecado, para que la gracia abunde?** (1). **¡De ninguna manera!** (2a). Pero, ¿en qué puede basarse el apóstol para ser tan categórico? A primera vista, la lógica parecería del lado de los antinomianos, ya que cuanto más pecamos, tanta más oportunidad tiene Dios para desplegar su gracia. ¿Qué lógica contraria propone el apóstol? Dado que la primera mitad de Romanos 6 consiste en un argumento sumamente comprimido, quizás sea útil bosquejarla mediante ocho pasos o etapas.

1. Hemos muerto al pecado. Este es el fundamento de la tesis de Pablo. ¿Cómo podemos vivir en aquello a lo cual hemos muerto? (2)

2. El modo en el cual hemos muerto al pecado consiste en que nuestro bautismo nos unió a Cristo en su muerte. (3)

3. Habiendo compartido la muerte de Cristo, Dios quiere que también compartamos su vida de resurrección. (4–5)

4. Nuestro ser anterior fue crucificado con Cristo con el fin de que fuésemos liberados de la esclavitud al pecado. (6–7)

5. Tanto la muerte como la resurrección de Jesús fueron acontecimientos decisivos: murió al pecado una vez para siempre, pero vive en forma continua para Dios. (8–10)

6. Tenemos que comprender que ahora debemos considerarnos como Cristo, o sea 'muertos al pecado, pero vivos para Dios en Cristo'. (11)

7. Habiendo resucitado de la muerte, debemos ofrecer nuestro cuerpo a Dios como instrumento de justicia. (12–13)

8. El pecado ya no será nuestro amo, porque nuestra posición ha cambiado radicalmente, de estar 'bajo la ley' a estar 'bajo la gracia'. La gracia no alienta el pecado; lo proscribe. (14)

A continuación debemos ocuparnos de estos ocho pasos más detalladamente.

Hemos muerto al pecado | 2

Pablo propone esta verdad fundamental como algo que en sí mismo es una respuesta suficiente a los antinomianos. *Dicen* que los creyentes pueden persistir en el pecado; *él dice* que han muerto al pecado. De modo que, **¿cómo podemos seguir viviendo en él?** (2). En griego el verbo está en el futuro simple (*zēsomen*), por ello la oración podría traducirse así: 'Morimos al pecado [en el pasado]; ¿cómo, entonces, *hemos de* vivir en él [en el futuro]?' No es la imposibilidad literal de que los creyentes pequen lo que declara Pablo, sino la incongruencia moral de hacerlo. J. B. Phillips capta el sentido con su versión: 'Nosotros, los que hemos muerto al pecado, ¿cómo podríamos seguir viviendo en el pecado?'

Pablo llama la atención al absurdo esencial de vivir en el pecado cuando hemos muerto al pecado. ¿Qué quiere decir, entonces, cuando afirma que **hemos muerto al pecado**? Consideremos primeramente una interpretación popular equivocada.

Poco después de mi conversión, me enseñaron una reconstrucción del siguiente tipo. Cuando morimos, nuestros cinco sentidos dejan de operar. Ya no podremos volver a tocar, gustar, ver, oler ni oír. Perderemos toda habilidad para sentir o para responder a los estímulos exteriores. De la misma manera, se sostiene, morir al pecado significa volverse insensible a él. Por ejemplo, si vemos un perro o un gato tirado en la alcantarilla, no podemos decir a la distancia si está vivo o muerto. Pero si lo tocamos con el pie lo sabremos de inmediato. Si está vivo, habrá una reacción inmediata: dará un salto y escapará. Si está muerto, en cambio, no habrá respuesta alguna. Así también, según este punto de vista popular, habiendo muerto al pecado, somos tan insensibles a la tentación como lo es un cadáver a los estímulos físicos. Y la razón de esto, se nos asegura recurriendo al versículo 6, es que de alguna manera nuestra vieja naturaleza fue crucificada con Cristo.

Porque él no sólo cargó con nuestra culpa sino con nuestra 'carne', nuestra vieja naturaleza. Fue clavada en la cruz y muerta, y nuestra tarea (por más pruebas que tengamos de lo contrario) consiste en considerarla muerta (11).

Varios comentaristas parecerían sostener este punto de vista. C. J. Vaughan, por ejemplo, escribió así: 'Un muerto no puede pecar. Y tú estás muerto … Sé en relación con todo pecado tan impasible, tan insensible, tan inmóvil, como el que ya ha muerto.'[104] De modo semejante, H. P. Lidon escribió esto: 'Presumiblemente este *apothanein* (haber muerto) ha hecho al cristiano tan insensible al pecado como un muerto lo es a los objetos del mundo de los sentidos.'[105] Incluso Sanday y Headlam en su paráfrasis, en general excelente, escribieron: 'De modo semejante, ustedes que son cristianos, deben considerarse como muertos, inertes y sin movimiento, como un cadáver, en todo lo que se relaciona con el pecado.'[106] Y J. B. Phillips dice que 'se puede decir con seguridad que un muerto es inmune al poder del pecado' (7), y que debemos considerarnos 'muertos ante el llamado y el poder del pecado' (11).

Hay, sin embargo, por lo menos tres objeciones decisivas a este punto de vista popular. Primero, es incompatible con el significado de la muerte de Cristo. Las expresiones 'hemos muerto al pecado' o 'muertos al pecado' aparecen dos veces en esta sección con respecto a los cristianos (2, 11) y una vez con respecto a Cristo ('murió al pecado', 10). Dado que es un principio acertado de interpretación el que cuando la misma frase aparece en el mismo contexto tenga el mismo significado, es preciso que encontremos una explicación de esta muerte al pecado que sea válido tanto para Cristo como para los cristianos. Por lo tanto, ¿qué quiso decir Pablo cuando escribió que Cristo 'murió al pecado una vez y para siempre' (10)? No puede significar que en algún momento dejó de responder a él, dado que esto haría suponer que anteriormente sí había respondido a él. Por cierto que sus tentaciones fueron reales. ¿Pero acaso nuestro Señor Jesucristo vivió hasta entonces tan continuamente consciente del pecado que necesitara morir en la cruz para acabar con él en forma decisiva, una vez y para siempre? Sería una mancha intolerable en su carácter.

Segundo, este punto de vista es incompatible con las exhortaciones finales de Pablo. Si nuestra naturaleza caída efectivamente ha muerto, o nosotros hemos muerto a ella, de tal forma que ya no nos afecta la tentación, hubiese sido innecesario que el apóstol nos exhortase a no dejar que el pecado 'reine' en nuestro cuerpo, para que no obedezcamos sus 'malos deseos' (12), y para que no 'ofrezcamos' nuestras facultades al pecado (13). Tampoco podría habernos urgido, más adelante en su carta, a que 'dejemos a un lado las obras de la oscuridad' y que no nos preocupemos 'por satisfacer los deseos de la naturaleza pecaminosa' (13.12, 14). ¿Cómo hubiera podido escribir estas cosas si nuestra naturaleza caída estuviera muerta y no tuviese deseos, o si tuviésemos una 'disposición santificada' de la que la inclinación a pecar hubiese sido eliminada?

Tercero, es incompatible con la experiencia cristiana. Es importante notar que Pablo no se refiere en estos versículos a una minoría de cristianos excepcionalmente santos. Describe a todos los cristianos, que han creído y han sido bautizados en Cristo (2–3). De modo que, sea lo que fuere el 'morir al pecado', se trata de algo común a todo el pueblo cristiano. Pero, ¿está todo el pueblo de Dios 'muerto al pecado' en el sentido de no sentir su atracción? Desde luego que no; las biografías bíblicas e históricas, agregadas a nuestra propia experiencia, se combinan para negarlo. Lejos de estar muerta, en el sentido de estar inmóvil, nuestra naturaleza caída está tan viva y activa que se nos urge a no obedecer sus deseos, y se nos proporciona el Espíritu Santo para subyugarlos y controlarlos.

Un serio peligro de este punto de vista popular es que puede fácilmente conducir a la desilusión o al autoengaño. Si luchamos por considerarnos 'muertos al pecado' (es decir, que no respondemos a su atracción), cuando sabemos muy bien que no es así, nos sentimos tironeados entre las Escrituras y la experiencia, y luego podemos ser tentados ya sea a dudar de la Palabra de Dios o, con el fin de mantener nuestra interpretación de la misma, recurrir incluso a la deshonestidad acerca de nuestra experiencia. Resumamos las objeciones al punto de vista popular: Cristo no 'murió al pecado' en el sentido de volverse insensible a él, porque nunca se comportó de tal manera que necesitara morir a él. Y nosotros tampoco hemos muerto al pecado en este sentido, porque seguimos expuestos a él, como lo demuestran las exhortaciones de Pablo y nuestra propia experiencia. De hecho, se nos dice que debemos 'dar muerte' a nuestra naturaleza caída y sus actividades (por ejemplo 8.13). Pero, ¿cómo podemos 'dar muerte' a lo que ya está muerto? Tiene que haber una mejor y más liberadora interpretación de la muerte al pecado, que sea acertada en cuanto a Cristo y los cristianos, a todos los cristianos. De este modo pasamos ahora al verdadero significado del pensamiento de Pablo.

La interpretación popular equivocada ilustra muy bien el peligro de argumentar a partir de una analogía. En toda analogía es preciso que consideremos en qué punto se está aplicando el paralelismo o la semejanza; no debemos buscar una semejanza en cada momento de la analogía. Por ejemplo, cuando Jesús nos dijo que nos hiciéramos como niños pequeños, no quiso decir que debíamos copiar cada una de las características de los niños (incluyendo su inmadurez, su indocilidad y su egoísmo), sino sólo una, a saber, su humilde dependencia. De la misma manera, decir que hemos 'muerto' al pecado no quiere decir que debemos evidenciar cada una de las características de un muerto, incluida su insensibilidad a los estímulos. Tenemos que preguntarnos, ¿en qué punto se está aplicando la analogía de la muerte?

Si contestamos estas preguntas a partir de la Escritura antes que de las analogías, y a partir de la enseñanza bíblica acerca de la muerte antes que de las propiedades de los muertos, encontraremos ayuda de inmediato. La muerte se representa en las Escrituras más en términos legales que físicos; no tanto como un estado de inmovilidad sino como la sombría, pero a la vez justa, pena por el pecado. Cada vez que el pecado y la muerte aparecen juntos en la Biblia, a partir de su segundo capítulo ('el día que de él comas … [es decir, peques], ciertamente morirás'),[107] hasta sus dos últimos capítulos (donde el destino de los impenitentes se llama 'segunda muerte'),[108] el vínculo esencial entre ellos es que la muerte es la pena por el pecado. Esto resulta claro también en Romanos, donde leemos que los que pecan 'merecen la muerte' (1.32), que la muerte entró en el mundo por el pecado (5.12), y que 'la paga del pecado es muerte' (6.23).

Tomemos a Cristo primero: 'En cuanto a su muerte, murió al pecado una vez y para siempre' (10). El significado natural y obvio de esto es que Cristo llevó la condenación por el pecado, o sea la muerte. Él enfrentó su reclamo, pagó la pena, aceptó su consecuencia, y lo hizo 'una vez y para siempre' (*efapax*), un adverbio que en el Nuevo Testamento muchas veces se aplica a su muerte expiatoria.[109] En consecuencia, el pecado ya no tiene derechos ni demanda alguna sobre él. De modo que Dios lo levantó de la muerte (con el fin de demostrar el carácter aceptable de su acción de cargar el pecado), por lo cual ahora vive por siempre para Dios.

Lo que es cierto de Cristo es igualmente cierto de los cristianos que están unidos a Cristo. Nosotros también hemos 'muerto al pecado', en el sentido de que por la unión con Cristo se puede decir que hemos llevado la pena correspondiente. Algunos pueden objetar que seguramente no podemos hablar de que hayamos cargado la pena de nuestros pecados, ni siquiera en Cristo, por cuanto no podemos morir por nuestros propios pecados; sólo él ha hecho esto. ¿No hay aquí una sugerencia de que podríamos estar recurriendo a una forma velada de justificación por las obras? Pero no es así, no se trata de eso. Desde luego que el sacrificio de Cristo al llevar nuestros pecados fue algo único, y nosotros no podemos compartir o participar en esa ofrenda. Pero sí podemos, y de hecho lo hacemos, participar en sus beneficios al estar unidos a Cristo. De modo que el Nuevo Testamento nos dice no sólo que Cristo murió en nuestro lugar, como nuestro sustituto, de tal manera que jamás tendremos que morir por nuestros pecados, sino también que él murió por nosotros, como nuestro representante, de modo que puede decirse que hemos muerto en y a través de él. Como escribió Pablo: 'Estamos convencidos de que uno murió por todos, y por consiguiente todos murieron'.[110] Es decir, al estar unidos a él, su muerte se convirtió en la muerte de ellos.[111]

Entre los comentaristas sólo Robert Haldane parecería entender a Pablo de este modo. "Explicar la expresión 'muerto al pecado' con el significado de muerto a la influencia y el amor del pecado, es totalmente erróneo", escribe. Pablo no se refiere a una muerte al *poder* del pecado, sino a una muerte en relación con su *culpa*, vale decir que se refiere a nuestra justificación.[112]

El próximo paso de Pablo consiste en explicar cómo es que se puede decir que hemos 'muerto al pecado', o sea, por el bautismo mediante el cual fuimos unidos a Cristo en su muerte.

Fuimos bautizados en la muerte de Cristo | 3

¿Acaso no saben ustedes que todos los que fuimos bautizados para unirnos con Cristo Jesús, en realidad fuimos bautizados para participar en su muerte? (3). Los que preguntan si los cristianos están libres para pecar ponen en evidencia su completa ignorancia sobre lo que significó su bautismo. Con el fin de entender el argumento de Pablo, es preciso hacer tres aclaraciones acerca del bautismo.

Primero, el bautismo significa bautismo con agua a menos que en el contexto se indique lo contrario. Es cierto que el Nuevo Testamento habla de otros tipos de bautismo, por ejemplo un bautismo 'con fuego'[113] y un bautismo 'con el Espíritu Santo.'[114] Algunos comentaristas han sugerido que aquí Pablo se refiere a un bautismo con el Espíritu, que tiene la función de unirnos con Cristo, y han citado 1 Corintios 12.13 como un paralelo. Pero puede decirse con seguridad que cada vez que aparecen los términos 'bautismo' y 'ser bautizado' o 'bautizarse', sin mención de los elementos en los que se lleva a cabo el bautismo, se trata de una referencia al bautismo con agua.[115] Cuando no se refiere al bautismo con agua, sin embargo, se menciona el elemento alternativo correspondiente; por ejemplo, 'con el Espíritu Santo.' Generalmente está claro por qué algunos han dudado en entender Romanos 6 como una referencia al bautismo con agua. Temen que entonces se quiera hacerle decir a Pablo que se trata del 'bautismo de regeneración', a saber, que la sola administración del agua en el nombre de la Trinidad automáticamente otorga la salvación. Pero el apóstol ni creía esto ni lo enseñaba.

Segundo, el bautismo significa la unión con Cristo, especialmente con el Cristo crucificado y resucitado. Tiene otros significados, incluida la limpieza del pecado y el don del Espíritu Santo, pero su significación esencial es la de que nos une con Cristo. De allí el uso de la preposición *eis*, 'en'. Cierto es que cuando fue instituido el bautismo fue en el nombre de Padre, Hijo y Espíritu Santo.[116] En otras partes, no obstante, es 'en el nombre del Señor Jesús'[117] o simplemente 'en Cristo.'[118] Y ser bautizado en Cristo significa entrar en relación con él, algo similar a lo ocurrido cuando los israelitas 'fueron bautizados en la nube y en el mar para unirse a Moisés', es decir, por fidelidad a él como su líder.[119]

En tercer lugar, el bautismo no asegura por sí mismo lo que significa. Por cierto, el Nuevo Testamento habla del bautismo en función del lavado de nuestros pecados,[120] del vestirnos de Cristo,[121] e incluso de haber sido salvados por él;[122] pero estos son ejemplos de lenguaje dinámico o simbólico que atribuye a la señal visible la bendición de la realidad simbolizada. Es inconcebible que el apóstol Pablo, luego de haber dedicado tres capítulos a sostener la justificación únicamente por la fe, ahora modificara su posición, se contradijera a sí mismo, y declarara que la salvación es por el bautismo. Seguro que no; debemos darle crédito al apóstol por su consistencia de pensamiento. 'Desde luego que la fe del bautizado se da por sentado … no se olvida ni se niega.'[123] De modo que la unión con Cristo por la fe, que el Espíritu Santo efectúa en forma invisible, se indica y se sella por el bautismo. El punto fundamental que quiere destacar Pablo es que ser cristiano exige una identificación personal y vital con Jesucristo, y que esta unión con él se exhibe de manera dramática en el bautismo. Ese es el paso número dos.

Dios quiere que también compartamos la resurrección de Cristo | 4–5

Los versículos 3–5 contienen referencias a la muerte, sepultura y resurrección de Cristo, y a nuestra participación con él en los tres hechos. Porque el tema fundamental de la primera mitad de Romanos 6 es que la muerte y la resurrección de Jesucristo no son solamente hechos históricos y doctrinas significativas, sino también experiencias personales, dado que por medio del bautismo de fe entramos a compartir tales hechos nosotros mismos. Así, leemos que 'fuimos bautizados para participar en su muerte' (3b), y que **por tanto, mediante el bautismo fuimos sepultados con él en su muerte (4a), a fin de que, así como Cristo resucitó por el poder del Padre,** es decir, mediante un glorioso despliegue de su tremendo poder,[124] **también nosotros llevemos una vida nueva (4b),** de hecho 'la nueva vida de resurrección' de Cristo,[125] que comienza ahora y será completada el día de la resurrección.

El versículo 5 parece apoyar este énfasis en cuanto a que compartimos la muerte y la resurrección de Cristo, porque **si hemos estado unidos con él en su muerte,** más literalmente 'con él en la semejanza de su muerte' (RVR), **sin duda también estaremos unidos con él en su resurrección,** o, probablemente, 'con él en la semejanza de su resurrección'. Exactamente qué es la 'semejanza' (*homoiōma*) de la muerte y resurrección de Cristo es algo que ha desconcertado a todos los comentaristas. Parece referirse ya sea al bautismo como representación de la muerte y resurrección, o al hecho de que nuestra muerte y resurrección con Cristo son similares a las suyas, aunque no idénticas a ellas. O tal vez sea mejor traducir el versículo en términos más generales: 'Porque si (en el bautismo) hemos sido conformados a su muerte, por cierto que también … seremos conformados (en nuestra vida moral) a su resurrección.'[126]

Estos versículos parecen aludir al simbolismo gráfico del bautismo, aunque su significación se mantiene firme (el hecho de que compartimos la muerte, sepultura y resurrección de Cristo), aun cuando no se insista en el simbolismo. Sanday y Headlam lo expresaron descriptivamente: 'Ese sumergirnos en las aguas corrientes fue como una muerte; el momento de pausa mientras las aguas pasaban por encima fue como un entierro; el ponernos de pie nuevamente rodeados de aire y luz fue una especie de resurrección.'[127] No hay ninguna certidumbre sobre si los primeros bautismos fueron por inmersión total, porque algunas representaciones artísticas primitivas del bautismo de Jesús, por ejemplo, lo muestran en el río con el agua hasta la cintura, mientras Juan derrama agua sobre su cabeza. Pero la verdad simbólica de morir a la vieja vida y resucitar a nueva vida se mantiene, cualquier sea el modo en que se realice el bautismo. 'En otras palabras,' escribió C. J. Vaughan, 'nuestro bautismo fue una especie de funeral.'[128] Un funeral, sí, y una resurrección de la tumba también. Porque por fe interior y bautismo exterior hemos sido unidos con Cristo en su muerte y resurrección, y de este modo compartimos sus bendiciones. Son estas bendiciones las que Pablo se dedica a explicar a continuación, desarrollando la significación de esa muerte en los versículos 6–7 y de esa resurrección en los versículos 8–9, para finalmente reunirlos en el versículo 10.

Sabemos que nuestra vieja naturaleza fue crucificada con Cristo | 6–7

El versículo 6 contiene tres cláusulas íntimamente relacionadas. Se nos dice que algo ocurrió con el fin de que pudiera ocurrir otra cosa, y con el objeto de que se produjese un tercer hecho. **Sabemos que nuestra vieja naturaleza fue crucificada con él** (es decir, con Cristo) **para que nuestro cuerpo pecaminoso** ('el cuerpo del pecado', RVR) **perdiera su poder, de modo que ya no siguiéramos siendo esclavos del pecado** (6). Quizás la mejor manera de captar la lógica de Pablo consista en tomar estas tres etapas en orden inverso. El propósito final de Dios, nos dice Pablo, es librarnos de la tiranía del pecado: 'de modo que ya no siguiéramos siendo esclavos del pecado'. Esto está claro.

Pero antes de que podamos ser rescatados, 'el cuerpo del pecado' tiene que perder 'su poder'. Esta conquista tiene que ocurrir antes de la liberación. ¿En qué consiste? Por cierto que 'el cuerpo del pecado' no debe traducirse **el cuerpo pecaminoso** (NVI), como si el cuerpo humano estuviese contaminado o fuese corrupto. Ese era un concepto gnóstico. Las doctrinas bíblicas de la creación, la encarnación y la resurrección nos ofrecen un punto de vista de nuestro cuerpo como el vehículo propuesto por Dios mediante el cual pudiésemos expresarnos. Tal vez, entonces, 'el cuerpo del pecado' signifique 'nuestro cuerpo dominado por el pecado,'[129] o 'el cuerpo condicionado o controlado por el pecado,'[130] porque el pecado usa nuestro cuerpo para sus propios fines malos, pervirtiendo nuestros instintos naturales; degrada el sueño convirtiéndolo en indolencia, el hambre en glotonería, y el deseo sexual en lascivia. Otros entienden que 'el cuerpo del pecado' significa 'la naturaleza pecaminosa' (REB), nuestra naturaleza caída, egocéntrica, y que se usa aquí el término *sōma* (cuerpo) como sinónimo de *sarx* (carne). Esto es lo que parece encuadrar mejor en el contexto.

Ahora bien, el propósito de Dios es que esta naturaleza pecaminosa sea 'destruida' (RVR, DHH), o mejor, que **perdiera su poder** (NVI). El verbo *katargeō* tiene una amplia gama de significados, desde 'anular' hasta 'abolir'. Dado que en este versículo se lo usa en relación con nuestra naturaleza pecaminosa, y en Hebreos 2.14 sobre el diablo, y dado que tanto la naturaleza humana como el diablo están vivos y activos, aquí no puede significar 'eliminar' o 'erradicar'. Más bien tiene que significar que nuestra naturaleza egoísta ha sido derrotada, desarmada, privada de poder.

Para entender de qué modo ha ocurrido esto, pasamos a la primera cláusula del versículo 6, que dice que **nuestra vieja naturaleza** (RVR 'nuestro viejo hombre') **fue crucificada con él** (es decir, con Cristo). Esto no puede referirse a nuestra vieja naturaleza pecaminosa, si es que esto es lo que significa 'el cuerpo del pecado'. Estas expresiones no pueden significar lo mismo, o la oración deja de tener sentido. No, 'nuestra vieja naturaleza' no alude a nuestro hombre inferior sino a nuestro hombre anterior, 'lo que antes éramos' (DHH; RVR, nota), 'nuestra vieja humanidad' (REB), la persona que éramos en Adán. De modo que lo que fue crucificado con Cristo no era una parte de nosotros llamada nuestra vieja naturaleza, sino la totalidad de nosotros tal como éramos en nuestra condición anterior a la conversión. Esto debería estar claro porque la frase 'nuestra vieja naturaleza fue crucificada' (6) es equivalente a 'hemos muerto al pecado' (2).

Una de las causas de confusión cuando se trata de entender el versículo 6 radica en el uso que hace Pablo de la palabra *crucificada*. Muchas personas la asocian con Gálatas 5.24, donde se dice que 'los que son de Cristo Jesús han crucificado la naturaleza pecaminosa, con sus pasiones y deseos'. Naturalmente que un vínculo mental entre estos dos versículos sugeriría que también aquí en el versículo 6 Pablo alude a la crucifixión de nuestra vieja naturaleza. Pero estos dos versículos son totalmente diferentes, ya que Romanos 6.6 describe algo que nos ha ocurrido a nosotros ('nuestra vieja naturaleza fue crucificada con él'), en tanto Gálatas 5.24 se refiere a algo que nosotros mismos hemos hecho (hemos 'crucificado la naturaleza pecaminosa'). Hay, de hecho, dos modos completamente distintos en los que el Nuevo Testamento habla sobre el tema de la crucifixión en relación con la santidad. El primero es nuestra muerte al pecado mediante la identificación con Cristo; el segundo es nuestra muerte a la vieja naturaleza mediante la imitación de Cristo. Por un lado, hemos sido crucificados con Cristo. Pero por el otro nosotros hemos crucificado (repudiado decididamente) nuestra naturaleza pecaminosa con todos sus deseos, de modo que cada día renovamos esta actitud al tomar nuestra cruz y seguir a Cristo camino a la crucifixión.[131] La primera es una muerte legal, una muerte a la pena por el pecado; la segunda es una muerte moral, una muerte al poder del pecado. La primera pertenece al pasado, y es única e irrepetible; la segunda pertenece al presente, y es repetible, más aun, debe ser continua. He muerto al pecado (en Cristo) una vez; muero diariamente a mi vieja naturaleza (como Cristo). Romanos 6 se ocupa principalmente de la primera de estas dos muertes, aun cuando la primera tiene en vista la segunda, y la segunda no puede darse sin la primera.

Pero, ¿cómo es que el hecho de que nuestra vieja naturaleza fue crucificada con Cristo haya dado como resultado la inhabilitación de nuestra naturaleza pecaminosa y por lo tanto nuestra liberación de la esclavitud del pecado? El versículo 7 proporciona la respuesta. Es **porque el que muere queda liberado del pecado**. Por lo menos es la versión que ofrecen la NIV y DHH, entre otras. Sin embargo, esta versión no parecería estar adecuadamente garantizada, por cuanto *liberado* es traducción de *dedikaiōtai*, término que significa 'ha sido justificado' (ver RVR). Cierto es que hay algunos leves indicios en la literatura judaica temprana de que *dikaioō* podría significar 'hacer libre o puro' (BAGD). Pero hay un vocablo apropiado en griego para 'liberar', *eleutheroō*, término que de hecho Pablo usa en los versículos 18 y 22, mientras que *dikaioō* aparece quince veces en Romanos, y veinticinco veces en el Nuevo Testamento, y en todos los casos el significado natural es 'justificar'. De modo que con toda seguridad el término debería traducirse 'el que ha muerto ha sido justificado del pecado' (RVR). ¿Pero cómo puede ser que nuestra muerte y justificación (7) constituyan la base de nuestra liberación del pecado (6)?

La única manera de ser justificados del pecado es que la paga del pecado sea saldada, ya sea por el pecador o por el sustituto propuesto por Dios. No hay forma de escapar sin cargar con la pena. ¿Pero cómo puede ser justificada la persona que ha sido declarada culpable de un crimen y sentenciada a cumplir el encierro? Sólo yendo a la cárcel y purgando la pena por su crimen. Una vez que ha cumplido la sentencia puede salir de la prisión justificada. Desde ese momento no tiene por qué temer a la policía ni a los magistrados, porque las demandas de la ley han sido satisfechas. Ha sido justificada de su pecado.

El mismo principio es válido si la pena es la muerte. No hay forma de lograr la justificación sino cumpliendo la condena. Es posible que el lector argumente que en este caso cumplir la condena no es la forma de escapar. Y tendría razón si estuviésemos hablando sobre la pena capital en la tierra. Una vez que el asesino ha sido ejecutado (en países donde persiste la pena de muerte), su vida en la tierra ha llegado a su fin. No puede volver a vivir en la tierra justificado, como puede hacerlo la persona que ha cumplido su sentencia en la cárcel. Pero lo maravilloso acerca de la justificación cristiana es que la muerte va seguida por la resurrección, en la que podemos vivir la vida de una persona justificada, habiendo cumplido la sentencia de muerte (en y por medio de Cristo) por nuestro pecado.

Para nosotros, por lo tanto, se trata de lo siguiente: merecíamos morir por nuestros pecados. Y de hecho realmente hemos muerto, si bien no en nuestra propia persona, sino en la persona de Jesucristo nuestro sustituto, quien murió en nuestro lugar, y con quien hemos sido unidos por la fe y en el bautismo. Y por nuestra unión con ese mismo Cristo hemos resucitado a nueva vida. De modo que la vieja vida de pecado ha terminado, porque hemos muerto a ella, y ha comenzado la nueva vida como pecadores justificados. Nuestra muerte y resurrección con Cristo hacen inconcebible que retrocedamos. Es en este sentido que nuestra naturaleza pecaminosa ha sido privada de poder y que hemos sido liberados.

Confiamos en que también viviremos con Cristo | 8–10

Los versículos 6–7 desarrollan el significado de la muerte de Cristo en relación con nosotros, o sea, que nuestra vieja naturaleza fue crucificada con él. Ahora los versículos 8–9 se ocupan de lo que significa su resurrección, otra vez en relación con nosotros, a saber, que nosotros también viviremos con él. **Ahora bien, si hemos muerto con Cristo, confiamos que también viviremos con él** (8). Los comentaristas están divididos en cuanto a determinar si el verbo 'viviremos' tiene sentido lógico (futuro en relación con la muerte ocurrida anteriormente), o cronológico (futuro en relación con el momento presente). Si se trata de lo primero, será una referencia al hecho de compartir la vida de Cristo ahora; si se trata de lo segundo, al hecho de que compartiremos su resurrección en el último día. Resulta dudoso pensar, sin embargo, en que Pablo habría de considerar cualquiera de los dos hechos sin el otro al mismo tiempo. Más adelante habría de escribir que, como consecuencia de que el Espíritu Santo mora en el creyente, 'el espíritu de ustedes vive' (NVI en nota al pie) y 'dará vida a sus cuerpos mortales' (8.10s). La vida es resurrección anticipada; la resurrección es vida consumada.

La garantía del carácter continuo de nuestra nueva vida, que comienza ahora y continúa para siempre, se encuentra en la resurrección de Cristo. **Pues sabemos que Cristo, por haber sido levantado de entre los muertos, ya no puede volver a morir** (9a). Esto es así porque Cristo no fue sometido a una resucitación, devuelto nuevamente a esta vida, en cuyo caso, igual que Lázaro, habría tenido que volver a morir. En cambio fue resucitado, elevado a un plano de vida totalmente nuevo, del que jamás habrá ninguna cuestión de regreso. **La muerte ya no tiene dominio sobre él** (9b). Habiendo sido librado de su tiranía, ha pasado más allá de su jurisdicción para siempre. Como lo declaró el propio Señor glorificado: 'Yo soy … el que vive. Estuve muerto, pero ahora vivo por los siglos de los siglos.'[132]

Seguidamente Pablo sintetiza en un epigrama la muerte y resurrección de Jesús sobre las que ha venido escribiendo. Al hacerlo, aun cuando da a entender que van juntas y que nunca debe separárselas, también indica que hay diferencias radicales entre ellas. **En cuanto a su muerte, murió al pecado una vez y para siempre; en cuanto a su vida, vive para Dios** (10). Hay una diferencia de tiempo (el hecho pasado de la muerte, la experiencia presente de la vida), de naturaleza (murió al pecado, llevando su castigo, pero vive para Dios, procurando su gloria), y de cualidad (la muerte 'una vez y para siempre', la vida de resurrección en forma continua). Estas diferencias tienen importancia para la comprensión no sólo de la obra de Cristo sino también para el discipulado cristiano, el que, mediante nuestra unión con Cristo, comienza con una muerte al pecado de una vez y para siempre, y continúa con una vida de servicio sin fin para Dios.

Una sencilla ilustración puede ser de ayuda. Imaginemos un creyente de edad avanzada llamado Juan Juárez, que está repasando su larga vida pasada. Está dividida en dos partes por su conversión: la vieja naturaleza (Juan Juárez antes de su conversión) y su nueva naturaleza (Juan Juárez después de su conversión). Estas no son sus dos naturalezas, sino sus dos vidas consecutivas. Por la fe y el bautismo Juan Juárez fue unido a Cristo. Su vieja naturaleza murió al pecado con Cristo, su castigo cumplido y terminado. Al mismo tiempo, Juan Juárez se levantó nuevamente con Cristo, hecho un hombre nuevo, a fin de vivir una nueva vida para Dios. Juan Juárez representa a todos los creyentes. Nosotros somos otros tantos Juan Juárez si somos uno con Cristo. Hemos muerto con Cristo (6–7); hemos resucitado con Cristo (8–9). Nuestra antigua vida está terminada con la muerte judicial que merecía; nuestra nueva vida está iniciada con la resurrección.

Debemos considerarnos muertos al pecado pero vivos para Dios | 11

Podríamos expresarlo de la siguiente manera. Si la muerte de Cristo fue una muerte al pecado (lo que efectivamente fue), y si su resurrección fue una resurrección para Dios (lo que realmente fue), y si por la fe y el bautismo hemos sido unidos a Cristo en su muerte y resurrección (lo que efectivamente ha ocurrido), entonces nosotros mismos hemos muerto al pecado y hemos resucitado para Dios. Por consiguiente, la indicación es **considérense** (NVI, RVR, DHH), 'pensar que de cierto estamos' (RV 1909), 'tenernos por' (NBE), 'hacer cuenta de que estamos' (CI) **muertos al pecado, pero vivos para Dios en**, o en razón de nuestra unión con, **Cristo Jesús** (11).

Este 'considerarnos' no es un mero hacernos creer. No consiste en intensificar la fe para creer lo que no creemos. No debemos simular que nuestra vieja naturaleza ha muerto, cuando sabemos perfectamente bien que no es así. En lugar de esto, tenemos que recordar y darnos cuenta que nuestra antigua naturaleza sí murió con Cristo, poniendo así fin a su carrera. Debemos considerar lo que realmente somos, o sea 'muertos al pecado, pero vivos para Dios' (11), como Cristo (10). Cuando captamos esta verdad, de que nuestra vieja vida ha terminado, con las cuentas saldadas, la deuda pagada y la ley satisfecha, no desearemos tener nada más que ver con ella.

Volvamos a Juan Juárez. Vimos que su vida estaba dividida en dos mitades, con su biografía dividida en dos tomos. El tomo 1 terminó con la muerte judicial de su antigua naturaleza; el tomo 2 se inició con su resurrección. Es preciso que Juan Juárez recuerde estos hechos sobre sí mismo. No es que Pablo lo llame a la simulación, sino a reflexionar y recordar. Tiene que recordarse vez tras vez que el tomo 1 ha sido cerrado hace mucho; que ahora vive en el tomo 2; que es inconcebible que vuelva a abrir el tomo 1, como si su muerte y resurrección con Cristo nunca hubiesen tenido lugar.

¿Puede una mujer casada vivir como si todavía fuese soltera? Pues, sí, supongo que podría. No es imposible. Pero basta que recuerde quién es. Basta que palpe su anillo de casamiento, el símbolo de su nueva vida en unión con su esposo, y con seguridad querrá vivir como corresponde a una mujer en su estado. ¿Pueden los creyentes nacidos de nuevo vivir como si todavía siguieran en sus pecados? Pues, sí, supongo que podrían, por lo menos por un tiempo. No es imposible. Pero basta que recuerden quiénes son. Basta que recuerden su bautismo, el símbolo de su nueva vida en unión con Cristo, y con seguridad querrán vivir de conformidad con ella.

De manera que el principal secreto de la vida de santidad radica en la mente. Consiste en saber (6) que nuestra vieja naturaleza fue crucificada con Cristo; en saber (3) que el bautismo en Cristo es un bautismo para participar en su muerte y resurrección; y en considerar (11) que por medio de Cristo estamos muertos al pecado y vivos para Dios. Es preciso que recordemos estas verdades, que meditemos en ellas, que las comprendamos y que las grabemos en la mente hasta que se vuelvan parte tan integral de nuestra manera de pensar que un retorno a la vieja vida resulte impensable. El cristiano regenerado no debería contemplar un retorno a una vida no regenerada, así como tampoco un adulto volver a la niñez, una persona casada a su anterior estado civil, o un presidiario liberado a su celda carcelaria. Porque nuestra unión con Cristo Jesús nos ha apartado de la vieja vida y nos ha comprometido con una nueva vida. El bautismo se interpone entre las dos como una puerta entre dos habitaciones, y su función consiste en cerrar una de ellas y abrir la otra. Hemos muerto, y hemos resucitado. ¿Cómo es posible que vivamos de nuevo en aquello a lo cual hemos muerto?

Por lo tanto, debemos ofrecernos a Dios |12–14

La frase 'por lo tanto' lleva a la conclusión del argumento de Pablo. Como consecuencia de que Cristo murió al pecado y vive para Dios, y que por la unión con Cristo nosotros estamos 'muertos al pecado, pero vivos para Dios', nuestra actitud ante el pecado y ante Dios tiene que cambiar. El apóstol recomienda que no ofrezcan los miembros de su cuerpo **al pecado** (13a), porque ustedes han muerto al pecado; ofrézcanse más bien **a Dios** (13b), porque han resucitado y viven para su gloria. Este es el énfasis de los versículos indicados.

La exhortación de Pablo tiene aspectos negativos y positivos, que se complementan. Primeramente los negativos. **Por lo tanto, no permitan ustedes que el pecado reine en su cuerpo mortal, ni obedezcan a sus malos deseos** (12). El uso que hace Pablo del adjetivo 'mortal' indica que se trata del cuerpo físico. No todos sus deseos son malos, como vimos cuando considerábamos el significado del 'cuerpo del pecado' (6), pero el pecado puede usar nuestro cuerpo como cabecera de puente para gobernarnos. De manera que Pablo nos llama a rebelarnos contra el pecado. "Precisamente porque estamos 'libres del pecado', tenemos que luchar en contra del mismo".[133] Los cristianos de Roma 'tienen que rebelarse en nombre del gobernante legítimo, Dios, contra el dominio usurpador del pecado.'[134] Luego viene una segunda exhortación negativa: **No ofrezcan los miembros de su cuerpo al pecado como instrumentos de injusticia** (13a). Puesto que el 'cuerpo' parece ser, nuevamente, nuestra armazón material, sus 'miembros' (*melē*) o 'partes' (NIV) probablemente sean las diversas extremidades u órganos (ojos y oídos, manos y pies), aunque seguramente incluidas nuestras facultades o capacidades, que pueden ser usadas por el pecado como 'instrumentos de injusticia'. *Hopla* es un término general para herramientas, utensilios o instrumentos de cualquier tipo, aunque piensan algunos que aquí se personifica el pecado como un comandante militar al que sería posible ofrecerle nuestros órganos y facultades como 'armas'.[135]

En lugar de ceder al pecado, permitiéndole gobernar nuestro cuerpo y someterlo a su servicio, ahora Pablo nos exhorta a adoptar la alternativa positiva: **Al contrario, ofrézcanse más bien a Dios** (13b). Mientras que el mandato a no ofrecernos al pecado estaba en tiempo presente, indicando que no debemos seguir haciéndolo, la exhortación a ofrecernos a Dios está en el tiempo aoristo, lo cual resulta claramente significativo. Aunque no fuera un llamado a entregarnos una vez para siempre, por lo menos sugiere 'un compromiso expreso y decidido'.[136] Así como en el caso de las prohibiciones negativas, también con los mandatos positivos Pablo va más allá de un ofrecimiento general de uno mismo, hasta incluir la presentación de **los miembros** o 'partes' (nuevamente tanto los miembros como las facultades) de nuestro cuerpo a Dios, esta vez **como instrumentos** (o armas) **de justicia** (13c).

Además, la base sobre la que se apoyan estas exhortaciones es que hemos **vuelto de la muerte a la vida** (13b). La lógica es clara. Por cuanto hemos muerto al pecado, es inconcebible que permitamos que el pecado reine en nosotros o que nos ofrezcamos a él. Dado que estamos vivos para Dios, no es menos que apropiado que nos ofrezcamos nosotros mismos y nuestras facultades a él. Este tema de la vida y la muerte, o más bien la muerte y la vida, atraviesa toda esta sección. Cristo murió y resucitó. Nosotros hemos muerto y resucitado con él. Por consiguiente debemos considerarnos muertos al pecado y vivos para Dios. Además, como quienes han pasado de la muerte a la vida, debemos ofrecernos para su servicio.

Ahora el apóstol ofrece una razón adicional para que nos ofrezcamos a Dios y no al pecado. Es esta: **el pecado no tendrá dominio** (expresa certidumbre, incluso una promesa, no un mandato) **sobre ustedes. ¿Por qué no? Porque ya no están bajo la ley sino bajo la gracia** (14). Este es el secreto fundamental para la liberación del pecado. La ley y la gracia son los principios opuestos del antiguo y el nuevo orden, de Adán y de Cristo. Estar 'bajo la ley' es aceptar la obligación de guardarla y de este modo quedar sometidos a su maldición o condenación.[137] Estar 'bajo la gracia' es reconocer nuestra dependencia de la obra de Cristo para la salvación, y de este modo ser justificados y no condenados, y por consiguiente ser libres. Porque 'los que se saben liberados de la condenación están libres para resistir el poder usurpado por el pecado, con nuevas fuerzas y determinación'.[138]

Así, la primera mitad de Romanos 6 está inserta entre dos notables referencias al pecado y la gracia. En el primer versículo se plantea el interrogante de si la gracia alienta el pecado; en el último versículo (14) se responde que no es así. Por el contrario, la gracia desalienta e incluso prescribe el pecado. Es la ley lo que provoca y aumenta el pecado (5.20); la gracia se le opone. La gracia nos impone la responsabilidad de la santidad. Este era el pensamiento de William Tyndale cuando escribió su *Prologue on … Romans* (Prólogo sobre … Romanos, escrito en 1526):

> Ahora adelante, lector … Recuerda que Cristo no hizo esta expiación para que encolerizaras a Dios otra vez; tampoco murió por tus pecados para que siguieras viviendo en ellos; ni te limpió para que volvieras (como un cerdo) a tu antiguo charco otra vez; sino para que fueses una nueva criatura y vivieses una vida nueva según la voluntad de Dios y no de la carne.

b. Esclavizados a Dios, o la lógica de nuestra conversión | 15–23

Claramente el versículo 15 (**¿Vamos a pecar porque no estamos ya bajo la ley sino bajo la gracia?**) tiene su paralelo en el versículo 1 ('¿Vamos a persistir en el pecado, para que la gracia abunde?'). Es cierto que hay diferencias entre pecar y persistir en el pecado, y entre pecar *para que* aumente la gracia y pecar *porque* estamos bajo la gracia. Pero son diferencias menores. Sustancialmente se hace la misma pregunta en ambos versículos, vale decir, si la gracia sanciona el pecado, e incluso lo alienta. Y en ambos casos el apóstol protesta en forma vehemente: **¡De ninguna manera!** (2, 15).

Podríamos decir que Pablo ha rebobinado la cinta, y ahora la comienza nuevamente, si bien con dos cambios importantes de énfasis. Primero, aun cuando desarrolla el mismo argumento, de que la libertad para pecar es fundamentalmente incompatible con la realidad cristiana, describe esta última en función de que hemos sido unidos a Cristo (en los versículos 3–14) y de que hemos sido esclavizados a Dios (en los versículos 16–23). No es sólo la figura de lenguaje lo que ha cambiado, sin embargo, o sea 'muertos al pecado, pero vivos para Dios' (11) y 'liberados del pecado … al servicio de Dios' (22). Se trata, también, y en segundo lugar, de cómo se produjeron estos cambios radicales. El énfasis de lo primero es lo que nos fue hecho a nosotros (fuimos unidos a Cristo), mientras que el énfasis de lo segundo es lo que hicimos nosotros (nos ofrecimos a Dios para obedecerle). La declaración pasiva alude a nuestro bautismo (fuimos bautizados), en tanto que la activa se denomina propiamente conversión (nos volvimos del pecado hacia Dios), aunque desde luego sólo la gracia nos capacitó para hacerlo.

Lo que hace Pablo en la segunda mitad de Romanos 6 es poner de manifiesto la lógica de nuestra conversión, así como en la primera mitad ha puesto de manifiesto la lógica del bautismo. En ambos casos su argumento comienza con la misma pregunta que evidencia sorpresa, '¿Acaso no saben?' (3, 16), y luego nos sondea en cuanto a la comprensión que tenemos de nuestro comienzo como cristianos. Dado que mediante el bautismo fuimos unidos a Cristo, y en consecuencia estamos muertos al pecado y vivos para Dios, ¿cómo es posible que vivamos en el pecado? Dado que por la conversión nos ofrecimos a Dios para ser sus esclavos, y en consecuencia estamos comprometidos a obedecer, ¿cómo es posible que digamos que tenemos libertad para pecar?

El principio: la rendición conduce a la esclavitud | 16

La pregunta básica del apóstol a sus lectores es esta: **¿Acaso no saben ustedes que, cuando se entregan a alguien para obedecerlo, son esclavos de aquel a quien obedecen?** (16a). Es posible que este concepto nos sorprenda, porque tendemos a pensar que los esclavos romanos eran capturados en la guerra o comprados en el mercado, y no que se ofrecían ellos mismos. Pero existía la esclavitud voluntaria. 'La gente muy pobre podía ofrecerse como esclava a alguien, simplemente con el fin de ser alimentada y cobijada.'[139] Lo que Pablo quiere decir es que quienes de este modo se ofrecían invariablemente eran aceptados. No podían entregarse en manos de un amo de esclavos y simultáneamente conservar su libertad. Es igual con la esclavitud espiritual. La entrega lleva invariablemente a la esclavitud, **ya sea del pecado, que lleva a la muerte, o de la obediencia que lleva a la justicia** (16b). La noción de la esclavitud al pecado se entiende fácilmente (y no menos porque Jesús habló de ella),[140] como también el hecho de que conduce a la muerte (separación de Dios tanto aquí como en el más allá), por cuanto al final del capítulo Pablo se referirá a la muerte como la 'paga' que exige el pecado (23). Sin embargo, no es tan fácil entender los paralelismos aparentemente inexactos. Como la alternativa a ser 'esclavos del pecado' podríamos esperar 'esclavos de Cristo', antes que 'esclavos de la obediencia', y como la alternativa a 'la muerte' se esperaría 'la vida' antes que 'la justicia'. No obstante, la idea de ser 'obediente a la obediencia' es una manera dramática de recalcar que la obediencia es la esencia misma de la esclavitud, y que 'la justicia' en el sentido de justificación es casi un sinónimo de la vida (ver 5.18). Por lo menos el significado general de lo que Pablo quiere decir está fuera de toda duda. La conversión es un acto de entrega o rendición personal; la rendición conduce inevitablemente a la esclavitud; y la esclavitud exige obediencia total, radical, exclusiva. Porque nadie puede ser esclavo de dos amos, como lo dijo Jesús.[141] Así que, una vez que nos hemos ofrecido a él como esclavos suyos, quedamos a su disposición en forma permanente e incondicional. No hay posibilidad alguna de que nos volvamos atrás en cuanto a esto. Habiendo elegido a nuestro amo, no tenemos otra elección que la de obedecerle.

La aplicación: la conversión envuelve un intercambio de esclavitudes | 17–18

Habiendo establecido el principio de que la rendición lleva a la esclavitud, Pablo aplica el concepto a sus lectores romanos, recordándoles que su conversión incluía un intercambio de esclavitudes. De hecho, tan completo es el intercambio que se ha operado en su vida, que lo lleva a estallar de alegría con una doxología espontánea: **Pero gracias a Dios.** Luego resume la experiencia en cuatro etapas, que se relacionan con lo que eran antes (**esclavos del pecado**), lo que hicieron (**se han sometido de corazón**), lo que les ocurrió (**han sido liberados del pecado**), y aquello en lo cual se habían convertido (en **esclavos de la justicia**).

Primero, **antes eran esclavos del pecado** (17a). Pablo no anda con rodeos. Todos los seres humanos son esclavos, y hay sólo dos esclavitudes, al pecado o a Dios. La conversión es una transferencia de una a la otra. Segundo, **se han sometido de corazón a la enseñanza que les fue transmitida** (17b). Es esta una descripción muy poco usual de la conversión. El que hubiesen 'obedecido' se entiende, dado que la respuesta adecuada al evangelio es la '[obediencia] a la fe' (1.5). Pero aquí no es a Dios ni a Cristo a los que se dice que han obedecido, sino a cierta 'forma de doctrina' (RVR, 'al modelo de enseñanza' en NVI, nota al pie). Esto tiene que haber sido un 'ejemplo de la sana doctrina'[142] o estructura de instrucción apostólica, que probablemente incluía tanto doctrina evangélica elemental[143] como ética personal elemental.[144] Evidentemente Pablo ve la conversión no sólo como el confiar en Cristo, sino como el creer y reconocer la verdad.[145] Más todavía, Pablo escribe diciendo que no es que esta enseñanza les fue encomendada a ellos, sino que ellos estaban comprometidos con ella ('les fue transmitida'). El verbo que usa es *paradidōmi*, que es la palabra corriente para transmitir una tradición. 'Se espera que la doctrina sea entregada a los oyentes', escribe C. K. Barrett, 'y no los oyentes a la doctrina. Pero los cristianos no son (como los rabinos) maestros de una tradición; ellos mismos son creados por la Palabra de Dios, y se mantienen sujetos a ella.'[146]

En tercer lugar, los romanos han **sido liberados del pecado** (18a), están emancipados de su esclavitud. No es que ya sean perfectos, porque todavía tienen la posibilidad de pecar (por ejemplo 12–13), sino más bien que han sido rescatados en forma decisiva del señorío del pecado hacia el señorío de Dios, del dominio de las tinieblas hacia el reino de Cristo.[147] En consecuencia, cuarto, **ahora son ... esclavos de la justicia** (18b). Tan decisiva es esta transferencia de la condición de esclavos del pecado a la de esclavos de la justicia, lograda por la gracia y el poder de Dios, que Pablo no puede sino prorrumpir en acciones de gracias.

La analogía: ambas esclavitudes se desarrollan | 19

El versículo 19 comienza con una especie de disculpa por parte de Pablo debido a los *términos humanos* en los que ha venido describiendo la conversión. Porque la esclavitud no es una metáfora totalmente acertada o apropiada para la vida cristiana. Ella indica muy bien la exclusividad de nuestra alianza con el Señor Jesucristo, pero no el fácil ajuste a su yugo, ni la suavidad de la mano que lo coloca sobre nosotros,[148] como tampoco la naturaleza liberadora de su servicio. ¿Por qué, entonces, la utilizó el apóstol? Nos ofrece su explicación: **Por las limitaciones de su naturaleza humana** (*sarx*, 'carne'), o 'por vuestra humana debilidad' (19a, RVR). Seguramente que esa 'debilidad' o esas 'limitaciones' son una referencia a su naturaleza caída. Ya sea en el orden mental, por lo que tienen embotada la inteligencia, o en lo que respecta a su carácter, por lo que son vulnerables a la tentación. Por ello necesitan que se les recuerde acerca de la obediencia a la que se han comprometido.

A pesar de su explicación en son de disculpa, Pablo sigue comparando y contrastando las dos esclavitudes. Pero esta vez traza una analogía entre ellas (**Antes … ahora**) sobre la base de la forma en que se desarrollan ambas. Ninguna de las dos esclavitudes es estática. Ambas son dinámicas. La primera en forma constantemente degradante, la segunda en forma constantemente progresista. **Antes ofrecían ustedes los miembros de su cuerpo para servir a la impureza, que lleva más y más a la maldad** (literalmente, 'a la inmoralidad y al desorden, para el desorden total' [NBE] o 'al desorden hasta desordenaros' [BJ]); **ofrézcanlos ahora** (lo que ya han hecho, pero que deben volver a hacer) **para servir a la justicia que lleva a la santidad** (19b; *hagiasmos,* el proceso de la santificación, es decir, de ser transformados a la imagen de Cristo). De esta manera, a pesar de la antítesis entre ellas, también se traza una analogía entre el sombrío proceso de deterioro moral y el glorioso proceso de transformación moral.

La paradoja: la esclavitud es libertad
y la libertad es esclavitud | 20–22

Todavía sigue la comparación y el contraste entre las dos esclavitudes. Esta vez el apóstol señala que cada una de estas esclavitudes es también una especie de liberación, si bien una de ellas es auténtica y la otra falsa.

De forma semejante, cada una de estas liberaciones es una especie de esclavitud, si bien una es degradante y la otra ennoblecedora. Por un lado, escribe, **cuando ustedes eran esclavos del pecado, estaban libres del dominio de la justicia** (20), aunque a esa clase de libertad es mejor llamarla licencia. Por otro lado, sigue escribiendo: **Pero ahora ... han sido liberados del pecado y se han puesto al servicio de Dios** (22a), aunque a esta clase de esclavitud es mejor llamarla libertad. Aun más, la forma de evaluar lo que pretenden ofrecer estas dos esclavitudes o liberaciones consiste en evaluar su fruto, o sus 'beneficios'. Los beneficios negativos de ser esclavos del pecado y libres de la justicia son el remordimiento en el presente (un sentido de culpa por las **cosas que ahora los avergüenzan**, o 'les hace ruborizarse al recordarlas', JBP) y finalmente la **muerte** (21). Aquí seguramente tiene el significado de muerte eterna o separación de Dios en el infierno, que en los capítulos finales del libro de Apocalipsis se llama 'la muerte segunda'.[149] **Pero ahora**, prosigue Pablo, los beneficios positivos de ser libres del pecado y esclavos de Dios son **la santidad** en el presente y al final **la vida eterna** (22b), aquí seguramente con el significado de la comunión con Dios en el cielo. Así, hay una libertad que proclama muerte, y una esclavitud que proclama vida.

Conclusión: la antítesis final | 23

En este versículo final del capítulo, Pablo continúa su clara antítesis entre el pecado (personificado) y Dios, a quienes ha caracterizado en toda la sección como los dos amos, a uno u otro de los cuales están sometidos todos los seres humanos. Los que están en Adán sirven al pecado, mientras que los que están en Cristo sirven a Dios. También repite la advertencia de que estas dos esclavitudes se oponen tan diametralmente entre sí que los destinos últimos a los que conducen son **muerte** o **vida eterna**. Lo que es nuevo es el tercer contraste, que se refiere a los términos del acuerdo sobre el que operan los dos amos de los respectivos esclavos. **Porque la paga del pecado es muerte, mientras que la dádiva de Dios es vida eterna en Cristo Jesús, nuestro Señor** (23). Así, el pecado exige 'paga' (recibes lo que mereces), pero Dios ofrece una 'dádiva' gratuita (recibes lo que no mereces). *Opsōnia* se refiere normalmente a una 'ración [dinero] que se le paga a un soldado' (BAGD), pero en este contexto quizás a 'dinero para gastos personales que se les permite tener a los esclavos'.[150] *Jarisma*, por otra parte, es una dádiva de la gracia de Dios. Entonces, si estamos resueltos a obtener lo que merecemos, sólo puede ser la muerte; por contraste, la vida eterna es un regalo de Dios, enteramente gratuito y totalmente inmerecido. La única base sobre la que se otorga este regalo es la muerte expiatoria de Cristo, y la única condición para recibirla es que estemos 'en Cristo Jesús, nuestro Señor', es decir, unidos personalmente a él por la fe.

He aquí, entonces, las dos clases de vida que se oponen totalmente entre sí. Jesús las representó como el camino espacioso que conduce a la destrucción y el camino angosto que conduce a la vida.[151] Pablo las llama dos esclavitudes. Por nacimiento estamos en Adán, somos esclavos del pecado; por la gracia y la fe estamos en Cristo, somos esclavos de Dios. La esclavitud al pecado no produce ningún beneficio salvo la vergüenza y un deterioro moral incesante, que culmina con la muerte que merecemos. La esclavitud a Dios, en cambio, produce el precioso fruto de la santidad progresiva, que culmina con el don gratuito de la vida.

Al repasar Romanos 6 recordamos que ambas mitades comienzan con una pregunta prácticamente idéntica: '¿Vamos a persistir en el pecado?' (1) y '¿Vamos a pecar …?' (15). Esta pregunta fue planteada por los detractores de Pablo, que mediante ella se proponían desacreditar el evangelio. Es una pregunta que se viene repitiendo desde entonces por los enemigos del evangelio; y con frecuencia se la susurra a nuestros oídos por parte de ese más ponzoñoso de todos los enemigos del evangelio, el diablo. Así como en el jardín del Edén le preguntó a Eva, '¿Es verdad que Dios les dijo que no comieran …?',[152] también insinúa en nosotros este pensamiento: '¿Por qué no sigues pecando? ¡Vamos! ¡Siéntete libre! Estás bajo la gracia. Dios te perdonará.'

Nuestra primera respuesta debe ser una indignada negativa: '¡De ninguna manera!' '¡Dios no lo permita!' Pero luego tenemos que ir más lejos, con el fin de confirmar esta negativa con una razón. Porque hay una razón (sólida, lógica, irrefutable) con la cual rebatir los torcidos argumentos del diablo, y con la cual, al mismo tiempo, Pablo ubica su elevada teología en el plano de la experiencia práctica de todos los días. Se trata de la necesidad de recordar quiénes somos, como consecuencia de nuestra conversión (interior) y de nuestro bautismo (exterior). Somos uno con Cristo (1–14), y somos esclavos de Dios (15–23). Fuimos unidos a Cristo mediante el bautismo; fuimos esclavizados a Dios por medio de la entrega en el acto de la conversión. Pero sea que recalquemos el bautismo o la fe, la cuestión es la misma. Al estar unidos a Cristo, estamos 'muertos al pecado, pero vivos para Dios' (11); y estando esclavizados a Dios estamos por esa razón comprometidos a obedecer (16), y reconocemos 'la total pertenencia, la total obligación, el total compromiso y la total responsabilidad que caracterizan la vida bajo la gracia'.[153] Resulta inconcebible que retrocedamos y persistamos voluntariamente en el pecado y pretendamos contar con la gracia a la vez. Ese pensamiento resulta intolerable, y es una contradicción en términos absolutos.

De manera entonces que, en la práctica, deberíamos recordar constantemente quiénes somos. Es preciso que aprendamos a hablarnos a nosotros mismos, y a hacernos preguntas: '¿No sabes? ¿No conoces el significado de tu conversión y tu bautismo? ¿Acaso no sabes que has sido unido a Cristo en su muerte y resurrección? ¿Acaso no sabes que eres esclavo de Dios, y que te has comprometido a obedecerle? ¿No sabes estas cosas? ¿No sabes quién eres?' Es necesario que sigamos insistiendo con preguntas semejantes, hasta que podamos responder: 'Sí, sí que sé quién soy: una nueva persona en Cristo, y por la gracia de Dios viviré de conformidad con esa realidad.'

El 28 de mayo de 1972 el duque de Windsor, quien ascendió al trono como Eduardo VIII, pero no llegó a ser coronado, murió en París. Esa misma noche un programa de televisión repasó los principales acontecimientos de su vida. Se mostraron extractos de películas anteriores, en las que el duque respondía preguntas acerca de su crianza, su breve reinado y su abdicación. Rememorando su infancia como príncipe de Gales, dijo: "Mi padre [el rey Jorge V] ejercía una estricta disciplina. Algunas veces, cuando yo había hecho algo mal, me amonestaba diciendo: 'Hijo mío, siempre debes recordar quién eres.'" Estoy convencido de que nuestro Padre celestial nos dice lo mismo todos los días: 'Hijo mío, hija mía, siempre debes recordar quién eres.'

10
La ley de Dios y el discipulado cristiano
Romanos 7.1–25

Romanos 7 es muy conocido para la mayoría de los cristianos debido al debate que ha provocado en torno al tema de la santidad. ¿Quién es el 'pobre miserable' o 'desdichado' (DHH) del versículo 24, que nos ofrece una descripción gráfica de su confusión moral interior (15ss), que pide liberación a gritos, y que luego, inmediatamente, parece agradecerle a Dios por haberla recibido (25)? ¿Se trata de una persona regenerada o no regenerada? Y en el caso de que fuera lo primero, ¿se trata de una persona normal o anormal, madura o inmadura, o de alguien que se ha descarriado? La enseñanza de las diferentes escuelas de santidad está obligada a enfrentarse con este capítulo.

Nunca es sabio pretender aportar a un pasaje de las Escrituras nuestra propia agenda preestablecida, e insistir en que responda nuestras preguntas y se ocupe de lo que nos interesa a nosotros. Porque equivale a dictaminar sobre lo que deben decir las Escrituras, en lugar de escucharlas. Es preciso que hagamos a un lado nuestros preconceptos, a fin de que podamos ubicarnos conscientemente en el marco histórico y cultural del texto. Así estaremos en mejor posición para que el autor diga lo que realmente dice, en lugar de forzarlo a decir lo que nosotros queremos que diga. Desde luego que es legítimo buscar aplicaciones a cuestiones contemporáneas, pero sólo después de haber cumplido la tarea primaria de efectuar con esmero una 'exégesis histórico-gramatical'.

Cuando acudimos a Romanos 7 con humildad y receptividad, se hace inmediatamente evidente que la preocupación de Pablo es más histórica que personal. No está respondiendo preguntas que le hayan planteado en una convención cristiana sobre santidad, sino más bien luchando con el lugar de la ley en los propósitos de Dios. Porque la 'ley' o el 'mandamiento' o el 'código escrito' se menciona en cada uno de los primeros catorce versículos del capítulo, y unas treinta y cinco veces en todo el pasaje que va de 7.1 a 8.4. ¿Cuál es el lugar de la ley en el discipulado cristiano, ahora que Cristo vino e inauguró una nueva era?

Antes de comenzar con Romanos 7, sin embargo, debemos preguntar qué escribió Pablo hasta aquí acerca de los propósitos de Dios al proporcionar la ley. La respuesta de Pablo está expresada en términos casi por completo desfavorables. Es verdad que, en la teoría, la persona que 'practique estas cosas vivirá por ellas'.[1] Pero en la práctica ningún ser humano jamás ha logrado obedecer la ley. Por lo tanto, ella no puede ser el camino de salvación.[2] Por el contrario, la ley revela el pecado (3.20), condena al pecador (3.19), define el pecado como transgresión (4.15; 5.13; ver Gálatas 3.19), 'acarrea castigo' (4.15), e incluso 'intervino para que aumentara la transgresión' (5.20). En consecuencia, la justicia de Dios se ha revelado en el evangelio 'sin la mediación de la ley' (1.17; 3.21a), si bien la ley contribuyó a dar testimonio de ella (1.2; 3.21b). Dios justifica a los pecadores no por obedecer la ley sino mediante la fe en Cristo (3.27). Una fe así confirma la ley (3.31) al asignarle su debida función. El mismo Abraham ilustró este principio, porque la forma en que recibió la promesa de Dios 'no fue mediante la ley … sino mediante la fe, la cual se le tomó en cuenta como justicia' (4.13s). Esta antítesis muestra que todo el vocabulario evangélico de la promesa, la gracia y la fe es incompatible con la ley.

Hasta aquí, por lo tanto, casi todas las alusiones de Pablo a la ley han sido de carácter peyorativo. La ley revela el pecado, no la salvación; promueve la ira, no la gracia. Además, estas referencias negativas culminan en lo que, a los oídos judíos tiene que haber parecido una escandalizadora proclama de que los creyentes cristianos 'no están bajo la ley, sino bajo la gracia' (6.14s). Es el trampolín que lleva a Romanos 7, que comienza con afirmaciones similares de que hemos muerto 'a la ley' (4), y que en consecuencia 'hemos quedado libres de la ley' (6). ¿Cómo se atreve el apóstol a desechar la ley de Dios tan fácilmente? Basta leer los salmos 19 y 119 para comprobar el enorme placer que los judíos piadosos derivaban de la ley. Los preceptos de la ley eran para ellos 'más deseables que el oro, más que mucho oro refinado' y 'más dulces que la miel, la miel que destila del panal'.[3] ¿Cómo, entonces, podía el apóstol agraviarla, sosteniendo que promovía el pecado en lugar de la justicia, y la muerte en lugar de la vida? ¿Cómo podía proclamar que estaban libres de ella? ¿Qué quería decir con que 'ya no estamos bajo la ley'? ¿Estaba declarando que había sido derogada? Sus palabras les tienen que haber sonado como un llamado al antinomianismo.

Por otra parte, es evidente que la enseñanza de Pablo no reviste un interés meramente histórico en nuestros días. Porque los que promueven la llamada 'nueva moralidad', que fue proclamada en los primeros años de la década de 1960, pero que sigue siendo popular hoy, parecen antinomianos del siglo veintiuno. Sostienen que la categoría que corresponde a la 'ley' ha sido abolida para los cristianos y que el único valor absoluto que permanece es el mandamiento relativo al amor. También hay maestros contemporáneos de la santidad que, de la misma manera, declaran que la ley ya no tiene lugar alguno en la vida cristiana. Como apoyo de su posición citan las palabras 'Cristo es el fin de la ley' (10.4) y 'ustedes … ya no están bajo la ley' (6.14s), como si estas expresiones significaran que la ley moral ha sido anulada. Lo que escribe Pablo en Romanos tiene pertinencia directa en relación con este debate.

No obstante, no podemos interpretar cada afirmación negativa que aparezca en el texto mientras no averigüemos con qué está siendo contrastada. Por ejemplo, si el lector me dijera: 'Tú no eres un hombre', sin agregar ninguna aclaración positiva, podría estar insultándome (expresando, por ejemplo, 'sino un bebé, o un cerdo, o un demonio'); o podría estar halagándome (expresando, por ejemplo, 'sino un ángel'). Como otro ejemplo, recuerdo que, al regresar de un reciente viaje a los Estados Unidos le comenté a un amigo: 'Hace un mes que no me doy un baño.' Pero, antes de que mi amigo tuviera tiempo de expresar su disgusto ante mi falta de higiene personal, agregué, 'pero me he duchado todos los días.'

¿Qué fue, entonces, lo que quiso decir Pablo cuando dijo que los cristianos 'no están bajo la ley'? Se valió de esta expresión en dos cartas y contextos diferentes, y por lo tanto en dos sentidos diferentes. También aclaró el significado en cada caso mediante las frases contrastantes que agregó. En Romanos 6.14s escribió que 'ya no están bajo la ley sino bajo la gracia'. Aquí la antítesis entre la ley y la gracia indica que se refiere al camino de la *justificación*, que no se da por medio de la obediencia a la ley, sino exclusivamente por la misericordia de Dios. En Gálatas 5.18, sin embargo, escribió que 'si los guía el Espíritu, no están bajo la ley'. Aquí la antítesis entre la ley y el Espíritu indica que se refiere al modo en que se opera la *santificación*, que no podemos lograr luchando por cumplir la ley, sino por el poder del Espíritu que habita en nosotros. De manera que para la justificación no estamos bajo la ley sino bajo la gracia; y para la santificación no estamos bajo la ley sino que somos guiados por el Espíritu.

Es en estos dos sentidos que hemos quedado 'libres' de la ley. Pero esto no quiere decir que hayamos sido eximidos de ella totalmente, como si ya no tuviera nada que ver con nosotros, o que no tengamos ninguna obligación en relación con ella. Por el contrario, la ley moral sigue siendo una revelación de la voluntad de Dios, que espera que su pueblo 'cumpla' practicando una vida de justicia y amor (8.4; 13.8, 10). Esto es lo que los reformadores llamaban 'el tercer uso de la ley'.

Ahora estamos en condiciones de sintetizar tres posibles actitudes hacia la ley, las dos primeras de las cuales Pablo rechaza, mientras que aprueba la tercera. Podríamos llamarlas 'legalismo', 'antinomianismo' y 'libre cumplimiento de la ley'. Los *legalistas* están 'bajo la ley' y viven esclavizados a ella. Imaginan que su relación con Dios depende de su obediencia a la ley, y procuran ser justificados y santificados mediante ella. Pero los abruma la incapacidad de la ley para salvarlos. Los *antinomianos* (o libertinos) van al extremo opuesto. Culpan a la ley de sus problemas, la rechazan totalmente, y afirman que están libres de toda obligación de cumplir sus demandas. Han convertido la libertad en licencia. Los que *aceptan el libre cumplimiento de la ley* mantienen el equilibrio. Se regocijan tanto de ser libres de la ley para la justificación y la santificación, como de su libertad para cumplirla. Se deleitan en la ley como la revelación de la voluntad de Dios (7.22), pero reconocen que el poder para cumplirla no está en la ley sino en el Espíritu. Por lo tanto, los legalistas temen a la ley y están esclavizados a ella. Los antinomianos odian a la ley y la repudian. Quienes la aceptan libremente, la aman y la cumplen.

Directa o indirectamente, Pablo se refiere a estos tres tipos de personas en Romanos 7. No los presenta ni se dirige a ellas directamente en forma individual, pero sus formas borrosas pueden percibirse en todo el capítulo. En los versículos 1–6 afirma que la ley ya no tiene 'poder' (DHH) sobre nosotros. Al morir a ella con Cristo, hemos sido liberados de ella, y en cambio ahora pertenecemos a Cristo. Este es su mensaje para los legalistas. En los versículos 7–13 defiende la ley contra la crítica injusta de que ella sea causa tanto del pecado como de la muerte. En cambio, atribuye ambos a nuestra naturaleza caída. La ley es buena en sí misma (12–13). Este es su mensaje para los antinomianos. En los versículos 7.14–25 Pablo describe el conflicto interior de quienes siguen viviendo bajo el régimen de la ley. Si seguimos sujetos a nuestra situación de seres caídos, no podemos guardar la ley de Dios, aunque nos deleitemos en ella. Tampoco puede la ley rescatarnos. Pero Dios ha hecho lo que la ley no pudo hacer, al darnos su Espíritu (8.3–4). Esta es la experiencia de quienes encuentran su libertad en el cumplimiento de la ley.

Estos tres párrafos de Romanos 7 podrían titularse acertadamente 'Libres de la ley' (1–6), con el fin de servir a Dios en el Espíritu; 'Defensa de la ley' (7–13), contra la calumnia de que ella ocasiona el pecado y la muerte; y 'La debilidad de la ley' (14–25), porque ella no puede justificar ni santificar a los pecadores.

1. Libres de la ley: Metáfora del matrimonio | 1–6

Pablo comienza este párrafo dirigiéndose afectuosamente a sus lectores como **hermanos** y preguntándoles por tercera vez: **¿Acaso no saben?** Les cuestiona la comprensión que tenían tanto del significado del bautismo (6.3) como de lo que suponía la esclavitud (6.16), y luego les pregunta si conocen la jurisdicción limitada de la ley. No puede haber duda de que el tema dominante del párrafo se relaciona con el concepto de ser 'libre[s] de la ley', por cuanto usa esta expresión tres veces (2, 3, 6), y se refiere a la ley en cada uno de los versículos. Da por sentado que sí lo saben, ya que agrega entre paréntesis que les habla **como a quienes conocen la ley**, la ley de los judíos indudablemente, pero probablemente también la ley romana.

a. El principio legal | 1

Pablo sienta el principio que supone que sus lectores ya conocen: **Uno está sujeto a la ley solamente en vida** (1). O mejor, 'la ley es obligatoria para una persona solamente durante su vida' (RSV) o 'la ley tiene jurisdicción sobre una persona mientras vive' (BA). La palabra usada para lo que se traduce 'es obligatoria para' o 'tiene autoridad/poder sobre' es *kyrieuō*, que en Marcos 10.42, RVR, se traduce 'se enseñorea de'. Expresa la autoridad total de la ley sobre aquellos que están sujetos a ella. Pero esa autoridad o poder se limita al período de nuestra vida. Lo único que la anula es la muerte. La muerte proporciona libertad de toda obligación contractual que hubiera tenido la persona ahora muerta. Si sobreviene la muerte, las relaciones que establece y protege la ley quedan anuladas. De modo que aunque la ley es de por vida, la muerte la anula. Pablo confirma esto como un axioma legal, universalmente aceptado e inmutable.

b. La ilustración doméstica | 2–3

Como ejemplo de este principio Pablo elige el matrimonio, y al aplicarlo lo extiende. La muerte cambia no sólo las obligaciones de la persona muerta (es obvio que quedan canceladas), sino también las obligaciones de los que sobreviven y que tenían algún contrato con la persona fallecida. **Por ejemplo, la casada está ligada por ley a su esposo sólo mientras éste vive** (o 'hasta que la muerte los separe'); **pero si su esposo muere, ella queda libre** ('exenta', NBE; 'desatada', CI) de sus votos matrimoniales, de hecho **de la ley que la unía a su esposo** (2), literalmente 'de la ley del marido' (RV 1909), es decir, de la ley relacionada con él, y de su contrato con él. El contraste es claro: la ley la obliga, pero la muerte de él la deja libre. Además, su liberación es completa. El verbo fuerte que usa Pablo (*katargeō*) puede significar 'anular' o 'destruir'. 'Lo que está diciendo el apóstol es que la posición de la mujer como esposa ha quedado abolida, completamente excluida. Deja de ser esposa.'[4]

Pablo llega ahora a una conclusión: **Por eso, si se casa** (es decir, una mujer casada) **con otro hombre mientras su esposo vive, se le considera adúltera** ('incurre en el estigma del adulterio', JBP). **Pero si muere su esposo, ella queda libre de esa ley, y no es adúltera aunque se case con otro hombre**, porque ha sido eximida de la ley que anteriormente la obligaba. ¿Qué es lo que ha hecho la diferencia? ¿Cómo es que un nuevo casamiento la haría adúltera en el primer caso, mientras que en el otro no? La respuesta radica, desde luego, en la muerte de su esposo. El segundo matrimonio es moralmente legítimo porque la muerte ha dado término al primero. Sólo la muerte puede asegurar la liberación de la ley del matrimonio y, por consiguiente, el derecho a volver a casarse. Estas referencias a la muerte, a quedar libre de la ley, y a volver a casarse, ya insinúan la aplicación que Pablo está a punto de hacer.

c. La aplicación teológica | 4

Pablo pasa de las leyes humanas a la ley de Dios. Ésta también reclama el señorío sobre nosotros mientras vivimos. De hecho, aunque sin decirlo explícitamente, el apóstol da a entender que anteriormente estábamos casados con la ley y, por lo tanto, sometidos a su autoridad. Pero como la muerte da por terminado el contrato de matrimonio y permite el nuevo casamiento, así también **ustedes murieron a la ley mediante el cuerpo crucificado de Cristo, a fin de pertenecer a otro** (4a).

Nos surgen dos preguntas en relación con esta muerte que se nos dice hemos padecido. Primero, ¿cómo ocurrió? Tuvo lugar mediante 'el cuerpo crucificado de Cristo'. Es imposible creer que haya aquí una alusión a la iglesia como cuerpo de Cristo. Desde luego que no; fue su cuerpo físico el que murió en la cruz. Pero mediante nuestra unión personal con Cristo hemos compartido su muerte (como explicó el apóstol en Romanos 6), y por lo tanto se puede decir que hemos muerto 'mediante' su cuerpo. Segundo, ¿qué significa que hayamos 'muerto a la ley'? La expresión nos recuerda la afirmación similar de que hemos 'muerto al pecado' (6.2). Es más, parecerían significar lo mismo. Porque si morir al pecado significa llevar la pena correspondiente, o sea la muerte, es la ley la que prescribe esta pena. Por lo tanto, morir al pecado y morir a la ley son expresiones idénticas. Ambas significan que mediante la participación en la muerte de Cristo la maldición de la ley o la condena del pecado quedaron eliminadas.[5] 'La muerte al pecado … es, también, necesariamente, una muerte a la condena de la ley.'[6]

Hay, de hecho, muchos paralelos entre Romanos 6 (liberación del pecado) y Romanos 7 (liberación de la ley). Así como morimos al pecado (6.2), morimos también a la ley (7.4). Así como morimos al pecado por unión con la muerte de Cristo (6.3), también morimos a la ley mediante el cuerpo de Cristo (7.4). Así como hemos sido justificados y librados del pecado (6.7, 18), también hemos sido librados de la ley (7.6). Así como hemos compartido la resurrección de Cristo (6.4–5), igualmente pertenecemos a aquel que fue levantado de entre los muertos (7.4). Así como ahora vivimos una vida nueva (6.4), ahora servimos en novedad del Espíritu (7.6). Así como el fruto que cosechamos lleva a la santidad (6.22), de la misma manera llevamos fruto para Dios (7.4).

A continuación se explican los propósitos por los cuales hemos muerto con Cristo a la ley. El propósito inmediato es **pertenecer** a otro, a saber, **al que fue levantado de entre los muertos** (4b). Los lectores advierten que con esta declaración la metáfora de Pablo ha experimentado un cambio. En la metáfora del matrimonio el esposo muere y la mujer vuelve a casarse; en la realidad es la esposa (anteriormente casada a la ley) quien experimenta la muerte y quien vuelve a contraer matrimonio. Algunos comentaristas parecerían disfrutar cuando pueden burlarse de Pablo por su supuesta ineptitud literaria. Nadie es más mordaz que C. H. Dodd: 'La ilustración … es confusa desde el comienzo … a Pablo … le falta la capacidad de ilustrar sostenidamente una idea mediante imágenes concretas … Probablemente sea falta de imaginación. No podemos menos que comparar sus complejas y torpes alegorías con las magistrales parábolas de Jesús … Pablo se tambalea entre las imágenes que ha intentado evocar … Nos sentimos aliviados cuando se cansa de sus inmanejables títeres y se ocupa de cosas reales.'[7] Pero este tipo de sarcasmo es injusto, lo mismo que la comparación con Jesús. Debemos permitirle a Pablo ser fiel a sí mismo y dejar que haga lo que se propone hacer. No está escribiendo parábolas. Tampoco desarrolla una alegoría en la que cada detalle del cuadro corresponde exactamente a algo en la realidad. Su propósito se cumple admirablemente mediante lo esencial de la ilustración, o sea que la muerte ha asegurado nuestra liberación de la ley y nuestro nuevo matrimonio con Cristo.

Si el propósito inmediato de nuestro morir con Cristo a la ley es que ahora podamos pertenecer a Cristo, el propósito final es que demos **fruto para Dios** (4c). Algunos comentaristas creen que Pablo sigue con su metáfora del matrimonio, y que 'fruto' se refiere a los hijos del matrimonio. 'Difícilmente pueda dudarse [es decir, en razón del contexto]', escribe C. K. Barrett, 'que [Pablo] está pensando en el nacimiento de hijos.'[8] Mediante ella Pablo 'inequívocamente' completa su metáfora, dice Godet, y acusa a quienes la rechazan de 'mojigatería'.[9] Martin Lloyd-Jones va más allá y desarrolla el paralelo. Se refiere a Efesios 5.25ss y a la unión de la iglesia con Cristo, a la que describe como misteriosa, sumisa, permanente, privilegiada e íntima.[10]

Prosigue así: "'Fruto' significa hijos, el fruto del casamiento, la prole … que ha de nacer"[11] ¿Qué es lo que se quiere decir? Es 'el fruto de la santidad', el fruto del Espíritu.[12] Termina sosteniendo que la ley fue impotente para lograr esto. 'Pero ahora estamos casados con Alguien que tiene la fuerza, la virilidad y la potencia necesarias para producir hijos hasta de nosotros', es decir, una vida que se viva 'para la gloria de Dios y la alabanza de Dios'.[13]

Otros comentaristas han desechado totalmente esta construcción. James Denney y Charles Cranfield han usado ambos el epíteto de 'grotesco' en relación con ella,[14] y James Dunn declara que 'no es necesaria ni apropiada'.[15] Si bien personalmente no me considero tan negativo, sí quiero mencionar algunas críticas. Primero, convierte la metáfora de Pablo en una alegoría, algo que el apóstol no alienta en el desarrollo del texto. Segundo, ofrece una interpretación forzada de 'fruto' (*karpos*), cuando esta palabra no se usa en ese sentido en el Nuevo Testamento (a pesar del mandato original de Dios a 'fructificar'),[16] y cuando se podrían usar otras palabras para 'hijos'. Además, en el contexto 'fruto' se ha usado ya en el sentido de resultado o 'provecho' (DHH, 6.21s). En tercer lugar, pinta al cristiano individual como casado con Cristo, mientras que es la iglesia la que constituye la esposa de Cristo, así como Israel lo era de Yahvéh.

De todos modos, sea que 'fruto' signifique 'hijos' o no, todos están de acuerdo en que el resultado de ser liberados de la ley y unidos a Cristo es vivir santamente, y no en el libertinaje antinomiano. Porque hacerse cristiano comprende un cambio radical de lealtad. Al final del capítulo 6 se contrastan nuestras dos esclavitudes. Al comienzo del capítulo 7 se trata de nuestros dos matrimonios, en los que la muerte disuelve el primero y, de este modo, permite el segundo. Ambas metáforas hablan de nuestra nueva libertad para servir, tema del que se ocupa Pablo a continuación.

d. La antítesis fundamental | 5–6

En el nuevo contraste que pinta entre nuestra vida vieja y la nueva ('cuando estábamos' [5, lectura alternativa al pie de página en NVI] … **Pero ahora,** que nos recuerda 6.20, 22), Pablo tiene especial cuidado en señalar el lugar de la ley en cada una. En nuestra vieja vida, **cuando nuestra naturaleza pecaminosa aún nos dominaba** (literalmente, 'cuando estábamos en la carne'), nuestras **malas pasiones** (que nos provocaban a la rebelión, como explica Pablo en los versículos 8–12) **que la ley nos despertaba actuaban en los miembros de nuestro cuerpo, y dábamos fruto para muerte** (5). **Pero ahora, al morir a lo que nos tenía subyugados,** es decir, a la ley, **hemos quedado libres de la ley, a fin de** que, en consecuencia, lejos de estar libres para pecar, estemos libres para **servir** (como esclavos). Y nuestra esclavitud a Cristo es **con el nuevo poder que nos da el Espíritu, y no por medio del antiguo mandamiento escrito** (6). O, literalmente y en forma más breve, es 'en novedad del Espíritu y no en la vejez de la letra'.

La distinción que Pablo tiene presente en su conciso aforismo no es entre lo que se conoce como la 'letra' y el 'espíritu' de la ley, ni entre la interpretación literal y la alegórica de la Escritura, sino entre el antiguo pacto que era entre la 'letra' (*gramma*), un código externo escrito sobre tablas de piedra, y el nuevo pacto que es del 'Espíritu' (*pneuma*), porque la nueva era es esencialmente la era del Espíritu, en la que el Espíritu Santo escribe la ley de Dios en nuestro corazón.[17]

Estamos ahora en condiciones de resumir el contraste que contienen los versículos 5–6. Se trata de una antítesis entre las dos eras, los dos pactos o las dos dispensaciones y, por lo tanto, dado que hemos sido personalmente transferidos del antiguo al nuevo, entre nuestra vida anterior y posterior a la conversión. En nuestra vieja vida vivíamos dominados por ese terrible cuarteto: la carne, la ley, el pecado y la muerte (5). Pero en nuestra vida nueva, habiendo sido liberados de la ley, somos esclavos de Dios por el poder del Espíritu (6). Los contrastes son llamativos. Estábamos 'en la carne', pero ahora estamos 'en el Espíritu'. Fuimos provocados por la ley, pero ahora estamos libres de ella. Dábamos fruto para muerte (5), pero ahora llevamos fruto para Dios (4). ¿Y qué es lo que ocasionó esta liberación de la vieja vida y esta introducción a una nueva? La respuesta es: ese radical doble acontecimiento llamado muerte y resurrección. Morimos 'a la ley' mediante la muerte de Cristo (4a); ahora pertenecemos a Cristo, habiendo sido levantados 'de entre los muertos' con él (4b).

De este modo volvemos a la pregunta sobre si la ley todavía es obligatoria para los cristianos, y sobre si todavía se espera que la obedezcamos. ¡Sí y no! Sí, en el sentido de que la libertad cristiana es libertad para servir, no libertad para pecar. Seguimos siendo esclavos (6), esclavos de Dios y de la justicia (6.18, 22). Pero no, a la vez, porque los motivos y los medios para el servicio han cambiado completamente. ¿Por qué servimos? No porque la ley sea nuestro amo y estemos obligados a hacerlo, sino porque Cristo es nuestro esposo y queremos hacerlo. No porque la obediencia lleve a la salvación, sino porque la salvación nos lleva a obedecer. ¿Y cómo servimos? Servimos **a Dios con el nuevo poder que nos da el Espíritu** (6). Porque el hecho de que el Espíritu Santo habita en nosotros es la característica distintiva de esta nueva era, como también lo es la nueva vida en Cristo.

Para nuestra justificación, entonces, no estamos 'bajo la ley sino bajo la gracia' (6.14s), y para la santificación servimos 'no en la vejez de la letra sino en la novedad del Espíritu' (6, literalmente). Seguimos siendo esclavos, pero el amo al que servimos es Cristo, no la ley, y el poder mediante el cual servimos es el Espíritu, no la letra. La vida cristiana consiste en servir al Cristo resucitado en el poder del Espíritu.

Al llegar a este punto, Pablo podría haber pasado directamente a Romanos 8, que desarrolla el significado de la vida en el Espíritu. Pero sabía que su insistencia en la liberación de la ley habría de resultar tan provocativa para sus lectores que era preciso dedicar un párrafo a anticiparse a sus objeciones y a contestarlas. Esto es lo que hace en los versículos 7–25, que en realidad constituyen un paréntesis entre Romanos 7.6 y 8.1. No vuelve a mencionar al Espíritu Santo en el resto del capítulo 7.

2. En defensa de la ley: Una experiencia pasada | 7–13

Hemos visto lo negativas que fueron la mayoría de las referencias de Pablo a la ley en los primeros capítulos de la carta. Sumado a esto, los versículos 1–6 de Romanos 7 celebran el hecho de que seamos librados de la ley. Estos versículos contienen tres expresiones categóricas sobre el tema. Primero, hemos muerto a la ley mediante el cuerpo crucificado de Cristo, a fin de que pudiésemos pertenecer a él (4). Es decir, es imposible que mantengamos la lealtad a la ley y a Cristo simultáneamente. Como un primer matrimonio tiene que finalizar mediante la muerte antes de que se permita un nuevo matrimonio, así también la muerte a la ley tiene que venir antes del compromiso con Cristo. En segundo lugar, la ley sirvió para despertar nuestras pasiones pecaminosas, de modo que produjimos 'fruto para muerte' (5). Y esta secuencia de ley–pecado–muerte, tiene que haberles dado a los lectores de Pablo una clara impresión de que él consideraba que la ley era responsable de ambas cosas. Tercero, hemos sido librados de la ley con el propósito de que sirviésemos en la nueva vida que proporciona el Espíritu (6). Y esta vida nueva controlada por el Espíritu resultaba imposible mientras no quedáramos libres de la ley.

Todo esto es alimento sólido y lenguaje fuerte. Aparentemente se presenta a la ley como un impedimento para el casamiento con Cristo; además, despierta el pecado, ocasiona la muerte, e impide la vida en el Espíritu, por lo cual cuanto antes nos liberemos de ella tanto mejor. A algunas personas les habrá parecido que se trataba de antinomianismo total. De hecho, la reacción que Pablo esperaba de los romanos lo llevó a formular las preguntas antinomianas finales: ¿… **la ley es pecado?** (7), y **¿lo que es bueno** (es decir, la ley) **se convirtió en muerte para mí?** (13). Es decir, ¿es la ley responsable tanto del pecado como de la muerte, y por consiguiente tan perniciosa en su influencia que deberíamos repudiarla totalmente? ¿Era eso lo que estaba enseñando Pablo? El apóstol responde de inmediato a ambas preguntas con su violenta negación: **¡De ninguna manera!** (7, 13).

Notamos que esta es la segunda objeción a su enseñanza a la que da respuesta Pablo. La primera fue, '¿Vamos a persistir en el pecado, para que la gracia abunde? … ¿Vamos a pecar porque … estamos … bajo la gracia?' (6.1, 15). La segunda es '¿La ley es pecado? … ¿Lo que es bueno se convirtió en muerte para mí?' (7.7, 13). La primera es una pregunta acerca de la gracia, sobre si alienta a la gente a pecar. La segunda es una pregunta acerca de la ley, sobre si es el origen del pecado y la muerte. De modo que el apóstol defiende tanto la gracia como la ley contra sus detractores. En Romanos 6 sostuvo que la gracia no provoca el pecado; por el contrario, hace inadmisible el pecado, incluso inconcebible. Ahora en Romanos 7 sostiene que la ley no genera el pecado ni la muerte; más bien, es nuestra naturaleza humana caída la culpable de ambas cosas.

En su tratamiento de la ley (tema al que ahora ha llegado) el apóstol lleva a cabo una hábil acción de equilibrio. Porque no se expresa en forma totalmente positiva con respecto a la ley, ni totalmente negativa, sino ambivalente. Por una parte la ley es sin duda alguna la ley de Dios, la revelación de su justa voluntad. En sí mismo **el mandamiento es santo, justo, bueno** y espiritual (12). Por otra parte, no puede salvar a los pecadores, y su impotencia es una de las principales razones que explica los continuos conflictos interiores. Este es, entonces, su doble tema en el resto del capítulo: primero la presente sección, 'Una defensa de la ley' (7–13); seguidamente, 'La debilidad de la ley' (14–25).

a. La identidad del 'yo' (la primera persona del singular)

A medida que Pablo desarrolla su tesis, nos llama la atención de inmediato el lugar destacado del pronombre personal. Tanto este párrafo (7–13) como el siguiente (14–25) están llenos de la primera persona singular. De hecho, el debate acerca de Romanos 7 se reduce en esencia a una investigación sobre la identidad de la persona de que se trata.

Nuestra primera y natural reacción (limitándonos ahora a los versículos 7–13) es entender que se trata de una página de la autobiografía de Pablo anterior a su conversión. Lo que escribe parece demasiado realista y vívido como para ser un recurso puramente retórico o la personificación de algún otro. Al mismo tiempo, sus referencias no son tan personales como para ser aplicables a él exclusivamente. Son lo suficientemente generales como para incluir a otros. En consecuencia, desde los primitivos padres griegos de la iglesia cristiana en adelante, muchos comentaristas han interpretado las experiencias de Pablo no solamente como autobiográficas sino también típicas, representativas ya sea de los seres humanos en general o del pueblo judío en particular. Las opciones son, por lo tanto, que la primera persona del singular en este párrafo se refiera a Pablo, a Adán, o a Israel. Y la pregunta clave consiste en averiguar en qué forma los cuatro hechos del versículo 9 se aplican a cada uno de ellos: (a) **En otro tiempo yo tenía vida aparte de la ley;** (b) **… vino el mandamiento,** (c) **cobró vida el pecado** (d) **y yo morí.**

Si Pablo está describiendo etapas de su propia experiencia, es posible hacer dos reconstrucciones. La primera es que está aludiendo a su niñez. En su inocencia infantil 'tenía vida aparte de la ley'; 'vino el mandamiento' con el *bar mitzvah* a los trece años de edad, cuando se convirtió en 'hijo del mandamiento' y asumió la responsabilidad de su propia conducta; luego, con su 'despuntar de la conciencia'[18] 'cobró vida el pecado'; y la rebelión del adolescente provocó su separación de Dios. Es decir, 'murió'. Se trata de un escenario loable, excepto que el adolescente judío, circuncidado al octavo día y criado como 'hebreo de pura cepa,'[19] difícilmente podría describirse como quien está 'aparte de la ley'. Todo lo contrario, esta le habría sido inculcada prácticamente desde la cuna. Por ello, tal vez deberíamos entender este 'aparte de la ley' con el significado de que todavía no estaba conscientemente sometido a la condenación de la ley.

La segunda reconstrucción posible es que Pablo se refiere a su vida anterior a la conversión como fariseo. En este caso 'tenía vida' de acuerdo a su propia apreciación, y no le molestaba la ley porque en relación con una justicia legalista se consideraba 'intachable'.[20] 'Está hablando', escribe John Murray, 'de la vida imperturbable, autocomplaciente y autojustificada en la que vivía en una época anterior a aquella en la que lo conmovieran sus acciones turbulentas y la convicción de su pecado'.[21] Con el fin de describir lo que luego ocurrió, contrastó dramáticamente su situación anterior y posterior a la ley. Aparte de la ley el pecado estaba muerto y él estaba vivo, pero cuando llegó el mandamiento, 'se produjo una conversión completa',[22] porque el pecado cobró vida y él murió (8b, 9a). El décimo mandamiento le abrió los ojos a su pecaminosidad interior, y de este modo le provocó la convicción de pecado y de muerte espiritual. Las principales dificultades con esta sugestión son que 'vida aparte de la ley' no es la descripción más obvia de la autojustificación, y que no tenemos indicios independientes de una crisis espiritual en Pablo con anterioridad a su encuentro con el Señor resucitado en el camino a Damasco.

¿Será que Pablo en realidad se refiere a Adán? Aunque muchos comentaristas antiguos han entendido que la experiencia de Pablo es típica de los seres humanos, son investigadores modernos los que han trazado paralelos entre los versículos 7–11 y Génesis 2–3, y por ende entre Pablo y Adán. Ernst Käsemann llega a afirmar que 'estrictamente, el hecho descrito [en los versículos 9–11] sólo puede referirse a Adán', que 'no hay nada en el pasaje que no se corresponda con Adán', y que 'todo el contenido solamente encuadra con Adán'.[23] James Dunn hace una evaluación más moderada, si bien ve la referencia a Adán en el versículo 9 como 'prácticamente ineludible', en especial en el siguiente sentido: 'Antes de que llegara el mandamiento, vida; después del mandamiento, pecado y muerte'.[24] Y John Ziesler identifica el mismo esquema en Romanos 7.7–13 y Génesis 2–3, a saber, 'inocencia, mandato, transgresión, muerte'.[25]

Es posible ir más lejos que esto y detectar seis etapas paralelas en la historia de Adán y Pablo. Primero, el 'en otro tiempo ... vida aparte de la ley' de Pablo podría corresponder a la era de la inocencia en el paraíso. Segundo, 'vino el mandamiento' podría referirse al mandato de Dios a Adán y Eva de que no comieran del árbol que estaba en el medio del jardín.[26] Tercero, las afirmaciones de Pablo de que 'cobró vida el pecado', y aprovechó **la oportunidad que le proporcionó el mandamiento** (8) podrían significar que "el pecado (la serpiente) se encontraba en el jardín antes del hombre, pero que no tuvo oportunidad de atacar al hombre hasta que este recibió el mandato de no comer 'del árbol del conocimiento del bien y del mal'".[27] Cuarto, la queja de Pablo de que el pecado lo **engañó** (11) nos recuerda la queja de Eva de que el diablo la había engañado a ella.[28] Quinto, el despertar de Pablo a su pecado se debió a la prohibición de la codicia (7s), y el pecado de Adán y Eva fue, en forma semejante, el de un deseo impropio.[29] Sexto, la desobediencia al mandato de Dios trajo como consecuencia la muerte tanto de Pablo (9, 11) como de Adán.[30] Así, entonces, la secuencia de ley–pecado–muerte, tan prominente en Romanos, también es evidente en Génesis.

Estas semejanzas son notables. Al mismo tiempo, también se podría hacer una lista de las faltas de correspondencia. Es verdad que Pablo no cita pasajes del relato de Génesis, porque los únicos paralelos verbales son los vocablos *mandado*, *engaño* y *muerte*. Ni siquiera está claro que Pablo aluda conscientemente a Adán y Eva, porque no los menciona. Lo más aproximado que podemos decir con libertad es que las dos biografías (la de Adán y la de Pablo) transcurrieran paralelamente.

¿Será, entonces, una referencia de Pablo a Israel? Esta alternativa es una propuesta hecha por Douglas Moo en forma muy atractiva. Señala, primero, que en todo el texto de Romanos 7 la ley se refiere a la ley mosaica, la Torá, de modo que una referencia a Adán siglos antes hubiese sido un anacronismo, aun en el caso de que "lo que es cierto de Israel bajo la ley de Dios dada por Moisés sea cierto *ipso facto* de todo el pueblo sometido a la 'ley'".[31] En segundo lugar, dice, 'es más natural tomar la llegada del mandato' (9) 'como una referencia a la entrega de la ley en el Sinaí',[32] incluido el décimo mandamiento contra la codicia.[33] Tercero, sugiere que la secuencia de versículos 9–10 (vida–mandamiento–pecado–muerte) tal vez pretendiera describir la historia de Israel en un 'vívido estilo narrativo' personal.[34]

Al mismo tiempo, el doctor Moo reconoce que sólo Adán y Eva antes de la caída pueden ser descritos acertadamente como con 'vida aparte de la ley', mientras que los demás seres humanos están 'muertos en sus transgresiones y pecados'[35] desde su nacimiento. Por el contrario, el período de Israel anterior al Sinaí podría caracterizarse como con 'vida sin la ley' solamente en el sentido de 5.13, de que 'antes de promulgarse la ley, ya existía el pecado en el mundo', pero que 'el pecado no se toma en cuenta cuando no hay ley'. El doctor Moo concluye recordándonos que 'el judío individual tenía un vivo sentido de identidad corporativa con la historia de su pueblo', como cuando durante la pascua repasaba la historia de Israel como si fuese la suya propia, de modo que Pablo puede muy bien haberse estado identificando con Israel en la experiencia que de la ley tenía el pueblo. En este caso, 'la primera persona no representa a Israel, sino a Pablo en solidaridad con Israel'.[36]

La mayoría de los comentaristas son comprensiblemente reticentes, cuando consideran la identidad de la primera persona del singular en los versículos 7–13, en cuanto a sentirse obligados a elegir entre Pablo, Adán e Israel, y han propuesto varias combinaciones. Por ejemplo, John Ziesler sugiere que el uso que hace Pablo del décimo mandamiento, que prohíbe la codicia, como un paradigma de la relación del pecado con la ley, 'le permite … hacer una fusión entre la entrega de la Ley en el Sinaí y la entrega del mandato a no comer en el jardín del Edén'.[37] Sin embargo, sería imposible eliminar totalmente el elemento autobiográfico. Es probable, por lo tanto, que Pablo esté relatando su propia historia y universalizándola al mismo tiempo. En síntesis, su experiencia (la secuencia de comparativa inocencia, ley, pecado y muerte), si bien es especialmente suya propia, es también la de todos, sea la de Adán en el jardín, la de Israel al pie del monte o, para el caso, la nuestra hoy.

b. La ley, el pecado y la muerte

Regresemos ahora al texto de los versículos 7–13, y a los dos interrogantes que plantea Pablo, a saber, si lo que está enseñando es que la ley es la causa del pecado y de la muerte.

Pregunta 1. ¿Es pecado la ley? | 7–12

¿Será preciso catalogar a la ley como 'pecaminosa' en sí misma, en el sentido que ella sea responsable de crear el pecado? A continuación de su enfática respuesta ('¡De ninguna manera!'), el apóstol comienza a profundizar en las relaciones entre la ley y el pecado.

Primero, *la ley revela el pecado*. Ya ha escrito que 'mediante la ley cobramos conciencia del pecado' (3.20). Ahora escribe: **Sin embargo, si no fuera por la ley, no me habría dado cuenta de lo que es el pecado** (7a). Esto probablemente signifique que había llegado a reconocer la gravedad del pecado, porque la ley lo desenmascara y lo expone como rebelión contra Dios, y que por ella había llegado a admitir su pecado. Lo que lo convenció en su caso fue el mandamiento que prohibía la codicia. **Por ejemplo, nunca habría sabido yo lo que es codiciar si la ley no hubiera dicho: 'No codicies'** (7b).

Desde que el obispo Krister Stendahl usó la expresión, se ha hecho costumbre hablar de Pablo antes de su conversión como poseedor de una 'conciencia robusta', en contraste con la 'conciencia introspectiva' de Occidente.[38] El fundamento para sostener este juicio es que él se describió a sí mismo, cuando era fariseo, como 'intachable' en relación con la justicia bajo la ley.[39] Sin embargo, ¿es esta una base adecuada para declarar 'robusta' la conciencia de Pablo anterior a su conversión? La 'justicia legalista' (NIV), ante la que Pablo afirmaba ser intachable, se trataba seguramente de una conformidad externa a la ley. Pero la codicia (*epithymia*) es interna: un deseo, un impulso, lujuria. De hecho, 'incluye toda suerte de deseo ilícito',[40] y es en sí misma una forma de idolatría,[41] porque coloca al objeto del deseo en el lugar de Dios. Pablo bien podría haber obedecido los otros nueve mandamientos de palabra y de hecho; pero la codicia se ocultaba agazapada en su corazón, como ocurría con otros pensamientos malignos de los que habló Jesús en el Sermón del Monte.[42] De modo que fue la prohibición de la codicia lo que abrió los ojos de Pablo a su propia perversidad. El joven rico es un caso similar.[43] Por lo tanto, la conciencia de Pablo anterior a su conversión no fue ni 'robusta' ni morbosamente 'introspectiva'. Esa es una falsa polarización. En cambio, su conciencia estaba cumpliendo la sana función propuesta por Dios, especialmente al ser confirmada por el Espíritu Santo. Es decir, lo estaba convenciendo de su pecado.

Segundo, *la ley provoca el pecado*. Habiendo dicho ya que 'las malas pasiones ... la ley nos [las] despertaba' (5), ahora Pablo escribe lo siguiente: **Pero el pecado, aprovechando la oportunidad que le proporcionó el mandamiento, despertó en mí toda clase de codicia. Porque aparte de la ley el pecado está muerto** (8). El término *aformē* se usaba para una base militar, 'el punto de partida o base de operaciones para una expedición' (BAGD), un trampolín para un avance adicional. De modo que es el pecado en nosotros el que establece la base o el punto de apoyo por medio del cual nos provocan los mandamientos. Este poder provocador de la ley es un asunto de experiencia diaria. Desde la época de Adán y Eva, los seres humanos se han sentido atraídos por el fruto prohibido. Aparentemente este extraño fenómeno se denomina 'contra-sugestibilidad', o sea 'la propensión que algunas personas tienen a reaccionar negativamente ante cualquier indicación'.[44] Por ejemplo, una señal de tránsito dice 'deténgase' o 'reduzca la velocidad', y nuestra reacción instintiva es '¿Por qué tengo que detenerme?' o '¿Por qué tengo que reducir la velocidad?' O vemos una nota en alguna puerta que dice 'privado–no pasar', e inmediatamente queremos cruzar ese umbral prohibido.

En sus *Confesiones*, Agustín nos ofrece un buen ejemplo de esa tendencia al mal. Cierta noche, a los dieciséis años de edad, en compañía de 'una pandilla de traviesos adolescentes', sacudió un peral y robó la fruta. Su motivo, confiesa, no era que tuviera hambre, porque en realidad arrojaron las peras a los puercos. 'Robé algo que yo tenía en abundancia y de mucho mejor calidad. Mi deseo no era disfrutar de lo que adquiría robando, sino simplemente disfrutar de la emoción de robar y de hacer algo malo.'[45] ¿Acaso era posible', se preguntó a sí mismo, 'obtener placer en algo ilícito simplemente por tratarse de algo que no estaba permitido?'[46]

En realidad, en todos estos casos la culpa no la tiene la ley sino el pecado que se manifiesta hostil a la ley de Dios (8.7). El pecado tuerce la función de la ley, de modo que, en lugar de revelar, exponer y condenar el pecado, lo alienta e incluso lo provoca. No podemos culpar a la ley porque proclame la voluntad de Dios.

Tercero, *la ley condena el pecado* (9–11). Ya hemos examinado el versículo 9 y hemos preguntado si sus cuatro etapas ('yo tenía vida aparte de la ley', 'vino el mandamiento', 'cobró vida el pecado', y 'yo morí') son descriptivos de Pablo, de Adán o de Israel. Nuestra conclusión fue que se refieren a Pablo en primer lugar, pero a Pablo en solidaridad tanto con la raza humana como con la judía. Mediante esta experiencia personal, sigue diciendo, **se me hizo evidente que el mismo mandamiento que debía haberme dado vida me llevó a la muerte** (10). En otras palabras, la ley lo condenó. Para ser más claro, Pablo repite primero la parte del versículo 8 de que 'el pecado [aprovechó] la oportunidad que le proporcionó el mandamiento' (menciona 'el mandamiento' seis veces en estos versículos porque es el papel de la ley lo que está dando a conocer), y agrega que el pecado **se aprovechó del mandamiento**, lo **engañó** (presumiblemente prometiéndole beneficios que no podía proveer), y luego **por medio de él** [es decir, del mandamiento] lo **mató** (11). Así, los tres versículos (9, 10 y 11) hablan del mandamiento en relación con la muerte; anticipan el versículo 13, en el que Pablo aclara que lo que le causó la muerte no fue la ley sino el pecado que se aprovechó de la ley.

He aquí, entonces, los tres efectos devastadores de la ley en relación con el pecado. Expone, provoca y condena el pecado. Porque 'el poder del pecado es la ley'.[47] Pero la ley no es en sí misma pecaminosa, como tampoco es responsable del pecado. Por el contrario, es el pecado mismo, nuestra naturaleza pecaminosa, el que se vale de la ley para llevarnos a pecar y de esa manera sufrir la muerte. La ley queda eximida; el pecado tiene la culpa. La enseñanza de este párrafo está bien sintetizada en la pregunta del versículo 7 y la afirmación del versículo 12. Pregunta: '¿La ley es pecado?' (7). Afirmación: **Concluimos, pues, que la ley es santa, y que el mandamiento es santo, justo y bueno** (12). Es decir, sus requisitos son santos y justos en sí mismos, y también buenos (*agathos*), o sea 'beneficiosos en su intención'.[48] Con esto llega Pablo a la otra pregunta de quienes lo objetan en relación con la ley.

Pregunta 2. Lo que es bueno, ¿se convirtió en muerte para mí? | 13

Es cierto que el versículo 10 parecía comprometer a la ley como responsable de la muerte, al declarar que el mismo mandamiento que 'debía haberme dado vida me llevó a la muerte'. Por lo tanto, ¿tenía la ley la culpa de ofrecer vida con una mano y producir muerte con la otra? **Pero entonces, ¿lo que es bueno se convirtió en muerte para mí?**

El apóstol contesta esta segunda pregunta como contestó la primera, con su enfático *mē genoito*, '¡De ninguna manera!' La ley no produce el pecado; lo expone y lo condena. La ley tampoco provoca la muerte; el pecado la produce. **Más bien fue el pecado lo que, valiéndose de lo bueno** (es decir, la ley), **me produjo la muerte; ocurrió así** (esta era la intención de Dios) **para que el pecado se manifestara claramente, o sea, para que mediante el mandamiento se demostrara lo extremadamente malo que es el pecado** (13b). En efecto, la extrema pecaminosidad del pecado se ve justamente en la forma en que se aprovecha de algo que es bueno (la ley) para un fin perverso (la muerte).

Como respuesta a ambas preguntas, entonces, Pablo ha declarado que la culpa no la tiene la ley (que tiene buenas intenciones) sino el pecado (que se vale incorrectamente de la ley). Los versículos 8 y 11 guardan un estrecho paralelismo. Ambos describen al pecado **aprovechando la oportunidad que le proporcionó el mandamiento**, ya sea para producir pecado (8) o para ocasionar la muerte (11). Imaginemos el caso de un criminal en la actualidad. Un hombre es descubierto con las manos en la masa, quebrantando la ley. Es arrestado, llevado a juicio, declarado culpable, y sentenciado a la cárcel. No puede culpar a la ley por su encarcelamiento. Es verdad que la ley lo condenó y lo sentenció. Pero no tiene a quién culpar sino a sí mismo y a su propio comportamiento criminal. En forma semejante Pablo exime a la ley. 'El villano en cuestión es el pecado',[49] el pecado que habita en la persona y que, debido a su perversidad, es despertado y provocado por la ley. Aquellos antinomianos que dicen que todo nuestro problema está en la ley, se equivocan de medio a medio. Nuestro verdadero problema no es la ley, sino el pecado. Es el pecado que habita en nosotros lo que pone de manifiesto la debilidad de la ley, como el apóstol se propone demostrar en el próximo párrafo. La ley no puede salvarnos porque no podemos guardarla, y no podemos guardarla por causa del pecado que habita en nosotros.

3. La debilidad de la ley: Un conflicto interior | 14–25

Habiendo reivindicado a la ley en los versículos 7–13 por no ser responsable del pecado y la muerte, Pablo procede ahora a mostrar que, no obstante, la ley tampoco puede ser responsable de nuestra santidad.

La ley es buena, pero a la vez es débil. En sí misma es santa, pero es impotente para hacernos santos. Esta importante verdad sirve de apoyo a toda la sección final de Romanos 7. Muestra la inútil lucha de las personas que siguen estando 'bajo la ley'. Hacen bien en acudir a la ley en busca de guía moral, pero se equivocan cuando acuden a ella en busca de poder salvador.

Cuando nos ocupamos de este pasaje, aquello que de inmediato llama nuestra atención es que, aunque sigue valiéndose de la primera persona singular, Pablo cambia los tiempos de todos los verbos. Hasta aquí venía usando el tiempo pasado: 'En otro tiempo yo tenía vida aparte de la ley; pero cuando vino el mandamiento … yo morí' (9). Esta fue su experiencia pasada, anterior a la conversión. Pero ahora, súbitamente los verbos se encuentran en el tiempo presente: 'No hago lo que quiero, sino lo que aborrezco' (15). Nos lleva a pensar en su experiencia presente, posterior a la conversión. Esta sería la interpretación natural de los pronombres personales y el tiempo presente. Pero, ¿es este realmente el apóstol cristiano que describe su propio conflicto incesante entre lo que quiere hacer y lo que hace, entre lo que desea y el resultado que obtiene? ¿O es que está personificando a alguien?

Antes de estudiar el texto, es esencial procurar descubrir la identidad de la persona que se expresa en la primera persona del singular.

a. ¿Se trata de una persona regenerada o no regenerada?

Los más antiguos intérpretes griegos, desde Orígenes en adelante, repudiaron el punto de vista de que Pablo se refería a sus propias luchas morales. No podían aceptar que un creyente regenerado y maduro como Pablo pudiese describirse como un hombre **vendido como esclavo al pecado** (14), cuando acaba de celebrar su transferencia a otra esclavitud, que en realidad era libertad (6.6, 17–18, 22). ¿Podía este Pablo confesar que no puede hacer lo que quiere hacer, mientras que hace lo que aborrece (15)? ¿Podía ser Pablo el que exclamaba con gran angustia y desdicha pidiendo liberación (24), al parecer olvidando ahora la paz, el gozo, la libertad y la esperanza del pueblo justificado de Dios que había descrito (5.1ss)? Así que estos comentaristas llegaban a la conclusión de que Pablo estaba personificando a una persona no regenerada, por lo menos hasta 8.1ss, y que estaba describiendo al ser humano en Adán, no en Cristo. Algunos entendidos contemporáneos que mantienen esta posición la respaldan con una cita de Ovidio, el poeta romano del primer siglo: 'Veo y apruebo las mejores cosas, pero persigo las peores.'[50]

La iglesia occidental, sin embargo, siguió a Agustín, quien primero adoptó el punto de vista de los comentaristas griegos pero luego cambió de parecer, y entonces influyó sobre los reformadores protestantes. Según este punto de vista, Pablo estaba escribiendo como un creyente verdaderamente regenerado e incluso maduro. Tres características de su autorretrato apoyan esto. La primera se refiere a su opinión sobre sí mismo. Se describe como **meramente humano** (14; RVR 'carnal') y declara que en él **nada bueno habita**, es decir, en su **naturaleza pecaminosa** (18). Porque los incrédulos se justifican a sí mismos y confían en sí mismos; solamente los creyentes piensan y hablan de sí mismos con disgusto y desesperación.

Segundo, está la actitud de Pablo hacia lo que manda la ley. No sólo lo llama 'santo, justo y bueno' (12), además de 'espiritual' (14), sino que también se refiere a ella como **el bien que quiero** hacer (19). Afirma tanto que **en lo íntimo de mi ser me deleito en la ley de Dios** (22) como que **con la mente yo mismo me someto a la ley de Dios** (25). De modo que aquí tenemos a un hombre que no sólo reconoce la bondad propia de la ley, sino que la ama, se deleita en ella, la anhela, y se considera esclavizado a ella. Este no es el lenguaje de una persona no regenerada. Porque en el próximo capítulo Pablo declara que 'la mentalidad pecaminosa ['la mente carnal', AV; 'la mente puesta en la carne', BA; 'los designios de la carne', RVR] es enemiga de Dios' y que 'no se somete a la ley de Dios, ni es capaz de hacerlo' (8.7). Pablo, no obstante, siente amor por la ley, no enemistad; y se somete a ella en lugar de rebelarse contra ella.

Tercero, consideremos las ansias de Pablo por llegar a la liberación final. El clamor del **pobre miserable** (24) expresa anhelo en lugar de desesperación. Anhela ser rescatado de su **cuerpo mortal**, es decir, de su presente estado de pecaminosidad y mortalidad, y ser trasladado a un nuevo y glorioso cuerpo de resurrección. ¿No es este un ejemplo del 'gemir' interior del pueblo de Dios que espera ansiosamente la redención de su cuerpo (8.23)?

Una persona así, que deplora el mal que anida en su naturaleza caída, que se deleita en la ley de Dios, y que anhela la prometida salvación plena y final, parecería proporcionar amplias pruebas de ser regenerada e incluso, madura.

Los comentaristas siguen colocándose a ambos lados de este debate. La defensa reciente más elocuente de la posición del 'no regenerado' es la que proporciona Douglas Moo.[51] Ve a Pablo como 'si estuviera retrocediendo desde su comprensión cristiana, hacia su propia situación y la de otros judíos como él que vivían bajo la ley de Moisés'.[52] Sin embargo fue decisivo para él, a fin de llegar a su conclusión, el contraste entre la calificación que Pablo hace de sí mismo como esclavo del pecado (14), y sus afirmaciones en Romanos 6 y 8 sobre la libertad cristiana.

La declaración más convincente de la posición alternativa la proveyó Charles Cranfield,[53] quien escribe que estos versículos en Romanos 7 'describen vívidamente el conflicto interior característico del verdadero cristiano, conflicto tal que sólo es posible en el hombre en el cual está activo el Espíritu Santo, y cuya mente está siendo renovada bajo la disciplina del evangelio'.[54]

Pero ninguna de estas dos posiciones resulta del todo satisfactoria. Sería tan extraño que personas no regeneradas desearan ardientemente hacer lo que es bueno, como para una persona regenerada confesar que no puede hacerlo (15–19). ¿Cómo puede una persona regenerada, que ha sido liberada del pecado (6.18, 22; 8.2), describirse como esclava y prisionera de él (7.14, 23–25)? ¿Y cómo puede una persona no regenerada, que es hostil a la ley de Dios (8.7), declarar que se deleita en ella (7.22)? Hay aquí una inherente contradicción, que hace inaceptables ambas posiciones extremas.

El doctor Martin Lloyd-Jones rechaza ambas. 'No es posible que' la persona que se deleita en la ley de Dios 'no sea regenerada', y tampoco es posible que la persona que se considera esclava del pecado sea 'plenamente regenerada'.[55] El clamor del **pobre miserable** (24) es enteramente incompatible con el perfil de un cristiano en el resto del Nuevo Testamento.[56] Por lo tanto, entiende que las personas que está describiendo Pablo son las que en tiempos de despertar espiritual 'son convencidas de su pecado por el Espíritu Santo', se sienten 'totalmente condenadas', luchan por cumplir la ley con sus propias fuerzas, pero aún no han comprendido el evangelio. Por un tiempo son 'ni no regenerados ni regenerados',[57] porque experimentan 'convicción [de pecado] pero no la conversión'.[58] Cita como ejemplo la intensa agonía de espíritu que describe John Bunyan en *Grace Abounding* [Gracia abundante], y se refiere a la enseñanza de varios puritanos, especialmente William Perkins.[59] Mi duda en cuanto a aceptar este punto de vista es que aquello que distingue a las personas que está describiendo Pablo, más todavía personificando, no es la situación inusual de un despertar, sino más bien su singular relación con la ley. La rareza consistía en que, si bien eran lo suficientemente cristianas como para deleitarse en la ley de Dios, no eran lo suficientemente cristianas como para obedecerla. Cometían el error de acudir para su santificación a la ley, en lugar de acudir al Espíritu.

El profesor Dunn pone el énfasis en 'la tensión escatológica de estar atrapado entre las dos épocas de Adán y Cristo'.[60] Piensa que Pablo está dando expresión a su experiencia como cristiano regenerado, que realmente había muerto en Cristo al pecado y la ley, pero que todavía no había compartido plenamente la resurrección. De modo que 'está suspendido (muy incómodamente) entre la muerte y la resurrección de Cristo'.[61] Como consecuencia, la primera persona singular del creyente 'queda partida, suspendida entre las épocas, dividida entre el pertenecer a Cristo y el pertenecer a esta era'.[62] En esto consiste 'el doble aspecto de la experiencia del creyente',[63] que está simultáneamente en Adán y en Cristo, esclavizado y liberado. Y el lastimoso clamor del versículo 24 es en procura de 'escape de la tensión de encontrarse suspendido entre dos eras'.[64]

Al responder a estas explicaciones, desde luego, tenemos que estar de acuerdo en que los cristianos se encuentran atrapados en la tensión entre el 'ya' de la inauguración del reino y el 'todavía no' de su consumación, y que esta tensión puede resultar dolorosa. Pero, ¿acaso no es demasiado rígida la antítesis entre la libertad y la esclavitud como para que ellas puedan ser combinadas en una misma persona al mismo tiempo? ¿Realmente podemos sostener que todos los cristianos han sido simultáneamente 'liberados del pecado' y 'vendidos como esclavos al pecado'? Esto no es tensión, sino contradicción.

Si volvemos al comienzo y procuramos construir un perfil de la primera persona en Romanos 7.14–25, nos damos contra tres hechos recurrentes que no podemos eludir. Primero, que se trata de una persona regenerada. Si la mente no regenerada es hostil a la ley de Dios y se niega a someterse a ella (8.7), entonces el que ama la ley de Dios y anhela someterse a ella es una persona regenerada.

Segundo, aunque regenerada, no es un creyente normal, sano, maduro. Porque los creyentes 'antes eran esclavos del pecado' pero ahora han 'sido liberados del pecado' y se han hecho esclavos de Dios y de la justicia (6.17ss), mientras que este creyente declara que sigue siendo esclavo y prisionero del pecado (14, 23). Es cierto que el conflicto entre la carne y el Espíritu es normal en la experiencia cristiana, y los comentaristas reformados se han inclinado a identificar Romanos 7.14ss con Gálatas 5.16ss. Así, Calvino escribe en su comentario sobre el versículo 15: 'Esta es la lucha cristiana entre la carne y el Espíritu, de la que habla Pablo en Gálatas 5.17.'[65] Pero, ¿es así? Gálatas 5 promete victoria inmediata a los que andan en el Espíritu; Romanos 7, sin embargo, mientras expresa certidumbre en cuanto a la liberación final (25), describe sólo una derrota incesante.

Tercero, este hombre parece no saber nada acerca del Espíritu Santo, ya sea por el entendimiento o por la experiencia. Muchos comentaristas han prestado atención insuficiente a lo que el obispo Handley Moule llamaba 'este absoluto y elocuente silencio' en Romanos 7 acerca del Espíritu Santo.[66] Sólo se lo menciona en el versículo 6. Como ese versículo caracteriza a la era cristiana como la era del Espíritu, se podría esperar que este capítulo estuviera lleno del Espíritu. En cambio, Romanos 7 está lleno de la ley (mencionada, con sus sinónimos, treinta y una veces). Es Romanos 8 el que está lleno del Espíritu (mencionado veintiuna veces) y el que dice que el hecho de que el Espíritu habita en nosotros es la marca que legitima la pertenencia a Cristo (8.9). Entonces, si buscamos una descripción de la vida cristiana normal la encontraremos en Romanos 8; en cuanto a Romanos 7, con su concentración en la ley y su omisión del Espíritu, no puede decirse que describa lo que es normal en la vida cristiana.

Para sintetizar, los tres rasgos que resaltan de la persona representada en Romanos 7.14–25 son las siguientes: que ama la ley (y por consiguiente es regenerada), sigue siendo esclava del pecado (y por consiguiente no es un cristiano liberado), y no sabe nada acerca del Espíritu Santo (y por consiguiente no es un cristiano neotestamentario). ¿Quién es, entonces, esta singular persona?

Si encaramos la cuestión desde la perspectiva de la 'historia de la salvación', es decir, del relato del desenvolvimiento de los propósitos de Dios, la primera persona parecería ser un creyente del Nuevo Testamento, un israelita que vive bajo la ley, incluidos también los discípulos de Jesús antes de pentecostés, y probablemente muchos cristianos judíos contemporáneos de Pablo. Esas personas eran regeneradas. Los creyentes de la época del Antiguo Testamento vivían casi extasiados con la ley. 'Dichoso el hombre ... que en la ley del Señor se deleita.'[67] 'Los preceptos del Señor ... traen alegría al corazón ... dan luz a los ojos.'[68] 'Amo tus mandamientos, y en ellos me regocijo.'[69] '¡Cuánto amo yo tu ley! Todo el día medito en ella.'[70] Este es el lenguaje de los creyentes nacidos de nuevo.

Pero estos mismos creyentes del Nuevo Testamento que amaban la ley carecían del Espíritu. Y los salmos dan testimonio de su incapacidad para guardar esa ley que amaban. Nacían del Espíritu, pero el Espíritu no habitaba en ellos. Descendía sobre personas determinadas a fin de ungirlas para tareas específicas. Pero la perspectiva de contar con que el Espíritu habitara constantemente en la persona correspondía a la era mesiánica. 'Infundiré mi Espíritu en ustedes,' prometió Dios por medio de Ezequiel.[71] Y Jesús confirmó esto: 'Vive con ustedes y estará en ustedes.'[72] Parecería acertado, por lo tanto, describir a los creyentes anteriores a pentecostés en términos de 'amor por la ley pero falta del Espíritu'. Incluso después de pentecostés parecería que a muchos cristianos judíos les llevó tiempo adaptarse a la transición del antiguo período al nuevo. Desde luego que amaban la ley, pero también seguían estando 'bajo' ella. Hasta aquellos que habían comprendido que para la justificación 'no estaban bajo la ley sino bajo la gracia' no habían llegado a entender cabalmente que para la santificación tampoco debían estar 'bajo la ley sino bajo el Espíritu'. No habían salido aún del Antiguo Testamento para ingresar en el Nuevo, ni cambiado el 'antiguo mandamiento escrito' por 'el nuevo poder que nos da el Espíritu' (7.6).

De allí su penosa lucha, su humillante derrota. Confiaban en la ley, y todavía no habían llegado a reconocer su debilidad. Con el propósito de destacar esto, Pablo se identifica con esa etapa de su propio peregrinaje. Proclama la impotencia de la ley, dramatizándola en función de la experiencia personal. Describe lo que le ocurre a cualquiera que intenta vivir de conformidad con la ley en lugar del evangelio, de conformidad con la carne en lugar del Espíritu. La derrota que da como resultado no es culpa de la ley, porque la ley es buena, aunque débil. El culpable es **el pecado que habita en mí** (17, 20), el poder del pecado que habita en él, y que la ley no tiene poder para controlar.

Es preciso esperar hasta Romanos 8.9ss para que el apóstol dé testimonio de que sólo cuando el Espíritu habita en la persona es posible dominar el pecado que también habita allí. Antes de llegar a esto, sin embargo, se va a referir específicamente a la ley, de la que dice que 'la naturaleza pecaminosa anuló su poder', a lo que va a agregar, que Dios mismo ha hecho lo que la ley debilitada por el pecado no podía lograr. Dios mandó a su Hijo a morir por nuestros pecados para que los requisitos de la ley pudieran cumplirse en nosotros, siempre que no vivamos 'según la naturaleza pecaminosa sino según el Espíritu' (8.3–4). Solamente cuando el Espíritu ha reemplazado a la ley, y el Espíritu Santo al código escrito, la derrota puede ser reemplazada por victoria.

Si el 'pobre miserable' del versículo 24 es típico de muchos cristianos judíos de la época de Pablo, o sea una persona regenerada pero no liberada, bajo la ley y todavía no en o bajo el Espíritu, ¿tiene entonces Romanos 7 alguna aplicación para nosotros hoy? ¿O debemos descartarlo, argumentando que reviste interés histórico pero que no es pertinente para la actualidad? Quisiera sugerir que hay un modo incorrecto y un modo correcto de aplicar este pasaje en nuestro caso. El modo incorrecto es considerarlo como un modelo de experiencia cristiana, de tal modo que todos tengamos que pasar 'por Romanos 7 para llegar a Romanos 8'. Esto crearía un estereotipo de la iniciación cristiana en dos etapas, iniciación en la que el Espíritu Santo primeramente nos regenera y sólo más adelante entra a habitar en nosotros, y en la que la derrota es el necesario preludio a la victoria. Pero eso fue algo que ocurrió una vez para siempre, como parte del desarrollo de la 'historia de la salvación', del paso del Antiguo al Nuevo Testamento. Dios no espera que en nuestros días esto se repita de la misma manera con todos. Vivimos de este lado del pentecostés, de modo que el hecho de que el Espíritu habite en nosotros indica nuestro derecho de nacimiento y es el sello de todos los que pertenecemos a Cristo (8.9).

El modo correcto de aplicar Romanos 7–8 consiste en reconocer que algunas de las personas que concurren a la iglesia en la actualidad podrían catalogarse como 'cristianos del Antiguo Testamento'. La contradicción que supone esta expresión indica que se trata de una situación anómala. Dan señales del nuevo nacimiento por su amor a la iglesia y a la Biblia, pero su religión está en la ley, no en el evangelio;

en la carne, no en el Espíritu; en la 'antigüedad' de la esclavitud a reglas y disposiciones, no en la 'novedad' de la libertad adquirida a través de Jesucristo. Son como Lázaro cuando acababa de salir de la tumba, estaba vivo pero todavía estaba atado de manos y pies. Es preciso que le agreguen libertad a su vida.

Cuando pasamos al texto (14–25), vemos que se divide naturalmente en dos párrafos (14–20 y 21–25), y que ambos se inician con una referencia positiva a la ley. **Sabemos, en efecto, que la ley es espiritual** (14), y **en lo íntimo de mi ser me deleito en la ley de Dios** (22). La tragedia está, sin embargo, en que el escritor (o más bien la persona parcialmente salvada que Pablo personifica) no puede guardar esa ley. Tampoco la ley puede guardarla (o salvarla) a ella. De manera que ambos párrafos se ocupan de la debilidad de la ley, cosa que se atribuye al pecado.

b. La ley y la 'carne' en los cristianos | 14–20

En este párrafo el apóstol escribe casi exactamente las mismas cosas dos veces, presumiblemente con el fin de destacarlas; primero en los versículos 14–17 y luego en los versículos 18–20. Por ello quizá sea útil que los consideremos juntos. Cada una de las dos secciones comienza, continúa y termina de la misma manera.

Primero, las dos comienzan con un franco reconocimiento de la pecaminosidad innata del ser humano. Es una cuestión de conocimiento de uno mismo. **Sabemos** (14) y **Yo sé** (18). En ambos casos el conocimiento propio tiene que ver con la carne (*sarx*). Si bien **la ley es espiritual**, el escritor mismo no lo es, es **meramente humano** (*sarkinos*, 'carnal', RVR, BA; 'de carne y hueso', NBE), todavía poseído y oprimido por su naturaleza (*sarx*) torcida y egocéntrica, por cuya razón también puede describirse como **vendido como esclavo al pecado** (14), o 'el esclavo comprado por el pecado' (NEB). Traducida literalmente la expresión sería 'vendido bajo el pecado'. Pero siendo que el verbo *pipraskō* se usaba para la venta de esclavos,[73] y teniendo en cuenta la preposición 'bajo' (lo cual sugiere la posición de autoridad del amo sobre sus esclavos), parecería legítimo agregar la palabra 'esclavo'. Ya hemos tomado nota de la dificultad para reconciliar esta admitida esclavitud al pecado con la liberación del poder del pecado, y la esclavitud a Dios con la justicia, cosas ambas que Pablo sostenía como una realidad para los cristianos en el capítulo anterior (6.18, 22).

La continuidad de la esclavitud al pecado resulta más fácil de entender si la primera persona representa a un creyente que todavía está bajo la ley.

La afirmación correspondiente al versículo 18a es esta: **Yo sé que en mí, es decir en mi naturaleza (***sarx***) pecaminosa, nada bueno habita.** Esto no puede interpretarse en forma absoluta, con el significado de que no hay absolutamente nada en los seres humanos caídos que pueda catalogarse como 'bueno', por cuanto la imagen de Dios que aún tenemos,[74] si bien desfigurada, no ha sido destruida, y siendo que Jesús mismo habló de la posibilidad de que hasta los paganos pudieran hacer el bien.[75] Dado que la persona que Pablo está describiendo procede a decir en la segunda parte del versículo **deseo hacer lo bueno** (18b), parecería probable que el 'nada bueno' de la primera parte del versículo se refiera a su inhabilidad para convertir ese deseo en acción. También significa que todo lo 'bueno' en los seres humanos está teñido por el mal.

Por lo tanto, quienes están todavía bajo la ley, aunque anhelan hacer lo bueno (por ser regenerados), sin embargo están esclavizados (porque a la vez son *sarkinos*, caídos), y por ello son incapaces de transformar los buenos deseos en buenas acciones.

Segundo, cada una de las dos secciones de este párrafo continúa con una vívida descripción del conflicto resultante (15 y 18b–19). Después de confesar que no entiende por completo sus propias acciones (15a), y que tiene deseos para el bien que no puede poner en práctica (18b), el escritor sintetiza su lucha interior en expresiones negativas y positivas. Por un lado, **no hago lo que quiero,** y por otro **sino lo que aborrezco** (15b). De modo semejante, **no hago el bien que quiero, sino el mal que no quiero** (19). Es consciente de que esa primera persona a la que se refiere está dividida. Porque por una parte quiere lo bueno y aborrece el mal, y por otra actúa en forma perversa, haciendo lo que aborrece, y dejando de hacer lo que quiere hacer. Se trata de un conflicto entre deseo y acción; está la voluntad, pero no la capacidad.

Es evidente que este es el conflicto de la persona regenerada que conoce, ama, elige y anhela cumplir la ley de Dios, pero que encuentra que por su cuenta no puede hacerlo. Todo su ser (especialmente su mente y su voluntad) está dispuesto para seguir la ley de Dios. Quiere obedecerla. Y cuando peca, lo hace contra su razón, su deseo, su consentimiento. Pero la ley no puede ayudarlo. Sólo el poder del Espíritu que habita en él podría cambiar las cosas; y esto se dará más adelante.

Tercero, cada sección de este párrafo termina diciendo (en palabras casi idénticas) que el pecado que habita en la persona bajo la ley, y a quien Pablo personifica, es responsable de sus fracasos y derrotas (16s y 20). Ambos versículos contienen una premisa y una conclusión. La premisa está expresada en la frase **hago lo que no quiero** (16a, repetida en el 20), con lo cual llama la atención a la radical discontinuidad entre voluntad y acción. Luego, la primera conclusión es esta: **estoy de acuerdo en que la ley es buena** (16b) y la segunda es que **en ese caso, ya no soy yo quien lo lleva a cabo sino el pecado que habita en mí** (17, repetida parcialmente en el 20). ¿Quién, entonces, tiene la culpa de lo bueno que no hago y lo malo que sí hago? Esto es lo que Pablo se ocupa de aclarar. No es la ley, porque tres veces confirma su santidad y su carácter bueno (12, 12, 16). Además, al querer tan ardientemente hacer lo bueno y evitar lo malo, está aprobando y ponderando la ley. De modo que no es la ley la culpable. Pero tampoco, prosigue Pablo, soy responsable yo mismo, el auténtico yo. Porque cuando hago lo malo no lo hago de manera voluntaria. Por el contrario, obro contra mi propio buen juicio, mi voluntad y mi consentimiento. Más bien es la carne (*sarx*), 'el pecado que habita en mí', la falsa y caída contrapartida mía. El verdadero yo, el 'yo mismo', es el que ama y quiere lo bueno y aborrece lo malo, porque esa es su orientación esencial. Por lo tanto, el yo que hace lo opuesto (que hace lo que aborrezco y no hace lo que quiero) no es el verdadero yo o el yo genuino, sino más bien un usurpador, a saber, 'el pecado que habita en mí' (17, 20), o la carne (*sarx*, 18). En otras palabras, la ley no es responsable de nuestro pecado, como tampoco tiene la capacidad para salvarnos. Ha sido fatalmente debilitada por la *sarx*.

c. La doble realidad en los cristianos bajo la ley | 21–25

Luego de hacer una descripción gráfica del conflicto interior al identificarse con los creyentes bajo la ley, Pablo sintetiza esa situación en función de su doble realidad. Este no es todo el cuadro, sin embargo, porque el Espíritu Santo todavía no está incluido en él. Presenta esta doble realidad cuatro veces, de cuatro maneras diferentes, como los dos 'egos', las dos leyes, los dos clamores y las dos esclavitudes.

Primero, hay dos 'egos': **Así que descubro esta ley** ('descubro este principio', REB): **que cuando quiero hacer el bien, me acompaña el mal** (21). La antítesis entre el yo que quiere el bien y el yo a cuyo lado está el mal es más obvia en la oración griega, en razón de la repetición de *emoi,* que significa 'en mí' o 'por mí'. Se podría parafrasear así: 'Cuando en mí hay un deseo de hacer el bien, entonces por mí el mal está al alcance de la mano.' De este modo el mal y el bien están ambos presentes simultáneamente, porque ambos forman parte de la personalidad regenerada y, no obstante, caída.

En segundo lugar hay dos leyes: **Porque en lo íntimo de mi ser** (es decir, en el verdadero yo regenerado) **me deleito en la ley de Dios** (22). Es el objeto de mi amor y la fuente de mi gozo. Este deleite interior en la ley se denomina también **la ley de mi mente** (23), porque mi mente renovada valora y aprueba la ley de Dios (ver 16). **Pero me doy cuenta**, además, **de que en los miembros de mi cuerpo hay otra ley,** una ley muy diferente. Pablo la llama **la ley del pecado** que **lucha contra la ley de mi mente, y me tiene cautivo** (23). Así, la característica de 'la ley de mi mente' es que opera 'en mi ser interior' y 'se deleita en la ley de Dios', mientras que la característica de 'la ley del pecado' es que opera 'en los miembros de mi cuerpo', lucha contra la ley de mi mente y me lleva cautivo. Una vez más, esta es la condición de la persona que todavía está bajo la ley; el Espíritu Santo está ausente.

Tercero, hay dos gritos que salen del corazón. Uno es **¡Soy un pobre miserable! ¿Quién me librará de este cuerpo mortal?** (24). El otro es este: **¡Gracias a Dios por medio de Jesucristo nuestro Señor!** (25a). El primero no es tanto 'un grito desgarrador desde lo profundo de la desesperación'[76] sino una exclamación anhelante, que termina con un signo de interrogación, en tanto que el segundo es un grito de confianza y de agradecimiento, que termina con un signo de exclamación. De todas maneras, ambos gritos proceden de la misma persona, de un creyente regenerado, que lamenta su corrupción, que anhela la liberación final en el momento de la resurrección (más todavía, 'gime' mientras la espera, 8.23), que conoce la impotencia de la ley para rescatarla, y que se regocija en Dios por medio de Cristo como el único Salvador, aunque, una vez más, el Espíritu Santo todavía no se menciona. Las dos exclamaciones son casi simultáneas, o por lo menos la segunda es una respuesta inmediata a la primera. Se anticipa a la declaración de Romanos 8.3–4 de que por medio de su Hijo y del Espíritu, Dios ha hecho lo que la ley era impotente para hacer.

Cuarto, hay dos esclavitudes. **En conclusión,** dice Pablo, **con la mente yo mismo** (*autos egō*, el yo auténtico, regenerado) **me someto a la ley de Dios,** porque la conozco, la amo y la quiero; **pero mi naturaleza pecaminosa** (en mi *sarx*, mi falso y caído yo, no controlado por el Espíritu) **está sujeta a la ley del pecado** (25b), debido a mi incapacidad para obedecerla por mi cuenta. Se trata de un conflicto entre mi mente renovada y mi *sarx,* o yo no renovado. El conflicto en Gálatas es diferente, porque allí es el Espíritu quien somete al yo (*sarx*).

Quienes piensan que el yo de Romanos 7 es un incrédulo no regenerado, que alcanza las profundidades de la miseria y la desesperación cuando clama en busca de rescate, y que luego anuncia inmediatamente su salvación en el segundo grito, que contradice y anula el primero, consideran que el versículo 25b es un anticlímax imposible. La situación resulta embarazosa al punto de ser intolerable, ya que expresa una esclavitud incesante a la ley del pecado. La forma en que pueden solucionar su problema es haciendo violencia al texto (aunque sin apoyo alguno de los manuscritos), y cambiando el orden de los versículos, colocando 25b *antes* del grito del versículo 24. Así, C. H. Dodd aprobó la disposición propuesta por James Moffatt, 'restableciendo la segunda parte del versículo 25 a lo que parecería ser la posición original y lógica, antes del clímax del versículo 24'.[77] J. B. Phillips sigue este criterio. También lo hace Käsemann, quien considera que el versículo 25 es una glosa posterior.[78]

Pero el versículo 25b se mantiene tenazmente ubicado allí en todos los manuscritos, y no tenemos libertad para borrarlo o cambiarlo de lugar. Más aun, aparece como una conclusión apropiada si todo el pasaje describe el constante conflicto interior de los creyentes veterotestamentarios. Los dos 'egos', las dos leyes, los dos gritos y las dos esclavitudes, constituyen juntos la doble realidad de quienes realmente son regenerados pero todavía viven bajo la ley. El pecado que habita en ellos los domina; todavía no han descubierto que el Espíritu puede habitar en ellos. Pablo mismo no ha aludido a esto todavía.

Cuando hoy buscamos una aplicación legítima de Romanos 7 para nosotros mismos, es posible que encontremos que los versículos 4–6 resulten decisivos. Porque estos versículos contrastan los dos órdenes o edades, y pactos o testamentos, entre sí mediante una aguda antítesis, como 'el antiguo mandamiento' y 'el nuevo poder'. Ambos se describen como 'servicio', pero el antiguo se caracterizaba por la 'letra' (un código escrito), mientras que el nuevo se caracteriza por el 'Espíritu' (su presencia en el creyente). Según el orden antiguo estábamos casados con la ley y éramos controlados por la carne, por lo cual producíamos fruto para muerte, mientras que como miembros del nuevo orden estamos casados con el Cristo resucitado y estamos libres de la ley, por lo cual producimos fruto para Dios. Por esa razón, es preciso que nos mantengamos en guardia, a fin de evitar que nosotros mismos u otros volvamos atrás, del nuevo orden al antiguo, de una persona a un sistema, de la libertad a la esclavitud, de la presencia del Espíritu en nosotros a un código externo, de Cristo a la ley. No es la intención de Dios que seamos cristianos del antiguo pacto, regenerados por cierto, pero viviendo en esclavitud a la ley, como también al pecado que está en nosotros. Más bien debemos ser cristianos neotestamentarios que, habiendo muerto y resucitado con Cristo, vivimos en la libertad del Espíritu que habita en nosotros.

11
El Espíritu de Dios en los hijos de Dios
Romanos 8.1–39

Sin lugar a dudas Romanos 8 es uno de los capítulos más conocidos y más amados de toda la Biblia. Si en Romanos 7 Pablo estaba preocupado por el lugar de la ley, en Romanos 8 su preocupación es con la obra del Espíritu. En el capítulo 7 la ley y sus términos afines se mencionan unas treinta y una veces, pero el Espíritu Santo sólo una vez (6), mientras que en los primeros veintiséis versículos del capítulo 8 se lo menciona diecinueve veces. El contraste fundamental que muestra Pablo es entre la debilidad de la ley y el poder del Espíritu. Porque en contraste con el pecado que habita en el ser humano, y que es la razón por la cual la ley no puede ayudarnos en nuestra lucha moral (7.17, 20), Pablo se refiere ahora al hecho de que el Espíritu habita en el creyente y es tanto el nuevo libertador de 'la ley del pecado y de la muerte' (8.2), como la garantía de la resurrección y la gloria eterna al final (8.11, 17, 23). Así, la vida cristiana es esencialmente vida en el Espíritu, es decir, una vida animada, sostenida, dirigida y enriquecida por el Espíritu Santo. Sin el Espíritu Santo el verdadero discipulado cristiano sería inconcebible, incluso imposible.

Sin embargo, al ocuparse del tema del Espíritu Santo, el apóstol lo relaciona con el otro tema principal de este capítulo: la absoluta seguridad de los hijos de Dios. Según Charles Hodge, 'todo el capítulo es una serie de argumentos, magníficamente dispuestos, para apoyar este punto central'.[1] El doctor Martin Lloyd-Jones está de acuerdo con él. 'Me atrevo a decir que el gran tema del capítulo 8 no es la santificación … El gran tema es la seguridad del creyente.'[2] Al mismo tiempo, los dos asuntos están íntimamente relacionados. La posesión del Espíritu es el sello de los que realmente pertenecen a Cristo (9);

su testimonio interior nos asegura que somos hijos de Dios y por lo tanto sus herederos (15–17); y su presencia en nosotros constituye las primicias de nuestra herencia, es garantía de la cosecha final (23). El capítulo 8 se divide naturalmente en tres secciones. La primera muestra el variado ministerio del Espíritu de Dios, que consiste en liberar, habitar en, santificar y dirigir a los hijos de Dios, además de dar testimonio de su resurrección y, finalmente, de llevarla a cabo (1–17). La segunda trata de la gloria futura de los hijos de Dios, pintada como una liberación final, de la que habrá de participar toda la creación (18–27). Y en tercer lugar, Pablo destaca la perdurabilidad del amor de Dios, para lo cual obra en todas las cosas para el bien de quienes lo aman, y promete que no permitirá que nada nos separe de su amor (28–39). La perspectiva del apóstol amplía nuestra mente porque se proyecta de eternidad a eternidad. Comienza con 'ninguna condenación' (1) y termina con la confirmación de que nada 'podrá apartarnos' (39), en ambos casos referidos a los que están en Cristo Jesús.

1. El ministerio del Espíritu de Dios | 1–17

La frase **Por lo tanto**, con la que comienza el capítulo, indica que el apóstol está resumiendo, o expresando una conclusión anticipada. La deducción que hace, sin embargo, no parecería surgir del capítulo 7 solamente, sino de la totalidad de su argumento hasta aquí, y especialmente de lo que ha escrito en los capítulos 3, 4 y 5 acerca de la salvación por medio de la muerte y resurrección de Cristo. Y la palabra 'ya' insiste en que esta salvación es nuestra desde ahora si estamos en Cristo, a diferencia de estar en Adán (5.12ss).

La primera bendición de la salvación se expresa en las palabras **ninguna condenación**, que son equivalentes a 'justificación'. De hecho, las afirmaciones iniciales en Romanos 5 y Romanos 8 se complementan mutuamente. El capítulo 5 comienza con la declaración positiva: 'En consecuencia, ya que hemos sido justificados mediante la fe, tenemos paz con Dios por medio de nuestro Señor Jesucristo.' El capítulo 8 comienza con la contraparte negativa: **Por lo tanto, ya no hay ninguna condenación para los que están unidos a Cristo Jesús.** Pablo pasará casi de inmediato a explicar que el hecho de que no seamos condenados se debe a la acción de Dios de condenar nuestro pecado en Cristo (3). Más adelante, en el mismo capítulo, sostendrá que nadie puede acusarnos porque Dios nos ha justificado (33), y que nadie puede condenarnos porque Cristo murió, fue levantado, y está a la derecha de Dios, donde intercede por nosotros (34). En otras palabras, nuestra justificación, junto con la correspondiente verdad de la 'ninguna condenación', equivale a seguridad fundamentada en lo que Dios ha hecho por nosotros *en* y *mediante* Jesucristo.

a. La libertad del Espíritu | 2–4

El segundo privilegio de la salvación está expresado en la afirmación siguiente: **pues por medio de él la ley del Espíritu de vida me ha liberado de la ley del pecado y de la muerte** (2). De esta manera, una segura 'liberación' se une a la 'ninguna condenación' como las dos grandes bendiciones que son nuestras si estamos 'en Cristo Jesús' (una cláusula que en el griego se aplica a ambas realidades en los versículos 1 y 2). Además, estas dos bendiciones están ligadas por la conjunción 'pues', lo cual indica que nuestra liberación es la base de nuestra justificación. Es porque hemos sido liberados que ninguna condenación puede alcanzarnos.

¿De qué, entonces, hemos sido liberados? Pablo contesta: 'de la ley del pecado y de la muerte'. El contexto parecería exigir que se trate de una descripción de la ley de Dios, de la Torá. Porque uno de los principales énfasis de Romanos 7 ha sido la relación entre la ley, por un lado, y el pecado y la muerte por otro. Es verdad que Pablo se preocupó por recalcar que la ley no era pecaminosa en sí misma, pero agregó que la ley revela, provoca y además condena el pecado (7.7–9). También es cierto que subrayó el hecho de que la ley no se 'convierte en muerte' para las personas; a pesar de lo cual 'produjo la muerte' en él (7.13). De esta manera, por desconcertante que parezca, la santa ley de Dios podía denominarse 'ley del pecado y de la muerte', porque ocasionaba ambas cosas. En este caso, ser liberados de la ley del pecado y de la muerte por medio de Cristo es no estar ya 'bajo la ley', es decir, dejar de mirar a la ley en busca de justificación o de santificación.

Esta liberación es la experiencia que tuvo el propio Pablo. Es de destacar que el versículo 2 es el único en Romanos 8 que usa la primera persona singular ('me ha liberado'), a pesar de que esto ha sido un rasgo destacado de Romanos 7. De esta manera Pablo quiere mostrar que él mismo ha sido liberado, en Cristo y mediante el Espíritu, de la ley y, por consiguiente, de la humillante situación con la que se identificó al final de Romanos 7.

Pablo llama a los medios por los cuales somos liberados 'la ley del Espíritu de vida' (2) o 'la ley del Espíritu que da vida' (DHH). A primera vista parece extraño que la ley pudiera librarnos de la ley, especialmente cuando los comentaristas están convencidos de que corresponde asignarle al término 'ley' el mismo significado en ambas expresiones. Otros consideran que 'ley' significa 'principio' o 'poder', y traducen 'el poder del Espíritu de vida', lo cual nos libra del 'poder del pecado y de la muerte'; pero entonces las dos expresiones resultan tan imprecisas que pierden su significado. El profesor Dunn sostiene que en ambos casos la ley es la Torá, y que Pablo está reafirmando 'el doble carácter de la ley', como una ley tanto de muerte como de vida, es decir, del pecado y de la muerte como partes del antiguo orden, y del Espíritu y la vida como partes del nuevo.[3] Pero es difícil saber si los romanos habrían captado esta sutileza.

La alternativa consiste en entender 'la ley del Espíritu de vida' como descripción del evangelio,[4] así como Pablo lo llama en otra parte 'el ministerio del Espíritu'.[5] Esto tiene más sentido, dado que con seguridad que es el evangelio lo que nos libera de la ley y su maldición, y el mensaje de vida en el Espíritu lo que nos libera de la esclavitud del pecado y de la muerte.

La forma en la que el evangelio nos libera de la ley es el tema que se desarrolla en los versículos 3–4. La verdad primera y fundamental que declara Pablo es la de que Dios ha tomado la iniciativa de hacer lo que **la ley no pudo** (aun cuando la ley era suya), o 'lo que era imposible para la Ley' (RVR). La ley no podía justificar ni santificar. ¿Por qué no? Porque **la naturaleza pecaminosa anuló su poder** (o porque la ley 'era débil por la carne', RVR). Es decir, la impotencia de la ley no es propia. En sí misma no lo es; su impotencia está en nosotros, en nuestra 'carne' (*sarx*), en nuestra egocéntrica naturaleza caída (ver 7.14–20). Luego entonces, lo que la ley debilitada por el pecado no pudo hacer, lo hizo Dios. Proveyó tanto para nuestra justificación como para nuestra santificación. Primero, envió a su Hijo, a cuya encarnación y expiación se alude en el versículo 3, y luego nos dio su Espíritu, mediante cuyo poder, que obra en nosotros, somos capacitados para cumplir lo que exige la ley, que se menciona en el versículo 4 y se amplía en el párrafo siguiente. Así Dios nos justifica a través de su Hijo y nos santifica a través de su Espíritu.[6] El plan de la salvación es igualmente trinitario. Porque la forma en que Dios nos justifica no es por la ley sino por la gracia (a través de la muerte de Cristo), y su forma de santificar no es por la ley sino por el Espíritu (que habita en nosotros).

Pablo expone aquello que **Dios** hizo mediante cinco expresiones. Primero **envió a su propio Hijo**. La palabra 'enviar' no supone necesariamente la preexistencia del Hijo, ya que se dice que Dios también 'envió' a sus profetas en el Antiguo Testamento y a sus apóstoles en el Nuevo, los que desde luego no eran preexistentes. Sin embargo, la afirmación de que se trataba de 'su propio Hijo' a quien envió bien podría querer indicar que había disfrutado de vida anteriormente en intimidad con el Padre; por cierto que expresa el amor sacrificado del Padre al enviarlo (ver 5.8, 10 y 8.32).

Segundo, enviar al Hijo divino requirió su encarnación, la adopción de la forma humana, lo que se expresa con las palabras **en condición semejante a nuestra condición de pecadores**, o mejor 'en semejanza de carne de pecado' (RVR). Esta frase un poco indirecta, que ha desconcertado a algunos comentaristas debido al uso del vocablo 'semejanza', indudablemente tenía por objeto combatir falsas opiniones sobre la encarnación. Es decir, el Hijo no vino 'en semejanza de carne', siendo solamente humano en apariencia, como enseñaban los docetistas, por cuanto su humanidad fue real;[7] tampoco vino 'en carne pecadora', adoptando una naturaleza caída, porque su humanidad fue sin pecado,[8] sino en 'semejanza de carne de pecado', porque su humanidad fue a la vez real y sin pecado simultáneamente.

Tercero, Dios envió a su Hijo **para que se ofreciera en sacrificio**. La expresión griega *peri hamartias* (literalmente, 'concerniente al pecado') podría ser una afirmación general de que vino **por el pecado** (NVI), 'a causa del pecado' (RVR), 'para poner fin al pecado' (RVR, ver la nota al pie) o 'para entendérselas con el pecado' (BP), sin la explicación de cómo lo hizo. Pero es probable que sea una referencia específica a la naturaleza de su muerte como sacrificio. Porque *peri hamartias* era la traducción usual en la LXX del hebreo para 'ofrenda por el pecado' en Levítico y Números, y claramente debería traducirse 'ofrenda por el pecado' en Hebreos 10.6, 8 y 13.11. Y dado que la ofrenda por el pecado se estipulaba especialmente para la expiación de 'pecados involuntarios', que es exactamente lo que son los pecados de Romanos 7 ('hago lo que no quiero', 20), Tom Wright llega a la conclusión de que "ya no puede caber duda de que cuando Pablo escribió *kai peri hamartias* quería que las palabras tuvieran sus matices bíblicos corrientes, o sea, 'y como ofrenda por el pecado'".[9] En cualquier caso, la expresión 'en condición semejante a nuestra condición de pecadores' es una clara alusión a la encarnación, y 'para que se ofreciera en sacrificio' a la expiación.

Cuarto, **condenó Dios al pecado en la naturaleza humana** (3, literalmente, 'en la carne'), es decir, en la carne o humanidad de Jesús, real y sin pecado, aunque hecho pecado con nuestros pecados.[10] Dios juzgó nuestros pecados en la humanidad sin pecado de su Hijo, quien los llevó en nuestro lugar. Friedrich Büchsel señala que 'cuando esto [es decir, *katakrinein*, condenar] se refiere al juicio humano hay una clara distinción entre la condenación y la ejecución'.[11] Pero en el caso del divino *katakrinein* 'ambas pueden verse como una sola'. De allí que en Romanos 8.3 'el pronunciamiento y la ejecución de la sentencia' están ambos incluidos. La ley condena el pecado, en el sentido de expresar su desaprobación, pero cuando Dios condena el pecado en su Hijo, su juicio cayó sobre el pecado en él.[12] Como lo expresó Charles Cranfield, 'para quienes están en Cristo Jesús … no hay condenación divina, por cuanto la condena que merecen ya ha sido plenamente cargada sobre Cristo'.[13]

Quinto, Pablo aclara cuál fue la razón final por la cual Dios envió a su propio Hijo y condenó nuestro pecado en él. Fue **a fin de que las justas demandas de la ley se cumplieran en nosotros, que no vivimos según la naturaleza pecaminosa sino según el Espíritu** (4). Se podría haber esperado que Pablo escribiera que 'Dios condenó el pecado en Jesús con el fin de que nosotros pudiéramos escapar a la condenación', vale decir, 'con el fin de que pudiéramos ser justificados'. Es verdad que este fue el propósito inmediato de la muerte del Hijo de Dios destinada a llevar nuestros pecados. Por lo tanto, la mayoría de los primitivos Padres, los reformadores y los posteriores comentaristas reformados parecerían haber interpretado la declaración de Pablo en el versículo 4 de la misma manera. Hodge, por ejemplo, insiste en que el versículo 4 'debe entenderse de la justificación, y no de la santificación. Condenó el pecado, con el fin de que las demandas de la ley pudiesen ser satisfechas',[14] siendo la demanda principal de la ley la sentencia de muerte sobre el pecado. Con todo, si el propósito de Dios al mandar a su Hijo hubiese estado limitado a nuestra justificación, el agregado de la cláusula final ('que … vivimos … según el Espíritu') tendría que considerarse una conclusión equivocada. Es esta frase la que dirige nuestra atención a la conducta cristiana conforme a la ley como el propósito final de la acción de Dios a través de Cristo. En este caso la *dikaiōma* o 'justa demanda' (singular, y no el plural 'demandas', como en la NVI) de la ley se refiere a los mandamientos de la ley moral vista como un todo, que Dios quiere que sea 'cumplida' (es decir, 'obedecida'; no simplemente 'satisfecha') por su pueblo. Porque el propio Jesús había hablado de cumplir la ley,[15] y Pablo escribirá más adelante del amor al prójimo como el principal 'cumplimiento de la ley' (13.8–10).[16] Además, la ley sólo puede cumplirse en quienes 'no vivimos según la naturaleza pecaminosa ['conforme a la carne', RVR] sino según el Espíritu'. La carne hace que la ley resulte impotente, mientras que el Espíritu nos da el poder necesario para obedecerla. Esto no es perfeccionismo; es, simplemente, decir que la obediencia es un aspecto necesario y posible del discipulado cristiano. Aunque la ley no puede asegurar esta obediencia, el Espíritu sí puede.

Algunos estudiosos modernos encuentran irremediablemente confuso a Pablo, incluso contradictorio consigo mismo, por cuanto escribe tanto de la abolición como del cumplimiento de la ley, de que somos liberados de ella y que al mismo tiempo estamos comprometidos a cumplirla, y que esta liberación y obligación deben atribuirse ambas a la muerte de Cristo (7.4; 8.3–4). El crítico más franco de la supuesta falta de coherencia de Pablo es Heikki Räisänen. Rechaza toda alabanza de Pablo que lo presente como un teólogo profundo, lógico y consecuente. En cambio, 'las contradicciones y tensiones tienen que *aceptarse* como rasgos *constantes* de la teología paulina sobre la ley'.[17] En particular, 'encontramos dos líneas conflictivas de pensamiento en la teología paulina de la ley. Pablo afirma tanto la abolición de la ley como su carácter normativo permanente'.[18] De hecho, 'el pensamiento paulino sobre la ley está lleno de dificultades e incoherencias',[19] porque (sigue argumentando el doctor Räisänen) ¿cómo podría una institución divina ser abolida o abrogada?[20] Por mi parte, no alcanzo a percibir ninguna incoherencia en las declaraciones de Pablo de que, porque la ley sea incapaz de justificarnos o santificarnos, ha sido abolida para el cumplimiento de esas funciones, mientras que el Espíritu puede habilitarnos para cumplir u obedecer la ley moral. Esta era, por cierto, la expectativa profética. La promesa de Dios por medio de Ezequiel fue 'infundiré mi Espíritu en ustedes', y por medio de Jeremías, 'pondré mi ley en su mente, y la escribiré en su corazón'.[21] Estas promesas son sinónimas. Cuando Dios pone su Espíritu en nuestro corazón, escribe allí su ley.

El versículo 4 es de vital importancia para nuestro entendimiento de la santidad cristiana. Primero, la santidad es el propósito último de la encarnación y la expiación. El fin que Dios tenía en vista cuando mandó a su Hijo no fue solamente nuestra justificación, mediante el acto de librarnos de la condenación de la ley, sino también nuestra santificación, mediante la obediencia a los mandamientos de la ley. Segundo, la santidad consiste en cumplir la justa demanda de la ley. Esta es la respuesta final a los antinomianos y adherentes de la llamada 'nueva moralidad'. La ley moral no ha sido abolida para nosotros; tiene que cumplirse en nosotros. Si bien la obediencia a la ley no es la *base* de nuestra justificación (es en este sentido que 'no estamos bajo la ley sino bajo la gracia'), es el fruto de ella y el significado mismo de la santificación. La santidad consiste en ser semejantes a Cristo, y la semejanza a Cristo consiste en cumplir la justicia de la ley. Tercero, la santidad es obra del Espíritu Santo. Romanos 7 insiste en que no podemos cumplir la ley debido a la 'carne' que hay en nosotros; Romanos 8.4 insiste en que podemos y debemos cumplirla porque el Espíritu habita en nosotros.

Repasando todo el pasaje que va de 7.1 a 8.4, debería verse con claridad el lugar inalterable de la ley en la vida cristiana. Nuestra libertad frente a la ley (proclamada, por ejemplo, en 7.4, 6 y 8.2) no es libertad para desobedecerla. Por el contrario, la obediencia a la ley por parte del pueblo de Dios es tan importante para Dios que mandó a su Hijo a morir por nosotros y a su Espíritu para que viva en nosotros, con el fin de asegurarla. La santidad es el fruto de la gracia trinitaria, del Padre que envía a su Hijo al mundo y a su Espíritu a nuestro corazón.

b. La mente del Espíritu | 5–8

Pablo ha declarado que las únicas personas en las que la rectitud que exige la ley puede alcanzarse son las que no viven *kata sarka* (según la carne) sino *kata pneuma* (según el espíritu, o mejor el Espíritu); es decir, las que siguen los impulsos y se rinden al control del Espíritu antes que a la carne. Es esta antítesis entre carne y Espíritu lo que Pablo desarrolla a continuación en los versículos 5–8. En forma implícita o explícita reaparece en cada uno de los versículos. El propósito de Pablo es explicar por qué la obediencia a la ley es posible sólo en aquellos que andan según el Espíritu.

Comenzamos con algunas definiciones. Por *sarx* (carne) Pablo no quiere decir el tejido muscular blando que recubre nuestro esqueleto óseo, ni nuestros instintos y apetitos corporales, sino más bien la totalidad de nuestra humanidad en su condición corrupta e irredenta, 'nuestra naturaleza humana caída y egocéntrica',[22] o, más sintéticamente, 'el yo dominado por el pecado'.[23] Por *pneuma* (espíritu) en este pasaje Pablo no quiere decir el aspecto más elevado de nuestra humanidad visto como 'espiritual' (aunque en el versículo 16 va a referirse a nuestro espíritu humano), sino más bien la persona misma del Espíritu Santo que ahora no sólo regenera al pueblo de Dios sino que habita en él. Esta tensión entre 'carne' y 'Espíritu' nos recuerda Gálatas 5.16–26, donde estos términos se encuentran en un conflicto irreconciliable. Aquí Pablo se concentra en la 'mente', o (como diríamos nosotros) en la 'mentalidad', de aquellos que se caracterizan por la *sarx*, o por el *pneuma*.

Primero, la mentalidad expresa nuestra naturaleza básica como cristianos o no cristianos. Por un lado, están los que viven **según la naturaleza pecaminosa**. Ahora no se trata de los que 'andan' según ella (4, literalmente) sino los que sencillamente 'son' así (5, literalmente). Estas personas **fijan la mente en los deseos de tal naturaleza**, mientras que **los que viven conforme al Espíritu** (literalmente, 'los que según el Espíritu' —no tiene verbo—) **fijan la mente en los deseos del Espíritu** (5). Con seguridad que el significado no es que sean así porque piensen de esta manera, aunque esto es cierto parcialmente, sino que piensan así porque son así. Estas expresiones son descriptivas. En ambos casos su naturaleza determina su mentalidad. Agregado a esto, por el hecho de que la carne es nuestra naturaleza humana torcida, sus deseos se dirigen a aquellas cosas que satisfacen nuestro egocentrismo impío. Sin embargo, por cuanto el Espíritu es el Espíritu Santo en persona, sus deseos son aquellas cosas que le agradan y, por sobre todo lo demás, a él le agrada glorificar a Cristo, es decir, mostrarnos quién es Cristo y formarlo en nosotros.

Ahora bien, 'fijar la mente' (*froneō*) en los deseos de la *sarx* o del *pneuma* es convertirlos en los 'absorbentes objetos del pensamiento, de los intereses, afectos y propósitos.'[24] Se trata de aquello que nos preocupa, de las ambiciones que nos mueven, y de los asuntos que nos absorben, de cómo invertimos el tiempo y las energías, de aquello en lo cual nos concentramos o a lo cual nos entregamos. El conjunto determina lo que somos, el que todavía estemos 'en la carne' o que ahora por el nuevo nacimiento estemos 'en el Espíritu'.

Segundo, la mentalidad que forjemos tiene consecuencias eternas. **La mentalidad pecaminosa** (literalmente, 'la mente de la carne') **es muerte, mientras que la mentalidad que proviene del Espíritu** (literalmente, 'la mente del Espíritu') **es vida y paz** (6). O sea, la mentalidad de las personas dominadas por la carne equivale desde ese momento a muerte espiritual y lleva inevitablemente a la muerte eterna, porque los separa de Dios y hace imposible la comunión con él, tanto en este mundo como en el próximo. La mentalidad de la persona dominada por el Espíritu, en cambio, da como resultado vida y paz. Por una parte están 'vivos para Dios' (6.11), alerta a las realidades espirituales, y tienen sed de Dios como nómadas en el desierto,[25] como ciervos jadeantes en busca de arroyos.[26] Por otro lado, tienen paz con Dios (5.1), paz con su vecino (12.15), y paz interior, a la vez que gozan de integridad o armonía interior. Con toda seguridad que buscaremos la santidad con mayor anhelo e intensidad si nos convencemos de que ese es el camino de la vida y de la paz.

Tercero, la mentalidad tiene que ver con nuestra actitud fundamental hacia Dios. Lo que explica que la mente de la carne equivale a muerte es el hecho de que **es hostil a Dios,** que alienta una animosidad profundamente arraigada contra él. Es antagónica a su nombre, a su reino y su voluntad, a su día, su pueblo y su palabra, así como a su Hijo, su Espíritu y su gloria. En particular, Pablo pone en evidencia las normas morales de cada uno. En contraste con el regenerado que se 'deleita' en la ley de Dios (7.22), la mente del no regenerado **no se somete a la ley de Dios, ni es capaz de hacerlo** (8.7), lo cual explica por qué los que viven de acuerdo a la carne no pueden cumplir el justo requerimiento de la ley (4). Finalmente, **los que viven según la naturaleza pecaminosa** (*sarx*), literalmente, los que están 'en la carne' (*en sarki*), los no regenerados, a quienes les falta el Espíritu de Dios, **no pueden agradar a Dios** (8). No pueden agradarle (8) porque no pueden someterse a su ley (7), mientras que, se da a entender, los que están en el Espíritu se proponen agradarle en todo, incluso a hacerlo 'cada día más'.[27]

Resumiendo, aquí tenemos dos categorías de personas (los no regenerados, que están 'en la carne', y los regenerados, que están 'en el Espíritu'), que tienen dos perspectivas o mentalidades ('la mente de la carne' y 'la mente del Espíritu'), que conducen a dos patrones de comportamiento (la vida según la carne o según el Espíritu), y que dan como resultado dos condiciones espirituales (muerte o vida, enemistad o paz). De modo que el dónde fijemos la mente y el cómo la ocupemos, tienen un efecto decisivo tanto en nuestra conducta presente como en nuestro destino final.

c. Cuando el Espíritu habita en nosotros | 9–15

En el versículo 9 Pablo aplica a sus lectores personalmente las verdades que vino exponiendo en términos generales. Estuvo escribiendo en la tercera persona plural, pero ahora pasa a la segunda persona y se dirige a sus lectores en forma directa. **Sin embargo, ustedes no viven según la naturaleza pecaminosa sino según el Espíritu.** 'Viven según' se refiere simplemente a que 'están en' la carne o en el Espíritu, sin implicar que son 'controlados por' (como traduce la NIV). Pablo de inmediato aclara lo que quiere decir, al agregar **si el Espíritu de Dios vive en ustedes** (9a). De manera que ustedes están en el Espíritu si el Espíritu está en ustedes, porque la misma realidad puede expresarse en función ya sea de nuestra relación personal con el Espíritu o de su habitación en nosotros, indicando esto último 'una penetrante influencia permanente y afianzada'.[28] Esto también significa, continúa Pablo, que **si alguno no tiene el Espíritu de Cristo, no es de Cristo** (9b).

El versículo 9 es de gran importancia en relación con la doctrina del Espíritu Santo por lo menos por dos razones. Primero, enseña que el sello del creyente auténtico es la posesión del Espíritu Santo, o el hecho de que habita en la persona. El pecado que habita en la persona (7.17, 20) es la porción de todos los hijos de Adán; el privilegio de los hijos de Dios consiste en tener al Espíritu que habita en ellos y que lucha contra el pecado y lo somete. Como lo prometió Jesús, 'vive con ustedes y estará en ustedes'.[29] Ahora en cumplimiento de esta promesa todo verdadero cristiano ha recibido al Espíritu, de modo que nuestro cuerpo se ha convertido en 'templo del Espíritu Santo', en su morada.[30] Por el contrario, si no tenemos el Espíritu de Cristo en nosotros, no pertenecemos a Cristo en absoluto. Esto deja en claro que el don del Espíritu es una bendición inicial y universal, que se recibe desde el momento en que nos arrepentimos y creemos en Jesús. Es verdad que puede haber muchas experiencias adicionales y más ricas en relación con el Espíritu, y nuevos ungimientos del Espíritu para tareas específicas, pero el que el Espíritu habite individualmente en los creyentes es un privilegio que corresponde a todos desde el comienzo. Conocer a Cristo y tener el Espíritu son una misma cosa. El obispo Handley Moule se expresó con sabiduría cuando escribió que "no hay ningún 'Evangelio del Espíritu' *separable* [del resto]. Tampoco podemos ni por un momento avanzar, por así decirlo, del Señor Jesucristo a una región superior o más profunda gobernada por el Espíritu Santo".[31]

Segundo, el versículo 9 enseña que varias expresiones diferentes son equivalentes. Ya hemos visto que el estar en el Espíritu es lo mismo que tener al Espíritu en nosotros. Ahora notamos que 'el Espíritu de Dios' es, también, 'el Espíritu de Cristo', y que tener el Espíritu de Cristo en nosotros (9b) es tener a Cristo en nosotros (10a). Esto no significa confundir las personas de la Trinidad, identificando al Padre con el Hijo o al Hijo con el Espíritu. Es más bien para destacar que, si bien son eternamente distintos en sus modos personales de ser, al mismo tiempo comparten la misma esencia divina y voluntad. En consecuencia, son inseparables. Aquello que hace el Padre lo hace a través del Hijo, y lo que hace el Hijo lo hace a través del Espíritu. De hecho, donde quiera que esté uno, allí están también los otros.[32]

Después de manifestar que el tener el Espíritu en nosotros es la marca distintiva del pueblo de Cristo, Pablo procede a indicar dos consecuencias principales de que esté en nosotros. Tanto el versículo 10 como el 11 comienzan con un 'si' que inicia una cláusula relacionada con el tema: **Pero si Cristo está en ustedes** (10). **Y si el Espíritu …vive en ustedes** (11). Estos dos 'si' no expresan ninguna duda en cuanto al hecho de que habiten en nosotros (podrían parafrasearse, 'si, como en realidad es el caso'). Simplemente señalan sus resultados. ¿Cuáles son dichos resultados? Pablo describe el primero en función de 'vida' (10–11) y el segundo en función de 'obligación' o 'deuda' (12–13).

El significado exacto del versículo 10 es tema de discusión: **el cuerpo está muerto a causa del pecado, pero el Espíritu que está en ustedes es vida a causa de la justicia.** Se plantean dos cuestiones principales.

La primera es: ¿a qué muerte del cuerpo se está haciendo referencia? Algunos sugieren que 'el cuerpo' (*sōma*) significa simplemente 'ustedes', y que ustedes han 'muerto' en el sentido de que han muerto con Cristo, como se explica en 6.2ss. Ernst Käsemann, por ejemplo, llega a sostener que 'la única referencia posible es a la muerte del cuerpo de pecado consumada en el bautismo.'[33] Pero la reticencia a dejar que 'cuerpo' signifique el cuerpo físico es extraña, especialmente en un contexto en el que luego habla de su resurrección (11). El cuerpo difícilmente puede estar ya muerto, porque el apóstol escribe luego sobre la necesidad de dar muerte a sus actos (13). Por lo tanto, es mucho mejor considerar 'muerto' como indicando 'mortal', es decir, sujeto a la muerte y destinado a ella. Esto ensamblaría con las referencias de Pablo a nuestros 'cuerpos mortales' en Romanos (por ej. 6.12; 8.11b) y en otras partes, al decaimiento y la muerte física de los seres humanos.[34] Además, concuerda con la experiencia. Como lo ha expresado el doctor Lloyd-Jones, escribiendo como médico y pastor a la vez: 'El momento en que ingresamos en este mundo y comenzamos a vivir, también comenzamos a morir. ¡La primera bocanada de aire es una de las últimas que vamos a recibir! … todos tenemos el principio del deterioro, que conduce a la muerte.'[35]

Al mismo tiempo, en medio de nuestra mortalidad física, nuestro 'espíritu vive' (8.10, como traduce RVR donde NVI hace referencia al Espíritu de Dios), porque se nos ha dado vida en Cristo (ver 6.11, 13, 23). ¿Cuál es, entonces, la causa de esta doble condición, es decir, un cuerpo que muere y un espíritu que vive? La respuesta se encuentra en el repetido 'porque', que atribuye la muerte al pecado y la vida a la justicia. Por cuanto Pablo ya ha hecho esta atribución en su paralelismo entre Adán y Cristo en el capítulo 5, con seguridad quiere decir que nuestro cuerpo se hizo mortal debido al pecado de Adán ('polvo eres, y al polvo volverás'),[36] mientras que nuestro espíritu está vivo como consecuencia de la justicia de Cristo (5.15–18, 21), es decir, como consecuencia de la posición de justos que él nos ha garantizado.

El destino final de nuestro cuerpo no es, por lo tanto, la muerte, sino la resurrección. Pablo se ocupa de esta verdad adicional en el versículo 11. Nuestros cuerpos no han sido redimidos todavía (23), pero lo serán, y esperamos anhelantes ese desenlace. ¿Cómo podemos estar tan seguros de esto? Por medio de la naturaleza del Espíritu que habita en nosotros. El Espíritu no es sólo el 'Espíritu de vida' (2), sino el Espíritu de la resurrección. Porque él es **el Espíritu de aquel que levantó a Jesús de entre los muertos.** Por lo tanto, el Dios cuyo Espíritu él es, o sea **el mismo que levantó a Cristo de entre los muertos también dará vida a sus cuerpos mortales,** y lo hará **por medio de su Espíritu, que vive en ustedes** (11). Tomamos nota de esta alusión adicional indirecta a las tres personas de la Trinidad: el Padre que resucita, el Hijo resucitado y el Espíritu de la resurrección. Más aun, la resurrección de Cristo es la garantía y la pauta para la nuestra. El mismo Espíritu que resucitó a Cristo también nos resucitará a nosotros. El mismo Espíritu que da vida a nuestro espíritu (10) también dará vida a nuestro cuerpo (11).

Esto no significa que nuestros cuerpos muertos serán revivificados o devueltos a esta vida y, de esta manera, restablecidos a su actual existencia material, sólo para volver a morir. No se trata de esto; la resurrección incluye la transformación, el levantamiento de la tumba y la conversión de nuestro cuerpo en el medio glorioso de expresar nuestra personalidad, y su liberación de toda fragilidad, enfermedad, dolor, deterioro y muerte. 'No es que el espíritu será liberado del cuerpo —como muchos, bajo la influencia del pensamiento griego, han sostenido— sino más bien que el Espíritu dará vida al cuerpo.'[37]

'Maravillosa', escribe el obispo Handley Moule, 'es esta profunda característica de las Escrituras: la de su evangelio para el cuerpo. En Cristo, se ve el cuerpo como algo muy diferente del mero obstáculo, prisión o crisálida del alma. Es el instrumento que le ha sido destinado, hasta podríamos decir sus poderosas alas en perspectiva, para la vida de gloria.'[38] Desde ahora expresamos nuestra personalidad por medio del cuerpo, especialmente por medio del habla, pero también mediante posturas y gestos, mediante una mirada en los ojos o una expresión en el rostro. Lo llamamos 'lenguaje corporal'. Pero el lenguaje que habla nuestro cuerpo actual es imperfecto; con mucha facilidad comunicamos lo que no queremos. Sin embargo, nuestro nuevo cuerpo no tendrá esta limitación. Habrá una correspondencia perfecta entre mensaje y medio de comunicación, entre lo que queremos comunicar y la forma en que lo hacemos. El cuerpo de resurrección será el vehículo perfecto de nuestra personalidad redimida.

Llegamos ahora a la segunda consecuencia de ser habitados por Dios o Cristo por medio del Espíritu en nosotros. La primera era vida; la segunda es una obligación o deuda. **Por tanto, hermanos,**

tenemos una obligación (12), o, literalmente, 'deudores somos' (RVR). ¿Cuál es esta deuda? Ahora no es la de compartir el evangelio con todo el mundo (como en 1.14), sino la de vivir una vida justa. **No es la [obligación] de vivir conforme a la naturaleza pecaminosa** (*sarx*, 12). Ella ya no tiene ningún derecho sobre nosotros. No le debemos nada. Nuestra obligación es más bien hacia el Espíritu, vivir de conformidad con sus deseos y dictados (aunque esta es una deducción, porque Pablo no completa la esperada antítesis).

La argumentación de Pablo parecería ser esta: si el Espíritu que habita en nosotros nos ha dado vida, cosa que sucedió ('el espíritu de ustedes vive', 10, NVI en nota al pie), no es posible que vivamos de conformidad con la carne, ya que esa orientación lleva a la muerte. ¿Es posible que a la vez poseamos vida y cortejemos a la muerte? Semejante incongruencia entre lo que somos y la forma en que nos comportamos es difícil de pensar, incluso ridícula. No, por cierto que no; estamos en deuda con el Espíritu de vida que habita en nosotros y debemos vivir la vida que Dios nos ha dado, y dar muerte a todo lo que la amenace o sea incompatible con ella.

El versículo 13 nos presenta la opción como una solemne alternativa entre la vida y la muerte,[39] alternativa que resulta tanto más impresionante por el hecho de que Pablo retoma una vez más la segunda persona. **Porque si ustedes viven conforme a ella** (la naturaleza pecaminosa; lo que acaba de declarar en el versículo 12 que no es una obligación cristiana), **morirán; pero si por medio del Espíritu dan muerte a los malos hábitos del cuerpo, vivirán** (13). Es decir, hay un tipo de vida que lleva a la muerte, y hay un tipo de muerte que lleva a la vida. El versículo 13 se constituye así en un versículo muy importante sobre el asunto tan descuidado de la 'mortificación' (el proceso de dar muerte a las acciones indebidas del cuerpo). Dicho versículo aclara por lo menos tres conceptos en cuanto a ella.

Primero, ¿qué es la mortificación? La mortificación no es masoquismo (el obtener placer de infligirse dolor uno mismo), ni ascetismo (sentir animadversión y pretender negar el hecho de que tenemos cuerpo y apetitos corporales naturales). Es, más bien, un claro reconocimiento del mal como tal, que conduce al repudio decidido y radical del mismo, algo a lo cual ninguna imagen puede hacerle justicia excepto la de 'darle muerte'. En efecto, el verbo que Pablo usa normalmente significa 'matar a alguien, entregar a alguien para que sea muerto, especialmente en relación con la sentencia de muerte y su ejecución' (BAGD sobre *thanatoō*).[40] En otro lugar el apóstol la ha llamado una crucifixión de nuestra naturaleza caída, con todas sus pasiones y deseos.[41] Y esta enseñanza es la elaboración del llamado del propio Jesús: 'Si alguien quiere ser mi discípulo, que se niegue a sí mismo, lleve su cruz y me siga.'[42] Dado que los romanos obligaban al criminal condenado a cargar su propia cruz hasta el lugar de la crucifixión, llevar la cruz es símbolo de seguir a Jesús hasta el lugar de la ejecución. Y aquello a lo cual tenemos que dar 'muerte' allí, explica Pablo, es a 'los malos hábitos del cuerpo', o sea, todo uso del cuerpo (ojos, oídos, boca, manos o pies) que nos sirva a nosotros mismos en lugar de servir a Dios y a otras personas. Algunos entendidos, indudablemente ansiosos por evitar el dualismo que considera que el cuerpo es malo en sí mismo, sugieren que por *sōma* (el cuerpo) en realidad Pablo quiere decir *sarx* (la carne, o naturaleza caída), y uno o dos manuscritos efectivamente contienen esta palabra. Así, Charles Cranfield vierte la frase de este modo: 'Las actividades y artimañas de la carne pecaminosa, el egocentrismo humano y la autoafirmación'.[43] Pero parecería mejor retener el vocablo *sōma*, tener en cuenta que en realidad la palabra para 'malos hábitos' es neutral (*praxeis*, hechos o acciones), y dejar que el contexto determine si se trata de buenos o (como aquí) malos.

En segundo lugar, ¿cómo se efectúa la mortificación? Notamos de inmediato que se trata de algo que tenemos que hacer. No es cuestión de morir o de ser sometido a muerte, sino de someter a muerte. En la obra de la mortificación nosotros mismos no estamos pasivos, a la espera de que se nos haga algo a nosotros, o que se haga algo por nosotros. Por el contrario, tenemos la responsabilidad de matar a la maldad. Cierto es que de inmediato Pablo agrega que sólo 'por medio del Espíritu' (de su accionar y su poder) podemos dar 'muerte a los malos hábitos del cuerpo'. Porque solamente él puede proporcionar el deseo, la determinación y la disciplina para rechazar el mal. Con todo, somos nosotros quienes tenemos que tomar la iniciativa para actuar. En forma negativa, debemos repudiar totalmente todo lo que sabemos que es incorrecto, y ni siquiera pensar en 'satisfacer los deseos de la naturaleza pecaminosa' (13.14). Esta no es una forma malsana de represión, fingiendo que el mal no existe en nosotros y negándonos a enfrentarlo. Es todo lo contrario. Tenemos que 'sacarlo, mirarlo, denunciarlo, odiarlo por lo que es; solamente entonces nos habremos ocupado realmente de él'.[44] O, como lo expresó gráficamente Jesús, tenemos que sacarnos el ojo que ha ofendido y cortarnos la mano o el pie que ha ofendido.[45] Es decir, si nos llega la tentación por vía de lo que vemos, tocamos o frecuentamos, entonces es preciso que seamos rigurosos en no mirar, ni tocar, ni frecuentar, y de este modo controlar los medios que nos acercan al pecado. Desde lo positivo, hemos de ocupar la mente en las cosas que anhela el Espíritu (5); centrar el corazón en las cosas de arriba,[46] y ocupar los pensamientos con aquello que sea noble, recto, puro y hermoso.[47] De este modo la 'mortificación' (dar muerte al mal) y la 'aspiración' (sentir hambre y sed de lo que es bueno) constituyen contrapartes. Ambos verbos (en el versículo 5, 'fijan la mente', y en el versículo 13, 'dan muerte') se encuentran en el tiempo presente, porque describen actitudes y actividades que deben ser continuas, incluyendo el tomar la cruz cada día[48] y fijar la mente en las cosas del Espíritu todos los días.

Tercero, ¿por qué tenemos que practicar la mortificación? Parecería tratarse de algo desagradable, antipático, severo, e incluso penoso. Va en contra de nuestra tendencia natural a ser indulgentes, blandos y descuidados con nosotros mismos. Si decidimos ocuparnos de practicarla, necesitaremos contar con motivaciones fuertes. Una, como hemos visto, es que 'tenemos una obligación' (12) para con el Espíritu de vida que habita en nosotros. Otra, en la que ahora insiste Pablo, es que la muerte por medio de la mortificación es el único camino a la vida. El versículo 13 contiene una promesa sumamente maravillosa, que se expresa en el verbo griego *zēsesthe*, 'vivirán'. Pablo no se contradice aquí. Él llamó a la vida eterna un gratuito e inmerecido regalo (6.23), y ahora no quiere que se la considere como una recompensa por la negación de uno mismo. Tampoco parecería que con la palabra 'vida' esté refiriéndose a la vida del mundo venidero. Parecería estar aludiendo a la vida de los hijos de Dios, que son guiados por su Espíritu y a quienes se les asegura el amor paternal, tema al que llega en los próximos versículos (14ss). Esta vida rica, abundante, que produce satisfacción —está diciendo Pablo—, puede ser disfrutada solamente por los que dan muerte a sus malas acciones. Hasta el dolor de la mortificación vale la pena si abre la puerta a la plenitud de vida.

Esta es una de las diversas formas en que el principio de la 'vida por medio de la muerte' constituye un elemento central del evangelio. Según Romanos 6, sólo si morimos con Cristo al pecado, habiendo pagado así la pena correspondiente, surgimos a una nueva vida de perdón y libertad. Según Romanos 8 es solamente dando muerte a nuestros malos hábitos o acciones que experimentamos la plenitud de vida de los hijos de Dios. De modo que tenemos que redefinir tanto la vida como la muerte. Lo que el mundo llama vida (una deseable gratificación de uno mismo) conduce a la separación de Dios que en realidad es muerte, mientras que el dar muerte a todo el mal que percibimos en nosotros (lo que el mundo ve como la negación no deseable de uno mismo), es en realidad el modo de alcanzar la vida auténtica.

d. El testimonio del Espíritu Santo | 14–17

De inmediato resulta notable sobre este párrafo que en cada uno de sus cuatro versículos se designa al pueblo de Dios como sus **hijos** (lo que desde luego incluye a las 'hijas'), y que en cada uno de ellos dicha posición privilegiada está relacionada con la obra del Espíritu Santo. Sólo en el versículo 16 se dice específicamente que el Espíritu **asegura … que somos hijos de Dios.** No obstante, todo el párrafo se refiere al testimonio del Espíritu a favor de nosotros, o sea, a la seguridad que nos da. La pregunta que debemos hacernos es esta: ¿Exactamente cómo se lleva a cabo el testimonio del Espíritu? Pablo reúne cuatro elementos de prueba. Primero, el Espíritu nos conduce a la santidad (para lo cual el versículo 14 está vinculado con el 13 por medio de la conjunción **porque**). Segundo, en nuestra relación con Dios reemplaza el temor por la libertad (15a). Tercero, en nuestras oraciones nos anima a llamar a Dios 'Padre' (15b–16). Cuarto, el Espíritu constituye las primicias de nuestra herencia celestial (17, 23). Así, la santidad radical, la libertad sin temor, el espíritu de oración filial, y la esperanza de gloria son las cuatro características de los hijos de Dios en quienes habita y a quienes dirige el Espíritu de Dios. Es mediante estas pruebas que el Espíritu da testimonio ante nosotros de que somos hijos de Dios.

Primero, el Espíritu nos conduce a la santidad (14). Resulta un poco artificial comenzar una nueva subsección con el versículo 14, como hemos hecho, porque el tema sigue siendo la obra santificadora del Espíritu Santo. Sin embargo, el versículo 14 aclara el versículo 13 (**porque**) al cambiar la imagen. A quienes por medio del Espíritu hacen morir los malos hábitos del cuerpo (13b) ahora se los describe como **todos los que son guiados por el Espíritu** (14a), mientras que a los que han ingresado en la plenitud de vida (13c) ahora se les llama **hijos de Dios** (14b). Las dos aclaraciones son importantes.

Para comenzar, evidentemente el tipo de 'guía' que lleva a cabo el Espíritu, y que constituye la experiencia característica de los hijos de Dios, es más específica de lo que parece. Porque consiste en, o por lo menos incluye como uno de sus rasgos más destacados, impulsarlos y fortalecerlos para que puedan dar muerte a los malos hábitos del cuerpo. 'La acción de someter a muerte diariamente, hora tras hora, las artimañas y emprendimientos de la carne pecaminosa por medio del Espíritu consisten en ser guiados, dirigidos, impulsados y controlados por el Espíritu.'[49]

Otros comentaristas describen a los hijos de Dios como 'impulsados' por el Espíritu. Por ejemplo, Godet escribe que hay aquí 'algo así como una noción de santa violencia; el Espíritu arrastra al hombre [es decir, a la persona] hacia donde, gustosamente, la carne no querría ir'.[50] El profesor Käsemann también habla de ser 'impelidos por el Espíritu', y lo interpreta en relación con 'entusiastas' carismáticos que son 'arrebatados' por el Espíritu.[51] El profesor Dunn sigue la misma dirección, sosteniendo que 'el sentido más natural' es el 'de ser obligados por una fuerza apremiante, de rendición ante una compulsión arrolladora'.[52] No obstante, el verbo *agō*, aunque es verdad que tiene diversos matices de significado, no supone necesaria ni normalmente el uso de la fuerza.[53]

La interpretación de este verbo, sin embargo, no es solamente una cuestión semántica. El doctor Lloyd-Jones acertadamente aporta una advertencia teológica a esta altura, relacionada con la naturaleza y la operación del Espíritu Santo. 'No hay violencia alguna en el cristianismo …', escribe. 'Lo que hace el Espíritu es iluminar y persuadir.'[54] Como que es un Espíritu manso y sensible puede fácilmente sentirse 'agraviado'.[55] "El Espíritu Santo jamás nos amedrenta … El impulso puede ser muy fuerte, pero no hay ningún intento de 'empujar', no hay compulsión alguna."[56]

Luego, si ser 'guiados por el Espíritu' (14a) es una elaboración de 'dar muerte a los malos hábitos del cuerpo' por medio del Espíritu (13b), entonces la confirmación de que 'son hijos de Dios' (14b) elabora la promesa de que 'vivirán' (13c). La vida nueva, rica y plena de que disfrutan los que dan muerte a sus malos hábitos, es precisamente la experiencia de ser hijos de Dios. Es evidente, entonces, que la noción popular de 'la paternidad universal de Dios' no es exacta. Es verdad que todos los seres humanos son 'descendientes' (NVI), 'linaje' (RVR) de Dios por creación,[57] pero nos hacemos 'hijos' reconciliados con él sólo por la adopción o el nuevo nacimiento.[58] Así como únicamente aquellos en los que habita el Espíritu pertenecen a Cristo (9), así también sólo los que son guiados por el Espíritu son hijos e hijas de Dios (14). Como tales, se nos concede una relación particularmente íntima, personal y amorosa con nuestro Padre celestial, acceso inmediato y libre a él en oración, calidad de miembros de su familia universal, y nominación como herederos suyos, asunto al cual llegará Pablo en el versículo 17. A continuación se ocupa más detalladamente de algunos de estos privilegios.

Segundo, el Espíritu reemplaza el temor por la libertad en nuestra relación con Dios (15). Pablo atribuye esto a la naturaleza del Espíritu que recibimos (un aoristo, que alude a la conversión): **Y ustedes no recibieron un espíritu** (o probablemente 'el Espíritu') **que de nuevo los esclavice al miedo, sino el Espíritu que los adopta como hijos** (o 'de adopción', RVR). F. F. Bruce nos recuerda que debemos interpretar las implicaciones de nuestra adopción no en función de nuestra cultura contemporánea sino de la cultura greco-romana de los días de Pablo. Escribe así: "El término 'adopción' puede sonar un tanto artificial a nuestros oídos; pero en el mundo romano del primer siglo d.C. un hijo adoptado era un hijo deliberadamente elegido por su padre adoptivo para perpetuar su nombre y heredar su patrimonio; no era nada inferior (es decir, en lo más mínimo) en posición a un hijo nacido en el curso normal de la naturaleza, y bien podía disfrutar del afecto del padre más plenamente y reproducir el carácter del padre más dignamente."[59]

Tanto aquí en el versículo 15 como en Gálatas 4.1ss Pablo se vale de imágenes de la esclavitud y la libertad con las cuales contrastar las dos eras, la era antigua y la nueva, y así nuestra situación anterior y posterior a la conversión. La esclavitud de la era antigua llevaba al temor, especialmente de Dios como juez; la libertad de la nueva era nos permite un acercamiento franco a Dios como nuestro Padre. De modo que todo ha cambiado. Es cierto que seguimos siendo esclavos de Cristo (1.1), de Dios (6.22) y de la justicia (6.18s), pero estas esclavitudes, lejos de ser incompatibles con la libertad, constituyen su esencia. Ahora nuestra vida está regida por la libertad y no por el temor.

La puntuación al final del versículo 15 y del versículo 16 es materia de discusión. Pablo enuncia tres conceptos, a saber, que hemos recibido **el Espíritu que** [nos] **adopta como hijos** (15a), que podemos **clamar: '¡*Abba*! ¡Padre!'** (15b), y que **el Espíritu mismo le asegura a nuestro espíritu que somos hijos de Dios** (16). La incertidumbre consiste en entender cómo se relacionan entre sí estos tres conceptos, y en particular si la exclamación '¡*Abba*! ¡Padre!' debería agregarse a la cláusula que la precede o a la que sigue. Si lo primero es lo acertado, entonces recibimos 'el Espíritu que [nos] adopta como hijos' que nos "permite clamar '¡*Abba*! ¡Padre!'" (NVI). En cambio, si lo segundo es lo correcto, entonces la oración debe leerse así: "Cuando clamamos '¡*Abba*! ¡Padre!' se trata del Espíritu mismo que da testimonio con nuestro espíritu de que somos hijos de Dios" (RSV). La diferencia no es muy grande. En la primera versión la exclamación '¡*Abba*! ¡Padre!' es el resultado de haber recibido el Espíritu de adopción; en la segunda se trata de la explicación del testimonio interior del Espíritu. En cualquiera de los casos, el don del Espíritu, el clamor y el testimonio van juntos. Pero al compararlas, yo prefiero la segunda interpretación, porque entonces se ve que Pablo pasa de nuestra relación y actitud hacia Dios en general (no de esclavitud sino de hijos, no de temor sino de libertad) a la expresión particular de ella cuando oramos, de la naturaleza del Espíritu que recibimos al testimonio del Espíritu en nuestras oraciones.

Tercero, el Espíritu nos exhorta a llamar 'Padre' a Dios en nuestras oraciones. La conservación lado a lado de la palabra aramea (*abba*) y griega (*patēr*) para 'padre', que algunos comentaristas desde Agustín han visto como un símbolo de la inclusión de judíos y gentiles en la familia de Dios, parecería retroceder hasta la agonía de Jesús en el jardín de Getsemaní, cuando se dice que oró '*Abba*, Padre'.[60] Las investigaciones de Joachim Jeremias en la literatura sobre la oración en el judaísmo primitivo lo convencieron de que el uso que hacía Jesús de este término coloquial y familiar para dirigirse a Dios fue característicamente suyo. '*Abba* era una palabra de todos los días, una palabra hogareña para uso en el seno de la familia. Ningún judío se habría atrevido a dirigirse a Dios de este modo. Jesús la usaba siempre, en todas las oraciones suyas que nos han llegado, con una sola excepción, el grito desde la cruz.'[61]

Si bien algunos estudiosos, tanto judíos como cristianos, sugieren ahora que el caso de J. Jeremias fue sobredimensionado y requiere modificación, su tesis principal se mantiene. Además, Jesús les dijo a sus discípulos que oraran 'Padre nuestro', y de este modo los autorizó a usar, al dirigirse a Dios, ese mismo término íntimo que usaba él.[62] 'Los autoriza a hablar a su Padre celestial literalmente como le habla un niño pequeño a su padre, y del mismo modo confiado de un niño.'[63] 'El uso judío demuestra cómo esta relación de Padre–hijo para con Dios sobrepasa por lejos cualquier posibilidad de asumir algún grado de intimidad en el judaísmo, y sin ninguna duda introduce algo completamente nuevo.'[64]

Algunos sostienen que el verbo griego para **clamar** (*krazō*) es tan fuerte que expresa una exclamación en tono elevado, emocional y espontáneo.[65] Por cierto que fue usada muchas veces en los Evangelios para los gritos de los demonios cuando eran enfrentados por Jesús, y puede traducirse 'exclamar, gritar, chillar' (BAGD). Pero puede igualmente traducirse 'llamar' o 'clamar', de modo que puede referirse a una aclamación litúrgica en el culto público o a invocar a Dios en la devoción privada. En este caso, 'Pablo encuentra la particularidad de *krazein*, no en el entusiasmo o el éxtasis, sino en una infantil y gozosa seguridad, en contraste con la actitud del siervo'.[66]

En esas oraciones dirigidas al Padre experimentamos el testimonio interior del Espíritu Santo. Porque "cuando clamamos, '¡*Abba*! ¡Padre!'" haciendo nuestras las propias palabras de Jesús, 'es el Espíritu mismo dando testimonio a nuestro espíritu de que somos hijos de Dios' (15b–16, RSV). Las palabras son nuestras, pero el testimonio es suyo. ¿Cómo se verifica, entonces, este testimonio, y qué supone el prefijo *syn* en el verbo *symmartyreō*? Normalmente *syn* se traduce 'junto con', en cuyo caso habría dos testigos aquí, el Espíritu Santo que confirma y respalda la conciencia que nuestro propio espíritu tiene de la paternidad de Dios. Así, la NEB traduce: 'En esa exclamación el Espíritu de Dios se une a nuestro espíritu para testificar que somos hijos de Dios.' Esto se entendería fácilmente, ya que el Antiguo Testamento requería dos testigos para afirmar un testimonio.[67] Por otro lado, ¿acaso es posible distinguir en la experiencia entre el Espíritu

Santo y nuestro espíritu humano? Más importante aún, ¿no sería una equiparación inadecuada colocar a estos dos testigos en el mismo nivel? ¿Acaso 'podemos colocarnos al lado del Espíritu Santo para dar testimonio'?[68] Pues '¿qué lugar puede ocupar nuestro espíritu en *este* asunto? Por sí mismo está claro que no tiene absolutamente ningún derecho a dar testimonio de que somos hijos de Dios'.[69] En este caso el prefijo *syn* tiene simplemente función intensiva, y Pablo quería decir que el Espíritu Santo ofrece un fuerte testimonio interior *a* nuestro espíritu de que somos hijos de Dios. Resulta natural asociar esta experiencia con lo que Pablo ha escrito más arriba acerca de un ministerio interior similar por parte del Espíritu Santo. Según 5.5, a través del Espíritu Santo 'Dios ha derramado su amor en nuestro corazón'. Según 8.16, 'el Espíritu mismo le asegura a nuestro espíritu que somos hijos de Dios'. Cada uno de estos versículos nos ofrece un ejemplo del ministerio del Espíritu Santo que consiste en darnos seguridad interior, al convencernos de la realidad del amor de Dios por un lado, y de la paternidad de Dios por el otro. En efecto, sería difícil separarlos, porque el amor de Dios ha sido generosamente derramado sobre nosotros al hacernos sus hijos.[70] Si bien no tenemos libertad alguna para circunscribir la actividad de Dios en ningún sentido, por las biografías cristianas parecería que Dios da estas experiencias a su pueblo principalmente cuando oran, sea en público o en privado.

Cuarto, el Espíritu es las primicias de nuestra herencia (17, 23). Pablo no puede abandonar el tema de que somos hijos de Dios sin señalar sus consecuencias para el futuro. **Y si somos hijos, somos herederos; herederos de Dios y coherederos con Cristo** (17a).[71] A primera vista esto parecería referirse a esa herencia celestial, que 'es indestructible, incontaminada y eterna', que Dios nos tiene preparada en el cielo.[72] Es posible, sin embargo, que la herencia en la que está pensando Pablo no sea algo que Dios se propone otorgarnos, sino su propia persona. De hecho, 'es difícil suprimir el pensamiento más rico y profundo de que Dios mismo es la herencia de sus hijos'.[73]

Esta noción no le era desconocida a Israel en los días del Antiguo Testamento. Los levitas, por ejemplo, sabían que no habían recibido herencia alguna entre sus hermanos porque el Señor mismo era su herencia.[74] Y hubo israelitas piadosos que podían proclamar que Dios era su porción. Por ejemplo, '¿A quién tengo en el cielo sino a ti? Si estoy contigo, ya nada quiero en la tierra. Podrán desfallecer mi cuerpo y mi espíritu, pero Dios fortalece mi corazón; él es mi herencia eterna.'[75] Además, llegará el día en que Dios será 'todo en todos,'[76] 'todo en todo' (DHH), o 'todo para todos' (NBE). En cuanto a la sorprendente afirmación adicional de que los herederos de Dios también son coherederos con Cristo, recordemos que Jesús mismo oró para que los suyos estuvieran con él, vieran su gloria y compartieran su amor.[77] Y aun cuando todavía sea algo futuro, nuestra herencia es segura, porque el Espíritu Santo es él mismo las primicias (23), lo cual garantiza que la siega vendrá a su debido tiempo. De modo que el mismo Espíritu que habita en nosotros es el que nos asegura que somos hijos de Dios, y quien también nos asegura que seremos sus herederos.

Hay una limitación, sin embargo: **Si ahora sufrimos con él, también tendremos parte con él en su gloria** (17b). La Escritura pone mucho énfasis en el principio de que el sufrimiento es la senda que lleva a la gloria. Así fue en el caso del Mesías ('¿Acaso no tenía que sufrir el Cristo estas cosas antes de entrar en su gloria?').[78] También es así para la comunidad mesiánica (5.2s). Pedro enseña esto con tanta claridad como Pablo: 'Alégrense de tener parte en los sufrimientos de Cristo, para que también sea inmensa su alegría cuando se revele la gloria de Cristo.'[79] La esencia del discipulado es la unión con Cristo, y esto significa identificación con él tanto en sus sufrimientos como en su gloria.

No me atrevo a alejarme de estos versículos sin hacer referencia a una interpretación a la que el doctor Martin Lloyd-Jones ha dado actualidad. Este autor dedicó cuatro capítulos[80] a la expresión 'habéis recibido el Espíritu de adopción' (15, RVR), y ocho más[81] 'al testimonio del Espíritu' (16). Siguiendo a Thomas Goodwin y a otros puritanos, entendía la primera como 'una forma o tipo muy especial de certeza,'[82] más emocional que intelectual, otorgada con posterioridad a la conversión, aunque no es imprescindible para la salvación, que proporciona una profunda sensación de seguridad en el amor de nuestro Padre. De la misma manera, interpretaba el testimonio del Espíritu (que identificaba con el 'bautismo' y el 'sello' del Espíritu) como una experiencia distintiva y sobrecogedora que concede 'absoluta certidumbre.'[83] 'Esta es la forma más alta posible de seguridad; no hay nada superior a ella. Es la cumbre, el cenit de la seguridad y la certeza de la salvación.'[84] Aunque 'está mal estandarizar la experiencia,'[85] por cuanto se da con muchas variantes en lo que hace a intensidad y duración; de todas maneras, es una obra directa y soberana del Espíritu Santo, impredecible, incontrolable e inolvidable. Produce un incremento del amor a Dios, un gozo difícil de expresar con palabras, y un ilimitado coraje para dar testimonio. El doctor Lloyd-Jones defendía su tesis apelando a una impresionante cantidad de testimonios históricos. A pesar de la diversidad de los trasfondos eclesiásticos, manifiestan 'una extraña y curiosa unanimidad'.[86]

No tengo el menor deseo de poner en tela de juicio la autenticidad de las experiencias descriptas. Tampoco dudo que muchos cristianos siguen experimentando profundos encuentros similares con Dios en la actualidad. Tampoco tengo problemas en avalar que el ministerio del Espíritu de adopción (15) y el testimonio interior del Espíritu (16) tienen como propósito darnos seguridad. Lo que me preocupa es si los textos bíblicos han sido interpretados correctamente. Tengo la incómoda sensación de que son las experiencias las que han determinado la interpretación. Porque la lectura natural de Romanos 8.14–17 seguramente es la de que *todos* los creyentes son 'guiados por el Espíritu' (14), han 'recibido el Espíritu de adopción' (15), y exclaman '*¡Abba!* ¡Padre!' cuando el Espíritu mismo les da testimonio de ser hijos de Dios (16) y por lo tanto herederos suyos (17). No hay ninguna indicación en estos cuatro versículos de que el autor esté pensando en una experiencia especial, distintiva y sobrecogedora, que tiene que ser buscada por todos, pero que se les da solamente a algunos. Por el contrario, todo el párrafo parece ser descriptivo de algo que es, o debe ser común a todos los creyentes. Aunque sin duda con diferentes grados de intensidad, todos aquellos en los que habita el Espíritu (9) cuentan también con el testimonio del Espíritu (15–16).

Repasando ahora la primera mitad de Romanos 8, hemos visto algunos aspectos de los múltiples ministerios del Espíritu Santo. Nos ha liberado de la esclavitud a la ley (2), mientras que al mismo tiempo nos da el poder necesario para cumplir sus justas exigencias (4). Ahora vivimos cada día según el Espíritu y mantenemos la mente centrada en sus deseos (5). Él vive en nosotros (9), proporciona vida a nuestro espíritu (10), y algún día dará vida también a nuestro cuerpo (11). El hecho de que habita en nosotros nos obliga a vivir según sus deseos (12), y su poder nos permite dar muerte a los malos hábitos de nuestro cuerpo (13). Nos guía como hijos de Dios (14) y da testimonio a nuestro espíritu de que esto es lo que somos (15–16). Él mismo es también el anticipo de nuestra herencia en la gloria (17, 23). El hecho de que habita en nosotros hace la diferencia fundamental entre Romanos 7 y Romanos 8.

2. La gloria de los hijos de Dios │ 18–27

Pablo pasa ahora del ministerio presente del Espíritu de Dios a la gloria futura de los hijos de Dios, de la cual el Espíritu Santo constituye, por cierto, **las primicias** (23). Lo que estimuló al autor a ocuparse de este tema fue claramente su alusión al hecho de que hemos de compartir los sufrimientos y la gloria de Cristo (17). 'El sufrimiento y la gloria' es el tema en toda esta sección; primeramente los sufrimientos y la gloria de la creación de Dios (19–22), y luego los sufrimientos y la gloria de los hijos de Dios (23–27). Es conveniente que nos ocupemos de cuatro puntos generales de presentación en referencia a ellos.

Primero, los sufrimientos y la gloria van juntos en forma inseparable. Así fue en la experiencia de Cristo; así es en la experiencia de su pueblo también (17). Es sólo después de haber 'sufrido un poco de tiempo' que podremos entrar en 'su gloria [es decir, la de Dios] eterna en Cristo', a la que hemos sido llamados por él.[87] De manera que los sufrimientos y la gloria son inseparables; no pueden ser desvinculados. Están amalgamados; no pueden ser aislados.

Segundo, los sufrimientos y la gloria caracterizan dos eras o períodos. El contraste entre esta era y la era venidera, y como consecuencia entre la presente y la futura, entre el ya y el todavía no, queda claramente sintetizado en los dos términos *pathēmata* (sufrimientos) y *doxa* (gloria). Más todavía, los 'sufrimientos' no sólo incluyen la oposición del mundo, sino también toda nuestra fragilidad humana, tanto física como moral, como resultado de nuestra condición provisional o de parcialmente salvados. La 'gloria', en cambio, es el indescriptible esplendor de Dios, y es eterna, inmortal e incorruptible. Algún día **habrá de revelarse** (18). Esta manifestación 'nos ha de ser revelada' (BA) en los tiempos del fin, porque la veremos (DHH), a la vez que será revelada **en nosotros** (NVI), porque la compartiremos y seremos cambiados por ella.[88] También 'nos está reservada' (REB), aunque 'todavía no se ha manifestado [la naturaleza exacta de] lo que habremos de ser'.[89]

Tercero, los sufrimientos y la gloria no pueden ser comparados. **Considero**, escribe Pablo, expresando 'una firme convicción alcanzada mediante el pensamiento racional sobre la base del evangelio',[90] **que en nada se comparan los sufrimientos actuales**, o, literalmente, 'los sufrimientos de la época actual' (como bien sabe Pablo por experiencia) **con la gloria que habrá de revelarse en nosotros** (18). El 'sufrimiento' y la 'gloria' son inseparables, por cuanto el sufrimiento es el camino a la gloria (ver el versículo 7), pero no son comparables. Hay que contrastarlos, en lugar de compararlos. En una carta cronológicamente anterior Pablo los ha evaluado en función de su 'peso'. Nuestros problemas actuales, declaraba, son 'ligeros y efímeros', pero la gloria por venir es 'eterna' y 'vale muchísimo más'.[91] La magnificencia de la gloria revelada de Dios sobrepasará ampliamente lo desagradable de nuestros sufrimientos.

Cuarto, los sufrimientos y la gloria tienen que ver tanto con la creación de Dios como con los hijos de Dios. Ahora Pablo escribe desde una perspectiva cósmica. Los sufrimientos y la gloria de la antigua creación (el orden material) y de la nueva (el pueblo de Dios) están integralmente relacionados entre sí. Actualmente ambas creaciones sufren y gimen; y ambas van a ser libres al mismo tiempo. Como la naturaleza compartió la maldición,[92] y ahora comparte los dolores, así también habrá de compartir la gloria. Por ello **la creación aguarda con ansiedad la revelación de los hijos de Dios** (19). La palabra para 'ansiedad' es *apokaradokia*, que se deriva de *kara*, la cabeza. Significa 'esperar con la cabeza erguida, y la mirada fija en ese punto del horizonte de donde ha de venir el objeto esperado'.[93] Representa a alguien 'en puntillas' (JBP) o 'alargando el cuello, extendiéndose hacia delante'[94] con el propósito de ver. Y lo que busca la creación es la revelación de los hijos de Dios, es decir, por un lado la manifestación de su identidad, y por el otro su investidura con gloria. Esta será la señal para la renovación de toda la creación.

Pero, ¿qué quiere decir 'la creación' (*hē ktisis*), una expresión que aparece cuatro veces en los versículos 19–22, una vez en cada uno de ellos? La traducción que ofrece la REB, 'el universo creado' es un tanto inadecuada, porque Pablo no sabía nada de las galaxias. Su enfoque tiene que haber sido la tierra, como el escenario en el cual se desarrolla el drama de la caída y la redención. Por 'la creación', entonces, tiene que haber querido decir 'la tierra, con todo lo que ella contiene, animado e inanimado, exceptuado el hombre',[95] o 'la totalidad de la naturaleza subhumana'.[96]

a. Los sufrimientos y la gloria de la creación de Dios | 20–22

Pablo personifica a 'la creación', a semejanza de lo que con frecuencia hacemos nosotros al personificar a 'la naturaleza'. Por cierto que 'no hay nada … antinatural, inusual o no escriturario'[97] en hacerlo, dado que tales representaciones son bastante comunes en el Antiguo Testamento. Por ejemplo, los cielos, la tierra y el mar, con todo su contenido, los campos, los árboles y el bosque, los ríos y las montañas son todos convocados a regocijarse y cantar a Yahvéh.[98]

A continuación el apóstol hace tres afirmaciones con respecto a la creación, que se relacionan respectivamente con su pasado, su futuro y su presente.

Primero, la creación **fue sometida a la frustración** (20a). Con seguridad que esta referencia al pasado tiene que ver con el juicio de Dios, que cayó sobre el orden natural a continuación de la desobediencia de Adán. La tierra (el suelo) fue declarada maldita a causa de él.[99] En consecuencia, había de producir 'cardos y espinas', de modo que Adán y sus descendientes obtendrían alimento de ella sólo 'con penosos trabajos' y 'el sudor de [su] frente', hasta que la muerte los reclamara y los devolviera al polvo del que habían sido sacados. Pablo no alude a estos detalles. En cambio, resume el resultado de la maldición de Dios con la palabra *mataiotēs*, 'frustración'. Significa 'vaciedad, futilidad, transitoriedad, falta de propósito' (BAGD). La idea básica es la de falta de propósito o resultado. Es la palabra elegida por los traductores de la LXX para 'Vanidad de vanidades … todo es vanidad',[100] y que la NVI traduce con acierto como 'lo más absurdo de lo absurdo … ¡todo es un absurdo!'. Como comenta C. J. Vaughan, 'todo el libro de Eclesiastés es un comentario sobre dicho versículo'.[101] Es que expresa el absurdo existencial de una vida vivida 'debajo del sol', aprisionada por el tiempo y el espacio, sin referencia última alguna ya sea a Dios o a la eternidad.

El apóstol agrega que la sujeción de la creación a la frustración o la 'futilidad' (RSV) **no sucedió por su propia voluntad, sino por la del que así lo dispuso,** aunque **queda la firme esperanza** (20b). Esta última expresión basta para demostrar que la persona de que se trata, cuya voluntad sujetó a la creación a la frustración, no fue ni Satanás ni Adán, como han sugerido unos cuantos comentaristas. Solamente Dios, por ser Juez y Salvador, albergaba esperanza para el mundo al que había maldecido.

Segundo, **la creación misma ha de ser liberada** (21a). La palabra 'esperanza' es el pivote sobre el que Pablo gira del pasado al futuro de la creación. Dios ha prometido que su sujeción a la frustración no durará para siempre. Llegará el día cuando experimentará un nuevo comienzo, que Pablo denomina 'liberación', con un aspecto negativo y otro positivo.

En lo negativo, la creación será liberada **de la corrupción que la esclaviza** (21b). Al parecer *fthora* ('corrupción') denota no sólo que el universo se viene abajo (como diríamos nosotros), sino que la naturaleza también está esclavizada, encerrada en un ciclo interminable, de modo que a la concepción, el nacimiento y el crecimiento siguen inexorablemente la declinación, el deterioro, la muerte y la descomposición. Agregado a esto, es posible que haya de paso una referencia a la devastación y al dolor, especialmente a esto último, que se menciona en el próximo versículo. De modo que la futilidad, la esclavitud, el deterioro y el dolor son las palabras que el apóstol utiliza para indicar que la creación está desarticulada por estar sujeta a juicio. Todavía funciona, porque los mecanismos de la naturaleza están minuciosamente especificados y cuidadosamente equilibrados. Y buena parte de ella es indescriptiblemente hermosa; revela la mano del Creador. Pero al mismo tiempo está sujeta a la desintegración y la frustración. Al final, no obstante, será 'liberada de los grillos de la mortalidad' (REB), 'rescatada de la tiranía del cambio y el deterioro' (JBP).

En cuanto a lo positivo, la creación será liberada **para así alcanzar la gloriosa libertad de los hijos de Dios** (21c), literalmente 'dentro de la libertad de su gloria', es decir, la de los hijos de Dios. Estos sustantivos corresponden a los de la cláusula anterior, porque la naturaleza pasará de la esclavitud a la libertad, del deterioro a la gloria; es decir, de la corrupción a la incorruptibilidad. En efecto, la creación de Dios compartirá la gloria de los hijos de Dios, que a su vez es la gloria de Cristo (ver 17–18).

Esta expectativa, en cuanto a que la naturaleza misma será renovada, forma parte integrante de la visión profética del Antiguo Testamento de la era mesiánica, especialmente en Salmos y en Isaías. Se usan imágenes llamativas para expresar la de Israel de que la tierra y los cielos serán cambiados como el que se cambia la ropa;[102] que Dios va a 'crear un cielo nuevo y una tierra nueva', incluida una nueva Jerusalén;[103] que el desierto florecerá como el azafrán, y de este modo proclamará la gloria de Yahvéh;[104] que los animales silvestres y domésticos coexistirán en paz, y que las criaturas más feroces y ponzoñosas 'no harán ningún daño ni estrago' en toda la nueva creación de Dios.[105]

Los escritores del Nuevo Testamento no se ocupan de los detalles de estas imágenes poéticas. Pero Jesús mismo habló del 'nuevo nacimiento' (*palingenesia*) del mundo cuando él venga;[106] Pedro habló de la 'restauración' (*apokatastasis*) de todas las cosas;[107] Pablo lo hace aquí de la liberación de todas las cosas, y en otro lugar, de la reconciliación de todas las cosas;[108] y Juan del nuevo cielo y la nueva tierra, en los que Dios habitará con su pueblo, y de los que toda separación, pena, dolor y muerte habrán sido eliminados.[109] No sería sabio especular, y menos dogmatizar, sobre la forma en que los relatos bíblicos y científicos de la realidad se corresponden o armonizan, ya sea en el presente o en el futuro. La promesa general de la renovación y transformación de la naturaleza es clara, incluida la erradicación de todos los elementos dañinos, y su reemplazo por la justicia, la paz, la armonía, el gozo y la seguridad. Pero deberíamos ser cautos en cuanto a especificar los detalles. La gloria futura se encuentra más allá de la imaginación. Lo que sabemos es que la creación material de Dios será redimida y glorificada, porque los hijos de Dios serán redimidos y glorificados. Así es como lo ha expresado Charles Cranfield:

> Y, si surge la pregunta, '¿Qué sentido puede haber en decir que la creación subhumana —el monte Jungfrau en los Alpes, por ejemplo, o el Matterhorn (también en los Alpes), o el planeta Venus— sufre frustración al impedírsele cumplir adecuadamente el propósito de su existencia?'; seguramente que la respuesta es que todo el magnífico teatro del universo, junto con todas sus espléndidas propiedades y todo el variado coro de vida subhumana, creado para la gloria de Dios, está privado de su verdadero cumplimiento en la medida en que el hombre, el actor principal en el gran drama de la alabanza a Dios, no contribuye con su aporte racional.[110]

Tercero, **sabemos que toda la creación todavía gime a una** (22). Hasta aquí el apóstol nos ha dicho que la creación 'fue sometida a la frustración' en el pasado (20) y que 'ha de ser liberada' en el futuro (21). Ahora agrega que mientras tanto, en el presente, incluso en tanto espera ansiosamente la revelación final (19), la creación 'gime' de dolor. Sus gemidos no son inútiles, sin embargo, ni síntomas de desesperación. Por el contrario, son como **dolores de parto**, porque anuncian seguridad de la futura aparición de un nuevo orden. En la literatura apocalíptica judía los sufrimientos actuales de Israel se denominan con frecuencia 'las aflicciones del Mesías' o 'los dolores de parto de la era mesiánica'. Es decir, se los veía como el doloroso preludio, más todavía el mensajero, de la victoriosa venida del Mesías. Jesús se valió de la misma expresión en su propio discurso apocalíptico. Habló de los falsos maestros, de guerras, de hambrunas y terremotos como 'apenas el comienzo de los dolores' (NVI) o 'los primeros dolores de parto de la nueva era' (REB), vale decir, señales preliminares de su venida.[111]

De hecho, el versículo 22 reúne el pasado, el presente y el futuro. Porque no sólo ahora gime la creación, sino que 'todavía' (o 'hasta ahora', DHH) gime. Esto indica que la versión de la NIV es legítima cuando traduce 'ha venido gimiendo'. Y dado que sus gemidos son dolores de parto, apuntan hacia un nuevo orden por venir. Si bien debemos tener cuidado de no imponerle a Pablo categorías científicas modernas, debemos aferrarnos a su combinación de sufrimientos presentes y gloria futura. Cada uno de los versículos lo expresa. La sujeción de la creación a la frustración fue con 'firme esperanza' (20). La esclavitud al deterioro dará lugar a la libertad de la gloria (21). Los dolores de parto serán seguidos por el gozo del nacimiento (22). Por lo tanto habrá a la vez continuidad y discontinuidad en la regeneración del mundo, así como en la resurrección del cuerpo. El universo no será destruido, sino más bien liberado, transformado y cubierto de la gloria de Dios.

b. Los sufrimientos y la gloria de los hijos de Dios | 23–27

Los versículos 22–23 trazan un importante paralelo entre la creación de Dios y los hijos de Dios. El versículo 22 habla sobre el gemir de toda la creación. El versículo 23 comienza: **Y no sólo ella, sino también nosotros mismos … gemimos interiormente …** Hasta nosotros, que ya no estamos en Adán sino en Cristo, que ya no vivimos según la carne sino que **tenemos las primicias del Espíritu,** en quienes la nueva creación de Dios ha comenzado,[112] hasta nosotros seguimos gimiendo dentro de nosotros mismos **mientras aguardamos nuestra adopción como hijos, es decir, la redención de nuestro cuerpo** (23). Este es nuestro dilema cristiano. Atrapados en la tensión entre lo que Dios ha inaugurado (al darnos su Espíritu) y lo que ha de consumar (cuando seamos finalmente adoptados y redimidos), gemimos con pesar a la vez que con anhelo. El Espíritu que habita en nosotros nos proporciona gozo,[113] y la futura gloria nos proporciona esperanza (por ejemplo: 5.2), pero entre tanto el suspenso nos produce dolor.

A continuación Pablo se ocupa de destacar diferentes aspectos de nuestra condición de parcialmente salvados, por medio de cinco ratificaciones.

Primero, **tenemos las primicias del Espíritu** (23a). *Aparjē*, las primicias, era tanto el comienzo de la cosecha como la promesa de que la cosecha plena habría de continuar a su debido tiempo. Tal vez Pablo tenía en mente que la 'fiesta de las semanas', que celebraba la siega de las primicias, era precisamente la fiesta (llamada en griego 'pentecostés') en la que había venido el Espíritu. Reemplazando esta metáfora agraria con otra comercial, Pablo también describe el don del Espíritu como el *arrabōn* de Dios, la 'primera cuota, depósito, anticipo, promesa' (BAGD), que garantizaba el futuro cumplimiento total de la compra.[114] Si bien todavía no hemos recibido la adopción final o redención, ya hemos recibido al Espíritu, como anticipo y como promesa de dichas bendiciones.

Segundo, **gemimos interiormente** (23b). El hecho de que coincida la morada del Espíritu en nosotros y que al mismo tiempo gimamos interiormente no debería sorprendernos. Porque la sola presencia del Espíritu (aunque sólo se trate de las primicias) es un recordatorio constante del carácter incompleto de nuestra salvación, mientras compartimos con la creación la frustración, la esclavitud al deterioro y el dolor. De modo que una razón por la cual gemimos es a causa de nuestra fragilidad y mortalidad físicas. Pablo expresa este mismo concepto en otra parte: 'Mientras tanto suspiramos, anhelando ser revestidos de nuestra morada celestial [esto probablemente con el significado del cuerpo de resurrección] ... Realmente, vivimos en esta tienda de campaña [nuestro cuerpo material, temporal y endeble], suspirando y agobiados ...'[115] Pero no es sólo nuestro frágil cuerpo (*sōma*) lo que nos hace gemir; es también nuestra naturaleza caída (*sarx*), que nos impide comportarnos como quisiéramos, y que nos impediría hacerlo totalmente, si no fuese por el hecho de que el Espíritu habita en nosotros (7.17, 20). Ansiamos, por lo tanto, que nuestra *sarx* sea destruida y que nuestro *sōma* sea transformado. Nuestro gemir expresa tanto el presente dolor como el futuro anhelo. Sin embargo, algunos cristianos sonríen demasiado (parecería que en su teología no cabe el dolor) y gimen demasiado poco.

Tercero, **aguardamos nuestra adopción como hijos, es decir, la redención de nuestro cuerpo** (23c). Así como la creación que gime espera anhelantemente la revelación de los hijos de Dios (19), también nosotros los cristianos esperamos ansiosamente nuestra adopción como hijos, incluso nuestra redención corporal. Por supuesto que ya hemos sido adoptados por Dios (15), y el Espíritu nos asegura que somos sus hijos (16). Pero hay una relación de hijo a Padre mucho más profunda y rica por delante, cuando seamos plenamente 'revelados' como sus hijos (19) y 'transformados según la imagen de su Hijo' (29). Por otra parte, ya hemos sido redimidos,[116] pero nuestro cuerpo todavía no. Desde ya nuestro espíritu está vivo (10), pero un día futuro el Espíritu también dará vida a nuestro cuerpo (11). Más todavía, nuestro cuerpo será transformado por Cristo 'para que sea como su cuerpo glorioso.'[117] 'La corrupción que esclaviza' será reemplazada por 'la gloriosa libertad' (21).

Cuarto, **en esa esperanza fuimos salvados** (24a). 'Fuimos salvados' (*esōthēmen*) es un tiempo aoristo. Da testimonio de nuestra decisiva liberación pasada: tanto de la culpa como de la esclavitud de nuestros pecados, y del justo juicio de Dios sobre ellos.[118] Pero seguimos siendo parcialmente salvos. Porque todavía no hemos sido salvados de la ira de Dios que se derramará en el día del juicio (5.9), como tampoco han sido erradicados los vestigios finales de nuestra personalidad humana. Nuestra *sarx* aún no ha sido completamente eliminada; nuestro *sōma* no ha sido redimido aún. De modo que fuimos salvados 'en … esperanza' de la liberación total (24a), así como la creación fue sometida a la frustración 'en … esperanza', con la perspectiva de ser liberada de ella (20). Esta doble esperanza apunta al futuro y a cosas que, por ser futuras, no son visibles hasta ahora. Porque **la esperanza que se ve**, al haber sido cumplida en nuestra experiencia, **ya no es esperanza.**

¿Quién espera lo que ya tiene? (24b). En cambio, **esperamos lo que todavía no tenemos** (25a).[119]

Quinto, **en la espera mostramos nuestra constancia** (25b), es decir, aguardando el cumplimiento de la esperanza. Tenemos plena confianza en las promesas de Dios de que las primicias serán seguidas por la cosecha, la esclavitud será reemplazada por la libertad, el deterioro por la incorrupción, y los dolores de parto por el nacimiento del nuevo mundo. Toda esta sección es un notable ejemplo de lo que significa estar viviendo 'entre los tiempos', entre las presentes dificultades y el futuro destino, entre el ya y el todavía no, entre los sufrimientos y la gloria. 'Fuimos salvados en esperanza' es la verdad que reúne todo. Y en esta tensión la actitud cristiana correcta es la de esperar, esperar 'con ansiedad' (23, ver 19), con gran expectativa, y esperar con 'constancia' (25), resistiendo firmes las pruebas (*hypomonē*). El mismo verbo aparece en ambos versículos (*apekdejomai*, 23 y 25, y también en 19), e incluye en sí mismo la nota de 'ansiedad', en tanto que 'constancia' o 'paciencia' se le agrega en el versículo 25. La combinación es significativa. Debemos esperar, pero no tan ansiosamente que perdamos la paciencia, ni tan pacientemente que perdamos la expectativa, sino a la vez con ansias y paciencia.

Sin embargo, es difícil mantener el equilibrio. Algunos cristianos enfatizan el llamado a la paciencia. Carecen de entusiasmo y caen en el letargo, la apatía y el pesimismo. Han olvidado las promesas de Dios, y se hacen culpables de incredulidad. Otros se vuelven impacientes de tanto esperar. Se sienten tan arrastrados por el entusiasmo que casi intentan forzar la mano de Dios. Están decididos a experimentar todo ahora mismo, incluso lo que todavía no está a nuestra disposición. Comprensiblemente ansiosos por salir del doloroso presente de sufrimiento y gemir, hablan como si la resurrección ya se hubiese dado, y como si el cuerpo ya no debiera estar sujeto a debilidad, enfermedad, dolor y deterioro. Pero semejante impaciencia es una forma de vanidad. Es rebelarse contra el Dios de la historia, quien desde luego ha actuado en forma indiscutible por nuestra salvación, y quien con absoluta seguridad completará (cuando Cristo venga) lo que ha comenzado. Pero Dios se rehúsa a aceptar que se lo apresure a cambiar el esquema que ha preparado, simplemente porque a nosotros no nos guste tener que seguir esperando y gimiendo. Dios nos proporciona una paciente ansiedad y una ansiosa paciencia con el propósito de que podamos esperar que sus promesas se cumplan.

A continuación Pablo nos ofrece otro motivo de aliento en esta vida de expectativa. Una vez más se refiere al ministerio del Espíritu Santo. Hasta ahora este ministerio ha sido presentado, en primer lugar, en relación con la ley que nos capacita para cumplir (2–8), luego con nuestra naturaleza caída, a la cual subyuga (9–13), en tercer lugar con la adopción en el seno de la familia de Dios, de lo cual nos ofrece certidumbre (14–17), y cuarto con la herencia final, de la cual él es la garantía y el anticipo (18–23). Ahora, en quinto lugar, escribe sobre el Espíritu Santo en relación con nuestras oraciones (26–27). De hecho, la verdadera oración cristiana es imposible sin el Espíritu Santo. Es él quien hace que clamemos '*¡Abba! ¡Padre!*' (15) cuando oramos. La oración es en sí misma un ejercicio esencialmente trinitario. Consiste en el acceso al Padre a través del Hijo y por el Espíritu.[120] La inspiración del Espíritu es tan necesaria para nuestras oraciones como la mediación del Hijo. No hay otra forma de acercarnos al Padre si no es por medio del Hijo y por el Espíritu.

Así mismo, comienza Pablo (26), probablemente queriendo decir que así como la esperanza cristiana nos sostiene, también lo hace el Espíritu Santo. En general, **en nuestra debilidad el Espíritu acude a ayudarnos** (26a), es decir, en la ambigüedad y fragilidad de nuestra existencia en el 'ya–todavía no'. En particular, colabora con nuestra debilidad en la oración. En esta esfera nuestra debilidad es la ignorancia: **No sabemos qué pedir** (26b). Pero él sabe aquello que nosotros no sabemos. En consecuencia, **el Espíritu mismo intercede por nosotros** (26c). Así, 'los hijos de Dios tienen dos intercesores divinos', escribe John Murray. 'Cristo es su intercesor en el tribunal del cielo …', mientras que 'el Espíritu Santo es su intercesor en la esfera de sus corazones.'[121]

Además, se dice que la intercesión del Espíritu Santo es **con gemidos que no pueden expresarse con palabras** (26d), o con 'suspiros demasiado profundos para expresar con palabras' (RSV). Hablando estrictamente, estas traducciones no son acertadas. El adjetivo *alalētos* significa simplemente 'sin palabras' (BAGD). Lo que Pablo quiere señalar no es que los gemidos no puedan expresarse con palabras, sino que de hecho no lo son. Son inexpresadas, más bien que inexpresables. En el contexto, estos gemidos inarticulados seguramente se han de relacionar con los gemidos tanto de la creación (22) como de los hijos de Dios (23), o sea, 'anhelos agonizantes' (JBP) de la redención final y de la consumación de todas las cosas. ¿Por qué no sabemos por qué cosas orar? Tal vez porque no estamos seguros sobre si debemos orar para ser liberados de nuestros sufrimientos, o para que nos dé fuerzas para soportarlos.[122] Además, como no sabemos lo que vamos a ser,[123] o cuándo o cómo, no estamos en condiciones de hacer pedidos precisos. Por lo tanto el Espíritu intercede por nosotros, y lo hace con gemidos inarticulados.

Es de verdad sorprendente que, habiendo escrito de la creación que gime y de la iglesia que gime, ahora Pablo deba escribir del Espíritu que gime. De hecho, algunos comentaristas se han opuesto a esto, porque sostienen que el Espíritu jamás gime, y que lo que Pablo quiere decir es, sencillamente, que nos hace gemir a nosotros. Pero el lenguaje de Pablo es claro. El Espíritu intercede por nosotros con gemidos no expresados. Es decir, su intercesión va acompañada por ellos y se expresa por medio de ellos. Es cierto que la creación de Dios y los hijos de Dios gimen debido a su actual estado de imperfección, y que no hay imperfección alguna en el Espíritu Santo. Tiene que ser, por lo tanto, que el Espíritu Santo se identifica con nuestros gemidos, con el dolor del mundo y la iglesia, y comparte el anhelo de la final liberación de ambos. Nosotros y el Espíritu gemimos juntos.

Estos gemidos difícilmente puedan ser instancias de *glosolalia*,[124] ya que esas 'lenguas' o idiomas se expresaban con palabras que algunos podían entender e interpretar.[125] Aquí Pablo se refiere más bien a gemidos inarticulados. Sin embargo, aunque no son palabras, no dejan de tener sentido. Porque Dios el Padre, **que examina los corazones** —actividad reservada a la divinidad [126]—, **sabe cuál es la intención del Espíritu, porque el Espíritu intercede por los creyentes** (es decir, el pueblo de Dios) **conforme a la voluntad de Dios (27).**[127]

De modo que cuando oramos, están comprometidas tres personas. Primero, nosotros mismos en nuestra debilidad no sabemos por qué cosas orar. Segundo, el Espíritu que habita en nosotros nos ayuda intercediendo por nosotros y a través de nosotros, con gemidos inarticulados pero de conformidad con la voluntad de Dios. Tercero, Dios el Padre, que examina nuestro corazón y conoce la mente del Espíritu, oye y responde en consecuencia. De estos factores, sin embargo, lo que se destaca es el Espíritu. Pablo hace tres afirmaciones en cuanto a él. Primero, 'el Espíritu acude a ayudarnos' (debido a nuestra débil situación de parcialmente salvados); segundo, 'el Espíritu mismo intercede por nosotros' (debido a nuestra ignorancia en cuando a qué pedir); y tercero, 'el Espíritu intercede … conforme a la voluntad de Dios' (y por lo tanto Dios escucha y responde).

3. La inmutabilidad del amor de Dios | 28–39

En los últimos doce versículos de Romanos 8 el apóstol asciende a alturas sublimes no igualadas en el resto del Nuevo Testamento. Después de haber descrito los principales privilegios de los creyentes justificados: paz con Dios (5.1–11), unión con Cristo (5.12–6.23), libertad en relación con la ley (7.1–25), y vida en el Espíritu (8.1–27), ahora su gran mentalidad guiada por el Espíritu pasa revista a todo el plan y propósito de Dios, desde una eternidad pasada hasta una eternidad todavía futura, desde el preconocimiento divino y la predestinación hasta el amor divino, del que absolutamente nada podrá separarnos jamás.

Es verdad que en la actualidad experimentamos sufrimientos y gemimos, pero somos sostenidos en medio de todo esto por la esperanza de gloria. Hasta aquí sólo es una 'esperanza', porque todavía está en el futuro que no se ve y no se ha cumplido aún, pero no por ello es incierta. Por el contrario, la esperanza cristiana está sólidamente afincada en el inalterable amor de Dios. De manera que lo fundamental de la culminación a la que llega Pablo es la eterna seguridad del pueblo de Dios, en razón de la eterna inmutabilidad del propósito eterno de Dios, el que a su vez se debe a la eterna inalterabilidad del amor de Dios.

El apóstol declara estas tremendas verdades tres veces sucesivas, aunque desde tres perspectivas diferentes. Comienza con cinco convicciones inconmovibles (28) en relación con el hecho de que Dios obra todas las cosas conjuntamente para el bien de su pueblo. Sigue con cinco declaraciones innegables (29–30) con respecto a sucesivas etapas del propósito salvador de Dios desde la eternidad hasta la eternidad. Y concluye con cinco preguntas sin respuestas (31–39), en las que desafía a cualquiera a contradecir las convicciones y las declaraciones que acaba de expresar.

a. Cinco convicciones inconmovibles | 28

Romanos 8.28 es con seguridad uno de los textos mejor conocidos de la Biblia. En él los creyentes de todas las edades y lugares han fortalecido su pensamiento. Se lo ha comparado con una almohada sobre la cual dar descanso a nuestra fatigada cabeza.

Notemos que el versículo 28 comienza con la afirmación de que **sabemos**. El versículo 22 comenzaba de la misma manera. De modo que aquí tenemos dos aseveraciones en cuanto al conocimiento cristiano, una acerca de la creación que gime, y la otra acerca del providencial cuidado de Dios. Pero hay muchas otras cosas que no conocemos. Por ejemplo, 'no sabemos qué pedir' (26). Sin duda, nos encontramos atrapados en una continua tensión entre lo que sabemos y lo que no sabemos. Es tan necio pretender saber lo que no sabemos, como lo es declarar que no sabemos lo que sí sabemos. En aquellas áreas en las que Dios no ha revelado claramente su pensamiento, la actitud correcta que los cristianos debemos adoptar es la de una prudente reserva.[128] Pero en el versículo 28 Pablo enumera cinco verdades que sí *sabemos* acerca de la providencia de Dios.

Primero, sabemos que **Dios dispone** todas las cosas, o 'actúa', en nuestra vida. La versión tradicional que ofrecen RVR, DHH, y otras, de que 'todas las cosas los ayudan a bien' o 'para el bien' no es aceptable por cuanto 'todas las cosas' no se acomodan automáticamente dentro de un esquema para el bien. Esa traducción sería aceptable sólo si 'se supone que es la soberana guía de Dios la fuerza que sustenta y dirige todos los acontecimientos de la vida'.[129] Un copista primitivo evidentemente sintió la necesidad de hacer explícita esta idea y agregó 'Dios' como sujeto del verbo. Pero el apoyo de los manuscritos para esta lectura, si bien 'antigua y notable',[130] es insuficiente para lograr que tenga aceptación. Además, el agregado es innecesario, porque el orden de las palabras permite la traducción, 'sabemos que para los que aman a Dios él está actuando …'. Dios está activo a favor de ellos, de manera incesante, enérgica y consciente.

Segundo, Dios actúa **para el bien de** su pueblo. Siendo él mismo absolutamente bueno, todas sus obras son expresiones de su bondad, y están calculadas para lograr el bien de su pueblo. Más todavía, el 'bien' que es la meta de todos sus tratos con nosotros, es nuestro bienestar último, a saber, nuestra salvación final. Los versículos 29–30 dejan esto en claro.

Tercero, Dios actúa para nuestro bien en **todas las cosas**. La traducción de la NIV entiende *panta* ('todas las cosas') no como objeto del verbo ('Dios obra todo para el bien') sino como un acusativo de respeto ('en todo Dios obra para el bien'). De cualquier forma, 'todas las cosas' tiene que incluir los sufrimientos del versículo 17 y los gemidos del versículo 23. 'Así, todo lo que es negativo en esta vida se entiende como con propósito positivo en la ejecución del eterno plan de Dios.'[131] Nada hay que esté fuera del alcance dominante y desmedido de su providencia.

Cuarto, Dios actúa en todas las cosas para el bien **de quienes lo aman**. Esta es una limitación necesaria. Pablo no expresa un optimismo general y superficial en el sentido de que, en última instancia, todo tiende al bien de todos. No es así; si el 'bien' que es el objetivo de Dios es nuestra completa salvación, entonces sus beneficiarios son los suyos, su pueblo, que se describen aquí como los que lo aman. Esta es una frase inusual para Pablo, porque sus referencias al amor en Romanos son más bien en relación con el amor de Dios hacia nosotros (por ejemplo: 5.5, 8; 8.35, 37, 39). Sin embargo, alude en otras partes a nuestro amor hacia Dios,[132] y se trata de un concepto bíblico común, por cuanto el primero y el más grande de los mandamientos ordena que amemos a Dios con todo nuestro ser.[133]

Quinto, los que aman a Dios se describen también como **los que han sido llamados de acuerdo con su propósito**. 'El amor de los suyos es señal y prenda de su propio amor anterior por ellos,'[134] lo cual ha encontrado expresión en su propósito eterno y su llamado histórico. De modo que Dios tiene un propósito salvador y actúa de conformidad con él. La vida no es el impensado enredo que a veces nos puede parecer.

Estas son las cinco verdades acerca de Dios de las que, nos dice Pablo, **sabemos**. No siempre entendemos lo que Dios está haciendo, y menos todavía queremos aceptarlo. Tampoco se nos dice que actúa para nuestra comodidad. Pero sabemos que en todas las cosas actúa con el propósito de nuestro bien supremo. Una de las razones por las que sabemos esto es que se nos ofrecen muchos ejemplos en las Escrituras. Por ejemplo, este era el convencimiento de José acerca de la crueldad de sus hermanos cuando lo vendieron a Egipto: 'Es verdad que ustedes pensaron hacerme mal, pero Dios transformó ese mal en bien para … salvar la vida de mucha gente.'[135] De modo semejante, Jeremías escribió en nombre de Dios una carta a los judíos en el exilio babilónico, después de la catastrófica destrucción de Jerusalén: 'Yo sé muy bien los planes que tengo para ustedes —afirma el Señor—, planes de bienestar y no de calamidad, a fin de darles un futuro y una esperanza.'[136] La misma convergencia de maldad humana y plan divino tuvo su despliegue más notable en la cruz, lo que Pedro atribuyó tanto a la perversidad de los hombres como al 'determinado propósito y al previo conocimiento de Dios'.[137]

b. Cinco afirmaciones innegables | 29–30

En estos dos versículos Pablo elabora lo que quiso decir en el versículo 28 por el 'propósito' de Dios, según el cual nos ha llamado y está obrando todo para nuestro bien. Analiza el propósito bueno y salvador de Dios en cinco etapas, desde el comienzo en su mente hasta su consumación, en la gloria venidera. Estas etapas se mencionan como conocimiento previo, predestinación, llamado, justificación, y glorificación.

Primero tenemos una referencia **a los que Dios conoció de antemano**. Conocer de antemano es, precisamente, saber anticipadamente lo que va a ocurrir, y en consecuencia algunos comentaristas, tanto antiguos como modernos, han llegado a la conclusión de que Dios ve con antelación a aquellos que van a creer, y que este conocimiento previo es la base de su predestinación. Pero no puede ser así, por lo menos por dos razones. Primero, en este sentido Dios conoce de antemano a todos y sabe todas las cosas, mientras que aquí Pablo se está refiriendo a un grupo en particular. Segundo, si Dios predestina a las personas porque van a creer, entonces la base de su salvación se encuentra en ellas mismas y sus méritos, en lugar de encontrarse en Dios y su misericordia, mientras que todo el énfasis de Pablo recae sobre la libre iniciativa de la gracia de Dios.

Por lo tanto, otros comentaristas nos han recordado que el verbo hebreo 'conocer' expresa mucho más que el mero conocimiento intelectual; expresa una relación personal de cuidado y afecto. Así, cuando Dios 'conoce' a las personas, las cuida,[138] y cuando 'conoció' a los hijos de Israel en el desierto, lo que se entiende es que se ocupó de ellos.[139] De hecho, Israel fue el único pueblo de todas las familias de la tierra al que Yahvéh 'conoció', es decir, amó, eligió y con el cual concertó un pacto.[140] El significado de 'conocer de antemano' en el Nuevo Testamento es similar. 'Dios no rechazó a su pueblo [Israel], al que de antemano conoció', es decir, al que amó y eligió (11.2.).[141] A la luz de este uso bíblico John Murray escribe así: "'Conocer' … se usa en un sentido prácticamente idéntico a 'amar' … 'A quien conoció de antemano' … es, por consiguiente, virtualmente equivalente a 'a quien amó de antemano'".[142] El conocimiento previo es 'amor soberano, que distingue'.[143] Esto encuadra con la gran declaración de Moisés: 'El Señor se encariñó contigo y te eligió, aunque no eras el pueblo más numeroso sino el más insignificante de todos. Lo hizo porque te ama …'.[144] La única fuente de la elección y la predestinación divinas es el amor divino.

Segundo, 'a los que Dios conoció de antemano', o amó de antemano, **también los predestinó a ser transformados según la imagen de su Hijo, para que él sea el primogénito entre muchos hermanos** (29). El verbo 'predestinó' es traducción de *proorizō*, que significa 'decidir de antemano' (BAGD), como en Hechos 4.28 (hicieron 'lo que de antemano tu poder y tu voluntad habían determinado que sucediera'). Claramente, entonces, en el proceso de hacerse cristiano está comprendida una decisión, pero es una decisión que tiene que tomar Dios antes de que podamos tomarla nosotros. Esto no significa negar que nosotros mismos 'tomamos la decisión por Cristo', y esto libremente, sino afirmar que lo hicimos solamente porque él lo había 'decidido por nosotros' primeramente. Este énfasis en la decisión o elección soberana y misericordiosa recibe el apoyo del vocabulario con el que está asociado. Por un lado, se atribuye al 'afecto' (RVR), la 'voluntad', el 'plan' y el 'propósito' de Dios,[145] y por el otro tiene su origen 'antes de la creación del mundo'[146] o 'desde la eternidad'.[147] C. J. Vaughan resume la cuestión con estas palabras:

> Todo el que finalmente es salvado sólo puede atribuir su
> salvación, desde el primer paso hasta el último, al favor
> y a la acción de Dios. El mérito humano debe quedar
> excluido: y esto sólo puede hacerse buscando el origen de
> la obra salvadora, mucho más allá de la obediencia que
> la pone en evidencia, o de la fe que la hace suya; incluso
> de un acto de espontáneo favor por parte de ese Dios que

> desde la eternidad ve de antemano y ordena de antemano todas sus obras.[148]

Ni la Escritura ni la experiencia nos permiten debilitar esta enseñanza. En cuanto a la Escritura, no sólo en todo el Antiguo Testamento se reconoce a Israel como 'la única nación en la tierra que tú has redimido, para hacerla tu propio pueblo', para ser 'tu propiedad exclusiva',[149] sino que en todo el Nuevo Testamento se reconoce que los seres humanos son por naturaleza ciegos, sordos y están muertos, de modo que su conversión es imposible a menos que Dios les dé vista, oído y vida.

Nuestra propia experiencia confirma esto. El doctor J. I. Packer, en su excelente ensayo *Evangelism and the Sovereignty of God* [La evangelización y la soberanía de Dios],[150] señala que de hecho los cristianos creen en la soberanía de Dios en el tema de la salvación, aunque lo nieguen. 'Dos hechos lo demuestran', escribe. 'En primer lugar, le das gracias a Dios por tu conversión. Ahora, bien ¿por qué lo haces? Porque sabes en tu corazón que Dios fue totalmente responsable de esa conversión. Tú no te salvaste a ti mismo; te salvó él ... Hay una segunda forma en que se puede reconocer que Dios es soberano en el asunto de la salvación. Oras por la conversión de otros ... Le pides a Dios que obre en ellos todo lo que sea necesario para su salvación.' De modo que nuestras acciones de agradecimiento y nuestras intercesiones demuestran que creemos en la soberanía divina. 'Cuando estamos de pie es posible que tengamos debates sobre el tema, pero de rodillas estamos todos de acuerdo.'[151]

Con todo, los misterios siguen. Como criaturas finitas y caídas no tenemos derecho a exigirle explicaciones a nuestro infinito y perfecto Creador. No obstante, él ha arrojado luz sobre el problema de tal modo que contradice las principales objeciones que se plantean y demuestra que las consecuencias de la predestinación son lo opuesto a lo que popularmente se supone. Ofrezco cinco ejemplos.

1. Se dice que la predestinación fomenta la arrogancia, ya que (se alega) los elegidos de Dios se jactan de su posición privilegiada. Pero, por el contrario, la predestinación excluye la jactancia. Porque el hecho de que Dios ha tenido misericordia de pecadores como ellos, que no lo merecían, llena al pueblo de Dios de asombro. Humillados ante la cruz, anhelan vivir el resto de su vida sólo 'para alabanza de su gloriosa gracia'[152] y pasar la eternidad adorando al Cordero que ha sido sacrificado.[153]

2. Se afirma que la predestinación fomenta la incertidumbre, y aumenta la ansiedad de quienes se preguntan si forman o no parte de los predestinados y los salvados. Pero no es así. Si se trata de incrédulos, no les preocupa en absoluto su salvación, hasta que el Espíritu Santo los convence de pecado como preludio a la conversión. Si se trata de creyentes, sin embargo, aun cuando estén pasando por un período de dudas, saben que al final su seguridad depende solamente de la eterna voluntad predestinadora de Dios. No hay ninguna otra cosa que pueda proporcionar esa seguridad y ese consuelo. Como escribió Lutero en su comentario sobre el versículo 28, la predestinación 'es algo maravillosamente dulce para los que tienen el Espíritu'.[154]

3. Se sostiene que la predestinación fomenta la apatía. Porque si la salvación es enteramente obra de Dios y no de nosotros, objeta la gente, entonces toda responsabilidad ante Dios se diluye. Pero, nuevamente, no es así. Todo lo contrario, está perfectamente claro que el énfasis de las Escrituras en lo concerniente a la soberanía de Dios nunca reduce nuestra responsabilidad. Más bien, ambas realidades aparecen formando una antinomia, lo cual es una aparente contradicción entre dos verdades. A diferencia de una paradoja, una antinomia 'no se fabrica intencionadamente; nos es impuesta forzosamente por lo hechos … No la inventamos, y no podemos explicarla. Tampoco hay modo de eliminarla, salvo falsificando los hechos que nos condujeron a ella.'[155] Encontramos un buen ejemplo en la enseñanza de Jesús, quien declaró tanto que 'nadie puede venir a mí si no lo atrae el Padre'[156] como también que 'no quieren venir a mí para tener esa vida.'[157] ¿Por qué es que hay gente que no acude a Jesús? ¿Es que no pueden? ¿O es que no quieren? La única respuesta que es compatible con su propia enseñanza es esta: 'Ambas razones, aun cuando no podemos reconciliarlas.'

4. Se dice que la predestinación fomenta la satisfacción con uno mismo, y que produce antinomianos. Si Dios nos ha predestinado a la salvación eterna, dicen, ¿por qué no hemos de vivir como nos plazca, sin restricciones morales, y desafiando la ley divina? Pablo ya ha contestado esta objeción en el capítulo 6. A los que Dios ha elegido y llamado los ha unido a Cristo en su muerte y resurrección. Habiendo muerto al pecado, ahora viven una vida nueva para Dios.

Y en otra parte Pablo escribe que 'nos escogió en él antes de la creación del mundo, para que seamos santos y sin mancha delante de él'.[158] Por cierto que nos ha predestinado 'a ser transformados según la imagen de su Hijo' (29).

5. Se afirma que la predestinación fomenta la estrechez mental, en la medida en que el pueblo elegido de Dios se vuelve centrado sólo en sí mismo. La realidad es todo lo opuesto. La razón por la cual Dios llamó a un solo hombre, Abraham, y a su sola familia, no fue para su propia bendición solamente, sino para que por medio de ellos todas las familias de la tierra pudieran ser bendecidas.[159] De modo semejante, la razón por la cual Dios eligió a su Siervo, esa borrosa figura en Isaías a la que vemos parcialmente cumplida en Israel, pero especialmente en Cristo y su pueblo, no fue sólo para glorificar a Israel, sino también para proporcionar luz y justicia a las naciones.[160] Por cierto que estas promesas fueron un gran aliciente para Pablo (como deberían serlo para nosotros) cuando valientemente amplió su visión evangelizadora para incluir a los gentiles.[161] De esta manera, Dios nos ha hecho su propio pueblo, no para que seamos sus favoritos, sino para que seamos testigos suyos, 'para que [proclamemos] las obras maravillosas de aquel que [nos] llamó de las tinieblas a su luz admirable'.[162]

De manera que la doctrina de la predestinación promueve la humildad, no la arrogancia; la certidumbre, no la duda; la responsabilidad, no la apatía; la santidad, no la complacencia; y la misión, no el privilegio. Esto no supone afirmar que no hay problemas, sino indicar que estos son más intelectuales que pastorales.

Por cierto que el punto que Pablo elige para enfatizar en el versículo 29 es pastoral. Se relaciona con los dos propósitos prácticos de la predestinación divina. El primero es que seamos 'transformados según la imagen de su Hijo'. En los términos más simples posibles, el propósito eterno de Dios para su pueblo es que seamos como Jesús. El proceso de transformación comienza aquí y ahora en nuestro carácter y conducta, por medio de la obra del Espíritu Santo,[163] pero se completará sólo cuando venga Cristo y lo veamos,[164] y nuestro cuerpo sea como el cuerpo de su gloria.[165] El segundo propósito de la predestinación divina es que, como resultado de nuestra transformación según la imagen de Cristo, él sea 'el primogénito entre muchos hermanos', disfrutando tanto la comunidad de la familia como la preeminencia del primogénito.[166]

Llegamos ahora a la tercera afirmación de Pablo: **A los que predestinó, también los llamó** (30a). El llamado de Dios es la aplicación histórica de su predestinación eterna. Su llamado le llega a la gente por medio del evangelio,[167] y cuando el evangelio es predicado con poder, y ellos responden con la obediencia de la fe, entonces sabemos que Dios los ha elegido.[168] De modo que la evangelización (la predicación del evangelio), lejos de volverse superflua por la predestinación, es indispensable, porque es el medio que Dios ha ordenado a fin de que su llamado le llegue a su pueblo y despierte su fe. Claramente, entonces, lo que Pablo quiere decir aquí por el llamado de Dios no es la invitación evangélica general, sino la convocación divina que llama a la vida a los espiritualmente muertos. A menudo se lo describe como el llamado 'efectivo' o 'eficaz' de Dios. Aquellos a los cuales Dios llama así (30) son los mismos que 'los que han sido llamados de acuerdo con su propósito' (28).

Cuarto, **a los que llamó, también los justificó** (30b). El llamado efectivo de Dios permite que los que lo oyen crean, y los que creen son justificados por fe. Por cuanto la justificación por la fe es un tema que ocupa su atención en los primeros capítulos, no es necesario repetir lo que ya se ha dicho, excepto tal vez para recalcar que la justificación es más que el perdón o la exención de culpa, o incluso el ser aceptado; es una declaración que expresa que ahora nosotros los pecadores somos justos a los ojos de Dios, debido a que nos ha conferido una posición de justos, o sea la justicia de Cristo mismo. Es 'en Cristo', en virtud de nuestra unión con él, que hemos sido justificados.[169] Él se hizo pecado por nosotros, a fin de que nosotros pudiésemos hacernos justos mediante su justicia.[170]

Quinto, **a los que justificó, también los glorificó** (30c). Pablo ya ha usado varias veces el sustantivo 'gloria'. Se trata, esencialmente, de la gloria de Dios, la manifestación de su esplendor, de la que todos los pecadores están privados (3.23). No obstante, nos regocijamos en la esperanza de que la recuperaremos (5.2). Pablo también promete que si compartimos los sufrimientos con Cristo compartiremos su gloria (8.17), y que la creación misma algún día compartirá la libertad de la gloria de los hijos de Dios (8.21). Ahora usa el verbo: 'a los que justificó, también glorificó'. Nuestro destino es recibir cuerpos nuevos en un mundo nuevo, los que serán transfigurados con la gloria de Dios.

Muchos estudiosos han notado que el proceso de santificación ha sido omitido en el versículo 30, entre la justificación y la glorificación. Pero está presente implícitamente, tanto en la alusión al hecho de que seremos transformados a la imagen de Cristo como la necesaria acción preliminar a la glorificación. 'La santificación es la gloria iniciada; la gloria es la santificación consumada.'[171] Además, tan cierta es esta etapa final que, aunque está todavía en el futuro, Pablo la expresa en el mismo tiempo aoristo, como si fuese pasado, como hizo con las otras cuatro etapas que sí están en pasado. Es un tiempo denominado 'pasado profético'. James Denney escribe que 'el tiempo en esta última palabra es sorprendente. Incluso es la más osada anticipación de la fe que contiene el Nuevo Testamento.'[172]

Aquí tenemos, entonces, la serie de cinco afirmaciones innegables del apóstol. Se presenta a Dios moviéndose irresistiblemente de etapa a etapa; desde una predestinación vinculada a un eterno conocimiento anticipado, a través de un llamado histórico y la consiguiente justificación, hasta una final glorificación de su pueblo en una eternidad futura. Se asemeja a una cadena de cinco eslabones, cada uno de los cuales es inquebrantable.

c. Cinco preguntas sin respuesta | 31–39

Pablo comienza los últimos nueve versículos de este capítulo con una fórmula final, que ya ha usado tres veces (6.1, 15; 7.7): **¿Qué diremos frente a esto?** (31a). Es decir, a la luz de sus cinco convicciones (28) y cinco afirmaciones (29–30), '¿Qué queda por decir?' (JBP), o '¿Qué más podremos decir?' (DHH). La respuesta del apóstol a su propia pregunta consiste en formular cinco preguntas adicionales, para las que no hay respuesta. Las arroja al espacio, por así decirlo, en un espíritu de arrojado desafío. Desafía a cualquiera y a todos, en el cielo, en la tierra o en el infierno, a que las contesten, y que nieguen la verdad que ellas contienen. Pero no hay respuesta. Nada ni nadie puede perjudicar al pueblo al que Dios ha conocido de antemano, predestinado, llamado, justificado y glorificado.

Si hemos de entender la significación de estas preguntas, es esencial que comprendamos por qué cada una de ellas queda sin respuesta. La razón es una verdad que en cada caso está contenida en la pregunta, o está vinculada a ella mediante una cláusula con un 'si'. Es esta verdad, explícita o implícita, la que hace que la pregunta no tenga respuesta. El ejemplo más claro es el primero.

Pregunta 1. Si Dios está de nuestra parte,
¿quién puede estar en contra nuestra? | 31b

Si Pablo se hubiese limitado a preguntar, '¿Quién está en contra nuestra?' de inmediato habría habido toda una batería de respuestas. Porque tenemos enemigos formidables dispuestos en contra de nosotros. ¿Qué diremos del catálogo de penurias que enumera en el versículo 35? ¿Acaso no están en contra de nosotros? El mundo incrédulo y perseguidor se nos opone.[173] El pecado que habita en nosotros es un adversario poderoso. La muerte sigue siendo un enemigo, derrotado pero no destruido aún. Ocurre lo mismo con el que 'tiene el dominio de la muerte —es decir, el diablo—,'[174] junto con todos los principados y poderes de las tinieblas que se mencionan en el versículo 38.[175] De hecho, el mundo, la carne y el diablo están conjuntamente organizados en contra de nosotros, y son demasiado fuertes para nosotros. 'Hay ocasiones cuando ante alguna calamidad todo el universo parecería estar en contra de nosotros.'[176]

Pero Pablo no hace preguntas ingenuas. La esencia de su pregunta está contenida en la cláusula que comienza con el 'si': 'Si [más bien, 'ya que'] Dios está de nuestra parte, ¿quién puede estar en contra nuestra?' Pablo no está diciendo que la afirmación de que 'Dios está de nuestra parte' puede hacerla cualquiera. De hecho, tal vez las palabras más terribles que oídos humanos pueden jamás oír son las que Dios pronunció muchas veces en el Antiguo Testamento: '"¡Aquí estoy contra ti!', afirma el Señor Todopoderoso." Aparecen con mayor frecuencia en los oráculos proféticos contra las naciones; por ejemplo, contra Asiria, Babilonia, Egipto, Tiro y Sidón, y Edom.[177] Más terrible todavía, hubo oportunidades en que se pronunciaron contra Israel misma ante su desobediencia e idolatría,[178] y especialmente contra sus falsos pastores y falsos profetas.[179]

Pero este no es el caso en Romanos 8.31. Por el contrario, la situación que Pablo contempla es una en la que 'Dios está de nuestra parte', por cuanto nos ha conocido de antemano, predestinado, llamado, justificado y glorificado. Siendo así, ¿quién puede estar en contra de nosotros? Ante esa pregunta no hay respuesta. Todos los poderes del infierno pueden estar dispuestos en contra de nosotros. Pero jamás podrán prevalecer, ya que Dios está de nuestra parte.

Pregunta 2. El que no escatimó ni a su propio Hijo, sino que lo entregó por todos nosotros, ¿cómo no habrá de darnos generosamente, junto con él, todas las cosas? | 32

Nuevamente, supongamos que el apóstol hubiese hecho esta simple pregunta: '¿Acaso Dios no nos dará generosamente todas las cosas?' Como respuesta, bien podríamos haber vacilado y ofrecido una respuesta ambigua. Porque necesitamos muchas cosas, algunas de las cuales son difíciles de conseguir y plantean exigencias. ¿Cómo, entonces, podemos estar seguros de que Dios proveerá para todas nuestras necesidades?

Pero la forma en que Pablo organiza su pregunta neutraliza estas dudas. Nos señala la cruz. El Dios con respecto al cual estamos formulando la pregunta sobre si nos dará o no todas las cosas es el Dios que ya nos ha dado su Hijo. Por un lado, y visto desde lo negativo, **no escatimó ni a su propio Hijo**, declaración que por cierto hace eco a la palabra de Dios a Abraham: 'No me has negado [LXX 'escatimado', como en Romanos 8.32] a tu único hijo.'[180] Por el otro lado, y desde lo positivo, Dios **lo entregó por todos nosotros**. Se usa el mismo verbo en los Evangelios en cuanto a Judas, los sacerdotes y Pilato, cuando 'entregaron a Jesús' a la muerte. Sin embargo, Octavius Winslow tenía razón cuando escribió: '¿Quién entregó a Jesús a la muerte? No fue Judas, por dinero; no fue Pilato, por temor; no fueron los judíos, por envidia; ¡sino el Padre, por amor!'[181]

Aquí en 8.32, como anteriormente en 5.8–10, Pablo argumenta desde lo más grande a lo más pequeño: si Dios ya nos ha dado el don supremo y más costoso en la persona de su propio Hijo, '¿cómo no nos va a regalar todo lo demás con él?' (BP). Al darnos su Hijo nos dio todo. La cruz es la garantía de la continua e infaltable generosidad de Dios.

Pregunta 3. ¿Quién acusará a los que Dios ha escogido? Dios es el que justifica | 33

Esta pregunta y la que sigue (en las que se pregunta quién nos acusará y quién nos condenará) nos llevan en la imaginación a un tribunal judicial. El argumento de Pablo es que ningún proceso puede tener éxito, por cuanto Dios nuestro juez ya nos ha justificado; y que jamás podremos ser condenados, por cuanto Jesucristo, nuestro abogado, ha muerto por nuestros pecados, fue levantado de entre los muertos, está sentado a la derecha de Dios, donde intercede por nosotros.

¿Quién puede acusarnos? Una vez más, si esta pregunta fuese planteada aisladamente, con seguridad que muchas voces estarían dispuestas a acusarnos. Nuestra conciencia nos acusa. El diablo nunca cesa de hacer acusaciones contra nosotros, porque su título *diabolos* significa 'difamador' o 'calumniador', y se lo llama 'el acusador de nuestros hermanos'.[182] Agregado a esto, es indudable que tenemos enemigos humanos que se deleitan en apuntar un dedo acusador. Pero ninguno de sus alegatos puede sostenerse. ¿Por qué no? Porque Dios nos ha elegido (somos 'los escogidos de Dios', RVR), y porque Dios nos ha justificado. Por lo tanto, todas las acusaciones caen por sí solas. Con seguridad que el apóstol está haciendo suyas las palabras del Siervo en Isaías 50.8–9:

> Cercano está el que me justifica;
> ¿quién entonces contenderá conmigo?
> ¡Comparezcamos juntos!
> ¿Quién es mi acusador?
> ¡Que se me enfrente!
> ¡El Señor omnipotente es quien me ayuda!
> ¿Quién me condenará?

Pregunta 4. ¿Quién condenará? Cristo Jesús es el que murió, e incluso resucitó, y está a la derecha de Dios e intercede por nosotros | 34

Como respuesta a la pregunta inicial en cuanto a quién nos condenará, sin duda que hay muchos que quieren hacerlo. A veces nuestro propio 'corazón' nos condena.[183] Por cierto que intenta hacerlo. También lo hacen quienes nos critican, nuestros detractores, nuestros enemigos, y los demonios del infierno.

Pero todas las acusaciones fracasarán. ¿Por qué? Por Cristo Jesús. Los eruditos difieren sobre si las cláusulas que siguen son preguntas (BJ, LPD, '¿Acaso Cristo Jesús, el que murió …?'), aseveraciones (NVI, BA, 'Cristo Jesús es el que murió'), o negaciones (REB, '¡Cristo no, quien murió!'). Pero en todos los casos el sentido es el mismo, o sea, que Cristo nos rescata de la condenación, en particular mediante su muerte, resurrección, exaltación e intercesión.

Primero, **Cristo Jesús … murió**; murió por los pecados, por los cuales de otro modo seríamos merecidamente condenados. Pero, en cambio, Dios 'condenó el pecado' (nuestro pecado) en la humanidad de Jesús (8.3), de modo que Jesús nos ha redimido de la maldición o condenación de la ley 'al hacerse maldición por nosotros'.[184] Sin embargo, en la obra salvífica de Cristo hay más que eso. Porque, en segundo lugar, después de la muerte **resucitó**. No es sólo que resucitó, aunque esto se afirma en el Nuevo Testamento, sino que fue levantado por el Padre, quien de este modo demostró su aceptación del sacrificio de su Hijo como la única base satisfactoria para nuestra justificación (4.25).[185] Y ahora, en tercer lugar, el Cristo crucificado y resucitado está **a la derecha de Dios**, descansando de su obra terminada,[186] ocupando el lugar de supremo honor,[187] ejerciendo su autoridad para salvar,[188] a la espera de su triunfo final.[189] Cuarto, a la vez **intercede por nosotros**, porque él es nuestro abogado celestial[190] y sumo sacerdote.[191] Su presencia misma a la derecha del Padre es evidencia de su obra de expiación completada, y su intercesión significa que 'sigue … asegurando para su pueblo los beneficios de su muerte'.[192] Con este Cristo como nuestro Salvador (quien murió, fue resucitado, fue exaltado y ahora intercede), sabemos que 'no hay ninguna condenación' para los que están unidos a él (8.1). Por lo tanto, podemos confiadamente desafiar al universo, con todos sus habitantes, humanos y demoníacos: **¿Quién** [nos] **condenará?** Jamás habrá respuesta alguna.

Pregunta 5. ¿Quién nos apartará del amor de Cristo? | 35a

'Aquí vamos subiendo una grandiosa escalinata,'[193] y esta quinta pregunta es el último peldaño. Al detenernos en él, Pablo mismo hace ahora lo que hemos estado tratando de hacer nosotros con sus preguntas anteriores. Primero se pregunta quién podrá separarnos del amor de Cristo, y luego mira a su alrededor buscando quien conteste. Pone a consideración una lista, a modo de ejemplo, de adversidades y adversarios que podrían considerarse obstáculos entre nosotros y el amor de Cristo. Menciona siete posibilidades (35b). Comienza con **tribulación** (*thlipsis*), **angustia** (*stenojōria*) y **persecución** (*diōgmos*), los que juntos parecen denotar las presiones y preocupaciones causadas por un mundo impío y hostil. Continúa con **hambre** e **indigencia** (RVR: 'desnudez'; DHH: 'falta de ropa'), la falta de alimento y de ropa adecuada. Dado que en el Sermón del Monte Jesús prometió estas cosas a los hijos del Padre celestial,[194] ¿la ausencia de ellas no sugeriría que después de todo no le importa?

Pablo completa su lista con **peligro** o **violencia**, quizá con el significado del riesgo de muerte (RVR: 'espada'; DHH: 'muerte violenta'), por un lado, y la experiencia de ella, por otro lado, ya sea que la 'espada' signifique 'la estocada final de la espada del bandido, soldado enemigo o verdugo'.[195] La aceptación del martirio es indudablemente la prueba final de la fe y la fidelidad cristianas. Con el fin de reforzar este concepto, el apóstol cita un salmo, que describe la persecución de Israel por las naciones. No sufrían porque hubiesen olvidado a Yahvéh o se hubiesen volcado a algún dios extraño. Por el contrario, sufrían por la causa de Yahvéh, como consecuencia de su lealtad a él:

> [36]**'Por tu causa siempre nos llevan a la muerte;**
> **¡nos tratan como a ovejas para el matadero!'**[196]

Por tanto, ¿qué diremos acerca de estas siete aflicciones, además de otras, ya que la lista podría aumentarse considerablemente? Por cierto que son verdaderos sufrimientos, desagradables, degradantes, dolorosos, difíciles de soportar, que desafían la fe de la persona. Y Pablo sabía de lo que estaba hablando, porque él mismo los había experimentado a todos, además de cosas peores.[197] Tal vez los cristianos de Roma también estaban soportando pruebas similares. Por cierto que algunos de ellos tuvieron que soportarlos pocos años después, cuando eran quemados como antorchas vivientes para el entretenimiento sadista del emperador Nerón. Los que nunca hemos tenido que sufrir físicamente por Cristo tal vez deberíamos leer los versículos 35–39 juntamente con los versículos 35–39 de Hebreos 11, que ofrecen una lista anónima de creyentes de mucha fe que fueron torturados, escarnecidos, flagelados, encadenados, lapidados, e incluso aserrados por la mitad. Enfrentados a semejante heroísmo, no hay lugar para hablar a la ligera ni para la complacencia.

Con todo, ¿puede el dolor, la miseria y las pérdidas separar al pueblo de Cristo de su amor? ¡Por supuesto que no! 'Antes' (RVR), lejos de alienarnos de él, **en todo esto** (incluso mientras lo estamos soportando) Pablo se atreve a sostener que **somos más que vencedores** (*hypernikōmen*). Porque no sólo lo soportamos con fortaleza, sino triunfantes, y así 'obtenemos una victoria de lo más gloriosa' (BAGD) **por medio de aquel que nos amó** (37). Esta segunda referencia al amor de Cristo es significativa, y el tiempo verbal aoristo indica que alude a la cruz. Pablo parece estar diciendo que, por cuanto Cristo demostró su amor por nosotros por medio de *sus* sufrimientos, así *nuestros* sufrimientos tampoco pueden separarnos de ese amor. En el contexto, que comenzó con una referencia al hecho de que hemos de compartir los sufrimientos de Cristo (17), los mismos 'deben verse como demostración de la unión con el crucificado, no como causa para dudar de su amor'.[198]

Pablo llega ahora al punto culminante. Comenzó con 'sabemos' (28); termina en forma más personal con **estoy convencido**. Usa deliberadamente el tiempo perfecto (*pepeismai*), en el sentido de 'me he convencido y sigo convencido', porque la convicción que expresa es racional, firme e inalterable. Se ha preguntado si algo puede separarnos del amor de Cristo (35–36); ahora declara que nada puede y, por consiguiente, nada podrá (37–39). Elige diez puntos que algunos podrían considerar lo suficientemente poderosos como para crear una barrera entre nosotros y Cristo, y los menciona en cuatro pares, mientras deja los últimos dos solos. La frase **ni la muerte ni la vida** probablemente aluda a la crisis de la muerte y a las calamidades de la vida. La frase **ni los ángeles ni los demonios** es más debatible. 'Demonios' es traducción de *arjai*, que en otras partes son indudablemente potestades perversas.[199] Por consiguiente, se esperaría que, por su lado, los *ángeles* fuesen buenos. Pero, ¿cómo pueden ángeles no caídos amenazar al pueblo de Dios? Tal vez, entonces, este par sea más indefinido, y simplemente pretenda incluir todos los agentes cósmicos, sobrehumanos, sean buenos o malos. Por cuanto Cristo ha triunfado ante todos ellos,[200] y ahora 'están sometidos' a él,[201] con seguridad que no pueden dañarnos.

Los dos pares que siguen se refieren en lenguaje moderno al 'tiempo' (**ni lo presente ni lo por venir**) y al 'espacio' (**ni lo alto ni lo profundo**); pero entre ambos pares encontramos, aislado y sin especificación, **los poderes**, quizás 'las fuerzas del universo' (REB). Algunos de estos vocablos, sin embargo, eran términos técnicos para 'los poderes astrológicos por medio de los cuales (como creían muchos en el mundo helenístico) se controlaba el destino de la humanidad'.[202] Alternativamente, es posible que el lenguaje de Pablo haya sido más retórico que técnico, ya que afirma, como el Salmo 139.8, que 'ni la altura más alta ni la profundidad más profunda',[203] ni el cielo ni la tierra ni el infierno, pueden separarnos del amor de Cristo. Termina con **ni cosa alguna en toda la creación**, con el fin de asegurar que su inventario sea ampliamente abarcador, y que nada haya quedado excluido. Todo lo que hay en la creación está bajo el control de Dios el Creador y de Jesucristo el Señor. Es por ello que nada **podrá apartarnos del amor que Dios nos ha manifestado en Cristo Jesús nuestro Señor** (39b).

Ninguna de estas cinco preguntas de Pablo es arbitraria. Están todas relacionadas con la clase de Dios en quien creemos. Juntas afirman que absolutamente nada puede frustrar el propósito de Dios (dado que él es por nosotros), ni apagar su generosidad (dado que no ha escatimado a su Hijo), ni acusar o condenar a sus elegidos (dado que los ha justificado por medio de Cristo), ni apartarnos de su amor (dado que lo ha revelado en Cristo).

Aquí tenemos, entonces, cinco convicciones acerca de la providencia de Dios (28), cinco afirmaciones acerca de su propósito (29, 30), y cinco preguntas acerca de su amor (31–39), que juntas nos dan quince motivos de seguridad acerca de él. Los necesitamos hoy con urgencia, ya que nada parecería tener estabilidad alguna en nuestro mundo. La inseguridad está escrita en toda la experiencia humana. A los cristianos no se nos ofrece ninguna garantía de inmunidad contra la tentación, la tribulación o la tragedia, pero sí se nos promete victoria sobre ellas. La promesa de Dios no es que el sufrimiento nunca nos afligirá, sino que jamás nos apartará de su amor.

Este es el amor de Dios que se desplegó en forma suprema en la cruz (5.8; 8.32, 37), que ha sido derramado en nuestro corazón por el Espíritu Santo (5.5), que ha hecho brotar de nosotros el amor como respuesta nuestra (8.28), y que en su esencial inmutabilidad jamás nos abandonará, dado que tiene el compromiso de llevarnos finalmente al hogar celestial de gloria, sanos y salvos. Nuestra confianza no está puesta en nuestro amor por él, que es débil, inestable y vacilante, sino en su amor por nosotros, que es inalterable, fiel y perseverante. La doctrina de 'la perseverancia de los santos'[204] requiere un cambio de nombre. Es la doctrina de la perseverancia de Dios para con sus santos.

> Nunca más quiero obtener mi consuelo
> De mi débil apoyo en ti;
> Sino sólo en esto regocijarme con asombro:
> En tu poderoso abrazo que me tiene asido.

III
El plan de Dios para judíos y gentiles
Romanos 9–11

'Romanos 9–11 está tan lleno de problemas como está lleno de púas el erizo,' ha escrito el doctor Tom Wright. "Muchos han abandonado la tarea por considerarla imposible, dejando a Romanos como un libro con ocho capítulos de 'evangelio' al comienzo, cuatro de 'aplicación' al final, y tres enigmáticos en el medio."[1] Algunos consideran que Romanos 9–11 no es más que un 'paréntesis', un 'excursus' o un 'apéndice'. Incluso Martin Lloyd-Jones considera estos capítulos como 'una especie de posdata' dedicada a un tema específico,[2] si bien reconoce plenamente su gran importancia. Otros van al otro extremo y consideran que Romanos 9–11 es la médula de la carta, para la que los capítulos restantes constituyen simplemente la introducción y la conclusión. Estos capítulos constituyen 'el clímax de Romanos', escribe el obispo Stendahl,[3] su 'verdadero centro de gravedad'.[4] Entre estas posiciones más bien extremas, la mayoría de los comentaristas reconoce que, lejos de constituir una digresión, Romanos 9–11 forma parte integral del argumento que va desarrollando el apóstol, y que constituye 'una parte esencial de la carta'.[5]

Al mismo tiempo, se acepta en forma casi universal que estos tres capítulos tienen que ver con las relaciones entre judíos y gentiles, y particularmente con la posición única de los judíos en los propósitos de Dios. Pablo ya aludió a estos temas en una cantidad de pasajes.[6] Ahora los desarrolla. Pero en medio de estos parámetros generales, ¿en qué se concentra? Es en esto donde hay un amplio desacuerdo. Sostienen diversos eruditos que su centro de interés está en la elección soberana de Dios en relación con los judíos y los gentiles (Robert Haldane), en la inclusión de los gentiles y la exclusión de los judíos

(Charles Hodge), en el lugar de los judíos en el cumplimiento de la profecía (una preocupación evangélica contemporánea), en la solidaridad judeo-gentil de la familia de Dios (Krister Stendahl), en la cuestión de si la justificación por la fe es compatible con las promesas de Dios a Israel (Anders Nygren, John Ziesler), en la misión cristiana a los gentiles que también incluye a los judíos (Tom Wright), y en la vindicación de Dios al relacionar su propósito y sus promesas con la presente incredulidad judía (John Murray, James Denney, Martin Lloyd-Jones). Hasta aquellos eruditos que procuran descubrir en estos capítulos un solo tema principal no dejan de reconocer que también contienen temas secundarios.

El tema dominante es la incredulidad judía, junto con los problemas a que dio lugar. ¿Cómo pudo el pueblo privilegiado de Dios dejar de reconocer a su Mesías? Dado que el evangelio 'ya había [sido] prometido en las sagradas Escrituras' (1.2; ver 3.21), ¿por qué no lo abrazaron? Si las buenas noticias realmente constituían el poder redentor de Dios para 'los judíos primeramente' (1.16), ¿por qué no fueron ellos los primeros en aceptarlas? ¿Cómo es posible entender su falta de respuesta ante el pacto y las promesas de Dios? ¿Cómo encaja en los planes de Dios la conversión de los gentiles, y la misión tan especial de Pablo como apóstol de los gentiles? ¿Y cuál era el propósito futuro de Dios, tanto para los judíos como para los gentiles? Cada capítulo se ocupa de un aspecto diferente de la relación de Dios con Israel, pasada, presente y futura:

1. La caída de Israel (9.1–33): El propósito de Dios en la elección

2. La falla de Israel (10.1–21): La decepción de Dios por su desobediencia

3. El futuro de Israel (11.1–32): El plan de Dios a largo plazo

4. La doxología (11.33–36): La sabiduría y la generosidad de Dios

12
La caída de Israel: El propósito de Dios en la elección
Romanos 9.1–33

Cada uno de estos tres capítulos (9, 10 y 11) comienza con una declaración personal por parte de Pablo, en la que se identifica con el pueblo de Israel y expresa su profunda preocupación por él. Para él la incredulidad de Israel es mucho más que un problema intelectual. Escribe sobre el dolor y la angustia que siente por ellos (9.1ss), sobre su anhelo de que sean salvos, lo cual es motivo de oración (10.1), y sobre su convicción de que Dios no los ha rechazado (11.1s).

Tal vez convenga sintetizar el argumento del capítulo 9. Pablo comienza confesando que la incredulidad de los judíos no sólo le produce angustia de corazón (1–3), sino también perplejidad mental cuando se pregunta cómo pudo el pueblo de Israel, con sus ocho privilegios especiales, haber rechazado a su propio Mesías (4–5). ¿Cómo podía explicarse su apostasía? Las preguntas y respuestas de Pablo se suceden en forma consecutiva.

Primero, ¿es que **la Palabra de Dios ha fracasado** (6a)? No, por cierto; Dios ha cumplido su promesa, que de todos modos no fue dirigida a todo Israel sino al Israel verdadero, al espiritual (6b), al que había llamado según el propio **propósito de la elección divina** (11–12).

Segundo, ¿**acaso es Dios injusto** al ejercer sus elecciones soberanas (14)? Por cierto que no. A Moisés le declaró su misericordia (15), y al faraón su poder (17). Tampoco es injusto mostrar misericordia a quienes no lo merecían, o endurecer el corazón de quienes se endurecen a sí mismos (18). Tanto la misericordia como el juicio son plenamente compatibles con la justicia.

Tercero, **entonces, ¿por qué todavía nos echa la culpa Dios?** (19). La triple respuesta de Pablo a esta pregunta pone al descubierto el hecho de que la misma supone no haber entendido lo que Dios se proponía: (a) Dios tiene el derecho del alfarero de modelar su arcilla, y nosotros no tenemos derecho alguno a cuestionar su actividad (20–21); (b) Dios tiene que revelarse tal cual es, dando a conocer su ira y su gloria (22–23); (c) Dios ha predicho en la Escritura tanto la inclusión de los gentiles como la exclusión de Israel, con excepción de un remanente (24–29).

Cuarto, pues entonces, **¿qué concluiremos?** (30). La explicación de la composición de la iglesia (una mayoría gentil y un remanente judío) es que los gentiles creyeron en Jesús, mientras que la mayoría de Israel tropezó con él, con la piedra que Dios había colocado (30–33). Así, la aceptación de los gentiles se atribuye a la soberana misericordia de Dios, y el rechazo de Israel a su propia rebelión.

Pablo comienza con una triple y vigorosa afirmación, con el propósito de dejar perfectamente clara su sinceridad y persuadir a sus lectores a creerle. Primero, **digo la verdad en Cristo**. Tiene conciencia de su propia relación con Cristo y de la presencia de Cristo en él cuando escribe. En segundo lugar, como contraparte negativa, **no miento,** y tampoco exagero. Tercero, **mi conciencia me lo confirma en el Espíritu Santo** (1). Sabe que la conciencia humana es falible y que está culturalmente condicionada, pero sostiene que la suya está iluminada por el Espíritu de la verdad.

¿Cuál es, entonces, esta verdad que asevera con tanto vigor? Se relaciona con su continuo amor por su pueblo, Israel, que ha rechazado a Cristo. Le ocasiona **gran tristeza** y lo **embarga un continuo dolor** (2). Sigue refiriéndose a ellos como sus **hermanos,** o sea los de su **propia raza**. Porque la pertenencia a la hermandad cristiana y a la 'santa nación' no anula nuestros vínculos naturales de familia y nacionalidad. **Desearía yo mismo**, sigue diciendo, **ser maldecido** (*anathema*) **y separado de Cristo por el bien de mis hermanos** (3). Pablo no expresa este deseo literalmente, ya que acaba de declarar su convicción de que nada podría jamás separarlo del amor de Dios en Cristo (8.35, 38s). Su uso del tiempo imperfecto transmite el sentido de que podría contemplar un deseo así, dado el caso de que fuese factible. Como Moisés, quien en su ruego de perdón para Israel se atrevió a orar pidiendo que de lo contrario Dios lo borrase del libro de la vida,[1] Pablo dice que estaría dispuesto incluso a ser maldecido si sólo de esta manera Israel pudiese ser salvado. Denney lo describe como 'una chispa procedente del fuego del amor sustitutivo de Cristo', porque está dispuesto a morir en lugar de ellos.[2] Y Lutero comenta: 'Parece increíble que un hombre deseara ser maldecido, con el fin de que los maldecidos pudiesen ser salvados.'[3]

La angustia del apóstol por el incrédulo Israel es tanto más notable debido al carácter único de sus privilegios, algunos de los cuales ha mencionado antes (2.17ss y 3.1ss), pero de los que ahora ofrece un inventario más completo. **De ellos son la adopción como hijos**, por cuanto Dios había dicho, 'Israel es mi primogénito'[4] y 'yo soy el padre de Israel';[5] de ellos **la gloria divina**, a saber, el esplendor visible de Dios, que llenó el tabernáculo[6] primeramente y luego el templo,[7] y que llegó a ocupar un lugar permanente en el santuario interior, de tal modo que se podría describir a Yahvéh diciendo 'que reina entre los querubines' que están en el arca, o 'que tiene su trono entre los querubines' (RVR).[8] De ellos son también **los pactos**, desde luego y especialmente el pacto fundacional de Dios con Abraham, pero también sus múltiples renovaciones y elaboraciones con Isaac y Jacob, Moisés[9] y David;[10] **la ley**, la revelación especial de la voluntad de Dios dada a conocer por su propia voz y escrita con su dedo;[11] **el privilegio de adorar a Dios**, lo cual comprende todo lo que establecían las disposiciones para el sacerdocio y los sacrificios; **y contar con sus promesas** (4), particularmente las que se relacionan con la venida del Mesías como profeta, sacerdote y rey divino. Además, **de ellos son los patriarcas**, no sólo Abraham, Isaac y Jacob, sino también los progenitores de las doce tribus y otras grandes figuras tales como Moisés, Josué, Samuel y David; y sobre todo, **de ellos, según la naturaleza humana, nació Cristo** (5a), literalmente 'el Cristo según la carne', cuya genealogía Mateo rastrea hasta Abraham, y Lucas hasta Adán. Con justicia Calvino comenta que 'si honró a toda la raza humana cuando se conectó con ella al compartir su naturaleza, mucho más honró a los judíos, con los que deseaba tener un íntimo vínculo de afinidad.'[12]

Pablo no se detiene allí, sin embargo. Las palabras finales del versículo 5 son: **quien es Dios sobre todas las cosas. ¡Alabado sea por siempre! Amén.** La cuestión es saber si estas palabras se refieren a

Cristo o a Dios el Padre. Y la dificultad para decidir con seguridad se debe a la ausencia de puntuación en el manuscrito original. Tenemos que proporcionarla nosotros. Se plantean tres posiciones diferentes.

Primero, el punto de vista tradicional desde los primeros Padres griegos en adelante ha sido el de aplicar las tres expresiones ('sobre todas las cosas', 'Dios' y 'alabado sea por siempre') a Cristo, como hacen, con pequeñas variantes, RVR, NVI, BJ, y otras. El segundo punto de vista aplica las expresiones a Dios el Padre. Colocando un punto después de 'Cristo', lo que sigue se convierte en una oración independiente: 'El que es sobre todo sea Dios bendito por los siglos de los siglos' (PB [ver la nota (b)], BP; ver REB). El tercero trata de combinar ambos. Aplica las palabras 'sobre todas las cosas' a Cristo, pero el resto de las palabras a Dios el Padre (REB, MG).

El verdadero problema no es si Pablo hubiese descrito a Cristo como 'sobre todas las cosas', ya que como regla general afirmaba su soberanía universal,[13] sino si lo hubiera llamado 'Dios' y le hubiese atribuido alabanza eterna. Se argumenta que Pablo generalmente designaba a Jesús 'Hijo de Dios' (por ejemplo 1.3s, 9; 5.10; 8.29) o 'su propio Hijo' (por ejemplo 8.3, 32), pero no 'Dios', y también que las doxologías bíblicas normalmente están dirigidas a Dios,[14] no a Jesús.

Por otro lado, Pablo asigna a Jesús el título divino de 'Señor',[15] lo menciona como 'Señor tanto de los que han muerto como de los que aún viven' (14.9), afirma su preexistencia,[16] lo describe como 'en forma de Dios' e 'igual a Dios',[17] y declara que 'toda la plenitud de la divinidad habita en forma corporal' en él.[18] Estas expresiones le acuerdan honores y poderes divinos, lo que equivale a llamarlo 'Dios'. Más todavía, Hebreos 13.21 parece contener una doxología dirigida a Cristo.

Charles Cranfield considera 'implícitamente seguro' que Pablo se proponía describir a Cristo como 'Dios sobre todas las cosas, por siempre alabado'. Agrega: 'No hay base adecuada alguna para negar que aquí Pablo sostiene que Cristo (quien, en lo que hace a su existencia humana, era de raza judía) es también Señor sobre todas las cosas y, por naturaleza, Dios bendito para siempre.'[19]

Se pensaría que Israel, favorecido con estas ocho bendiciones, preparado y educado durante siglos para la llegada de su Mesías, lo reconocería y recibiría cuando llegara. ¿Cómo es posible, entonces, reconciliar los privilegios de Israel con sus prejuicios? ¿Cómo se puede explicar que se haya 'endurecido' (11.25)? Ahora Pablo se ocupa de este misterio. Se hace, o le dirige a su interlocutor imaginario, cuatro preguntas.

Pregunta 1. ¿Ha fracasado la promesa de Dios? | 6–13

A primera vista parecería que la promesa de Dios a Israel había fracasado, o, literalmente, 'caído'. Porque había prometido bendecirlos, pero ellos habían perdido esa bendición por su incredulidad. Sin embargo, el fracaso de Israel se debía a su propio fracaso; no se debía al fracaso de la promesa de Dios (6a). **Lo que sucede es que no todos los que descienden de Israel son Israel** (6b). Es decir, siempre han existido dos Israel, los que descienden físicamente de Israel (Jacob), por un lado, y por otro su progenie espiritual; y la promesa de Dios estaba dirigida a estos últimos, los que la habían recibido. El apóstol ya ha hecho esta distinción antes en su carta entre los que eran judíos exteriormente, cuya circuncisión era corporal, y los que eran judíos interiormente, que habían recibido una circuncisión del corazón, la que realiza el Espíritu (2.28s).

Ahora se refiere a dos situaciones del Antiguo Testamento muy conocidas, con el fin de ilustrar y demostrar su parecer. La primera se relaciona con la familia de Abraham. Así como no todos los que descienden de Israel son Israel, no todos los que descienden de Abraham son **descendientes de Abraham**, su verdadera progenie (ver Romanos 4). **Al contrario**, como dice la Escritura, '**tu descendencia se establecerá por medio de Isaac**' (7),[20] y no por medio del otro hijo de Abraham, Ismael, a quien ni siquiera se menciona. **En otras palabras, ¿quiénes son los hijos de Dios**, que pueden ser llamados **descendencia de Abraham?** No son **los descendientes naturales**, literalmente, 'los hijos de la carne', sino **los hijos de la promesa**, que nacieron como resultado de la promesa de Dios (8). Y la redacción de la promesa es esta: '**Dentro de un año vendré, y para entonces Sara tendrá un hijo**' (9).[21]

De Abraham y sus dos hijos, Isaac e Ismael, Pablo pasa para su segunda ilustración a Isaac y sus dos hijos, Jacob y Esaú. Demuestra que así como Dios eligió a Isaac para ser receptor de su promesa, y no a Ismael, de la misma manera eligió a Jacob, no a Esaú. En este caso, sin embargo, estaba más claro todavía que la decisión de Dios no tenía nada que ver con alguna cualidad en ellos mismos, porque no había nada que los distinguiera entre sí. Isaac e Ismael habían tenido madres diferentes, pero Jacob y Esaú tuvieron la misma madre (Rebeca). **No sólo eso. También sucedió que los hijos de Rebeca tuvieron un mismo padre,** a saber **Isaac** (10), además de lo cual eran mellizos. **Sin embargo, antes de que los mellizos nacieran, o hicieran algo bueno o malo,** Dios ya había hecho su elección y se lo había revelado a la madre de ambos. Esto fue deliberado, **para confirmar el propósito de la elección divina** (11), el propósito eterno que opera de conformidad con el principio de la elección.

Es posible que haya un contraste consciente entre la cuestión de si la promesa de Dios había 'caído' (6, literalmente) y la declaración de que su propósito se debía 'confirmar' (11). Está claro más allá de toda duda lo que significa 'el propósito de la elección divina' (literalmente, 'según la elección'). Es que la elección de Isaac (y no de Ismael), y de Jacob (y no de Esaú) por parte de Dios, no se origina en ellos, ni en *obras* que ellos hubiesen hecho, sino en la mente y la voluntad de aquel que los llamó, o **en base … al llamado de Dios** (12a). Para concluir el asunto, Pablo cita dos pasajes referentes a Jacob y Esaú. El primero declara que **'El mayor servirá al menor'** (12b),[22] colocando a Jacob por encima de Esaú.

El segundo texto dice: **'Amé a Jacob, pero aborrecí a Esaú'** (13).[23] Esta cruda afirmación suena chocante a los oídos cristianos, y no puede tomarse literalmente. Aunque existe una emoción que puede considerarse 'odio santo', está dirigida solamente a los que obran el mal y sería inapropiada en este caso. De modo que se han hechos varias sugerencias para suavizar esta declaración. Algunos sostienen que la referencia no es tanto a los individuos de que se trata, Jacob y Esaú, sino a los pueblos a que dieron origen, los israelitas y los edomitas, y a sus correspondientes destinos históricos. Otros interpretan la frase con el significado de, 'Elegí a Jacob y rechacé a Esaú.'[24] Pero la tercera opción parecería la mejor, que consiste en entender la antítesis como una expresión idiomática hebrea para una preferencia. Jesús mismo nos ofrece esta clave interpretativa ya que, según Lucas, Jesús nos dijo que no podemos ser discípulos suyos a menos que odiemos a nuestra familia,[25] mientras que según Mateo se nos prohíbe que la amemos más que a él.[26] Si bien esta redacción resulta más aceptable, la realidad que encierra se mantiene, o sea que Dios puso a Jacob por encima de

Esaú, también como individuos, y no sólo en el sentido de que los israelitas constituían el pueblo de Dios, y no los edomitas.

También tenemos que recordar que Esaú rechazó su primogenitura debido a su propia mundanalidad,[27] y que perdió la bendición que le correspondía a causa del engaño de su hermano,[28] de modo que la responsabilidad humana estaba entretejida con la soberanía divina en esta historia. Igualmente, deberíamos tener presente que los hermanos rechazados, Ismael y Esaú, fueron ambos circuncidados, y por lo tanto, en algún sentido también ellos entraban bajo el pacto de Dios, y a ambos se les hicieron promesas de bendiciones menores. No obstante, ambas historias ilustran la misma verdad clave del 'propósito según la elección divina'. De manera que la promesa de Dios no falló; pero se cumplió sólo en el Israel dentro de Israel.

Muchos misterios rodean la doctrina de la elección, y los teólogos no obran sabiamente cuando la sistematizan de tal manera que quedan eliminados todos los problemas, enigmas y cabos sueltos. Al mismo tiempo, además de los argumentos presentados en la exposición de Romanos 8.28–30, es preciso que recordemos dos conceptos importantes. Primero, la elección no es solamente una doctrina paulina o apostólica; también la enseñó el propio Jesús. 'Yo sé a quiénes he escogido,'[29] dijo. Segundo, la elección es un fundamento indispensable del culto cristiano, en el tiempo y en la eternidad. Es parte esencial del culto de adoración decir: 'La gloria, Señor, no es para nosotros; no es para nosotros sino para tu nombre, por causa de tu amor y tu verdad.'[30] Si nosotros fuésemos responsables de nuestra propia salvación, ya sea totalmente o aun en parte, se justificaría que cantásemos nuestras propias alabanzas e hiciésemos sonar el clarín por nuestra propia cuenta en el cielo. Pero algo así resulta inconcebible. El pueblo redimido de Dios pasará la eternidad adorándolo, humillándose ante él en agradecida adoración, atribuyéndole a él y al Cordero su salvación, y reconociendo que sólo él es digno de recibir toda la alabanza, el honor y la gloria.[31] ¿Por qué? Porque nuestra salvación se debe enteramente a su gracia, voluntad, iniciativa, sabiduría y poder.

Pregunta 2. ¿Es injusto Dios? | 14–18

Si aceptamos que la promesa de Dios no ha fracasado, sino que se ha cumplido en Abraham, Isaac y Jacob, y en sus respectivos linajes espirituales, ¿no será intrínsecamente injusto el 'propósito según la elección divina'? Elegir a algunos para la salvación y pasar por alto a otros parecería una elemental violación de la justicia. ¿Lo es? **¿Qué concluiremos? ¿Acaso es Dios injusto?** La inmediata réplica de Pablo es **¡De ninguna manera!** (14). Luego pasa a explicar. **Es un hecho que a Moisés le dice: 'Tendré clemencia de quien yo quiera tenerla, y seré compasivo con quien yo quiera serlo.'** (15). De modo que la forma que adopta Pablo para defender la justicia de Dios consiste en proclamar su misericordia o clemencia. Suena como una conclusión totalmente errónea. Pero no lo es. Simplemente indica que la cuestión misma está mal planteada, porque lo que Dios tiene en cuenta para la salvación de los pecadores no es la justicia sino la misericordia. Porque la salvación (o la elección) **no depende del deseo ni del esfuerzo humano**, es decir, de nada de lo que nosotros queremos o por lo cual luchamos, **sino de la misericordia de Dios** (16).

Habiendo citado las palabras de Dios a Moisés (15),[32] ahora Pablo cita lo que Dios le dijo al faraón (17).[33] Es de destacar que escribe sobre lo que **la Escritura le dice al faraón**, porque para él lo que dice Dios y lo que dice la Escritura es lo mismo: **'Te levanté**, es decir, 'te he ubicado en el escenario de la historia',[34] **precisamente para mostrar en ti mi poder, y para que mi nombre sea proclamado por toda la tierra.'** (17). De hecho, lo que se expresa en el relato del faraón y las plagas tenía como fin que él supiera 'que no hay dios como el Señor, nuestro Dios'.[35]

Para Pablo estas palabras divinas dirigidas a Moisés (15) y al faraón (17), ambas registradas en Éxodo, son complementarias, y las sintetiza en el versículo 18: **Así que Dios tiene misericordia de quien él quiere tenerla** (el mensaje a Moisés), **y endurece a quien él quiere endurecer** (el mensaje al faraón). El doctor Leon Morris comenta acertadamente: 'Ni aquí ni en ninguna otra parte se dice que Dios endurezca a nadie que no se haya endurecido primeramente a sí mismo.'[36] Que el faraón se endureció contra Dios y se negó a humillarse ante él queda perfectamente claro en el relato.[37] De modo que cuando Dios endureció al faraón se trataba de un acto judicial, abandonándolo a su propia terquedad,[38] en forma semejante al hecho de que la ira de Dios contra los impíos se expresa 'entregándolos' a su propia depravación (1.24, 26, 28). La misma combinación de terquedad humana y juicio divino en el endurecimiento del corazón se ve en las palabras de Dios a Isaías ('Haz insensible el corazón de este pueblo'), que Jesús aplicó a su propio ministerio docente, y que Pablo aplicó al suyo.[39]

De modo que Dios no es injusto. El hecho es que, como lo demostró Pablo en los primeros capítulos de su carta, todos los seres humanos son pecadores y culpables a la vista de Dios (3.9, 19), de tal manera que nadie merece ser salvado. Por lo tanto, si Dios endurece a algunos, no es porque sea injusto, sino porque eso es lo que merece su pecado. Si, por otra parte, tiene compasión de algunos, no es porque esté siendo injusto, por cuanto los está tratando con misericordia. La maravilla no es que algunos se salven y otros no, sino que alguien sea salvo. Porque no merecemos otra cosa por parte de Dios sino el juicio. Si recibimos lo que merecemos (o sea el juicio), o si recibimos lo que no merecemos (o sea la misericordia), en ningún caso puede decirse que Dios sea injusto. Por consiguiente, si alguien se pierde, es su propia culpa, pero si alguien se salva, el crédito le corresponde a Dios. Esta antinomia contiene un misterio que nuestro conocimiento actual no puede resolver; pero es consecuente con las Escrituras, con la historia y la experiencia.

Pregunta 3. ¿Por qué Dios nos culpa a nosotros? | 19–29

Si la salvación depende enteramente de la voluntad de Dios (lo cual es cierto, como se expresa dos veces en el versículo 15 y dos veces más en el versículo 18), **tú me dirás: 'Entonces, ¿por qué todavía nos echa la culpa Dios? ¿Quién puede oponerse a su voluntad?'** (19). En otras palabras, ¿es justo que Dios nos llame a cuentas a nosotros, cuando él toma las decisiones? Pablo contesta esta pregunta con tres respuestas, todas las cuales se refieren a quién es Dios. La mayoría de nuestros problemas surgen y parecen insolubles porque la imagen que tenemos de Dios es una imagen distorsionada.

Primero, Dios tiene el derecho del alfarero sobre su arcilla (20–21). La primera respuesta de Pablo a las dos preguntas de sus críticos consiste en plantear tres preguntas propias, relacionadas todas con nuestra identidad. Nos interrogan sobre si sabemos quiénes somos (**¿Quién eres tú ..?**, 20a), qué clase de relación creemos que existe entre nosotros y Dios, y qué actitud hacia él consideramos apropiada para esta relación. Más aun, las tres preguntas que hacen las veces de respuestas ponen de manifiesto el abismo que se abre entre un ser humano y Dios (20a), entre un objeto artesanal y el artesano (entre

la olla de barro y [el] **que la modeló**, 20b), y entre **el barro** y **el alfarero** que le dio forma (21). Dado que esta es la relación entre nosotros, ¿realmente creemos adecuado que el ser humano le [pida] **cuentas a Dios** (20a), que el objeto de arte le pregunte al artista por qué lo ha hecho como lo hizo (20b), o que la vasija discuta el derecho del alfarero a darle forma a la arcilla para diferentes usos (21)?

Es preciso que traigamos a la memoria el fondo veterotestamentario de las preguntas de Pablo. El alfarero ante su torno era una figura familiar en Palestina, y su trabajo se usaba para ilustrar varias verdades diferentes. Por ejemplo, Jeremías observa la habilidad del alfarero y su persistencia para remodelar una vasija que ha sido dañada.[40] Sin embargo, este cuadro no es lo que Pablo tiene presente aquí. Está aludiendo más bien a dos textos en Isaías. El primero contiene la llamativa queja de Dios contra Israel: '¡Qué manera de falsear las cosas!' Es decir, se niegan a permitir que Dios sea Dios, hasta intentan invertir los papeles, como si el alfarero se hubiese convertido en la vasija y la vasija en el alfarero.[41] En el segundo texto Dios pronuncia un 'ay' por 'el que contiende con su Hacedor'; por el que no es más que un tiesto, y no obstante desafía al alfarero a explicar lo que está modelando.[42]

Por lo tanto, ¿qué es lo que condena Pablo? Algunos comentaristas delatan su desconcierto a esta altura, y otros se atreven a rechazar la enseñanza de Pablo. 'Es el punto más débil en toda la epístola,' declara C. H. Dodd.[43] Sin embargo, es preciso establecer una distinción. Pablo no está censurando a alguien que hace preguntas sinceras sobre cuestiones que lo desconciertan, sino más bien a alguien que le 'pide cuentas' a Dios (20), que 'alterca' con él (RVR). Una persona así evidencia un reprochable espíritu de rebelión contra Dios, una negativa a permitir que Dios sea Dios y a reconocer su verdadero lugar como criatura, y criatura pecadora. En lugar de semejante presunción es preciso que, como Moisés, guardemos distancia, nos quitemos el calzado en reconocimiento del suelo sagrado que pisamos, e incluso ocultemos de él nuestro rostro.[44] De modo semejante, es preciso que, como Job, nos tapemos la boca con la mano, confesemos que tendemos a hablar sobre cosas que no entendemos; que nos despreciemos a nosotros mismos, y nos arrepintamos en polvo y ceniza.[45] Job tenía razón cuando rechazó el tradicional artificio de sus supuestos 'consoladores'; en su diálogo con ellos él tenía razón y ellos estaban equivocados.[46] Donde se equivocó Job fue en atreverse a 'contender' con el Todopoderoso, en 'acusarlo' e intentar 'corregirlo'.[47]

Pero todavía no se ha completado toda esta historia, porque los seres humanos no somos simplemente porciones inertes de arcilla; este pasaje ilustra muy bien el peligro de argumentar a partir de una analogía. Asemejar a los seres humanos con piezas de alfarería equivale a destacar la disparidad entre nosotros y Dios. Pero hay otro hilo en la enseñanza bíblica que no sostiene nuestra desemejanza sino nuestra semejanza con Dios, porque hemos sido creados a su imagen, y porque todavía la conservamos (aunque distorsionada), incluso después de la caída.[48] Como portadores de la imagen de Dios somos seres racionales, responsables, morales y espirituales, capaces de alternar con Dios, y alentados a explorar su revelación, a plantear preguntas y a reflexionar en lo que piensa él. En consecuencia, hay ocasiones en las que a algunos personajes bíblicos que han caído de rodillas con el rostro en tierra delante de Dios se les ha dicho que se pongan de pie nuevamente, especialmente para recibir una misión de parte de Dios.[49] En otras palabras, hay un modo acertado de postración ante Dios, que es un humilde reconocimiento de su infinita grandeza, y hay un modo incorrecto, que es una especie de negación servil de nuestra dignidad y responsabilidad humanas delante de él.

Volviendo a Romanos, Pablo no está queriendo impedir los interrogantes genuinos. Después de todo, él mismo viene haciendo y contestando interrogantes en todo el capítulo, e incluso en toda la carta. Más bien, 'se trata del rebelde que desafía a Dios (no del inquiridor desconcertado que busca la verdad), cuya boca él [Pablo] cierra en forma tan perentoria'.[50]

El énfasis de Pablo en este párrafo es que así como el alfarero tiene derecho a modelar su arcilla para hacer vasijas para diferentes propósitos, también Dios tiene derecho a ocuparse de la humanidad caída según su ira, como asimismo según su misericordia, tal como ha sostenido en los versículos 10–18. 'En la soberanía aquí confirmada,' escribe Hodge, 'es Dios como gobernador moral, y no Dios como creador, a quien se tiene en vista. En ninguna parte se sugiere que Dios tiene derecho a crear seres pecaminosos con el fin de castigarlos', sino más bien que tiene derecho a 'ocuparse de los seres pecaminosos según su buena voluntad', ya sea para perdonarlos o para castigarlos.[51]

Segundo, Dios se revela tal como es (22–23). El apóstol continúa demostrando que la libertad de Dios para mostrar misericordia a algunos y endurecer a otros es plenamente compatible con su justicia. La esencia de su teodicea es que debemos permitir que Dios sea Dios, no sólo renunciando a todo deseo presuntuoso de hacerle reclamos (20–21), sino también aceptando que sus acciones están, sin excepción, en armonía con su naturaleza. Dios es invariablemente consecuente consigo mismo, y jamás obra en forma contradictoria consigo mismo. Él determina quién es y cómo ha de ser visto.

Los versículos 22 y 23, que tienen redacción paralela, expresan claramente este tema. La palabra que es común a ambos es el verbo 'hacer conocer'. El versículo 22 habla de la revelación de la **ira** y el **poder** de Dios hacia **los que eran objeto de su castigo**; y el versículo 23 de la revelación de **sus gloriosas riquezas a los que eran objeto de su misericordia**. La NVI también hace que ambos versículos comiencen con la misma pregunta retórica (¿Y qué si ..? y ¿Qué si ..?), que en ambos casos queda sin respuesta. No obstante, su significado es fácilmente discernible. Pablo da a entender que si Dios actúa en perfecta concordancia con su ira y su misericordia, no puede haber objeción posible.

Si bien la estructura de los dos versículos es la misma, hay también diferencias significativas que es preciso tener en cuenta. Primero, se dice que Dios **soportó con mucha paciencia a los que eran objeto de su castigo** (22), en lugar de descargar su ira de inmediato sobre los obradores del mal. Parecería dar a entender que su paciencia al demorar la hora del juicio no sólo mantendrá abierta más tiempo la puerta de la oportunidad, sino que hace que el derramamiento de su ira final sea más terrible. Esto fue así en el caso del faraón, y sigue siendo la situación ahora mientras esperamos el regreso del Señor.[52] Segundo, aun cuando Pablo describe a los que son objeto de la misericordia de Dios como aquellos **a quienes de antemano preparó para esa gloria** (23), describe a los que son objeto de la ira simplemente como los que **estaban destinados a la destrucción**, listos y maduros para ella, sin indicar el agente responsable de dicho destino. Por cierto que Dios nunca ha 'destinado' o 'preparado' a nadie para la destrucción; ¿acaso no es que por su propio mal obrar se destinaron o prepararon a sí mismos para ella?

Hay una tercera diferencia entre los versículos 22 y 23. Aunque son complementarios, la NVI parece tener razón cuando hace que el versículo 23 resulte dependiente del versículo 22: **¿Y qué si Dios, queriendo mostrar su ira … soportó con mucha paciencia a los que eran objeto de su castigo ..? ¿Qué si lo hizo para dar a conocer sus gloriosas riquezas ..?** La repetición de la pregunta sugiere que esto es justamente lo que Dios hizo. Es decir, la revelación de su ira a los que son objeto de su ira fue con el propósito de revelar su gloria a los que son objeto de su misericordia. La sublime revelación será la de las gloriosas riquezas de Dios; y la gloria de su gracia brillará tanto más vivamente contra el fondo sombrío de su ira. 'Gloria' es, desde luego, una forma abreviada de hacer referencia al destino final de los redimidos, en el que el esplendor de Dios se dejará ver por ellos y en ellos, cuando primeramente sean transformados ellos y luego lo sea el universo (ver 8.18s).

De modo que las dos acciones de Dios, sintetizadas en el versículo 18 como el que tiene 'misericordia' y 'endurece', ahora han sido vinculadas con su carácter. Porque él es quien actúa como lo hace. Y si bien esto no soluciona el misterio final de por qué destina a algunas personas de antemano a la gloria y permite que otras se encaminen a la destrucción, ambas realidades son revelaciones de Dios, de su paciencia y su ira manifestada en juicio, y por sobre todo, de su gloria y su misericordia para salvar.

Pablo contesta la pregunta '¿Por qué Dios sigue culpándonos a nosotros?' (19). Ahora aporta una tercera explicación. Es que Dios predijo estas cosas en la Escritura (24–29). Entre los que son objeto de la misericordia de Dios, a quienes ha destinado de antemano para la gloria (23), ahora Pablo nos incluye a **nosotros**, él mismo y sus lectores, **a quienes Dios llamó no sólo de entre los judíos sino también de entre los gentiles** (24). Esto porque el modo de Dios de tratar con los judíos y los gentiles es otra ilustración de su 'propósito de [o según] la elección divina' (11), claramente anticipado en las Escrituras del Antiguo Testamento. En los versículos 25–26 Pablo cita dos textos de Oseas para explicar la sorprendente inclusión de los gentiles por parte de Dios; luego, en los versículos 27–29, dos textos de Isaías, para explicar la igualmente sorprendente inclusión de los judíos reducidos a un remanente.

El trasfondo de los textos de Oseas fue el casamiento de Oseas con su esposa adúltera, Gómer, junto con sus tres hijos, cuyos nombres simbolizaban el juicio de Dios contra el infiel reino del norte de Israel. Les dijo que debían llamar a su segundo vástago, una niña, *Lorrujama* ('Indigna de compasión'), porque, dijo, 'no volveré a compadecerme del reino de Israel.'[53] Luego les dijo que llamaran a su tercer vástago, un varón, *Loamí* ('Pueblo ajeno') porque, agregó, 'ni ustedes son mi pueblo, ni yo soy su Dios.'[54] Con todo, Dios pasó a prometer que revertiría la situación de rechazo implícita en los nombres de los hijos. Estos son los textos citados por Pablo.

> [25]"Llamaré 'mi pueblo' a los que no son mi pueblo;
>   y llamaré 'mi amada' a la que no es mi amada,[55]
> [26]y sucederá que en el mismo lugar donde se les dijo:
>   'Ustedes no son mi pueblo',
>   serán llamados 'hijos del Dios viviente.'"[56]

Con el fin de entender la forma en que Pablo se valió de estos textos, es preciso recordar que, según el Nuevo Testamento, con frecuencia las profecías del Antiguo Testamento tienen un triple cumplimiento. El primero es inmediato y literal (en la historia de Israel), el segundo intermedio y espiritual (en Cristo y su iglesia), y el tercero último y eterno (en el reino de Dios ya consumado). Un buen ejemplo lo constituyen las profecías sobre la reedificación del templo. Aquí, no obstante, la profecía adquiere la forma de la promesa de Dios de resolver, en su misericordia, una situación aparentemente sin solución; la de volver a amar a los que había declarado no amados, y de recibir nuevamente como pueblo suyo a los que había dicho que no lo eran. La aplicación inmediata y literal fue para Israel en el siglo VIII a.C., repudiado y juzgado por Yahvéh por su apostasía, pero a quien se le prometía reconciliación y reinstalación como pueblo suyo.

A Pablo el apóstol, sin embargo, se le muestra que la promesa de Dios tiene un cumplimiento adicional y evangelizador, con la inclusión de los gentiles. Ellos 'estaban separados de Cristo, excluidos de la ciudadanía de Israel y ajenos a los pactos de la promesa, sin esperanza y sin Dios en el mundo. Pero ahora en Cristo Jesús', continúa Pablo, 'a ustedes que antes estaban lejos, Dios los ha acercado mediante la sangre de Cristo … Por lo tanto, ustedes ya no son extraños ni extranjeros, sino conciudadanos de los santos y miembros de la familia de

Dios.'[57] El apóstol Pedro también aplica la profecía de Oseas a los gentiles.[58] Su inclusión es una maravillosa inversión de los destinos por la misericordia de Dios. Los forasteros han sido invitados a entrar, los extranjeros han adquirido ciudadanía, y los extraños son ahora amados miembros de la familia.

A continuación Pablo se vuelve de Oseas a Isaías, y así, de la inclusión de los gentiles a la exclusión de los judíos, excepto el remanente. El telón de fondo histórico para los dos textos de Isaías es una vez más un escenario de apostasía nacional en el siglo VIII a.C., aunque ahora se relaciona con el reino del sur de Judá. La 'nación pecadora' ha abandonado a Yahvéh y ha sido juzgada por medio de una invasión asiria, de tal manera que todo el país yace desolado y sólo quedan unos pocos sobrevivientes.[59] No obstante, Dios procede luego a prometer que Asiria será castigada por su arrogancia, y que un remanente creyente se volverá al Señor.[60] De hecho, el nombre del hijo de Isaías simbolizaba esta promesa, porque Sear Yasub significa 'un remanente volverá'.[61]

[27]Isaías, por su parte, proclama respecto de Israel:

'Aunque los israelitas sean tan numerosos
   como la arena del mar,
   sólo el remanente será salvo;
[28]porque plenamente y sin demora
   el Señor cumplirá su sentencia en la tierra.'[62]

[29]Así había dicho Isaías:

'Si el Señor Todopoderoso no nos hubiera dejado
descendientes, seríamos como Sodoma, nos
pareceríamos a Gomorra.'[63]

Lo significativo de ambos textos radica en el contraste que ofrecen entre la mayoría y la minoría del pueblo. En el versículo 27 (cita tomada de Isaías 10.22) se dice que **los israelitas** serán **tan numerosos como la arena del mar**. Esta fue la promesa de Dios a Abraham después que hubo entregado a Isaac; luego agregó la segunda metáfora, 'como las estrellas del cielo'.[64] Pero en comparación con el incontable número de los israelitas, como estrellas y granos de arena, sólo un remanente sería salvo, el Israel dentro de Israel (6). De forma semejante, en el versículo 29, de la total destrucción de Sodoma y Gomorra sólo un puñado se salvó: Lot y sus dos hijas.

Reuniendo los textos de Oseas e Isaías, Pablo ofrece garantías del Antiguo Testamento para su visión. Por un lado, Dios nos ha llamado, escribe, no sólo de entre los judíos sino también de entre los gentiles (24). De modo que hay una fundamental solidaridad judeogentil en la nueva sociedad de Dios. Por otro lado, Pablo es consciente de la grave falta de equilibrio entre el tamaño de la participación gentil y el tamaño de la participación judía en la comunidad de los redimidos. Como lo profetizó Oseas, multitudes de gentiles, anteriormente privados de todo derecho, han sido aceptados ahora como parte del pueblo de Dios. Como lo profetizó Isaías, sin embargo, los integrantes judíos eran sólo un remanente de la nación, tan pequeño, en verdad, como para no representar la inclusión sino la exclusión de Israel, en otras palabras no su aceptación sino su 'rechazo' (11.15). Jesús mismo había predicho esta situación, cuando dijo: 'Les digo que muchos vendrán del oriente y del occidente, y participarán en el banquete con Abraham, Isaac y Jacob en el reino de los cielos. Pero a los súbditos del reino se les echará afuera ...'[65]

Pregunta 4. ¿Qué, pues, diremos en conclusión? | 30–33

La cuarta y última pregunta de Pablo, repetida del versículo 14, está dirigida a sí mismo. A la luz del argumento que venía desarrollando, ¿a qué conclusión sería legítimo llegar? En particular, enfrentado a la incredulidad de la mayoría de Israel y a la posición minoritaria del Israel creyente, ¿cómo se ha producido esta situación? Como respuesta, Pablo comienza con una descripción, sigue con una explicación, y termina con una confirmación bíblica.

La situación que describe es completamente confusa. Por una parte, **los gentiles** (mejor, 'gentiles' sin el artículo determinante), **que no buscaban la justicia, la han alcanzado. Me refiero a la justicia que es por la fe** (30). Describir a los paganos como los que 'no buscaban la justicia' es una calificación sumamente benigna. La mayoría de ellos es, cuando menos, gente impía y egocéntrica, que sigue su propio camino; son amadores de sí mismos, del dinero y de los placeres, más bien que amadores de Dios y de lo bueno.[66] Al fin, obtuvieron lo que no buscaban. De hecho, cuando oyeron el evangelio de la justificación por la fe, el Espíritu Santo obró en ellos tan poderosamente que se 'aferraron' a él casi con violencia (*katalambanō*) por medio de la fe. **En cambio Israel,** por su parte, **que iba en busca de una ley que le diera justicia, no ha alcanzado esa justicia** (31). La búsqueda de justicia por parte de Israel era casi proverbial. Estaban imbuidos de un celo religioso y moral que algunos llamarían fanatismo. ¿Por qué, entonces, no la 'alcanzaron'? Pablo se vale de un verbo diferente (*fthanō*), que significa 'alcanzar' o 'llegar a'. Y la razón por la que no llegaron es que perseguían una meta imposible. Pablo anticipa lo que va a decir en el próximo versículo, contraponiendo la 'justicia' de los gentiles que es por la fe, a lo que llama 'una ley que le diera justicia', lo que probablemente sea una referencia a la Torá vista como una ley a ser obedecida. Aquí, entonces, está la descripción que hace Pablo de la confusa situación religiosa de sus días. Los judíos que buscaban la justicia nunca la alcanzaron; los gentiles que no la buscaban la alcanzaron.

Pero, ¿cómo ocurrió esto? Además, con respecto a los judíos que no llegaron, **¿por qué no?** Significativamente, la respuesta de Pablo en esta oportunidad no hace referencia al 'propósito de la elección' (11), sino que en cambio atribuye el fracaso de Israel a su propia necedad: **Porque no la buscaron mediante la fe** (como fue que la obtuvieron los gentiles, 30) **sino mediante las obras**, es decir, como si la acumulación de justicia por las obras fuese el camino de salvación propuesto por Dios. **Por eso tropezaron con la 'piedra de tropiezo'** (*proskomma*, 32). Lo que Pablo quiere decir con esto no ofrece lugar a dudas, ya que en otra parte usa la misma imagen (aunque un vocabulario diferente). En particular, describe la proclamación del Cristo crucificado como 'motivo de tropiezo (*skandalon*) para los judíos',[67] y se refiere también al 'escándalo de la cruz'.[68] ¿Y por qué la gente tropieza con la cruz? Porque ella socava nuestra autojustificación. Porque 'si la justicia se obtuviera mediante la ley, Cristo habría muerto en vano'.[69] Vale decir, si pudiésemos obtener una posición de justicia delante de Dios por nuestra propia obediencia a su ley, la cruz resultaría superflua. Si pudiésemos salvarnos a nosotros mismos, ¿por qué se habría molestado en morir Cristo? Su muerte habría resultado redundante. El hecho de que Cristo murió por nuestros pecados es prueba positiva de que no podemos salvarnos por nuestra cuenta. Pero hacer esta humillante confesión es una ofensa intolerable para nuestro orgullo.

De modo que en lugar de humillarnos, tropezamos 'con la piedra de tropiezo'.

Sólo le falta al apóstol ofrecer apoyo bíblico para lo que ha escrito (33). Igual que Pedro en su primera carta,[70] reúne dos expresiones de Isaías en los que se emplea el símil de la roca. Pablo va más lejos que Pedro al combinarlos. Las frases iniciales y finales que cita son de Isaías 28.16: '**Miren que pongo en Sión una piedra**', y '**el que confíe en él no será defraudado.**' Entre estas dos, sin embargo, hay dos frases más que pertenecen a Isaías 8.14: **una piedra de tropiezo … una roca que hace caer.** La afirmación principal es que Dios mismo ha colocado una roca o piedra sólida. Se trata, desde luego, de Jesucristo. Osadamente Jesús se aplicó a sí mismo la profecía de Salmos 118: 'La piedra que desecharon los constructores ha llegado a ser la piedra angular'.[71] Aún más, 'nadie puede poner un fundamento diferente del que ya está puesto, que es Jesucristo'.[72] Así que cada cual tiene que decidir cómo relacionarse con esta roca que Dios ha colocado. No hay sino dos posibilidades. Una consiste en poner nuestra confianza en él, adoptarlo como el fundamento de nuestra vida y edificar sobre él. La otra consiste en golpearse las piernas contra la roca, tropezar y finalmente caer.

Pablo comenzó este capítulo con la paradoja de los privilegios y los prejuicios de Israel (1–5). ¿Cómo puede explicarse su incredulidad?

No es porque Dios sea infiel a sus promesas, porque él ha mantenido su palabra en relación con el Israel dentro de Israel (6–13).

No es porque Dios sea injusto en su 'propósito según la elección divina', porque ni el hecho de que tenga misericordia de algunos o el que haya endurecido a otros es incompatible con su justicia (14–18).

No es porque Dios sea injusto al acusar a Israel o al hacer responsables a los seres humanos, porque no deberíamos contradecirle, y en todo caso él ha obrado según su propio carácter y de conformidad con la profecía del Antiguo Testamento (19–29).

Es más bien porque Israel es arrogante, busca la justicia por el camino equivocado, por medio de las obras en lugar de la fe, y porque ha tropezado con la piedra de tropiezo que es la cruz (30–33).

Así, este capítulo sobre la incredulidad de Israel comienza con el propósito electivo de Dios (6–29) y concluye atribuyendo la caída de Israel a su propio orgullo (30–33). En el capítulo que sigue Pablo lo llama 'un pueblo desobediente y rebelde' (10.21).

No faltan comentaristas liberales que insisten en que, al atribuir a veces la incredulidad judía al propósito de la elección divina, y otras a la propia ceguera y arrogancia de Israel, el apóstol se estaba contradiciendo. Pero se trata de una conclusión superficial, e inadmisible para cualquiera que acepta la autoridad apostólica de Pablo. El vocablo que corresponde usar es 'antinomia', y no 'contradicción'. El doctor Lloyd-Jones resume la posición de Pablo con las siguientes palabras: 'En los versículos 6 a 29 explica por qué alguien se salva; se trata de la soberana elección de Dios. En estos versículos (30–33) nos muestra por qué alguien se pierde, y la explicación radica en su propia responsabilidad.'[73]

Pocos predicadores pueden haber mantenido este equilibrio mejor que Charles Simeon de Cambridge, en la primera mitad del siglo diecinueve. Vivió y ejerció su ministerio en una época cuando arreaba la controversia arminiana-calvinista, y él advirtió a su congregación sobre el peligro de abandonar la Escritura a favor de un sistema teológico. 'Cuando llego a un texto que habla de elección', le dijo a J. J. Guerney en 1831, 'me deleito en la doctrina de la elección. Cuando los apóstoles me exhortan al arrepentimiento y la obediencia, y me indican que tengo libertad de elección y acción, me entrego a ese lado de la cuestión.'[74] En defensa de su compromiso con ambos extremos, Simeon solía a veces valerse de una ilustración de la revolución industrial: 'Así como los engranajes de una máquina complicada pueden girar en direcciones opuestas y no obstante servir a un fin común, muchas verdades aparentemente opuestas pueden ser perfectamente reconciliables entre sí, y servir igualmente a los propósitos de Dios en el logro de la salvación del hombre.'[75]

13
La falla de Israel: La decepción de Dios por su desobediencia
Romanos 10.1–21

Los capítulos 9–11 de Romanos se relacionan todos con el problema de la incredulidad judía. En el capítulo 9 Pablo puso el énfasis en el propósito de Dios según la elección; en el capítulo 10, en cambio, pone el énfasis en los factores humanos, en la necesidad de entender el evangelio (5–13), en la proclamación de dicho evangelio (14–15), y en la respuesta de la fe (16–21). Con el capítulo 10 Pablo se vuelve del pasado al presente, de su explicación de la incredulidad de los israelitas a su esperanza de que en el futuro habrán de prestar atención al evangelio y lo aceptarán. El apóstol seguirá desarrollando más todavía esta visión en cuanto al futuro en el capítulo 11.

1. La ignorancia de Israel en cuanto a la justicia de Dios | 1–4

Pablo comienza este capítulo, como comenzó el anterior, con una referencia muy personal a su amor por 'ellos' y a los anhelos que tiene en cuanto a su salvación. En la oración griega no se los especifica, pero la NVI y otras seguramente tienen razón al insertar **los israelitas**. Hay varias semejanzas entre los comienzos de los dos capítulos. En ambos Pablo habla de su corazón: el dolor y la tristeza que siente debido a que el incrédulo pueblo de Israel está perdido (9.2s), y menciona que **el deseo de mi corazón, y mi oración a Dios … es que lleguen a ser salvos** (1). J. B. Phillips capta la magnitud del anhelo del apóstol: '¡Mis hermanos, desde el fondo de mi corazón anhelo y pido a Dios para que Israel sea salvo!' Al comienzo del capítulo 9 expresa el deseo hipotético de que él mismo fuese maldecido si de esa manera ellos pudiesen salvarse (9.3); al comienzo del capítulo 10 expresa en oración un deseo ardiente de que sean salvos. Más todavía, así como su dolor aumenta por la combinación de privilegios y prejuicios en ellos (9.4s), también aumenta su anhelo debido a la combinación de celo e ignorancia por parte de ellos (2).

Pablo no pone en tela de juicio su sinceridad en lo religioso. Puede **declarar en favor de ellos**, basado en su propia experiencia, **que muestran celo por Dios.** Y él sabe de lo que habla, porque él mismo, durante su vida anterior a la conversión, fue 'exagerado' o 'mucho más celoso' (RVR) en cuanto a su religión,[1] como se ve en su persecución de la iglesia.[2] De hecho era 'tan celoso de Dios' como cualquiera de sus contemporáneos,[3] y hasta podía describir su celo en esa época como una 'obsesión'.[4] De manera que se ve obligado a decir de los israelitas que **su celo no se basa en el conocimiento** (2). La Escritura dice que 'el afán sin conocimiento no vale nada'.[5] La sinceridad no basta, porque podemos estar sinceramente equivocados. La palabra adecuada para celo sin conocimiento, compromiso sin reflexión, o entusiasmo sin entendimiento, es fanatismo. Y el fanatismo es un estado de ánimo horrible y peligroso.

Habiendo aseverado la condición general de ignorancia de los israelitas, ahora Pablo particulariza mediante dos expresiones negativas: **no** [conocían] **la justicia que proviene de Dios** y **no se sometieron a la justicia de Dios.** En lugar de ello, [procuraron] **establecer la suya propia** (3). Comentaristas recientes que han aceptado la tesis del 'nomismo pactual'[6] del profesor E. P. Sanders, ofrecen una interpretación de este versículo que es muy diferente de lo que se entiende tradicionalmente. El profesor Dunn, por ejemplo, sostiene que los judíos tenían razón al ver la 'justicia' como obediencia a la ley y, por consiguiente, como lealtad al pacto (el significado del 'nomismo pactual'), pero que estaban equivocados al establecerla en función de la circuncisión, la observancia del sábado, las disposiciones dietéticas y la pureza ritual. Esta manera de entender la ley no sólo era 'demasiado superficial' sino también 'demasiado nacionalista',[7] porque eliminaba a los gentiles, a quienes Dios quería incluir. 'Su justicia propia', por lo tanto, significa una justicia exclusiva de ellos mismos, y no se contrastaba con la de Dios sino con la de otras personas.[8] Y su intento de 'establecer' esta justicia propia no era un acto de creación (que producía algo a partir de la nada), sino de confirmación (que preservaba lo que ya existía, a saber su condición de miembros del pacto y la justicia basada en el mismo). A lo que Pablo se oponía era '[al] intento de Israel de mantener una demanda de monopolio nacional con respecto a la justicia basada en el pacto'.[9] ¿Qué significa, entonces, que **Cristo es el fin de la ley ... (4)**? A lo que Cristo dio término no fue a la ley como manera de adquirir una posición de justicia ante Dios, sino a 'la ley vista como una manera ... de documentar la consideración especial de Dios para con Israel, de separar a Israel de las otras naciones'.[10]

Lo que me preocupa de esta tentativa de reformulación, lo confieso, no es tanto lo que se afirma (porque los judíos eran étnicamente exclusivos), sino lo que se niega. Por ejemplo, está claro que no es correcta la afirmación de que en 10.3 no se está haciendo un contraste entre la justicia de Dios y 'la suya propia', y esto queda más claro aún en Filipenses 3.9. Yo creo que los judíos (como todos los seres humanos) se autojustificaban más que lo que piensan los profesores Sanders y Dunn. Como lo comentó acertadamente Calvino, 'el primer paso para obtener la justicia de Dios consiste en renunciar a la justicia propia'.[11]

Para otros comentaristas la aseveración de que los judíos 'no [conocían] la justicia que proviene de Dios' significa que todavía no habían aprendido el camino de la salvación, la manera en que un Dios justo pone a los injustos en buenas relaciones consigo mismo mediante el otorgamiento de una posición de justicia. Esta es 'la justicia de Dios' que se revela en el evangelio, y que se recibe por fe, enteramente aparte de la ley, como Pablo ha escrito más arriba (1.7; 3.21). La trágica consecuencia de la ignorancia de los judíos fue que, reconociendo su necesidad de justicia si aspiraban a presentarse alguna vez ante la justa presencia de Dios, '[procuraron] establecer la suya propia', y 'no se sometieron a la justicia de Dios' (3).

Esta ignorancia en cuanto al verdadero camino, y esta trágica adopción de un camino falso, no se limitan de ningún modo al pueblo judío. Se observan ampliamente entre la gente religiosa de todos los credos, incluidos ciertos cristianos profesantes. Naturalmente que todos los seres humanos, que saben que Dios es justo y ellos no (por cuanto 'no hay un solo justo, ni siquiera uno', 3.10), buscan una justicia que los prepare para aparecer ante la presencia de Dios. No disponemos sino de dos opciones. La primera consiste en intentar construir o establecer nuestra propia justicia, mediante nuestras buenas obras y observancias religiosas. Pero este camino está destinado al fracaso, ya que a la vista de Dios 'todos nuestros actos de justicia son como trapos de inmundicia'.[12] La otra forma consiste en someternos a la justicia de Dios, recibiéndola de él como un regalo gratuito por medio de la fe en Jesucristo.[13] En los versículos 5–6 Pablo llama a la primera opción **la justicia que se basa en la ley** y a la segunda **la justicia que se basa en la fe.**

El error fundamental de quienes procuran establecer su propia justicia es que no han entendido la siguiente afirmación de Pablo: **Cristo es el fin** (*telos*) **de la ley, para que todo el que cree reciba la justicia** (4). *Telos* podría significar 'fin' en el sentido de 'terminación' o 'conclusión', para indicar que Cristo ha abrogado la ley. Con seguridad que Pablo quiso significar esto último. Pero la abrogación de la ley no ofrece ninguna legitimidad a los antinomianos, quienes sostienen que pueden pecar como les plazca porque 'no estamos bajo la ley sino bajo la gracia' (6.1, 15), o a los que sostienen que la categoría misma de 'ley' ha sido abolida por Cristo, y que el único valor absoluto que queda es el mandamiento a amar. Cuando Pablo escribió que hemos 'muerto' a la ley, y que hemos 'quedado libres' de ella (7.4, 6), de tal modo que ya no estamos 'bajo' ella (6.15), se refería a la ley como la forma de adquirir la debida relación con Dios. De allí la segunda parte del versículo 4. La razón por la que Cristo ha dado por terminada la ley es 'para que todo el que cree reciba la justicia'. Con respecto a la salvación, Cristo y la ley son alternativas incompatibles entre sí. Si la justicia es por la ley, entonces no es por medio de Cristo, y si es por medio de Cristo a través de la fe, ya no es por la ley. Cristo y la ley son realidades objetivas, y ambos son revelaciones y dones de Dios. Pero ahora que Cristo ha obtenido nuestra salvación por su muerte y resurrección, ha dado por terminada la ley en ese papel. 'Una vez que captamos el carácter decisivo de la obra salvífica de Cristo', escribe el doctor Leon Morris, 'vemos la falta de eficacia de todo legalismo.'[14]

2. Modos alternativos de justicia | 5–13

Pablo ya ha mencionado tres antítesis: entre la fe y las obras (9.32), entre la justicia de Dios a la que debemos someternos, y nuestra propia justicia, que equivocadamente procuramos establecer (3), y entre Cristo y la ley (4). Ahora se ocupa de lo que supone esta última antítesis, mediante un contraste entre **la justicia que se basa en la ley** (5) y **la justicia que se basa en la fe** (6). Lo hace apelando a las Escrituras, citando un texto sobre cada enfoque. De esta manera enfrenta a Moisés con Moisés, es decir, a Moisés en Levítico contra Moisés en Deuteronomio.

Por una parte, Moisés habla acerca de 'la justicia que se basa en la ley': **'Quien practique estas cosas vivirá por ellas'** (5).[15] La interpretación natural de estas palabras es que el camino a la vida (es decir, la salvación) es por obediencia a la ley. Así fue como Pablo mismo entendía la oración cuando la citó en Gálatas 3.12. Pero 'es evidente', agregó en ese contexto, 'que por la ley nadie es justificado delante de Dios', porque nadie ha logrado cumplirla cabalmente. La debilidad de la ley está en nuestra propia debilidad (8.3). Por cuanto la desobedecemos, en lugar de proporcionarnos vida nos pone bajo su maldición, y esa sería nuestra situación todavía si Cristo no nos hubiese redimido de la maldición de la ley haciéndose maldición por nosotros.[16] Es en este sentido que 'Cristo es el fin de la ley'. La justicia no se logra siguiendo ese camino.

Así que, por otra parte, 'la justicia que se basa en la fe', que ahora Pablo personifica, proclama un mensaje diferente. Para nuestra salvación no pone antes de nosotros a la ley sino a Cristo, y nos asegura que, a diferencia de la ley, Cristo no es inalcanzable, sino perfectamente accesible. El pasaje que Pablo cita (tomado de Deuteronomio 30) comienza con una rigurosa prohibición, algo que la justicia que es por la fe confirma: **"No digas en tu corazón: '¿Quién subirá al cielo?'** (es decir, para hacer bajar a Cristo; 6), o 'Quién bajará al abismo' (es decir, para hacer subir a Cristo de entre los muertos)?"** (7). Hacer preguntas así sería tan absurdo como innecesario. En absoluto hace falta que escalemos las alturas o sondeemos las profundidades en busca de Cristo, porque él ya vino, murió y resucitó, y por consiguiente está a disposición de nosotros.

¿Cuál es, entonces, el mensaje positivo de la justificación por la fe? **¿Qué afirma entonces? 'La palabra está cerca de ti; la tienes en la boca y en el corazón'. Esta es**, explica Pablo, **la palabra de fe** (el mensaje que exige una respuesta de fe, es decir, el evangelio) **que** (nosotros los apóstoles) **predicamos** (8). A continuación, y adoptando la referencia a la 'boca' y el 'corazón' de Deuteronomio 30.14

que se acaba de citar, Pablo sintetiza el evangelio en los siguientes términos: **que si confiesas con tu boca que Jesús es el Señor** (el más antiguo y más sencillo de todos los credos cristianos), **y crees en tu corazón que Dios lo levantó de entre los muertos, serás salvo** (9). Así, el corazón y la boca, lo que se cree interiormente y la confesión exterior, van juntas esencialmente. 'La confesión sin la fe sería vana … Pero de la misma manera la fe sin la confesión resultaría ser espuria.'[17] **Porque con el corazón se cree para ser justificado, pero con la boca se confiesa para ser salvo** (10). El paralelismo tiene reminiscencias de la poesía en el Antiguo Testamento, y las dos cláusulas en los versículos 9–10 se han de mantener juntas más bien que separadas. Así, no hay ninguna diferencia esencial aquí entre ser 'justificado' y ser 'salvo'. De modo semejante, el contenido de lo que se cree y de lo que se confiesa tiene que fundirse en uno. Implícitas en las buenas noticias están las verdades de que Jesucristo murió, fue levantado, fue exaltado, y ahora reina como Señor y otorga salvación a todos los que creen. Esto no es salvación por medio de un estribillo, sino por fe, es decir, mediante una fe inteligente que se toma de Cristo como el Señor y Salvador crucificado y resucitado. Este es el mensaje positivo de 'la justicia que es por la fe'.

¿Pero es legítimo el uso que hace Pablo de Deuteronomio 30.11–14? ¿O es culpable de una alegorización impropia, y de extraer de la Escritura lo que en realidad no tiene? Comenzamos tomando nota de que la única cita textual (por oposición a una alusión) es Deuteronomio 30.14, que aparece transcripta en forma casi exacta en el versículo 8: 'La palabra está cerca de ti; la tienes en la boca y en el corazón'. Allí se detiene Pablo, porque el texto de Deuteronomio sigue diciendo que la razón por la cual la palabra estaba cerca de ellos era 'para que la obedezcas', en tanto que Pablo la llama 'la palabra de fe'. ¿Cómo, entonces, puede Pablo tomar un versículo acerca de la ley que se ha de obedecer, y aplicarla al evangelio que se ha de creer? Parece una contradicción flagrante, especialmente cuando recomienda 'la justicia por la fe'. Pero no es así.

¿Cómo usa Pablo el pasaje de Deuteronomio? No dice que Moisés haya predicho explícitamente la muerte y resurrección de Jesús, o que predicaba el evangelio como si fuese la ley. Por cierto que no. La semejanza que ve y destaca entre la enseñanza de Moisés y el evangelio de los apóstoles radica en el fácil acceso a ambos. Sabe que

Moisés comenzó esta parte de su discurso (aunque no lo cita) explicándoles a los israelitas que su enseñanza no era ni 'demasiado difícil' para ellos como tampoco 'más allá de su alcance'. Moisés prosiguió, valiéndose de dramáticas imágenes, aclarando que no estaba arriba en el cielo ni más allá del mar (remota y desconocida), de tal forma que necesitarían encontrar a alguien que ascendiera al cielo o cruzara el mar con el fin de acercarla. Todo lo contrario, su enseñanza estaba muy cerca de ellos. Ya la conocían. Lejos de estar por encima o más allá de ellos, en realidad estaba dentro de ellos, en sus corazones y en sus bocas.

Lo que Moisés había dicho sobre su enseñanza es lo que Pablo ahora afirma acerca del evangelio. No es ni remota in inalcanzable. No hace falta preguntar quién subirá al cielo para traer a Cristo ni quién bajará al Hades con el mismo objeto. Asaltar las defensas del cielo o cavar pozos para llegar al Hades, en busca de Cristo, son empresas igualmente innecesarias. Porque Cristo vino y murió, fue levantado de la tumba, y por consiguiente está inmediatamente accesible a la fe. No hay necesidad de hacer nada. Todo lo necesario ya ha sido hecho. Más aun, dado que Cristo mismo está cerca, también el evangelio de Cristo está cerca. Está en el corazón y la boca de todo creyente. Todo el énfasis recae en el carácter cercano y fácilmente accesible de Cristo y su evangelio.

Los versículos 11–13 se construyen sobre esta base. Destacan el hecho de que el acceso a Cristo no sólo es fácil, sino igualmente accesible a todos, a **todo el que confíe** (11) y a **todo el que invoque el nombre** (13), dado que **no hay diferencia** (12), ni favoritismo. Los tres versículos en conjunto se refieren a Cristo y sostienen su disponibilidad para la fe, aunque cada uno de ellos describe en términos diferentes tanto la naturaleza de la fe como el modo en que Cristo responde a los creyentes. En el versículo 11 se trata de 'confiar' en él sabiendo que **jamás** [seremos] **defraudados**. En el versículo 12 se **bendice abundantemente a cuantos lo invocan**. En el versículo 13 invocamos **el nombre del Señor** y somos salvos. A continuación consideremos estos tres versículos separadamente.

Primero, el versículo 11: **Así dice la Escritura: 'Todo el que confíe en él no será jamás defraudado'.** Esta es una segunda cita de Isaías 28.16; la primera fue en 9.33. La caracterización de la fe que salva como 'confiar' muestra que el 'creer' y el 'confesar' de los dos versículos anteriores (9–10) no deben entenderse como un mero asentimiento a formulaciones de un credo.

Segundo, el versículo 12: **No hay diferencia entre judíos y gentiles, pues el mismo Señor es Señor de todos y bendice abundantemente a cuantos lo invocan.** Se trata de una maravillosa afirmación de que por Cristo no hay distinción alguna entre judíos y gentiles. Desde luego que hay una distinción fundamental entre los que buscan la justificación por medio de la ley y los que la buscan mediante la fe. Pero entre los que han sido justificados por la fe y ahora pertenecen a Cristo no es que las distinciones, no solamente de raza sino también de sexo y cultura sean abolidas (porque los judíos siguen siendo judíos, los gentiles siguen siendo gentiles, los hombres siguen siendo hombres y las mujeres siguen siendo mujeres) sino más bien improcedentes.[18] Así como no hay distinción alguna entre nosotros porque en Adán todos somos pecadores (3.22s), ahora no hay diferencia alguna entre nosotros porque Cristo, quien es 'Señor de todos', bendice ricamente a quienes lo invocan. Lejos de empobrecernos, todos recibimos sus 'incalculables riquezas'.[19]

En el versículo 13, se analiza tanto nuestro invocar su nombre como la bendición que de él recibimos. 'Cuantos lo invocan', más precisamente, los que invocan 'el nombre del Señor', apelan a él para que los salve, de conformidad con lo que él es y lo que ha hecho. Se nos asegura que todo 'el que' lo invoque de esta manera, **será salvo** (13). En primer lugar esta es una cita de Joel 2.32. Pedro la citó el día de pentecostés, transfiriendo el texto de Yahvéh a Jesús,[20] que es lo mismo que hace Pablo aquí. Por cierto, esta apelación a Jesús para la salvación se hizo tan característica del pueblo cristiano que Pablo podía describir a la comunidad mundial como 'todos los que en todas partes invocan el nombre de nuestro Señor Jesucristo'.[21]

¿Qué es, entonces, según esta sección, lo que hace falta para adquirir la salvación? Primero el hecho del Cristo Jesús histórico, encarnado, crucificado, resucitado, que reina como Señor, y que está accesible. Segundo, el evangelio apostólico, 'la palabra de fe' (8), que da a conocer a Jesús. Tercero, simple confianza por parte de los oyentes, que invocan el nombre del Señor, combinando fe en el corazón y confesión con la boca. Pero todavía falta algo. Está, en cuarto lugar, el evangelista que proclama a Cristo y urge a la gente a poner su confianza en él.

Y es sobre los evangelistas cristianos que escribe Pablo en el párrafo que sigue.

3. La necesidad de la evangelización | 14–15

Con el fin de demostrar la indispensable necesidad de la evangelización, Pablo hace cuatro preguntas consecutivas.

Primero, **ahora bien,** si, con el objeto de ser salvos, los pecadores deben invocar el nombre del Señor (13), **¿cómo invocarán a aquel en quien no han creído?** (14a). Invocar su nombre presupone que conocen su nombre y creen en él (es decir, que murió, resucitó y es Señor). Esta es la única ocasión en sus cartas en la que Pablo usa el término 'creer en' (*eis*), que es la expresión corriente en los escritos de Juan para la fe salvadora. Aquí, no obstante, y ya que la fe salvadora se presenta como 'invocar' el nombre de Cristo, el tipo de 'creencia' en el que está pensando Pablo tiene que ser la etapa anterior de creer los hechos acerca de Jesús que se incluyen en su 'nombre'.

Segundo, **¿y cómo creerán en aquel de quien no han oído?** (14b). Así como creer viene lógicamente antes que invocar, oír viene lógicamente antes que creer. ¿Qué clase de oír, sin embargo? 'De conformidad con el uso gramatical corriente', la frase 'aquel de quien' (*hou*) debería traducirse 'aquel que' para que se entienda 'el que habla, más bien que el mensaje'.[22] En otras palabras, no creerán en Cristo hasta que lo hayan oído hablar a través de sus mensajeros o embajadores.[23]

Tercero, **¿y cómo oirán si no hay quien les predique** (*kēryssō*, 'proclamar')**?** (14c). En tiempos antiguos, antes del desarrollo de los medios masivos de comunicación, el papel del heraldo era vital. Los medios principales de transmitir las noticias eran estas proclamaciones públicas en la plaza de la ciudad o en el mercado. No podía haber oidores sin heraldos o pregoneros.

Cuarto, **¿y quién predicará sin ser enviado?** (15a). No está claro a partir del texto qué clase de 'envío' tenía en mente Pablo. Por cuanto usa el verbo *apostellō*, hay comentaristas que se han inclinado a dar por sentado que está pensando en sí mismo como apóstol (ver 1.1, 5; 11.13),[24] junto a los demás apóstoles, porque habían sido comisionados directamente por Cristo.[25] Sin embargo, también había 'enviados [lit. 'apóstoles', BA, nota] de las iglesias', que eran enviados como misioneros.[26] Esto último es un concepto más amplio, pues, aunque los apóstoles de Cristo fueron designados por él y no requerían ningún aval por parte de la iglesia, las iglesias únicamente mandaban a aquellos a los cuales Cristo había elegido enviar.[27] La necesidad de contar con pregoneros la confirman las Escrituras a continuación: **Así está escrito: '¡Qué hermoso es recibir al mensajero que trae buenas noticias!'** (15b).[28] Si los que proclamaron las buenas noticias de la liberación del exilio babilónico fueron recibidos de esta manera, ¡cuánto más deberían serlo los pregoneros del evangelio de Cristo!

La esencia del argumento de Pablo se ve si colocamos en orden inverso los seis verbos de que se valió: Cristo manda heraldos; los heraldos predican; la gente oye; los oyentes creen; los creyentes invocan; y los que invocan son salvos. Así, el inflexible argumento de Pablo a favor de la evangelización se siente con más fuerza cuando las etapas se enumeran en forma negativa y se ve a cada una de ellas como esencial para la siguiente. Así, a menos que algunas personas sean comisionadas para la tarea, no habrá predicadores del evangelio; a menos que el evangelio sea predicado, los pecadores no llegarán a oír el mensaje y la voz de Cristo; a menos que lo oigan a él, no creerán las verdades en cuanto a su muerte y resurrección; a menos que crean dichas verdades, no invocarán su nombre; y a menos que invoquen su nombre, no serán salvos. Por cuanto Pablo comenzó este capítulo expresando su anhelo de que los israelitas fuesen salvos (1), con seguridad que debe de haberlos tenido en mente en forma especial cuando elaboraba su estrategia de evangelización en estos versículos. El párrafo que sigue confirma esto.

4. La razón de la incredulidad de Israel | 16–21

Si la evangelización se compone de una serie de etapas sucesivas, comenzando con pregoneros que son enviados, y finalizando con pecadores que se salvan, ¿cómo se explica la incredulidad de Israel? **No todos los israelitas aceptaron las buenas nuevas** (16a) es una sorprendente subestimación, en vista de lo que ha escrito antes sobre 'sólo [un] remanente' (9.27). En parte por esto algunos entienden estos versículos como relacionados con la misión de Pablo a los gentiles. Pero seguramente la NVI tiene razón (igual que en el versículo 1) cuando agrega la palabra 'israelitas', que falta en la oración griega.

Toda la sección tiene que ver con la respuesta de los judíos (o más bien la falta de respuesta) al evangelio. Su incredulidad, como lo muestra ahora Pablo, fue predicha por Isaías en su pregunta retórica: '**Señor, ¿quién ha creído a nuestro mensaje?**' (16b).[29] No obstante, tendrían que haber creído. El versículo 17 vuelve al argumento del versículo 14, aunque reduce las cinco etapas a sólo tres: **la fe viene como resultado de oír** (NEB, 'es despertada por') **el mensaje, y el mensaje que se oye es la palabra de Cristo**, es decir, 'la palabra de la que Cristo es tanto el contenido como el autor'.[30] Así, la predicación conduce al oír, y el oír al creer. ¿Por qué, entonces, no han creído los israelitas? Como respuesta a este desconcertante interrogante Pablo presenta y luego rechaza dos posibles explicaciones (18–19), y enseguida proporciona su propia explicación (20–21).

Primero, **¿acaso no oyeron?** Esta es la primera pregunta correcta que debe hacerse, ya que el creer depende del oír. Pero apenas plantea la pregunta Pablo la desecha rápidamente: **¡Claro que sí!** (18a). Como prueba de esta aseveración cita Salmos 19.4:

> [18b]'**Por toda la tierra se difundió su voz,**
> **¡sus palabras llegan hasta los confines del mundo!**'

La elección que hace Pablo de la cita bíblica es sorprendente, ya que lo que celebra el Salmo 19 no es la difusión mundial del evangelio, sino el testimonio universal de los cielos tocante a su Creador. Desde luego que Pablo sabía esto perfectamente bien. Es enteramente vano pretender que no recordaba bien, que entendió mal o que tergiversó el texto. En cambio, parecería perfectamente razonable sugerir que estaba transfiriendo, de la creación a la iglesia, el elocuente lenguaje bíblico acerca del testimonio universal, tomando lo primero (la creación) como simbólico de lo segundo (la iglesia). Si Dios quiere que la revelación general de su gloria sea universal, ¡cuánto más ha de querer que la revelación especial de su gracia también sea universal!

Pero, ¿acaso es cierto que 'por toda la tierra se difundió [el evangelio] … hasta los confines del mundo'? Como una comprensible hipérbole creo que sí, así como Pablo habría de decirles posteriormente a los colosenses que el evangelio 'ha sido proclamado en toda la creación debajo del cielo', de modo que, como consecuencia, 'este evangelio está dando fruto y creciendo en todo el mundo'.[31] Sin embargo, por cuanto aquí Pablo alude a la difusión de las buenas noticias entre los judíos, quizá sea mejor entenderlo (como sostiene Pablo) en el sentido de lo que F. F. Bruce ha llamado 'universalismo representativo'. Es decir, 'dondequiera que hubo judíos', y en particular dondequiera que existía una comunidad judía, 'allí había sido predicado el evangelio'.[32] De modo que los judíos realmente han oído; no pueden culpar su incredulidad al no haber oído.

Entonces, segundo, **¿acaso no entendió Israel?** (19a). Podemos pensar, como Pablo, que es muy posible oír sin entender; así lo advirtió Jesús en su parábola del sembrador.[33] Pero no, Pablo también rechaza esta explicación de la incredulidad judía, y apoya su posición citando a Moisés **en primer lugar**. Tal vez quiera dar a entender que luego citará a Isaías en segundo lugar (20), de modo que la ley y los profetas constituyan dos testigos. El versículo al que apela es el siguiente:

> [19b]**'Yo haré que ustedes sientan envidia de**
> **los que no son nación;**
> **voy a irritarlos con una nación insensata.'[34]**

Este texto indica que hay gente 'insensata' ('que no quiere entender', DHH). Pero no son los judíos; son gentiles, a los que Moisés también describe como que 'no son nación', recordándonos sobre la palabra de Dios a Oseas que Pablo ha aplicado más arriba a los gentiles, a saber, que 'no son mi pueblo' (9.25s).[35] Dios revela su intención de hacer que Israel sienta 'envidia' y que se 'irrite' por causa de los gentiles, que 'no son nación' y 'no entienden', y a quienes Dios daría su bendición.

Entonces, si el rechazo del evangelio por Israel no puede atribuirse a no haberlo oído, no haberlo entendido, seguramente que no tiene excusa. Esta es la tercera explicación posible de su incredulidad, la que esta vez Pablo acepta. Simplemente fue la terquedad de Israel. Cierto es que los israelitas eran ignorantes de la justicia de Dios (3), pero ahora este hecho aparece como ignorancia voluntaria. "Tropezaron con la 'piedra de tropiezo,'" a saber, con Cristo (9.32).

Con el fin de reforzar este concepto, Pablo cita a continuación lo que **Isaías se atreve a decir**. Las palabras con las que el profeta 'se atreve' a hablar son las que se registran en Isaías 65.1s; provienen de los labios de Yahvéh mismo. En estos dos versículos se traza un agudo contraste entre los gentiles y los judíos, las acciones de él para con ellos y las actitudes de ellos hacia él. Tomemos a los gentiles primero:

²⁰"Dejé que me hallaran los que no me buscaban;
me di a conocer a los que no preguntaban por mí."³⁶

Pablo podría haber agregado la tercera cláusula de Isaías 65.1:

"A una nación que no invocaba mi nombre ,
le dijo: '¡Aquí estoy!'"

Tomadas juntas, las tres cláusulas completan el cuadro. Dios deliberadamente invierte los papeles entre sí mismo y los gentiles. Normalmente correspondería que ellos preguntaran, buscaran y golpearan (como habría de expresarlo posteriormente Jesús), y adoptaran hacia él la actitud respetuosa de un siervo a disposición de su amo, diciendo, 'Aquí estoy.' En cambio, aunque no preguntaron ni buscaron, ni se ofrecieron para su servicio, él permitió que lo hallaran, se reveló a ellos, e incluso se ofreció a ellos, diciéndoles humildemente, 'Aquí estoy.' Se trata de una dramática imagen de la gracia, en la que Dios toma la iniciativa de hacerse conocer.

²¹En cambio, respecto de Israel, dice:
'Todo el día extendí mis manos
hacia un pueblo desobediente y rebelde.'³⁷

La iniciativa de Dios con respecto a Israel es todavía más pronunciada. No se limita simplemente a dejar que lo encuentren; activamente extiende las manos hacia ellos. Como un padre que invita a su hijo a volver a la casa, ofreciéndole un abrazo y un beso, y prometiéndole una bienvenida, así Dios ha abierto y extendido sus brazos hacia su pueblo, y los ha mantenido constantemente extendidos, **todo el día**, rogándoles que vuelvan. Pero no ha recibido respuesta alguna. Ni siquiera le ofrecen la respuesta neutral de los gentiles, que no se preocupan por preguntar ni por buscar. No, la respuesta de Israel es negativa, combativa, recalcitrante, disolvente. Están decididos a mantenerse como **un pueblo desobediente y rebelde.** Aquí palpamos la desilusión de Dios, su dolor.

De esta manera Pablo concluye su segunda exploración en torno a la incredulidad de Israel. En el capítulo 9 la atribuyó al propósito de Dios en la elección, debido a la cual muchos eran salteados, y sólo quedaba un remanente, un Israel dentro de Israel. En el capítulo 10, no obstante, la atribuye a la desobediencia del propio Israel. Su caída se debía a su propia falta. La antinomia entre la soberanía divina y la responsabilidad humana se mantiene.

Uno de los rasgos notables de Romanos 10 es que está saturado de alusiones y citas del Antiguo Testamento. Aquí Pablo cita las Escrituras con el objeto de confirmar o ilustrar ocho verdades: primero, el fácil acceso a Cristo por la fe (6–8 = Deuteronomio 30.12ss); segundo, la promesa de salvación a todo aquel que cree (11 = Isaías 28.16; 13 y Joel 2.32); tercero, la gloriosa necesidad de la evangelización (15 = Isaías 52.7); cuarto, la falta de respuesta de Israel (16 = Isaías 53.1); quinto, la universalidad del evangelio (18 = Salmo 19.4); sexto, la provocación de los gentiles a Israel (19 = Deuteronomio 32.21); séptimo, la iniciativa divina por la gracia (20 = Isaías 65.1); y octavo, el paciente dolor de Dios el evangelista (21 = Isaías 65.2). De modo que el énfasis de Pablo no recae solamente en la autoridad de la Escritura, sino también en la fundamental continuidad que vincula las revelaciones del Antiguo Testamento y el Nuevo.

14
El futuro de Israel:
El plan de Dios a largo plazo
Romanos 11.1–32

Pablo comenzó estos tres capítulos con la trágica paradoja de la condición de Israel, privilegiada en forma única por Dios y no obstante atrincherada en su incredulidad (9.1ss). Esto no había de atribuirse a infidelidad o injusticia por parte de Dios (9.6ss), sino más bien a su soberano 'propósito en la elección' (9.11), como también al tropiezo que experimentó Israel ante Cristo (9.32), y su obstinado rechazo de las persistentes invitaciones de Dios (10.21).

Ahora Pablo pasa a ocuparse de lo que significa la desobediencia de Israel. Hace dos preguntas, a las que responde de inmediato con indignación.

Pregunta 1. Por lo tanto, pregunto: ¿Acaso rechazó Dios a su pueblo? ¡De ninguna manera! | 1a

Se podría haber esperado que, ya que han rechazado a Dios, Dios los hubiese rechazado a ellos. Esto no es así. Podría parecer que es una nación abandonada, pero no lo es. Su rechazo es sólo parcial; permanece un remanente fiel, como lo demuestra Pablo en los versículos 1–10.

Pregunta 2. Ahora pregunto: ¿Acaso tropezaron para no volver a levantarse? ¡De ninguna manera! | 11a

La caída de Israel, lejos de ser el fin, es sólo temporal. Su transgresión, de hecho, ya ha dado como resultado bendiciones inesperadas, y la providencia histórica de Dios dará lugar a muchas más, como Pablo habrá de explicar en los versículos 12–32.

Entonces, 'el rechazo de los judíos no fue total ni final'.[1] Ese es el tema de este capítulo. Sigue habiendo un remanente de Israel en el presente, y habrá una recuperación de los israelitas en el futuro, la cual dará lugar a una bendición para todo el mundo.

1. La situación actual | 1–10

En el versículo 1 el apóstol hace su pregunta directa: **¿Acaso rechazó Dios a su pueblo?** En el versículo 2 responde enfáticamente, **Dios no rechazó a su pueblo.** Tal vez esté haciendo eco conscientemente a la confiada aseveración del salmista: 'El Señor no rechazará a su pueblo; no dejará a su herencia en el abandono.'[2] Con todo, no confía solamente en declaraciones dogmáticas; ofrece cuatro pruebas para apoyarlas.

La primera es *personal:* **Yo mismo soy israelita, descendiente de Abraham, de la tribu de Benjamín** (1b). Quizá esté escribiendo como judío patriota: ¿Cómo podría sostener la descabellada idea de que Dios había abandonado a su propio pueblo? Pero una interpretación más natural es que él mismo, como judío, era una prueba de que Dios no había abandonado a su pueblo, ni siquiera a él, el blasfemo y perseguidor, 'que con todas sus fuerzas había contendido contra Dios'.[3]

La segunda prueba es *teológica.* El apóstol la ha anticipado en las palabras con las que planteó la pregunta, sobre si Dios ha rechazado a **su pueblo,** es decir, su pueblo especial y elegido, el pueblo del pacto, que ha declarado inquebrantable.[4] Ahora, al contestar su pregunta subraya esto describiéndolos como **su pueblo, al que de antemano conoció** (2a). En la exposición sobre Romanos 8.29 se sugirió que 'conocer de antemano' significa 'amar de antemano' y 'elegir'. Si bien aquí se trata de la nación, y no de un remanente selecto, al que se dice que Dios conoció de antemano, sigue siendo cierto que conocimiento de antemano y rechazo son conceptos mutuamente incompatibles.

En tercer lugar, Pablo presenta pruebas *bíblicas,* a saber, la situación en la época de Elías. Después de la victoria del profeta sobre los profetas de Baal en el monte Carmelo, huyó de la reina Jezabel hacia el desierto, y más tarde buscó refugio en una cueva en el monte Horeb. Allí **acusó a Israel delante de Dios** (2b), diciendo: **'Señor, han matado a tus profetas y han derribado tus altares. Yo soy el único que ha** quedado con vida, ¡y ahora quieren matarme a mí también!' (3).[5] La respuesta de Dios a Elías fue que había hecho mal las cuentas. De ningún modo era él el único superviviente leal. Por el contrario, Dios dijo: '**He apartado para mí siete mil hombres, los que no se han arrodillado ante Baal**' (4).[6] De modo que la apostasía nacional de Israel no fue total. Si bien la doctrina del remanente no fue desarrollada hasta la época de Isaías, el remanente fiel ya existía durante el ministerio profético de Elías, por lo menos un siglo antes.

La cuarta prueba de Pablo, de que Dios no había rechazado totalmente a su pueblo, era *contemporánea*. Así como en los días de Elías había un remanente de 7000 hombres, **así también hay en la actualidad un remanente …** (5). Probablemente era de tamaño considerable. Muy pronto Jacobo le habría de decir a Pablo en Jerusalén que había varios 'miles' de judíos creyentes.[7] Más aun, la principal característica de este remanente era que había sido **escogido por gracia** (5b). Literalmente, había nacido 'según la elección de la gracia', así como el propósito de Dios es 'según la elección' (*kat' eklogēn* aquí como en 9.11). La 'gracia' recalca que Dios ha dado existencia al remanente, así como había 'apartado' para sí la minoría leal en los días de Elías (4). Es así, porque la gracia es la generosidad que manifiesta Dios para quienes no lo merecen, de tal modo que si su elección **es por gracia, ya no es por obras; porque en tal caso la gracia ya no sería gracia** (6). Es alentador, en nuestra era de ambigüedad relativista, ver la firmeza de Pablo por mantener la pureza de los significados verbales. Su objetivo consiste en insistir en que la gracia excluye las obras, o sea, que la iniciativa de Dios excluye la nuestra. 'Si se confunden opuestos tales como fe y obras, entonces las palabras sencillamente pierden su significado.'[8]

¿Qué concluiremos? Es decir, ¿cómo aplica Pablo esta teología del remanente a los hechos de sus propios días y su propia experiencia? La situación lo obliga a abandonar las generalizaciones acerca de 'Israel' y a plantear una división. Porque **Israel no consiguió** (por lo menos no en forma completa) **lo que tanto deseaba** (presumiblemente la justicia de 9.31), **pero sí lo consiguieron los elegidos**, a saber los que fueron escogidos 'por gracia' (5), y así fueron justificados por la fe. **Los demás**, la mayoría israelita incrédula, **fueron endurecidos** (7). Pocas dudas caben de que Pablo quería decir que fueron endurecidos por Dios (porque el versículo siguiente dice que **Dios les dio un espíritu**

insensible). No obstante, como con el endurecimiento del faraón y los que él representaba (9.18; ver 11.25), lo que se tiene en mente es un procedimiento judicial (un **castigo**, de hecho, versículo 9) por el que Dios entrega a las personas a su propia terquedad. Lo que significa este 'endurecimiento' en la práctica, Pablo pasa a aclararlo mediante dos citas del Antiguo Testamento, que se refieren ambas a ojos que no pueden ver.

La primera cita (8) es una combinación de Deuteronomio 29.2ss e Isaías 29.10. En el primer texto Moisés informa a los israelitas que, aunque han sido testigos de sus maravillas, Dios no les ha dado a ellos 'mente para entender, ni ojos para ver, ni oídos para oír' (Deuteronomio 29.4). Del texto de Isaías Pablo cita solamente la primera parte, que indica que Dios les ha dado 'espíritu insensible' ('espíritu de estupor', BA), es decir, una total pérdida de sensibilidad espiritual que (como lo deja claro el contexto) fue inducida por ellos mismos antes de que se convirtiese en juicio divino. Más aun, esta condición, agrega Pablo, sigue afligiendo a Israel hasta el día de hoy:

> ⁸'Dios les dio un espíritu insensible,
>> ojos con los que no pueden ver
> y oídos con los que no pueden oír,
>> hasta el día de hoy.'

La segunda cita (9) proviene de Salmo 69, que presenta la experiencia de persecución de una persona justa. Jesús la aplicó a sí mismo ('Me odiaron sin motivo'),⁹ y por consiguiente los cristianos primitivos rápidamente identificaron la expresión como mesiánica. La víctima de esta hostilidad no provocada ruega que Dios lo vindique, y que el justo juicio de Dios caiga sobre sus enemigos. Debido a la naturaleza mesiánica del salmo, Pablo está en condiciones de invertir la aplicación. En lugar de ser el perseguido, Israel se ha convertido (al rechazar a Cristo) en perseguidor. Esto es lo que pide el salmista en su oración:

> ⁹'Que sus banquetes se les conviertan en red y en trampa,
>> en tropezadero y en castigo.
> ¹⁰Que se les nublen los ojos para que no vean,
>> y se encorven sus espaldas para siempre.'

Las imágenes no son fáciles de interpretar. Pero la mención de **sus banquetes** parecería ser símbolo de seguridad, de bienestar y espíritu comunitario de los que se disfruta en el entorno de la familia, y que de algún modo puede convertirse en lo opuesto, transformándose **en red y en trampa, en tropezadero y en castigo.** La referencia a que **se encorven sus espaldas para siempre** también resulta oscura, aun cuando normalmente las espaldas encorvadas son figura de llevar cargas pesadas, ya sea, como en este caso, de dolor, temor u opresión.

2. La perspectiva futura | 11–32

La respuesta de Pablo a su primera pregunta sobre si Dios ha rechazado a su pueblo es que, aunque no han sido rechazados, en cambio han sido endurecidos. O, más acertadamente, mientras permanece un remanente fiel, los demás (que constituyen la mayoría) son endurecidos. Esa es la situación actual. ¿Se trata de una situación permanente, incluso desesperanzada? ¿Qué pasará en el futuro? Pablo ya está listo para plantear la segunda pregunta. **Ahora pregunto: ¿Acaso tropezaron para no volver a levantarse? ¡De ninguna manera!** (11a). Y cuando el apóstol desarrolla su fuerte expresión negativa se ve claramente que la caída de Israel (que en el primer párrafo él mismo ha demostrado que no es total) tampoco es definitiva. Por el contrario, lejos de ser una espiral descendente, la espiral gira hacia arriba. No han tropezado como 'para no volver a levantarse', sino más bien para levantarse, y al levantarse experimentar bendiciones mayores que las que habrían disfrutado si primero no hubiesen caído. Incluso, esta experiencia sería compartida por los gentiles. Así es la misericordiosa providencia de Dios.

a. La cadena de bendiciones | 11–16

Es importante captar la secuencia del pensamiento de Pablo en este párrafo, porque reaparece con modificaciones en todo el capítulo. Es como una cadena con tres eslabones.

Primero, como consecuencia de la caída de Israel la salvación ya ha llegado a los gentiles.

Segundo, esta salvación gentil hará sentir envidia a Israel y, en consecuencia, conducirá a su 'plena restauración'.

Tercero, la plenitud de Israel traerá aparejadas riquezas aun mayores para todo el mundo.

Así, la bendición rebota de Israel a los gentiles, de los gentiles nuevamente a Israel, y nuevamente de Israel a los gentiles. De estas etapas la primera ya se ha cumplido; constituye la base sobre la cual se puede esperar confiadamente que se efectúen la segunda y también la tercera etapa. Además, en este párrafo Pablo repite dos veces el mismo desarrollo, primero en términos generales (11–12), y luego con especial referencia a su ministerio personal como apóstol de los gentiles (13–16).

En el esquema general Pablo describe así la primera etapa: **Gracias a su transgresión** (es decir, la de Israel) **ha venido la salvación a los gentiles** (11b). Así el apóstol 'ofrece una interpretación teológica de acontecimientos históricos'.[10] En no menos de cuatro ocasiones separadas y significativas Lucas relata en Hechos de qué manera el rechazo del evangelio por parte de los judíos condujo a su ofrecimiento a los gentiles y su aceptación por estos. Durante el primer viaje misionero, en Antioquía de Pisidia, Pablo y Bernabé les dijeron a los judíos: 'Era necesario que les anunciáramos la palabra de Dios primero a ustedes. Como la rechazan y no se consideran dignos de la vida eterna, ahora vamos a dirigirnos a los gentiles.'[11]

Durante los dos viajes misioneros siguientes, en Corinto y en Éfeso, respectivamente, Pablo, 'como de costumbre', comenzó su ministerio en la sinagoga. Pero cuando los judíos le hicieron oposición y rechazaron el evangelio, Pablo dio un paso decisivo, los dejó, y comenzó una misión a los gentiles en un edificio no religioso en las cercanías.[12] El cuarto ejemplo se llevaría a cabo más adelante, en Roma.[13]

En cada una de estas trascendentales decisiones tuvo lugar el mismo acontecimiento doble. Los judíos rechazaron el evangelio y los gentiles lo aceptaron. Lo segundo siguió naturalmente a lo primero, como Jesús mismo había predicho que ocurriría.[14] Pero ahora Pablo convierte la historia en teología, cuando da a entender que el primer acontecimiento tuvo lugar con miras al segundo. De este modo Dios dejó de ocuparse del pecado de Israel para ocuparse de la salvación de los gentiles.

Esa etapa (o sea, la de la salvación de los gentiles) ya se había dado. Pero Pablo procede a ocuparse de la etapa siguiente, a saber que la salvación vino a los gentiles **para que** (*eis*) **Israel sienta celos**

(11b; ver 10.19). En Hechos, varias veces Lucas menciona la envidia que los judíos sentían de los apóstoles.[15] Parecería querer decir que los judíos estaban celosos de su éxito, de su influencia sobre el pueblo, y de las grandes multitudes que atraían. Pero Pablo concibe una envidia más productiva que esto. Sabe que cuando Israel vea las bendiciones redentoras que disfrutaban los creyentes gentiles (la reconciliación con Dios y entre ellos, el perdón, el amor, el gozo y la paz a través del Espíritu), habrán de desear esas mismas bendiciones para sí mismos y (da a entender) habrán de arrepentirse y creer en Jesús con el fin de asegurarlas. Así, provocados a envidia, serán conducidos a la conversión.

Pero esta restauración de Israel llevará a una tercera etapa, porque la salvación de que ahora disfruta Israel terminará produciendo más bendición para el mundo. Al expresarlo, sin embargo, Pablo no se conforma con una simple progresión aritmética de transgresión a salvación y de allí a la envidia (o de la salvación de los gentiles a la salvación de los judíos, versículos 11, 14); en cambio propone una progresión geométrica, una progresión muy superior: **si su transgresión ha enriquecido al mundo, es decir, si su fracaso ha enriquecido a los gentiles, ¡cuánto mayor será la riqueza que su plena restauración producirá!** (12). Esta oración muy compacta reúne dos progresiones. La primera se relaciona con Israel, y la segunda con el mundo gentil. En cuanto a Israel, el argumento es que si su 'caída' (*transgresión*) y 'derrota' o 'derrocamiento' (*fracaso*) trajo bendición para los gentiles, cuánta mayor bendición traerá aparejada su 'plena restauración' (*plērōma*), lo que parecería significar no sólo su conversión y restauración, sino también su aumento numérico hasta que el remanente (*leimma*) haya alcanzado una mayoría sustancial. En cuanto a los gentiles, la bendición que han recibido mediante la caída de Israel se llama 'salvación' o 'riqueza'; pero la bendición que recibirán a través de la plenitud de Israel se describe con la frase 'cuánto mayor será la riqueza' (de esa bendición). No se nos informa qué será esto; Pablo nos deja, por lo menos momentáneamente, con la duda.

Después de esta declaración general sobre 'la cadena de bendiciones', Pablo pasa ahora a particularizar, relacionándola con su propio ministerio. Desarrolla la misma lógica por segunda vez. **Me dirijo ahora a ustedes, los gentiles**, escribe, refiriéndose a los cristianos gentiles en la iglesia de Roma, que al parecer constituían la mayoría.

Como apóstol que soy de ustedes, prosigue, como ya lo ha dicho (1.1, 5) y volverá a decir antes de terminar la carta (15.16),[16] **le hago honor** (*doxazō*, 'glorifico') **a mi ministerio** (13). Esto lo hace 'entregándose a él enteramente y sin reservas'.[17] 'Lo cumple con todas sus fuerzas y toda su devoción'.[18]

A continuación Pablo explica por qué 'glorifica' su ministerio, dedicándose a él con tanta energía y perseverancia. Es a causa de lo que espera lograr mediante él: **pues quisiera ver si de algún modo despierto los celos de mi propio pueblo, para así,** persuadiéndolo a creer en Cristo, **salvar a algunos de ellos** (14). Se trata esta de una notable declaración de sus metas ministeriales en varios sentidos. Primero, hablar de su ministerio a su propio pueblo en función de despertar sus 'celos' y alentarlo a acudir a Cristo como resultado de esos 'celos', suena como estimular motivos indignos tanto para él como para ellos. Pero no es así. No siempre el celo está teñido de egoísmo, porque no siempre se trata de un descontento rencoroso o de una codicia pecaminosa. En el fondo, el deseo de tener para sí algo que posee otro puede ser una actitud buena o mala, según la naturaleza de lo que se desee, y el derecho que uno tenga a poseerlo. Si ese algo es malo en sí mismo, o si le pertenece a algún otro y nosotros no tenemos derecho a quererlo, entonces los celos son pecaminosos. Pero si ese algo deseado es bueno en sí mismo, una bendición de Dios, que él quiere que todos disfruten, entonces 'codiciarlo' y sentir 'celos' de quienes lo tienen no es una actitud indigna. Este tipo de deseo es correcto en sí mismo, y alentarlo puede constituir un motivo realista en el ministerio.

Una segunda razón por la que la declaración de Pablo es sorprendente es que su esperanza de 'salvar a algunos de ellos' suena como una expectativa demasiado pobre. Es preciso que recordemos, sin embargo, que su visión se centra en la futura 'plenitud' de Israel; su esperanza de poder él mismo 'salvar a algunos de ellos' está relacionada únicamente con su propia y modesta contribución para lograrlo.

Tercero, y esto es lo más notable, Pablo entiende que despertar a su propio pueblo (judío) a la envidia es un aspecto de su ministerio a los gentiles. ¿Cómo puede ser esto? Es, justamente, un ejemplo de la continua interacción entre los judíos y los gentiles, que él percibe y que está entretejida en su estrategia misionera. Tal vez lo inquieta, cuando escribe a una iglesia predominantemente gentil en Roma, que él como apóstol a los gentiles tenga tanto que decir acerca de los judíos. Por ello procura demostrar que no pueden separarse estos dos aspectos. Ha sido, incluso, como resultado del rechazo del evangelio por los judíos que ha comenzado su ministerio específico a los gentiles; ahora muestra que su ministerio de despertar la envidia de los judíos tendrá un efecto benéfico directo en el mundo gentil.

A continuación se ocupa de desarrollar este tema. ¿Cuál es 'la riqueza' tanto 'mayor' que la plena restauración de Israel proporcionará a los gentiles (12)? Pablo responde así: **Pues si el haberlos rechazado dio como resultado la reconciliación entre Dios y el mundo, ¿no será su restitución una vuelta a la vida?** (15). Notamos que, en esta reformulación de lo que ya ha escrito, su vocabulario ha avanzado. La 'caída' de Israel, su 'transgresión' y 'derrota' se han convertido ahora en su 'rechazo' por Dios, aun cuando Dios no ha rechazado a su pueblo totalmente o para siempre (1–2). Ahora se dice que la 'salvación' y la 'riqueza' que los gentiles ya han recibido es 'la reconciliación … del mundo', con seguridad porque Cristo derribó 'mediante su sacrificio el muro de enemistad' que hacía separación entre ellos y Dios, y entre ellos y los judíos.[19] La 'plenitud' del Israel restaurado se denomina ahora 'reconciliación', invirtiendo así su 'rechazo' temporal y parcial. Y la riqueza mucho mayor que la 'plena restauración' de Israel traerá aparejada para los gentiles se define como 'vuelta a la vida'. Esta última expresión ha sido motivo de mucho desconcierto para los comentaristas. Hay tres interpretaciones principales.

La primera es *literal*, a saber, que Pablo se refiere a la resurrección general en el último día, 'la consumación final, la resurrección de los muertos, y la vida eterna que le sigue'.[20] Así, la conversión de Israel 'será la señal de la resurrección, la última etapa del proceso escatológico iniciado por la muerte y resurrección de Jesús'.[21] Por cierto que en la apocalíptica judía la restauración de Israel se asociaba generalmente con la resurrección de los muertos, y desde luego que Pablo ha usado 'vida' al referirse al cuerpo (8.11). No obstante, 'vuelta a la vida' sería una expresión sumamente inusual para la resurrección, especialmente cuando *anastasis* era un vocablo perfectamente bueno que estaba a su disposición. Además, ¿realmente creía Pablo que su ministerio a judíos y gentiles desencadenaría la parusía y la resurrección? No hay pruebas para sostener esto.

Una segunda interpretación es *espiritual,* o sea que Pablo se refiere al ser 'resucitados' con Cristo, que es uno de sus temas favoritos.[22] Y antes nos ha descrito a nosotros 'como quienes han vuelto de la muerte a la vida' (6.13). Pero esta es la posición y la experiencia de todos los cristianos. Corresponde a la 'salvación' y las 'riquezas' que los cristianos gentiles ya han recibido. La expresión 'cuánto mayor … riqueza' exige que se la entienda como algo nuevo, incluso espectacular. Referirla a la nueva vida en Cristo que ya disfrutamos sería un anticlímax.

Tercero, hay una interpretación *figurada.* Pablo ve anticipadamente que esa 'inimaginable bendición'[23] enriquecerá a los gentiles, que será una bendición en el plano mundial, que sobrepasará cualquier cosa experimentada hasta ahora, y que sólo puede asemejarse a vida nueva a partir de la muerte. Quizás Pablo estaba echando una mirada retrospectiva a la visión de Ezequiel, en la que la restauración de Israel se representa como la reunión de huesos secos que luego adquieren carne y vida.[24] ¿Es que Pablo aplica esta visión al mundo gentil? ¿Profetiza 'un vasto e intenso despertar de una religiosidad genuina a partir de un estado que, por comparación, equivalía a muerte religiosa',[25] 'una reanimación sin precedentes para el mundo mediante la expansión y el éxito del evangelio'?[26] Si Dios podía usar la tragedia del rechazo de Israel para lograr la salvación de los gentiles, ¿cuánto más podría enriquecer al mundo la reconciliación y la plena restauración de Israel?

A continuación el apóstol se vale de dos pequeñas metáforas, a modo de proverbios, una tomada de la vida ceremonial de Israel, y la otra de la vida agrícola. Ambas tienen claramente por objeto justificar en alguna medida la confianza de Pablo en la difusión y el aumento de las bendiciones que venía describiendo, y, al igual que en el caso del versículo 15, ambas partes del versículo 16 son cláusulas que incorporan el 'si' condicional. **Si se consagra la parte de la masa que se ofrece como primicias, también se consagra toda la masa (16a).**[27] Quizá haya que interpretar esto de la siguiente manera. Cuando se consagra una porción representativa a Dios, la totalidad pasa a ser de él; de la misma manera, cuando los primeros conversos aceptan el mensaje, es dable esperar la conversión del resto. Luego, **si la raíz es santa, también lo son las ramas (16b),** lo cual tal vez significa que así como los patriarcas judíos pertenecen a Dios por el pacto, también

346

pertenecen a él los descendientes de ellos que están incluidos en el pacto. Parecería ser la figura de esta 'raíz' y estas 'ramas' la que lleva a Pablo a desarrollar a continuación su alegoría del olivo.

b. La alegoría del olivo | 17–24

El olivo, que se cultiva en huertos en toda Palestina, se aceptaba como emblema de Israel,[28] como también era el caso de la vid.[29] Pablo desarrolla la metáfora de tal modo que ilustra y da cabida a su enseñanza acerca de los judíos y los gentiles. El olivo cultivado es el pueblo de Dios, cuya raíz está en los patriarcas y cuyo tronco representa la continuidad de los siglos. Ahora **algunas de las ramas han sido desgajadas,** las que representan a los judíos incrédulos que temporalmente han sido descartados, **y … tú** (el creyente gentil), **siendo de olivo silvestre, has sido injertado entre las otras ramas** (el remanente judío), de modo que **ahora participas de la savia nutritiva de la raíz del olivo** (17).

Algunos comentaristas encuentran un serio problema en la alegoría de Pablo. Señalan que, según el procedimiento normal, 'los injertos deben ser de ramas tomadas de un olivo cultivado e insertado en el tronco silvestre, y que el procedimiento inverso sería inútil y nunca se intenta'.[30] C. H. Dodd va más lejos y se divierte a expensas de Pablo. 'Pablo tenía la limitación del hombre criado en la ciudad … y no tuvo la curiosidad de averiguar lo que se hacía en los olivares que bordeaban todos los caminos que recorría'.[31] ¡Pobre muchacho urbano e ignorante! Por eso algunos entendidos llaman la atención a la referencia de Pablo en el versículo 24 'contra [la] condición natural', y sugieren que él sabía lo que estaba diciendo y que deliberadamente se proponía dar lecciones de teología y no de horticultura.

En 1905, sin embargo, *sir* William Ramsay escribió un interesante artículo, que todavía se cita, en el que se valió de autoridades tanto antiguas como modernas. El procedimiento descrito por Pablo, escribió Ramsay, estaba todavía en uso en Palestina 'en circunstancias excepcionales …', porque 'es costumbre revigorizar al olivo que comienza a reducir su producción injertándolo con un retoño de olivo silvestre, para que la savia del árbol jerarquice al retoño silvestre y el árbol vuelva a dar fruto como antes'.[32] Por lo tanto, la referencia de Pablo no es al 'procedimiento ordinario de injertar un olivo joven' sino al 'método de vigorizar un olivo decadente'.[33] En este caso lo que va 'contra su condición natural' no es el 'injerto' sino la 'pertenencia', a saber, que el renuevo ha sido cortado de un olivo silvestre al que pertenecía originalmente y ha sido injertado en el olivo cultivado al que no pertenecía originalmente.[34]

Pablo desarrolla su alegoría de tal manera de hacer un juego de palabras con los temas del 'desgajamiento' y el 'injerto', y ofrecer dos lecciones complementarias. Por un lado, una advertencia a los creyentes gentiles a no jactarse (17–22), y la segunda una promesa a los israelitas incrédulos en el sentido de que podían ser restaurados (23–24).

La advertencia para los gentiles creyentes es clara. El olivo ha experimentado tanto una poda como un injerto. Algunas ramas han sido cortadas y eliminadas del olivo cultivado. Es decir, algunos judíos han sido rechazados. Y en su lugar se ha injertado un renuevo silvestre. Es decir, algunos gentiles han creído y han sido recibidos para formar parte del pueblo del pacto de Dios. **No te vayas a creer mejor que las ramas originales**. Esta es la advertencia, que Pablo corrobora con varios argumentos. Primero, dice, tienes que recordar que dependes de la raíz, porque las ramas no tienen vida por sí solas. **Ten en cuenta que no eres tú quien nutre a la raíz, sino que es la raíz la que te nutre a ti** (18). Segundo, debes tener en cuenta que tu estabilidad se debe solamente a tu fe. Puedes argumentar que **'desgajaron unas ramas para que yo fuera injertado'** (19). En lo formal esto es cierto. **De acuerdo. Pero ellas fueron desgajadas por su falta de fe, y tú por la fe te mantienes firme** (20). De modo que tu posición es decididamente vulnerable.

Tercero, **así que no seas arrogante sino temeroso** (20). No debes olvidar lo que le pasó al Israel incrédulo, que pertenecía al olivo originalmente. **Porque si Dios no tuvo miramientos con las ramas originales, tampoco los tendrá contigo** (21), porque tú no perteneces originalmente al olivo cultivado. Cuarto, debes meditar constantemente en el carácter de Dios. **Por tanto, considera la bondad y la severidad de Dios: severidad** mediante juicio **hacia los que cayeron**, los judíos apóstatas, **y bondad hacia ti**, creyente gentil, que has sido incorporado sólo por pura gracia; **pero si no te mantienes en su bondad, tú también serás desgajado** (22). No es que los que realmente pertenecen a él jamás serán rechazados, sino que la continuidad o la perseverancia es el sello de los auténticos hijos de Dios.[35]

Es indudable que esta exhortación a los creyentes gentiles a no jactarse, junto con los argumentos con los que fue apuntalada, era muy necesitada en Roma. Si bien los judíos eran tolerados y protegidos por ley contra el abuso gentil, experimentaban bastante mala voluntad y molestias de parte de la población gentil y a veces incluso brotes de violencia. Al resistir la asimilación a la cultura gentil, y al negarse a abandonar o modificar sus propias prácticas, 'su exclusividad alimentaba la impopularidad de la que nació el antisemitismo. El judío era una figura para la diversión, el desprecio, o el odio para los gentiles en medio de los cuales vivía.'[36] Pablo estaba resuelto a lograr que los creyentes gentiles en Roma no tuvieran ninguna participación en semejante prejuicio antisemita.

Por otro lado, después de haber hecho esta advertencia a los creyentes gentiles sobre el orgullo y la presunción, Pablo estaba listo para ocuparse de la promesa de Dios a los judíos incrédulos. Su argumento es que si los que han sido injertados pueden ser desgajados, entonces los que habían sido desgajados podían ser injertados nuevamente. La palabra clave es 'permanecer' (RVR, *epimenō*; dejan de ser, NVI), el mismo verbo que se traduce 'mantenerse' en el versículo anterior: **Y si ellos dejan de ser incrédulos, serán injertados, porque Dios tiene poder para injertarlos de nuevo** (23). Además, la seguridad en cuanto a esto proviene del contraste entre las ramas naturales y las no naturales: **Después de todo, si tú** (es decir, un creyente gentil) **fuiste cortado de un olivo silvestre, al que por naturaleza pertenecías, y contra tu condición natural fuiste injertado en un olivo cultivado, ¡con cuánta mayor facilidad las ramas naturales de ese olivo** (es decir, los creyentes judíos) **serán injertadas de nuevo en él!** (24). En otras palabras, 'la restauración de Israel es un proceso más fácil que el llamado a los gentiles.'[37]

Buena parte de la 'cadena de la bendición', por lo tanto, está incluida en la alegoría del olivo, especialmente el rechazo de los judíos (ramas cultivadas y desgajadas), la incorporación de los gentiles (el retoño silvestre injertado) y la esperada restauración de los judíos (ramas naturales injertadas nuevamente). Lo que la alegoría no autoriza a deducir es la verdad adicional de que por medio de la restauración de Israel los gentiles serán más ricamente bendecidos. La advertencia y la promesa tienen suma importancia, sin embargo. Primero la advertencia: dado que las ramas naturales fueron desgajadas, las silvestres también podían serlo (21). Los gentiles podían ser rechazados igual que los judíos. No hay lugar para la complacencia. En segundo lugar la promesa: ya que las ramas silvestres fueron injertadas, las naturales también podían serlo (24). Los judíos podían ser aceptados igual que los gentiles. No hay lugar para la desesperación.

c. El misterio divino | 25–32

Habiendo completado su alegoría del olivo, Pablo vuelve a dirigirse a sus lectores en forma directa, a sus 'hermanos', probablemente incluyendo miembros de iglesia tanto gentiles como judíos, dado que ahora se va a ocupar del futuro de ambos. **Hermanos, quiero que entiendan este misterio para que no se vuelvan presuntuosos** (25a). Ya les ha advertido contra la jactancia (18) y la arrogancia (20), y ahora contra la vanidad. 'No ser ignorantes para no ser vanidosos' es en esencia lo que escribe, porque sabe que la ignorancia es la causa de la vanidad. Es cuando tenemos imágenes falsas o fantasiosas de nosotros mismos que nos volvemos orgullosos. Inversamente, el conocimiento conduce a la humildad, porque la humildad equivale a honestidad, no a hipocresía. El antídoto perfecto para el orgullo es la verdad. Si los miembros judíos y gentiles de la iglesia de Roma fuesen capaces de comprender la posición que les corresponde a unos y otros en los propósitos de Dios, no tendrían nada de qué jactarse.

Lo que Pablo quiere que conozcan en forma especial es 'este misterio'. Por 'misterio' no se refiere a un secreto que sólo conocen los iniciados, sino un secreto que ahora ha sido abiertamente revelado, y que en consecuencia se ha transformado en verdad pública. Esencialmente esta verdad es Cristo mismo, 'en quien están escondidos todos los tesoros de la sabiduría y del conocimiento'.[38] Pero en particular se trata de las buenas noticias de que en Cristo los gentiles, con los judíos, son ahora beneficiarios, en igualdad de condiciones, de las promesas de Dios, y miembros de su familia (16.25s).[39] En este pasaje de Romanos, sin embargo, el misterio parece ser lo que está a punto de informarles. Consiste en tres verdades consecutivas. La primera es que **Israel se ha endurecido** (25b). Este hecho no es nuevo, puesto que Pablo ya lo ha expresado en el versículo 7. Como ya hemos visto, es Dios quien 'endurece' (9.18), aunque este es un procedimiento judicial mediante el cual entrega a las personas a las consecuencias de su propia terquedad. El 'endurecimiento' adquiere la forma de insensibilidad espiritual. Es igual que el 'velo' que en otra parte Pablo dice que cubre el corazón y la mente de los israelitas.[40]

Pero ahora el apóstol recalca que es sólo parcial (**parte de**), ya que no todos los israelitas lo han experimentado (es decir, el remanente creyente no lo ha experimentado). Y es solamente temporal (**hasta que …**), dado que durará solamente hasta la segunda etapa del desarrollo del plan de Dios. A continuación Pablo aclara que es **hasta que haya entrado la totalidad de los gentiles** (25c). Mientras Israel se mantiene endurecido, y siga rechazando a Cristo, el evangelio será predicado en todo el mundo,[41] y cantidades crecientes de gentiles lo oirán y responderán positivamente ante el mismo. Además, dicho proceso continuará 'hasta que haya entrado la totalidad de los gentiles' (o la 'plenitud', RVR, *plērōma*, la misma palabra que se ha usado para Israel en el versículo 12).

Esto dará lugar al comienzo de la tercera etapa: **De esta manera todo Israel será salvo** (26a). Las tres palabras principales en esta declaración, a saber 'todo', 'Israel' y 'salvo', requieren un poco de investigación.

Primero, ¿cuál es la identidad del 'Israel' que será salvo? Calvino creía que se trataba de una referencia a la iglesia: 'Extiendo la palabra *Israel* para incluir a todo el pueblo de Dios', escribió, de modo que, cuando hayan entrado los gentiles y los judíos hayan regresado, 'la salvación de todo el Israel de Dios, que tiene que ser tomado de ambos grupos, se habrá completado …'[42] Por cierto que Pablo se refirió a la iglesia como 'el Israel de Dios' en Gálatas 6.16, pero en toda la carta a los Romanos 'Israel' significa el Israel étnico o nacional, en contraste con las naciones gentiles. Esto está claro en el versículo 25 de este contexto; de manera que el término difícilmente pueda adquirir un significado diferente en el versículo inmediato (26). La interpretación natural del 'misterio' es que Israel como pueblo se mantiene endurecido hasta que se haya alcanzado la plenitud de los gentiles, y luego, en ese momento (como se da a entender) el endurecimiento de Israel habrá terminado 'y todo Israel será salvo'. Creo que John Murray no exageraba cuando escribió: 'Es exegéticamente imposible asignar al Israel de este versículo ningún otro significado que no sea el que le corresponde al término en todo este capítulo.'[43]

Segundo, está el término 'todo'. ¿A quiénes se propone incluir Pablo en 'todo Israel'? En la actualidad Israel está endurecido, con excepción de un resto creyente, y así se mantendrá hasta que hayan entrado los gentiles. En consecuencia, 'todo Israel' seguramente significa la gran masa del pueblo judío, que comprende tanto a la mayoría anteriormente endurecida y a la minoría creyente. No es necesario que signifique literalmente a todos los israelitas sin excepción. Esta interpretación concuerda con el uso en la época actual. "'Todo Israel' es una expresión que se repite en la literatura judía," escribe F. F. Bruce, "donde no necesariamente significa 'todo judío sin excepción alguna', sino 'Israel en general'".[44]

La tercera palabra es 'salvo'. ¿Qué clase de salvación se contempla aquí? El fundamento bíblico, que Pablo ahora proporciona, nos ayudará a contestar esta pregunta. Es una amalgama de tres textos acerca de la salvación del pueblo de Dios.

> [26b]**El redentor vendrá de Sión**
> **y apartará de Jacob la impiedad.**
> [27]**Y éste será mi pacto con ellos**
> **cuando perdone sus pecados.**

En conjunto estos versículos hacen tres afirmaciones. Primero, **el redentor vendrá de Sión**.[45] Esta era, en el original de Isaías, una referencia a la primera venida de Cristo. Segundo, lo que haría al venir se describía en términos morales: **apartará de Jacob la impiedad**. Esta parece una alusión a Isaías 27.9, donde la culpa de Jacob sería expiada y eliminada. Tercero, el redentor establecería el pacto de Dios, que prometía el perdón de los pecados.[46] Reuniendo estas verdades en una, el redentor vendría para obtener el arrepentimiento del pueblo y en consecuencia su perdón, de acuerdo con la promesa del pacto de Dios. Está claro, a partir de esto, que la 'salvación' de Israel por la que ha orado Pablo (10.1) es la que Dios dará a su propio pueblo despertando sus celos (11.14). Es también la que ha llegado a los gentiles (11.11; ver 1.16), y que algún día 'todo Israel' ha de experimentar (11.26), es decir, la salvación del pecado por medio de la fe en Cristo. No se trata de una salvación nacional, por cuanto no se dice nada, ya sea de una entidad política o de un retorno a la tierra prometida. Tampoco hay sugerencia alguna de una forma especial de salvación para los judíos que no exija la fe en Cristo.

Es comprensible que desde el Holocausto los judíos hayan exigido una terminación de la actividad misionera cristiana entre ellos, y que muchos cristianos se han sentido avergonzados en cuanto a continuarla. Incluso se arguye que la evangelización de los judíos es una forma inaceptable de antisemitismo. De modo que algunos cristianos han intentado desarrollar una base teológica para dejar tranquilos a los judíos en su judaísmo. Nos recuerdan que el pacto de Dios con Abraham era un 'pacto eterno', sostienen que todavía rige, y que por lo tanto Dios salva al pueblo judío a través de su propio pacto, sin necesidad alguna de que crean en Jesús. A esta propuesta se la denomina generalmente 'teología de los dos pactos'. El obispo Krister Stendahl fue uno de los primeros estudiosos que apoyaba esta propuesta,[47] a saber, que hay dos 'sendas' diferentes de salvación: la senda cristiana para el remanente creyente y los gentiles creyentes, y la senda para el Israel histórico que confía en el pacto que estableció Dios con ellos. Con seguridad que el profesor Dunn tenía razón al rechazar esto como 'una antítesis falsa y totalmente innecesaria'.[48]

Romanos 11 se opone claramente a esta tendencia, debido a su insistencia en que hay un solo olivo, al que pertenecen tanto los creyentes judíos como los gentiles. El pueblo judío será 'injertado' nuevamente 'si ellos dejan de ser incrédulos' (23). De modo que la fe en Jesús es esencial para ellos. El doctor Tom Wright puede o no tener razón al rechazar la noción de 'una salvación a gran escala a último momento de los judíos étnicos',[49] pero su énfasis en la evangelización actual ('ahora' aparece tres veces en los versículos 30 y 31, BA) es acertado: 'Pablo concibe un constante ingreso de judíos en la iglesia, por gracia y mediante la fe.'[50] La teología de los dos pactos también tiene el desastroso efecto de perpetuar la distinción entre judíos y gentiles, que Jesucristo había abolido. 'La ironía de esto', escribe Tom Wright, 'es que el ya pasado siglo veinte, con el fin de evitar el antisemitismo, ha propiciado una posición (la de no evangelizar a los judíos) *que justamente Pablo considera antisemita*.'[51] 'Sería enteramente intolerable imaginar una iglesia en cualquier período que fuese simplemente un fenómeno gentil' o 'conformada solamente por judíos'.[52]

Volviendo a los versículos 11–27, notamos que Pablo repite cuatro veces, con modificaciones, la misma secuencia de judíos–gentiles–judíos–gentiles. Primero, en su 'cadena de bendiciones' (11–12) pasa de las transgresiones de Israel a la salvación para los gentiles, y de los celos y la plenitud de Israel a 'bendiciones mucho mayores'. Segundo, al referirse a su propio ministerio (13–16) escribe sobre el rechazo de Israel, la reconciliación del mundo, la aceptación de Israel y la 'vuelta a la vida'. Tercero, en la alegoría del olivo (17–24), el desgajamiento de las ramas naturales va seguido por el injerto del renuevo silvestre, con la perspectiva de que las ramas naturales vuelvan a ser injertadas y que las ramas silvestres permanezcan gracias a la bondad de Dios. Cuarto, en la afirmación de Pablo sobre el misterio divino (25–26), pasa del endurecimiento parcial y temporal de Israel a la plenitud de los gentiles y la salvación de todo Israel, aunque no se menciona el gran final con la bendición para el mundo.

La conclusión de Romanos 11 (28–32), aparte de la doxología (33–36), contiene dos declaraciones independientes. Ambas han sido cuidadosamente talladas y modeladas. Ambas se centran en el Israel todavía incrédulo ('los israelitas'), aunque en relación con los gentiles creyentes ('ustedes'). Ambas describen la realidad actual (que incluye la persistente incredulidad judía), e indican las bases para confiar en que Dios no ha rechazado a su pueblo (1–2) ni ha permitido que caigan más allá de la posibilidad de su recuperación (11). ¿Cuáles son esas bases? Ellas son la elección de Dios (28–29) y la misericordia de Dios (30–32).

Primero, la elección divina es irrevocable. **Con respecto al evangelio, los israelitas son enemigos de Dios para bien de ustedes; pero si tomamos en cuenta la elección, son amados de Dios por causa de los patriarcas (28), porque las dádivas de Dios son irrevocables, como lo es también su llamamiento (29).**

Aquí tenemos dos maneras opuestas de evaluar al pueblo judío. La esencia de la antítesis se encuentra en las palabras 'son enemigos' y 'son amados'. Dado que 'amados' es pasivo, 'enemigos' también tiene que ser pasivo. Es decir, denota la hostilidad de Dios hacia ellos, en el sentido de que están sometidos a su juicio. De hecho, el versículo 28 insiste en que son objeto del amor y de la ira de Dios simultáneamente. El mismo versículo incluye dos contrastes explicativos, que desarrollan la antítesis entre 'los israelitas' (los judíos incrédulos) y 'ustedes' (los gentiles creyentes). En relación con el evangelio son enemigos debido a ustedes; en relación con la elección son amados debido a los patriarcas. Esto requiere elaboración. Por un lado, los judíos no sólo rechazan el evangelio sino que se oponen activamente a él, y hacen todo lo posible para impedir que ustedes los gentiles lo oigan. Así, entonces, en relación con el evangelio, y por amor a ustedes (porque

Dios quiere que ustedes oigan y crean), se manifiesta hostil hacia los israelitas. Por otro lado, los judíos constituyen el pueblo especial y elegido de Dios, descendiente de los nobles patriarcas con los que se concertó el pacto, y a los que les fueron dadas las promesas. Así, entonces, en relación con la elección, y por amor a los patriarcas (porque Dios se mantiene fiel a su pacto y a sus promesas), los ama y está decidido a lograr su salvación. El hecho es que Dios jamás se vuelve atrás con respecto a sus dádivas o su llamado (29). Ambos son **irrevocables.** Sus dádivas son los privilegios que otorgó a Israel, que se enumeran en 9.4–5. En cuanto a su llamamiento, 'Dios no es un simple mortal para mentir y cambiar de parecer. ¿Acaso no cumple lo que promete ni lleva a cabo lo que dice?'[53] Se debe a la inalterable fidelidad de Dios que podemos tener confianza en el restablecimiento de Israel.

La segunda base para confiar en que Dios tiene un futuro para su pueblo es la misericordia. Porque su misericordia se deja ver hacia los desobedientes. **De hecho, en otro tiempo ustedes fueron desobedientes a Dios; pero ahora, por la desobediencia de los israelitas, han sido objeto de su misericordia (30). Así mismo, estos que han desobedecido recibirán misericordia ahora, como resultado de la misericordia de Dios hacia ustedes (31).**

Estos versículos cuidadosamente estructurados contienen un paralelo, más que un contraste. La desobediencia humana y la misericordia divina se presentan en la experiencia tanto de los gentiles como de los judíos; la diferencia obvia es que Dios ya ha sido misericordioso para con los gentiles desobedientes que se han arrepentido, mientras que su misericordia para con el Israel desobediente pertenece fundamentalmente al futuro. Pero hay otra diferencia, en relación con las razones dadas para la misericordia de Dios, que se expresan en la oración griega mediante dativos simples. Así, ustedes recibieron misericordia 'por la desobediencia de los israelitas' (30), mientras que ellos recibirán misericordia 'como resultado de la misericordia de Dios hacia ustedes' (31). Más acertadamente, se debe a la desobediente Israel que los desobedientes gentiles han recibido misericordia, y se debe a esta misericordia hacia los desobedientes gentiles que los desobedientes judíos también recibirán misericordia. Una vez más detectamos la 'cadena de bendiciones', en la que la desobediencia de

Israel ha desembocado en misericordia para los gentiles, la que a su vez llevará misericordia a Israel.

El versículo 32 sintetiza el argumento de tal manera que revela el propósito y el plan dominantes de Dios. **En fin, Dios ha sujetado a todos a la desobediencia, con el fin de tener misericordia de todos.** Se vincula la desobediencia a un calabozo en el que Dios ha encarcelado a todos los seres humanos, a fin de que 'no tengan la posibilidad de escapar salvo en la medida en que la misericordia de Dios los libere'.[54] Este ha sido el argumento de su carta, por cuanto en los primeros tres capítulos Pablo demostró que todos los seres humanos son pecadores y culpables, y no tienen excusa; y luego, a partir del capítulo 3, versículo 21, desplegó el camino de la salvación por gracia, mediante la fe en Cristo. Escribe algo similar en Gálatas. 'La Escritura declara que todo el mundo es prisionero del pecado … la ley nos tenía presos, encerrados hasta que la fe se revelara. Así que la ley vino a ser nuestro guía ('era para nosotros como el esclavo que vigila a los niños', DHH) encargado de conducirnos a Cristo …'[55] Así, la desobediencia humana es la prisión de la cual la misericordia divina nos libera.

Pero, ¿quiénes son los 'todos' de los que Dios tendrá misericordia (32)? Sobre este versículo algunos han construido sus sueños universalistas. Además, aislado de su contexto en Romanos, podría entendérselo finalmente como una promesa de salvación universal. Pero Romanos no permite esta interpretación, ya que en esta carta Pablo declara que habrá un 'día de la ira' de Dios (2.5), en el que algunos recibirán 'el gran castigo', y habrá 'sufrimiento y angustia' (2.8ss). ¿Cuál es, entonces, la alternativa? Debe notarse que en ambas mitades del versículo 32, relativo a los que Dios ha aprisionado en desobediencia y a los que serán objeto de su misericordia, Pablo no escribe textualmente sobre 'todos los hombres' o 'todos', sino sobre 'los todos' (*tous pantas*). En el contexto esta expresión se refiere a los dos grupos que se contrastan en todo el capítulo, y especialmente en los versículos 28 y 31, a saber 'los israelitas' y 'ustedes', los judíos y los gentiles.

Pablo se ha esforzado en sostener que no hay distinción entre judíos y gentiles ni en cuanto al pecado (3.9, 22) ni en cuanto a la salvación (10.12). Ahora escribe que, como han estado juntos en la prisión de su desobediencia, así también estarán juntos en la libertad de la misericordia divina. Más todavía, ha predicho la futura 'plenitud' tanto de Israel (12) como de los gentiles (25). Cuando estas dos 'plenitudes' se hayan fusionado se habrá consumado la nueva humanidad, la que consistirá en enormes cantidades de seres humanos redimidos, en una gran multitud procedente de todas las naciones de la tierra, que nadie podrá contar,[56] 'los muchos' que anteriormente estaban en Adán y ahora en Cristo, experimentando su desbordante gracia y reinando con él en vida (5.12ss). El final del trato de Dios será de 'misericordia, misericordia incondicional',[57] misericordia sobre la plenitud tanto de los judíos como de los gentiles, misericordia sobre 'todos', es decir, 'sobre todos sin distinción, más que sobre todos sin excepción'.[58]

15
La doxología: La sabiduría y la generosidad de Dios
Romanos 11.33–36

A lo largo de once capítulos Pablo ha venido ofreciendo una amplia exposición de su evangelio. Paso a paso ha ido mostrando que Dios ha revelado su forma de poner a los pecadores en la debida relación consigo mismo, que Cristo murió por nuestros pecados y fue resucitado para nuestra justificación, que estamos unidos a Cristo en su muerte y resurrección, que la vida cristiana no se vive bajo la ley sino en el Espíritu, y que Dios se propone incorporar la plenitud de Israel y de los gentiles en su nueva comunidad. Los horizontes de Pablo son amplios. Abarcan el tiempo y la eternidad, la historia y la escatología, la justificación, la santificación y la glorificación. Ahora se detiene, y ha quedado sin aliento. El análisis y la argumentación tienen que dar paso a la adoración. 'Como un viajero que ha alcanzado la cumbre de una pendiente alpina,' escribió F. L. Godet, de Neuchâtel, Suiza, 'el apóstol se vuelve y contempla. A sus pies hay profundidades; pero rayos de luz las iluminan, y en todo el entorno hay un horizonte inmenso que sus ojos dominan.'[1] Antes de proceder a bosquejar las consecuencias prácticas del evangelio, Pablo cae de rodillas ante Dios y adora (33–36).

La alabanza de Pablo está inspirada por las Escrituras, y contiene abundantes frases del Antiguo Testamento. Pero es su propia expresión de humilde asombro y dependencia.

Comienza con una asombrada exclamación: **¡Qué profundas son las riquezas de la sabiduría y del conocimiento de Dios! ¡Qué indescifrables sus juicios e impenetrables sus caminos!** (33). Hay dos maneras posibles de interpretar las palabras iniciales. La primera consiste en entender que Pablo se refiere a un solo concepto, a saber, la sabiduría y el conocimiento de Dios, cuyas profundas riquezas celebra ('… las riquezas *de* la sabiduría y *del* conocimiento de Dios', NVI). La segunda consiste en entender que se refiere a dos conceptos, a saber, las riquezas de Dios por un lado, y la sabiduría y el conocimiento de Dios por otro, y que Pablo está celebrando la profundidad de ambos ('¡Oh, profundidad de las riquezas *y de* la sabiduría y del conocimiento de Dios!', BA). Esta segunda interpretación es la correcta (o sea que la riqueza y la sabiduría de Dios son ambas magnificadas), dado que la sugiere el paralelo en la exclamación siguiente, en la que Pablo alude tanto a los insondables 'juicios' de Dios (lo que piensa y resuelve) como a sus impenetrables 'caminos' (lo que hace y dónde va). De hecho, esta distinción continúa en toda la doxología: su riqueza y su sabiduría (33a), sus juicios y sus caminos (33b), su revelación (34) y sus dádivas (35).

Pablo ya ha escrito acerca de las riquezas de Dios: 'las riquezas de la bondad de Dios, de su tolerancia y de su paciencia' (2.4), 'sus gloriosas riquezas' (9.23) y las riquezas que el Señor Jesús confiere indiscriminadamente a todos los que lo invocan (10.12). En otra parte describe a Dios como 'rico en misericordia',[2] y se refiere a las incalculables riquezas de Cristo.[3] El pensamiento dominante es que la salvación es una dádiva de las riquezas de Dios y que ellas enriquecen inmensamente a aquellos a quienes les son dadas.

Luego está la sabiduría de Dios que está escondida en Cristo,[4] fue desplegada en la cruz (aunque a los seres humanos les parece locura),[5] y se da a conocer en su propósito salvífico.[6] Así, si la sabiduría de Dios pensó la salvación, la riqueza de Dios la proveyó. Más todavía, la riqueza y la sabiduría de Dios no son sólo profundas; en realidad son insondables (33b). Sus decisiones son impenetrables, y sus caminos misteriosos. Este es el equivalente neotestamentario de Isaías 55.8s, donde Dios declara que sus pensamientos son más altos que los nuestros, y sus caminos más altos que los nuestros. ¡Pero por supuesto! ¿Cómo podrían criaturas finitas y caídas como nosotros imaginarnos jamás que podríamos penetrar la mente infinita de Dios? Su mente (lo que piensa) y su actividad (lo que hace) están totalmente más allá de nosotros.[7]

Pablo continúa, en segundo lugar, con una pregunta retórica, en realidad con dos. Los dos pares de signos de exclamación en el versículo 33 ('¡Qué profundas ..!' '¡Qué indescifrables ..!') van seguidos por dos pares de signos de interrogación en los versículos 34 y 35 ('¿Quién ha conocido ..?' '¿Quién le ha dado ..?').

> [34]'¿Quién ha conocido la mente del Señor,
>   o quién ha sido su consejero?'[8]
> [35]'¿Quién le ha dado primero a Dios,
>   para que luego Dios le pague?'[9]

Resulta francamente ridículo, como queda claro por las dos referencias de Pablo al Antiguo Testamento, imaginar que pudiéramos darle algo a Dios o enseñarle algo. Sería absurdo sostener (puesto que sus pensamientos son indescifrables) que conocemos su mente y que le hemos ofrecido nuestro consejo. Sería igualmente absurdo sostener (puesto que sus caminos son inescrutables) que le hayamos hecho algún regalo y que de esta manera ha quedado en deuda con nosotros. Por cierto que no. Nosotros no somos consejeros de Dios; él es consejero nuestro. Nosotros no damos a Dios; él es quien nos da. Dependemos enteramente de él para enseñarnos y salvarnos. La iniciativa, tanto para la revelación como para la redención, corresponde a su gracia. El intento de invertir los papeles equivaldría a destronar a Dios y deificarnos a nosotros mismos. De modo que la respuesta a las dos preguntas en los versículos 34–35 es '¡Nadie!'

Tercero, Pablo hace *una afirmación teológica*: **Porque todas las cosas proceden de él, y existen por él y para él** (36a). Esta es la razón de nuestra dependencia humana de Dios. La expresión 'todas las cosas' se refiere con frecuencia a la creación material. Tal vez aquí, sin embargo, Pablo se refiera también a la nueva creación, al surgimiento del nuevo pueblo multirracial de Dios. Si preguntamos *de dónde* vinieron todas las cosas en el principio, y siguen viniendo actualmente, la respuesta no puede ser sino, 'de Dios.' Si preguntamos *cómo* adquirieron existencia, y siguen existiendo, nuestra respuesta es, 'por medio de Dios.' Si preguntamos *por qué* adquirieron existencia todas las cosas, y hacia dónde se dirigen todas las cosas, nuestra respuesta tiene que ser, 'para Dios y hacia Dios.' Estas tres preposiciones (*ek*, 'de' o 'desde'; *dia*, 'por medio de'; y *eis*, 'para' y 'hacia') indican que Dios es nuestro creador, sustentador y heredero de todo, su fuente, medio de ejecución y meta. Él es el alfa y la omega,[10] y todas las demás letras entre ellas.

Cuarto, Pablo concluye con *una atribución final*: **¡A él sea la gloria por siempre! Amén** (36b). Todas las cosas son de, por medio de y para o hacia Dios, por lo que la gloria tiene que ser sólo de él. Por esto el orgullo humano resulta tan ofensivo. El orgullo consiste en comportarnos como si fuésemos el Dios Todopoderoso, pavoneándonos por la tierra como si esta fuese nuestra, repudiando la debida dependencia de Dios, obrando en cambio como si todas las cosas nos pertenecieran, y de este modo arrogándonos la gloria que sólo le corresponde a Dios.

Es de la mayor importancia notar que en Romanos 1–11 la teología (lo que creemos acerca de Dios) y la doxología (nuestro culto a Dios) jamás deberían separarse. Por un lado, no puede haber doxología sin teología. No es posible adorar a un dios desconocido. La verdadera adoración es una respuesta a la autorevelación de Dios en Cristo y en las Escrituras, y nace de nuestra reflexión sobre quién es y qué ha hecho Dios. Fueron las tremendas verdades de Romanos 1–11 las que provocaron las exclamaciones de alabanza de Pablo. La adoración de Dios es evocada, informada e inspirada por la visión de Dios. Es inevitable que la adoración sin teología degenere y se convierta en idolatría. De allí el lugar indispensable de la Escritura, tanto en la adoración pública como en la devoción privada. Es la Palabra de Dios la que promueve la adoración de Dios.

Por otro lado, no debería haber teología sin doxología. Hay algo fundamentalmente erróneo en un interés puramente académico en Dios. Él no es un objeto apropiado para la observación y evaluación científica fría, crítica e impersonal. No, el verdadero conocimiento de Dios siempre nos llevará a la adoración, como ocurrió con Pablo. Lo que corresponde es caer de bruces ante él en adoración.

Como creo que dijo el obispo Handley Moule a fines del siglo diecinueve, debemos 'cuidarnos tanto de la teología sin devoción como de la devoción sin teología'.

16
Un manifiesto sobre la evangelización

'¡Qué hermoso es recibir al mensajero que trae buenas nuevas!' (10.15).[1]

Convencido de que Dios tiene un futuro tanto para judíos como para gentiles, y que su crecimiento hasta llegar a la 'plenitud' se dará como resultado de la evangelización, Pablo hace una enérgica declaración sobre su lógica (10.14s) y alude de otras maneras a la extensión del evangelio. A partir de estos capítulos, por lo tanto, es posible resumir la enseñanza paulina sobre la evangelización a fin de redactar un manifiesto de ocho puntos.

1. La necesidad de la evangelización. La evangelización es necesaria porque la gente está perdida hasta que oye el evangelio y lo recibe.

El reconocimiento de la gravedad de la situación humana, que Pablo expone en Romanos 1–3, es indispensable para la evangelización. Todos los seres humanos son pecadores, culpables a los ojos de Dios, y no tienen excusa. Si han de ser salvos, es preciso que invoquen el nombre del Señor (10.13); pero a fin de que lo hagan, tienen que tener la oportunidad de oír las buenas noticias (10.14s).

2. La esfera de acción de la evangelización. Toda la raza humana tiene que tener la oportunidad de oír el evangelio.

Así como los cielos proclaman la gloria de Dios en toda la tierra (10.18), los testigos cristianos deben proclamar su gracia en todo el mundo. Todas las naciones deben oír el evangelio (1.5; 16.26). Pero también Israel debe oírlo, porque ni sus privilegios especiales (9.4s), ni su celo religioso (10.2) pueden actuar como sustitutos de la fe en Jesús (11.23). De modo que no hay distinción entre judíos y gentiles con respecto a su pecado (3.22s) ni a su medio de salvación, porque el mismo Señor Jesús 'bendice abundantemente a cuantos lo invocan' (10.12). De ningún modo pueden invocarse dos medios de salvación, uno para los gentiles y otro para los judíos.

3. El incentivo para la evangelización. La evangelización nace del amor y el anhelo del corazón.

Pablo, el patriota judío, no mostró ningún signo de impaciencia, amargura o desprecio por el hecho de que sus compatriotas habían rechazado a su Mesías. Como lo expresó el doctor Lloyd-Jones, Pablo 'no evidencia ningún signo de enojo contra ellos. No hay sospecha alguna de una actitud de desprecio hacia ellos. No los desecha, no los denuncia ni los ataca; ni siquiera se irrita con ellos.'[2] Por el contrario, habló de su corazón angustiado por el hecho de que estaban perdidos (9.1s), y sobre el anhelo de su corazón de que fuesen salvos (10.1). Incluso estaba dispuesto a morir si de este modo los pudiera salvar. La evangelización carece de autenticidad si no está inspirada por ese mismo amor.

4. La naturaleza de la evangelización. La evangelización consiste en compartir con otros las buenas noticias del Cristo crucificado y resucitado.

Evangelizar significa difundir el evangelio. Por consiguiente, no podemos definir lo primero sin definir antes lo segundo. En 9.30–10.13 Pablo contrapone los falsos y los verdaderos medios de salvación, y es preciso que nosotros hagamos lo mismo. En particular, debemos centrarnos en Cristo y su accesibilidad, porque Cristo ya vino, murió y resucitó, y está fácilmente disponible ante una fe sencilla (10.6ss).

5. La lógica de la evangelización. La evangelización requiere el envío de evangelistas, a fin de que la gente pueda invocar a Cristo para ser salva.

No puede haber salvación alguna sin que se invoque el nombre de Cristo, y ninguna invocación de su nombre si no se cree en lo que ello supone. No se puede creer en Cristo si no se oye su mensaje, ni se puede oír el mensaje si no hay predicación del evangelio, como tampoco puede haber predicación si no se envían predicadores (10.13ss). Si bien se espera que todos los discípulos de Jesús tomen parte en la extensión del evangelio, algunos reciben el don y el llamado de evangelista, y a estos la iglesia debe comisionarlos solemnemente y autorizarlos a predicar.

6. El resultado de la evangelización. La evangelización produce tales bendiciones en los que creen, que despierta la envidia de otros.

Tres veces en estos capítulos Pablo emplea el mismo verbo griego *parazēloō*, 'dar envidia' (10.19; 11.11, 14). La envidia es el deseo de tener para uno mismo algo que posee alguna otra persona. Si ese 'algo' es la salvación, resulta comprensible que la gente 'envidie' a quienes la han recibido; es decir, desearla para sí misma. Muchos son los que se han convertido por 'envidia'. Uno de ellos fue Robert Robinson, quien posteriormente se hizo ministro bautista, autor y compositor de himnos. En 1752, a los diecisiete años de edad, fue a escuchar a George Whitefield, que predicaba en Londres, y se convirtió. Le escribió a Whitefield en estos términos: 'Fui sintiendo lástima de los pobres metodistas engañados; pero salí envidiando su felicidad.'[3]

7. La esperanza de la evangelización. La evangelización ofrece esperanzas de éxito sólo si descansa en la elección de Dios.

La elección y la evangelización no son incompatibles. Estos mismos capítulos que contienen enseñanzas muy fuertes sobre la elección también contienen claras referencias a la necesidad tanto de la oración a favor de la evangelización (interceder para que la gente se salve, 10.1) como de la predicación evangelizadora (compartir las buenas noticias con otros, 10.14s). Nuestra responsabilidad consiste en ver que el evangelio se predique en todo el mundo, de modo que todos tengan la oportunidad de oírlo y responder. La Palabra de Dios es la herramienta designada por él para despertar la fe (10.17), y finalmente para salvar a los que creen.[4] No es que todos sin excepción responderán de manera afirmativa. Dios mismo conoce el doloroso e incluso humillante trauma de mantener pacientemente extendidas las manos hacia un pueblo desobediente y obstinado (10.21). En síntesis, 'lejos de hacer inútil la evangelización, la gracia soberana de Dios es lo que realmente impide que la evangelización deje de tener sentido.'[5]

8. La meta de la evangelización. La evangelización incorpora a los convertidos al pueblo de Dios, y de esa manera da gloria a Dios.

La evangelización no es un fin en sí mismo. Cumple la función de unirnos al pueblo de Dios. Los gentiles que creen son injertados, y los judíos que creen son injertados nuevamente, en un mismo olivo, el olivo natural de Dios, de modo que todos participamos de la misma historia (volviendo a Abraham) y de la misma geografía (extendiéndonos hacia todo el mundo). De esta forma nos regocijamos tanto en la continuidad como en la solidaridad del pueblo de Dios.

Pero la meta última de la evangelización es la gloria de Dios. El evangelio da a conocer su poder, proclama su nombre, hace conocer las riquezas de su gloria, y revela su misericordia (9.17, 22s; 11.30ss). No hay lugar para la jactancia; sólo para la adoración humilde, agradecida y asombrada. ¡A él sea la gloria por siempre! Amén.

IV
La voluntad de Dios para relaciones transformadas
Romanos 12.1–15.13

Uno de los rasgos notables de la enseñanza de Pablo es que normalmente combina doctrina con deber, creencia con comportamiento. En consecuencia, como en algunas otras cartas suyas, en Romanos 12 se vuelve de la exposición a la exhortación, del evangelio al discipulado cristiano cotidiano, o, como lo expresó Anders Nygren, de la afirmación de que 'aquel que por la fe es justo', a su corolario, o sea que 'vivirá'. Además, no es sólo la ética personal o individual a la que ahora orienta a sus lectores. Le preocupa presentar las características de la nueva comunidad a la que Jesús ha dado vida por medio de su muerte y resurrección.

Dos aspectos generales de las instrucciones de Pablo en Romanos 12–15 requieren comentario antes de considerar los detalles. El primero es que integra creencia y conducta, insistiendo tanto en las inferencias prácticas de su teología como en los fundamentos teológicos de su ética. A pesar de nuestra novedad de vida en Cristo ('muertos al pecado, pero vivos para Dios', 6.11), la santidad no es automática ni inevitable. Por el contrario, es preciso hacer rogativas para mantener una buena conducta, y es preciso dar razones para ello. Así, en el capítulo 12 se nos dice que debemos ofrecer nuestro cuerpo a Dios debido a su misericordia (1), atendernos los unos a los otros porque formamos un solo cuerpo en Cristo (5), y no buscar venganza, porque la venganza le corresponde a Dios (19). De manera semejante, según el capítulo 13 hemos de someternos al estado porque sus funcionarios son ministros de Dios que esgrimen la autoridad de Dios (1ss) y amar a nuestro prójimo y, de esta manera, cumplir la ley; esto es necesario porque el día del regreso de Cristo se acerca (10s). Y en el capítulo 14, como veremos en detalle más adelante, se nos insta a no dañar a nuestras hermanas y nuestros hermanos de ninguna forma, porque Cristo murió para ser su Salvador (1s), resucitó para ser su Señor (9s) y viene para ser su Juez (11s). Resulta maravilloso ver las grandes doctrinas de la cruz, la resurrección y la parusía puestas al servicio de una conducta cristiana cotidiana práctica.

El segundo rasgo llamativo de las instrucciones éticas en Romanos 12–15 se relaciona con la cantidad de veces que se refiere directa o indirectamente a la enseñanza de Jesús.[1] La siguiente tabla ofrece los principales ejemplos.

Pablo	**Jesús**
Bendigan a quienes los persigan; bendigan y no maldigan. 12.14	Bendigan a quienes los maldicen. Lucas 6.28
No paguen a nadie mal por mal. 12.17	No resistan al que les haga mal. Mateo 5.39
Vivan en paz con todos. 12.18; ver 14.19	Dichosos los que trabajan por la paz. Mateo 5.9 [Vivan] en paz unos con otros. Marcos 9.50
Si tu enemigo tiene hambre, dale de comer. 12.20	Amen a sus enemigos, hagan bien a quienes los odian. Lucas 6.27; ver el v. 35 y Mateo 5.44
Paguen a cada uno lo que le corresponda: si deben impuestos, paguen los impuestos ... 13.7	¿Está permitido pagar impuestos al césar o no? ... Denle ... al césar lo que es del césar, y a Dios lo que es de Dios. Marcos 12.14, 17
[Ámense] unos a otros. 13.8	[Ámense] los unos a los otros. Juan 13.34s

Quien ama al prójimo
ha cumplido la ley.   13.8

Ama al Señor tu Dios … Ama
a tu prójimo como a ti mismo.
De estos dos mandamientos
dependen toda la ley
y los profetas.   Mateo 22.37ss

Los mandamientos …
se resumen en este precepto:
'Ama a tu prójimo como
a ti mismo.'   13.9

En todo traten ustedes a
los demás tal y como quieren
que ellos los traten a ustedes.
De hecho, esto es la ley
y los profetas.   Mateo 7.12

Conscientes del tiempo en que
vivimos.   13.11a

¿Cómo es que no saben
interpretar el tiempo actual?
          Lucas 12.56

Ya es hora de que despierten del
sueño, pues nuestra salvación
está ahora más cerca …   13.11b, c

No sea … que los encuentre
dormidos.   Marcos 13.36
Se acerca su redención.
          Lucas 21.28

¿Por qué juzgas a tu hermano …
Dejemos de juzgarnos
unos a otros.   14.10, 13

No juzguen a nadie, para que
nadie los juzgue a ustedes.
          Mateo 7.1

Cada uno de nosotros tendrá
que dar cuentas de sí a Dios.
          14.12

En el día del juicio todos
tendrán que dar cuenta.
          Mateo 12.36

Propónganse no poner
tropiezos … al hermano.   14.13

¡Ay del mundo por las cosas
['los tropiezos', RVR] que hacen
pecar a la gente!   Mateo 18.7

No hay nada impuro en
sí mismo … todo alimento
es puro.   14.14, 20

Lo que contamina a una persona no es lo que entra en la boca.
          Mateo 15.10
Con esto Jesús declaraba
limpios todos los alimentos.
          Marcos 7.19

El reino de Dios no es cuestión de comidas o bebidas sino de justicia … 14.17	No se preocupen por … qué comerán o beberán … Más bien, busquen primeramente el reino de Dios y su justicia.

Mateo 6.25, 33

Pasando ahora de estas dos características generales de la enseñanza de Pablo a los detalles, vemos que se concentra en nuestras relaciones, comenzando con nuestra relación con Dios.

17
Nuestra relación con Dios: Cuerpos consagrados y mentes renovadas
Romanos 12.1–2

Por lo tanto, … les ruego, comienza Pablo, probablemente transmitiendo por medio del verbo *parakaleō* una mezcla de súplica y autoridad. Luego pasa a indicar las personas a las que dirige su petición, el fundamento en el cual la basa, y en qué consiste.

A las personas a las que el apóstol está a punto de exhortar las denomina **hermanos** (1), y difícilmente podríamos dudar que su elección del vocablo sea deliberada. A lo largo de los capítulos anteriores de la carta Pablo ha sido consciente de las tensiones entre judíos y gentiles en la iglesia de Roma, y en los capítulos 9–11 se ocupó en describir el papel de Israel y las naciones en el desarrollo del plan histórico de Dios. Volverá a estos temas una vez más en los capítulos 14–15. Pero ahora, al ocuparse de su ruego, la distinción entre las ramas naturales e injertadas del olivo pasa a un segundo plano. Ahora todos los creyentes, independientemente de su origen étnico, son hermanos y hermanas en la única familia internacional de Dios, y por ello todos tienen exactamente la misma vocación a constituir el santo, comprometido, humilde, amoroso y responsable pueblo de Dios.

Segundo, la base del ruego o apelación de Pablo está indicada por su uso de la frase conjuntiva 'Por lo tanto,' y por su referencia a **la misericordia de Dios**, literalmente sus 'misericordias', en plural (RVR, BA), un hebraísmo para las muchas y variadas manifestaciones de su misericordia. A lo largo de once capítulos Pablo ha venido presentando las misericordias de Dios. De hecho, el evangelio es, precisamente, la misericordia de Dios para con pecadores inexcusables y no merecedores. Por ellos entregó a su Hijo a la muerte, los justificó gratuitamente por la fe, les mandó el Espíritu dador de vida, y los adoptó como hijos suyos. En particular, la palabra clave de Romanos 9–11 es 'misericordia'.[1] La salvación 'no depende del deseo ni del esfuerzo humano sino de la misericordia de Dios' (9.16), y su propósito es 'dar a conocer sus gloriosas riquezas a los que eran objeto de su misericordia' (9.23). Más aun, como los gentiles, que fueron desobedientes, 'ahora … han sido objeto de su misericordia', también los desobedientes israelitas 'recibirán misericordia ahora' (11.30s). 'En fin, Dios ha sujetado a todos a la desobediencia, con el fin de tener misericordia de todos' (11.32).

Por lo tanto, **tomando en cuenta la misericordia de Dios** (1a), Pablo expresa su ruego ético. Sabe (incluso por propia experiencia) que no hay mayor incentivo a una vida santa que la contemplación de las misericordias de Dios. F. F. Bruce ha escrito así: "Bien dijo Thomas Erskine de Linlathen que 'en la religión del Nuevo Testamento hay gracia, y la ética es gratitud'. No es accidental que en griego un mismo sustantivo (*jaris*) hace las veces tanto de 'gracia' como de 'gratitud'".[2] La gracia de Dios, lejos de alentar o tolerar el pecado, es la fuente y el fundamento de la conducta justa o recta.

En tercer lugar, habiendo considerado los destinatarios y las bases del ruego de Pablo, tomemos nota de su doble carácter. Tiene que ver tanto con el cuerpo como con la mente, con la presentación de nuestro cuerpo a Dios y con nuestra transformación por medio de la renovación de la mente. Primero, el cuerpo. Les ruega **que cada uno de ustedes, en adoración espiritual, ofrezca su cuerpo como sacrificio vivo, santo y agradable a Dios** (1b). Con el fin de mantener la imagen del sacrificio en toda la oración, Pablo se vale de cinco términos más, que son menos técnicos. Nos representa como un pueblo sacerdotal, que, como respuesta de gratitud por la misericordia de Dios, 'ofrece' o presenta su cuerpo como sacrificio vivo. Esto se describe a la vez como 'santo y agradable a Dios', conceptos que parecen ser los equivalentes morales de ser físicamente inmaculado o sin defecto, y de ofrecer un aroma fragante.[3] Ese ofrecimiento es nuestra 'adoración espiritual'. La palabra 'espiritual' es traducción de *logicos*, lo que puede significar ya sea 'razonable' (AV) o 'racional' (RV 1909; ver nota al pie en RVR). Si lo primero es lo correcto, entonces el ofrecimiento de nuestra persona a Dios aparece como la única respuesta sensata, lógica y apropiada en vista de su desprendida misericordia. Si lo correcto es 'racional', entonces se trata del 'culto ofrecido por la mente y el corazón' (REB), culto espiritual por oposición a ceremonial, 'un acto de adoración inteligente' (JBP), en el que la mente está plenamente activa. Varios comentaristas ilustran esta posición mediante una deliciosa cita de Epicteto, el filósofo estoico del primer siglo: 'Si yo fuese un ruiseñor, haría lo que corresponde a un ruiseñor, si fuese un cisne, lo que corresponde a un cisne. En realidad, soy *logicos* [es decir, un ser racional], de modo que debo alabar a Dios.'[4]

¿En qué consiste, sin embargo, este sacrificio vivo, este culto racional, espiritual? No se trata de algo a ofrecer en los atrios del templo ni en el edificio de la iglesia, sino más bien en la vida de hogar y en el espacio público. Consiste en la presentación de nuestro cuerpo a Dios. Esta brusca referencia al cuerpo estaba calculada para escandalizar a algunos de los lectores griegos de Pablo. Criados en el pensamiento platónico, seguramente consideraban el cuerpo como un estorbo. El estribillo que circulaba era *soma sēma estin* ('el cuerpo es una tumba'), en la que el espíritu humano estaba aprisionado y de la que ansiaba escapar. Aún hoy algunos cristianos se sienten incómodos con su cuerpo. La invitación evangélica tradicional es a que demos nuestro 'corazón' a Dios, no nuestro 'cuerpo'. Incluso algunos comentaristas, aparentemente desconcertados por el lenguaje muy terrenal de Pablo, sugieren como alternativa 'ofrezca todo su ser a él' (REB). Pero Pablo tiene claro que la presentación de nuestro 'cuerpo' es un acto 'espiritual' de adoración. Se trata de una significativa paradoja cristiana. Ningún culto de adoración es agradable a Dios que sea puramente interior, abstracto y místico; ha de expresarse en actos concretos de servicio realizados por nuestro cuerpo. De modo semejante, el discipulado cristiano auténtico ha de incluir tanto la 'mortificación' de los malos hábitos del cuerpo (8.13), como algo negativo, y la positiva 'presentación' de sus miembros a Dios.

Pablo dejó bien en claro, en su exposición de la depravación humana en 3.13ss, que ella se revela por medio del cuerpo, en lenguas que practican el engaño y labios que esparcen veneno, en bocas que están llenas de maldición y amargura, en pies que son veloces para derramar sangre, y en ojos que alejan la vista de Dios. De manera inversa, la santidad cristiana se manifiesta en las acciones del cuerpo. De modo que debemos ofrecer las diversas partes del cuerpo, no 'al pecado como instrumentos de injusticia' sino a Dios como 'instrumentos de justicia' (6.13, 16, 19). Entonces nuestros pies andarán en sus sendas, nuestros labios hablarán la verdad y esparcirán el evangelio, nuestras lenguas prodigarán sanidad, nuestras manos levantarán a los que han caído, y también llevarán a cabo muchas tareas terrenales tales como cocinar y limpiar, mecanografiar y remendar; nuestros brazos abrazarán a los solitarios y a los que carecen de amor, nuestros oídos escucharán los gritos de los angustiados, y nuestros ojos elevarán la mirada con actitud humilde y paciente hacia Dios.

Si la primera parte del ruego de Pablo se relaciona con la presentación del cuerpo a Dios, la segunda se relaciona con nuestra transformación de conformidad con su voluntad. **No se amolden al mundo actual, sino sean transformados mediante la renovación de su mente. Así podrán comprobar cuál es la voluntad de Dios, buena, agradable y perfecta** (2). Esta es la versión de Pablo del llamado al no conformismo y a la santidad, que se dirige al pueblo de Dios en todas las Escrituras. Por ejemplo, la palabra de Dios llegó a Israel por medio de Moisés: 'No imitarán ustedes las costumbres de Egipto, donde antes habitaban, ni tampoco las de Canaán, adonde los llevo. No se conducirán según sus estatutos, sino que pondrán en práctica mis preceptos y observarán atentamente mis leyes.'[5] Encontramos otro ejemplo en el Sermón del Monte. Rodeado de la falsa devoción tanto de los fariseos como de los paganos, Jesús les dijo a sus discípulos: 'No sean como ellos.'[6] 'No debemos ser como el camaleón que adopta su color del entorno.'[7] Y ahora Pablo hace el mismo llamado al pueblo de Dios para que no se identifique con la cultura dominante, sino más bien que se transforme. Ambos verbos son imperativos pasivos en tiempo presente y denotan las actitudes permanentes que debemos mantener. Debemos seguir negándonos a adaptarnos a las maneras de obrar del mundo, y debemos seguir siendo transformados según la voluntad de Dios. La paráfrasis de J. B. Phillips captura la alternativa: 'No permitan que el mundo que los rodea los comprima para adaptarlos a su propio molde; más bien, dejen que Dios les renueve la mente desde adentro.'

Al parecer, los seres humanos somos imitativos por naturaleza. Necesitamos un modelo que podamos copiar, y en última instancia sólo hay dos. Está '[el] mundo actual', literalmente 'esta era', que va pasando, y está 'la voluntad de Dios', que es 'buena, agradable y perfecta'. Debido a que los dos verbos contienen una palabra diferente para 'formar' (*sjēma* en *sysjēmatizomai*, 'conformar', y *morfē* en *metamorfoō*, 'transformar'), comentaristas anteriores solían argumentar que *sjēma* significaba 'apariencia exterior' y *morfē* 'sustancia interior'. Así, Sanday y Headlam tradujeron el ruego de Pablo de esta manera: 'No adoptéis la moda exterior y pasajera de este mundo, sino sed transformados en vuestra naturaleza íntima.'[8] Pero dado que estos sustantivos con frecuencia se usan intercambiablemente, hay actualmente 'un gran consenso de firme opinión sobre que los dos verbos … son más o menos sinónimos.'[9]

Más importante para que comprendamos la transformación que Pablo pide es el hecho de que *metamorfoō* es el verbo usado por Mateo y por Marcos en la transfiguración de Jesús. Y si bien los evangelistas varían cuando dicen que fue su piel, o su rostro y su ropa lo que resplandecía, Marcos dice con claridad que Jesús en persona 'se transfiguró en presencia de ellos.'[10] Se produjo un cambio total en él. Todo su cuerpo se volvió translúcido, y Jesús aclaró que los discípulos no habrían de entender el significado del suceso hasta después de su resurrección.[11] En cuanto al cambio que se produce en el pueblo de Dios, que se contempla en Romanos 12.2 y 2 Corintios 3.18 (los únicos versículos en los que aparece *metamorfoō*, aparte de los mencionados arriba), se trata de una transformación fundamental del carácter y de la conducta, alejada de las normas del mundo y asemejada a la imagen de Cristo mismo.

Estos dos sistemas de valores ('[el] mundo actual' y 'la voluntad de Dios') son incompatibles, incluso están en conflicto entre sí. Sea que pensemos en el propósito de la vida o en el significado de ella, en cómo medir la grandeza o cómo responder al mal, en la ambición, el sexo, la honestidad, el dinero, la comunidad, la religión o cualquier otra cosa, los dos conjuntos de normas difieren tan completamente que no hay posibilidad alguna de llegar a un entendimiento. Con razón Karl Barth dijo que la ética cristiana produce 'una gran perturbación', por cuanto desafía, interrumpe y trastorna tan violentamente la tranquilidad del *statu quo*.[12]

¿Cómo se produce, entonces, la transformación? 'Sean transformados', contesta Pablo, 'mediante la renovación de su mente'. Esto es así porque sólo una mente renovada puede 'comprobar', es decir, discernir, apreciar y resolverse a obedecer 'la voluntad de Dios'. Aun cuando aquí Pablo no nos dice de qué manera se renueva la mente, sabemos por otros escritos suyos que es por una combinación del Espíritu y la Palabra de Dios. Por cierto que la regeneración por el Espíritu Santo comprende la renovación de cada una de las partes de nuestra humanidad, que ha sido manchada y torcida por la caída, y esto incluye la mente.[13] Pero además necesitamos la Palabra de Dios, que es la 'espada' del Espíritu,[14] y que actúa como revelación objetiva de la voluntad de Dios.[15] Aquí tenemos, entonces, las etapas de la transformación moral cristiana: primero la mente es renovada por la Palabra y el Espíritu de Dios; luego estamos en condiciones de discernir y desear la voluntad de Dios; y entonces somos progresivamente transformados por ella.

Para resumir, el ruego de Pablo está dirigido al pueblo de Dios, se afirma en las misericordias de Dios, y tiene que ver con la voluntad de Dios. Solamente una visión de su misericordia puede inspirarnos a presentarle nuestro cuerpo y permitir que él nos transforme según su voluntad. En particular, su voluntad abarca todas nuestras relaciones, como Pablo pasa a mostrar a continuación: no sólo con Dios mismo (12.1–2), sino también con nosotros mismos (12.3–8), entre nosotros (12.9–16), con los malvados y los enemigos (12.17–21), con el estado (13.1–7), con la ley (13.8–10), con el día del regreso de Cristo (13.11–14) y con los miembros 'más débiles' de la comunidad cristiana (14.1–15.13).

18
La relación con nosotros mismos: Pensar con sobriedad sobre nuestros dones
Romanos 12. 3–8

El vínculo entre el ruego general de Pablo (1–2) y las instrucciones particulares que ahora encara (3–8), parece apuntar al lugar de la mente en el discipulado cristiano. Nuestra mente renovada, que está en condiciones de discernir y aprobar la voluntad de Dios, también tiene que ocuparse activamente de la evaluación de nosotros mismos, además de nuestra identidad y nuestros dones. Porque es preciso que sepamos quiénes somos, y que contemos con una autoimagen acertada, equilibrada y, sobre todo, sobria. Una mente renovada es una mente humilde, como la de Cristo.[1]

La fórmula de la que se vale Pablo para presentar su exhortación a adoptar un pensamiento cristiano sobrio es sumamente solemne. Tiene 'un tono imperativo'.[2] **Por la gracia que se me ha dado, les digo a todos ustedes …** (3a). 'Les digo' ofrece reminiscencias de la expresión favorita de Jesús, aun cuando no vaya acompañada del 'amén' o el 'de cierto de cierto' que con frecuencia él le anteponía. Pablo se dirige a sus lectores romanos (a todos ellos, dice) con la autoridad de un apóstol de Cristo conscientemente asumida. 'La gracia' que se le ha dado, que lo autoriza a escribir como lo hace, sin duda se refiere a su designación como apóstol, que invariablemente atribuía a la gracia de Dios (por ejemplo 1.5, 'el don apostólico'; 15.15s, 'la gracia que Dios me dio').[3]

Su mensaje para ellos es este: **Nadie tenga un concepto de sí más alto que el que debe tener, sino más bien piense de sí mismo con moderación** (3b). La cuádruple repetición del verbo pensar (*fronein*), en la oración griega, hace que el énfasis resulte ineludible. Al pensar en nosotros mismos debemos evitar tanto una estimación demasiado alta de nosotros mismos como (podría haber agregado Pablo) una estimación demasiado baja. En cambio, y visto positivamente, hemos de proceder 'con moderación'. ¿Cómo? Primero, teniendo en cuenta nuestra fe, y segundo, teniendo en cuenta nuestros dones.

La cláusula **según la medida de fe que Dios le haya dado** (3c) es un enigma muy conocido. Charles Cranfield, con su acostumbrada minuciosidad, dice que el vocablo 'medida' tiene siete posibles significados, el vocablo 'fe' cinco, y la partícula 'de' dos, ¡lo cual permite hacer setenta posibles combinaciones en total! El interrogante principal consiste en determinar si en este caso *metron* ('medida') significa instrumento de medición o una cantidad medida de algo. Si esto último es lo correcto, como piensan muchos, el pensamiento sería que Dios da una cantidad variada de fe a diferentes creyentes, y, al ser una asignación divina, este hecho hará que nos mantengamos humildes. El profesor Cranfield, sin embargo, sostiene que aquí *metron* es 'un parámetro con el cual medirnos'; que dicho parámetro es el mismo para todos los cristianos, o sea la fe redentora en Cristo crucificado; y que sólo este evangelio de la cruz, más aun, sólo 'Cristo mismo en quien el juicio y la misericordia de Dios se revelan', nos permite medirnos con moderación o sobriedad.[4]

Si el evangelio de Dios es la primera medida mediante la cual debemos evaluarnos, la segunda la constituyen los dones de Dios. Con el fin de reforzar esto, Pablo establece una analogía entre el cuerpo humano y la comunidad cristiana. **Así como cada uno de nosotros tiene un solo cuerpo con muchos miembros, y no todos estos miembros desempeñan la misma función** (4), aunque (se insinúa) las diversas funciones son necesarias para la salud y el enriquecimiento de todo el cuerpo, **también nosotros, siendo muchos, formamos un solo cuerpo en Cristo**, mediante nuestra unión en común con él (5a). Aunque Pablo no llega a decir que 'somos el cuerpo de Cristo' (como lo hace en 1 Corintios 12.27), con todo, su aseveración de que somos 'un solo cuerpo en Cristo' tiene que haber tenido una enorme significación para la comunidad cristiana multirracial en Roma. Como un solo cuerpo en Cristo, **cada miembro está unido a todos los demás** (5b). Es decir, dependemos unos de otros, y ese pertenecernos unos a otros de la comunidad cristiana se acrecienta mediante la diversidad de nuestros dones. La metáfora del cuerpo humano, que Pablo desarrolla de diferentes maneras en distintas cartas, le permite aquí sostener la unidad de la iglesia, la pluralidad de sus miembros y la variedad de sus dones. El reconocimiento de que Dios es quien da los dones es indispensable si hemos de tener 'una estima razonable' (LPD) de nosotros mismos.

Tenemos dones diferentes, sigue diciendo Pablo, **según la gracia que se nos ha dado** (6a). Así como la gracia de Dios había convertido a Pablo en apóstol (3), la misma gracia (*jaris*) de Dios concede diferentes dones (*jarismata*) a otros miembros del cuerpo de Cristo. Pablo pasa a ofrecer a sus lectores un muestrario de siete dones, y los anima a ejercerlos a conciencia para el bien común. Los divide en dos categorías, que podrían denominarse 'dones del habla' (de profecía, de enseñanza y de estímulo) y 'dones de servicio' (servir, contribuir, dirigir y mostrar misericordia).[5]

El primer *jarisma* que Pablo menciona aquí es **el de profecía**, es decir, el de hablar bajo inspiración divina. En Efesios 2.20 los apóstoles y los profetas se mencionan como el fundamento sobre el que se edifica la iglesia.[6] Es probable que esa referencia a profetas que constituyen fundamentos sea una referencia a los profetas bíblicos, incluidos aquellos escritores del Nuevo Testamento que eran profetas a la vez que apóstoles, como era el caso de Pablo[7] y el de Juan.[8] En dos listas de *jarismata*, sin embargo, los profetas aparecen en una posición secundaria con respecto a los apóstoles,[9] lo cual sugiere que había un don profético menor, subsidiario con respecto a los profetas bíblicos. Las palabras pronunciadas por dichos profetas debían ser 'examinadas' y 'sometidas a prueba',[10] mientras que a los apóstoles había que creerles y obedecerlos, y no se consideraba necesario ningún procedimiento de tamizado en el caso de ellos.[11] Según parece, otra diferencia era que los profetas se referían a situaciones locales, mientras que la autoridad de los apóstoles era universal. Más todavía, seguramente que Hodge tenía razón cuando encontró que 'el punto de diferenciación' estaba en que 'la inspiración de los apóstoles era permanente', mientras que 'la inspiración de los profetas era ocasional y transitoria'.[12] Es a la luz de estas diferencias que deberíamos entender la disposición que Pablo establece aquí para el ejercicio del don profético: **que lo use en proporción con su fe** (6b). Algunos entendidos piensan que esta cláusula es una restricción subjetiva, o sea que el profeta debería hablar solamente mientras esté seguro de su inspiración; que no debería agregar palabras propias. Pero es más probable que se trate de una restricción objetiva. En este caso deberíamos tomar nota de que la palabra 'fe' va acompañada del artículo determinante, y que deberíamos traducir la frase 'de conformidad con la fe'. Es decir, 'el profeta ha de asegurarse de que su mensaje no contradiga de ninguna forma la fe cristiana'.[13]

Los seis dones restantes son más comunes. **Si es** (es decir, el don de alguna persona) **el de prestar algún servicio, que lo preste; si es el de enseñar, que enseñe** (7). 'Servicio' es traducción de *diakonia*, un vocablo genérico para una amplia variedad de ministerios. Porque 'hay diversas funciones, pero es un mismo Dios'.[14] Resulta sumamente significativo, por ejemplo, que en Jerusalén el ministerio de la Palabra por los apóstoles y el ministerio de las mesas por los siete se denominen ambos *diakonia*.[15] De modo que cualquiera sea el don ministerial que la persona haya recibido, debe concentrarse en usarlo. De modo semejante, los maestros deberían cultivar su don de enseñanza y desarrollar su ministerio docente. Este es, indiscutiblemente, el don más urgentemente necesitado en la iglesia en todo el mundo en la actualidad, por cuanto son cientos de miles los conversos que se apresuran a ingresar en las iglesias, pero son pocos los maestros disponibles para nutrirlos en la fe.

En el versículo siguiente se incluyen cuatro dones más: **Si es el de animar a otros, que los anime** (8a). *Parakaleō* es un verbo con un amplio espectro de significados, que van desde alentar y exhortar a consolar, conciliar o condolerse. Este don puede ejercerse desde un púlpito o una plataforma ('el don de hablar conmovedoramente', NEB), o por escrito (12.1), pero con más frecuencia se usa fuera de escena, como es el caso del 'que sabe aconsejar' (BLA), ofrecer amistad al solitario y aliento a los que están descorazonados. Bernabé, el 'hijo de consolación', evidentemente tenía este don y lo usó para granjearse la amistad de Saulo de Tarso.[16]

Luego, **si es el de socorrer a los necesitados, que dé con generosidad** (8b). Calvino pensaba que se trataba de una referencia a 'los diáconos que están a cargo de la distribución de la propiedad pública de la iglesia',[17] y por cierto que podría incluir a dichas personas. Pero la generosidad personal también está incluida, y esto ha de hacerse en *haplotēti*, lo cual significa 'con generosidad', sin escatimar, o 'con sinceridad', sin motivos ulteriores.

Si es el de dirigir, que dirija con esmero (8c). El verbo *proïstēmi* puede significar 'cuidar' o 'proveer asistencia', y algunos comentaristas optan por este sentido porque este don aparece entre 'socorrer a los necesitados' y 'mostrar compasión'. Pero la alusión neotestamentaria más usual es al liderazgo, ya sea en la casa[18] o en la iglesia.[19]

Luego, finalmente, **si es el de mostrar compasión, que lo haga con alegría** (8d). Ya que nuestro Dios es un Dios compasivo o de misericordia (por ejemplo 12.1), su pueblo también ha de ser misericordioso o compasivo. Mostrar misericordia es cuidar de cualquiera que tenga alguna necesidad o esté angustiado, sea extranjero, huérfano o viuda, personas a las que con frecuencia se menciona juntas en el Antiguo Testamento, o a los discapacitados, a los enfermos y a los moribundos. Además, la misericordia no se ha de mostrar mezquinamente o con actitud condescendiente, sino 'con alegría'.

Esta lista de siete dones espirituales en Romanos 12 es mucho menos conocida que las dos listas superpuestas en 1 Corintios 12 (nueve en la primera lista y ocho en la segunda), o la breve lista de cinco en Efesios 4.11. Es importante notar tanto las semejanzas como las diferencias entre ellas. Primero, todas las listas concuerdan en que la *fuente* de los dones es Dios y su gracia, aunque en Romanos se trata de Dios Padre, en Efesios de Dios Hijo y en 1 Corintios de Dios Espíritu Santo. Al ser dones de la gracia (*jarismata*) trinitaria, tanto la jactancia como la envidia quedan excluidas. Segundo, todas concuerdan en que el *propósito* de los dones se relaciona con la edificación del cuerpo de Cristo, si bien Efesios 4.12 es más explícito, y 1 Corintios 14.12 dice que deberíamos evaluar los dones a la luz de la medida en que edifican a la iglesia. En tercer lugar, todas las listas realzan la *variedad* de los dones, y en cada caso parecería que cada lista incluye una selección propia. Pero, mientras que quienes estudian las listas de 1 Corintios centran la atención en lo sobrenatural (lenguas, profecía, sanidad y milagros), en Romanos 12 todos los dones aparte de la profecía son de carácter general y práctico (servicio, enseñanza, estímulo y liderazgo) o incluso prosaico (dar dinero y cumplir actos de misericordia). Es evidente que necesitamos ampliar nuestro conocimiento en cuanto a los dones espirituales.

19
La relación entre nosotros: El amor en la familia de Dios
Romanos 12.9–16

Varios comentaristas han notado que la secuencia del pensamiento paulino en Romanos 11 se parece a la de 1 Corintios 12–13. 'La lógica es la de 1 Corintios 12–13', escribe John A. T. Robinson: 'del hecho del cuerpo de Cristo (vv. 4–5 = 1 Corintios 12.12–17) a la diversidad en el seno del mismo (vv. 6–8 = 1 Corintios 12.28–30), al requisito absoluto y dominante del amor (vv. 9–21 = 1 Corintios 13).'[1]

Sin duda alguna el amor *agapē* domina ahora la escena. Hasta aquí, todas las referencias al *agapē* en Romanos han sido en relación con el amor de Dios, puesto de manifiesto en la cruz (5.8), derramado en nuestros corazones (5.5), que se niega tenazmente a apartarse de nosotros (8.35, 39). Pero ahora Pablo se centra en el *agapē* como la esencia del discipulado cristiano. Romanos 12–15 contiene una sostenida exhortación a permitir que el amor gobierne y moldee todas nuestras relaciones. Pronto Pablo va a escribir acerca del amor para con nuestros enemigos (12.17–21); pero primero lo representa saturando a la comunidad cristiana (12.9–16). Esto se ve claramente por su uso de las palabras 'los unos a los otros' (tres veces en los vv. 10 y 16), 'amor fraternal' (10, *filadelfia*) y 'los hermanos necesitados' (13; BA, 'los santos'). Algunos comentaristas ven en los versículos 9–16 sólo una mezcla de instrucciones diversas, una serie de mandatos epigramáticos con poca o ninguna conexión entre sí. Pero la verdad es que cada imperativo puntual agrega un ingrediente nuevo a la receta del amor que propone el apóstol. Parece tener doce componentes.

1. Sinceridad. El amor debe ser sincero (9a). La palabra 'sincero' es traducción de *anypokritos,* 'sin hipocresía'. El *hypokritēs* era el actor teatral. Pero la iglesia no debe convertirse en un escenario. El amor no es teatro; pertenece al mundo real. De hecho el amor y la hipocresía se excluyen mutuamente. 'Si el amor es la suma de la virtud, y la hipocresía el resumen del vicio,' escribió John Murray, '¡es una contradicción reunirlos de este modo!'[2] No obstante, hay algo que puede describirse como amor fingido, algo que se dio de la forma más vil en el beso traicionero de Judas.[3]

2. El discernimiento. **Aborrezcan el mal; aférrense al bien** (9b). Puede parecer extraño que la exhortación a amar vaya seguida inmediatamente por un mandato a aborrecer. Pero no debería sorprendernos. Porque el amor no es el ciego sentimiento que tradicionalmente se dice que es. Por el contrario, el amor discierne. Está tan apasionadamente dedicado al objeto del amor que aborrece todo mal que sea incompatible con el más elevado bienestar del ser amado. De hecho, ambos verbos son fuertes, casi vehementes. El 'aborrecimiento' que expresa el amor en relación con el mal (*apostygeō*, única vez que aparece en el Nuevo Testamento) es aversión, aborrecimiento, hasta 'repugnancia' (REB), mientras que cuando el amor se 'aferra' a lo que es bueno (*kollaō*), expresa la idea de pegar o ligar, como si fuese con pegamento.

3. Afecto. **Ámense los unos a los otros con amor fraternal** (10a). Pablo reúne en este versículo dos palabras vinculadas a la familia. 'Ámense' es traducción del adjetivo *filostorgos*, que describe el afecto natural hacia los parientes, 'típicamente, el amor del padre o la madre hacia el hijo'.[4] La otra palabra es *filadelfia*, 'amor fraternal', que denota el amor entre hermanos y hermanas. Ambos términos se aplicaban originalmente a las relaciones de sangre en la familia humana, pero Pablo los recoge y aplica al afecto tierno y cálido que debería unir a los miembros de la familia de Dios.

4. La honra. **Respetándose y honrándose mutuamente** (10b). Esta es la segunda exhortación a una relación mutua ('los unos a los otros') en el mismo versículo. El amor en la familia cristiana ha de expresarse en honra mutua a la vez que en afecto mutuo. No es seguro, sin embargo, si el mandato es a 'estimar en más a los otros' (BP, como en Filipenses 2.3) o si se entiende un elemento de competencia, debiendo traducirse 'sobrepasarnos los unos a los otros en mostrar honor' (RSV; 'rivalizad en honraros mutuamente', FS). En cualquier caso hemos de concedernos unos a otros el más alto honor de que seamos capaces.

5. El entusiasmo. Nunca dejen de ser diligentes; antes bien, sirvan al Señor con el fervor que da el Espíritu (11). Con frecuencia se desprecia el 'entusiasmo' religioso como fanático. Esta palabra se aplicaba con sentido peyorativo a los primitivos metodistas en el siglo dieciocho, y R. A. Knox perpetuó esta caricatura en su estudio histórico titulado *Enthusiasm* (Entusiasmo). Presentaba a los 'entusiastas' como perfeccionistas, dados a la exageración,[5] que no toleran 'a ningún hermano más débil que camina con dificultad y tropieza'.[6] Pero Pablo tiene algo distinto en mente cuando pide a los romanos que no decaigan (literalmente, 'sean perezosos') en el celo, porque el celo está muy bien siempre que sea de acuerdo con el conocimiento (10.2). Al decirles a los romanos que sirvan 'fulgurantes con el Espíritu' (RSV, REB), es casi seguro que se está refiriendo al Espíritu Santo, y el cuadro no es tanto de una lámpara que arde como de una olla hirviente y burbujeante. Es muy posible que la cláusula adicional ('sirvan al Señor') tenga la intención de servir como 'control o freno en lo que de otro modo podría interpretarse como una invitación a un entusiasmo descontrolado'.[7] El compromiso práctico con el Señor Jesús, como de esclavo a amo, hará que el celo se mantenga arraigado en la realidad.

6. La paciencia. Alégrense en la esperanza, muestren paciencia en el sufrimiento, perseveren en la oración (12). En el centro de esta triple exhortación se encuentra la esperanza, a saber, la confiada expectativa cristiana sobre el regreso del Señor y la gloria posterior (ver 5.2; 8.24s). Esta esperanza es para nosotros la fuente del gozo constante. Pero también es un llamado a la paciencia, mientras soportamos la tribulación y perseveramos en la oración.

7. La generosidad. Ayuden a los hermanos necesitados (13a; 'compartid las necesidades de los santos', RVR). El verbo es *koinōneō*, vocablo que puede significar compartir las necesidades y sufrimientos de la gente, o compartir nuestros recursos con la gente. *Koinōnokos* significa generoso. Viene a la memoria la *koinōnia* en la iglesia primitiva de Jerusalén, cuya principal expresión era que sus miembros 'tenían todo en común' (*koina*) en el sentido de que compartían sus posesiones con los que eran más necesitados que ellos mismos.[8]

8. La hospitalidad. Practiquen la hospitalidad (13b). Así como se debe mostrar generosidad a los necesitados, a las visitas se les debe mostrar hospitalidad. El amor fraternal (*filadelfia*) debe equilibrarse con el amor a los extranjeros (*filoxenia*). En ambos casos se trata de expresiones de amor. La hospitalidad era particularmente importante en esos días, ya que había pocas posadas y eran distantes unas de otras, y con frecuencia las que existían eran peligrosas o desagradables. Por lo tanto, era esencial que los cristianos abrieran sus casas para recibir a los viajeros, y en particular que lo hicieran los líderes de las iglesias locales.[9] De hecho, Pablo no pedía a los creyentes de Roma que 'practiquen' la hospitalidad, sino más bien que 'persigan' ('sigan', RV 1909, VHA; 'yendo tras', BA, nota) la hospitalidad. Orígenes lo comentó así: 'No debemos limitarnos a recibir al extraño cuando acude a nosotros, sino en realidad averiguar y buscar cuidadosamente a los extraños, a fin de perseguirlos y buscarlos en todas partes, no sea que acaso se encuentren sentados en las calles o se acuesten sin techo sobre sus cabezas.'[10]

9. La buena voluntad. Bendigan a quienes los persigan; bendigan y no maldigan (14). Aunque nuestros enemigos estén fuera de la comunidad cristiana, y este versículo se anticipe a los vv. 17–21, el llamado a bendecirlos es un necesario desafío al amor cristiano. 'Bendición' y 'maldición' son términos opuestos, que desean para otros respectivamente bien o mal, salud o perjuicio. Pablo tiene que haber sabido que estaba haciendo eco a las enseñanzas de Jesús, quien nos instruyó no sólo a 'bendecir' a quienes nos maldicen,[11] sino también a 'orar' por ellos[12] y a '[hacerles] bien'.[13] No hay mejor forma de expresar nuestros deseos positivos por el bien de nuestros enemigos que convertirlos en oración y acción.

10. La compasión. Alégrense con los que están alegres; lloren con los que lloran (15). El amor jamás se mantiene apartado de la alegría o la pena de otras personas. El amor se identifica con ellas, canta con ellas y sufre con ellas. El amor se compromete profundamente con sus experiencias y sus emociones, su risa y sus lágrimas, y se siente solidario con ellas, cualquiera sea su estado de ánimo.

11. La armonía. Vivan en armonía los unos con los otros (16a). La oración griega dice literalmente: 'Piensen lo mismo los unos de los otros.' Es decir, 'sean de un mismo sentir' y, en consecuencia, '[estén] unidos en unos mismos sentimientos y deseos' (SBA). La fraseología es casi idéntica al ruego que les hace Pablo a los filipenses para que sean de 'un mismo parecer' y 'unidos en alma y pensamiento'.[14] Una vez más notamos el lugar fundamental que ocupa la mente. Siendo que los cristianos tienen la mente renovada (2), también tiene que ser una mente en común, que comparta las mismas convicciones y preocupaciones básicas. Sin esta mente en común no podemos vivir ni trabajar juntos en armonía.

12. La humildad. No sean arrogantes, sino háganse solidarios con los humildes. No se crean los únicos que saben (16b). Pocos tipos de orgullo son peores que el esnobismo. Quienes lo cultivan se obsesionan con cuestiones de figuración social o 'estatus', con la estratificación de la sociedad en clases 'altas' y 'bajas', o su división sobre la base de distinciones de tribu o casta, y por consiguiente con quiénes se juntan. Olvidan que Jesús fraternizaba libre y naturalmente con aquellos que la sociedad rechaza, y pide que sus seguidores hagan lo mismo, con igual libertad y naturalidad. Como lo expresa la BJ (en la versión inglesa): 'Nunca seas condescendiente, pero hazte amigo verdadero del pobre' (ver CI: 'No presumiendo, sino dejándoos atraer por lo humilde').

¡Qué cuadro perfecto del amor cristiano nos ofrece Pablo! El amor es sincero, sabe discernir, es afectuoso y respetuoso. Es tanto entusiasta como paciente, tanto generoso como hospitalario, tanto benévolo como compasivo. Se caracteriza tanto por la armonía como por la humildad. Las iglesias cristianas serían comunidades más felices si todos nos amáramos de esa manera y en esa medida.

20
La relación con nuestros enemigos: No represalia, sino servicio
Romanos 12.17–21

Cuando nos mueven las misericordias de Dios, y cuando nuestra mente ha sido renovada a fin de aceptar su voluntad, todas nuestras relaciones se transforman. No sólo ofrecemos nuestro cuerpo a Dios (1–2), desarrollamos una sobria imagen de nosotros mismos (3–8) y nos amamos los unos a los otros en la comunidad cristiana (9–16), sino que también servimos a nuestros enemigos (17–21). Estos enemigos ya han aparecido en el papel de nuestros perseguidores (14), y están a punto de reaparecer como malhechores (17). De hecho, los últimos cinco versículos de Romanos 12 se ocupan de la forma en que los cristianos deberían reaccionar ante los malvados. El bien y el mal se contrastan a lo largo de todo el contexto (por ejemplo 9, 17, 21 y 13.3–4).

El rasgo más notable de este párrafo final, si agregamos el versículo 14 que le precede, es que contiene cuatro resonantes imperativos negativos:

1. **No maldigan** (14).

2. **No paguen a nadie mal por mal** (17).

3. **No tomen venganza** (19).

4. **No te dejes vencer por el mal** (21).

Estas cuatro prohibiciones dicen lo mismo en palabras diferentes. La represalia y la venganza están absolutamente prohibidas para los seguidores de Jesús. Él mismo jamás se defendió, ni con palabras ni con hechos. A pesar de nuestra innata tendencia a reaccionar (lo cual va desde la forma en que reaccionan los niños hasta el empeño más sofisticado del adulto en vengarse de su opositor), Jesús nos llama a imitarlo a él. Por cierto que hay lugar para el castigo de los malhechores en los tribunales judiciales, y Pablo se ocupará de esto en Romanos 13. Pero en la conducta personal nunca debemos buscar la revancha, hiriendo a quienes nos hayan herido a nosotros. El concepto de no ejercer la represalia apareció tempranamente como rasgo de la tradición ética cristiana,[1] rasgo que retrocede hasta las enseñanzas de Jesús,[2] y aun más atrás hasta la literatura de la sabiduría del Antiguo Testamento.[3]

La ética cristiana nunca es puramente negativa, sin embargo, y cada uno de los cuatro imperativos negativos de Pablo va acompañado de su opuesto positivo. Así, no debemos maldecir sino bendecir (14); no debemos ejercer represalia, sino hacer lo que es correcto y vivir en paz (17–18); no debemos vengarnos, sino dejar esto a Dios, y mientras tanto servir a nuestros enemigos (19–20); y no debemos dejarnos vencer por el mal, sino vencer el mal con el bien (21).

Si la primera antítesis de Pablo entre el bien y el mal fue 'bendigan … y no maldigan' (14), lo que ya hemos considerado, la segunda comienza así: **No paguen a nadie mal por mal** (17a). En cambio recomienda: **procuren hacer lo bueno** (*kala*, 'cosas buenas') **delante de todos** (17b), o como dice JBP: 'Procura que tu conducta pública esté por encima de toda crítica'. El razonamiento parece expresar que sería una anomalía no practicar el mal sin al mismo tiempo practicar el bien. Viene a continuación una contrapartida adicional de la represalia, que es igualmente universal en su aplicación: **Si es posible, y en cuanto dependa de ustedes, vivan en paz con todos** (18). Negarnos a pagar mal por mal es negarnos a aumentar la disputa. Pero esto no es suficiente. También tenemos que tomar la iniciativa y buscar la paz actuando positivamente,[4] aun cuando, como lo indican las dos expresiones limitativas ('si es posible' y 'en cuanto dependa de ustedes'), esto no siempre sea factible. Hay ocasiones cuando otras personas no están dispuestas a vivir en paz con nosotros, o ponen condiciones para la reconciliación que requerirían compromisos morales inaceptables.

La tercera prohibición de Pablo es esta: **No tomen venganza, hermanos míos** (19a, *agapētoi*, 'amados'; le ofrece la seguridad de su amor porque los está llamando a seguir el camino del amor). A esta proposición negativa Pablo nuevamente opone una contrapartida positiva, aunque en realidad son dos. La primera es esta: **sino dejen el castigo en las manos de Dios.** Dado que la oración griega significa literalmente 'den lugar a la ira', sin especificar la ira de quién se trata, algunos comentaristas han pensado que se trataba de la ira del malvado ('dejen que el enojo siga su curso, sométanse a él') o de la parte afectada ('que tu enojo siga su curso y que no se exprese como represalia'). Pero la cita que aparece inmediatamente después (**'Mía es la venganza'**) demuestra concluyentemente que es una referencia al enojo de Dios, y Pablo ya nos ha familiarizado con este uso absoluto de la expresión 'la ira' para referirse a la ira de Dios (por ejemplo 5.9, RVR). La RSV traduce 'déjenlo a la ira de Dios'; la BA tiene 'dad lugar a la ira de Dios'. Pablo prosigue de este modo: **porque está escrito: 'Mía es la venganza; yo pagaré,' dice el Señor** (19b).[5] La palabra para 'venganza' es *ekdikēsis*, que significa 'castigo'; corresponde al verbo en el versículo 19, 'no tomen venganza'. En forma semejante, la frase 'yo pagaré' corresponde a 'no paguen' en el versículo 17. Se usa para el juicio de Dios, como cuando el propio Jesús dijo que 'el Hijo del hombre … recompensará a cada persona según lo que haya hecho'.[6]

Estas correspondencias verbales entre lo que se escribe acerca de Dios y lo que nos es prohibido hacen que lo que plantea Pablo quede claro. Justamente las dos actividades que nos son prohibidas a nosotros (la represalia y el castigo) ahora se afirma que corresponden a Dios. La razón que explica por qué nos está prohibida la represalia o el juzgamiento del mal no es que sea malo en sí mismo (porque el mal merece ser castigado y debería serlo), sino que es prerrogativa de Dios, no de nosotros. Hemos de 'dejarlo a la ira de Dios', que en el presente se expresa por medio de la administración estatal de justicia, por cuanto el magistrado 'está al servicio de Dios para impartir justicia y castigar al malhechor' (13.4). Esta justicia será finalmente expresada 'el día de la ira, cuando Dios revelará su justo juicio' (2.5).

Si la primera contrapartida a 'no tomen venganza' es 'dejen el castigo en las manos de Dios', la segunda es el mandato a servir a nuestro enemigo: **Antes bien, 'Si tu enemigo tiene hambre, dale de comer; si tiene sed, dale de beber. Actuando así, harás que se avergüence** de su conducta' (20).[7] Por cuanto en el Antiguo Testamento se dice que Dios 'hará llover sobre los malvados ardientes brasas,'[8] algunos entienden que aquí las brasas constituyen un símbolo del juicio, y hasta sostienen que el servir a nuestros enemigos 'tendrá el efecto de aumentar el castigo' que recibirán.[9] Pero todo el contexto se manifiesta en contra de esta explicación, especialmente el versículo que sigue, con su referencia a vencer el mal con el bien. Otros sugieren que el dolor infligido por brasas ardientes es símbolo de la vergüenza y el remordimiento que experimenta un enemigo que se siente reprendido por la bondad. Una tercera posición dice que las brasas son símbolo de penitencia. Comentaristas recientes llaman la atención a un antiguo ritual egipcio en el que el penitente llevaba brasas encendidas en la cabeza como prueba de la realidad de su arrepentimiento. En este caso las brasas constituyen 'un símbolo dinámico de cambio de actitud que se lleva a cabo como resultado de un acto de amor'.[10]

Las dos alternativas positivas a la venganza son, en consecuencia, dejar cualquier castigo necesario a Dios, y mientras tanto apresurarnos a buscar el bienestar de nuestro enemigo. Estas alternativas no son contradictorias. Más todavía, ambas tienen el apoyo de las Escrituras. Como lo expresa la REB, "hay un texto que dice, 'La venganza es mía, dice el Señor ...' Pero hay otro texto: 'Si tu enemigo tiene hambre, dale de comer ...'" (19–20). Nuestra responsabilidad personal consiste en amar y servir a nuestro enemigo según sus necesidades, y procurar sinceramente su bien superior. Las brasas ardientes que nuestra actitud puede amontonar sobre él tienen como objeto sanar, no herir; ganar, no alienar; de hecho, el propósito es avergonzarlo para que se arrepienta. De este modo Pablo hace una distinción vital entre el deber de amar y servir al malhechor que tienen los ciudadanos privados, y el deber de los servidores públicos como agentes oficiales de la ira de Dios, de llevarlo a juicio y, si es condenado, castigarlo. Lejos de ser incompatibles entre sí, ambos principios se vieron en acción cuando Jesús estaba en la cruz. Por una parte, 'cuando proferían insultos contra él, no replicaba con insultos'. Por otra parte, 'se entregaba a aquel que juzga con justicia', confiando en que la justicia de Dios había de prevalecer.[11]

La cuarta antítesis sobre el bien y el mal, que es al mismo tiempo una síntesis del argumento de Pablo y la culminación del capítulo, es el versículo 21: **No te dejes vencer por el mal; al contrario, vence el**

mal con el bien. Se nos pone delante una sola alternativa; no se percibe neutralidad, ninguna posición conciliatoria. Si maldecimos (14), o pagamos el mal con el mal (17), o tomamos venganza (19), entonces, teniendo en cuenta que todas estas son reacciones incorrectas ante el mal, habremos cedido al mal, habremos sido absorbidos hacia su esfera de influencia, y habremos sido derrotados, vencidos, incluso 'dominados' (JBP) por el mal. Pero si nos negamos a replicar, en su lugar podemos 'iniciar la ofensiva' (JBP) y practicar las contrapartes positivas a la venganza. Entonces, si bendecimos a los que nos persiguen (14), si nos aseguramos que nosotros mismos seamos vistos haciendo el bien (17), si procuramos activamente lograr y mantener la paz (18), si dejamos todo el juicio a Dios (19), y si amamos y servimos a nuestro enemigo, e incluso logramos convencerlos de adoptar una actitud buena (20), habremos vencido 'el mal con el bien'.

En toda nuestra manera de pensar y de vivir es importante mantener juntas las contrapartes negativas y positivas. Ambas son buenas. Es bueno no replicar jamás, porque si pagamos el mal con el mal, lo duplicamos, agregando un segundo mal al primero, y de esta manera aumentamos la cuenta del mal en el mundo. Incluso es mejor ser positivo: bendecir, hacer el bien, procurar la paz, y servir y convertir a nuestro enemigo, porque si de este modo respondemos ante el mal con el bien, reducimos la cuenta del mal en el mundo, mientras que al mismo tiempo aumentamos la cuenta del bien. Pagar mal por mal equivale a ser vencido por él; pagar el mal con el bien equivale a vencer el mal con el bien. Esta es la forma de obrar de la cruz. 'Esta es la obra maestra del amor.'[12]

21
Nuestra relación con el estado: Ciudadanía responsable
Romanos 13.1–7

En Romanos 12 Pablo se ha ocupado de nuestras cuatro relaciones cristianas básicas, a saber, con Dios (1–2), con nosotros mismos (3–8), entre nosotros (9–16) y con nuestros enemigos (17–21). En Romanos 13 desarrolla tres más: con el estado (ciudadanía responsable, 1–7), con la ley (el amor al prójimo como su cumplimiento, 8–10), y con el día del regreso del Señor (vivir en el 'ya' y en el 'todavía no', 11–14).

Antes de seguir adelante, sin embargo, es necesario que consideremos un debate que dividió a los teólogos en el curso del siglo veinte. Se refiere a la identidad de las autoridades (*exousiai*) del versículo 1. Algunos (comenzando, según parece, con Martin Dibelius en 1909) han argumentado que en *exousiai* hay una doble referencia, a saber, a los poderes civiles por un lado, y a las fuerzas cósmicas por el otro, y que las últimas apoyan a los primeros y obran por intermedio de ellos. El principal protagonista de este punto de vista fue Oscar Cullmann, cuya posición puede sintetizarse de la siguiente manera. Primero, es indudable que Pablo creía en la existencia de inteligencias sobrehumanas, a quienes se refería frecuentemente y a las que llamaba 'principados', 'poderes', 'gobernadores' y 'autoridades'. De modo que estas son las 'autoridades' de Romanos 13.1. Habiendo sido conquistadas y domesticadas por Cristo, han 'perdido su carácter perverso', y 'se encuentran bajo el señorío de Cristo y sometidas a él'.[1] Segundo, 'con seguridad', escribe Cullmann, que en 1 Corintios 2.8 'los gobernadores de este mundo', quienes 'no habrían crucificado al Señor de la gloria' si hubiesen conocido la sabiduría de Dios, eran tanto 'estas fuerzas y poderes invisibles' como al mismo tiempo sus 'agentes efectivos, a saber, los gobernadores terrenales, los administradores romanos de Palestina'.[2] Tercero, si nos acercamos a Romanos 13 sin prejuicios, "resulta por lejos lo más natural no acordarle a *exousiai* ningún otro sentido que el que siempre tiene para Pablo, es decir, el significado de 'poderes angélicos'", aun cuando claramente también estaba escribiendo sobre el estado 'como el agente ejecutivo de poderes angélicos'.[3] Por cierto que estas expresiones ('autoridades' y 'poderes') fueron elegidas deliberadamente, creía Cullmann, con el fin de dejar bien claro 'el significado combinado'[4] de los mismos.

Con todo, la mayoría de los eruditos no se ha dejado convencer por estos argumentos. Hay tres obstáculos principales ante esta posición. Primero, si bien Pablo creía, claramente, en los principados y poderes cósmicos, y si bien escribió sobre su derrota en la cruz, también escribió sobre su incesante oposición a Dios y a su pueblo.[5] El Nuevo Testamento 'no ofrece prueba alguna para apoyar la posición de que los poderes espirituales hostiles hubieran sido comisionados nuevamente, después de haber sido subyugados, para prestar un servicio positivo a Cristo'.[6] En segundo lugar, 1 Corintios 2.8 no puede soportar el peso que le asigna Cullmann. 'El Nuevo Testamento no atribuye en ninguna otra parte la *crucifixión* a seres angelicales';[7] invariablemente se atribuye esto a gobernadores humanos. Tercero, el significado de *exousiai* en Romanos 13 debe determinarse finalmente por su contexto, y no por su uso muy diferente en alguna otra parte. Aquí se nos insta a someternos a estas 'autoridades'. Pero en ninguna otra parte se dice que los creyentes cristianos estén sometidos a principados y poderes. Por el contrario, están sometidos a nosotros, porque nosotros estamos en Cristo y ellos están sometidos a él.[8] Por lo tanto, llegamos a la conclusión de que la frase 'las autoridades' en Romanos 13.1 se refiere al estado, juntamente con sus representantes oficiales (según NVI 'autoridades públicas'; según RVR 'autoridades superiores').

Las relaciones entre la iglesia y el estado han sido notoriamente controvertidas a lo largo de los siglos de la era cristiana. Simplificando al máximo, se han probado cuatro modelos: el erastianismo (de Tomás Erastus, teólogo suizo-alemán del siglo XVI, según el cual el estado controla a la iglesia); la teocracia (según la cual la iglesia controla al estado); el constantinismo (la combinación mediante la cual el estado favorece a la iglesia y la iglesia se acomoda al estado con el fin de mantener su favor); y la coparticipación (según la cual la iglesia y el estado reconocen y alientan mutuamente las responsabilidades distintivas que cada cual ha recibido de Dios, en un espíritu de colaboración constructiva). El cuarto parecería corresponder mejor a la enseñanza de Pablo en Romanos 13.

Que la iglesia y el estado tienen funciones diferentes, y que los cristianos tienen deberes tanto para con Dios como para con el estado es algo que fue claramente insinuado en la enigmática frase de Jesús: 'Denle, pues, al césar lo que es del césar, y a Dios lo que es de Dios.'[9] Ahora Pablo amplía el concepto sobre el papel que Dios le ha asignado al estado y sobre el papel del pueblo cristiano en relación en ese estado, aun cuando su énfasis está puesto en la ciudadanía personal antes que en alguna teoría en particular sobre las relaciones entre el estado y la iglesia. Lo que escribe resulta particularmente notable cuando recordamos que en ese tiempo no había autoridades cristianas (no las había globales, ni regionales, ni locales). Por el contrario, eran romanas o judías, y por consiguiente nada favorables para con la iglesia, sino más bien hostiles para con ella. Con todo, Pablo consideraba que habían sido establecidas por Dios, quien requería que los cristianos se sometiesen a ellas y cooperasen con ellas. Pablo había heredado una tradición de larga data, del Antiguo Testamento, de que Yahvéh es soberano sobre los reinos humanos y 'que se los entrega a quien él quiere',[10] y que por su sabiduría 'reinan los reyes' y 'gobiernan los príncipes'.[11]

Es concebible que Pablo estuviese respondiendo a esos 'alborotos continuos', como resultado de los cuales el emperador Claudio 'había mandado que todos los judíos fueran expulsados de Roma',[12] y que según Suetonio, en su *Vida de Claudio*,[13] habían ocurrido 'por instigación de Cresto'. Carecemos de información sobre las causas de este descontento. ¿Es que algunos cristianos de Roma consideraban la sumisión a Roma incompatible con el señorío de Cristo o con su libertad en Cristo? Parece inútil especular.

1. La autoridad del estado | 1–3

Pablo comienza con un claro mandato de aplicación universal: **Todos deben someterse a las autoridades públicas** (1a). Luego pasa a dar las razones para ello. Se trata de que la autoridad del estado se deriva de Dios, y Pablo afirma este concepto tres veces.

1. **No hay autoridad que Dios no haya dispuesto** (1b).

2. **Las** [autoridades] **que existen fueron establecidas por él** (1c).

3. **Por lo tanto, todo el que se opone a la autoridad se rebela contra lo que Dios ha instituido** (2a).

Así, el estado es una institución divina con autoridad divina. Los cristianos no son anarquistas ni subversivos.

Es preciso que seamos cautelosos, sin embargo, en nuestra interpretación de esta declaración de Pablo. No se puede suponer que esté diciendo que todos los Calígulas, Herodes, Nerones y Domicianos de la época del Nuevo Testamento, y que todos los Hitler, Stalin, Amín y Saddam de nuestros tiempos hayan sido personalmente designados por Dios, que Dios sea responsable de su conducta, o que su autoridad no se deba resistir en ninguna situación. Más bien, Pablo quiere decir que toda autoridad humana se deriva de la autoridad de Dios, de modo que podemos decirles a los gobernantes lo que Jesús le dijo a Pilato: 'No tendrías ningún poder [*exousia*, autoridad] sobre mí si no se te hubiera dado de arriba.'[14] Para condenar a Jesús, Pilato hizo mal uso de su autoridad; no obstante, la autoridad de que se valió para hacerlo le había sido delegada por Dios.

Luego del llamado a la sumisión, Pablo advierte en contra de la rebelión, ya que los rebeldes no sólo se rebelan 'contra lo que Dios ha instituido' (2a), sino que, además, **los que así proceden recibirán castigo** (2b). En consecuencia, lo que corresponde es someterse, y esto es sabio. Pablo se ocupa de explicar por qué es sabio proceder así. **Porque los gobernantes no están para infundir terror a los que hacen lo bueno sino a los que hacen lo malo. ¿Quieres librarte del miedo a la autoridad? Haz lo bueno, y tendrás su aprobación** (3). Desde luego que la aseveración de que los que gobiernan aprueban 'a los que hacen lo bueno' y castigan 'a los que hacen lo malo' no siempre es exacta, como Pablo sabía perfectamente. Aunque él mismo había experimentado de parte de algunos procuradores y centuriones los beneficios de la justicia romana, también tenía conocimiento de la distorsión de la justicia en el caso de la condena de Jesús. Además, si todos los tribunales provinciales hubiesen sido justos, él no habría tenido que apelar al césar.[15] Por lo tanto, al presentar tan favorablemente a los gobernantes, como los que aprueban el bien y se oponen al mal, está declarando el ideal divino, y no la realidad humana.

Con todo, el requisito de la sumisión y la advertencia contra la rebelión están expresados en términos universales. Por esta razón, con frecuencia han sido aplicados mal por los regímenes opresivos de la derecha política, como si la Escritura diese a los gobernantes carta blanca para establecer tiranías y exigir obediencia incondicional. Comentando el versículo 2 ('todo el que se opone a la autoridad se rebela contra lo que Dios ha instituido'), Oscar Cullmann escribió: 'Pocos dichos en el Nuevo Testamento han sufrido tanto mal uso como este. Tan pronto como los cristianos, por lealtad al evangelio de Jesús, ofrecen resistencia a las exigencias totalitarias del estado, los representantes de ese estado, o sus consejeros teológicos colaboracionistas, tienen por costumbre apelar a este dicho de Pablo, como si aquí se mandara a los cristianos apoyar y, en consecuencia, encubrir todos los crímenes de un estado totalitario.'[16] Pero, como lo demuestra el contexto, 'no puede haber aquí cuestión alguna de una sujeción incondicional, no crítica de cuanto pretenda demandar el estado.'[17]

Como ejemplo del mal uso de Romanos 13 quiero referirme a una experiencia de Michael Cassidy, fundador de 'African Enterprise' (Emprendimiento africano). El 8 de octubre de 1985 se le concedió una entrevista con el presidente P. W. Botha, en Pretoria. Era la época de la Iniciativa Nacional para la Reconciliación, y Michael esperaba encontrar señales de arrepentimiento y la seguridad de que el *apartheid* sería desmantelado. Sufrió una amarga desilusión. He aquí su relato sobre lo que ocurrió: 'Al entrar a la habitación, de inmediato comprendí que este no iba a ser el tipo de encuentro por el que había orado. ¡El presidente comenzó poniéndose de pie para leer Romanos 13!' Evidentemente imaginaba que este pasaje era suficiente para justificar un apoyo inequívoco a la política de *apartheid* del gobierno nacionalista.[18]

¿Cómo, entonces, puede demostrarse que las demandas de Pablo de sumisión no son absolutas? Si aceptamos que la autoridad de los gobernantes deriva de Dios, ¿qué pasa si se abusan de ella, si hacen lo opuesto de lo que les ha sido encargado por Dios, si aprueban a los que hacen el mal y castigan a los que hacen el bien? ¿Se mantiene en ese caso la obligación de someterse en una situación tan moralmente perversa? No. El principio es claro. Hemos de someternos hasta el punto en el que seguir obedeciendo al estado significaría desobedecer a Dios. Si el estado manda lo que Dios prohíbe, o prohíbe lo que Dios manda, entonces nuestra clara obligación cristiana es la de resistir, no la de someternos, sino desobedecer al estado con el fin de obedecer a Dios. Como Pedro y los otros apóstoles lo expresaron ante el sanedrín: '¡Es necesario obedecer a Dios antes que a los hombres!'[19] Este es el significado estricto de la desobediencia civil, a saber, desobedecer una ley humana en particular porque es contraria a la ley de Dios. Resistirse y organizar una sentada; obstaculizar las actividades de la policía en el cumplimiento de sus obligaciones también puede ser justificado en determinadas circunstancias. Pero estas acciones deben denominarse 'protesta civil' más que 'desobediencia civil', dado que en este caso las leyes que se quebrantan con el fin de publicitar la protesta no son intrínsecamente malas en sí mismas.

Cada vez que se promulgan leyes que contradicen las normas de Dios, la desobediencia civil se convierte en una obligación cristiana. Hay ejemplos notables de esto en la Escritura. Cuando el faraón ordenó a las parteras hebreas que mataran a los varones recién naci-dos, se negaron a obedecer. 'Las parteras temían a Dios, así que no siguieron las órdenes del rey de Egipto sino que dejaron con vida a los varones.'[20] Cuando el rey Nabucodonosor emitió un edicto de que todos los súbditos debían caer de rodillas para adorar su imagen de oro, Sadrac, Mesac y Abednego se negaron a obedecer.[21] Cuando el rey Darío emitió un decreto de que por treinta días nadie debía orar 'a cualquier dios u hombre' que no fuese él mismo, Daniel se negó a obedecer.[22] Además, cuando el sanedrín prohibió la predicación en el nombre de Jesús, los apóstoles se negaron a obedecer.[23] Todas estas fueron negativas heroicas, a pesar de las amenazas que acom-pañaban a los edictos. En cada caso se trataba de desobediencia civil que comprendía gran riesgo personal, incluida la posible pérdida de la vida. En cada caso su propósito no fue desafiar al gobierno sino 'demostrar la sumisión a Dios'.[24]

Cito a continuación un conmovedor ejemplo moderno. En 1957 Hendrik Verwoerd, como ministro de asuntos aborígenes el año anterior a aquel en el que asumió como primer ministro de Sudá-frica, anunció el Proyecto de Ley de Enmiendas de las Leyes para los Aborígenes (*Native Laws Amendment Bill*). La 'cláusula sobre la iglesia' pretendía impedir cualquier asociación racial en 'iglesias, escuelas, hospitales, clubes o cualquier otra institución o lugar de entretenimiento'. El arzobispo anglicano de la ciudad de El Cabo era en ese momento un pacífico erudito llamado Geoffrey Clayton. Decidió, junto a sus obispos (si bien con reticencia y aprehensión), que debían desobedecer. Le escribió al primer ministro para decirle que, si el proyecto se convertía en ley, él se vería 'imposibilitado de obedecerla o de aconsejar a sus clérigos y fieles que lo hicieran'. A la mañana siguiente falleció, tal vez debido al dolor y a la tensión que le produjo tomar esta decisión.

Cuando se compara Romanos 13 con Apocalipsis 13, se obtiene más luz sobre el carácter ambivalente de la autoridad del estado. Unos treinta años habían pasado desde que fue escrita la Carta a los Romanos, y había comenzado la persecución sistemática de los cristianos bajo el emperador Domiciano. El estado ya no se percibe como un servidor de Dios, cuya autoridad esgrime, y en cambio aparece como aliado del diablo (representado como un dragón rojo), que ha cedido su autoridad al estado perseguidor (representado como un monstruo que surge del mar). Así, Apocalipsis 13 es una parodia satánica de Romanos 13. Pero ambos son reales. 'Según que el estado se mantenga dentro de sus límites o los transgreda, el cristiano lo describirá como siervo de Dios o como instrumento del diablo.'[25]

En resumen, hemos de someternos a la autoridad que el estado recibió de Dios, pero esa autoridad le fue dada para fines específicos y no totalitarios. 'El evangelio es igualmente hostil a la tiranía y a la anarquía.'[26]

2. El servicio del estado | 4–7

Pablo deja en claro que el estado tiene autoridad porque su objetivo es cumplir un ministerio. Por cierto, así como ha dicho tres veces que el estado tiene autoridad que proviene de Dios, ahora afirma tres veces que tiene un ministerio que proviene de Dios.

1. **Pues está al servicio de Dios para tu bien** (4a).

2. **Está al servicio de Dios para impartir justicia y castigar…** (4c).

3. **Las autoridades están al servicio de Dios…** (6).

Estas son declaraciones muy significativas. Si estamos procurando elaborar una comprensión bíblica equilibrada del estado, serán centrales los conceptos de que tanto la autoridad como el ministerio del estado le han sido dados por Dios. Más aun, al escribir acerca del ministerio del estado, dos veces Pablo usa exactamente la misma palabra que ha usado en otra parte para los ministros de la iglesia, o sea *diakonoi* (aunque la tercera vez usa *leitourgoi*, término que generalmente significaba 'sacerdotes' pero que también podía significar 'servidores públicos'). Ya hemos tenido ocasión de notar, cuando considerábamos los dones del Espíritu, que *diakonia* es un término genérico que puede abarcar una amplia variedad de ministerios. Los que sirven al estado como legisladores, empleados administrativos, magistrados, policías, trabajadores sociales y cobradores de impuestos son tan 'ministros de Dios' como los que sirven a la iglesia como pastores, maestros, evangelistas o administradores.

¿Cuál es, entonces, el ministerio que Dios ha encomendado al estado? Tiene que ver con el bien y el mal, tema recurrente a lo largo de los capítulos 12 y 13 de Romanos. Pablo ya nos ha dicho que debemos detestar lo que sea malo y aferrarnos a lo que sea bueno (12.9): no pagar a nadie mal por mal sino hacer el bien público (12.17), y no dejarnos vencer por el mal sino vencer el mal con el bien (12.21). Ahora se ocupa del papel del estado en relación con el bien y el mal. Por un lado, 'haz lo bueno' (*to agathon,* 'bueno') 'y tendrás su aprobación' (3b), 'pues está al servicio de Dios para tu bien' (4a, *to agathon* nuevamente). Por otro lado, **si haces lo malo** (*to kakon,* 'maldad'), **entonces debes tener miedo. No en vano lleva la espada, pues está al servicio de Dios para impartir justicia y castigar al malhechor** (el que practica *to kakon,* la 'maldad', 4b).

Aquí tenemos, entonces, los ministerios complementarios del estado y sus representantes acreditados. 'Está al servicio de Dios para tu bien' (4a) y 'está al servicio de Dios para … castigar al malhechor' (4b). El mismo papel doble se expresa en la primera carta de Pedro: que 'los gobernadores que él [es decir, el emperador] envía para castigar a los que hacen el mal y reconocer a los que hacen el bien'.[27] De manera que las funciones del estado consisten en promover y recompensar el bien, y refrenar y castigar la maldad.

Las funciones de refrenar y castigar la maldad se reconocen mundialmente como responsabilidades primarias del estado. Por cierto que (5), **es necesario someterse a las autoridades, no sólo para evitar el castigo** (literalmente, 'a causa de la ira de Dios', es decir, con el fin de evitarla) **sino también por razones de conciencia** (es decir, por un responsable reconocimiento del papel que Dios le ha asignado al estado). El apóstol no dice nada sobre el tipo de sanciones y penas que el estado puede emplear, pero es casi seguro que aprobaría el principio del uso 'de la mínima fuerza necesaria' con el fin de arrestar a los criminales y presentarlos ante la justicia. También escribe que el juez o la justicia 'no en vano lleva[n] la espada' (4). Dado que el vocablo 'espada' (*majaira*) aparece antes en la carta para indicar muerte (8.35, RVR), y dado que se lo usa para la ejecución,[28] parecería estar claro que aquí Pablo lo entiende como símbolo de la pena capital. 'En esa época la espada se llevaba habitualmente ante los magistrados superiores (cuando no la llevaban ellos mismos), y simbolizaba el poder sobre la vida y la muerte que tenían en sus manos.'[29] Dios había justificado esto ante Noé como un modo de afirmar el valor único de la vida de quienes portan su imagen.[30] Quitar la vida humana mediante el asesinato es una ofensa tan horrenda que merece la pérdida de la vida del asesino. No obstante, esto último no parece haber sido una exigencia, ya que Dios mismo protegió a Caín, el primer asesino, para que no fuese muerto.[31] Dado su carácter terminal, el riesgo de que por error fuese ejecutada una persona inocente, y que se le acabara la oportunidad de responder al evangelio, muchos cristianos creen que, por lo menos cuando existen circunstancias mitigantes o algún grado de incertidumbre, la pena de muerte debe conmutarse por cadena perpetua. Con todo, creo que el estado debería mantener su derecho a usar 'la espada', con el objeto de dar testimonio de la solemne autoridad que le ha concedido Dios, y de la santidad de la vida humana.

Cuando el estado castiga a los malhechores, está funcionando como 'siervo de Dios ['ministro de Dios', RV 1909, PB] para ejecutar su ira' en ellos (4, RSV; ver PB, BA). Con seguridad que esta expresión es una alusión deliberada al mandato del capítulo anterior de que no debemos tomar venganza, sino 'dejen el castigo en las manos de Dios' (12.19), por cuanto la justicia le pertenece a él y es él quien castigará el mal. Ahora Pablo explica una de las principales maneras en que Dios lo hace. La ira de Dios, que algún día caerá sobre los pecadores que no se arrepienten (2.5), y que ahora se manifiesta en la fractura del orden social (1.18ss), también opera por medio de la ejecución de la ley y la administración de justicia. Es importante mantener juntos los pasajes de Romanos 12.19 y 13.4. Nosotros los seres humanos, como sujetos privados, no estamos autorizados para imponer la ley por cuenta propia a fin de castigar a los transgresores. El castigo del mal es prerrogativa de Dios, y mientras dure la era actual la ejerce a través de los tribunales judiciales.

En esta distinción entre el papel del estado y el del individuo, tal vez podamos decir que los individuos han de vivir de conformidad con el amor más que con la justicia, mientras que el estado opera de conformidad con la justicia más que con el amor. Por cierto esta no es una fórmula enteramente satisfactoria, porque contrapone al amor y a la justicia entre sí como si fueran cosas opuestas y alternativas, cuando en realidad no se excluyen mutuamente. Aun al amar y servir a nuestros enemigos, deberíamos tener presente la justicia,[32] y también recordar que el amor procura la justicia para el oprimido. Incluso al producir una sentencia, los jueces deberían asegurar que la justicia sea atemperada por el amor, es decir, por la misericordia. El mal no sólo se ha de castigar; ha de ser vencido (12.21).

El papel del estado no consiste solamente en castigar el mal, sin embargo; también consiste en promover y recompensar el bien. Así era indudablemente en los días de Pablo. El doctor Bruce Winter ha demostrado que entre el siglo quinto a.C. y el siglo segundo d.C. hubo una 'tradición largamente establecida', claramente puesta de manifiesto tanto por inscripciones como por fuentes literarias, 'que garantizaban que los benefactores fuesen reconocidos públicamente', y adecuadamente recompensados. También demuestra que las mismas palabras de Pablo acerca de 'hacer el bien' en los versículos 3–4 aparecen en inscripciones relacionadas con el beneficio público.[33]

No obstante, actualmente esta función positiva del estado está muy descuidada. El estado tiende a ser mejor para castigar que para recompensar, mejor para hacer cumplir la ley que para fomentar la virtud y el servicio. Al mismo tiempo, si bien se trata esta de un área controvertida, la mayoría de los gobiernos reconoce que tiene la responsabilidad de preservar los valores de la sociedad (incluso mediante los sistemas educacionales), como también la de alentar a los ciudadanos a compartir la responsabilidad de llevar a cabo los programas de bienestar social mediante el servicio voluntario. Además, la mayoría de los países tiene alguna manera de reconocer a los ciudadanos que han hecho alguna contribución destacada al bien público. Les hacen alguna mención o les extienden un certificado, un título, una condecoración, o les demuestran de algún otro modo su aprecio. Pero probablemente podrían mejorar y ampliar su manera de premiar, de modo que sólo se premie el mérito sobresaliente, a fin de que los honores se estimen y se valoren en forma creciente. Un ejemplo de esto lo constituyen los premios internacionales establecidos por Nobel y por Templeton. Tal vez habría que alentar más a los ciudadanos para que propongan personas de su comunidad a fin de que sean reconocidas en forma pública por sus méritos.

Pablo concluye esta sección sobre el estado con una referencia al cobro y el pago de impuestos. La imposición de tributos estaba muy extendida y era muy variada en el mundo antiguo, entre los que se incluía el impuesto de capitación, el impuesto inmobiliario, las regalías por la producción granjera, y los impuestos a las importaciones y las exportaciones. Pablo consideraba que este tema caía bajo la rúbrica del ministerio del estado. **Por eso mismo pagan ustedes impuestos:** es porque **las autoridades están al servicio de Dios, dedicadas precisamente a gobernar** (6), literalmente 'a esto mismo', lo que en el contexto parece significar no solamente el cobro de impuestos sino el servicio a Dios en la vida pública. Los partidos políticos de la derecha y de la izquierda difieren sobre la medida deseable de la participación del estado en la vida de la nación, y sobre si se debiera aumentar o disminuir el monto de los impuestos. Todos están de acuerdo, sin embargo, que hay algunos servicios que el estado debe proveer, que estos servicios tienen que ser pagados, y que esto hace necesario el cobro de impuestos. De modo que los cristianos deberían aceptar su responsabilidad impositiva de buen grado, pagando lo que les corresponde plenamente, sean impuestos nacionales o locales, directos o indirectos, y también reconocer adecuadamente a los funcionarios que los cobran y los aplican. **Paguen a cada uno lo que le corresponda: si deben impuestos, paguen los impuestos; si deben contribuciones, paguen las contribuciones; al que deban respeto, muéstrenle respeto; al que deban honor, ríndanle honor** (7).

Pablo nos ofrece en estos versículos un concepto positivo del estado. En consecuencia, los cristianos, que reconocen que la autoridad y el ministerio del estado vienen de Dios, harán más que simplemente tolerarlo como si fuese un mal necesario. Los ciudadanos cristianos responsables se someterán a su autoridad, honrarán a sus representantes, pagarán sus impuestos y contribuciones, y orarán por la buena marcha de la institución.[34] Al mismo tiempo, procurarán que el estado cumpla el papel que le ha asignado Dios y, en la medida en que se les presente la oportunidad, participarán activamente en el desempeño de las tareas de la institución.

22
Nuestra relación con la ley: El amor al prójimo como su cumplimiento
Romanos 13.8–10

Pablo regresa ahora del ministerio del estado (por medio de sus representantes oficiales) a los deberes de los cristianos individuales, particularmente en cuanto a nuestra responsabilidad de manifestar amor. De hecho el párrafo acerca del estado se inserta entre dos mandatos a amar a nuestros enemigos (12.20) y amar a nuestro prójimo (13.9). El hecho de que el estado tenga a su cargo la administración de la justicia no es de ningún modo incompatible con nuestra obligación de amar. Tres veces en estos tres versículos el apóstol escribe sobre la necesidad de amar a nuestro prójimo, y para ello alude a Levítico 19.18, 'Ama a tu prójimo como a ti mismo.' Más aun, hace tres declaraciones en torno al tema del amor al prójimo.

1. El amor es una deuda impaga

Ya antes en esta carta, Pablo se ha referido varias veces a la importancia de pagar las deudas. Estamos en deuda con el mundo incrédulo porque debemos compartir el evangelio con él (1.14); estamos en deuda con el Espíritu Santo porque debemos vivir una vida de santidad (8.12s); y estamos en deuda con el estado porque debemos pagar los impuestos (13.6s). De hecho, es esta referencia a las deudas lo que sirve de transición entre el versículo 7 y el versículo 8. **No tengan deudas pendientes con nadie**, escribe Pablo, **a no ser la de amarse unos a otros** (8a). Vale decir, hemos de ser puntillosos en cuanto a pagar las cuentas y hacer frente a las exigencias en cuanto a impuestos.

Además, antes de contraer una hipoteca o solicitar un crédito, o hacer una compra a plazos, es preciso que nos aseguremos que podemos cumplir con los pagos puntualmente. Pero hay una deuda que siempre quedará abierta, porque nunca podremos pagarla; esa deuda es el deber de amar. Nunca podemos dejar de amar a alguien y decirle, 'Ya he amado suficiente.' Algunos comentaristas se resisten a aceptar esta interpretación, sobre la base de que parecería alentarnos a aceptar nuestra incapacidad de manifestar amor. Si así fuera podríamos decir: 'Reconozco que debo saldar mis deudas, pero la Escritura dice que no necesito pagar las deudas de amor.' Por ello, como alternativa, se señala que las palabras *ei mē* podrían traducirse como 'solamente' en lugar de 'a no ser' ('sino', RVR). Entonces la oración no sería, literalmente, 'No debas nada a nadie salvo [excepto, sino, a no ser] el amarse unos a otros' sino 'No debas nada a nadie; sólo ámense unos a otros.' Sin embargo, el contexto no favorece un anticlímax tan débil. Es mejor entender que Pablo quiere decir que por supuesto que debemos amar a nuestro prójimo, como lo manda la Escritura, aun cuando siempre vamos a quedar cortos en cuanto al amor que se nos pide; 'esa perpetua deuda de amor' (JBP) siempre estará abierta.

2. El amor es el cumplimiento de la ley

Pablo continúa: **De hecho, quien ama al prójimo ha cumplido la ley (8b).** Las dos oraciones del versículo 8 ofrecen, así, un marcado contraste. Si amamos a nuestro enemigo o a nuestra enemiga, por lo menos en el sentido de no hacerle ningún daño, se puede decir que hemos cumplido la ley, aun cuando no hayamos pagado completamente nuestra deuda.

Es preciso que leamos la afirmación de Pablo acerca del cumplimiento de la ley ante el trasfondo del capítulo 7, en el que sostenía que somos incapaces de cumplirla por nuestra cuenta, debido a nuestra naturaleza caída y egocéntrica. Sin embargo, continuó diciendo que Dios ha hecho por nosotros lo que la ley (debilitada por nuestra naturaleza pecaminosa) no podía hacer. Él nos ha rescatado, tanto de la condenación de la ley mediante la muerte de su Hijo, como de la esclavitud a la ley, por el poder del Espíritu que habita en nosotros. Porque lo que Dios hizo fue con el 'fin de que las justas demandas de la ley se cumplieran [como en 13.8] en nosotros, que no vivimos según la naturaleza pecaminosa sino según el Espíritu' (8.3s).

Ahora que Pablo repite en el capítulo 13 su declaración acerca del cumplimiento de la ley, modifica el énfasis sobre la forma en que se da el cumplimiento (por el Espíritu Santo), trasladándolo a la naturaleza del mismo (el amor). A menudo se piensa que la ley y el amor son incompatibles. Y por cierto que hay diferencias significativas entre ellos, por cuanto la ley es frecuentemente negativa (prevalece la partícula 'no …') y el amor es positivo; la ley se refiere a determinados pecados, mientras que el amor es un principio general.

Pero quienes abogan por la 'nueva moralidad' o la 'ética situacional' van mucho más allá que esto. Insisten en que ahora 'no se prescribe nada salvo el amor'. De hecho 'el amor es el fin de la ley' porque la ley ya no hace falta. El amor tiene su propio 'ámbito moral incorporado' que discierne intuitivamente lo que en cada situación exige el verdadero respeto por las personas.[1] Pero esta actitud expresa una ingenua confianza en la infalibilidad del amor. La verdad es que el amor no puede manejarse por sí solo, sin una norma moral objetiva. Es por ello que Pablo no escribió que 'el amor es el fin de la ley' sino que 'el amor es el cumplimiento de la ley'. El amor y la ley se necesitan mutuamente. El amor necesita de la ley para imprimirle dirección, mientras que la ley necesita del amor por la inspiración que aporta.

3. El amor no daña al prójimo

A continuación Pablo explica cómo es que el amor al prójimo da cumplimiento a la ley. Cita las prohibiciones de la segunda tabla de la ley: **'No cometas adulterio'**, **'No mates'**, **'No robes'**, 'No dirás falso testimonio' (RV 1909; sólo algunos manuscritos incluyen este mandamiento; se trata claramente de un agregado posterior, aunque el hecho de que Pablo lo haya salteado no parecería ser otra cosa que una omisión), **'No codicies'** (9a). A estos agrega **y todos los demás mandamientos,** y finalmente declara que todos ellos **se resumen en este precepto: 'Ama a tu prójimo como te amas a ti mismo'**, como había dicho Jesús antes que él (9b).[2] ¿Por qué es que el amor resume todos los mandamientos? Porque **el amor no perjudica al prójimo** (10a). No cabe duda que los últimos cinco pecados prohibidos en los Diez Mandamientos dañan a otros. El asesinato les quita la vida, el adulterio el hogar y el honor, el robo la propiedad, y el falso testimonio el buen nombre, mientras que la codicia priva a la sociedad de los ideales de simplicidad y contentamiento. Todo esto 'perjudica' (*kakos*, maldad) al prójimo, mientras que la esencia del amor consiste en procurar y servir el mayor bien de nuestro prójimo. Es por ello que **el amor es el cumplimiento de la ley** (10b).

A veces se sostiene que el mandamiento a amar a nuestro prójimo como a nosotros mismos es, implícitamente, un requerimiento a amarnos a nosotros mismos además de amar a nuestro prójimo. Pero no es así. Esto podemos decirlo, sin vacilación, en parte porque Jesús habló del primero y el segundo mandamientos, sin mencionar un tercero; en parte porque *agapē* es amor desinteresado que no puede volverse hacia uno mismo; y en parte porque según las Escrituras el amor hacia uno mismo es la esencia del pecado. Hemos de confirmar todo en cuanto a nosotros mismos si nace de la creación, mientras negamos todo en cuanto a nosotros mismos en lo que surge de la caída. Lo que exige el segundo mandamiento es que amemos a nuestro prójimo tanto como, de hecho (dado que somos pecadores), nos amamos a nosotros mismos. Esto quiere decir que hemos de amarlos con un amor 'tan real y sincero como el pecaminoso amor que tenemos por nosotros mismos, de cuya realidad y sinceridad no hay sombra de dudas'.[3] Por lo tanto, si realmente amamos a nuestro prójimo, procuraremos su bien, no su perjuicio, y por consiguiente cumpliremos la ley, aun cuando jamás saldaremos completamente nuestra deuda.

23
Nuestra relación con el tiempo actual: Vivir en el 'ya' y en el 'todavía no'
Romanos 13.11–14

El punto preciso de continuidad entre los versículos 8–10 y 11–14 no está claro. **Hagan todo esto,** comienza el apóstol, presumiblemente refiriéndose a los mandamientos a amar a nuestros prójimos y a abstenernos de perjudicarlos (8–10), como también, quizás, aludiendo a las instrucciones a someternos al estado y a pagar los impuestos. Con todo, ¿por qué debemos hacer todo esto? ¿Por qué tenemos que obedecer? El propósito de Pablo en este último párrafo de Romanos 13 (11–14) parece ser el de establecer un fundamento escatológico para la conducta cristiana. Ya nos ha dicho que no debemos '[amoldarnos] al mundo actual' (12.2). Ahora nos invita a recordar en qué momento vivimos, y a vivir de conformidad con ese momento.

1. Conscientes del tiempo | 11–12a

Uno de los rasgos de la sociedad tecnológica es que somos esclavos del tiempo. Todos llevamos relojes y tenemos conciencia precisa del paso del tiempo. Pero es más importante ser conscientes del tiempo según Dios, especialmente del *kairos,* **[el] tiempo en que vivimos** (11a), el momento existencial de oportunidad y decisión. La Biblia divide la historia en 'la era presente' y 'la era venidera', y los autores del Nuevo Testamento tienen claro que 'la era venidera' o el reino de Dios fueron inaugurados por Jesús. De modo que actualmente se superponen dos épocas. Esperamos ansiosamente la parusía, cuando el período antiguo finalmente desaparecerá, el período de superposición terminará, y la nueva era del reino de Dios llegará a su consumación. Pablo hace tres referencias temporales, que dan por sentado este trasfondo.

Primero, **ya es hora** (así literalmente) **de que despierten del sueño** (11b). La hora para dormir ha pasado. Ya es hora de despertar y levantarse.

Segundo, esto es así **pues nuestra salvación está ahora más cerca que cuando inicialmente creímos** (11c). El término 'salvación' es muy abarcador (por ejemplo 1.16), ya que comprende nuestro pasado (la justificación), el presente (la santificación) y el futuro (la glorificación). Claramente en este versículo se trata de nuestra salvación futura y final (8.24), de lo que Pablo ha descrito anteriormente en función de la libertad de la gloria, de la final adopción como hijos de Dios, y la redención de nuestro cuerpo (8.21–23). Esta herencia está más cerca ahora que 'cuando empezamos a creer en Jesús' (TLA). Cada día nos acerca más.

Tercero, **la noche** (la antigua era de oscuridad) **está muy avanzada y ya se acerca el día** (12a; el día del regreso de Cristo, que está a las puertas). Muchos lectores llegan a la conclusión de que Pablo estaba equivocado, ya que la noche se prolonga lentamente, y el día, si bien amaneció con la venida de Cristo, todavía no ha experimentado la plenitud de la salida del sol con su regreso. Pero se trata de una conclusión innecesaria. Primero, en vista de los antecedentes es improbable que Pablo dijese que el fin era inminente, porque Jesús había dicho que él mismo no sabía el momento,[1] porque los apóstoles se habían hecho eco de esto,[2] y porque sabían que la evangelización mundial,[3] la restauración de Israel (11.12ss) y la apostasía[4] debían preceder al desenlace final. Segundo, lo que sí sabían los apóstoles era que el reino de Dios llegó con Jesús, que los decisivos acontecimientos salvíficos que lo establecieron (su muerte, resurrección, exaltación y don del Espíritu) ya se habían producido, y que Dios no tenía nada en su calendario antes de la parusía. Este último sería el próximo acontecimiento, y el culminante. De modo que vivían, y nosotros también, en 'los últimos días'.[5] Es en este sentido que Cristo viene 'muy pronto' (16.20).[6] Es preciso que estemos alerta y vigilantes, porque no sabemos el momento.[7]

Aquí están, entonces, las tres referencias al tiempo o momento. El momento se ha hecho presente, ya está aquí para que despertemos (11a); ahora nuestra salvación está más cerca que antes (11b);

y la noche ya ha dado lugar al día (12a). Es la familiar tensión entre el 'ya' de la primera venida de Cristo y el 'todavía no' de su segunda venida.

2. Comprendiendo lo que corresponde al tiempo | 12b–14

El **por eso** a mitad del versículo 12 marca la transición, de las declaraciones de Pablo acerca del tiempo, a sus correspondientes exhortaciones. No es suficiente conocer el tiempo en que vivimos; es preciso que nos conduzcamos de conformidad con él. Pablo hace tres llamados. Los dos primeros aparecen en la primera persona plural, de modo que se incluye a sí mismo (**Por eso, dejemos …**), mientras que el tercero cambia a la segunda persona plural y a un llamado directo a sus lectores (**Más bien, revístanse …**). Los tres llamados constituyen oraciones dobles, y los aspectos negativos y positivos del llamado conforman una antítesis radical.

La primera continúa con la metáfora de la noche y el día, la oscuridad y la luz. Se refiere a nuestra vestimenta, y lo que (a la luz del tiempo) corresponde que vistamos. **Por eso, dejemos a un lado las obras de la oscuridad y pongámonos la armadura de la luz** (12b). El cuadro es que, debido a la hora, no sólo debemos despertarnos y levantarnos, sino también vestirnos. Tenemos que quitarnos la ropa de dormir, 'las obras de la oscuridad', y en cambio ponernos, como equipo adecuado para los soldados de Cristo, 'la armadura de la luz'. Porque 'la vida del cristiano no es un sueño, sino una batalla'.[8]

Del vestido apropiado Pablo pasa a ocuparse de la conducta apropiada. Hablando positivamente, **vivamos decentemente**, o 'decorosamente', **como a la luz del día**, es decir, como si el día ya hubiese despuntado: **no en orgías y borracheras, ni en inmoralidad sexual y libertinaje, ni en disensiones y envidias** (13). Opuesto a un comportamiento cristiano decente está la falta de dominio propio en las áreas de la bebida, el sexo y las relaciones sociales.

Podría decirse que la tercera y final antítesis de Pablo se relaciona con lo que nos preocupa, o sea lo que mantiene nuestra atención como cristianos. La alternativa que se nos presenta es, o bien el Señor Jesucristo o nuestra egocéntrica naturaleza caída: **Más bien, revístanse ustedes del Señor Jesucristo, y no se preocupen por satisfacer los**

deseos de la naturaleza pecaminosa (14). En Gálatas Pablo ha escrito que los que están en Cristo gracias a la justificación y el bautismo 'se han revestido' de Cristo.[9] En Romanos este revestirnos de Cristo es algo que todavía tenemos que hacer, o seguir haciendo. ¿Se considera que la ropa es un adorno? De serlo, quizás la idea sea que hemos de vestir las características de su enseñanza y su ejemplo, y revestirnos de 'afecto entrañable y de bondad, humildad, amabilidad y paciencia'.[10] El contexto, sin embargo, sugiere protección más bien que adorno. 'Que su armadura sea el Señor Jesucristo' (JB). En cualquier caso, no es sólo la semejanza a Cristo lo que debemos adoptar, sino a Cristo mismo, asiéndonos de él, y 'viviendo bajo él como Señor'.[11]

En contraste con el hermoso y protector ropaje que es Cristo, Pablo se refiere a nuestra fea y egocéntrica naturaleza (*sarx*). No ha sido erradicada; sigue estando presente. También tiene sus clamorosos deseos. Nuestras instrucciones no son solamente a no gratificar sus deseos; además se nos indica: 'no se preocupen por satisfacer los deseos de la naturaleza pecaminosa', ni debemos 'proveer' para ellos (BA), sino más bien ser implacables en cuanto a repudiarlos y some- terlos a muerte (8.13).[12]

Romanos 13 comenzaba con enseñanzas importantes sobre *cómo* podemos ser ciudadanos buenos (1–7) y obrar el bien hacia nuestro prójimo (8–10); termina con una explicación sobre *por qué* debemos ser así. No hay mejor incentivo para cumplir estos deberes que una viva expectativa del regreso del Señor. Estaremos correctamente relacionados con el estado (que es ministro de Dios) y con la ley (que se cumple al amar al prójimo) sólo cuando estemos correcta- mente relacionados con el día de la venida de Cristo. Aunque tanto el estado como la ley son instituciones divinas, constituyen estructuras provisionales, cuya importancia se vuelve relativa a la luz del último día, cuando cesarán. Ese día se acerca firme y seguramente. Nuestro llamado consiste en vivir a la luz de ese día, a comportarnos en la continuada noche como si el día hubiese amanecido, a disfrutar el 'ya' del reino inaugurado con la certidumbre de que lo que 'todavía no es', o sea el reino consumado, pronto se hará realidad.

24
Nuestra relación con los débiles: Recibirlos bien, y no despreciarlos, juzgarlos ni ofenderlos
Romanos 14.1–15.13

Los dos capítulos anteriores han puesto el énfasis en la primacía del amor, ya sea el amor hacia los enemigos (12.9, 14, 17ss) o el amor al prójimo (13.8ss). Ahora Pablo ofrece un extenso ejemplo de lo que significa en la práctica 'andar conforme al amor' (14.15, literalmente). Tiene que ver con las relaciones entre dos grupos de la comunidad cristiana en Roma, a los que menciona como 'los débiles' y 'los fuertes': **Los fuertes en la fe debemos apoyar a los débiles** (15.1).

Es importante tener claro desde el comienzo que Pablo está refiriéndose a una debilidad que no lo es de la voluntad ni del carácter, sino de la 'fe' (14.1). Se trata de una 'debilidad en cuanto a la seguridad de que la fe de uno le permite hacer ciertas cosas'.[1] De modo que si estamos tratando de figurarnos a un hermano o una hermana más débil, no debemos imaginarnos a un cristiano vulnerable, fácilmente vencido por tentaciones, sino a un cristiano sensible, lleno de indecisiones y escrúpulos. Lo que les falta a los débiles no es fuerza para el dominio propio, sino libertad de conciencia.

Sin embargo, ¿quiénes eran los débiles y los fuertes en Roma? Se han hecho cuatro propuestas principales con respecto a la identidad de los débiles. Luego los fuertes se identifican por contraste.

Primero, se sugiere que los débiles eran *ex idólatras*, recientemente convertidos del paganismo; el mismo grupo, de hecho, con el que se encontró Pablo en Corinto, y de los que había escrito en 1 Corintios 8.

Si bien ya habían sido rescatados de la idolatría, su conciencia excesivamente escrupulosa les impedía comer carne que, antes de ser vendida por el carnicero local, había sido usada en sacrificios a algún ídolo. Temían que comer carne sacrificada a los ídolos (*eidōlothyta*) los comprometiera y de esa manera se contaminaran.

Comparando Romanos 14 con 1 Corintios 8, es indudable que hay algunas semejanzas. Ambos capítulos se refieren a comer y a abstenerse, al peligro de provocar un tropiezo a los débiles, a la santidad de la conciencia, a la limitación voluntaria de la libertad cristiana, y al 'hermano por quien Cristo murió'. Pero en Romanos 14 no hay referencia alguna a las viandas ofrecidas a los ídolos y, en consecuencia, ninguna insinuación de que la cuestión de la idolatría formase parte del debate. Con seguridad que debemos aceptar que, si bien algunos de los mismos principios figuraban en los dos debates, las situaciones en Corinto y en Roma eran diferentes.

La segunda sugerencia es que los débiles eran *ascetas*. Desde luego, 'la amplia propagación del ascetismo religioso en la antigüedad está ... muy bien documentada',[2] y las ideas y prácticas de los ascetas pudieron haberse infiltrado en la iglesia de Roma. Había movimientos ascéticos tanto en el paganismo (por ejemplo, los pitagóricos) como en el judaísmo (por ejemplo, los esenios). Un ascetismo de este tipo bien podría explicar por qué los débiles se abstenían del vino y de la carne (14.21). Pero aparte de esto no hay indicio alguno de una situación así.

Tercero, C. K. Barrett ha sostenido que los débiles eran *legalistas*. La frase 'débil en la fe', propone Barrett, 'atestigua una falta de compresión del principio fundamental, que página tras página de esta epístola recalca que los hombres no son justificados y reconciliados con Dios por medio del vegetarianismo, el sabatismo, o la abstinencia, sino por la fe sola'.[3] En otras palabras, los débiles (que son débiles en la fe) consideraban sus observancias y abstinencias como buenas obras necesarias para la salvación. Pero en Gálatas, Pablo pronunció un solemne anatema sobre cualquiera que de este modo desfigurase el evangelio de la gracia.[4] ¿Es posible que hubiese sido tan suave, entonces, para con los débiles en Roma, tan falto de indignación hacia ellos, si la esencia del evangelio estaba en juego?

La cuarta propuesta, y la más satisfactoria, es que los débiles eran mayormente *cristianos judíos,* cuya debilidad consistía en su invariable compromiso de cumplir a conciencia las disposiciones judías relativas a dietas y días especiales. En cuanto a dietas, seguramente seguían cumpliendo las leyes alimenticias del Antiguo Testamento, y sólo comían productos limpios (14.14, 20). Procuraban asegurarse que la carne fuese *kosher* (o sea que el animal hubiese sido sacrificado del modo que estaba establecido) o, debido a la dificultad para garantizar esto, posiblemente preferían abstenerse totalmente de comer carne. En cuanto a los días especiales, seguramente observaban tanto el sábado, o *sabat*, como los festivales judíos. Todo esto encaja en un contexto cristiano judío.

La actitud conciliatoria de Pablo con respecto a los débiles (al no permitir que los fuertes los despreciaran, amedrentaran, condenaran o dañaran) también guarda concordancia con el decreto del Concilio de Jerusalén, que precisamente tenía como fin frenar a los fuertes y salvaguardar la conciencia de los débiles. Habiendo declarado categóricamente que la circuncisión no era necesaria para la salvación (el principio teológico central en este debate), el Concilio no sólo dio (tácitamente) a los cristianos judíos la libertad de continuar sus prácticas ceremoniales y culturales distintivas, sino que les pidió a los cristianos gentiles que en ciertas circunstancias se abstuviesen de prácticas que podían ofender la sensitiva conciencia cristiana de los judíos convertidos (por ejemplo pidiéndoles que evitasen la *eidōlothyta* y comer carne que no cumplía el requisito de ser *kosher*).[5] Evidentemente Pablo mismo seguía estas directrices en su propio ministerio, combinando la inflexibilidad cuando se trataba de principios, con las concesiones en asuntos de normas o costumbres.[6]

Más aun, esta manera de entender el trasfondo de Romanos 14.1–15.7, y el propósito del mismo de permitir que los cristianos de mentalidad conservadora (mayormente judíos) y los cristianos de mentalidad liberal (mayormente gentiles) coexistieran amistosamente en la comunidad cristiana, también prepara el camino para la elocuente conclusión de Pablo (15.5ss). En ella los débiles y los fuertes desaparecen de la escena, los creyentes judíos y gentiles aceptan sus respectivos lugares, y se oye a esta comunidad multi-étnica reconciliada 'con un solo corazón y una sola voz', en gloriosa armonía evangélica, adorando al 'Dios y Padre de nuestro Señor Jesucristo' (6ss).

Desde luego que los grupos no eran idénticos; había alguna medida de superposición. El texto no nos permite hacer la prolija ecuación 'débil = cristiano judío' y 'fuerte = cristiano gentil'. Esto porque es indudable que algunos de los débiles eran creyentes gentiles que habían sido 'temerosos de Dios' en el entorno de las sinagogas, y que se habían acostumbrado a seguir las tradiciones del judaísmo, mientras que algunos de los fuertes eran cristianos judíos (como Pablo) cuya conciencia madura les permitía regocijarse en su libertad cristiana. Con seguridad que esta era la posición personal de Pablo. Aclara perfectamente que cree que la posición de los fuertes es la correcta (14.14, 20); en todo momento escribe desde la perspectiva de los fuertes; y se asocia explícitamente con ellos cuando se incluye en 15.1 ('Los fuertes … debemos …').

El profesor Dunn va más lejos. Las tensiones en Roma, sugiere, eran 'entre los que se veían a sí mismos como parte de un movimiento esencialmente judío, y por consiguiente obligados a observar las costumbres judías características y distintivas, y los que compartían lo que entendía Pablo acerca de un evangelio que trascendía las particularidades judaicas'.[7] Aunque la dieta siempre había diferenciado a los judíos de sus vecinos paganos (como en el caso de Daniel en Babilonia),[8] 'la crisis macabea había hecho de la observancia de estas leyes (alimenticias) una prueba de judaísmo, un símbolo de lealtad al pacto y a la nación'. En efecto, 'las reglas dietéticas constituían una de las marcas fronterizas más claras que distinguían a los judíos de los gentiles'.[9] La observancia del sábado era otra. Así, '"ingerir comida impura y violar el sábado 'figuraban juntos como los dos sellos principales de deslealtad al pacto,'"[10] en tanto que la estrictez en ambos revestía fundamental importancia en el mantenimiento de la fidelidad al pacto. Por lo tanto, termina diciendo James Dunn, caracterizar Romanos 14–15 como "una discusión sobre 'aspectos no esenciales' … deja de lado la centralidad y la naturaleza crucial de la cuestión para la autocomprensión del cristianismo más primitivo".[11]

Con seguridad que todo esto es cierto y está bien expresado, pero sólo en la medida en que pasemos de inmediato a aclarar la posición de Pablo al respecto. Resulta vital, para su estrategia en estos capítulos, la insistencia en que, desde una perspectiva evangélica, los asuntos alimentarios y relativos a días especiales son precisamente aspectos *no esenciales*. Incluso llega casi al sarcasmo cuando yuxtapone 'el reino de Dios' con 'comidas o bebidas', como si pudiesen compararse (14.17), y cuando ruega a los fuertes que 'no [destruyan] la obra de Dios por causa de la comida' (14.20).

Hace falta una capacidad de discernimiento similar en nuestros días. No debemos elevar cosas no esenciales, especialmente cuestiones relacionadas con las costumbres y las ceremonias, al nivel de lo esencial y tomarlas como prueba de ortodoxia y condición para la confraternización. Tampoco debemos desestimar asuntos teológicos y morales fundamentales como si fuesen sólo culturales y de poca monta. Pablo distinguía entre estas cosas; y también deberíamos hacerlo nosotros.

Pablo no insiste en que todos los demás estén de acuerdo con él, como lo hizo en los primeros capítulos de su carta con respecto al camino de la salvación. No; las cuestiones en Roma eran *dialogismoi* (1), **discusiones** (NVI, DHH y otras) 'asuntos dudosos' (NEB) o 'temas discutibles' (NIV), 'disputas' (RV 1909) 'opiniones' (RVR, BA, y otras) sobre los que no era necesario que todos los cristianos estuviesen de acuerdo. Los reformadores del siglo dieciséis llamaban a estas cosas *adiafora*, 'asuntos de indiferencia', fuesen (como aquí) costumbres y ceremonias, o creencias secundarias que no forman parte del evangelio o del credo. En cualquiera de estos casos se trata de asuntos sobre los cuales las Escrituras no se pronuncian claramente. En nuestros días podríamos mencionar prácticas tales como la forma del bautismo, la entrega y recepción de un anillo de casamiento (algo que debatían ardientemente los puritanos en el siglo diecisiete), y el uso de cosméticos, joyas y alcohol, juntamente con creencias tales como cuáles *jarismata* están disponibles y/o son importantes hoy, sobre si las 'señales y maravillas' milagrosas han de ser frecuentes o infrecuentes, cómo se han cumplido o se van a cumplir las profecías del Antiguo Testamento, cuándo y cómo se instalará el milenio, la relación entre la historia y la escatología, y la naturaleza precisa tanto del cielo como del infierno. En estos y otros asuntos, hoy como en la Roma del primer siglo, el problema es cómo manejar las diferencias sinceras cuando se trata de cuestiones sobre las que la Escritura hace silencio o no ofrece claridad, de tal modo que se evite provocar la fractura de la comunión cristiana.

Una característica adicional de este pasaje merece nuestra atención, a saber, la notable combinación de teología y ética que logra Pablo. Aunque se está ocupando de asuntos muy terrenales, los fundamenta en las verdades de la cruz, la resurrección, la parusía y el juicio. Griffith Thomas tituló acertadamente su exposición de Romanos 14 'Doctrinas elevadas para deberes humildes'.[12]

El bosquejo que corresponde a la argumentación de Pablo en esta larga sección (14.1–15.13) parece ser el siguiente. Primero, presenta el principio fundamental de la aceptación (especialmente la aceptación de los débiles) en la que se apoya toda la discusión. Es positivo ('Reciban al que …'), pero con limitaciones ('no para entrar en discusiones', 1). Luego, en segundo lugar, abarcando el resto del pasaje, hace tres deducciones negativas que se siguen de su principio positivo. Les dice a sus lectores que no deben despreciar ni condenar a los débiles (2–13a); que no deben ofenderlos ni destruirlos (13b–23); y que no deben agradarse a sí mismos, sino seguir el ejemplo de desprendimiento ofrecido por Cristo (15.1–4). En conclusión celebra la unión de judíos y gentiles en el culto a Dios (15.5–13).

1. El principio positivo | 1

El principio positivo consta de dos partes. Primero, **reciban al que es débil en la fe** (1a). Notamos que no se hace ningún intento por ocultar o disimular lo que son estos hermanos y hermanas. Son débiles en la fe (aquí con el significado de 'convicción'), inmaduros, sin enseñanza adecuada, y en realidad están equivocados (como lo demuestra claramente el desarrollo de la argumentación de Pablo). Pero no por eso han de ser ignorados, reprochados, corregidos (por lo menos en esta etapa), sino más bien recibidos en el seno de la comunidad. *Proslambanō* significa más que 'aceptar' a la gente en el sentido de consentir que exista, incluso en cuanto a su derecho a pertenecer; más aun que 'recibirla o aceptarla en nuestro núcleo social, en la casa o en el círculo de amistades' (BAGD). Significa darle la bienvenida en nuestro compañerismo y en nuestro corazón. Supone la calidez y la bondad del amor genuino. Así, se usa en el Nuevo Testamento sobre Filemón al darle a Onésimo la misma bienvenida que le daría al apóstol,[13] sobre los malteses que dieron la bienvenida a los maltrechos náufragos cuando llegaron a nado a la playa,[14] y aun sobre Jesús cuando promete recibir a su pueblo en el cielo.[15]

'Recibir' o 'dar aceptación' son actitudes bien vistas en nuestros días, y con justicia. Teológicamente, nuestra aceptación por Dios es un término contemporáneo perfectamente bueno para la justificación. Pero deberíamos ser cautos en cuanto al concepto moderno de una 'aceptación incondicional', como cuando se debate el concepto de la 'iglesia abierta', y se ofrece membresía a todos indiscriminadamente, sin hacer preguntas y sin poner condiciones. Porque si bien el amor de Dios es verdaderamente incondicional, que él nos acepte no lo es, ya que depende de nuestro arrepentimiento y de nuestra fe en Jesucristo. Es preciso que tengamos esto en mente cuando consideramos que tenemos que aceptar al débil (14.1) porque 'Dios lo ha aceptado' (14.3), y aceptarnos unos a otros 'así como Cristo [nos] aceptó' a nosotros (15.7).

En segundo lugar, habiendo reflexionado sobre el principio de la aceptación, tenemos que observar su limitación: **Pero no para entrar en discusiones** (1b), o como en RVR, 'no para contender sobre opiniones'. Ambas palabras griegas tienen una gama de significados. *Diakriseis* (traducido 'contender' en RVR) puede significar discusiones, debates, peleas o juicios, y *dialogismoi* puede significar opiniones, escrúpulos o 'los ansiosos debates internos de la conciencia'.[16] Pablo está diciendo, entonces, que debemos recibir a la persona débil con una bienvenida cálida y genuina, 'sin debate sobre sus dudas' o escrúpulos (REB), o 'no con el propósito de entablar peleas en torno a opiniones' (BAGD). En otras palabras, no debemos convertir a la iglesia en una cámara de debates, cuya característica principal sea la discusión, y menos todavía en un tribunal de justicia en el que se pone a las personas débiles en el banquillo del acusado, se las interroga y se las procesa. La bienvenida que les acordamos tiene que incluir el respeto por sus opiniones.

Consideremos a continuación las tres deducciones negativas.

2. Las deducciones negativas | 14.2–15.13

a. Primera deducción: No desprecien ni condenen a la persona débil | 14.2–13a

Quizá resulte útil, con el fin de comprender hacia dónde va la argumentación de Pablo, poner de relieve cada concepto teológico particular sobre el que basa sus exhortaciones. Son cuatro.

Recíbanlo porque Dios lo ha recibido | 2–3

Pablo elige la cuestión de la dieta como su primera ilustración de la forma en que los débiles y los fuertes, los temerosos y los libres, deberían tratarse los unos a los otros. **A algunos su fe les permite comer de todo,** ya que su libertad en Cristo los ha liberado de escrúpulos innecesarios acerca de la comida, **pero hay quienes son débiles en la fe, y sólo comen verduras** (2). Es probable que esto no sea porque sean vegetarianos por principio o por razones de salud, sino porque la única forma infalible de asegurarse de que jamás van a comer carne no *kosher* es no comer carne en absoluto. ¿Cómo tienen que considerarse unos a otros estos cristianos? **El que come de todo** (el fuerte) **no debe menospreciar al que no come ciertas cosas** (el que es débil debido a sus escrúpulos), **y el que no come de todo** (el débil) **no debe condenar al que lo hace** (el que es fuerte debido a su libertad).

No está claro por qué a los fuertes se les prohíbe 'menospreciar' a los débiles, y a los débiles 'condenar' a los fuertes. Tal vez sea que, mientras los fuertes podrían llegar a sentirse tentados a lamentar la debilidad de los débiles, los débiles podrían llegar a considerar a los fuertes (que han abandonado las tradiciones de Israel consagradas por el tiempo) como apóstatas y, por consiguiente, como merecedores de la condenación. Que esto sea o no así, la razón por la que son incorrectos tanto el menosprecio como la condena de un hermano en Cristo es que **Dios lo ha aceptado** (3). ¿Cómo podríamos atrevernos a rechazar a una persona a quien Dios ha aceptado? De hecho, la mejor forma de resolver cuál debería ser nuestra actitud hacia otras personas es determinar cuál es la actitud de Dios hacia ellas. Este principio es mejor todavía que la regla de oro. Está bien tratar a otros como nos gustaría que ellos nos traten a nosotros, pero mejor todavía es tratarlos como los trata Dios. La primera actitud es una guía práctica basada en nuestro egocentrismo de personas caídas, mientras que la segunda es una norma que tiene como base la perfección de Dios.

Recíbanlo porque Cristo murió y resucitó para ser el Señor | 4–9

El argumento prosigue. Si es inapropiado rechazar a alguien a quien Dios ha recibido, es igualmente inapropiado, cuando menos, interferir en la relación entre un amo y su *oiketēs*, su esclavo doméstico.

¿Quién eres tú para juzgar al siervo de otro? (4a). En la vida normal semejante comportamiento se consideraría injurioso, y sería tomado con profundo resentimiento. De igual manera, no tenemos derecho alguno a inmiscuirnos en la relación entre otro cristiano y Cristo, o a usurpar el lugar que debe ocupar Cristo en su vida. **Que se mantenga en pie, o que caiga, es asunto de su propio señor.** Porque no es responsable ante nosotros, como tampoco somos nosotros responsables por él. **Y se mantendrá en pie, porque el Señor tiene poder para sostenerlo** (4b), dándole su aprobación, tenga o no la nuestra.

A continuación Pablo despliega su segunda ilustración sobre las relaciones entre los fuertes y los débiles. Tiene que ver con la observancia o no de días especiales, presumiblemente festivales judíos, trátese de fiestas o ayunos, sean semanales, mensuales o anuales.[17] Comienza describiendo las alternativas sin comentario. **Hay quien considera que un día tiene más importancia que otro** (el débil), **pero hay quien considera iguales todos los días** (el fuerte). Este último no hace diferencia alguna entre días especiales o comunes, como tampoco entre unos alimentos y otros. A cualquiera de los grupos a los que pudieran pertenecer los lectores, la primera preocupación de Pablo para con ellos es esta: **Cada uno debe estar firme en sus propias opiniones** (5). Pablo no está alentando un comportamiento exento de reflexión. Tampoco favorece la aceptación de tradiciones sin el debido examen.

Dando por sentado que cada cual (el débil y el fuerte) ha reflexionado sobre el tema y ha llegado a una firme decisión, a partir de allí considerará que su práctica forma parte de su discipulado cristiano. **El que le da importancia especial a cierto día, lo hace para el Señor** (6a). Es decir, lo hace (o lo guarda) 'para honrar al Señor' (DHH), con la intención de agradarle y honrarlo. Y lo mismo vale para el que considera que todos los días son iguales, aunque Pablo no lo menciona en el versículo 6. En cambio, vuelve a la cuestión de la carne, y al hacerlo agrega un importante doble principio, que se relaciona con el agradecimiento. **El que come de todo, come para el Señor, y lo demuestra dándole gracias a Dios; y el que no come, para el Señor se abstiene, y también da gracias a Dios** (6b). Sea que uno esté entre los que comen o entre los que se abstienen, se aplica el mismo principio. Si somos capaces de recibir algo de Dios con agradecimiento, como un regalo suyo para nosotros, entonces lo podemos ofrecer de vuelta, como nuestro servicio a él. Los dos movimientos, de él a nosotros y de nosotros a él, van juntos y constituyen aspectos vitales de nuestro discipulado cristiano. Ambos constituyen pruebas valiosas y prácticas. '¿Puedo darle gracias a Dios por esto? ¿Puedo hacer esto para el Señor?'[18]

Este ingreso del Señor en nuestra vida se aplica a todas las situaciones. **Porque ninguno de nosotros vive para sí mismo, ni tampoco muere para sí** (7). Por el contrario, **si** (es decir, 'cuando') **vivimos, para el Señor vivimos; y si** (es decir, 'cuando') **morimos, para el Señor morimos** (8). La vida y la muerte parecerían tomarse como si juntas constituyesen la suma total de nuestra existencia como seres humanos. Mientras seguimos viviendo en la tierra y cuando por la muerte comenzamos la vida del cielo, todo lo que tenemos y somos pertenece al Señor Jesús, y por consiguiente, tenemos que vivirlo para su honra y gloria. ¿Por qué es así? Aquí está la respuesta de Pablo. **Para esto mismo murió Cristo, y volvió a vivir, para ser Señor tanto de los que han muerto como de los que aún viven** (9). Es maravilloso que el apóstol eleve la muy terrenal cuestión de nuestras mutuas relaciones en la comunidad cristiana al elevado nivel teológico de la muerte, resurrección y consiguiente señorío universal de Jesús. Dado que él es nuestro Señor, nosotros debemos vivir para él. Dado que él es también el Señor de los demás cristianos, debemos respetar la relación que tienen ellos con él, y ocuparnos de lo nuestro. Porque él murió y resucitó para ser Señor.

Recíbanlo porque es hermano de ustedes | 10a

Después de escribir sobre los fuertes y los débiles, los que observan y los que se abstienen, los vivos y los muertos, todo en términos más bien generales e impersonales, repentinamente Pablo plantea dos interrogantes directos en los que contrasta a 'tú' y 'tu hermano'. **Tú, entonces, ¿por qué juzgas a tu hermano? O tú, ¿por qué lo menosprecias?** (10a). Tanto menospreciar como juzgar a otros cristianos (los dos verbos son iguales a los que se usan en el v. 3), ya sea con una 'sonrisa de despectivo desprecio' o con 'la frente arrugada en señal de juicio condenatorio',[19] aparecen ahora como actitudes totalmente anómalas. ¿Por qué? No sólo porque Dios los ha aceptado, y porque Cristo ha muerto y resucitado para ser nuestro común Señor, sino también porque ellos y nosotros estamos relacionados unos a otros del modo más fuerte posible, o sea por lazos de familia. Sea que estemos pensando en los débiles, con sus agobiantes dudas y temores, o en los fuertes, con sus audaces certidumbres y libertades, son nuestros hermanos y hermanas. Cuando tenemos presente esto, nuestra actitud se vuelve de inmediato menos crítica e impaciente, más generosa y afectuosa.

Recíbanlo porque todos por igual vamos a comparecer ante el tribunal de Dios | 10b–13a

Hay un vínculo obvio entre no juzgar al hermano (10a), y tener que **comparecer ante el tribunal de Dios** (10b). No deberíamos juzgar, porque vamos a ser juzgados. Parecería haber una alusión a las palabras de Jesús: 'No juzguen a nadie, para que nadie los juzgue a ustedes.'[20] ¿A qué clase de 'juzgamiento' se estaba refiriendo Jesús, sin embargo? No estaba prohibiendo la crítica, o diciéndonos que deberíamos dejar de usar nuestras facultades críticas. Si hiciéramos eso, no podríamos obedecer una de sus instrucciones inmediatas, a saber, 'cuídense de los falsos profetas.'[21] No, lo que se les prohíbe a los seguidores de Jesús no es la crítica sino la censura, 'juzgar' en el sentido de condenar u opinar sin saber o conocer. Y la razón que se da es que vendrá el día en que nosotros mismos apareceremos ante el Juez. En otras palabras, no tenemos ningún derecho a subirnos al estrado, colocar a otros seres humanos en el banquillo, y comenzar a pronunciar juicio y sentenciar, porque sólo Dios es juez y nosotros no lo somos, como nos veremos obligados a reconocer cuando se inviertan los papeles.

Con el fin de confirmar lo dicho, Pablo cita Isaías 45.23: '**Tan cierto como que yo vivo** —dice el Señor (fórmula introductoria que aparece delante de varios oráculos proféticos, aunque no en este contexto)—, **ante mí se doblará toda rodilla y toda lengua confesará a Dios.'** (11). El énfasis recae en la universalidad de la jurisdicción de Dios, en que 'toda rodilla' y 'toda lengua' lo honrará. **Así que,** continúa Pablo, a la luz de esta cita de las Escrituras, **cada uno de nosotros,** individualmente, y no todos en masa, **tendrá que dar cuentas de sí** (no de otras personas) **a Dios** (12). **Por tanto,** dado que Dios es el Juez y que nosotros estaremos entre los que serán juzgados, **dejemos de juzgarnos unos a otros** (13a), porque así evitaremos la extrema torpeza de tratar de usurpar lo que es prerrogativa de Dios y anticiparnos al día del juicio.

Así, cuatro verdades teológicas dan apoyo a la admonición de Pablo a recibir a los débiles, y a no menospreciarlos ni condenarlos. Se relacionan con Dios, con Cristo, con ellos y con nosotros mismos. Primero, Dios los ha aceptado (3). Segundo, Cristo murió y resucitó para ser Señor, tanto de ellos como de nosotros (9). Tercero, son hermanas y hermanos nuestros, de modo que somos todos miembros de la misma familia (10a). Cuarto, todos compareceremos ante el tribunal de Dios (10b). Cualquiera de estas verdades debería ser suficiente para santificar nuestras relaciones; las cuatro en conjunto nos dejan sin excusas. ¡Y todavía faltan más razones!

b. Segunda deducción: No ofendamos ni destruyamos a la persona débil | 14.13b–23

En esta sección, como en la anterior, lo que ocupa nuestra atención principalmente es nuestra relación con los débiles. A pesar de los tres versículos sobre 'los unos a los otros' (13a, 19 y 15.7), que hablan sobre deberes recíprocos entre los débiles y los fuertes, lo que se realza especialmente es la responsabilidad cristiana de los fuertes para con los débiles. La argumentación pasa, sin embargo, de la forma en que los fuertes deben considerar a los débiles, a la forma en que deberían tratarlos; es decir, de las actitudes (no menospreciarlos ni condenarlos) a las acciones (no ocasionarles tropiezos ni destruirlos).

Más bien, en lugar de juzgarse unos a otros, escribe Pablo, **propónganse no poner tropiezos ni obstáculos al hermano** (13b). Hay aquí un juego de palabras en la oración en griego, que contiene un doble uso del verbo *krinein*, 'juzgar'. 'Por lo tanto, dejemos de juzgarnos unos a otros, y en cambio hagamos este simple juicio …' (NEB). El juicio o la decisión que hemos de tomar es evitar de poner un impedimento (*proskomma*) o trampa (*skandalon*)en el camino de nuestro hermano, haciendo que por esa causa tropiece y caiga. ¿Pero por qué? Pablo procede a establecer dos fundamentos teológicos para su exhortación, además de los cuatro desarrollados en los versículos 1–13a.

Recíbanlo porque es un hermano de ustedes por quien Cristo murió | 14–16

Antes de desplegar este argumento para no dañar al hermano o a la hermana más débil, Pablo explica en términos muy personales el dilema que enfrentan los fuertes. Lo crean dos conceptos en conflicto entre sí. Primero, **Yo, por mi parte, estoy plenamente convencido en el Señor Jesús,** como lo están los cristianos fuertes cuando tienen una buena doctrina sobre la creación,[22] **de que no hay nada impuro en sí mismo** (14a). La mención del Señor Jesús por parte de Pablo probablemente no significa que lo está citando textualmente, aunque sin duda debe de haber sabido acerca de la controversia de Jesús con los fariseos en relación con lo puro y lo impuro,[23] y de las palabras del Señor resucitado a Pedro sobre no llamar impuro a lo que Dios hizo puro.[24] La referencia parece ser más general ('Todo lo que sé acerca del Señor Jesús me convence de que …', REB), y es, al mismo tiempo, una afirmación sobre su unión personal con Cristo como su discípulo, y especialmente como su apóstol. Sea como fuere que llegó a esta convicción, se trataba de que los alimentos no eran en sí mismos impuros. La segunda parte del dilema es este: **Si algo es impuro** (porque la conciencia así se lo dice a alguien)**, lo es solamente para quien así lo considera** (14b), y en consecuencia no debería participar de ese algo. El versículo 14 se refiere, desde luego, a cuestiones ceremoniales o culturales (no morales), ya que Pablo es muy explícito en cuanto a que algunos de nuestros pensamientos, palabras y hechos sí son intrínsecamente malos.

La paradoja que enfrenta el fuerte es, entonces, que algunas comidas son tanto puras como impuras simultáneamente. Por un lado, los fuertes están convencidos de que todas las comidas son puras o limpias. Por el otro, los débiles están convencidos de que no lo son. ¿Cómo han de comportarse los fuertes cuando dos conciencias están enfrentadas? La respuesta de Pablo no deja lugar a ninguna ambigüedad. Si bien los fuertes tienen razón, y él comparte su convicción porque el Señor Jesús la ha respaldado, no deben atropellar sin miramiento los escrúpulos de los débiles, pretendiendo imponer su propio punto de vista a los demás. Por el contrario, deben ceder ante la conciencia del hermano más débil (aun cuando esté equivocado) y no violarla o hacer que la viole él. La razón es la siguiente: **Si tu hermano se angustia** (se aflige o incluso siente pena) **por causa de lo que comes,** no sólo porque ve que haces algo de lo cual desaprueba, sino porque se siente inducido a seguir tu ejemplo en contra de su propia conciencia, **ya no te comportas con amor** (15a), ya no transitas la senda del amor. El amor nunca deja de tener consideración para con las conciencias débiles. El amor limita su propia libertad por respeto a la conciencia del débil.[25] Herir la conciencia de un hermano débil no es sólo afligirlo sino 'destruirlo', y esto es totalmente incompatible con el amor. **No destruyas, por causa de la comida, al hermano por quien Cristo murió** (15b).

Dos veces ya Pablo se ha referido al cristiano más débil como un 'hermano' (10); ahora lo repite cuatro veces más (13, 15 [dos veces], 21), y agrega la conmovedora descripción 'por quien Cristo murió'. ¿Lo amó Cristo lo suficiente como para morir por él, y nosotros no lo amaremos lo suficiente como para evitar herir su conciencia? ¿Se sacrificó Cristo por su bien, y nosotros insistiremos en hacer valer nuestros derechos sin tener en cuenta el perjuicio que le hacemos? ¿Lo salvó Cristo, y en cambio a nosotros no nos ha de importar destruirlo?

Pero, ¿en qué clase de 'destrucción' está pensando Pablo? El profesor Dunn sostiene que, 'como concuerdan todos los comentaristas recientes, lo que se tiene en mente ... es la ruina escatológica final', o sea el infierno.[26] Me permito no estar de acuerdo, por cuatro razones. Primero, ¿realmente hemos de creer que un solo acto de un hermano creyente contrario a su propia conciencia (que de todas maneras no fue por su culpa, sino por culpa de los fuertes que lo desviaron, y por lo tanto un error no intencional, no un acto deliberado de desobediencia) ha de merecer la condenación eterna? Creo que no; el infierno está reservado exclusivamente para los tercos, los impenitentes, los que deliberadamente persisten en obrar mal (2.5ss). Segundo, este punto de vista (la destrucción eterna de un hermano) no guarda relación con la doctrina de la perseverancia final, algo que el apóstol expresó elocuentemente en 8.28–39, al sostener que absolutamente nada puede jamás apartarnos del amor de Dios. El sello de todo auténtico 'hermano' o 'hermana' es que él o ella, dado el inquebrantable amor de Dios, ha de perseverar hasta el fin. Tercero, Pablo escribe en el versículo 15 que los fuertes son capaces de destruir a los débiles; sin embargo, Jesús dijo que Dios mismo es la única persona que puede destruir a alguien en el infierno.[27] Cuarto, el contexto demanda una interpretación diferente de 'destruir'. *Apollymi* tiene un amplio espectro de sentidos que va desde 'matar' hasta 'arruinar'. Aquí lo opuesto a 'destruir' es 'edificar' (19s; 15.2). La advertencia de Pablo, por consiguiente, es que los fuertes que desvían a los débiles a fin de que procedan en contra de su propia conciencia dañarán seriamente su discipulado cristiano. **En una palabra, no den lugar a que se hable**

mal del bien que ustedes practican (16), es decir, de la libertad que han encontrado en Cristo, por hacer gala de ella en perjuicio de los débiles.

Recíbanlo porque el reino de Dios es más importante que la comida | 17–21

Si el primer concepto teológico que sirve de soporte del llamado de Pablo a los fuertes para que se refrenen es la cruz de Cristo, el segundo es el reino de Dios, es decir, la benevolente regla de Dios a través de Cristo y por medio del Espíritu Santo en la vida de su pueblo, que ofrece salvación gratuita y exige obediencia total. Si bien el reino de Dios no es una doctrina tan central en la enseñanza paulina como lo era en la enseñanza de Jesús, no obstante ocupa un lugar prominente.[28] Aquí el argumento de Pablo es que, cada vez que los fuertes insisten en usar su libertad para comer lo que se les antoje, aun a expensas del bienestar de los débiles, se hacen culpables de una grave falta de desmesura. Sobreestiman la importancia de la dieta (algo trivial) y subestiman la importancia del reino (que es central), **porque el reino de Dios no es cuestión de comidas o bebidas sino de justicia, paz y alegría en el Espíritu Santo** (17). La justicia, la paz y la alegría inspiradas por el Espíritu se entienden a veces como las condiciones subjetivas relacionadas con ser justo, pacífico y alegre. Pero en el contexto más amplio de Romanos es más natural tomarlas como estados objetivos, a saber, la justificación por medio de Cristo, la paz con Dios y la alegría que produce la esperanza de la gloria de Dios (5.1s), de lo cual el Espíritu mismo es garantía y anticipo (23). Y la razón de la mayor significación del reino es que **el que de esta manera sirve a Cristo** (REB 'que se muestra como siervo de Cristo de esta manera'), que busca primeramente el reino de Dios[29] y reconoce 'que la comida y la bebida son asuntos secundarios,'[30] **agrada a Dios y es aprobado por sus semejantes** (18).

Los versículos 19–21 repiten, refuerzan y aplican la misma enseñanza acerca de la proporción o el equilibrio. Contienen tres exhortaciones. Primero, **por lo tanto, esforcémonos por promover** (literalmente, 'por lo tanto esforcémonos en buscar con afán') **todo lo que conduzca a la paz y a la mutua edificación** (19). Aquí 'la paz' parece ser el shalom que se experimenta en el seno de la comunidad cristiana, mientras que 'la edificación' consiste en edificarnos unos a otros en Cristo. Esta es la meta positiva que todos deberíamos procurar alcanzar, y que los fuertes estaban descuidando en su insensible trato de los débiles.

Segundo, **no destruyas la obra de Dios por causa de la comida**. (20a). 'La obra de Dios' podría significar el hermano individual más débil, pero en el contexto parecería referirse a la comunidad cristiana. 'Destruir' es traducción de un verbo diferente del que Pablo ha usado en el versículo 15. *Katalyō* significa 'arrancar' o 'derribar', particularmente en relación con edificios. Parecería que se trata de un contraste intencional con el versículo anterior. Nuestra responsabilidad consiste en procurar la edificación de la comunidad (19), y no derribarla (20). Y en particular no debemos derribarla 'por causa de la comida'. En la oración griega esta cláusula aparece primero. ¡Con seguridad que 'por causa de un plato de carne' (JBP) no vamos a arruinar la obra de Dios! Tres veces antes Pablo ha usado de un poco de ironía para exponer la incoherencia de valorar la comida más que la paz, la salud del estómago por encima de la salud de la comunidad; esta es la cuarta. ¿Están ustedes los fuertes realmente dispuestos —pregunta— a angustiar al hermano 'por causa de lo que [comen]' (15a), a dañarlo espiritualmente 'por causa de la comida' (15b), a estimar sus 'comidas o bebidas' por encima del reino de Dios (17), y ahora a demoler la obra de Dios 'por causa de la comida' (20)?[31] Tienen que haber habido algunas caras rojas de vergüenza entre los fuertes cuando escuchaban la lectura de la carta de Pablo ante la asamblea. Su suave sarcasmo ponía en evidencia la perspectiva desviada. Iban a tener que revalorar sus valores, dejar de insistir en sus libertades a expensas del bienestar de otros, y poner primero la cruz y el reino.

La tercera exhortación de Pablo expresa un contraste entre dos clases de comportamiento, uno de los cuales, según declara, es 'malo' y el otro 'bueno', *kakos* (20b) y *kalos* (21). **Todo alimento es puro**, afirma, concepto que repite, tomándolo del versículo 14, excepto que el adjetivo es ahora *katharos* ('puro') y no *koinos* ('común'), **lo malo** (*kakos*) **es hacer tropezar a otros por lo que uno come** (20b). Siendo así, **más vale** (*kalos*) **no comer carne ni beber vino** (algo que se menciona aquí por primera vez), **ni hacer nada que haga caer a tu hermano** (21). La declaración de que 'todo alimento es puro' suena como el estribillo de los fuertes. Y Pablo está de acuerdo con ese criterio. Ese era el concepto teológico que les dio su libertad de comer todo lo que quisieran. Pero había otros factores que debían considerarse, factores que limitarían el ejercicio de dicha libertad. En particular, estaba el hermano o la hermana más débil, con su conciencia excesivamente sensitiva y escrupulosa, que estaba convencido de que no todos los alimentos eran puros. De modo que sería malo que los fuertes usaran su libertad para dañar a los débiles. Alternativamente, sería bueno que los fuertes (Pablo lleva su argumento hasta su conclusión lógica) no comiesen carne ni bebiesen vino, es decir, que se hiciesen vegetarianos y abstinentes totales, y llegaran a cualquier extremo de renunciación, si esto fuera necesario para lograr el bien de los débiles.

Pablo concluye (22–23) trazando una diferencia entre creencia y acción, es decir, entre convicción privada y comportamiento público. De modo que, escribe, por lo que hace a la esfera privada, **la convicción que tengas tú al respecto,** seas fuerte y creas que puedes comer de todo, o débil y creas que no puedes, **mantenla como algo entre Dios y tú** (22a); mantenla secreta. No hace falta ni hacer despliegue de puntos de vista ni imponerlos a otros. En cuanto a la conducta pública, hay dos opciones, representadas por dos personas a las que rápidamente reconocemos como un cristiano fuerte, y otro débil, respectivamente. El cristiano fuerte recibe bendición porque su conciencia aprueba que coma de todo, de modo que puede seguir lo que le dicta su conciencia sin tener sensaciones de culpa. **Dichoso aquel a quien su conciencia no lo acusa por lo que hace** (22b). **Pero el que tiene dudas en cuanto a lo que come,** es decir, el cristiano débil a quien persiguen temores porque su conciencia le manda señales vacilantes, **se condena** (probablemente por obra de su conciencia, no por obra de Dios); **porque no lo hace por convicción** ('con fe', RVR). **Y todo lo que no se hace por convicción** ('que no proviene de fe', RVR) **es pecado** (23). Este epigrama final exalta lo importante de la conciencia. Aunque no es infalible, como hemos visto, sí es santificada, de modo que ir en contra de ella (no actuar con fe) es pecado. Al mismo tiempo, a la par de estas instrucciones explícitas a no violentar la conciencia, hay un requerimiento implícito a educarla.

Luego Pablo llega a su tercera deducción negativa a partir del principio positivo de 'recibir' o aceptar al hermano más débil. Habiendo encarecido a los fuertes a no menospreciar ni juzgarlo (14.2–13a), ni a angustiarlo o dañarlo (14.13b–23), ahora los exhorta a no agradarse a sí mismos (15.2–13).

c. Tercera deducción: No se agraden a sí mismos | 15.1–13

Los fuertes en la fe debemos … , comienza. Así, por primera vez los identifica mediante este nombre, y al mismo tiempo se identifica a sí mismo como uno de ellos. ¿Qué deben hacer, entonces, los fuertes? ¿Cuál es su responsabilidad cristiana hacia los débiles?

Primero, los fuertes **debemos apoyar a los débiles** (1a). O como traduce RVR 'debemos soportar las flaquezas (literalmente, 'debilidades') de los débiles' . Desde luego, las personas fuertes se sienten tentadas a ejercer su fuerza para descartar o aplastar a las personas débiles. En cambio, Pablo las anima a soportarlas. El verbo griego *bastazō*, al igual que el verbo 'soportar' en español, puede significar ya sea 'aguantar' en el sentido de 'tolerar', o 'llevar' y 'cargar'. El contexto sugiere que esto último es lo correcto aquí. La fuerza de una persona puede compensar la debilidad de otra persona, como refleja NVI.

Segundo, 'debemos apoyar a los débiles', **en vez de hacer lo que nos agrada** (1b). Ser egocéntrico y egoísta es propio de la naturaleza humana caída. Pero no deberíamos usar nuestra fuerza para aumentar nuestra ventaja. Como ha venido argumentando Pablo, los cristianos con conciencia fuerte no deben pisotear la conciencia de los débiles.

Tercero, **cada uno debe agradar al prójimo para su bien, con el fin de edificarlo** (2). Agradar al prójimo, algo que la Escritura manda,[32] no debe confundirse con 'agradar a los hombres', lo que la Escritura condena.[33] En este sentido peyorativo, 'agradar a los hombres', generalmente como opuesto a agradar a Dios, significa halagar a otros con el fin ganar su favor, lograr su aprobación mediante algún compromiso deshonesto. Siempre es incompatible con la integridad y la sinceridad. Tal vez haya sido para evitar un posible malentendido semejante que Pablo restringe su llamado a agradar al prójimo con la cláusula 'para su bien, con el fin de edificarlo' (ver 14.19). En lugar de provocar su tropiezo (14.13, 20), de destruir (14.20) o hacer caer (14.21) a nuestro prójimo, hemos de edificarlo. La edificación es una alternativa constructiva a la demolición. Y esta edificación o elevación del débil ha de incluir, indudablemente, ayudarlo a educar su conciencia y, así, fortalecerla.

Una vez más Pablo agrega un fundamento teológico a su llamado. Esta vez se refiere a Jesucristo mismo, a quien ahora se menciona en casi todos los versículos, y en particular a su ejemplo. ¿Por qué debemos agradar al prójimo y no a nosotros mismos?

Porque Cristo no se agradó a sí mismo | 3–4

Esta simple afirmación 'sintetiza con elocuente discreción tanto el significado de la encarnación, como el carácter de la vida terrenal de Cristo'.[34] En lugar de agradarse a sí mismo, se entregó al servicio de su Padre y de los seres humanos. Aunque, 'siendo por naturaleza Dios', tenía todo el derecho a agradarse a sí mismo, 'no consideró el ser igual a Dios como algo a que aferrarse' en su propio beneficio, sino que 'se despojó a sí mismo' (RVR) de su gloria, y luego 'se humilló a sí mismo' para servir.[35]

Sin embargo, en lugar de referirse específicamente a la encarnación o a algún incidente en su vida encarnada, Pablo cita el Salmo 69, que describe vívidamente los injustos e inmerecidos sufrimientos de un hombre justo, palabras que se citan en relación con Cristo cuatro o cinco veces en el Nuevo Testamento, porque se consideran predicciones mesiánicas. El versículo 9 de ese salmo incluye las palabras que cita Pablo. **Como está escrito: 'Sobre mí han recaído los insultos de tus detractores'** (3). Es decir, como ejemplo de su negativa a agradarse a sí mismo, Cristo se identificó tan completamente con el nombre, la voluntad, la causa y la gloria del Padre, que cayeron sobre él insultos destinados a Dios.

El cumplimiento por parte de Cristo del Salmo 69.9 lleva a Pablo a una breve digresión acerca de la naturaleza y el propósito de las Escrituras del Antiguo Testamento. **De hecho, todo lo que se escribió en el pasado se escribió para enseñarnos, a fin de que, alentados por las Escrituras, perseveremos en mantener nuestra esperanza** (4). De esta cuidadosa aseveración es legítimo derivar cinco verdades acerca de la Escritura, que haríamos bien en tener presente.

Primero, su intención contemporánea. Desde luego que los libros de la Biblia estaban destinados en primer lugar a aquellos a quienes, y para quienes, fueron escritos 'en el pasado'. Pero el apóstol está persuadido de que también fueron escritos 'para enseñarnos'.[36]

Segundo, su valor inclusivo. Habiendo citado sólo la mitad de un versículo de un salmo, Pablo declara que 'todo' lo que se escribió en el pasado es para nosotros, aunque obviamente no todo tiene igual valor. Jesús mismo habló de 'los asuntos más importantes de la ley'.[37]

Tercero, su enfoque cristológico. La aplicación a Cristo que hace Pablo del Salmo 69 es un excelente ejemplo de la forma en que el Señor resucitado podía explicarles a sus discípulos 'lo que se refería a él en todas las Escrituras.'[38]

En cuarto lugar, su propósito práctico. No sólo puede darnos 'la sabiduría necesaria para la salvación mediante la fe en Cristo Jesús,'[39] sino que puede '[alentarnos]' para que 'perseveremos', a fin de 'mantener nuestra esperanza', extendiendo la vista más allá del tiempo hacia la eternidad, más allá de los presentes sufrimientos a la gloria futura.

Quinto, su mensaje divino. Llama la atención el hecho de que 'el aliento y la perseverancia', que en el versículo 4 se atribuyen a la Palabra, en el versículo 5 se atribuyen a Dios. Esto sólo puede significar que es Dios mismo quien nos alienta por medio de la voz viviente de la Escritura. Dios sigue hablando por medio de lo que ha hablado.

Porque Cristo es el camino a la adoración unida | 5–6

Los versículos 5–6 tienen la forma de una bendición. La oración de Pablo es **que el Dios que infunde aliento y perseverancia** (por medio de las Escrituras, como hemos visto) **les conceda vivir juntos en armonía,** o literalmente, 'les dé que piensen lo mismo entre ustedes' (5a). Es difícil que esto sea un llamado a que los cristianos de Roma se pongan de acuerdo entre ellos acerca de todas las cosas, ya que Pablo se ha empeñado en urgir a los débiles y a los fuertes a aceptarse mutuamente a pesar de sus diferencias en asuntos secundarios, por motivos de conciencia. Por lo tanto debe ser una oración para que en lo esencial predomine un espíritu de unidad.

La petición de Pablo es que vivamos **juntos en armonía, conforme al ejemplo de Cristo Jesús** (5b), literalmente 'según Cristo Jesús'. Esto parecería indicar que la unidad cristiana es unidad en Cristo, que la persona de Jesucristo mismo es el foco de nuestra unidad, y que por lo tanto cuanto más estemos de acuerdo con él, y en cuanto a él, tanto más podremos estar de acuerdo entre unos y otros. ¿Pero cuál es el propósito de vivir juntos en armonía, o el espíritu de unidad? Es con el fin de que (*hina*) nos ocupemos del culto común a Dios: **para que con un solo corazón y a una sola voz glorifiquen al Dios y Padre de nuestro Señor Jesucristo** (6). Así, el vivir juntos en armonía (5) se expresa mediante un solo corazón y una sola voz (6); la verdad es que sin este espíritu de unidad en cuanto a Cristo, este vivir juntos en armonía, esta unidad de corazón y de voz en la adoración resulta imposible.

Porque Cristo los aceptó a ustedes | 7

Con el versículo 7 Pablo regresa al comienzo, a su llamado original y positivo a la aceptación. De hecho, el largo y prolijo argumento teológico-práctico sobre los fuertes y los débiles (14.2–15.6) aparece inserto entre dos pedidos: 'Reciban al que es débil' (14.1) y **acéptense mutuamente** (7a). Ambos están dirigidos a toda la congregación, aunque el primero estimula a la iglesia a recibir al hermano más débil, mientras que el segundo invita a todos los miembros de la iglesia a aceptarse unos a otros. Además, ambos tienen una base teológica. El hermano débil ha de ser aceptado 'pues Dios lo ha aceptado' (14.3), y los miembros han de aceptarse unos a otros **como Cristo los aceptó** (7a).

Más todavía, también fuimos aceptados por Cristo **para gloria de Dios** (7b). Todo el crédito por la recepción que se nos ha brindado es para Aquel que tomó la iniciativa por medio de Cristo de reconciliarnos consigo mismo y entre todos.

Porque Cristo se ha hecho siervo | 8–13

Con el versículo 8, Pablo pasa casi imperceptiblemente de la unidad de los débiles y los fuertes por medio de Cristo, a la unidad de los judíos y los gentiles por medio del mismo Cristo. Además, en ambos casos la unidad tiene como objetivo la adoración, 'para que' juntos 'glorifiquen a Dios' (6, 9ss). Sin embargo, la gramática de los versículos 8–9 es incierta. He aquí el texto: **Les digo que Cristo se hizo servidor de los judíos para demostrar la fidelidad de Dios, a fin de confirmar las promesas hechas a los patriarcas (8) y para que los gentiles glorifiquen a Dios por su compasión (9a).**

Lo que está claro es que hay dos cláusulas complementarias, la primera acerca de 'los judíos' y 'la fidelidad de Dios' (es decir, su veracidad); la segunda acerca de 'los gentiles' y 'su compasión'. Pero, ¿cuál es la relación entre ellos? Muchos comentaristas interrumpen ambas cláusulas después de las solemnes palabras iniciales, 'les digo'. Pero dado que el contexto destaca la obra de Cristo, parecería mejor interrumpirlas después de una introducción más larga, a saber, 'les digo que Cristo se hizo servidor de los judíos ...' Entonces su papel como servidor de los judíos, es decir, como el Mesías judío, tiene dos propósitos paralelos; primero, 'confirmar las promesas hechas a los patriarcas', y segundo incorporar también a los gentiles. Su ministerio a los judíos fue 'para demostrar la fidelidad de Dios', para demostrar su fidelidad a las promesas del pacto, mientras que el ministerio a los gentiles tuvo como motivo 'su compasión', su compasión no pactada. Aunque el Antiguo Testamento contiene muchas profecías sobre la inclusión de los gentiles, y por cierto que la promesa a Abraham fue que las naciones serían bendecidas a través de su posteridad, con todo Dios no había concertado con los gentiles ningún pacto comparable a su pacto con Israel. Por consiguiente, fue por compasión o misericordia para con los gentiles, como lo fue por fidelidad a Israel, que Cristo se hizo siervo para beneficio de ambos.

A continuación Pablo refuerza este concepto de la inclusión de judíos y gentiles en la comunidad mesiánica mediante cuatro citas del Antiguo Testamento. En cada caso se vale del texto de la LXX, y elige una de la Ley, una de los Profetas y dos de los Escritos, que son las tres divisiones del Antiguo Testamento. Las cuatro citas se refieren a los gentiles y al culto a Dios, aunque cada una tiene un énfasis ligeramente diferente. En la primera, David, aunque era rey de Israel, anuncia su intención de alabar a Dios entre los gentiles. No está claro si las naciones serán espectadoras solamente o participantes activas. **'Por eso te alabaré entre las naciones; cantaré salmos a tu nombre'** (9b = Salmo 18.49; 2 Samuel 22.50).

En la segunda cita las naciones son, claramente, participantes. Se representa a Moisés invitándolas a regocijarse en compañía del pueblo de Dios. **En otro pasaje dice: 'Alégrense, naciones, con el pueblo de Dios'** (10 = Deuteronomio 32.43). En la tercera cita el salmista también se dirige a todas las naciones directamente y las invita a alabar a Yahvéh, repitiendo la palabra 'todos'. **Y en otra parte: '¡Alaben al Señor, naciones todas! ¡Pueblos todos, cántenle alabanzas!'** (11 = Salmo 117.1). Luego, en el cuarto versículo, el final, el profeta Isaías predice la aparición del Mesías, descendiente de David, hijo de Isaí, que habría de gobernar las naciones y ganar su confianza. **A su vez, Isaías afirma: 'Brotará la raíz de Isaí, el que se levantará para gobernar a las naciones; en él los pueblos pondrán su esperanza'** (12 = Isaías 11.10). Así, el Mesías sería simultáneamente la raíz de Isaí y la esperanza de las naciones.

436

Pablo concluye la larga sección doctrinal-ética de su carta con otra bendición (ver v. 5 para la primera). **Que el Dios de la esperanza los llene de toda alegría y paz a ustedes que creen en él** (13a). La referencia a la alegría y la paz hace pensar en la definición que el apóstol ofrece del reino de Dios (14.7). Ahora agrega la fe ('a ustedes que creen en él') como el medio por el cual la alegría y la paz aumentan en nosotros, y pide que sus lectores romanos sean llenos de ambas. También anticipa que esa plenitud llegará a rebosar: **para que rebosen de esperanza por el poder del Espíritu Santo** (13b). La intención en la bendición anterior (5) de Pablo era la unidad con miras a la adoración; la intención de esta otra es la 'esperanza'. Ahora expresa su anhelo y su oración de que 'el Dios de la esperanza' los haga '[rebosar] de esperanza'. La esperanza, naturalmente, siempre mira hacia el futuro. Y por cuanto Pablo acaba de citar la profecía de Isaías de que el Mesías será el objeto de la esperanza de los gentiles (12), se nos ofrece una pista sobre la esperanza que tiene en mente. Pablo está mirando hacia delante, al tiempo cuando la 'plenitud' tanto de Israel como de los gentiles se habrá hecho realidad (11.12, 25), luego a la culminación de la historia con la parusía, y enseguida más allá de ella a la gloria del nuevo universo que judíos y gentiles heredarán juntos. Así, entonces, la alegría, la paz, la fe y la esperanza constituyen cualidades cristianas esenciales. Si la fe es el medio para llegar a la alegría y la paz, la abundante esperanza es la consecuencia de las mismas, y las cuatro en conjunto se deben al poder del Espíritu Santo dentro de nosotros.

Repasando esta sección (14.1–15.13), que está dedicada fundamentalmente a la manera en que los fuertes deben considerar y tratar a los débiles, resulta particularmente llamativo ver cómo el apóstol apuntala sus exhortaciones éticas con sólidos argumentos teológicos. Si bien hemos tomado nota de seis, tres de ellos parecen ser centrales. Se relacionan con la cruz, la resurrección, y el juicio final.

Primero, Cristo murió para ser nuestro Salvador. Por cuanto Dios ha aceptado al hermano más débil (14.1, 3), y por cuanto Cristo nos ha aceptado a nosotros (15.7), es preciso que completemos el triángulo y nos aceptemos unos a otros. ¿Acaso sería posible que destruyésemos a aquellos por quienes Cristo murió con el fin de salvarlos? El segundo argumento fundamental es que Cristo resucitó para ser nuestro Señor. Esto se expresa explícitamente (14.9). En consecuencia, todos los que integran su pueblo son servidores suyos, y tienen que rendirle cuentas, tanto los débiles como los fuertes (14.6ss). Tercero, Cristo viene para ser nuestro juez. Todos compareceremos ante su tribunal algún día, y cada uno de nosotros dará en ese momento cuenta ante Dios (14.10ss). Suponer que podemos erigirnos en jueces de otros equivale a usurpar la prerrogativa de Dios. En muchas iglesias se hacen estas tres aclamaciones durante la Cena del Señor: '¡Cristo ha muerto! ¡Cristo ha resucitado! ¡Cristo vendrá otra vez!' No sólo dan contenido a nuestra adoración; también influyen en nuestra conducta.

Mientras tratábamos de seguir el intrincado razonamiento de Pablo con respecto a las relaciones entre los fuertes y los débiles, a veces nos habrá parecido todo muy alejado de nuestras propias circunstancias. Sin embargo, hay dos principios fundamentales que Pablo desarrolla, y que, especialmente en combinación, son aplicables a todas las iglesias en todas partes y en todo momento. El primero es el principio de la fe. Todo ha de hacerse **por convicción** (14.23, RVR y NIV 'con fe'). Por otra parte, 'cada uno debe estar firme en sus propias opiniones' (14.5, NVI; 'plenamente convencido de lo que piensa', RVR). Por ello es preciso que eduquemos nuestra conciencia por medio de la Palabra de Dios, para que nos hagamos fuertes en la fe, adquiriendo convicciones firmes y, como consecuencia, también libertad cristiana. Segundo, tenemos el principio del amor. Todo ha de hacerse conforme al amor (14.15). Es preciso, por lo tanto, que tengamos presente quiénes son nuestros hermanos en Cristo, y especialmente que se trata de hermanas y hermanos por los que Cristo murió, a fin de que los honremos en lugar de menospreciarlos; que les sirvamos en lugar de dañarlos; y especialmente que respetemos su conciencia.

Un área en la que debería operar esta distinción entre fe y amor es en la diferencia entre lo esencial y lo no esencial en la doctrina y la práctica cristianas. Aunque no siempre es fácil distinguir entre ellas, una guía segura es que los conceptos sobre los que las Escrituras hablan con voz clara son esenciales, mientras que aquellos asuntos sobre los cuales cristianos igualmente bíblicos, igualmente ansiosos por entender y obedecer las Escrituras, llegan a conclusiones diferentes, han de considerarse como no esenciales. Algunas personas se glorían en la llamada 'amplitud' o actitud de apertura de ciertas denominaciones. Pero existen dos tipos de amplitud, una basada en principios y otra carente de ellos.

El doctor Alex Vidler ha descrito este último tipo de amplitud o apertura como la decisión 'de mantener yuxtapuestas tantas variedades de fe y práctica cristianas como puedan mantenerse juntas a pesar de no concordar, de modo que la iglesia pueda ser considerada como una especie de liga de las religiones. No tengo nada que decir a favor de semejante sincretismo sin principios.' El verdadero principio de amplitud, sigue diciendo, 'es que una iglesia debería retener los elementos fundamentales de la fe, y al mismo tiempo dar cabida a diferencias de opinión y de interpretación en cuestiones secundarias, especialmente en cuanto a ritos y ceremonias ...'.[40]

Por lo que hace a aspectos fundamentales, entonces, la fe ocupa el primer lugar; no tenemos derecho a apelar al amor como excusa para negar la fe como algo esencial. Por lo que hace a aspectos no fundamentales, sin embargo, el amor ocupa el primer lugar, y no tenemos derecho a apelar al celo por mantener la fe como excusa cuando dejamos de poner en práctica el amor. La fe instruye a la conciencia; el amor respeta la conciencia de otros. La fe ofrece libertad; el amor limita su ejercicio. Nadie lo ha expresado mejor que Rupert Meldenius, un nombre que según creen algunos era el seudónimo usado por Richard Baxter:

> En lo que es esencial, unidad;
> En lo que no es esencial, libertad;
> En todas las cosas, amor.

Conclusión
La providencia de Dios
en el ministerio de Pablo
Romanos 15.14–16.27

La gran exposición (capítulos 1–11) y la gran exhortación (12.1–15.13) han finalizado. Es muy posible que los lectores de Pablo estén pensando que las dos invocaciones pidiendo bendición para ellos (15.5, 13) indiquen que la carta esté concluida. Pero todavía no ha terminado. Se propone volver a la cuestión de su propia relación con la iglesia de Roma, que comenzó a desarrollar más arriba (1.8–13). Quiere ganarse la confianza de ellos para hablarles sobre las características más salientes de su ministerio. Esto les hará ver por qué todavía no los ha visitado, como también sus planes para hacerlo pronto.

Pero primero se pregunta si se habrán ofendido por el hecho de que les escriba, como también por el contenido o el tono de su carta. ¿Obraba presuntuosamente al dirigirse a una iglesia que él no había fundado y que nunca había visitado? ¿Les ha dado la impresión de que considera el cristianismo de ellos como algo defectuoso e inmaduro? ¿Se ha expresado con demasiada franqueza? Parecería que el apóstol está experimentando un dejo de aprehensión en cuanto a cómo será recibida su carta. De ser así, el resto de la misma los tranquilizará y les dará seguridad en cuanto a su ánimo para con ellos. Escribe en forma muy personal (manteniendo en todo momento la intimidad del 'yo—ustedes' de modo directo), afectiva ('hermanos míos', 15.14) y cándida. Les abre su corazón al hablarles del pasado, el presente y el futuro de su ministerio, les pide humildemente sus oraciones, y les manda muchos saludos. De estas diversas maneras nos ofrece un panorama íntimo de la acción de la providencia divina en su propia vida y obra.

25
Su servicio apostólico
Romanos 15.14–22

Pablo comienza expresando su confianza en sus lectores romanos. **Por mi parte, hermanos míos, estoy seguro de que ustedes mismos rebosan de bondad, abundan en conocimiento y están capacitados para instruirse unos a otros** (14). Por supuesto que se trata de una pequeña hipérbole, inocente y diplomática. Pero no sería justo acusarlo de falta de sinceridad. Tampoco parecería correcto describir sus palabras como 'un cortés pedido de disculpa'.[1] Simplemente está asegurándoles que conoce y aprecia sus buenas cualidades: su bondad (como puede traducirse *agathōsynē*), su amplio conocimiento cristiano y su demostrada capacidad para enseñar y amonestarse unos a otros.

Por lo tanto, si se trata de cristianos tan excelentes y tan dotados, ¿por qué ha considerado necesario Pablo escribirles de la manera que lo ha hecho? Ofrece dos razones. Primero, **les he escrito con mucha franqueza sobre algunos asuntos, como para refrescarles la memoria** (15a). Los apóstoles asignaban gran importancia a su ministerio de recordación. A ellos se les había encomendado la tarea de formular el evangelio y de esa manera establecer los fundamentos de la fe. Por consiguiente, insistentemente recordaban a las iglesias el mensaje original, y las animaban a tenerlo en cuenta.[2] La segunda razón que tenía Pablo para haberles escrito tenía que ver con su ministerio específico como apóstol a los gentiles, al que ya se ha referido tres veces (1.5; 11.13; 12.3).[3] **Me he atrevido a hacerlo**, sigue diciendo, **por causa de la gracia que Dios me dio (15b) para ser ministro de Cristo Jesús a los gentiles (16a).** Aunque no fue fundador de la iglesia de Roma, no obstante tiene autoridad para enseñar a sus miembros debido a su vocación especial: la de ser, sólo por la gracia de Dios, apóstol destinado a los gentiles.

En el curso de los siguientes siete versículos Pablo se ocupa de la naturaleza de su ministerio, llamando la atención de sus lectores a tres rasgos destacados del mismo.

1. El ministerio de Pablo fue un ministerio sacerdotal | 16–17

Se denomina a sí mismo 'ministro de Cristo Jesús a los gentiles', y agrega: **tengo el deber sacerdotal de proclamar el evangelio de Dios, a fin de que los gentiles lleguen a ser una ofrenda aceptable a Dios, santificada por el Espíritu Santo** (16). A muchos lectores les sorprende que Pablo describiese de este modo su servicio, en términos sacerdotales; pero el vocabulario que emplea no ofrece ambigüedades. Si bien *leitourgos* ('ministro') significaba generalmente servidor público, como en 13.6, no obstante en la literatura bíblica tanto el sustantivo como su verbo relacionado *leitourgeō* se usan 'exclusivamente para servicios religiosos y rituales' (BAGD). Así, en el Nuevo Testamento se aplican tanto al sacerdocio judío[4] como a Jesús nuestro gran sumo sacerdote.[5] Luego, el verbo *hierourgeō* ('deber sacerdotal') significa servir como sacerdote (*hiereus*), especialmente en relación con los sacrificios en el templo. Y Pablo continúa las imágenes con su referencia a 'una ofrenda' (*prosfora*), 'aceptable a Dios' (*euprosdektos*, con referencia a sacrificios)[6] y 'santificada por el Espíritu Santo' (en relación con la consagración de sacrificios)[7]. Estos cinco términos, directa o indirectamente, tienen todos asociaciones sacerdotales y se refieren a sacrificios.

¿Cuál es, entonces, el ministerio sacerdotal de Pablo, y qué sacrificios tiene que ofrecer? Claramente la respuesta tiene que ver con el evangelio y los gentiles. Pablo considera su actividad misionera como un ministerio sacerdotal porque puede ofrecer a Dios sus conversos gentiles como sacrificios vivos. No dice que esto les permita ofrecerse ellos mismos a Dios (ver 12.1), como sugieren algunos comentaristas. Es él mismo quien presenta el sacrificio. Si bien los gentiles fueron rigurosamente excluidos del templo de Jerusalén, y de ningún modo se les permitía participar en el ofrecimiento de sus sacrificios, ahora por medio del evangelio ellos mismos se convierten en ofrenda santa y aceptable a Dios. Este significativo desarrollo se dio en cumplimiento de la profecía de Isaías de que los judíos de la diáspora (de los cuales

Pablo era uno) proclamarían la gloria de Dios en tierras distantes y atraerían gente a Jerusalén desde todas las naciones 'como una ofrenda al Señor'.[8] Me pregunto si Pablo recordaría su ministerio sacerdotal en relación con los gentiles cuando menos de un año más tarde fue falsamente acusado de introducir a uno de ellos subrepticiamente en el templo.[9]

Aun cuando el ministerio sacerdotal de Pablo como apóstol a los gentiles revestía carácter único, el principio enunciado tiene una aplicación contemporánea esencial. Todos los evangelistas son sacerdotes, porque ofrecen sus conversos a Dios. Más aun, es este concepto, más que ningún otro, lo que vincula de modo efectivo los dos papeles principales del culto y el testimonio de la iglesia. Cuando adoramos a Dios, gloriándonos en su santo nombre, nos sentimos impulsados a salir a proclamar su nombre al mundo. Y cuando a través de nuestro testimonio las personas se acercan a Cristo, somos nosotros quienes las ofrecemos a Dios. Más todavía, ellas mismas se unen a nosotros en adoración a él, hasta que ellas mismas salen a dar testimonio por su cuenta. De modo que la adoración conduce al testimonio, y el testimonio lleva a la adoración. Es un ciclo perpetuo. Con razón Pablo está agradecido por su participación en este privilegiado ministerio y exclama: **Por tanto, mi servicio a Dios es para mí motivo de orgullo en Cristo Jesús** (17).

2. El ministerio de Pablo fue un ministerio poderoso | 18–19a

No me atreveré a hablar de nada sino de lo que Cristo ha hecho por medio de mí para que los gentiles lleguen a obedecer a Dios. Lo ha hecho con palabras y obras (18), mediante poderosas señales y milagros, por el poder del Espíritu de Dios (19a). Esta es una declaración sumamente valiosa respecto a lo que Pablo mismo entiende en cuanto a su ministerio. La repetición del vocablo *dynamis* ('poderosas', 'poder') en el versículo 19 justifica que lo describamos como un 'ministerio poderoso'. El apóstol alude, cuando menos, a cinco rasgos de ese ministerio.

Primero, Pablo describe el objetivo de su ministerio como el de lograr que 'los gentiles lleguen a obedecer a Dios' (*eis hypakoē*, 'con miras a la obediencia'). Estas mismas palabras griegas aparecen en

1.5 y 16.26. Allí, en cambio, la frase de Pablo es 'que [los gentiles] obedezcan a la fe'; mientras aquí es que 'los gentiles lleguen a obedecer a Dios'. Es sorprendente que aquí omita toda referencia a la fe, porque desde luego su objetivo consiste en atraer a las personas a Cristo, y más todavía, a la fe en Cristo (por ejemplo 1.16). No obstante, su énfasis está puesto en la obediencia, presumiblemente porque es la consecuencia inevitable de la fe salvadora, y constituye un elemento vital del discipulado cristiano.

Segundo, Pablo se niega a relatar sus propias experiencias. Todo lo que se atreve a mencionar, dice, es 'lo que Cristo ha hecho por medio de mí'. Por cierto que la relación entre Cristo y sus evangelizadores se describe de diversas maneras en el Nuevo Testamento, y a veces aparece como colaboración (por ejemplo 'somos colaboradores al servicio de Dios').[10] Pero Pablo no está totalmente conforme cuando piensa en sí mismo como socio colaborador de Cristo; prefiere ser agente o incluso instrumento de Cristo, de modo que Cristo obra no 'con' él sino 'por medio de' él. 'Somos embajadores de Cristo', escribe, 'como si Dios los exhortara a ustedes por medio de nosotros.'[11] Es más seguro pensar de esta manera porque, si la obra es de Cristo, la gloria también será de él (ver 17).

Tercero, escribe Pablo, lo que Cristo ha logrado 'lo ha hecho con palabras y obras'. Esta combinación de palabras y obras, de lo verbal y lo visual, es un reconocimiento de que con frecuencia los seres humanos aprendemos más a través de los ojos que a través de los oídos. Las palabras explican las obras, pero las obras dramatizan las palabras. El ministerio público de Jesús es el mejor ejemplo de esto, y después de su ascensión al cielo continuó 'haciendo y enseñando' por medio de los apóstoles.[12] Sin embargo, sería equivocado llegar a la conclusión de que 'obras' significa solamente milagros. Uno de los más poderosos 'medios visuales' fue tomar a un niño en brazos, y uno de los más evidentes que ofreció la iglesia primitiva fue la vida en común y el cuidado de los necesitados.

Cuarto, el ministerio de Cristo a través de Pablo se dio 'mediante poderosas señales y milagros'. Esta expresión reúne los términos bíblicos más comunes para lo sobrenatural. 'Señales' indica su significado (especialmente el de demostrar la llegada del reino de Dios), 'poderes' su carácter (exhibir el poder de Dios sobre la naturaleza) y 'milagros' su efecto (despertar el asombro de la gente). El único uso adicional que Pablo hace de estas tres palabras en relación con su ministerio se encuentra en 2 Corintios 12.12, donde las describe como 'las marcas distintivas de un apóstol' o 'la prueba de que soy un verdadero apóstol' (DHH). Esto no significa negar que Dios pueda realizar milagros hoy, porque sería ridículo imponerle limitaciones al Creador del universo. Tiene más bien el sentido de reconocer que su propósito principal fue autenticar el ministerio especial de los apóstoles.[13] Como lo expresó Crisóstomo, las señales del sacerdocio apostólico de Pablo 'no fueron la larga túnica y las campanas como las que usaban los de antaño, ni la mitra y el turbante, sino señales y milagros, cosas mucho más sobrecogedoras que aquellos'.[14]

Quinto, el ministerio de Pablo también se dio 'por el poder del Espíritu de Dios'. Como esta cláusula está separada de la referencia al poder de las señales y milagros, es probable que su significado también sea diferente. Los milagros físicos no constituyen la única forma en la que se despliega el poder del Espíritu Santo. De hecho, su modo habitual es por medio de la Palabra de Dios, o sea su 'espada'.[15] Es el Espíritu el que toma nuestras frágiles palabras humanas y las confirma con su poder divino en la mente, el corazón, la conciencia y la voluntad de los oyentes.[16] Toda conversión es un encuentro en el que se manifiesta poder, cuando el Espíritu por medio del evangelio rescata y regenera a los pecadores.

3. El ministerio de Pablo fue un ministerio pionero | 19b–22

Así que, continúa Pablo, lo que Cristo ha logrado por medio de él es esto: **habiendo comenzado en Jerusalén, he completado la proclamación del evangelio de Cristo por todas partes, hasta la región de Iliria** (19b). Esta es la sucinta y modesta síntesis que Pablo hace sobre diez años de extenuante labor apostólica, incluidos sus tres heroicos viajes misioneros. La expresión 'por todas partes' (*kyklō*) probablemente debería traducirse 'en círculo' o 'en un circuito'. Así se puede visualizar, o trazar en un mapa, cómo el arco de la evangelización paulina envuelve todo el mediterráneo oriental. Desde Jerusalén se encamina hacia el norte a Antioquía de Siria, luego más hacia el norte y oeste a través de las provincias de Asia Menor, y atravesando el mar Egeo, pasa a Macedonia. De allí gira hacia el sur, a Acaya, luego hacia el este atravesando nuevamente el mar Egeo, y vía Éfeso nuevamente a Antioquía y Jerusalén.

Pero surgen dos interrogantes. Primero, ¿Pablo comenzó en Antioquía, o más bien en Jerusalén? Sí y no. Aunque el primer viaje misionero fue realmente lanzado desde Antioquía,[17] la misión cristiana misma comenzó en Jerusalén.[18] Después de su conversión y de haber sido encomendado, Pablo predicó en Jerusalén, si bien a los judíos.[19] Segundo, ¿alguna vez Pablo evangelizó Iliria? Iliria está situada en la costa occidental o adriática de Macedonia, y corresponde aproximadamente a Albania, en la región sur de lo que hoy es Yugoslavia. Por cierto que Lucas no nos ofrece relato alguno sobre una visita de Pablo a Iliria. Pero deja lugar para un viaje así, ya que hay una laguna en su relato sobre buena parte de los dos años entre su partida de Éfeso y su embarco con destino a Jerusalén.[20] Mientras estuvo en Macedonia durante esa época es muy posible que hubiese caminado hacia el oeste siguiendo la Vía Egnatia desde Tesalónica, por lo menos hasta la frontera con Iliria.

Esta reconstrucción justificaría la afirmación de Pablo de haber 'completado la proclamación del evangelio de Cristo' dentro de ese arco. Por supuesto que esto no significa que Pablo había 'saturado' toda la región con el evangelio, como diríamos hoy. Su estrategia consistía en evangelizar las ciudades populosas e influyentes, y fundar iglesias allí, y luego dejar a otros la tarea de irradiar el evangelio hacia las poblaciones vecinas. De modo que 'entendemos su declaración de haber completado [la proclamación del] evangelio de Cristo como una afirmación de haber completado esa predicación pionera y precursora que consideraba como la misión apostólica especial que le correspondía cumplir'.[21]

Habiendo trazado en el mapa el envolvente arco que representaba sus diez años de extensión misionera, Pablo pasa a explicar la sólida política pionera en la que estaba apoyada. **En efecto, mi propósito ha sido predicar el evangelio donde Cristo no sea conocido** (literalmente 'fuese nombrado' [RV 1909], es decir, 'no sea honrado'), **para no edificar sobre fundamento ajeno** (20). Pablo tenía bien claro, como resulta evidente por su enseñanza acerca de los *jarismata* (por ejemplo 12.3ss), que Cristo llama a diferentes discípulos a cumplir tareas diferentes, y les proporciona dones diferentes para capacitarlos. Su propio llamado y su don como apóstol destinado a los gentiles consistían en llevar a cabo la tarea pionera de la evangelización del mundo gentil, y luego dejar el cuidado pastoral de las iglesias a otros, especialmente a los presbíteros residentes y locales. Se valió de dos metáforas, agrícola y arquitectónica respectivamente, para ilustrar esta división de tareas, especialmente en lo tocante a sí mismo y a Apolos en Corinto. 'Yo sembré. Apolos regó.' Además, 'yo, como maestro constructor, eché los cimientos, y otro construye sobre ellos.'[22] Fue en consonancia con esta orientación, en lo positivo, que se proponía evangelizar solamente 'donde Cristo no sea conocido', y en lo negativo, evitar 'edificar sobre fundamento ajeno'.

Más bien, sigue diciendo (ya que en lugar de apartarlo de su política, encontraba que las Escrituras la avalaban), **como está escrito:**

> **'Los que nunca habían recibido noticia de él, lo verán;**
> **y entenderán los que no habían oído hablar de él.'[23]**

El profeta estaba escribiendo sobre la misión del Siervo del Señor que 'rociará a muchas naciones' (ver Isaías 52.15, TM), para que viesen y entendiesen lo que hasta entonces no habían oído. Pablo ve la profecía cumplida en Cristo, el verdadero Siervo, aquel que se ocupa de hacer conocer a los pueblos no evangelizados.

Pablo concluye así: **Este trabajo es lo que muchas veces me ha impedido ir a visitarlos** (22). En el primer capítulo Pablo escribió que 'muchas veces' se había propuesto visitarlos, pero hasta ese momento 'no [había] podido' (1.13; RVR, había 'sido estorbado'), aunque no da a conocer cuál había sido el impedimento. Ahora lo hace. Tenía que ver con su orientación o estrategia misionera. Por un lado, debido a que se había concentrado en la evangelización pionera en otras partes, no se había sentido libre para ir a visitarlos. Por otro lado, dado que la iglesia de Roma no había sido fundada por él, no se sentía libre para ir y quedarse allí. Pronto, no obstante, como está a punto de explicar, espera visitarlos, porque sólo irá 'al pasar' (RVR), 'rumbo a España' (24), campo aún no evangelizado.

26
Sus planes de viaje
Romanos 15.23–33

Habiendo compartido con la iglesia de Roma lo que entendía en cuanto a su especial ministerio apostólico, ahora Pablo dirige la vista hacia el futuro y les habla sobre sus planes de viaje. Especifica tres destinos. Primero, está a punto de embarcarse en Corinto con destino a Jerusalén, llevando consigo la colecta que hacía tiempo que venía organizando. Segundo, se propone ir de Jerusalén a Roma, aunque sólo será 'al pasar' (24, RVR), en lugar de estar entre ellos un tiempo apreciable. Tercero, de Roma se encaminará a España, resuelto a reasumir su compromiso de evangelización pionera. Si se propusiera hacer todos estos viajes en barco, el primero hubiese representado por lo menos 1290 km, el segundo 2410 km, y el tercero 1125 km, haciendo un total de cuando menos 4830 km, y muchos más si resolviese hacer algunos de los tramos por tierra. Cuando se piensa en las incertidumbres y los peligros de viajar en la antigüedad, la forma casi casual en la que Pablo anuncia su intención de llevar a cabo estas tres travesías por mar resulta bastante extraordinaria.

1. Sus planes para visitar Roma | 23–24

Aun cuando hasta el momento Pablo se ha visto impedido de visitar Roma, ahora por fin el momento parece propicio para esta visita tan ansiada y tan largamente postergada. Una combinación de tres factores la han facilitado. En primer lugar, el servicio misionero en la zona del Mediterráneo oriental ha sido completado. **Pero ahora**, escribe ... **ya no me queda un lugar dónde trabajar en estas regiones** (23a). En un primer momento esta parecería ser una declaración sumamente sorprendente, porque sin duda todavía quedaban muchas regiones en las que el evangelio no había penetrado, y todavía quedaban multitudes de personas que no habían sido convertidas. Pero es preciso que leamos las palabras de Pablo en el versículo 23 a la luz de la política que explica en el versículo 20. Lo que quiere decir es que ya no hay lugar en Grecia y las regiones circunvecinas para su ministerio, consistente en fundar iglesias como pionero, porque esa tarea inicial ya se ha llevado a cabo.

Segundo, escribe Pablo, **hace muchos años anhelo verlos** (23b). Ha escrito lo mismo cerca del comienzo de su carta: 'Tengo muchos deseos de verlos' (1.11). No exagera. Tampoco se trata de un mero capricho. Se trata, más bien, de un deseo ardiente que lleva 'muchos años', que todos los impedimentos y frustraciones no han podido apagar. Con toda seguridad que se trata de un anhelo que nace de Dios.

El tercer factor decisivo en el concepto de Pablo es que ha llegado a considerar su visita a Roma como una escala conveniente en el camino a España. **Tengo planes de visitarlos cuando vaya rumbo a España** (24a). Esta perspectiva le permite mantener su decisión de no edificar sobre fundamento ajeno, porque sólo irá 'rumbo a España'. Al mismo tiempo, alienta una segunda esperanza: **Espero que, después de que haya disfrutado de la compañía de ustedes por algún tiempo, me ayuden a continuar el viaje** (24b). El verbo traducido 'ayuden' (*propempō*) parecería haber adquirido ya un uso como término cristiano casi técnico para colaborar con los misioneros en el logro de sus objetivos. Es indudable que incluía más que desearles buen viaje y ofrecer una oración de despedida. En la mayoría de los casos comprendía el aporte de provisiones y dinero,[1] y a veces incluso la provisión de alguien que lo acompañase por lo menos parte del camino.[2] De modo que la definición de *propempō* según el diccionario es 'ayudar al que viaja con alimentos, dinero, arreglando para que fuese acompañado, medios de viaje, etc.' (BAGD). Es posible que Pablo haya alentado la esperanza de establecer una relación continua con los cristianos de Roma, a fin de que siguieran apoyándolo, como habían procedido otras iglesias anteriormente.[3]

Esta conjunción de tres factores tiene que habérsele presentado a Pablo como demostración de la guía providencial de Dios. Lo ha inducido a hacer planes de viajar a Roma. Pero primero, explica, tiene que hacer otro viaje.

2. Sus planes para visitar Jerusalén | 25–27

Por ahora, voy a Jerusalén para llevar ayuda a los hermanos (25). El tiempo presente de 'voy' (*poreuomai*) indica que su partida es inminente; que, virtualmente, ya ha comenzado. Su propósito es 'llevar ayuda a los hermanos' ('ministrar a los santos', RVR), al pueblo de Dios, en este caso la comunidad cristiana judía. Con el fin de explicarle esto a la iglesia de Roma, primero menciona los hechos en relación con la colecta (26), y luego destaca su importancia (27).

Los hechos pueden señalarse de manera sencilla. **Ya que Macedonia y Acaya** (es decir, las iglesias en el norte y el sur de Grecia, respectivamente) **tuvieron a bien hacer una colecta para los hermanos pobres de Jerusalén** (26). Con el fin de entender esto, es necesario que pensemos primero en los pobres en Jerusalén, y luego en los cristianos de Macedonia y Acaya. Primero, no se ofrece explicación alguna sobre la causa de la pobreza en Jerusalén. Pudo haber sido ocasionada en parte por 'una gran hambre' que predijo Ágabo.[4] Pero se ha mencionado más de una vez la posibilidad bastante factible de que tuviera que ver con la forma en que los miembros de la primera iglesia habían compartido sus bienes.[5] Si bien aplauden su generosidad, algunos han cuestionado su sabiduría, por cuanto vendieron y dieron mediante 'el modo económicamente desastroso de convertir en efectivo su capital y distribuirlo'.[6] Segundo, Pablo escribe que los creyentes de Macedonia y Acaya **lo hicieron de buena voluntad,** con el fin de ayudar a los pobres de Jerusalén. La frase griega incluye el vocablo *koinōnia*, que significa 'compartir en común'. En este caso, colaborar con la colecta que había organizado Pablo. Su afirmación de que los cristianos griegos 'lo hicieron de buena voluntad' es un eufemismo perdonable. Por cierto que dieron de manera tanto liberal como voluntaria, ¡pero sólo porque Pablo los había exhortado a hacerlo!

¿Por qué fue, entonces, que Pablo concibió e inició este proyecto de ofrenda voluntaria, esta *koinōnia*? Evidentemente vio en esto algo sumamente significativo, como puede comprobarse en parte por la cantidad desproporcionada de espacio que le dedicó en sus cartas,[7] en parte por el apasionado celo con el que lo promocionó, y en parte por su sorprendente decisión de agregar casi 3200 km a su viaje, con el fin de entregar la ofrenda personalmente. En lugar de embarcarse directamente hacia el oeste desde Corinto, hacia Roma y España, ha resuelto viajar primero en sentido totalmente inverso, es decir, ¡ir a Roma vía Jerusalén!

La importancia de la ofrenda (la solidaridad del pueblo de Dios en Cristo) no era principalmente geográfica (de Grecia a Judea), ni social (de los ricos a los pobres), ni siquiera étnica (de los gentiles a los judíos), sino religiosa (de radicales liberados a conservadores tradicionales, o sea, de los fuertes a los débiles) y, especialmente, teológica (de beneficiarios a benefactores). En otras palabras, el denominado 'regalo' o 'colecta' era en realidad una 'deuda': **Lo hicieron de buena voluntad, aunque en realidad era su obligación hacerlo. Porque si los gentiles han participado de las bendiciones espirituales de los judíos, están en deuda con ellos para servirles con las bendiciones materiales** (27).

La naturaleza de esta deuda Pablo ya la ha descrito en el capítulo 11. Si bien es cierto que, según su argumento, es por la transgresión de Israel que 'ha venido la salvación a los gentiles' (11.11), no obstante, los gentiles deben procurar no volverse arrogantes ni jactanciosos (11.18–20). Más bien tienen que recordar que han heredado de los judíos enormes bendiciones a las que no tenían derecho. En sí mismos no son nada más que un gajo de olivo silvestre. Pero habiendo sido injertados en el antiguo olivo de Dios, 'ahora [participan] de la savia nutritiva de la raíz del olivo' (11.17). Por lo tanto, es justo que los gentiles reconozcan lo que les deben a los judíos. Cuando nosotros los gentiles pensamos en las grandes bendiciones de la salvación, tenemos que reconocer que tenemos una enorme deuda para con los judíos, y que siempre será así. Pablo considera la ofrenda de las iglesias de los gentiles como una humilde demostración material y simbólica de su gratitud.

3. Sus planes para visitar España | 28–29

Habiendo explicado los hechos y la importancia de la ofrenda, Pablo se proyecta ahora más allá de su presentación en Jerusalén, al largo viaje hacia Occidente que espera realizar a España, pasando por Roma. **Así que, una vez que yo haya cumplido esta tarea y entregado en sus manos este fruto** (literalmente, 'les haya sellado este fruto', ver alternativa de traducción en RVR; quizás esta expresión de solidaridad tenga el significado de 'haya ... entregado oficialmente' la ofrenda, BJ), **saldré para España y de paso los visitaré a ustedes** (28).

Unos dos años antes Pablo les había dicho a los corintios que, de conformidad con su estrategia misionera y pionera, esperaba 'poder predicar el evangelio más allá de sus regiones'.[8] Es posible que ya haya tenido los ojos puestos en España. Sabemos por el Antiguo Testamento que durante siglos antes de Cristo los marinos fenicios de Tiro y Sidón habían comerciado con España, y que las 'naves de Tarsis' quizá recibieron ese nombre porque realizaban intercambio con Tartesos.[9] Los fenicios también establecieron colonias allí. Ya para la época del emperador Augusto 'toda la península ibérica había sido subyugada por los romanos y estaba organizada en ... tres provincias ...',[10] con muchas colonias romanas florecientes. ¿Acaso no es posible que Pablo haya puesto los ojos más allá de España, hasta las fronteras del imperio, hacia Galia y Alemania, e incluso la Gran Bretaña?

Probablemente nunca sepamos si Pablo llegó a España y llevó a cabo la evangelización programada. Lo más cercano a una prueba positiva es la afirmación por Clemente de Roma en su primera *Espístola a los corintios* (generalmente fechada 96–97 d.C.) sobre la 'noble fama' de Pablo como heraldo del evangelio: 'A todo el mundo enseñó la justicia, y llegando a los límites de Occidente llevó su testimonio ante sus gobernantes'.[11] Es posible, por ende, como con frecuencia se ha conjeturado, que Pablo fue liberado de su encierro en Roma, donde lo deja Hechos, y que luego reanudó sus viajes misioneros, incluyendo una visita a España, antes de ser arrestado nuevamente, encarcelado y finalmente decapitado durante la persecución de Nerón.

No obstante, mientras Pablo se prepara mentalmente para su visita a Roma, se siente muy seguro. **Sé que, cuando los visite, iré con la abundante bendición de Cristo** (29). No es necesario tratar de detectar un rastro de arrogancia en esta aseveración. La confianza de Pablo no está puesta en sí mismo sino en Cristo. Es evidente que no confía en sí mismo porque, como se verá enseguida, pide que oren por él. Es consciente de su debilidad, de su vulnerabilidad. Pero también es consciente de la bendición de Cristo.

4. Solicita oración con motivo de sus visitas | 30–32

Les ruego, hermanos, por nuestro Señor Jesucristo y por el amor del Espíritu, que se unan conmigo en esta lucha y que oren a Dios por mí (30). Cerca del comienzo de su carta Pablo aseguró a los cristianos de Roma que oraba constantemente por ellos (1.9s). De modo que resulta enteramente apropiado que ahora les pida que oren por él. Además, él y ellos son 'hermanos' en la familia de Dios. También tiene la posibilidad de apelar a ellos 'por nuestro Señor Jesucristo' (nuestro común Señor) 'y por el amor del Espíritu' (siendo nuestro amor común fruto del Espíritu Santo).[12]

Pasa luego a referirse a la oración como una 'lucha'. Es natural que lectores familiarizados con el Antiguo Testamento tuviesen presente la ocasión cuando Jacob 'luchó' con Dios.[13] Pero aquí no hay insinuación alguna de una lucha similar con Dios. Es más probable que Pablo estuviese pensando en nuestra necesidad de luchar con los principados y potestades de las tinieblas.[14] De todos modos, sin embargo, el apóstol no especifica ningún adversario contra el que tengamos que empeñarnos. Es posible, por consiguiente, que simplemente esté pensando en la oración como una actividad que demanda gran esfuerzo, de hecho una lucha con nosotros mismos, en la que procuramos alinearnos con la voluntad de Dios.[15]

¿Cuál es el motivo por el que Pablo pide sus oraciones? Tiene que ver con sus visitas a Jerusalén y a Roma. Con respecto a Jerusalén, menciona dos temas para sus oraciones, que se relacionan con los creyentes y con los incrédulos, respectivamente. En el primer caso tiene que ver con la oposición de los incrédulos. **Pídanle que me libre de caer en manos de los incrédulos que están en Judea** (31a). Es consciente de que tiene muchos enemigos entre los judíos incrédulos, que seguramente han de conspirar y tramar para lograr su ruina, incluso su muerte. Sabe que corre peligro, que incluso puede perder la vida. Poco después dirá, estando en viaje hacia Jerusalén, 'estoy dispuesto no sólo a ser atado sino también a morir en Jerusalén.'[16] Pero les pide a los romanos que se unan a él en oración para que sea protegido y librado de sus opositores.

La segunda preocupación de Pablo en relación con su visita a Jerusalén tiene que ver con los creyentes, la comunidad cristiana judía:

456

'Pídanle …' **que los hermanos de Jerusalén reciban bien la ayuda que les llevo** (31b). Se da cuenta de que puede resultarles difícil aceptar la ofrenda, no en el sentido general en el que a todos nos resulta difícil recibir regalos que nos colocan en deuda con otras personas, sino en un sentido mucho más específico. Al aceptar la donación de manos de Pablo, los líderes cristianos de origen judío aparecerían como apoyando el evangelio de Pablo y su aparente negligencia en cuanto a la ley judaica y sus tradiciones. En cambio, si su ofrenda fuese rechazada, este hecho ocasionaría que la brecha entre los cristianos judíos y los cristianos gentiles se ampliara inevitablemente. De modo que Pablo anhela que la solidaridad judío-gentil en el cuerpo de Cristo se fortalezca mediante la aceptación de este símbolo tangible por parte de los cristianos judíos. Es por eso que les pide a los romanos que oren, tanto para que los creyentes acepten la donación, como que los incrédulos no impidan que la entregue y que sea recibida.

A continuación Pablo pide oraciones con motivo de su visita a Roma. Por cierto que ve las dos visitas como inseparablemente conectadas. Solamente si su misión en Jerusalén tiene éxito será posible su viaje a Roma. De manera que pide a los romanos que oren para que tenga la protección necesaria, y que su donación sea aceptada en Jerusalén, no sólo porque estas cosas son importantes en sí mismas, sino también porque **de este modo, por la voluntad de Dios, llegaré a ustedes con alegría y podré descansar entre ustedes por algún tiempo** (32). Cualquiera fuese la recepción que se le diera en Jerusalén, anticipa que después necesitará de la alegría y el descanso que la comunión con los cristianos de Roma le proporcionarán. Esta vez no menciona nuevamente su plan de seguir viaje a España.

La referencia de Pablo a la voluntad de Dios en relación con la oración es muy significativa.

Anteriormente ha pedido 'que, si es la voluntad de Dios, por fin se me abra ahora el camino para ir a visitarlos' en Roma (1.10). Aquí vuelve a pedir que 'por la voluntad de Dios' pueda ir a visitarlos. Su uso de esta cláusula limitativa arroja luz tanto sobre el propósito como el carácter de la oración, sobre por qué y cómo deberían orar los cristianos.

El propósito de la oración no es, decididamente, torcer la voluntad de Dios en consonancia con la nuestra, sino más bien alinear nuestra voluntad a la suya. La promesa de que nuestras oraciones serán contestadas está condicionada al hecho de que pidamos 'conforme a su voluntad'.[17] Consecuentemente, toda oración que hagamos debería ser una variación del tema 'hágase tu voluntad'.[18]

¿Qué diremos sobre el carácter de la oración? Algunas personas nos dicen, pese a la declaración de Pablo más arriba de que 'no sabemos qué pedir' (8.26), que siempre debemos ser precisos, específicos y tener confianza en cuanto a lo que pedimos, y que agregar 'si es tu voluntad' equivale a irse a menos, lo cual resulta incompatible con la fe. Como respuesta, es necesario que distingamos entre la voluntad general y la particular de Dios. Dado que Dios ha revelado su voluntad general para todo su pueblo en las Escrituras (por ejemplo, que deberíamos controlarnos y asemejarnos a Cristo), desde luego que debemos orar con precisión y seguridad en lo que hace a estas cosas. Pero la voluntad particular de Dios para cada uno de nosotros (por ejemplo con respecto a una actividad para toda la vida y a la pareja para toda la vida) no ha sido revelada en la Escritura, de modo que, si oramos en busca de orientación, es correcto agregar 'si es la voluntad de Dios'. Si Jesús mismo procedió así en el jardín de Getsemaní ('No se cumpla mi voluntad, sino la tuya'),[19] y si Pablo lo hizo dos veces en su carta, también deberíamos hacerlo nosotros. Esto no es incredulidad, sino la humildad que corresponde.[20]

Por lo tanto, ¿qué fue lo que ocurrió en el caso de las tres peticiones de Pablo, en las que les pidió a los romanos que se unieran a él, o sea: que fuese librado de los incrédulos en Jerusalén, que su donación fuese aceptada, y que pudiese cumplir su proyecto de llegar a Roma? ¿Fueron contestadas o quedaron sin respuesta? Con respecto a la segunda de las tres oraciones, no lo sabemos, ya que sorprendentemente Lucas no menciona la ofrenda en su relato de Hechos, aunque tiene conocimiento de ella, porque acompañó a Pablo a Jerusalén y dejó registrada la afirmación de Pablo (cuando estaba siendo juzgado por Félix) que había llegado a Jerusalén 'para traerle donativos a mi pueblo'.[21] La probabilidad es que los donativos hayan sido aceptados.

¿Qué podemos decir, entonces, sobre las otras dos peticiones? Ambas recibieron un 'sí' limitado: la primera 'sí y no', la segunda 'sí pero'. ¿Se libró Pablo de los incrédulos en Jerusalén? 'No', en el sentido de que fue arrestado, juzgado y encarcelado, pero también 'sí' porque tres veces se libró de ser linchado,[22] una vez de ser azotado[23] y una vez de un complot para matarlo.[24] ¿Llegó entonces a Roma? Por cierto que sí, como Jesús le había prometido que ocurriría,[25] pero no cuando él esperaba ni en la forma en que esperaba, porque llegó uno tres años después, como prisionero, y después de un naufragio casi fatal.

Así que la oración es una actividad cristiana esencial, y bueno es pedirles a otros que oren por nosotros y con nosotros, como lo hizo Pablo. Pero no hay nada automático en relación con la oración. La oración no es igual a una máquina que funciona con monedas, o a las máquinas que entregan dinero en efectivo. La lucha que se da en relación con la oración tiene que ver con el proceso de aprender a discernir la voluntad de Dios y a desearla por encima de todo lo demás. Entonces Dios obrará providencialmente según su voluntad, por la que habremos orado. Por ello, a esta sección final la he denominado 'La providencia de Dios en el ministerio de Pablo'.

Pablo termina esta parte de su carta con un tercer pedido de bendición, en el que, habiendo solicitado las oraciones de los creyentes romanos, vuelve a orar por ellos. **El Dios de paz sea con todos ustedes. Amén** (33). El hecho de que esta vez elija llamar a Dios 'el Dios de paz' o de la reconciliación, que la paz (*shalom*) ocupe un lugar central para los judíos, y que expresamente no escriba 'con ustedes' sino 'con todos ustedes' resulta sumamente sugestivo. Estas tres preocupaciones de Pablo indican que en su mente cree necesario terminar refiriéndose a la cuestión de la unidad judeo-gentil. Como lo ha expresado acertadamente el profesor Dunn, 'Pablo el judío, que es a la vez apóstol para los gentiles, usa la bendición judía para sus lectores gentiles.'[26]

27
Recomendación y saludos
Romanos 16.1–16

'Creo', escribió Crisóstomo, 'que muchos, incluso de aquellos que tienen apariencia de ser hombres extremadamente buenos, se apresuran a saltear rápidamente esta parte de la epístola como superflua ... Sin embargo', prosiguió, 'las personas que funden oro tienen sumo cuidado hasta de los fragmentos más pequeños ...; hasta en los nombres mismos es posible descubrir grandes tesoros.' Brunner fue más lejos y llamó a Romanos 16 'uno de los capítulos más instructivos del Nuevo Testamento', porque alienta las relaciones personales de amor en la iglesia. Crisóstomo y Brunner tienen razón.[1] Hasta en las genealogías, tanto del Antiguo como del Nuevo Testamento, y en la lista de Pablo de quienes mandan o reciben saludos, hay verdades para considerar y lecciones que aprender.

1. Una recomendación | 1–2

> [1]Les recomiendo a nuestra hermana Febe, diaconisa de la iglesia de Cencreas. [2]Les pido que la reciban dignamente en el Señor, como conviene hacerlo entre hermanos en la fe; préstenle toda la ayuda que necesite, porque ella ha ayudado a muchas personas, entre las que me cuento yo.

Parece muy probable que a Febe se le haya encomendado la responsable tarea de llevar la carta de Pablo a sus destinatarios en Roma, aunque aparentemente otros negocios también la llevaban a la ciudad, tal vez comerciales o 'muy probablemente algún pleito'.[2] De modo que tenía que llevar consigo una 'carta de recomendación', como presentación ante los cristianos de Roma. Esas cartas eran comunes en el mundo antiguo, y eran necesarias para protegerse de los charlatanes. Se las menciona varias veces en el Nuevo Testamento.[3] En sus palabras testimoniales sobre Febe, Pablo pide a la iglesia de Roma que la 'reciban', dándole tanto bienvenida como hospitalidad dignas de cristianos, y que le presten 'toda la ayuda que necesite', ya que se trataba de una persona que no conocía la ciudad capital, y que, presumiblemente, requeriría ayuda en conexión con sus otras actividades.

Antes y después de estos pedidos Pablo proporciona algunos datos sobre Febe, 'colocando así a cada lado de las necesidades de esta bienaventurada mujer', escribe Crisóstomo, 'sus alabanzas'.[4] Más aun, continúa Crisóstomo, 'vean de cuántas maneras se ocupa de realzar su dignidad'. Primero, la llama 'nuestra hermana', 'y no es poca cosa ser llamada hermana de Pablo'.[5] En segundo lugar, la reconoce como 'diaconisa' (es decir 'servidora', nota al pie en DHH; 'ministro', REB) 'de la iglesia de Cencreas' (1), el puerto marítimo de Corinto, en el Golfo Sarónico. Es posible que el significado general de *diakonos* como servidora sea acertado. Por otra parte, sabemos que la función de 'diácono' ya existía, aunque sólo fuese en forma incipiente.[6] La mayoría de las versiones en castellano describen a Febe como 'diaconisa', y el profesor Cranfield lo considera no sólo 'mucho más natural' sino como 'virtualmente acertado'.[7] Tercero, 'ella ha ayudado a muchas personas', incluido el propio Pablo (2). Esta frase traduce *prostatis*, vocablo que puede significar 'patrocinadora' o 'benefactora'. Febe era, evidentemente, una mujer de medios, que había usado su riqueza para ayudar a la iglesia y al apóstol.

2. Muchos saludos | 3–16

[3]Saluden a Priscila y a Aquila, mis compañeros de trabajo
en Cristo Jesús. [4]Por salvarme la vida, ellos
arriesgaron la suya. Tanto yo como todas las iglesias
de los gentiles les estamos agradecidos.
[5]Saluden igualmente a la iglesia que se reúne en la casa
de ellos.
Saluden a mi querido hermano Epeneto, el primer
convertido a Cristo en la provincia de Asia.
[6]Saluden a María, que tanto ha trabajado por ustedes.

⁷Saluden a Andrónico y a Junías, mis parientes y
  hermanos de cárcel, destacados entre los apóstoles
  y convertidos a Cristo antes que yo.
⁸Saluden a Amplias, mi querido hermano en el Señor.
⁹Saluden a Urbano, nuestro compañero de trabajo
  en Cristo, y a mi querido hermano Estaquis.
¹⁰Saluden a Apeles, que ha dado tantas pruebas de su fe
  en Cristo.
⁶Saluden a los de la familia de Aristóbulo.
¹¹Saluden a Herodión, mi pariente.
  Saluden a los de la familia de Narciso, fieles en el Señor.
¹²Saluden a Trifena y a Trifosa, las cuales se esfuerzan
  trabajando por el Señor.
  Saluden a mi querida hermana Pérsida, que ha trabajado
  muchísimo en el Señor.
¹³Saluden a Rufo, distinguido creyente, y a su madre,
  que ha sido también como una madre para mí.
¹⁴Saluden a Asíncrito, a Flegonte, a Hermes, a Patrobas,
  a Hermas y a los hermanos que están con ellos.
¹⁵Saluden a Filólogo, a Julia, a Nereo y a su hermana,
  a Olimpas y a todos los hermanos que están con ellos.
¹⁶Salúdense unos a otros con un beso santo.
  Todas las iglesias de Cristo les mandan saludos.

Así, Pablo manda saludos a veintiséis personas individuales, a veinticuatro de las cuales menciona por nombre, agregando en la mayoría de los casos una referencia personal de aprecio. Naturalmente que algunos eruditos se han preguntado cómo es que el apóstol pudo haber conocido tan bien a tantas personas en una iglesia que nunca había visitado. Por consiguiente, algunos han elaborado la teoría de que en realidad estos saludos fueron mandados a Éfeso y no a Roma. Pablo había pasado tres años en Éfeso y la conocía muy bien. Además, el primer saludo era para Priscila y Aquila (3), que lo habían acompañado a Éfeso, y el segundo para Epeneto, a quien describe como 'el primer convertido a Cristo en la provincia de Asia' (5), de la que Éfeso era la capital. Sin embargo, no hay indicios de que los manuscritos con estos saludos hayan sido jamás sacados de su lugar en Romanos; los nombres encajan mejor en Roma que en Éfeso; y si Pablo hubiese mandado esta lista de saludos a Éfeso, habría sido considerada demasiado breve en lugar de larga.

En cuanto a la cuestión de cómo pudo Pablo haber conocido a tantos cristianos romanos, la verdad es que viajar era más frecuente en esos días de lo que muchos imaginan. Aquila y Priscila son ejemplo de esto. Las referencias a ellos en el Nuevo Testamento nos dicen que Aquila procedía del Ponto, en la orilla sur del mar Negro, que él y Priscila vivieron en Italia hasta que el emperador Claudio expulsó a los judíos de Roma en el 49 d.C., que entonces se trasladaron a Corinto, donde los encontró Pablo y se hospedó con ellos, y que viajaron con él a Éfeso, que posiblemente sea el lugar donde por salvarle la vida 'ellos arriesgaron la suya' (4). No hay motivo alguno para no pensar que después de la muerte de Claudio en el 54 d.C. hayan regresado a Roma, que es donde recibieron los saludos de Pablo.[8] Es posible que varios de los refugiados judíos y cristianos judíos de Roma hayan conocido a Pablo durante su exilio y regresado a Roma después de que fuera anulado el edicto de Claudio.

Al reflexionar sobre los nombres y las circunstancias de las personas que Pablo saluda, impresiona particularmente la unidad y la diversidad que evidencia la iglesia a la que pertenecían.

a. La diversidad de la iglesia

Los cristianos de Roma eran muy diversos en raza, rango social y género. En cuanto a raza, ya sabemos que la iglesia de Roma tenía tanto miembros judíos como gentiles, y esto lo confirma la lista. No cabe duda de que Aquila y Priscila eran cristianos judíos, y que también lo eran los *syngenesis* (7 y 11) de Pablo, aunque es mucho menos probable que este término se refiera a 'parientes' suyos que a personas de su 'propia raza' (como en 9.3). A la vez, queda igualmente claro que otros en la lista eran gentiles.

La posición social de sus amigos romanos no está clara. Por un lado, hay inscripciones que indican que Amplias (8), Urbano (9), Hermes (14), Filólogo y Julia (15) eran nombres comunes para esclavos. Por otro lado, por lo menos algunos de ellos eran libertos, y otros tenían vínculos con personas de distinción. Por ejemplo, los comentaristas consideran probable que el Aristóbulo que se menciona (10) era nieto de Herodes el Grande y amigo del emperador Claudio, y que Narciso (11) no era otro que el muy conocido, rico y poderoso liberto que ejerció gran influencia sobre Claudio. Por supuesto que no es que estas celebridades fueran ellas mismas cristianas (y en cualquier caso probablemente ya habían muerto), sino que claramente sus 'casas'* todavía existían, y había cristianos en ellas. J. B. Lightfoot concluye su interesante nota sobre 'la casa del emperador'[9] con estas palabras: 'Al parecer hemos llegado a una justa conjetura de que entre las salutaciones en la Epístola a los Romanos estaban incluidos por lo menos algunos miembros de la casa imperial.'[10]

Más distinguido, aunque de un modo diferente y más noble, era Rufo (13), porque es muy posible que haya sido hijo de Simón de Cirene, el que cargó la cruz de Jesús hasta el Gólgota. Por lo menos Marcos, cuyo Evangelio fue escrito en Roma o para Roma, es el único evangelista que menciona que los hijos de Simón se llamaban Alejandro y Rufo, y lo dice de tal modo como para suponer que ya eran muy conocidos a sus lectores en Roma.[11]

Pero el aspecto más interesante e instructivo en cuanto a la diversidad en la iglesia de Roma es la del género. Nueve de las veintiséis personas saludadas son mujeres: Priscila (3), María (6), probablemente Junías (7), Trifena y Trifosa, que pueden haber sido hermanas gemelas, Pérsida (12), la madre de Rufo (13), Julia y la hermana de Nereo (15). Es evidente que Pablo las tiene en muy alta estima. Señala particularmente a cuatro de ellas (María, Trifena y Trifosa, y Pérsida) como mujeres que han 'trabajado muchísimo'. El verbo *kopiaō* supone gran esfuerzo, se usa en la mención de las cuatro mujeres, y no se aplica a ninguna de las otras personas en la lista. Pablo no especifica qué clase de trabajos duros realizaban.

Dos nombres requieren atención especial. La primera es Priscila, a la que en el versículo 3 y en tres versículos más en el Nuevo Testamento se menciona delante de su esposo.[12] Sea que la razón fuese espiritual (que ella se convirtió antes que él o fuera más activa en el servicio cristiano que él) o social (que ella fuera una mujer de reputación en la comunidad) o temperamental (que ella tuviese una personalidad dominante), Pablo parece reconocer y no criticar su liderazgo.

La otra mujer a considerar se menciona en el versículo 7: 'Saluden a Andrónico y a Junías'. En la oración en griego el segundo nombre es Iounian, que podría ser el acusativo ya sea de Junías (masculino)

---

* Es decir, el conjunto constituido por la familia y sus dependientes [N. del T.].

o Junia (femenino). Los comentaristas están de acuerdo en que más probablemente esta última sea la correcta, dado que el primero no se conoce en ninguna otra parte. Tal vez, entonces, Andrónico y Junia constituían un matrimonio, sobre el que Pablo nos cuenta cuatro cosas: son de su misma raza, es decir, judíos; en algún momento han estado encarcelados con él; se convirtieron antes que él; y son 'destacados entre los apóstoles'. ¿En cuál de los dos sentidos usa Pablo la palabra 'apóstoles' aquí? La aplicación más común de esta palabra en el Nuevo Testamento es a 'los apóstoles de Cristo', es decir los Doce (ya que Matías reemplazó a Judas), además de Pablo y Jacobo. Era un grupo muy reducido al que Cristo había designado y preparado personalmente para ser los maestros de la iglesia.

El uso mucho menos frecuente del término designa a los 'apóstoles de iglesias' (PB, traducción literal).[13] Estos tienen que haber constituido un grupo considerablemente más grande, que eran enviados por las iglesias con el carácter de lo que nosotros llamaríamos 'misioneros', como Epafrodito, que era 'apóstol' de la iglesia de Filipos,[14] o como Bernabé y Saulo que habían sido enviados por la iglesia de Antioquía.[15] Entonces, si por 'apóstoles' en Romanos 16.7 Pablo se está refiriendo a los apóstoles de Cristo, tenemos que traducir que eran 'destacados a los ojos de los apóstoles' o 'altamente estimados por los apóstoles', porque es imposible suponer que un matrimonio por otra parte desconocido haya pasado a ocupar un lugar a la par de los apóstoles Pedro, Pablo, Juan y Jacobo. Sin embargo, dado que esta traducción fuerza ligeramente el griego, probablemente sea mejor entender 'apóstoles' con el significado de 'apóstoles de las iglesias', y dar por sentado que Andrónico y Junia eran realmente misioneros destacados.

El lugar prominente que ocupan las mujeres entre quienes rodeaban a Pablo indica que no era en absoluto el varón machista de la fantasía popular. Por otra parte, ¿arroja luz sobre la enojosa cuestión del ministerio de las mujeres? Como hemos visto, entre las mujeres a las que Pablo manda saludos cuatro trabajaban muchísimo en el servicio del Señor. Priscila figuraba entre sus 'compañeros de trabajo', Junia era una misionera muy conocida, y es posible que Febe haya sido diaconisa. También, hay que admitir que a ninguna de ellas se la llama presbítero de la iglesia, aun cuando el argumento basado en el silencio jamás puede tomarse como decisivo.

b. La unidad de la iglesia

Además de la diversidad en lo tocante a raza, rango y sexo, la iglesia de Roma experimentaba una profunda unidad que trascendía sus diferencias. La razón es que 'no hay judío ni griego, esclavo ni libre, hombre ni mujer, sino que todos ustedes son uno solo en Cristo Jesús'.[16] Además, la lista de saludos contiene varias indicaciones de esta fundamental unidad del pueblo de Dios. Tres veces Pablo describe a sus amigos expresando que están 'en Cristo' (3, 9, 10), una vez 'convertidos a Cristo' (7) y cinco veces en el Señor (8, 11, dos veces en 12, 13; ver RVR). Dos veces usa lenguaje de familia cuando se vale de los términos 'hermana' y 'hermano' (1, 14). Agregado a esto, no lo inhibe hablar de algunas personas como 'querido' o 'mi querido' (5, 8, 9, 12). También menciona dos experiencias que fortalecen la unidad cristiana, a saber, el ser compañeros de trabajo (3, 9) y compañeros en el sufrimiento (4, 7).

Entonces, ¿cómo se manifestaba en la práctica en la iglesia de Roma la unidad en la diversidad? Sabemos que se reunían en casas o en núcleos de familias con sus dependientes, porque es probable que seis veces Pablo se refiera a ellos (5, 10, 11, 14, 15; ver 23).[17] ¿Cómo se determinaba la cuestión de los miembros en estos casos? No podemos suponer que se reunían según el sexo o el rango, de modo que hubiese iglesias caseras diferentes para hombres y para mujeres, para esclavos y para libertos. ¿Cómo sería en el caso de las diferencias raciales, sin embargo? Sería comprensible que los cristianos judíos y los cristianos gentiles, y especialmente los débiles y los fuertes, quisieran reunirse con su propia gente, porque la cultura y las costumbres constituyen elementos que fortalecen el espíritu de comunidad. ¿Pero sería así? Creo que no. Tolerar una división étnica en las iglesias caseras en Roma hubiera sido algo totalmente incompatible con el firme argumento de Pablo en los capítulos 14–15, y con su culminación. ¿Cómo podrían los miembros de la iglesia 'aceptarse unos a otros', y cómo podrían 'con un solo corazón y una sola voz' glorificar 'al Dios y Padre de nuestro Señor Jesucristo' (15.6s) si adoraban en diferentes iglesias caseras segregadas por criterios étnicos? Un arreglo de esta naturaleza sería perjudicial para la unidad en diversidad que debe poner de manifiesto la iglesia.

Lo mismo vale para el día de hoy. Por supuesto que es un hecho que a la gente le gusta adorar con los de su propia clase y condición, como nos lo recuerdan los expertos en el tema del crecimiento de la iglesia; y posiblemente haya que aceptar la existencia de congregaciones agrupadas por el idioma, la barrera más formidable de todas. Pero la heterogeneidad hace a la esencia de la iglesia, por cuanto es la sola y única comunidad en el mundo en la que Cristo ha desbaratado todos los muros divisorios. La visión que se nos ha dado de la iglesia triunfante es la de 'una multitud tomada de todas las naciones, tribus, pueblos y lenguas', que cantan todos las alabanzas a Dios a una sola voz.[18] De modo que tenemos que declarar que la iglesia homogénea es una iglesia defectuosa, que debe esforzarse en forma penitente y perseverante hasta lograr heterogeneidad.[19]

Pablo concluye su lista de saludos individuales con dos saludos generales. El primero es que, aunque sólo algunos de ellos han sido saludados por nombre, deben saludarse 'unos a otros con un beso santo' (16a). Los apóstoles Pablo y Pedro insisten ambos en esto,[20] y los Padres de la iglesia lo retomaron. Justino Mártir escribió que 'al terminar las oraciones nos saludamos unos a otros con un beso',[21] y Tertuliano parece haber sido el primero en llamarlo 'ósculo de paz'.[22] La lógica es que nuestro saludo verbal requiere confirmación mediante un gesto visible y tangible, aunque la forma que ha de adoptar el 'beso' variará según la cultura. Para quienes vivimos en Occidente, J. B. Phillips parafrasea así: 'Dense unos a otros un vigoroso apretón de manos por mí.'

El segundo saludo general de Pablo es este: 'Todas las iglesias de Cristo les mandan saludos' (16b). Pero, ¿cómo puede hablar por todas las iglesias? ¿Es una frase puramente retórica? No; probablemente Pablo escribe en forma representativa. Como está a punto de partir hacia Jerusalén, sabemos que las personas que fueron designadas por las iglesias para llevar y entregar la ofrenda acaban de reunirse en Corinto. Lucas nos dice que ese grupo incluía delegados de Berea, Tesalónica, Derbe, Listra y Éfeso.[23] Tal vez el apóstol les haya preguntado si podía mandar los saludos de sus iglesias a la de Roma.

28
Advertencias, mensajes y una doxología final
Romanos 16.17–27

Algunos encuentran muy abrupta la transición de Pablo entre los saludos y las advertencias, y el tono de su advertencia tan duro que parecería entrar en conflicto con el resto de su carta, y especialmente con la forma bondadosa en que manejó el tema de los débiles. Por lo tanto, se preguntan si los versículos 17–20 fueron escritos por otra mano que la de Pablo. Sin embargo es perfectamente aceptable que su mente avanzara de la unidad en diversidad en la iglesia de Roma (que debía expresarse mediante el beso de la paz) al peligro de los que amenazaban crear divisiones. Además, la actitud conciliatoria de Pablo en relación con los débiles reflejaba su respeto por las conciencias sensibles; su severidad para con los falsos maestros tuvo su origen en la deliberada malicia con la que entorpecían la comunión y contradecían la enseñanza apostólica. No obstante, habiendo dicho esto, todavía no sabemos a quiénes se refería. El lenguaje de Pablo es demasiado indefinido como para permitir una certeza al respecto. Lo único que podemos decir es que, dado que se servían a sí mismos en lugar de servir a Cristo (18), manifestaban tendencias antinomianas.

1. Las advertencias de Pablo | 17–20

Pablo comienza su exhortación con las mismas palabras que usó para iniciar una exhortación anterior: **Les ruego, hermanos** (17, ver 12.1). Hace un triple llamado: a ser vigilantes, a apartarse y a aprender a discernir.

Primero, Pablo les ruega que sean vigilantes: **que se cuiden de** ('[estén] alerta sobre', BC) **los que causan divisiones y dificultades, y**

van en contra (ambas cosas) **de lo que a ustedes se les ha enseñado** (17). Por supuesto que algunas 'divisiones' son inevitables, como las ocasionadas por la lealtad a Cristo,[1] como también lo son algunas 'dificultades' (*skandala*), 'obstáculos' (NIV) o 'tropiezos' (BA), especialmente la piedra de tropiezo de la cruz (9.32s).[2] Pablo exhorta a los romanos a estar alerta ante quienes las ocasionan, porque contradicen las enseñanzas de los apóstoles. Da por sentado, ya en esa época temprana de la historia de la iglesia, que hay una norma doctrinal y ética que los romanos deben seguir, y no contradecirla; está preservada en el Nuevo Testamento para nuestro beneficio.

Segundo, llama a la separación de los que deliberadamente se apartan de la fe apostólica. **Apártense de ellos**, les escribe. No es cuestión de acercarse a ellos con un beso santo, sino más bien de mantenerse alejados, incluso dándoles las espaldas.[3] ¿Por qué ocurre esto? ¿Cuál es la esencia de su desvío? Nos lo dice Pablo. **Tales individuos no sirven a Cristo nuestro Señor, sino a sus propios deseos** (18a), literalmente 'sus vientres' (RV 1909). No es probable que se trate de una alusión a la controversia sobre las leyes de los judíos respecto a los alimentos. Se trata más bien de una metáfora gráfica sobre la autogratificación (como en Filipenses 3.19, 'su dios es el vientre', RVR). Esta expresión se usa 'en el sentido de servirse a sí mismo, de ser gustosamente esclavo de su egoísmo'.[4] Estos falsos maestros no tienen amor alguno por Cristo, y ningún deseo de ser sus gustosos esclavos. En realidad, están 'totalmente centrados en sí mismos' (JBP), además de tener un efecto negativo sobre los crédulos. **Con palabras suaves y lisonjeras engañan a los ingenuos** (18b). Mejor, 'seducen la mente de las personas sencillas con palabras suaves y engañosas' (REB).

Tercero, Pablo insta a los romanos a aumentar en discernimiento. En general está muy contento con ellos. **Es cierto que ustedes viven en obediencia, lo que es bien conocido de todos y me alegra mucho** (19a). Con todo, hay dos clases de obediencia, la ciega y la que discierne, y él anhela que cultiven la segunda: **pero quiero que sean sagaces para el bien e inocentes para el mal** (19b). Ser sabio o sagaz para el bien es reconocerlo, amarlo y seguirlo. Con respecto al mal, en cambio, quiere que sean sencillos y naturales, hasta cándidos; tan completamente es preciso que huyan de cualquier experiencia del mal. J. B. Phillips capta bien el contraste: 'Quiero verlos expertos en el bien, y ni siquiera principiantes en el mal.'

Aquí tenemos, entonces, las tres pruebas valiosas para aplicar a los diferentes sistemas de doctrina y ética: la prueba bíblica, la cristológica, y la moral. Podríamos ponerlas en forma de preguntas sobre cualquier clase de enseñanza que se nos ofrezca. ¿Concuerda con la Escritura? ¿Glorifica al Señor Jesucristo? ¿Promueve el bien?

En el versículo 20 Pablo agrega un elemento que brinda seguridad en cuanto a su advertencia. Ha escrito sobre el bien y el mal; quiere que los cristianos de Roma sepan que no hay duda alguna acerca del desenlace final, el triunfo del bien sobre el mal. Detecta la estrategia de Satanás por detrás de la actividad de los falsos maestros, y confía en que el diablo será vencido. **Muy pronto el Dios de paz aplastará a Satanás bajo los pies de ustedes** (20a). Es decir, 'Dios lo arrojará debajo de los pies de ustedes, para que puedan aplastarlo'.[5] Ya ha sido derrotado decisivamente; pero todavía no ha admitido su derrota.

Puede parecer extraño que en ese contexto Pablo se refiera 'al Dios de paz' (como en 15.33), por cuanto disfrutar de paz y aplastar a Satanás no suenan muy compatibles entre sí. Pero la paz de Dios no permite pacificación alguna con el diablo. Es sólo mediante la destrucción del mal que puede alcanzarse la paz verdadera.

Probablemente haya una alusión a Génesis 3.15, donde Dios prometió que la simiente de la mujer (a saber, Cristo) aplastaría la cabeza de la serpiente. Pero con seguridad que hay una referencia adicional al hombre, varón y mujer, al que Dios creó y al que le dio dominio. Como lo expresó el salmista, Dios 'todo lo [sometió] a su dominio'.[6] Hasta ahora esto sólo se ha cumplido en Cristo, ya que Dios ha sometido 'todas las cosas al dominio de Cristo'.[7] Sin embargo, su exaltación no es completa todavía: mientras reina, a la vez espera que sus enemigos sean puestos 'por estrado de [sus] pies'.[8] El que esto va a ocurrir 'pronto' no es necesariamente una referencia a tiempo, sino más bien una afirmación de que Dios no ha hecho planes para incluir algo que ocupe el espacio entre la ascensión y la parusía. La parusía es el único acontecimiento inmediato en su calendario. Mientras tanto, los romanos deberían esperar victorias frecuentes aunque provisorias sobre Satanás, aplastamientos parciales del diablo debajo de sus pies.

Esas victorias serían imposibles, sin embargo, aparte de la gracia. De modo que Pablo agrega: **Que la gracia de nuestro Señor Jesús sea con ustedes** (20b).

2. Los mensajes de Pablo | 21–24

Habiendo mandado sus propios saludos a veintiséis personas individuales en Roma (3–16), ahora Pablo manda mensajes de parte de ocho personas a las que menciona, que están con él en Corinto. Comienza con un nombre sumamente conocido, seguido por tres nombres aparentemente desconocidos. **Saludos de parte de Timoteo, mi compañero de trabajo, como también de Lucio, Jasón y Sosípater, mis parientes** (21). Si alguien merecía ser llamado 'compañero de trabajo' de Pablo, esa persona era Timoteo. Durante los últimos ocho años Timoteo había sido el constante compañero de viaje de Pablo, y había llevado a cabo varias misiones especiales a pedido de él. Evidentemente el apóstol sentía un cálido afecto por su joven asistente. Habiéndolo conducido a Cristo, lo consideraba como su hijo en la fe.[9] Ahora se encontraba en Corinto, a punto de navegar hacia Jerusalén llevando la ofrenda de las iglesias griegas.[10]

Después de su compañero de trabajo Pablo menciona a tres de sus compatriotas, como debe entenderse correctamente lo de sus 'parientes'. No podemos identificar a ninguno con certeza, aunque se han hecho muchos intentos, unos más plausibles de otros. Por ejemplo, no existe nada que vincule a 'Lucio' con el 'Lucio de Cirene' que se encontraba con Pablo en Antioquía diez años antes.[11] En cambio, resulta tentador identificarlo con Lucas el evangelista, ya que sabemos, por uno de sus pasajes reveladores en primera persona de plural, que estaba en Corinto en ese momento.[12] La única dificultad es que Lucas era gentil. Por otra parte, 'mis compatriotas' podría referirse solamente a Jasón y a Sosípater. Este Jasón podría fácilmente ser el Jasón en cuya casa se alojó Pablo en Tesalónica,[13] y Sosípater podría ser el delegado de la iglesia de Berea enviado a Jerusalén, cuyo nombre fue abreviado a Sópater,[14] porque él también estaba en Corinto en esa época.

A esta altura Pablo le permite a su escribiente, al que le ha venido dictando esta carta, que escriba su propio saludo. **Yo, Tercio, que escribo esta carta, los saludo en el Señor** (22).

Luego viene un mensaje del anfitrión de Pablo en Corinto. **Saludos de parte de Gayo, de cuya hospitalidad disfrutamos yo y toda la iglesia de este lugar** (23a). En el Nuevo Testamento aparecen varios hombres de nombre Gayo, porque se trataba de un nombre muy común. Sería natural, no obstante, identificar a este Gayo con el corintio al que Pablo bautizó.[15] Algunos estudiosos han sugerido, más aun, que su nombre romano completo era Gayo Ticio Justo, en cuyo caso tenía una casa importante al lado de la sinagoga, a la que había invitado a pasar a Pablo después de que los judíos rechazaran el evangelio.[16] En este caso sería comprensible que Pablo volviese a ser su huésped, y también que la iglesia se reuniera nuevamente en su casa.

Dos nombres más completan la serie de mensajes de Corinto. **También les mandan saludos Erasto, que es el tesorero de la ciudad, y nuestro hermano Cuarto** (23b). De Cuarto nada se sabe, si bien F. F. Bruce pregunta si sería 'excesivamente forzado' pensar que pudiese ser el hermano menor de Tercio, ya que *tertius* significa, justamente, 'tercero' y *quartus* 'cuarto'.[17] Como respuesta, Charles Cranfield considera esta sugestión de Bruce como 'un ejercicio de libre fantasía'. Erasto, por otro lado, cualquiera sea la forma en que traduzcamos 'el *oikonomos* de la ciudad', parece haber sido un funcionario con responsabilidad en el gobierno local. Tal vez haya sido el *aedile*, el magistrado a cargo de las obras públicas, cuyo nombre todavía se lee claramente en una inscripción en latín perteneciente al siglo primero en un mármol cerca de las ruinas de la antigua Corinto. Con todo, resulta difícil ver cómo pudo haber sido al mismo tiempo uno de los colaboradores itinerantes de Pablo que en cierta oportunidad fue enviado 'a Macedonia';[18] aunque en otra oportunidad 'se quedó en Corinto'.[19]

3. La doxología de Pablo | 25–27

La doxología de Pablo es una elocuente y apropiada conclusión a su carta, porque retoma sus temas centrales, los sintetiza y los relaciona entre sí.[20] Aunque la gramática de esta doxología no es fácil de desentrañar, contiene profundas verdades sobre Dios y el evangelio. Tiene cuatro partes que enfocan respectivamente en el poder de Dios, el evangelio de Cristo, la evangelización de las naciones y la alabanza de la sabiduría de Dios.

Primero, Pablo escribe sobre *el poder de Dios.* **¡Al que puede** (*dynamenō*, tiene el *dynamis*) **fortalecerlos ..!** Difícilmente sea accidental que Romanos comience y termine con una referencia al poder de Dios a través del evangelio. Si el evangelio es el poder de Dios para salvar (1.16), también es el poder de Dios para fortalecer o establecer. *Stērizō* ('fijar firmemente', figuradamente 'confirmar') es casi un término técnico para nutrir a los conversos recientes y fortalecer a las iglesias jóvenes. Lucas lo usa en Hechos (o más bien el verbo cognado, *epistērizō*) en referencia a Pablo y sus compañeros de misión, quienes expresamente visitaban repetidas veces las iglesias que habían fundado, con el fin de 'fortalecerlas'.[21] Pablo mismo usa este verbo en sus cartas en relación con la tarea de afianzar, fortalecer y establecer a los cristianos, ya sea en su fe (contra el error), en su santidad (contra la tentación) o en su valentía (contra la persecución).[22] De modo que la visión que evocan las palabras iniciales de la doxología es la capacidad de Dios para establecer o fortalecer a la iglesia multiétnica de Roma, sobre la que Pablo ha venido soñando, y afianzar a sus miembros en la verdad, la santidad y la unidad.

Segundo, Pablo escribe sobre *el evangelio de Cristo*. **El Dios eterno ocultó su misterio durante largos siglos, pero ahora lo ha revelado ...** Dios puede confirmarlos, les dice, **conforme a mi evangelio y a la predicación acerca de Jesucristo** (25–26). La oración griega tiene tres cláusulas coordinadas, a saber 'conforme a mi evangelio', '[conforme a] la predicación de Jesucristo', y 'conforme a la revelación del misterio'. Pero las dos primeras son casi idénticas, ya que el evangelio de Pablo era esencialmente una proclamación o predicación (*kērygma*) de Cristo. Lo que Pablo está diciendo es que el poder de Dios para fortalecer a la iglesia es parte de su evangelio, de su proclamación. Esto nos recuerda los tres primeros versículos de su carta, en los que se describió a sí mismo como 'apartado para anunciar el evangelio de Dios ... [que] habla de su Hijo'. Ahora se refiere al 'evangelio de Dios' como 'mi evangelio' (ver 2.16), porque le había sido revelado y confiado a él por Dios, y al evangelio '[que] habla de su Hijo' lo llama 'la predicación de Jesucristo'.

La tercera cláusula coordinada ('conforme a la revelación del misterio') destaca el hecho de que su evangelio es verdad revelada. Es un 'misterio', vale decir, una verdad o conjunto de misterios que Dios 'ocultó ... durante largos siglos, pero ahora lo ha revelado'. Pablo no explica aquí lo que se incluye en el 'misterio', pero lo hace en otra parte. El secreto de Dios, hasta entonces oculto pero ahora revelado, es esencialmente Jesucristo mismo en su plenitud,[23] y en particular Cristo para los gentiles y en ellos,[24] de modo que ahora los gentiles tienen una participación igual a la de Israel en la promesa de Dios.[25] 'Este misterio' también incluye las buenas noticias, tanto para los judíos como para los gentiles, de que un día 'todo Israel será salvo' (11.25s). Y apunta hacia adelante, a la gloria futura,[26] cuando Dios ha de reunir todas las cosas bajo una sola cabeza, Cristo.[27] De modo que el misterio comienza, continúa y termina con Cristo.

Tercero, Pablo escribe sobre *la evangelización de las naciones.* Es importante comprender que Pablo está hablando sobre tres verdades relacionadas con el misterio, que se resumen con los verbos 'oculto', 'revelado' y 'dado a conocer' (RVR). No es simplemente que el misterio estuvo oculto durante mucho tiempo, sino que ahora ha sido revelado, fundamentalmente mediante la vida, muerte, resurrección y exaltación de Jesús. El tercer hecho es que estas buenas noticias tienen que darse a conocer y que ya se están dando a conocer en todo el mundo: Dios **lo ha revelado por medio de los escritos proféticos, según su propio mandato, para que todas las naciones obedezcan a la fe** (25–26b).

Consideremos ahora cuatro rasgos significativos de la tarea de 'dar a conocer' universalmente el misterio del evangelio, que nos recuerdan claramente el párrafo inicial de la carta (1.1–15). Ambos pasajes (la introducción y la doxología) se refieren a las Escrituras, al encargo de Dios a evangelizar, a la obediencia a la fe, y a todas las naciones.

Primero, el misterio se está dando a conocer 'por medio de los escritos proféticos', que seguramente son las Escrituras del Antiguo Testamento. Pero, ¿cómo puede Dios hacer conocer actualmente su misterio por medio del Antiguo Testamento, cuando hace siglos que existe? La respuesta parece ser que, a continuación de los hechos salví-ficos de Cristo, Dios le ha dado a su pueblo un nuevo modo, un modo cristológico, de entender que el Antiguo Testamento da testimonio de Cristo (ver 1, 2; 3.21). En consecuencia, por medio de la declaración apostólica de que 'el Cristo es Jesús'[28] el evangelio se extiende.

Segundo, la cláusula 'según su propio mandato' seguramente se refiere a la comisión universal a predicar el evangelio, porque más allá del Cristo resucitado que lo emitió estaba el Dios eterno, cuyo sempiterno propósito es salvar y unir a judíos y gentiles en Cristo.

Tercero, la cláusula 'para que … obedezcan a la fe' viene después en el texto griego. Es idéntica a 1.5. La respuesta que corresponde ante el evangelio es la fe, como Pablo se ha ocupado en destacar en toda su carta, pero se trata de una fe que en sí misma es obediente y que da lugar a una vida de obediencia.

Cuarto, la tarea actual de 'dar a conocer' el misterio de Dios es para 'todas las naciones', a fin de que crean y obedezcan. No hay límites en cuanto a los beneficiarios del evangelio; está destinado a todos sin excepción.

De manera que este cuádruple esquema para dar a conocer el evangelio por medio de las Escrituras, por mandamiento de Dios, para la obediencia a la fe, para todas las naciones, se corresponde exactamente con las palabras de apertura de la carta, que se refieren al evangelio como aquello que, entre otras cosas, fue prometido en las sagradas Escrituras, por el don apostólico dado a Pablo y a otros, para persuadir a todas las naciones para que obedezcan a la fe.

Finalmente, Pablo concluye diciendo **al único sabio Dios, sea la gloria para siempre por medio de Jesucristo. Amén** (27). La sabiduría de Dios se ve en Cristo mismo, 'en quien están escondidos todos los tesoros de la sabiduría y del conocimiento,'[29] sobre todo en su cruz que, aunque locura para los seres humanos, es sabiduría de Dios.[30] Se ve también en su decisión de salvar al mundo, no por medio de la sabiduría humana sino por medio de la locura del evangelio,[31] en el extraordinario fenómeno del surgimiento de la iglesia multirracial y multicultural;[32] y en su propósito de reunir finalmente todas las cosas en Cristo.[33] Con razón Pablo ya ha expresado alabanzas a la sabiduría de Dios: '¡Qué profundas son las riquezas de la sabiduría y del conocimiento de Dios!' (11.33). Con razón vuelve a hacerlo al final de su carta. No cabe duda de que el pueblo redimido de Dios dedicará la eternidad a atribuirle 'la alabanza, la gloria, la sabiduría, la acción de gracias, la honra, el poder y la fortaleza.'[34] Es decir, lo adorarán por el poder y la sabiduría desplegados por él en la salvación.

Es acertado decir, por lo tanto, que los temas principales de la carta de Pablo están encapsulados en la doxología: el poder de Dios para salvar y fortalecer; el evangelio y el misterio, una vez ocultos y ahora manifestados, que son Cristo crucificado y resucitado; el testimonio de las Escrituras del Antiguo Testamento centrado en Cristo; la comisión de Dios para dar a conocer universalmente las buenas noticias; el llamado a todas las naciones a responder con la obediencia de la fe y la sabiduría salvadora de Dios, a quien corresponde por siempre toda la gloria.

Guía de estudio
David Stone

El objetivo de esta guía de estudio es ayudarte a llegar a la médula de lo que el autor ha escrito, además de desafiarte a aplicar lo que aprendes a tu propia vida. Las preguntas han sido ideadas para uso individual o para pequeños grupos de cristianos que se reúnen, quizás durante una o dos horas cada semana, con el fin de estudiar, discutir los temas y orar juntos.

La guía proporciona material para cada una de las secciones del libro. Cuando la usa un grupo con tiempo limitado, el líder debería decidir de antemano cuáles preguntas serían las más apropiadas para desarrollar en el curso de la reunión, y cuáles tal vez convendría dejar para que los integrantes del grupo las analicen por su cuenta, o en grupos más pequeños durante la semana.

Con el fin de contribuir plenamente y aprender de las reuniones del grupo, conviene que cada miembro lea anticipadamente la sección o las secciones del libro que serán motivo de estudio, junto con los pasajes de Romanos a los que se refieren.

Es importante no dejar que estos estudios se conviertan en un mero ejercicio académico. Para evitarlo dedica el tiempo necesario a reflexionar sobre lo que descubres y a considerar cómo aplicarlo en la práctica. Asegúrate de comenzar y terminar cada estudio enfocando la atención en Dios, con espíritu de alabanza y oración. Pídele al Espíritu Santo que te hable por medio de la consideración de estos estudios.

Ensayo preliminar [página 37]

1. La influencia de esta carta

▶ John Stott menciona el impacto de Romanos sobre cinco líderes eclesiásticos. ¿Hasta qué punto puedes identificarte con las cuestiones que enfrentaban ellos? ¿Cómo los ayudó a ellos la carta? ¿Cómo podría esta misma carta ayudarte en la actualidad? Dedica tiempo a orar para que ocurra esto a medida que estudias.

> Es imposible anticipar lo que puede ocurrir cuando la gente comienza a estudiar la Carta a los Romanos.
> (p. 20, citando a F. F. Bruce)

2. Los propósitos de Pablo al escribir

▶ ¿De qué manera los tres lugares que Pablo se propone visitar nos ayudan a comprender por qué escribe como lo hace (p. 23)?

▶ ¿Cuál es la controversia cuyos 'ecos … (pueden oírse) a lo largo de toda la Carta a los Romanos' (p. 25) ¿Tienes conocimiento de alguna tensión similar en tu propia iglesia? ¿Cómo la encara Pablo?

3. Un breve repaso de Romanos

▶ En su momento volveremos más detalladamente a los diversos asuntos que plantea John Stott. Mientras tanto, repasa la síntesis que hace él de esta carta (pp. 26ss). ¿De qué maneras se relaciona esto (a) con tu experiencia pasada, y (b) con tus interrogantes actuales?

Introducción
El evangelio de Dios y el vehemente anhelo de Pablo de compartirlo | Romanos 1.1–17

1 Pablo y el evangelio [página 39]
Romanos 1.1–16

▶ ¿Qué es lo que 'se destaca de manera especial' (p. 40) en cuanto a la descripción que hace Pablo de sí mismo como 'esclavo' y 'apóstol'? ¿Qué nos dicen estos dos términos sobre la forma en que veía Pablo su llamado (pp. 40s)?

1. El origen del evangelio está en Dios

▶ ¿Cuál es, 'la primera y más básica convicción que sustenta a la evangelización auténtica'(p. 41)? ¿Por qué es así?

2. La certificación del evangelio es la Escritura

▶ Según lo que dice Pablo aquí, ¿por qué es tan importante el Antiguo Testamento (pp.41s)? ¿Tiene la misma importancia para ti?

3. La esencia del evangelio es Jesucristo

▶ ¿Qué dicen los versículos 3–4 sobre la doble condición de Jesús (pp. 42ss)? ¿De qué manera lo que dice Pablo arroja luz sobre estos dos aspectos? ¿Por qué son importantes ambos aspectos?

4. La esfera de acción del evangelio abarca todas las naciones

▶ Cuando enumera los propósitos de su apostolado, ¿qué 'aspectos adicionales del evangelio' da a conocer aquí Pablo (pp. 45s)? ¿Qué implicancias tiene esto para ti?

5. El propósito del evangelio es la obediencia a la fe

▶ El evangelio de Pablo exige, literalmente, 'que obedezcan a la fe' (v. 5). ¿Cómo responderías ante la sugerencia de que esto contradice su énfasis en otra parte, sobre que la justificación es solamente por la fe (pp. 45ss)?

6. La meta del evangelio es la honra del nombre de Cristo

▶ ¿Cuál es 'el más elevado de los motivos misioneros' (p. 47)? ¿Cómo encaja tu experiencia evangelizadora con esto?

2 Pablo y los romanos [página 49]
Romanos 1.7–13

▶ ¿De qué manera subraya este pasaje la convicción de Pablo de que 'todos los creyentes en Cristo, tanto gentiles como judíos, ahora pertenecen al pueblo del pacto de Dios' (p. 50)?

▶ ¿Qué podemos aprender de la forma en que Pablo describe sus sentimientos para con los lectores romanos (pp. 50ss)?

3 Pablo y la evangelización [página 53]
Romanos 1.14–17

1. El evangelio es una deuda para con el mundo | 14–15

▶ ¿Por qué esperaríamos que Pablo pudiese haberse sentido renuente a predicar el evangelio en Roma (p. 54)? ¿Qué fue lo que le permitió vencer esos factores? ¿De qué manera puede esto ayudarnos a nosotros?

> Actualmente la gente tiende a considerar la evangelización como una opción, y a considerar (en caso de que se

dedique a ella) que le está haciendo un favor a Dios; Pablo la consideraba una obligación. (p. 53)

2. El evangelio es el poder de Dios para la salvación | 16

▶ ¿Te sientes 'avergonzado' del evangelio (p. 55–57)? ¿Por qué? ¿Cuál es el antídoto para esto?

3. El evangelio revela la justicia de Dios | 17

▶ ¿Qué respuestas diferentes se han dado a la cuestión de lo que Pablo quiere decir por (a) **la justicia de Dios** y (b) **por fe de principio a fin** en el versículo 17 (pp. 57–60)? ¿Cuáles tienen mayor probabilidad de ser acertadas? ¿Por qué?

▶ ¿Cómo deberíamos traducir la cita que Pablo toma de Habacuc (pp. 60–61)? ¿Por qué?

| **La ira de Dios contra toda la humanidad** [página 63]
Romanos 1.18–3.20

▶ 'Nada hay que mantenga a la gente alejada de Cristo más que ...' ¿qué cosa (p. 63)? ¿Puedes dar ejemplos de esto a partir de tu propia experiencia? ¿Cuál es la respuesta?

4 **La depravada sociedad gentil** [página 67]
Romanos 1.18–32

▶ ¿Hasta qué punto lo que se dice sobre la ira de Dios te causa 'incomodidad e incluso incredulidad' (p. 69)? ¿A qué se debe esto? ¿Cómo pueden evitarse estas reacciones?

1. ¿Qué es la ira de Dios?

▶ ¿Cómo hicieron C. H. Dodd y A. T. Hanson para procurar resolver el 'problema' de la ira de Dios (p. 70)? ¿Da resultado la solución que proponían?

2. ¿Ante qué se revela la ira de Dios?

▶ ¿Cuál es la relación entre la revelación de Dios y su ira (pp. 70–73)?

3. ¿Cómo se revela la ira de Dios?

▶ ¿Puedes identificar las tres formas en que se revela la ira de Dios (pp. 74ss)? ¿De qué formas has experimentado las que están activas ahora?

▶ ¿Por cuál de las 'obsesiones modernas' (p. 75) te sientes más tentado a cambiar **la gloria del Dios inmortal (v. 23)**? ¿Cómo puede evitarse que esto ocurra?

▶ ¿'Describen y condenan todo comportamiento homosexual' los versículos 26–27 (pp. 76ss)? ¿Cómo ha sido objetado este punto de vista? ¿Qué piensas tú?

> La 'esencia [del cuadro que Pablo pinta de la depravada sociedad gentil] está en la antítesis entre lo que la gente sabe o conoce y lo que hace'. (p. 79)

5 Moralistas críticos [página 81]
Romanos 2.1–16

▶ Lo que se supone corrientemente es que en estos versículos Pablo se dirige a judíos. ¿Por qué podría no ser este el caso (pp. 81ss)? ¿Cómo podríamos definir su objetivo más acertadamente?

1. El juicio de Dios es ineludible | 1–4

▶ ¿Qué 'extraña flaqueza humana' desnuda Pablo en estos versículos (p. 83)? ¿Es algo que compartes tú?

2. El juicio de Dios es justo | 5–11

▶ Si la salvación es solamente por la fe, ¿por qué el juicio es según las obras (pp. 84–85)?

> La presencia o ausencia de una fe salvadora en nuestro corazón se dará a conocer por la presencia o ausencia de buenas obras de amor en nuestra vida. (p. 85)

▶ ¿Cuáles son las dos sendas que Pablo contrasta en los versículos 7–10 (pp. 86–87)? ¿En cuál te encuentras tú? ¿Cómo lo sabes?

3. El juicio de Dios es imparcial | 12–16

▶ ¿Con qué criterios juzga Dios (a) a los judíos y (b) a los gentiles (pp. 87–88)?

▶ Al hablar acerca de los gentiles, ¿qué quiere decir Pablo cuando expresa que **llevan escrito en el corazón lo que la ley exige** (v. 15; p. 87)?

▶ ¿Cuáles son los 'tres conceptos adicionales sobre el día del juicio' (p. 90) que agrega Pablo en el versículo 16? ¿Cómo respondes a ellos?

> Abaratamos el evangelio si lo representamos solamente
> como una liberación de la infelicidad, el temor, la culpa
> y otras cosas, en lugar de presentarlo como un rescate de
> la ira venidera. (p. 90)

4. Conclusión: el juicio de Dios y la ley de Dios

▶ ¿Cómo contestarías la sugerencia de que los versículos 12–16 ofrecen la esperanza de que algunas personas podrían obtener la salvación viviendo una vida buena (p. 91)?

▶ ¿Alguna vez sientes que el compromiso cristiano en la sociedad es el caso de 'cristianos [que] tratan de forzar sus normas sobre un público reticente' (p. 92)? ¿Cómo ayuda lo que dice Pablo aquí?

6 Judíos seguros de sí mismos [página 93]
Romanos 2.17–3.8

1. La ley | 17–24

▶ ¿Qué 'doble relación' (p. 94) tiene con la ley el pueblo judío? ¿Cómo les 'hace ver [Pablo] la otra cara'?

> Si nos erigimos ya sea en maestros o en jueces de los
> demás, no podemos tener excusas si no nos enseñamos ni
> nos juzgamos a nosotros mismos. (p. 95)

2. La circuncisión | 25–29

▶ ¿Puedes pensar en alguna 'ceremonia mágica' o en algún 'hechizo' (pp. 96 ss) en los que confía la gente actualmente con el fin de librarse del juicio de Dios, así como algunos judíos de la época de Pablo confiaban en su circuncisión?

▶ ¿Qué 'cuádruple contraste' traza Pablo cuando redefine lo que significa ser judío (p. 98)?

3. Algunas objeciones judías | 3.1–8

▶ Si 'ser judío étnicamente no tiene ningún valor como protección ante el juicio de Dios' (pp. 99–100), ¿qué valor tiene?

▶ ¿Cuáles son las otras tres objeciones a lo que venía diciendo Pablo, de las que se ocupa aquí (pp. 100ss)?

▶ ¿Qué significa el término 'apologética'? ¿En qué forma realza la importancia de este aspecto de la evangelización lo que escribe Pablo (p. 103)?

7 Toda la raza humana [página 105]
Romanos 3.9–10

► ¿Cuál es la posible contradicción entre los versículos 1 y 9 (p. 105)? ¿Cómo puede resolvérsela?

► ¿Cuáles son los 'tres rasgos de este sombrío cuadro bíblico' que se destacan en los versículos 10–18 (p. 106)?

► ¿Cuál expresión, según James Dunn, 'con frecuencia ha sido mal entendida' (p. 109)? ¿Cuál es la diferencia entre las interpretaciones tradicionales de esta frase y las interpretaciones modernas? ¿Cuál piensas que es la correcta? ¿Por qué tiene importancia?

► ¿Cómo sugiere John Stott que deberíamos responder a la imputación que hace Pablo del pecado y la culpa universales (pp. 111s)?

II La gracia de Dios en el evangelio [página 113]
Romanos 3.21–8.39

8 La justicia de Dios revelada e ilustrada [página 115]
Romanos 3.21–4.25

1. La justicia de Dios revelada en Cristo | 3.21–26

► ¿Qué enseñan estos versículos sobre la **justicia de Dios** (3. 21; pp. 116ss)?

► ¿Puedes definir (a) la justificación y (b) la santificación? ¿Por qué es importante la distinción entre ellas (pp. 117ss)?

> Ninguna formulación del evangelio es bíblica si anula la iniciativa de Dios y la atribuye ya sea a nosotros mismos o incluso a Cristo. (p. 119)

► ¿Por qué es tan 'sorprendente' la afirmación de que Dios **justifica al malvado** (4.5; p. 120)? ¿Cómo es, entonces, que Dios puede proceder así?

► ¿Qué paralelos puedes identificar entre el cuadro de la 'redención' y nuestra situación como pecadores (p. 121)?

► ¿Qué significa la 'propiciación' (pp. 121ss)? ¿Por qué algunas personas reaccionan en contra de este término como traducción de la palabra griega *hilastērion*? ¿Qué alternativas se sugieren? ¿Por qué no son satisfactorias?

> Dios mismo se entregó para salvarnos de sí mismo.
> (p. 124)

▶ Aparte de redimir a los pecadores y ofrecerse en sacrificio propiciatorio a Dios, ¿qué otra cosa identifica Pablo aquí como logro de la cruz (pp. 124s)?

▶ ¿Por qué 'resulta vital declarar que no hay nada meritorio en cuanto a la fe' (p. 126)?

▶ ¿Cómo defiende John Stott su afirmación de que 'la justificación ... es la médula del evangelio y exclusividad del cristianismo' (p. 126)? ¿Dónde deja esto a las otras religiones?

2. La justicia de Dios defendida ante las críticas | 3.27–31

▶ ¿Qué efecto tiene la justificación por la fe sobre la jactancia (pp. 128s)? ¿Por qué? ¿De qué te enorgulleces tú?

▶ ¿De qué maneras confirma la ley la doctrina de la justificación por la fe (p. 130)?

3. La justicia de Dios ilustrada por Abraham | 4.1–25

▶ 'Pablo quiere que los cristianos judíos comprendan que su evangelio de la justificación por la fe no es una novedad ... y quiere que los cristianos gentiles aprecien la rica herencia espiritual en la que han ingresado por la fe en Jesús' (p. 132). ¿Por qué elige Pablo a Abraham como su principal ejemplo de la justificación (p. 132)?

▶ ¿Cómo demuestra Pablo que Abraham fue justificado por la fe más bien que por las obras (pp. 132 ss)?

▶ 'La justificación ... comprende una doble acreditación, atribución o reconocimiento' (p.137). ¿A qué se refiere John Stott? ¿De qué manera tiene pertinencia esto para ti?

▶ ¿A qué conclusión llega Pablo por el hecho de que Abraham fue justificado mucho antes de que fuese circuncidado (pp. 134ss)? ¿Por qué habría de ser motivo de contrariedad para sus opositores judíos?

▶ ¿Cuáles son los tres puntos sobre los que Pablo basa su aseveración de que la promesa de Dios a Abraham fue 'recibida y heredada por la fe, no por la ley' (p. 134ss)?

> La ley ... divide. Solamente el evangelio de la gracia y la fe puede unir, al ... nivelar a todos al pie de la cruz de Cristo. (p. 143)

▶ ¿Qué fue, entonces, lo que le permitió a Abraham creer a Dios (pp. 144ss)? ¿Qué te permite a *ti* creer en Dios? ¿Cómo crece la fe?

▶ ¿De qué maneras puede decirse que el versículo 25 es 'una declaración completa del evangelio' (Hodge, citado en p. 147)?

> La fe no consiste en ocultar la cabeza en la arena, o en enredarnos intentando creer lo que sabemos que no es verdad, o incluso silbar en la oscuridad con el objeto de mantener firme nuestro espíritu. Por el contrario, la fe es confianza razonada. No es posible creer sin pensar. (p. 148)

9 El pueblo de Dios unido en Cristo [página 151]
Romanos 5.1–6.23

1. Los resultados de la justificación | 5.1–11

▶ ¿Cuáles son las 'seis audaces afirmaciones' que son ciertas para todos aquellos a los que Dios ha justificado (pp. 152ss)? ¿Qué significa cada una de ellas para ti?

▶ 'Los creyentes justificados disfrutan de una bendición mucho mayor que ... una ocasional audiencia con el rey' (p. 153). ¿De qué manera?

▶ ¿Qué esperanzas tienes con respecto al futuro? ¿Incluye tu esperanza lo que Pablo tiene en mente aquí (pp. 154ss)?

▶ ¿Cuál es tu actitud ante el sufrimiento? Según Pablo, ¿cuál debería ser? ¿Por qué (pp.155ss)?

▶ ¿Qué 'lecciones importantes' (p. 156) nos enseña el versículo 5 sobre la obra del Espíritu Santo en la vida del cristiano? ¿Se refiere esto a 'experiencias inusuales y abrumadoras que solamente algunos reciben' (p. 157), o se trata de algo más general? ¿Por qué?

▶ ¿Cuáles son los 'dos medios principales por los cuales podemos llegar a estar seguros de que Dios nos ama' (p. 156), y que Pablo menciona aquí? ¿Qué importancia reviste cada uno de ellos para ti?

▶ ¿Cómo describe Pablo a aquellos por los cuales murió Cristo (pp. 158ss)? ¿Qué razones puedes invocar para considerarte incluido entre ellos?

> La integración del ministerio histórico del Hijo de Dios
> (en la cruz) con el ministerio contemporáneo de su
> Espíritu (en nuestro corazón) es uno de los rasgos más
> favorables y gratificantes del evangelio. (p. 160)

▶ ¿Por qué la 'respuesta correcta' (p. 161) a la pregunta '¿Has sido salvado?' es 'sí y no'? ¿Qué significa esto?

▶ ¿Cuál es la diferencia entre la jactancia judía en Dios, que Pablo menciona en 2.17, y la jactancia cristiana en Dios sobre la que escribe en 5.11 (pp. 162s)? ¿Cuál te caracteriza más a ti?

▶ ¿Cuál es 'la marca principal de los creyentes justificados' (p. 163)? ¿Es así en tu caso? ¿Por qué?

2. Las dos humanidades, en Adán y en Cristo | 5.12–21

▶ ¿Cuáles son los 'dos enlaces especiales' (p. 164) que hay entre los versículos 1–11 y los versículos 12–21?

▶ ¿Cuáles son las dos respuestas posibles (pp. 163ss) a la pregunta que surge del versículo 12: '¿En qué sentido han pecado todos de manera que todos mueren?' ¿Cuál de las dos tiene más probabilidad de ser la correcta? ¿Por qué? ¿Por qué es importante esto?

▶ 'El concepto de que hayamos pecado en Adán es extraño a la mentalidad del individualismo occidental' (p. 169). ¿Cuál es tu impresión? ¿Qué problemas resuelve? ¿Y cómo contestas las que genera?

▶ ¿Qué diferencias encuentra Pablo entre Adán y Cristo (pp. 171ss)?

▶ ¿Qué paralelos traza Pablo entre los efectos de Adán y de Cristo (pp. 173ss)?

▶ ¿Qué se entiende por 'universalismo'? ¿Por qué podría pensarse que esto es lo que enseña Pablo aquí? ¿Cómo sabemos que este no es el caso (pp. 175ss)?

> Cristo levantará a la vida a muchos más que los que Adán
> arrastrará a la muerte. (p. 178)

▶ ¿Qué tiene la enseñanza de Pablo aquí que 'debería funcionar como un gran estímulo para la evangelización mundial' (p. 180)? ¿Tiene ese efecto en tu ánimo?

▶ Dada la probabilidad de que haya 'elementos simbólicos en los tres primeros capítulos de la Biblia' (p. 181), ¿por qué cree John Stott que deberíamos considerar a Adán y Eva como personajes históricos? ¿Qué problemas plantea esto? ¿Cómo podrían ser resueltos?

► Pablo dice en el versículo 12 que la muerte entró en el mundo a través del pecado. ¿Cómo pueden resolverse las dificultades que plantea esta afirmación?

3. Unidos a Cristo y esclavizados a Dios | 6.1–23

► ¿Por qué el evangelio de Pablo parecería estimular a la gente a pecar más que nunca (p. 185)? ¿Cuál es la respuesta de Pablo a estas objeciones?

> ¿Alguna vez nos hemos sorprendido a nosotros mismos restándole importancia a nuestros fracasos con el argumento de que Dios los va a excusar y perdonar? (p. 186)

► ¿Qué noción popular menciona John Stott sobre lo que significa 'morir al pecado' (pp. 189ss)? ¿Por qué debe rechazarse esta noción? ¿Qué es lo que *realmente* significa entonces?

> No es la imposibilidad literal de que los creyentes pequen lo que declara Pablo, sino la incongruencia moral de hacerlo. (p. 189)

► 'La muerte y la resurrección de Jesucristo no son solamente hechos históricos y doctrinas significativas, sino también experiencias personales' (p. 195). ¿En qué formas es cierto esto en cuanto a ti?

► ¿Cuál es la relación entre que seamos liberados de la tiranía del pecado, por un lado, y la crucifixión de Jesús, por el otro (pp. 196ss)?

► ¿Cuáles son los 'dos modos completamente distintos en los que el Nuevo Testamento habla sobre el tema de la crucifixión en relación con la santidad' (p. 198)? ¿Por qué es importante esta distinción?

► ¿Qué significa para ti 'vivir con' Cristo (p. 200)?

► ¿Qué diferencias traza John Stott entre la muerte y la resurrección de Jesús (pp. 200ss)? ¿Cómo se relacionan estas diferencias con nuestra comprensión de lo que significa vivir como cristianos?

► ¿Cuál es 'el principal secreto de la vida de santidad' (p. 202)? ¿Lo has descubierto tú?

▶ ¿Qué es lo que John Stott describe como 'el secreto fundamental para la liberación del pecado' (p. 204)? ¿Cómo funciona en la práctica?

▶ En los versículos 15–23 Pablo vuelve a ocuparse de la cuestión de si la gracia alienta el pecado. ¿Qué 'dos cambios importantes de énfasis' (p. 206) hay en comparación con su respuesta en los versículos 1–14?

▶ ¿Cómo nos ayuda el cuadro de la esclavitud a comprender la vida antes y después de que alguien se hace cristiano (pp. 205ss)? ¿De qué modos es de ayuda? Entonces, ¿por qué la usa Pablo (p. 209)?

▶ ¿Cuáles son las cuatro etapas en las que Pablo sintetiza la experiencia de sus lectores (p. 208)? ¿De qué manera se han dado en tu caso?

▶ ¿Qué contrastes encuentra Pablo entre la esclavitud al pecado y la esclavitud a la justicia (p. 211)?

> Nuestro Padre celestial nos dice ... todos los días: 'Hijo mío, hija mía, siempre debes recordar quién eres.' (p. 212)

10 La ley de Dios y el discipulado cristiano [página 213]
Romanos 7.1–25

▶ ¿Por qué razones es Romanos 7 'muy conocido para la mayoría de los cristianos' (p. 213)? ¿Por qué puede confundirnos esto? En realidad, ¿en qué centra Pablo su atención en este capítulo?

▶ ¿En qué sentido 'no están bajo la ley' los cristianos (p. 215)? ¿Y en qué sentido todavía tenemos obligaciones hacia ella?

▶ ¿Cuáles son las 'tres posibles actitudes hacia la ley' (pp. 215ss) que detalla John Stott? ¿Cuáles son las fortalezas y las debilidades de cada una de ellas?

1. Libres de la ley: metáfora del matrimonio | 1–6

▶ ¿Qué verdades acerca de la relación del cristiano con la ley de Dios se iluminan por el análisis que hace Pablo del matrimonio (p. 218-219)?

▶ Algunos comentaristas sugieren que la mención que hace Pablo del **fruto** en el versículo 4 continúa la metáfora del matrimonio y se refiere al nacimiento de hijos. ¿Es esto así inequívocamente, o es una idea 'grotesca' (pp. 220-221)? ¿Por qué?

2. En defensa de la ley: una experiencia pasada | 7–13

▶ ¿Por qué habría 'parecido que se trataba de antinomianismo total' (p. 224) lo que Pablo acaba de decir acerca de la ley? ¿Cómo se defiende Pablo?

▶ ¿Qué sugerencias se han hecho acerca de la identidad de la primera persona del singular en los versículos 7–13 (pp. 225ss)? ¿Cuál piensas que es la correcta? ¿Por qué?

▶ Pablo niega que la ley sea pecado (v. 7). ¿Cuál es, entonces, la relación entre ambos (pp. 229ss)? ¿Qué experiencia has tenido sobre los diferentes aspectos que John Stott analiza?

▶ ¿Cómo revela este pasaje 'la extrema pecaminosidad del pecado' (p. 232)?

3. La debilidad de la ley: un conflicto continuado | 14–25

▶ ¿Qué 'importante verdad sirve de apoyo a toda la sección final de Romanos 7' (p. 233)?

▶ ¿Qué sugestiones se han hecho acerca de la identidad del **pobre miserable** sobre el que escribe Pablo? ¿Cuáles son sus fortalezas y sus debilidades (pp. 234ss)?

▶ ¿Cuál es la solución de John Stott (pp. 236ss)? ¿Qué pruebas aporta para apoyarla? Si tiene razón, ¿en qué forma lo que dice Pablo es pertinente para nosotros hoy?

▶ ¿Qué hay detrás del conflicto que Pablo describe aquí (pp. 240ss)?

▶ ¿Puedes rastrear la 'doble realidad' que Pablo describe 'cuatro veces de cuatro maneras diferentes' (pp. 242ss)?

▶ 'Cuando hoy buscamos una aplicación legítima de Romanos 7 para nosotros mismos, es posible que encontremos que los versículos 4–6 resultan decisivos' (p. 244). ¿Por qué? ¿De qué manera ayudan estos versículos?

11 El Espíritu de Dios en los hijos de Dios [página 247]
Romanos 8.1–39

1. El ministerio del Espíritu de Dios | 1–17

▶ ¿Cuáles son los dos privilegios de la salvación que Pablo desarrolla aquí (pp. 247s)? ¿Cómo se aplican a tu caso?

▶ ¿Puedes enumerar las cinco expresiones que Pablo usa para describir lo que Dios hizo para traernos la salvación (p. 251-252)? ¿Qué más nos dice el modo en que lo expresa?

▶ ¿Cuál es 'el propósito final de la acción de Dios a través de Cristo' (p. 253)? ¿Es necesario que esto contradiga lo que Pablo ya ha dicho? ¿Por qué?

> La obediencia a la ley '... es tan importante para Dios que mandó a su Hijo a morir por nosotros y a su Espíritu para que viva en nosotros, con el fin de asegurarla'. (p. 254)

▶ ¿Qué diferencias hay entre aquellos cuyo modo de pensar se caracteriza por la carne y aquellos cuyo modo de pensar se caracteriza por el Espíritu (pp. 255ss)?

▶ ¿Por qué es 'de gran importancia en relación con la doctrina del Espíritu Santo' el versículo 9 (p. 257)?

▶ ¿En qué 'dos consecuencias principales' se centra Pablo en relación con la presencia del Espíritu Santo en nosotros (pp. 257ss)?

▶ ¿De qué manera clarifica el versículo 13 el significado, los medios y la motivación de la 'mortificación' (p. 261)? ¿De qué maneras es preciso que des **muerte a los malos hábitos del cuerpo**?

▶ ¿Cuáles son los 'cuatro elementos de prueba' que Pablo reúne para demostrar que somos hijos e hijas de Dios (p. 264)?

▶ ¿Cómo obra el Espíritu Santo para conducirnos a la santidad (pp. 264ss)? En particular, ¿obra con violencia o con suavidad? ¿Condice esto con tu propia experiencia?

▶ ¿Qué nos dice la exclamación *¡Abba! ¡Padre!* (v. 15) sobre la naturaleza de nuestra relación con Dios (pp. 267s)? ¿En qué medida experimentas esta realidad?

2. La gloria de los hijos de Dios | 18–27

▶ ¿Qué contrastes destaca Pablo entre los sufrimientos y la gloria de los hijos de Dios (pp. 272s)?

▶ ¿Qué quiere decir Pablo por **la creación** (v. 19) y su destino (p. 274)?

▶ ¿Cuáles son los cinco 'aspectos de nuestra condición de parcialmente salvados' que Pablo pasa a destacar (pp. 278-280)?

> Debemos esperar, pero no tan ansiosamente que
> perdamos la paciencia, ni tan pacientemente
> que perdamos la expectativa, sino a la vez con ansias
> y paciencia. (p. 280)

▶ ¿Cómo nos ayuda el Espíritu Santo en nuestra debilidad (pp. 281s)? ¿Cómo podemos nosotros ayudar al Espíritu para que pueda ayudarnos más efectivamente?

3. La inmutabilidad del amor de Dios | 28–39

▶ Cuáles son las 'cinco verdades…acerca de la providencia de Dios' (pp. 284s) que Pablo enumera en el versículo 28? ¿Cómo sabes que son verdaderas?

▶ ¿Qué significa sugerir que el 'conocimiento previo [de Dios] es la base de [la] predestinación' (p. 286)? ¿Por qué no puede ser correcto? ¿Qué podría significar, entonces, el conocimiento previo?

> Claramente, entonces, en el proceso de hacerse cristiano
> está comprendida una decisión, pero es una decisión
> que tiene que tomar Dios antes de que podamos tomarla
> nosotros. (p. 287)

▶ ¿Qué podría significar la palabra 'predestinación'? ¿Cuáles son algunas de las objeciones a esta doctrina (pp. 287s)? ¿Cómo puede responderse a ellas?

▶ 'La evangelización (la predicación del evangelio), lejos de volverse superflua por la predestinación, es indispensable ...' (p. 291). ¿Por qué? ¿Es así como la ves tú?

▶ Enumera algunas de las cosas que mencionarías como respuesta a la pregunta '¿Quién está en contra de ti?' ¿De qué manera la forma en que Pablo plantea la pregunta hace que no pueda ser contestada (p. 293)?

▶ ¿Qué necesidades tienes tú? ¿Cómo puedes estar seguro o segura de que Dios las va a satisfacer (p. 294)?

▶ ¿Por qué será que toda acusación y condenación dirigida al cristiano finalmente fracasa (pp. 294s)?

▶ ¿Qué experiencia tienes de las cosas que Pablo menciona como candidatos a separarnos del amor de Cristo (pp. 296ss)? ¿Por qué no pueden hacerlo?

> A los cristianos no se nos ofrece ninguna garantía de inmunidad contra la tentación, la tribulación o la tragedia, pero sí se nos promete victoria sobre ellas. La promesa de Dios no es que el sufrimiento nunca nos afligirá, sino que jamás nos apartará de su amor. (p. 299)

III El plan de Dios para judíos y gentiles [página 301]
Romanos 9–11

12 La caída de Israel: El propósito de Dios en la elección [página 303]
Romanos 9.1–33

▶ ¿Qué es lo que Pablo afirma tan categóricamente al comienzo de este capítulo (p. 304)? ¿Por qué?

▶ ¿Puedes identificar los ocho privilegios especiales de que disfruta Israel (pp. 305s)? ¿Qué privilegios has tenido tú que haría 'tanto más notable' tu rechazo de Dios?

▶ Una explicación del amplio rechazo de Cristo por los judíos es que las promesas de Dios han fracasado. ¿Cómo refuta esto Pablo (pp. 307ss)? ¿Qué pruebas aporta?

▶ En relación con la elección, 'es preciso que recordemos dos conceptos importantes' (p. 309). ¿Qué es lo que tiene en mente John Stott? ¿Cómo nos ayuda?

▶ ¿Cómo refuta Pablo la acusación de que si Dios elige a algunos y a otros no, obra con injusticia (pp. 310ss)?

> La maravilla no es que algunos se salven y otros no, sino que alguien sea salvo. (p. 311)

▶ ¿De qué pregunta adicional sobre la elección pasa a ocuparse Pablo en los versículos 19–29 (pp. 311ss)? ¿Cuáles son sus tres respuestas?

► Pablo cita de Oseas e Isaías. ¿Por qué? ¿Qué es preciso que recordemos 'con el fin de entender la forma en que Pablo se valió de estos textos' (pp. 316ss)?

► ¿Qué tiene de 'completamente confusa' la situación que venía describiendo Pablo (pp. 318s)? ¿Cómo se produjo esta situación? ¿De qué manera proporciona Pablo apoyo bíblico para lo que ha escrito?

► 'Este capítulo sobre la incredulidad de Israel comienza con el propósito electivo de Dios (6–29) y concluye atribuyendo la caída de Israel a su propio orgullo (30–33)' (pp. 320s). ¿Cómo le contestarías a alguien que piensa que Pablo se contradice a sí mismo?

13 La falla de Israel:
La decepción de Dios por su desobediencia [página 323]
Romanos 10.1–21

1. La ignorancia de Israel en cuanto a la justicia de Dios | 1–4

► ¿Qué es lo que muy fácilmente puede ser erróneo tocante a la sinceridad religiosa (pp. 323s)? ¿Qué ejemplos de esto puedes recordar?

► ¿Qué piensas que quiere decir Pablo en el versículo 3 cuando escribe sobre la ignorancia de Israel en cuanto a **la justicia que proviene de Dios** y su intento de **establecer la suya propia** (pp. 324ss)?

2. Modos alternativos de justicia | 5–13

► ¿Cuál es el problema con tratar de lograr **la justicia que se basa en la ley** (v. 5; p 327)? ¿Qué alternativa hay?

► ¿Cómo encajan los versículos 6–8 en la argumentación de Pablo (pp. 327ss)? ¿Es legítimo el uso que hace Pablo de este texto? ¿Por qué?

► ¿De qué manera los versículos 11–13 'se construyen sobre esta base' (pp. 329s)?

3. La necesidad de la evangelización | 14–15

► ¿Cómo hace Pablo para 'demostrar la indispensable necesidad de la evangelización' (p. 331)?

4. La razón de la incredulidad de Israel | 16–21

▶ A pesar de la evangelización, muchos de los compatriotas de Pablo no creen. ¿Qué razones sugiere, para luego descartarlas (pp. 331s)? ¿Por qué?

▶ ¿Cuál es, entonces, la razón de la incredulidad de Israel (pp. 332ss)? ¿Cómo apuntala Pablo su conclusión?

14 El futuro de Israel: El plan de Dios a largo plazo [página 337]
Romanos 11.1–32

▶ ¿Qué tema básico de este capítulo se revela en las preguntas de Pablo en los versículos 1 y 11 (p. 337)?

1. La situación actual | 1–10

▶ ¿Puedes identificar las cuatro pruebas que proporciona Pablo con el fin de mostrar que Dios no le ha vuelto las espaldas a su pueblo Israel (pp. 338s)?

▶ ¿Qué entiendes por **Los demás fueron endurecidos** en el versículo 7 (p. 339)? ¿Cómo responderías a la sugerencia de que no es razonable que Dios endurezca el corazón de la gente?

2. La perspectiva futura | 11–32

▶ ¿Cuál es 'la secuencia del pensamiento de Pablo en este párrafo' (p. 341)? ¿Cómo se pone de manifiesto esto a partir de su propio ministerio?

▶ ¿Por qué es 'notable' y 'sorprendente' la afirmación de Pablo en el versículo 14 (p. 344)? ¿Cómo puede ser explicada?

▶ ¿Qué podría significar la referencia de Pablo a **vuelta a la vida** en el versículo 15 (p. 345)? ¿Cuál consideras la más probable? ¿Por qué?

▶ ¿Cuáles son las 'dos lecciones complementarias' (p. 348s) que Pablo obtiene de la alegoría del olivo? ¿De qué manera resulta pertinente para ti lo que dice?

> Es cuando tenemos imágenes falsas o fantasiosas
> de nosotros mismos que nos volvemos orgullosos.
> Inversamente, el conocimiento conduce a la humildad,
> porque la humildad equivale a honestidad, no a hipocresía.
> El antídoto perfecto para el orgullo es la verdad. (p. 350)

▶ ¿Qué quiere decir Pablo por **este misterio** en el versículo 25 (p. 350)? ¿Puedes recuperar las tres verdades que menciona?

▶ ¿Qué significa la aseveración en el versículo 26, de que **todo Israel será salvo** (p. 351)? ¿De qué manera nos ayuda a entender lo que sigue?

▶ ¿Por qué es que algunos cristianos son renuentes a ocuparse de la actividad misionera entre los judíos (pp. 348ss)? ¿Qué base teológica tiene una posición así? ¿Cómo crees que respondería Pablo?

▶ ¿De qué manera los versículos 28–32 pueden ayudarnos a 'confiar en que Dios no ha rechazado a su pueblo (1–2) ni ha permitido que caigan más allá de la posibilidad de su recuperación (11)' (p. 354)?

▶ Hay quienes sugieren que el versículo 32 apoya el universalismo, la idea de que, al final, todo el mundo será salvo. ¿Crees que esto es correcto (p. 356)? ¿Por qué?

15 La doxología: La sabiduría y la generosidad de Dios [página 359] Romanos 11.33–36

▶ ¿Qué observas en relación con la adoración de Pablo aquí (pp. 359s)? ¿Difiere de la tuya? ¿De qué modos? ¿Por qué?

▶ ¿Cómo podemos asegurar que lo que creemos acerca de Dios y nuestra adoración a él jamás se separarán (pp. 360ss)? ¿Por qué es tan importante esto? ¿En cuál tiendes a centrarte más? ¿Por qué?

> Debemos cuidarnos 'tanto de la teología sin devoción como de la devoción sin teología' (p. 362 con cita del obispo Handley Moule).

16 Un manifiesto sobre la evangelización [página 363]

▶ ¿Cómo se comparan tus propias creencias sobre la evangelización, y tu práctica de ella, con los siete puntos que se elaboran aquí?

IV La voluntad de Dios para relaciones transformadas
[página 367]
Romanos 12.1–15.13

17 Nuestra relación con Dios:
Cuerpos consagrados y mentes renovadas [página 371]
Romanos 12.1–2

▶ Pablo hace su ruego sobre la base de la **misericordia de Dios** (v. 1). ¿Cómo definirías y describirías la misericordia de Dios para contigo (p. 371)?

> No hay mayor incentivo a una vida santa que la contemplación de las misericordias de Dios. (p. 372)

▶ ¿Por qué razón la idea de la adoración como 'la presentación de nuestro cuerpo' a Dios (pp. 372s) habría de parecer escandalosa a los lectores griegos de Pablo?

▶ ¿En qué formas tiendes a identificarte 'con la cultura dominante' (p. 374)? ¿Cómo puedes vencer esta tendencia en la práctica?

18 La relación con nosotros mismos:
Pensar con sobriedad sobre nuestros dones [página 377]
Romanos 12.3–8

▶ ¿Por qué es tan importante que nos juzguemos sobriamente a nosotros mismos (p. 377)? ¿Cuáles son los dos criterios que debemos utilizar? ¿A qué conclusión llegas con respecto a ti mismo a la luz de estos criterios?

▶ ¿Qué es lo que quiere decir Pablo al exigir que la persona que tenga un don profético **lo use en proporción con su fe** (v. 6; p. 379)?

▶ ¿Cuál es, 'indiscutiblemente, el don que más necesita la iglesia en la actualidad' (p. 380)? ¿Por qué?

▶ A la luz de estos versículos, ¿de qué maneras necesitas 'ampliar [tu] conocimiento en cuanto a los dones espirituales' (p. 381)?

19 La relación entre nosotros:
El amor en la familia de Dios [página 383]
Romanos 12.9–16

▶ ¿Cuáles son los ingredientes de la 'receta del amor' (pp. 383ss)? ¿Cuáles son particularmente pertinentes para ti?

**20 La relación con nuestros enemigos:
No represalia, sino servicio** [página 389]
Romanos 12.17–21

▶ 'La represalia y la venganza están absolutamente prohibidas para los seguidores de Jesús' (pp. 389s). ¿Por qué? ¿Encuentras fácil aceptar esto?

▶ ¿Qué podemos aprender de las cuatro contrapartes positivas que acompañan a los cuatro imperativos negativos (pp. 390s)?

▶ A la luz de lo que ha dicho Pablo sobre la venganza, ¿qué significa la mención de **ardientes brasas** en Salmo 11.6, aludido en el versículo 20 (pp. 391s)?

**21 Nuestra relación con el estado:
Ciudadanía responsable** [página 395]
Romanos 13.1–7

▶ ¿Qué sugieren eruditos como Oscar Cullmann sobre lo que quiere decir Pablo con **autoridades** en el versículo 1 (p. 395)? ¿Tienen razón? ¿Por qué?

▶ ¿Por qué es 'particularmente notable' (p. 397) lo que escribe Pablo aquí? ¿En qué forma es pertinente en nuestro caso esta observación?

1. La autoridad del estado |1–3

▶ ¿De qué manera 'es preciso que seamos cautelosos' (p. 398) por la forma en que interpretemos lo que dice Pablo acerca del estado como una institución divina con autoridad divina? ¿Cuáles son los límites de la autoridad del estado?

▶ 'Cada vez que se promulgan leyes que contradicen las normas de Dios, la desobediencia civil se convierte en una obligación cristiana' (p. 400). ¿En qué ejemplos de esto puedes pensar, sean antiguos o modernos?

2. El servicio del estado |4–7

▶ ¿Qué tareas le encargó Dios al estado (p. 401)?

Los que sirven al estado como legisladores, empleados administrativos, magistrados, policías, trabajadores sociales y cobradores de impuestos son tan 'ministros de Dios' como los que sirven a la iglesia como pastores, maestros, evangelistas o administradores. (p. 402)

▶ ¿Qué es lo que dice Pablo que tiene que ver con la cuestión de la pena capital (p. 403)? ¿Qué piensas tú? ¿Por qué?

▶ ¿Cuál es la 'función positiva del estado [que] está muy descuidada actualmente' (pp. 404ss)? ¿Por qué es esto? ¿Cómo puede alentársela?

22 Nuestra relación con la ley: El amor al prójimo como su cumplimiento [página 407]
Romanos 13.8–10

1. El amor es una deuda impaga

▶ ¿Por qué no "podemos dejar de amar a alguien y decirle, 'Ya he amado suficiente'" (p. 408)?

2. El amor es el cumplimiento de la ley

▶ ¿Por qué es que 'a menudo se piensa que la ley y el amor son incompatibles' (p. 409)? ¿Por qué es que, por el contrario, la ley y el amor se necesitan mutuamente?

3. El amor no daña al prójimo

▶ ¿Por qué se dice que **el amor es el cumplimiento de la ley** (v. 10; p. 410)?

▶ ¿Es necesario que me ame a mí mismo a fin de amar a mi prójimo (p. 410)? ¿En qué sentido?

23 Nuestra relación con el tiempo actual: Vivir en el 'ya' y en el 'todavía no' [página 411]
Romanos 13.11–14

1. Conscientes del tiempo | 11–12a

▶ ¿Cómo le contestarías a alguien que sostiene que la historia posterior demuestra que Pablo estaba equivocado cuando afirmó que **la noche está muy avanzada** (v. 11; p. 412)?

2. Comprendiendo lo que corresponde al tiempo | 12b–14

▶ ¿De qué tenemos que 'revestirnos' o qué tenemos que 'ponernos', y qué es lo que tenemos que evitar (vv. 12b–13; p. 413)? ¿Por qué?

▶ ¿Cómo es posible evitar gratificar o **satisfacer los deseos de la naturaleza pecaminosa** (v. 14; pp. 413s)?

24 Nuestra relación con los débiles: Recibirlos bien, y no despreciarlos, juzgarlos ni ofenderlos [página 415] Romanos 14.1–15.13

▶ ¿A qué clase de personas débiles se refiere Pablo aquí (pp. 415ss)? ¿Cuáles son las diferentes sugerencias que se han hecho en cuanto a su identidad? ¿Cuál es la más probable?

▶ ¿Cómo podemos distinguir entre lo esencial y lo no esencial (pp. 418s)? En tu opinión, ¿qué cosas no esenciales pueden destruir la unidad cristiana en tu círculo?

1. El principio positivo | 1

▶ ¿Aceptar a 'los débiles' significa acaso aceptar a todos sin más (p. 420)? ¿Por qué no?

▶ ¿Tiende tu iglesia a ser 'cámara de debates' (p. 421)? ¿Cómo puede evitarse esto?

2. Las deducciones negativas | 14.2–15.13

▶ ¿Cuál es 'la mejor forma de resolver cuál debería ser nuestra actitud hacia otras personas' (p. 422)? Cuando piensas en algunas de las personas con las que no estás de acuerdo, ¿de qué manera modifica esto tu manera de pensar?

▶ ¿Qué principios nos aconseja usar Pablo para decidir si un curso de acción en particular es acertado (p. 424)?

▶ ¿Qué otras razones da Pablo para aceptar al hermano más débil (pp. 424ss)?

▶ Cuando la argumentación pasa de las actitudes de los fuertes a sus acciones, ¿qué razones adicionales propone Pablo para aceptar a los débiles (pp.427s)?

▶ ¿Cuál es 'el dilema que enfrentan los fuertes' (pp. 426s)? ¿Puedes pensar en circunstancias en las que te enfrentas con un dilema similar? ¿Cómo pueden resolverse?

▶ ¿Qué quiere decir Pablo con su advertencia de que los fuertes podrían destruir a los débiles si ejercen su libertad sin sensibilidad (pp. 428s)?

▶ ¿Cuál es la responsabilidad cristiana de los fuertes para con los débiles (pp. 432ss)? ¿Cómo apoya Pablo sus instrucciones sobre este punto?

▶ ¿Cuáles son las cinco importantes verdades que surgen de la 'breve digresión [de Pablo] acerca de la naturaleza y el propósito de las Escrituras del Antiguo Testamento' (pp. 433s)?

▶ ¿Cómo apoya Pablo la justicia de incluir a los gentiles junto con los judíos como integrantes del pueblo de Dios (pp. 436s)?

▶ ¿Qué **esperanza** específica parecería tener en mente Pablo cuando termina esta sección (p. 437)? ¿Es algo que compartes tú?

▶ ¿Cuáles 'dos principios fundamentales' a los que se refiere Pablo en los capítulos 14–15 'son aplicables a todas las iglesias en todas partes y en todo momento' (p. 438)?

Conclusión
La providencia de Dios en el ministerio de Pablo
[página 441]
Romanos 15.14–16.27

25 Su servicio apostólico [página 443]
Romanos 15.14–22

▶ ¿Qué le da derecho a Pablo a escribir como lo hace (p. 443)? ¿Hasta qué punto tienen hoy los líderes cristianos la misma responsabilidad?

1. El ministerio de Pablo fue un ministerio sacerdotal | 16–17

▶ ¿Qué concepto es el que 'más que ningún otro, lo que vincula de modo efectivo los dos papeles principales del culto y el testimonio de la iglesia' (p. 445)? ¿Cómo se da esto?

2. El ministerio de Pablo fue un ministerio poderoso | 18–19a

▶ ¿De qué maneras son estos versículos 'una declaración sumamente valiosa respecto a lo que Pablo mismo entiende en cuanto a su ministerio' (pp. 445s)? ¿Qué pueden enseñarnos hoy?

3. El ministerio de Pablo fue un ministerio pionero | 19b–22

▶ ¿Cuál era la 'sólida política pionera' (p. 448) en la que se apoyaba el ministerio de Pablo?

26 Sus planes de viaje [página 451]
Romanos 15.23–33

1. Sus planes para visitar Roma | 23–24

▶ ¿Por qué es que ahora Pablo puede visitar Roma (pp. 451s)?

2. Sus planes para visitar Jerusalén | 25–27

▶ ¿Por qué tiene Pablo tanto interés en desviarse de su camino para ir a Jerusalén (pp. 453s)? ¿Qué nos dice esto en cuanto a sus preocupaciones principales?

3. Sus planes para visitar España | 28–29

▶ ¿Qué sabemos acerca del destino propuesto, y del cumplimiento de sus planes (p. 455)?

4. Solicita oración con motivo de sus visitas | 30–32

▶ ¿Por qué cosas pide Pablo oraciones específicamente (p. 456)? ¿Qué nos dice esto sobre sus prioridades? ¿Cómo se comparan las tuyas con las de él?

▶ ¿Qué nos dice en cuanto al propósito y el carácter de la oración su agregado de la cláusula limitativa en el versículo 32, **por la voluntad de Dios** (p. 457)?

> La lucha que se da en relación con la oración tiene que ver con el proceso de aprender a discernir la voluntad de Dios y a desearla por encima de todo lo demás. (p. 459)

27 Recomendación y saludos [página 461]
Romanos 16.1–16

1. Una recomendación | 1–2

▶ ¿Qué hizo que Febe fuese digna de la recomendación de Pablo (pp. 461s)?

2. Muchos saludos | 3–16

▶ ¿Cómo han intentado algunos eruditos explicar el hecho de que Pablo conocía 'tan bien a tantas personas en una iglesia que nunca había visitado' (p. 463)? ¿Qué piensas tú?

▶ ¿Cuál es 'el aspecto más interesante e instructivo en cuanto a la diversidad en la iglesia de Roma' (p. 465)? ¿Qué tiene esto como enseñanza para nosotros hoy?

28 Advertencias, mensajes y una doxología [página 469]
Romanos 16.17–27

1. Las advertencias de Pablo | 17–20

▶ ¿Crees que Pablo haría las mismas advertencias hoy? ¿Por qué (pp. 469ss)?

▶ ¿Cuáles son las 'tres pruebas valiosas' que se nos recomienda aplicar a las enseñanzas que se nos ofrecen (p. 471)? ¿Cómo se derivan de lo que ha dicho Pablo?

▶ 'Disfrutar de paz y aplastar a Satanás no suenan muy compatibles entre sí' (p. 471). Sin embargo, ¿por qué es importante mantener juntos estos dos aspectos?

2. Los mensajes de Pablo | 21–24

▶ ¿Qué sabemos sobre la calidad de algunas de las relaciones que justifican estos saludos (pp. 472s)?

3. La doxología de Pablo | 25–27

▶ ¿Cuál es el 'cuádruple esquema para dar a conocer el evangelio' (p. 476) que contiene esta doxología? ¿Cómo encuadra con el comienzo de la carta?

Apéndice
Nuevas perspectivas sobre tradiciones antiguas [página 503]

▶ ¿Qué es lo que 'hace mucho que se da por sentado' como 'el principal énfasis del apóstol en Romanos? (p. 503)

▶ John Stott dirige nuestra atención a los puntos de vista de varios estudiosos (pp. 503ss). ¿Puedes intentar resumir lo que sostienen con respecto a lo que trata Romanos? ¿Qué piensas sobre sus argumentos?

▶ ¿En qué sentido 'podemos sentirnos profundamente agradecidos' (p. 512) por estos puntos de vista modernos sobre Romanos? ¿Por qué?

Apéndice
Nuevos desafíos para antiguas tradiciones

Hace mucho que se da por sentado, por lo menos desde la Reforma, que el principal énfasis del apóstol en Romanos es la justificación de los pecadores por gracia, en Cristo, mediante la fe. Por ejemplo, Calvino escribió en su ensayo introductorio sobre 'El tema de la Epístola de Pablo a los Romanos' que 'el asunto principal de toda la Epístola … es el de que somos justificados por fe'.[1] Esto no equivale a negar que Pablo pasa a ocuparse de otros temas: la certidumbre (capítulo 5), la santificación (capítulo 6), el lugar de la ley (capítulo 7), el ministerio del Espíritu (capítulo 8), el plan de Dios, tanto para judíos como para gentiles (capítulos 9–11), y las variadas responsabilidades de la vida cristiana (capítulos 12–15). Con todo, se ha dado por sentado que la principal preocupación de Pablo era la justificación, y que se ocupó de los demás asuntos sólo en relación con la justificación.

En el curso del siglo veinte, sin embargo, esta tesis ha sido puesta en tela de juicio. En 1963 apareció un artículo por el profesor Krister Stendahl, quien posteriormente fue designado obispo luterano de Estocolmo, en la *Harvard Theological Review* (Revista teológica de Harvard) con el título de *The Apostle Paul and the Introspective Conscience of the West* (El apóstol Pablo y la conciencia introspectiva de Occidente), que luego fue incorporado en su libro *Paul Among Jews and Gentiles* (Pablo entre judíos y gentiles).[2] Stendahl sostenía que lo que tradicionalmente se entendía en cuanto a Pablo en general y a Romanos en particular, es decir, que se centraban en la justificación por la fe, es erróneo. Este error, seguía diciendo, se debe a la conciencia morbosa de la iglesia occidental,[3] y especialmente a las luchas morales de Agustín y de Lutero, que la iglesia ha tendido a interpretar como originadas en Pablo. Según el obispo Stendahl, la justificación no es 'la percepción o el principio doctrinal organizador y abarcador fundamental de Pablo,[4] sino que 'fue reiterado insistentemente por Pablo con el propósito muy específico y limitado de defender los derechos de los conversos gentiles a ser herederos plenos y genuinos de las promesas de Dios a Israel'.[5] La preocupación de Pablo no giraba en torno a su propia salvación, porque él mismo tenía una 'conciencia robusta',[6] sostenía que era 'intachable',[7] y que no tenía 'preocupaciones, ni problemas, ni remordimientos de conciencia, ni sensaciones de fracaso'.[8] Más bien le preocupaba la salvación de los gentiles, y que ellos pudiesen acudir directamente a Cristo y no a través de la ley. Consiguientemente, 'el punto culminante de Romanos se encuentra, en realidad, en los capítulos 9–11, vale decir en sus reflexiones sobre la relación entre la iglesia y la sinagoga, la iglesia y el pueblo judío',[9] y los capítulos 1–8 constituyen un 'prefacio'.[10] Romanos 'tiene que ver con el plan de Dios para el mundo y con la forma en que la misión de Pablo encaja en dicho plan'.[11]

Hasta cierto punto se trata de una corrección necesaria. Porque es cierto que la justificación no es la única preocupación de Pablo, como hemos visto. No obstante, Romanos 1–8 no puede ser reducido a la condición de un mero 'prefacio'. El obispo Stendahl parece haber estructurado una antítesis innecesariamente rígida. Por cierto que Pablo estaba profundamente preocupado, como apóstol a los gentiles que era, sobre el lugar de la ley en la salvación y sobre la unidad de judíos y gentiles en un solo cuerpo, el cuerpo de Cristo. Pero es evidente que también tenía interés en exponer y defender el evangelio de la justificación solamente por gracia, y sólo por medio de la fe. De hecho, estas dos preocupaciones, lejos de ser incompatibles, están inextricablemente entrelazadas. Sólo la lealtad al evangelio puede asegurar la unidad en la iglesia.

El que la conciencia de Pablo anterior a su conversión fuera tan limpia como cree el doctor Stendahl, y el que nosotros en Occidente tengamos conciencias excesivamente introspectivas que han sido proyectadas hacia Pablo, sólo una cuidadosa exégesis de los textos cruciales pueden determinarlo. Pero en 1.18–3.20 es Pablo (no Agustín ni Lutero) quien establece la universal e inexcusable culpa humana. Y la propia afirmación de Pablo de haber sido 'intachable' en cuanto a la justicia que la ley exige[12] tuvo que haberse referido a la conformidad *externa* con las demandas de la ley. Porque en esos reveladores versículos autobiográficos en la parte central de Romanos 7 (si es eso lo que son) Pablo cuenta que fue el mandamiento contra la codicia, con ser un pecado *interno* del corazón, no una acción, lo que 'despertó en [él] toda clase de codicia' y como consecuencia provocó en él la muerte espiritual. El profesor Stendahl no hace referencia a este pasaje. Además, no es necesario polarizar entre una conciencia 'morbosa' y una conciencia 'robusta'. Una conciencia verdaderamente sana perturba nuestra seguridad y humilla nuestro orgullo, especialmente cuando el Espíritu Santo se ocupa de '[convencer] al mundo de su error en cuanto al pecado, a la justicia y al juicio'.[13] Por lo tanto, no deberíamos esperar que ninguna persona no regenerada tenga una conciencia totalmente limpia.

En 1977 se publicó la obra principal de un erudito norteamericano, el profesor E. P. Sanders, *Paul and Palestinian Judaism* (Pablo y el judaísmo palestino). Al describir el cuadro dominante del judaísmo palestino como 'una religión legalista basada en la justicia por las obras',[14] y el del evangelio de Pablo como conscientemente antitético con respecto al judaísmo, declaró que su propósito era 'destruir esa perspectiva' como algo 'completamente equivocado' y mostrar que se 'basa en una distorsión generalizada, como también en una falta de comprensión del material'.[15] Aceptaba que su tesis no era enteramente nueva, ya que, como ha señalado el doctor N. T. Wright, G. F. Moore 'sostuvo sustancialmente la misma posición' en los tres tomos de su *Judaism in the First Centuries of the Christian Era* (El judaísmo en los primeros siglos de la era cristiana), 1927-1930.[16] Sin embargo, el profesor Sanders fue más lejos. Examinó con inmensa erudición la literatura rabínica, la de Qumrán y la apócrifa del judaísmo entre 200 a.C. y 200 d.C. Caracterizó la religión que surgió de este estudio como 'nomismo pactual'. Es decir, que por su gracia Dios había colocado a Israel en una relación de pacto consigo mismo, y que luego había pedido obediencia a su ley (nomismo) como respuesta por parte de ellos. Esto llevó al profesor Sanders a describir el 'patrón de la religión' del judaísmo en función de 'entrar' (por elección de la gracia de Dios) y 'permanecer' (por obediencia). 'La obediencia mantiene la posición de la persona en el pacto, pero no conquista la gracia de Dios como tal.'[17] La desobediencia accedía al perdón por medio del arrepentimiento.

La segunda parte del libro del profesor Sanders está encabezada simplemente 'Pablo'. Aun cuando sólo tiene una extensión aproximada de una cuarta parte en comparación con la primera parte, es imposible hacerle justicia en un solo párrafo. Los puntos salientes de la tesis del profesor Sanders son los siguientes: (1) que el punto de partida de Pablo no era la creencia de que todos los seres humanos son pecadores culpables ante Dios, sino más bien que Jesucristo es Señor y Salvador tanto de judíos como de gentiles, de manera que 'para Pablo la convicción de una solución universal precedía a la convicción de una condición universal difícil';[18] (2) que la salvación es esencialmente una 'transferencia': de la esclavitud al pecado al señorío de Cristo; (3) que el medio de la transferencia es la 'participación' con Cristo en su muerte y resurrección;[19] (4) que la razón por la que la salvación debe ser 'por la fe' no es la de eliminar el orgullo humano, sino que, si la salvación fuera 'por la ley', los gentiles quedarían excluidos y la muerte de Cristo habría sido innecesaria ('el argumento a favor de la fe es, en realidad, un argumento en contra de la ley');[20] y (5) que la resultante comunidad salvada es 'una persona en Cristo'.[21] El profesor Sanders llama a este modo de pensar 'escatología participacionista'.[22] Se verá fácilmente, sin embargo, que en este intento de reconstrucción del evangelio de Pablo las categorías familiares del pecado y la culpa humanos, la ira de Dios, la justificación por gracia sin obras, y la paz con Dios como consecuencia, resultan notoriamente ausentes.

En su segundo libro, *Paul, the Law and the Jewish People* (Pablo, la ley y el pueblo judío),[23] el profesor Sanders contesta a algunos de sus críticos y procura aclarar y desarrollar su tesis. Por cierto que tiene razón, en general, en que 'la argumentación [de Pablo] se ocupa de la posición de igualdad de judíos y gentiles (ambos están sujetos al poder del pecado) y del fundamento idéntico mediante el cual modifican esa posición (la fe en Jesucristo).'[24] Pero luego insiste en que 'la supuesta objeción a la autojustificación judía está tan ausente de las cartas de Pablo como lo está la autojustificación de la literatura judaica.'[25] Esta es una declaración mucho más cuestionable. Corresponde plantear por lo menos cinco cuestiones.

Primero, los indicios indican claramente que el lenguaje relacionado con la idea de 'pesar' o evaluar, es decir, de 'sopesar méritos y falta de méritos',[26] no aparece en la literatura del judaísmo palestino. Con todo, ¿la ausencia de esta imagen de la balanza prueba la ausencia del concepto de mérito? ¿Acaso no puede existir una justicia basada en las obras aun cuando no sea 'pesada'? Pablo no estaba equivocado cuando hablaba de que algunos judíos 'buscan' la justicia pero no la 'alcanzan' (9.30ss), y que otros 'tratan de ser justificados por la ley'.[27]

En segundo lugar, en el judaísmo el ingreso al pacto se entendía como dependencia de la gracia de Dios. Esto no debe sorprender, ya que en el Antiguo Testamento se ve que Dios toma la iniciativa con su gracia para establecer su pacto con Israel. No cabía la posibilidad de que uno 'mereciera' o 'se ganase' el ingreso como miembro. Sin embargo, el profesor Sanders continúa demostrando que 'el tema de la recompensa y el castigo está presente en la literatura tannaítica',[28] especialmente con respecto a la idea de acceder a la vida en el mundo venidero. ¿Acaso no significa esto que el mérito humano, si bien no era la base (en el judaísmo) para ingresar en el pacto, constituía, no obstante, la base para permanecer en él? Pero Pablo seguramente hubiera sido vehemente en su rechazo de dicho concepto. Para él tanto 'ingresar' como 'permanecer' se dan sólo por gracia. No sólo hemos sido justificados por gracia mediante la fe (5.1), sino que por medio de la fe permanecemos en esta gracia en la que se nos ha otorgado acceso (5.2).

Tercero, el profesor Sanders acepta que *4 Esdras* constituía una excepción a su tesis. En este libro apócrifo, escribe Sanders, 'uno ve cómo funciona el judaísmo cuando realmente se convierte en una religión de autojustificación individual'. Aquí 'el nomismo pactual ha colapsado. Todo lo que queda es el perfeccionismo legalista.'[29] Si ha sobrevivido un ejemplo literario, ¿acaso no sería posible que hubiese habido otros que no sobrevivieron? ¿Acaso no es posible que la caída en el legalismo haya sido algo más extendido que lo que admite el profesor Sanders? Además, Sanders ha sido criticado por reducir la complejidad del judaísmo del primer siglo a 'un desarrollo único, unitario, armonioso y lineal'.[30] El profesor Martin Hengel hace la misma observación. Escribe que "por contraste con la progresiva 'unificación' del judaísmo palestino bajo el liderazgo de los escribas rabínicos después de 70 d.C., el rostro espiritual de Jerusalén antes de su destrucción era marcadamente 'pluralista'". Después de enumerar nueve grupos distintos concluye así: 'Jerusalén y su entorno tienen que haber ofrecido al visitante contemporáneo un cuadro confusamente variado.'[31] Por otra parte, 'tal vez no hubo un *único* judaísmo palestino con una *única* perspectiva obligatoria de la ley'.[32]

Cuarto, el caso desarrollado por E. P. Sanders y otros se apoya en el meticuloso examen de la literatura pertinente. Pero, ¿no es sabido que la religión popular puede diferenciarse ampliamente de la literatura oficial de sus dirigentes? Es esta misma distinción la que lleva al profesor Sanders a escribir: 'No puede excluirse totalmente la posibilidad de que hubiera judíos certeramente alcanzados por la polémica de Mateo 23 ... Teniendo en cuenta lo que es la naturaleza humana, uno supone que efectivamente habría algunos así. Hay que decir, sin embargo, que la literatura judía que sobrevive no los revela.'[33] Podemos trazar un paralelismo con el anglicanismo. El *Libro de oración común* y los *Treinta y Nueve Artículos*, es decir, la literatura oficial de la iglesia, insisten en que 'somos reputados justos delante de Dios solamente por el mérito de nuestro Señor y Salvador Jesucristo, por la fe, y no por nuestras propias obras o merecimientos',[34] y que no debemos 'pretender' acercarnos a Dios 'confiando en nuestra propia justicia.'[35] Nada hay más claro en la literatura. Con todo, ¿no es verdad que la fe de muchos anglicanos sigue siendo verdaderamente una fe basada en la justicia por las obras?

Quinto, está claro que Pablo sentía horror por la jactancia. Tradicionalmente esto se ha tomado como un rechazo de la autojustificación. Hemos de jactarnos en Cristo y su cruz,[36] no en nosotros mismos o en que unos a otros podemos justificarnos.[37] El profesor Sanders, sin embargo, interpreta la antipatía de Pablo hacia la jactancia judía (por ejemplo 3.27ss; 4.1ss) como antipatía dirigida contra el orgullo basado en su posición favorecida (2.17, 23), lo cual sería incompatible con la posición de igualdad de judíos y gentiles en Cristo; no contra el orgullo basado en sus méritos,[38] lo cual sería incompatible con una debida humildad ante Dios. Pero uno se pregunta si esta distinción puede mantenerse tan claramente como lo hace el profesor Sanders. En Filipenses 3.3–9 Pablo parecería vincularlos cuando contrasta '[enorgullecerse] en Cristo Jesús' con '[poner] nuestra confianza en esfuerzos humanos'. Y el contexto muestra que en nuestros 'esfuerzos humanos' (o en 'la carne', RVR, vale decir, lo egocéntricos que somos antes de ser salvados.) Pablo incluye tanto su posición como 'hebreo de pura cepa' y su obediencia a la ley: 'en cuanto a la interpretación de la ley, fariseo ... en cuanto a la justicia que la ley exige [es decir, la conformidad externa a los requisitos de la ley], intachable'. En otras palabras, la jactancia a la que Pablo mismo había renunciado, y ahora condenaba, era una autojustificación compuesta tanto de la justicia debida a la posición como a la justicia basada en las obras. Agregado a esto, dos veces el apóstol escribe acerca de una justicia que puede describirse como nuestra 'propia', ya sea porque creamos que la 'tenemos' o porque estemos procurando 'establecerla'.[39] Ambos pasajes indican que esta justicia denominada nuestra (es decir, la autojustificación) se basa en la obediencia a la ley, y que quienes la 'buscan' indican de esa manera que no están dispuestos a 'someterse' a la justicia de Dios. En Romanos 4.4–5 Pablo también establece un neto contraste entre 'trabajar' y 'creer', y por consiguiente entre un 'salario' y un 'favor'.

Finalmente, agradezco al profesor Sanders por la expresión, citada en el párrafo 4 más arriba, 'teniendo en cuenta lo que es la naturaleza humana'. Porque nuestra naturaleza humana caída es irremediablemente egocéntrica, y el orgullo es el pecado humano fundamental, ya sea que la forma que adopte sea el propio sentido de importancia, la confianza en uno mismo, la afirmación de uno mismo o la autojustificación. Si los seres humanos nos dejamos absorber por nosotros mismos, hasta nuestra religión estaría dedicada al servicio de nuestras propias personas. En lugar de ser vehículo para la desprendida adoración a Dios, nuestra piedad se convertiría en la base sobre la que procuraríamos acercarnos a Dios a fin de intentar establecer nuestros derechos ante él. Todas las religiones étnicas parecen degenerar de esta forma, *y esto también ocurre con el cristianismo*. A pesar de las eruditas investigaciones literarias de E. P. Sanders, por lo tanto, yo mismo no puedo creer que el judaísmo sea la excepción a este principio degenerativo, libre de todo indicio de autojustificación. Al leer y meditar en sus libros, me he preguntado constantemente si no es posible que sepa más acerca del judaísmo palestino que lo que sabe acerca del corazón humano.

Por cierto que Jesús incluyó la 'arrogancia' entre los males que surgen del corazón y nos contaminan.[40] En consecuencia, comprobó que en su enseñanza era necesario combatir la autojustificación. Por ejemplo, en la parábola del fariseo y el cobrador de impuestos enfatizó la misericordia divina, no los méritos humanos, como el objeto apropiado de la fe que justifica; en la parábola de los labradores y la viña desestimó la mentalidad de los que exigen pago y reniegan de la gracia; y vio en los niños pequeños un modelo de la humildad que recibe el reino como un regalo libre e inmerecido.[41]

En cuanto al apóstol Pablo, dado que conocía muy bien el sutil orgullo de su propio corazón, ¿acaso no podía descubrirlo en otros, aun cuando estuviese oculto bajo el manto de la religión?

En definitiva, sin embargo, el asunto vuelve a la cuestión de la exégesis. Hay acuerdo universal en que el evangelio de Pablo en Romanos era antitético. Lo exponía por oposición a alguna alternativa. Pero, ¿cuál era esa alternativa? Debemos permitir que Pablo hable por sí mismo, y no hacerle decir lo que antiguas tradiciones o nuevas perspectivas quieren que diga. Resulta difícil ver cómo una interpretación de Pablo pueda desestimar ya sea su conclusión negativa en cuanto a que 'nadie será justificado en presencia de Dios por hacer las obras que exige la ley' (3.20), como su afirmación positiva de que los pecadores 'son justificados gratuitamente mediante la redención que Cristo Jesús efectuó' (3.24).

El debate acerca de Pablo en general y de Romanos en particular se centra ahora en el propósito y el lugar de la ley. Una nota de pesimismo caracteriza los escritos de algunos entendidos contemporáneos, ya que no están persuadidos de que Pablo supiera lo que él mismo pensaba sobre este tema. El profesor Sanders está dispuesto a reconocer que Pablo era 'un pensador coherente', a la vez que agrega inmediatamente que 'no era un teólogo sistemático'.[42] El doctor Heikki Räisänen, el teólogo finlandés, es mucho menos positivo. 'Es preciso *aceptar* en Pablo contradicciones y tensiones', escribe, 'como rasgos *constantes* de su teología de la ley'.[43] En particular, se sostiene que Pablo ha sido inconsecuente acerca de la posición actual de la ley. Por una parte, afirma 'en términos nada ambiguos que la ley ha sido abolida',[44] mientras que por otra parte afirma que se cumple en la vida de los cristianos. De modo que Pablo se contradice, afirmando 'tanto la abolición de la ley como también su permanente carácter normativo'.[45] También, 'vemos a Pablo luchando con el problema de que una institución *divina* ha sido *abolida* por medio de lo que Dios ha hecho en Cristo…' La mayor parte de las dificultades de Pablo pueden atribuirse a esto. Incluso intenta 'ocultar la abolición' al insistir en que su enseñanza 'sostiene' y 'cumple' la ley. Pero, ¿cómo es posible que se la cumpla haciéndola a un lado?[46]

Las dificultades que encuentra el doctor Räisänen, sin embargo, parecen yacer más bien en su propia mente que en la de Pablo. Cierto es, desde luego, que cuando Pablo responde a diferentes situaciones, realza aspectos diferentes. Pero no es imposible resolver las aparentes discrepancias, como espero que quede claro en la exposición del texto. Nuestra liberación de la ley es un rescate de su maldición y su esclavitud, y por lo tanto se relaciona con las dos funciones particulares de la justificación y la santificación. En ambos sentidos estamos bajo la gracia, no la ley. Para la justificación nos volvemos hacia la cruz, no hacia la ley, y para la santificación hacia el Espíritu, no hacia la ley. Es solamente por el Espíritu que la ley puede cumplirse en nosotros.[47]

El profesor James Dunn parece haber aceptado las principales tesis de K. Stendahl, E. P. Sanders y H. Räisänen, y ha procurado desarrollarlas más todavía, especialmente en relación con la ley. En un famoso trabajo titulado *The New Perspective on Paul* (La nueva perspectiva sobre Pablo), 1983, sintetizado en la introducción a su comentario, representa a Pablo en Romanos como si estuviera en diálogo consigo mismo, el rabino judío con el apóstol cristiano. Cuando declaró que nadie podía ser justificado 'por las obras de la ley', no estaba refiriéndose a 'buenas obras' en un sentido general y meritorio. Estaba pensando más bien en la circuncisión, el sábado y las leyes sobre alimentos, que "funcionaban como un 'indicador de identidad' y una 'frontera', para reforzar el carácter distintivo de Israel y distinguirlo de las naciones circundantes". Más todavía, este 'carácter distintivo' iba acompañado de un 'sentido de privilegio'. La razón por la que Pablo adoptó una posición negativa hacia 'las obras de la ley' no fue que se consideraba que lograban la salvación, sino que (a) llevaban a un orgullo jactancioso en la posición privilegiada de Israel, y (b) propiciaban una exclusividad étnica incompatible con la inclusión de los gentiles, con lo cual él estaba comprometido.[48]

No puede haber duda de que Pablo vio claramente estos dos peligros. Pero el doctor Stephen Westerholm tiene razón, en su excelente estudio *Israel's Law and the Church's Fiat* (La ley de Israel y el *fíat* de la iglesia), 1988, cuando cuestiona aspectos de esta reconstrucción. Porque Pablo, sostiene, usaba 'ley' y 'obras de la ley' en forma intercambiable, de modo que su referencia era más amplia que a rituales judíos particulares; aquello a lo cual se oponía Pablo era la jactancia en las buenas obras, no simplemente en la posición privilegiada, como queda claro por el caso de Abraham (3.27; 4.1–5); y 'el principio fundamental que afirma la tesis de Pablo de la justificación por la fe, no por las obras de la ley, es la de la dependencia de la humanidad de la gracia divina...'[49]

Claramente no se ha dicho ni escrito aún la última palabra acerca de estos controvertidos temas en Romanos. Es posible que sintamos que no podemos estar de acuerdo en que la conciencia de Pablo anterior a su conversión era tan despejada como lo que actualmente se afirma, o que estuviese tan confundido acerca de la ley, y tan preocupado por sus disposiciones rituales, como sostienen algunos actualmente; o que el judaísmo del primer siglo estaba completamente libre de nociones de mérito y de justicia basadas en las obras. Pero podemos sentirnos profundamente agradecidos por la insistencia de los eruditos en que la cuestión gentil ocupa un lugar central en Romanos. La redefinición y la reconstitución del pueblo de Dios, comprendido por creyentes judíos y gentiles en condiciones de igualdad, es un tema crítico que recorre todo la carta.

Bibliografía

Las obras mencionadas en la sección notas se indican por el apellido, o por el apellido y la fecha o el número del tomo.

Comentarios

Barclay, William *The Letter to the Romans*, en *The Daily Study Bible*, St Andrew Press, 1955; edición revisada, 1990. Existe en castellano: *Comentario al Nuevo Testamento vol. 08 Romanos*, Terrassa, Barcelona, CLIE, 1995.

Barrett, C. K. *A Commentary on the Epistle to the Romans, Black's New Testament Commentaries*, Adam y Charles Black, 1957; segunda edición, 1962.

Barth, Karl *The Epistle to the Romans*, 1918; traducido al inglés de la sexta edición, Oxford University Press, 1933.

Bengel, Johann Albrecht *Gnomon of the New Testament* (1742); traducido al inglés por T. y T. Clark, 1866.

Bruce, F. F. *The Letter of Paul to the Romans*, en *The Tyndale New Testament Commentaries*, InterVarsity Press y Eerdmans, 1963; segunda edición, 1985.

Brunner, Emil *The Letter of Paul to the Romans: A Commentary*, Lutterworth Press, 1959.

Calvino, Juan *The Epistle of Paul the Apostle to the Romans* (1540), Oliver & Boyd, 1961. Versión en castellano: *La Espístola a los Romanos*, Desafío, Grand Rapids.

Chalmers, Thomas *Lectures on the Epistle of Paul the Apostle to the Romans*, Collins, en cuatro tomos, 1837-42.

Crisóstomo, Juan *Homilies on the Epistle to the Romans*, pronunciadas en Antioquía c. 387-397, en Philip Schaff, ed., *A Select Library of the Nicene and Post-Nicene Fathers*, t. XI (1851), Eerdmans, 1975. Publicado en castellano por BAC, Madrid.

Cranfield, Charles E. B. *A Critical and Exegetical Commentary on the Epistle to the Romans*, en *The International Critical Commentaries*, T. y T. Clark; t. I, 1975; t. II, 1979; con correcciones, 1983. Publicado en castellano por Nueva Creación, Grand Rapids, Buenos Aires.

Denney, James *St Paul's Epistle to the Romans*, en *The Expositor's Greek Testament*, t. II, Hodder y Stoughton, 1901; Eerdmans, 1970.

Dodd, C. H. *The Epistle of Paul to the Romans*, en *The Moffatt New Testament Commentary*, Hodder y Stoughton, 1932; undécima edición, 1947.

Dunn, James D. G. *Romans*, en *The Word Biblical Commentary*, Word Books, en dos tomos, 1988.

Fitzmyer, Joseph A. *Romans*, t. 33 en *The Anchor Bible*, Double day, 1992; Geoffrey Chapman, 1993.

Godet, F. L. *Commentary on the Epistle to the Romans* (1879-80); traducido al inglés, T. y T. Clark, 1880-82; edición en un tomo, Zondervan, 1969.

Griffith Thomas, W. H. *St Paul's Epistle to the Romans, A Devotional Commentary*, Eerdmans, 1946.

Haldane, Robert *Exposition of the Epistle to the Romans* (1835-39); Sovereign Grace Book Club, en dos tomos, 1957.

Hodge, Charles H. *A Commentary on Romans*, en *The Geneva Series of Commentaries*, 1835; Banner of Truth Trust, 1972.

Käsemann, Ernst *Commentary on Romans*, 1973; traducido al inglés, SCM y Eerdmans, 1980.

Liddon, H. P. *Explanatory Analysis of St Paul's Epistle to the Romans* (distribuido privadamente, 1876), Longmans, Green y Co., 1893.

Lightfoot, J. B. *Notes on the Epistles of St Paul*, basadas en comentarios no publicados, Macmillan, 1895; Baker, 1980.

Lloyd-Jones, D. Martyn. *Romans*, The Banner of Truth Trust y Zondervan.

1. *The Gospel of God (Romanos 1)*, 1985.

2. *The Righteous Judgment of God (Romanos 2.1–3.20)*, 1989.

3. *Atonement and Justification (Romanos 3.21–4.25)*, 1970.

4. *Assurance (Romanos 5)*, 1971.

5. *The New Man (Romanos 6)*, 1972.

6. *The Law: Its Function and Limits (Romanos 7.1–8.4)*, 1973.

7. *The Sons of God (Romanos 8.5–17)*, 1974.

8. *The Final Perseverance of the Saints (Romanos 8.17–39)*, 1975.

9. *God's Sovereign Purpose (Romanos 9)*, 1991.

Luther, Martin *Lectures on Romans, en Luther's Works*, t. 25 (1515); traducido al inglés, Concordia, 1972. Publicado en castellano con el título *Comentarios de Martín Lutero*, Vol. 1: Romanos, CLIE, Terrassa, Barcelona.

Moo, Douglas *Romans 1-8*, en *The Wycliffe Exegetical Commetary*, Moody, t. 1, 1991.

Morris, Leon *The Epistle to the Romans*, Eerdmans e InterVarsity Press, 1988.

Moule, H. C. G. *The Epistle of Paul the Apostle to the Romans*, en *The Cambridge Bible for Schools and Colleges*, Cambridge University Press, 1884.

The Epistle of St Paul to the Romans, en *The Expositor's Bible*, Hodder y Stoughton, segunda edición, 1894.

Murray, John *The Epistle to the Romans*, en *The New International Commentary on the New Testament*, Eerdmans, 1959–65; edición en dos tomos en un solo volumen, 1968.

Neill, Stephen C. *The Wrath and the Peace of God: Four Expositions of Romans 1–8*, CLS, 1943.

Nygren, Anders *Commentary on Romans*, 1944; traducido al inglés, SCM y Fortress, 1949.

Sanday, William y Headlam, Arthur C. *A Critical and Exegetical Commentary on the Epistle to the Romans*, en *The International Critical Commentary*, T. y T. Clark, 1895; quinta edición, 1902.

Vaughan, C. J. *St Paul's Epistle to the Romans*, Macmillan, 1859; sexta edición, 1885.

Ziesler, John *Paul's Letter to the Romans*, en *The Trinity Press International New Testament Commentaries*, SCM y Trinity Press International, 1989.

Otras obras

Agustín *Confessions* (c. 397); traducción nueva al inglés por Henry Chadwick, Oxford University Press, 1992. Versión en castellano: *Confesiones*, BAC, Madrid.

Campbell, William S. *Paul's Gospel in an Intercultural Context: Jew and Gentile in the Letter to the Romans*, Peter Lang, 1991.

Cranfield, Charles E. B. 'Some Observations on Romans 8:19-21d', en Robert Banks, ed., *Reconciliation and Hope*, Eerdmans y Paternoster, 1974.

Cullmann, Oscar *Christ and Time. The Primitive Christian Conceptions of Time and History*, 1946; traducido al inglés, 1951; tercera edición revisada, SCM, 1962.

The State in the New Testament, 1956; traducido al inglés, SCM, 1957. Publicado en castellano con el título *Cristo y el tiempo*, Sígueme, Salamanca.

Donfried, Karl P., ed. *The Romans Debate*, T. y T. Clark, 1991.

Hanson, A. T. *The Wrath of the Lamb*, SPCK, 1959.

Hengel, Martin *The Pre-Christian Paul*, en colaboración con Roland Deines, SCM y Trinity Press International, 1991.

Hooker, Morna D. 'Adam in Romans 1', en *New Testament Studies*, 1959-60.

Jeremias, Joachim *The Central Message of the New Testament*, 1955; traducido al inglés, SCM, 1966.

Josefo, Flavio *The Antiquities of the Jews*, obra que forma parte de *Josephus: Complete Works* (c. 93–94); Pickering e Inglis, 1981. Versión en castellano: *Antigüedades de los Judíos* (dos volúmenes), CLIE, Terrassa, Barcelona.

Küng, Hans *Justification: The Doctrine of Karl Barth and a Catholic Reflection*, 1957; traducida al inglés, Burnes y Oates, 1964.

Lutero, Martín *Preface to the Epistle of St Paul to the Romans* (1546), en *Luther's Works*, ed. J. Pelikan y H. Lehmann, t. 35, Muhlenberg Press, 1960. Versión en castellano: *Prefacio a la Epístola a los Romanos* (1522), en *Obras de Martín Lutero*, tomo VI, La Aurora, Buenos Aires, 1979.

Metzger, Bruce
'The Punctuation of Romans 9:5', en Barnabas Lindars y Stephen Smalley, eds., *Christ and Spirit in the New Testament*, Cambridge University Press, 1973.

A Textual Commentary on the Greek New Testament, United Bible Societies, 1975.

Morris, Leon
The Apostolic Preaching of the Cross, Tyndale Press, 1955.

Räisänen, Heikki
Paul and the Law, J. C. B. Mohr, 1983.

Robinson, John A. T.
Wrestling with Romans, SCM, 1979.

Sanders E. P.
Paul and Palestinian Judaism, SCM, 1977.

Paul, the Law and the Jewish People, Fortress, 1983; SCM, 1985.

Paul, Oxford University Press, 1991.

Seifrid, Mark A.
Justification by Faith. The Origin and Development of a Central Pauline Theme, E. y J. Brill, 1992.

Stendahl, Krister
Paul Among Jews and Gentiles and Other Essays, Fortress, 1976; SCM, 1977.

Thompson, Michael
Clothed with Christ. The Example and Teaching of Jesus in Romans 12:1-15:13, JSOT Press, Sheffield, 1991.

Wedderburn, A. J. M.
The Reasons for Romans, 1988; T. y T. Clark, 1991.

Westerholm, Stephen
Israel's Law and the Church's Faith, Eerdmans, 1988.

Wright, N. T.
The Climax of the Covenant. Christ and the Law in Pauline Theology, T. y T. Clark, 1991.

Ziesler, John
The Meaning of Righteousness in Paul, A Linguistic and Theological Inquiry, Cambridge University Press, 1972.

Notas

Prefacio del autor

[1] Crisóstomo, p. 335 en la traducción inglesa; ver la bibliografía.

Ensayo preliminar

[1] Lutero (1546), p. 365.

[2] Calvino, p. 5.

[3] De la traducción del Nuevo Testamento por William Tyndale (1534).

[4] Agustín: Libro VIII, 19–29, pp. 146–153.

[5] Roland H. Bainton: *Here I Stand*, Hodder and Stoughton, 1951, p. 45.

[6] *Ibid.*, p. 54.

[7] Esta parece ser la traducción libre de F. F. Bruce (p. 57) del relato del propio Lutero en cuanto a su 'experiencia cumbre', así llamada porque tuvo lugar en la torre o cumbre del Claustro Negro de Wittenberg. Su relato apareció primeramente en 1545 en su prefacio a la edición de sus obras latinas publicadas en Wittenberg. Aparece reproducido en la edición norteamericana de *Luther's Works*, tomo 34 (Mühlenberg Press, 1960), pp. 336s, y en Fitzmyer, pp. 260s. Ver también la traducción de Gordon E. Rupp en su libro *The Righteousness of God: Luther Studies*, Hodder and Stoughton, 1953, pp. 121s.

[8] *John Wesley's Journal,* de la anotación del 24 de mayo de 1738.

[9] Agradezco al doctor Paul Negrut de Oradea, Rumania, que me haya permitido leer y citar su trabajo inédito titulado *The Bible and the Question of Authority within the Ordthodox Church of Romania.*

[10] Barth, p. v.

[11] Ver John Bowden, *Karl Barth, Theologian* (SCM, 1983).

[12] Eberhard Busch: *Karl Barth*, 1975; traducción inglesa, SCM, 1976, p. 119.

[13] *Ibid.*, p. 44.

[14] *Ibid.*, p. 2.

[15] *Ibid.*, p. XI.

[16] Citado por Bruce, p. 58, y por Robinson, p. VIII.

[17] Bruce, p. 58.

[18] En Donfried, p. 182.

[19] Cranfield, t. II, p. 819.

[20] En Donfried, pp. 16ss.

[21] Wedderburn (1988), p. 5.

[22] Hechos 20.2s.

[23] 2 Corintios 8–9.

[24] Wright, p. 234.

[25] Hechos 2.10.

[26] Cranfield, t. II, p. 818.

[27] Suetonio, Vidas de los Doce Césares II, Gredos, Madrid 1992, pp. 102-103. Suetonio escribió en 120 d.C.

[28] Ver Hechos 18.2.

[29] Wedderburn, p. 50.

[30] *Ibid.*, p. 62.

[31] Ver Hechos 15.1.

[32] Hengel, p. 86.

[33] Sanders (1991), p. 66.

Introducción

1. Pablo y el evangelio

[1] Salmo 116.16.

[2] Por ej. Isaías 43.1, 10.

[3] Lucas 6.12s.

[4] Por ej. Gálatas 1.1.

[5] Hechos 1.21–26; 1 Corintios 9.1; 15.8s.

[6] Barrett, p. 16.

[7] Filipenses 3.5.

[8] Nygren, pp. 45s.

[9] Gálatas 1.15s.

[10] Jeremías 1.5.

[11] Hechos 26.17.

[12] Cranfield, t. I, p. 53 de la edición inglesa.

[13] Morris (1988), p. 40.

[14] Juan 5.39; Lucas 24–25ss, 44s.

[15] Hechos 2.14ss; ver 1 Pedro 1.10ss.

[16] Hechos 17.2s; ver 13.32ss.

[17] 1 Corintios 15.3s.

[18] Lutero (1515), p. 4 de la edición inglesa.

[19] Calvino, p. 15 de la edición inglesa.

[20] Este título reconoce su origen en última instancia en 2 Samuel 7.12ss, donde Dios prometió afirmar el trono de David para siempre; fue recogido por los profetas (por ej. Salmos 89; Isaías 9.6ss; 11.1, 10; Jeremías 23.5s; y Ezequiel 34.23s; 37.24s) y posteriormente desarrollado más todavía en la literatura de Qumrán. Para el cumplimiento en el Nuevo Testamento ver por ej. Mateo 1; Marcos 12.35ss; Lucas 1–2; Juan 7.42; Hechos 2.29ss; 13.22s; 2 Timoteo 2.8; Apocalipsis 5.5; 22.16.

[21] Por ej. Mateo 11.27.

[22] Hechos 10.42 ['nombrado', NVI]; 17.31.

[23] Por ej. Cranfield, t. I, p. 62.

[24] Nygren, p. 51; ver 2 Corintios 13.4.

[25] Romanos 8.11.

[26] Hechos 2.33.

[27] Por ej. Romanos 12.3; 15.15; 1 Corintios 15.10; Gálatas 1.15; 2.9; Efesios 3.1s, 7s.

[28] Hechos 9.15; 22.21; 26.17s; Romanos 11.13; 15.16ss; Gálatas 1.16; 2.2s; Efesios 3.8.

[29] Hechos 6.7. Ver 2 Tesalonicenses 1.8; 1 Pedro 4.17.

[30] Por ej. Romanos 6.17; 10.16; 1 Pedro 1.22.

[31] Murray, t. I, p. 14.

[32] Hebreos 11.8.

[33] Filipenses 2.9ss.

[34] 3 Juan 7.

2. Pablo y los romanos

[1] Neill, p. 2.

[2] Números 6.25s.

[3] Ver Romanos 9.24s.

[4] Romanos 12.6.

[5] Efesios 4.11.

[6] 1 Corintios 12.11.

[7] Cranfield, t. I, p. 79 de la edición inglesa.

[8] Murray, t. I, p. 24.

3. Pablo y la evangelización

[1] Ver *The Acts of Paul and Thecla*, obra incluida en *The Apocryphal New Testament* (ed. M. R. James), Clarendon, 1924, edición corregida, 1953; p. 273. Ver 2 Corintios 10.10, Gálatas 4.13s.

[2] Por ej. 1 Tesalonicenses 2.4; 1 Corintios 4.1s; Gálatas 2.7; 1 Timoteo 1.11; Tito 1.3.

[3] Marcos 8.38.

[4] 2 Timoteo 1.8, 12.

[5] 1 Corintios 2.3.

[6] 1 Corintios 1.18, 23.

[7] Ver Romanos 3.22; 4.11; 10.4, 11.

[8] Romanos 10.12; ver Gálatas 3.28.

[9] Hechos 13.46.

[10] Ver Génesis 18.25.

[11] Salmo 45.6s, citado en Hebreos 1.8s; ver Salmo 11.1ss.

[12] Campbell, p. 162.

[13] Salmo 98.2; ver 51.14; 65.5; 71.2, 15; 143.11.

[14] Isaías 46.13; ver 45.8; 51.5s; 56.1; 63.1.

[15] Isaías 45.21.

[16] Salmo 35.24.

[17] Ziesler (1989), p. 70. Ver también Ziesler (1972), p. 42.

[18] Käsemann, pp. 23ss.

[19] Wright, p. 234.

[20] Filipenses 3.9; ver Romanos 10.3.

[21] Filipenses 3.9.

[22] Cranfield, t. I, p. 100.

[23] Fitzmyer, p. 257.

[24] *Ibid.*, p. 258.

[25] Bengel, p. 17.

[26] Barth, p. 41. Ver también Dunn, t. I, pp. 44ss.

[27] Murray, t. I, p. 70.

[28] Gálatas 3.11.

[29] Nygren, p. 87.

[30] Bruce, p. 76.

I. La ira de Dios contra toda la humanidad

[1] Marcos 2.17.

[2] Romanos 3.9b.

[3] Romanos 3. 19b.

4. La depravada sociedad gentil

[1] M. D. Hooker: 'Adam in Romans 1' en *New Testament Studies* 6, 1959-1960.

[2] Sanday Headlam, pp. 51s.

[3] *Sabiduría* 13.1.

[4] *Sabiduría* 13.10.

[5] *Sabiduría* 14.27.

[6] *Sabiduría* 14.25.

[7] *Sabiduría* 13.8s.

[8] Godet, p. 106.

[9] Mateo 5.22.

[10] Gálatas 5.19s; Efesios 4.31; Colosenses 3.8.

[11] Dodd, p. 21.

[12] *Ibid.*, p. 23.

[13] Hanson: *The Wrath of the Lamb*, SPCK, 1959, p. 69.

[14] *Ibid.*, pp. 21, 37.

[15] Robinson, p. 19.

[16] Neill, p. 10.

[17] Lightfoot, p. 251.

[18] Salmo 19.1; Isaías 6.3.

[19] Job 37–41; 42.5.

[20] Hechos 14.14ss; ver Mateo 5.45; Hechos 17.22ss.

[21] Salmo 19.2 (BA).

[22] 1 Tesalonicenses 1.10 ('la ira venidera', RVR).

[23] Romanos 2.5, 8; ver 3.5; 4.15; 5.9; 9.22.

[24] Neill, pp. 12s.

[25] Ziesler (1990), p. 75.

[26] Ver Salmo 81.12; Oseas 4.17; Hechos 7.42; 14.16.

[27] Barrett, p. 38.

[28] Por ej., Gálatas 4.8; 1 Tesalonicenses 4.5; 2 Tesalonicenses 1.8.

[29] Ver Salmo 106.20; Jeremías 2.11.

[30] Dodd, p. 25.

[31] Robin Scroggs: *The New Testament and homosexuality*, Fortress, 1983, pp. 115ss, 130s.

[32] John Boswell: *Christianity, social tolerance and homosexuality*, University of Chicago Press, 1980, pp. 107ss.

[33] Richard B. Hays, 'Relations Natural and Unnatural: A Response to John Boswell's Exegesis of Romans 1',

Journal of Religious Ethics, primavera de 1986, p. 192.

[34] *Ibid.*, pp. 200s.

[35] Cranfield, t. I, p. 125.

[36] Mateo 19.4ss, citando Génesis 2.24.

[37] Hodge, p. 43.

5. Moralistas críticos

[1] Por ej. 1.16; 2.9s; 3.9, 29; 9.24; 10.12; 15.8s.

[2] Bruce, p. 82.

[3] Moo, pp. 127, 135.

[4] Thomas Hobbes, *Leviatán* (1651), Penguin, 1981, p. 125. Hoy trad. al cast.

[5] Salmo 103.8; Éxodo 34.5ss.

[6] Ver Ezequiel 33.11; 2 Pedro 3.9.

[7] Oseas 12.2; Jeremías 17.10; 32.19.

[8] Por ejemplo Ezequiel 9.10; 11.21; ver 2 Crónicas 6.23.

[9] Mateo 16.27.

[10] Por ejemplo 2 Corintios 5.10.

[11] Por ejemplo Apocalipsis 2.23; 20.12s; 22.12.

[12] Santiago 2.18.

[13] Gálatas 5.6.

[14] Juan 17.3.

[15] Mateo 6.31ss.

[16] Mateo 7.24ss.

[17] Ver Hebreos 3.14.

[18] Juan 5.29.

[19] Hodge, p. 53.

[20] Jeremías 31.33; ver 2 Corintios 3.3.

[21] Dunn, t. 38A, p. 100.

[22] Por ejemplo 1 Samuel 16.7; Salmo 139.1ss; Jeremías 17.10; Lucas 16.15; Hebreos 4.12s.

[23] Juan 5.22, 27.

[24] Por ejemplo Mateo 7.21ss; 25.31ss.

[25] Hechos 17.31.

[26] Hechos 10.42.

[27] 1 Tesalonicenses 1.10.

[28] Dietrich Bonhoeffer: *Letters and papers from prison*, Fontana, 1959, p. 50 (edición en castellano publicada por editorial Sígueme).

[29] Desde luego que los niños y los discapacitados mentales no son tan responsables moralmente como los adultos y los moralmente maduros.

[30] Deuteronomio 6.24.

6. Judíos seguros de sí mismos

[1] Dunn, t. 38A, p. 108.

[2] Isaías 42.6s; 49.6.

[3] Josefo, 18.81ss.

[4] Moule (1884), p. 75.

[5] Barrett, p. 56.

[6] Mateo 5.21ss.

[7] Dodd, p. 39.

[8] Génesis 17.9ss.

[9] Citado por Cranfield, t. I, p. 172, nota al pie 1. Comparar el dicho en la *Mishnah Sanedrín* de que 'todos los israelitas tienen parte en el mundo por venir', citado por Sanders (1977), p. 147. Pero Jesús mismo enseñó que ser miembro del pacto no constituía una garantía de inmunidad ante el juicio de Dios (por ejemplo Mateo 21.28ss). También lo había hecho Juan el Bautista antes que él (por ej. Mateo 3.7ss).

[10] Gálatas 5.3.

[11] Levítico 26.41; Deuteronomio 10.16; 30.6.

[12] Ezequiel 44.9; Jeremías 9.25s; 4.4; Ezequiel 36.26s.

[13] Dunn, t. 38A, p. 127.

[14] Ver 2 Corintios 3.6.

[15] Ver Génesis 29.35; 49.8.

[16] Por ejemplo Hechos 17.1ss, 17; 18.4ss; 19.8.

[17] Barrett, p. 43.

[18] Dunn, t. 38A, p. 91.

[19] Dodd, p. 46.

[20] NBE, BJ.

[21] Salmo 147.19s; ver Deuteronomio 4.8.

[22] Ziesler (1989), p. 97.

[23] Calvino, p. 60.

[24] Salmo 51.4.

[25] Génesis 18.25.

[26] Hodge, p. 75.

7. Toda la raza humana

[1] Morris (1988), p. 166. Se apoya en una cita de A. Edersheim en *The Life and Times of Jesus the Messiah*, t. I (1890), p. 449 (versión en castellano: *La vida y los tiempos de Jesús el Mesías*, t. I, CLIE).

[2] Por ej. Job 28.28.

[3] Salmo 14.2.

[4] Salmo 54.3, RVR; ver Salmo 16.8.

[5] Salmo 10.4.

[6] J. I. Packer: *Concise Theology*, Tyndale House & InterVarsity Press, 1993, pp. 83s.

[7] Lloyd-Jones, t. 2, p. 198. Ver 1 Reyes 8.46; Eclesiastés 7.20.

[8] Cranfield, t. I, pp. 196s.

[9] Käsemann, p. 88s.

[10] Dunn, t. 38A, p. 158. Esta frase aparece también en 3.28; 9.32; Gálatas 2.16; 3.2, 5, 10.

[11] *Ibid.*, pp. 152ss.

[12] Westerholm, p. 119. El profesor Fitzmyer también está en desacuerdo con el 'sentido restringido' del profesor Dunn en relación con la expresión 'obras de la ley' (p. 338).

[13] Moo, p. 216.

[14] Ziesler (1989), p. 105.

[15] Lutero: *Commentary on St Paul's Epistle to the Galatians* (1531; James Clarke, 1953), p. 316.

II. La gracia de Dios en el evangelio

8. La justicia de Dios revelada e ilustrada

[1] 2 Corintios 6.2.

[2] Cranfield, t. I, p. 199.

[3] Morris (1988), p. 173.

[4] Ver Juan 12.43.

[5] Ver 1 Corintios 11.7.

[6] Moule (1894), p. 97.

[7] Sanday y Headlam, p. 36.

[8] Jeremias, p. 66.

[9] Marcus Loane: *This surpassing excellence: Textual studies in the Epistles to the churches of Galatia and Philippi*, Angus y Robertson, 1969, p. 94.

[10] Hodge, p. 82.

[11] Ver el Concilio de Trento, sesión VI, y sus decretos sobre el pecado original y la justificación.

[12] Calvino, p. 8.

[13] *Ibid.*, p. 121.

[14] Küng, p. 204.

[15] *Ibid.*, p. 210.

[16] Ver mi sección sobre la 'justificación' en *The Cross of Christ*, InterVarsity Press, 1986, pp. 182ss; en castellano *La cruz de Cristo*, Certeza Unida, 1996, pp. 210–214.

[17] Barrett, pp. 75s.

[18] Hebreos 10.7.

[19] Moule (1894), p. 92.

[20] Deuteronomio 25.1.

[21] Proverbios 17.15.

[22] Isaías 5.23.

[23] Éxodo 23.7.

[24] Por ej. Levítico 25.47ss.

[25] Éxodo 15.13.

[26] Isaías 43.1.

[27] Marcos 10.45.

[28] Moule (1894), p. 92.

[29] Hebreos 9.5.

[30] Ver Éxodo 25.22.

[31] Hodge, p. 93.

[32] Godet, p. 151.

[33] Cranfield, t. I, p. 215. Nygren usa una

expresión similar en p. 156.

34 Dodd, p. 54.

35 1 Juan 4.10.

36 Por ej. Levítico 17.11.

37 Cranfield, t. I, p. 217; ver t. II, p. 828.

38 Cranfield, t. II, p. 827.

39 Hechos 14.16; 17.30.

40 Lutero: *Commentary on St Paul's Epistle to the Galatians* (1531; James Clarke, 1953), p. 100; ver *Comentarios de Martín Lutero, vol. 2: Gálatas* (Terrassa, Barcelona, CLIE).

41 Tomado de 'Definition of Justification' ('La definición de la justificación') de Hooker, que es el capítulo XXXIII de su *Ecclesiastical Polity* (1593).

42 Emil Brunner: *The Mediator*, 1927; Westminster, 1947, pp. 291ss.

43 Filipenses 3.3ss.

44 Efesios 2.9.

45 Por ej. Apocalipsis 7.10.

46 1 Corintios 1.31; Gálatas 6.14.

47 Génesis 12.2s.

48 N. T. Wright: *New tasks for a Renewed Church*, Hodder & Stoughton, 1992, p. 168.

49 Ver Gálatas 3.21ss.

50 Mateo 1.1.

51 Dodd, pp. 64, 71.

52 Gálatas 3.8.

53 Isaías 51.1s.

54 Por ej. Génesis 12.1ss; 15.1ss; 17.1ss.

55 2 Crónicas 20.7; Isaías 41.8; Santiago 2.23.

56 *Jubileos* 23.10.

57 Génesis 22.15ss; 26.2ss.

58 *1 Macabeos* 2.52 (DHH con deuterocanónicos). Para otras citas rabínicas ver Cranfield, t. I, p. 229.

59 Santiago 2.21ss.

60 Santiago 2.18.

61 Santiago 2.17, 21.

62 Génesis 11.27ss; 12.1ss.

63 Génesis 13.14s.

64 Génesis 14.16; 15.5.

65 Génesis 15.6; Romanos 4.3.

66 Génesis 17.1, 17.

67 Génesis 17.1ss.

68 Génesis 22.1ss.

69 Esta es la paráfrasis que ofrecen Sanday y Headlam (p. 98), aunque rechazan esta interpretación.

70 Filemón 18.

71 Cranfield, t. I, p. 231.

72 2 Corintios 5.19, 21.

73 Ver 2 Samuel 19.19; Hechos 7.60; 2 Timoteo 4.16.

74 Hodge, p. 115.

75 *Ibid.*, p. 107.

76 *Ibid.*, p. 110.

77 Romanos 13.14; ver Gálatas 3.27.

78 2 Corintios 5.21.

79 1 Corintios 1.30; ver Jeremías 23.6.

80 Filipenses 3.9.

81 Génesis 17.11.

82 Hodge, p. 125.

83 Nygren, p. 175.

84 Génesis 13.12, 14, 17.

85 Por ej. Génesis 12.3; 18.18; 22.18.

86 *Eclesiástico* 44.21 (BJ). Ver también *Jubileos* 17.3; 22.14.

87 Gálatas 3.16; ver Juan 8.56.

88 Por ej. Salmo 2.8; Isaías 9.7.

89 Mateo 5.5.

90 1 Corintios 3.21s.

91 Gálatas 3.18.

92 Ver Gálatas 3.12.

93 Del prefacio de la colección de sus ensayos publicados bajo el título *Why I am not a Christian*, ed. por Paul Edwards, George Allen & Unwin, 1957, p. XII.

94 Graham McCann: *Woody Allen, New Yorker*, Polity Press, 1990, pp. 43, 83.

95 Jeremías 32.17.

96 Efesios 1.17ss.

97 Génesis 15.4s.

98 Ver Génesis 17.17 y 18.11.

99 Hebreos 11.17ss.

100 Marcos 11.22.

101 Hebreos 11.11.

102 Ver 1 Corintios 10.11.

103 Hodge, p. 129.

104 Moule (1884), p. 98.

105 Murray, t. I, p. 155.

106 Ver 1 Corintios 15.17. (Ver, además, la nota explicativa al pie en CI [N. del T.].)

107 Charles Wesley.

9. El pueblo de Dios unido en Cristo

1 Sanday y Headlam, p. 118.

2 Cranfield, t. I, p. 258.

3 Sanday y Headlam, p. 118.

4 Metzger (1976), p. 511.

5 Denney, p. 623.

6 Ver Hebreos 10.19ss.

7 Ver 1 Pedro 5.12.

8 Salmo 19.1; Isaías 6.3.

9 Por ej. Juan 1.14; 2.11.

10 Por ej. Juan 12.23s; 17.1ss.

11 Marcos 13.26; ver Tito 2.13.

12 1 Juan 3.2; ver Colosenses 3.4.

13 2 Tesalonicenses 1.10.

14 1 Corintios 11.7; Génesis 1.26s; 9.6; Santiago 3.9.

15 Ver Marcos 13.19, 24; Apocalipsis 7.14.

16 Juan 16.33, *thlipsis* nuevamente.

17 Hechos 14.22, la misma palabra.

18 Sanday y Headlam, p. 125.

19 Joel 2.28s = Hechos 2.17s.

20 Dunn, t. 38A, p. 253.

21 Lloyd-Jones, t. 4, pp. 84s.

22 *Ibid.*, p. 89.

23 1 Pedro 1.8.

24 Juan 3.16; ver 1 Juan 4.10.

25 Gálatas 2.20.

26 Sanday y Headlam, p. 130.

27 Hodge, p. 138.

28 Ver Efesios 5.6; Colosenses 3.6.

29 1 Tesalonicenses 1.10; 5.9.

30 Juan 5.24.

31 Godet, p. 213.

32 2 Corintios 11.3; 1 Timoteo 2.13s; ver *Eclesiástico* 25.24.

33 Murray, t. I, pp. 182s.

34 Barrett, p. 111.

35 2 *Esdras* 4.30 [traducido por nosotros del inglés, N. del T.].

36 2 *Esdras* 7.118 [*idem*].

37 Ziesler (1989), p. 147.

38 Sanday y Headlam, p. 134.

39 Ver las afirmaciones completas por Hodge (pp. 142ss) y por Murray, t. I (pp. 178ss).

40 Morris (1988), p. 233.

41 Murray, t. I, p. 187.

42 Moule (1894), p. 147.

43 Hodge, p. 142.

44 Lloyd-Jones, t. 4, p. 178.

45 Hebreos 7.9s.

46 Josué 7.1, 11.

47 Hechos 4.27.

48 Hebreos 6.6.

49 2 Corintios 5.14ss.

50 Nygren, p. 210.

51 Cranfield, t. I, p. 286.

52 Lloyd-Jones, t. 4, p. 261.

53 Filipenses 2.8.

54 Hodge, pp. 173s.

55 Lloyd-Jones, t. 4, p. 274.

56 Dunn, t. 38A, p. 285.

57 Nygren, pp. 224s.

58 Cranfield, t. II, p. 830.

59 Hebreos 4.16.

60 1 Corintios 15.22.

[61] Cranfield, t. I, p. 271; ver t. II, p. 830.

[62] TDNT, t. VI, pp. 536ss.

[63] Hechos 2.17.

[64] Hechos 19.10.

[65] 1 Corintios 15.22s.

[66] Lightfoot, p. 294.

[67] Lloyd-Jones, t. 4, p. 357.

[68] Morris (1988), p. 237.

[69] Godet, pp. 216, 223.

[70] Bruce, p. 124.

[71] Calvino, pp. 114s.

[72] Hodge, p. 177.

[73] Ver Efesios 3.10.

[74] Hodge, p. 178.

[75] Apocalipsis 7.9.

[76] Ver Colosenses 2.15.

[77] Salmo 110.1 y por ej. Efesios 1.20ss.

[78] Por ej. 12.9; 22.2ss.

[79] Génesis 5.3ss; 1 Crónicas 1.1ss; Lucas 3.38.

[80] Mateo 19.4ss, citando Génesis 1.27.

[81] Hechos 17.26.

[82] Ver 1 Corintios 15.22, 45ss.

[83] De su artículo 'Evolution of Early Humans', en *The Cambridge Encyclopedia of Human Evolution*, ed. Steve Jones, Robert Martin y David Pilbeam, Cambridge University Press, 1992, p. 249.

[84] Génesis 2.15.

[85] Génesis 3.7; ver 21.

[86] Génesis 4.2ss.

[87] Génesis 4.17.

[88] Génesis 4.21.

[89] Génesis 4.22.

[90] Génesis 2.7.

[91] Derek Kidner: *Genesis, Tyndale Old Testament Commentaries*, InterVarsity Press, 1967, p. 29.

[92] Génesis 5.5.

[93] Génesis 1.11ss.

[94] Dodd, p. 81.

[95] Génesis 2.17.

[96] Génesis 3.19.

[97] *Sabiduría* 2.23s [DHH, edición con deuterocanónicos].

[98] Salmo 49.12.

[99] Eclesiastés 3.19.

[100] Génesis 5.24; 2 Reyes 2.11.

[101] 1 Corintios 15.51s.

[102] Marcos 9.2ss, 9.

[103] Judas 4.

[104] Vaughan, pp. 117, 123.

[105] Lidon, pp. 108s.

[106] Sanday y Headlam, p. 155.

[107] Génesis 2.17.

[108] Apocalipsis 21–22.

[109] Por ej. Hebreos 7.27; 9.12, 26, 28; 10.10; 1 Pedro 3.18.

[110] 2 Corintios 5.14.

[111] Otros comentaristas sostienen que por su encarnación Cristo se identificó tan completamente con la era antigua que el pecado tuvo autoridad sobre él, aunque él nunca se sometió al pecado; y que por su muerte logró liberarse de su dominio (por ej. Moo, pp. 396s). De forma semejante, Martyn Lloyd-Jones insiste en que Cristo 'murió a la esfera y al dominio y al reinado del pecado' (t. 5, pp. 103, 121); y que estamos 'muertos al pecado' en el sentido de que 'ya no estamos bajo su dominio', por estar 'fuera del territorio y la jurisdicción del pecado' (p. 290). Esto no parecería ser, sin embargo, el modo más natural de explicar el vínculo entre el pecado y la muerte en la expresión 'muerto al pecado'. De hecho el pueblo cristiano no parecería encontrarse totalmente más allá del reinado del pecado, por cuanto todavía se hace necesario advertirnos que no dejemos que reine sobre nosotros (12).

[112] Haldane, pp. 239ss.

[113] Mateo 3.11.

114 Por ej. Juan 1.33; Hechos 1.5.

115 Por ej. Hechos 2.38, 'Arrepiéntase y bautícese ….'

116 Mateo 28.19.

117 Hechos 8.16; 19.5; contrastar 1 Corintios 1.13, 'en el nombre de Pablo'.

118 Gálatas 3.27; Romanos 6.3.

119 1 Corintios 10.2.

120 Hechos 22.16.

121 Gálatas 3.27.

122 1 Pedro 3.21.

123 Dunn, t. 38A, p. 314.

124 Ver Efesios 1.19ss.

125 Barrett, pp. 119, 123.

126 Cranfield, t. I, p. 308.

127 Sanday y Headlam, pp. 162s.

128 Vaughan, p. 118.

129 Barrett, pp. 120, 124.

130 Murray, t. I, p. 220.

131 Lucas 9.23.

132 Apocalipsis 1.18.

133 Nygren, p. 263.

134 Cranfield, t. I, pp. 316s.

135 Ver Romanos 13.12; 2 Corintios 6.7; 10.4 [Ver 'armas' en nota al pie en BA, N. del T.].

136 Dunn, t. 38A, p. 338.

137 Gálatas 3.10.

138 Cranfield, t. I, p. 320.

139 Ziesler (1989), p. 167.

140 Juan 8.34.

141 Mateo 6.24.

142 2 Timoteo 1.13.

143 Por ej. 1 Corintios 15.3s.

144 Por ej. 1 Tesalonicenses 4.1ss.

145 Sobre 'creer' la verdad, ver 2 Tesalonicenses 2.12s; 1 Timoteo 4.3; sobre 'conocerla' o 'reconocerla', ver Juan 8.32; 1 Timoteo 2.4; 2 Timoteo 2.25 y Tito 1.11; y sobre 'obedecer' la verdad, ver Romanos 2.8; Gálatas 5.7 y 1 Pedro 1.22.

146 Barrett, p. 132.

147 Colosenses 1.13.

148 Mateo 11.29s.

149 Por ej. Apocalipsis 20.14; 21.8.

150 Ziesler (1989), p. 171.

151 Mateo 7.13.

152 Génesis 3.1.

153 Cranfield, t. I, p. 326.

10. La ley de Dios y el discipulado cristiano

1 Romanos 10.5, citando Levítico 18.5.

2 Gálatas 3.10s; 21s.

3 Salmos 19.10.

4 Morris (1988), p. 271.

5 Ver Gálatas 2.19; 3.10, 13.

6 Cranfield, t. I, p. 336.

7 Dodd, pp. 100, 103.

8 Barrett, p. 137.

9 Godet, p. 267.

10 Lloyd-Jones, t. 6, pp. 51ss.

11 *Ibid.*, p. 64.

12 *Ibid.*, p. 66.

13 *Ibid.*, p. 66.

14 Denney, p. 638; Cranfield, t. I, p. 337.

15 Dunn, t. 38A, p. 363.

16 Génesis 1.28.

17 Ver Romanos 2.29; 2 Corintios 3.6.

18 Bruce, p. 139.

19 Filipenses 3.5.

20 Filipenses 3.6; ver Romanos 2.17ss.

21 Murray, t. I, p. 251.

22 Lloyd-Jones, t. 6, p. 132.

23 Käsemann, p. 196.

24 Dunn, t. 38A, p. 401.

25 Ziesler (1989), p. 182.

26 Génesis 2.17.

27 Barrett, p. 143; ver Dunn, t. 38A, p. 400.

28 Génesis 3.13; ver 2 Corintios 11.3; 1 Timoteo 2.14.

[29] Génesis 3.6.

[30] Génesis 2.17; 3.19.

[31] Moo, p. 453.

[32] *Ibid.*, p. 454.

[33] Éxodo 20.17.

[34] Moo, p. 455.

[35] Efesios 2.1.

[36] Moo, p. 456.

[37] Ziesler (1989), p. 180.

[38] Stendahl, pp. 5, 14.

[39] Filipenses 3.6.

[40] Sanday y Headlam, p. 179.

[41] Colosenses 3.5.

[42] Mateo 5.21ss.

[43] Marcos 10.17ss.

[44] Ziesler (1989), p. 176.

[45] Agustín, Libro II.9, p. 29.

[46] *Ibid.*, II.14, p. 32.

[47] 1 Corintios 15.56.

[48] Barrett, p. 145.

[49] Bruce, p. 142.

[50] *Metamorfosis*, VII. 19ss.

[51] Moo, pp. 474ss.

[52] *Ibid.*, p. 474.

[53] Cranfield, t. I, pp. 340ss.

[54] *Ibid.*, p. 341.

[55] Lloyd-Jones, t. 6, p. 229.

[56] *Ibid.*, p. 229.

[57] *Ibid.*, pp. 255s.

[58] *Ibid.*, p. 262.

[59] *Ibid.*, pp. 261, 357ss.

[60] Dunn, t. 38A, p. 396.

[61] *Ibid.*, p. 404.

[62] *Ibid.*, p. 408.

[63] *Ibid.*, p. 435.

[64] *Ibid.*, p. 410.

[65] Gálatas 5.16s.

[66] Calvino, p. 149.

[67] Salmo 1.1s.

[68] Salmo 19.8.

[69] Salmo 119.47.

[70] Salmo 119.97.

[71] Ezequiel 36.27.

[72] Juan 14.17.

[73] Por ej. Mateo 18.25.

[74] Génesis 9.6; Santiago 3.9.

[75] Por ej. Mateo 5.46s; 7.11.

[76] Sanday y Headlam, p. 183.

[77] Ver la nota de Moffat sobre el versículo 25, al pie de página, y el comentario de Dodd en las pp. 114s. de que Moffatt 'seguramente tiene razón'.

[78] Käsemann, pp. 211s.

11. El Espíritu de Dios en los hijos de Dios

[1] Hodge, p. 247.

[2] Lloyd-Jones, t. 7, p. 264.

[3] Dunn, t. 38A, pp. 414ss.

[4] Por ej. Hodge, pp. 250s, Moule (1894), p. 210, Lloyd-Jones, t. 7, p. 290.

[5] 2 Corintios 3.8.

[6] Ver Gálatas 4.4, 6.

[7] Por ej. 1 Juan 4.2; 2 Juan 7.

[8] Por ej. 2 Corintios 5.21; Hebreos 4.15; 7.26.

[9] Wright, pp. 220ss.

[10] 2 Corintios 5.21.

[11] Por ej. Marcos 14.64: 'Todos ellos lo condenaron como digno de muerte.' TDNT, t. III, pp. 951ss.

[12] *Ibid.*

[13] Cranfield, t. I, p. 373.

[14] Hodge, pp. 254s.

[15] Mateo 5.17.

[16] Ver Gálatas 5.14.

[17] Räisänen, p. 11.

[18] *Ibid.*, p. 69.

[19] *Ibid.*, p. 264.

[20] *Ibid.*, p. 265.

[21] Ezequiel 36.26s; Jeremías 31.33; ver 2 Corintios 3.3.

[22] Cranfield, t. I, p. 372. Ver la descripción favorita de Lutero sobre

la naturaleza humana caída como 'profundamente vuelta sobre sí misma' (por ej. Lutero, 1515, pp. 291, 313, 513).

23 Ziesler (1987), p. 195.

24 Murray, t. I, p. 285.

25 Salmo 63.1.

26 Salmo 42.1.

27 1 Tesalonicenses 4.1 (DHH).

28 Sanday y Headlam, p. 196.

29 Juan 14.17.

30 1 Corintios 6.19.

31 Moule (1894), p. 206.

32 Por ej. Juan 14.16s; 21, 23.

33 Käsemann, p. 224.

34 Por ej. 2 Corintios 4.10ss, 16.

35 Lloyd-Jones, t. 7, p. 69.

36 Génesis 3.19.

37 Nygren, p. 323.

38 Moule (1894), p. 215.

39 Ver Deuteronomio 30.15ss; Jeremías 21.8ss.

40 Por ej. Lucas 21.16.

41 Gálatas 5.24.

42 Marcos 8.34.

43 Cranfield, t. I, p. 395.

44 Lloyd-Jones, t. 7, p. 143.

45 Mateo 5.29s.

46 Colosenses 3.1s.

47 Filipenses 4.8.

48 Lucas 9.23.

49 Cranfield, t. I, p. 395.

50 Godet, p. 309.

51 Käsemann, p. 226.

52 Dunn, t. 38A, p. 450.

53 Este mismo verbo se usa cuando se dice que Jesús fue 'llevado' al desierto por el Espíritu después de su bautismo en el Jordán para ser tentado (Lucas 4.1). Es cierto que el pasaje paralelo en Marcos tiene *ekballō* (1.12), que puede significar 'echar fuera, expulsar', literalmente, 'expulsar más o menos por la fuerza'. Pero también puede usarse como 'despachar, enviar', en este caso 'sin la connotación de fuerza' (BAGD). Como además expresa la acción de 'retirar' una astilla del ojo (Mateo 7.4s), el doctor Martin Lloyd-Jones escribe: 'Aquí tenemos un hombre que está por efectuar una muy delicada operación ocular; de modo que si se insiste en que esta palabra siempre significa 'forzar', 'empujar', 'impeler', ¡permítanme expresar la esperanza de que, si alguno tiene un objeto extraño en el ojo, no sea tratado por un oculista o un óptico tan violento!' (t. 7, p. 172).

54 Lloyd-Jones, t. 7, p. 167.

55 Efesios 4.30.

56 Lloyd-Jones, t. 7, p. 174.

57 Hechos 17.28.

58 Por ej. Juan 1.12; Gálatas 3.26; 1 Juan 3.1, 10.

59 Bruce, p. 157; ver Barclay, pp. 106s.

60 Marcos 14.36; ver. Gálatas 4.6.

61 J. Jeremias, *The Prayers of Jesus* (SCM, 1967), pp. 57ss.

62 Mateo 6.9; Lucas 11.2.

63 J. Jeremias en *Expository Times*, t. LXXI, febrero de 1960, p. 144.

64 Gerhard Kittel sobre '*Abba*' en TDNT, t. I, p. 6.

65 Por ej. Dunn, t. 38A, p. 462.

66 Gottlob Schrenk sobre *patēr* etc. en TDNT, t. V, p. 1006.

67 Por ej. Deuteronomio 19.15.

68 Morris (1988), p. 317.

69 Cranfield, t. I, p. 403.

70 1 Juan 3.1s.

71 Ver Gálatas 4.7.

72 1 Pedro 1.4.

73 Murray, t. I, p. 298.

74 Deuteronomio 18.2; 32.9.

75 Salmo 73.25s; ver Lamentaciones 3.24.

76 1 Corintios 15.28.

77 Juan 17.24ss.

78 Lucas 24.26; ver Marcos 8.31.

79 1 Pedro 4.13.

80 Lloyd-Jones, t. 7, pp. 233ss.

81 *Ibid.*, pp. 285ss.

82 *Ibid.*, p. 272.

83 *Ibid.*, p. 272.

84 *Ibid.*, p. 302.

85 *Ibid.*, p. 329.

86 *Ibid.*, p. 356.

87 1 Pedro 5.10.

88 2 Tesalonicenses 1.10.

89 1 Juan 3.2.

90 Cranfield, t. I, p. 408.

91 2 Corintios 4.17. Note el lector que la palabra hebrea para 'gloria' es *kabod*, que significa 'pesadez' o 'peso'.

92 Génesis 3.17ss.

93 Godet, p. 313.

94 Cranfield, t. I, p. 410.

95 Hodge, p. 271.

96 Cranfield, t. I, p. 412.

97 Hodge, p. 271.

98 Salmo 96.11ss; 98.7ss.

99 Génesis 3.17ss; ver. Apocalipsis 22.3: 'Ya no habrá maldición.'

100 Eclesiastés 1.2, RVR.

101 Vaughan, p. 158.

102 Salmo 102.25ss.

103 Isaías 65.17ss; ver 66.22.

104 Isaías 35.1ss; ver 32.15ss.

105 Isaías 11.6ss; ver 65.25.

106 Mateo 19.28, 'la renovación de todas las cosas'.

107 Hechos 3.19, 21.

108 Efesios 1.10; Colosenses 1.20.

109 Apocalipsis 21, 22; ver 2 Pedro 3.13; Hebreos 12.26s.

110 De su ensayo titulado 'Some Observations on Romans 8:19–21' en Robert Banks (ed.), *Reconciliation and Hope*, Eerdmans y Paternoster, 1974, p. 227.

111 Mateo 24.8; Marcos 13.8; ver Juan 16.20ss.

112 Ver 2 Corintios 5.17.

113 Por ej. Gálatas 5.22; 1 Tesalonicenses 1.6.

114 Ver 2 Corintios 1.22; 5.5; Efesios 1.4.

115 2 Corintios 5.2, 4.

116 Ver Efesios 1.7; Colosenses 1.14; Romanos 3.24; 1 Corintios 1.30.

117 Filipenses 3.21; ver 1 Corintios 15.35ss.

118 Ver Efesios 2.8.

119 Ver Hebreos 11.1.

120 Efesios 2.18.

121 Murray, t. I, p. 311.

122 Ver Filipenses 1.19ss; ver Juan 12.27.

123 1 Juan 3.2.

124 Con permiso de Käsemann, pp. 240-242.

125 Hechos 2.4ss; 1 Corintios 14.13ss, 26ss.

126 Ver 1 Samuel 16.7; Salmo 7.9; 139.1ss; Jeremías 17.10; Hechos 15.8; 1 Tesalonicenses 2.4.

127 Ver 1 Juan 5.14.

128 Ver Deuteronomio 29.29.

129 Moo, p. 565.

130 Metzger (1975), p. 518.

131 Nygren, p. 338.

132 Por ej. 1 Corintios 2.9; 8.3; ver Efesios 6.24.

133 Deuteronomio 6.5; Marcos 12.30.

134 Cranfield, t. I, p. 431; ver 1 Juan 4.19.

135 Génesis 50.20.

136 Jeremías 29.11.

137 Hechos 2.23; ver 4.27s.

138 Salmo 1.6; 144.3.

139 Oseas 13.5.

140 Amós 3.2.

141 Ver 1 Pedro 1.2.

142 Murray, t. I, p. 317.

143 *Ibid.*, p. 318.

144 Deuteronomio 7.7s; ver Efesios 1.4s.

145 Efesios 1.5, 9, 11; 3.11.

146 Por ej. Efesios 1.4.

147 1 Corintios 2.7; 2 Timoteo 1.9; ver 1 Pedro 1.20; Apocalipsis 13.8.

148 Vaughan, p. 163.

149 2 Samuel 7.22ss; ver Éxodo 19.3ss; Deuteronomio 7.6; 10.15; 14.2; Salmo 135.4.

150 InterVarsity Press, 1961.

151 *Ibid.*, pp. 12ss.

152 Efesios 1.6, 12, 14.

153 Apocalipsis 5.11ss.

154 Lutero (1515), p. 371.

155 Packer, *op. cit.*, p. 21.

156 Juan 6.44.

157 Juan 5.40.

158 Efesios 1.4; ver 2 Timoteo 1.9.

159 Génesis 12.1ss.

160 Isaías 42.1ss; 49.5ss.

161 Por ej. Hechos 13.47; 26.23.

162 1 Pedro 2.9.

163 2 Corintios 3.18.

164 1 Juan 3.2s.

165 1 Corintios 15.49; Filipenses 3.21.

166 Ver Colosenses 1.18.

167 2 Tesalonicenses 2.13s.

168 1 Tesalonicenses 1.4s.

169 Gálatas 2.17.

170 2 Corintios 5.21.

171 Bruce, p. 168.

172 Denney, p. 652.

173 Ver 1 Corintios 16.9: 'hay muchos en mi contra'.

174 Hebreos 2.14; 1 Corintios 15.26.

175 Ver Efesios 6.12.

176 Dodd, p. 146.

177 Asiria y su capital Nínive (Nahúm 2.13; 3.5); Babilonia (Jeremías 50.31; 51.25); Egipto (Ezequiel 29.3, 10; 30.22); Tiro y Sidón (Ezequiel 26.3; 28.22) y Edom (Ezequiel 35.1ss.).

178 Por ej. Levítico 26.17; Ezequiel 5.8; 14.8; 15.7; 21.3.

179 Por ej. Ezequiel 13.8s, 20; 14.9; 34.10.

180 Génesis 22.16.

181 Cita tomada de John Murray, *No Condemnation in Christ Jesus* (1857), p. 324.

182 Apocalipsis 12.10; ver Zacarías 3.1.

183 1 Juan 3.20s.

184 Gálatas 3.13.

185 Ver 1 Corintios 15.14ss.

186 Por ej. Hebreos 1.3; 10.11ss.

187 Filipenses 2.9ss.

188 Hechos 2.33; 5.31.

189 Salmo 110.1.

190 Por ej. 1 Juan 2.1s.

191 Por ej. Hebreos 7.23ss.

192 Hodge, p. 290.

193 Lloyd-Jones, t. 8, p. 425.

194 Mateo 6.25s.

195 Dunn, t. 38A, p. 512.

196 Ver Salmo 44.22, LXX.

197 Por ej. 2 Corintios 11.23ss.

198 Dunn, t. 38A, p. 504.

199 Por ej. Efesios 6.12; Colosenses 2.15.

200 Por ej. Efesios 1.21ss.

201 1 Pedro 3.22.

202 Barrett, p. 174.

203 Cranfield, t. I, p. 443.

204 Una de las declaraciones y defensas más completas sobre esta doctrina es la que ofrece D. M. Lloyd-Jones en su exposición sobre Romanos 8.17–39 titulada *The Final Perseverance of the Saints*, Banner of Truth, 1975. Los capítulos 16–36 (pp. 195-457) están dedicados específicamente a este gran tema.

III. El plan de Dios para judíos y gentiles

[1.] Wrigt, p.231.

[2.] Loyd-Jones, t.8, pp.367s.

[3.] Stndahl, p.4.

[4.] *Ibid*, p.28.

[5.] Nygren, p.357.

[6.] Por ej. 1.16; 2.9s; 17ss; 3.1ss, 29ss; 4.1ss; 5.20; 6.14s; 7.1ss; 8.2ss.

12. La caída de Israel

[1] Éxodo 32.32.

[2] Denney, p. 657.

[3] Lutero (1515), p. 380.

[4] Éxodo 4.22; ver Oseas 11.1.

[5] Jeremías 31.9.

[6] Éxodo 29.42ss; 40.34ss.

[7] 1 Reyes 8.10s.

[8] 2 Samuel 6.2; ver Levítico 16.2; Hebreos 9.5.

[9] Éxodo 24.8.

[10] 2 Samuel 23.5.

[11] Deuteronomio 4.7s.

[12] Calvino, p. 195.

[13] Por ej. Romanos 14.9; Efesios 1.20ss; Filipenses 2.9ss; Colosenses 1.18s.

[14] Por ej. 2 Corintios 1.3; Efesios 1.3; ver 1 Pedro 1.3.

[15] Por ej. Romanos 10.9, 13; Filipenses 2.9ss.

[16] Gálatas 4.4; 2 Corintios 8.9.

[17] Filipenses 2.6.

[18] Colosenses 2.9.

[19] Cranfield, t. II, p. 840. Ver también Metzger (1973), pp. 95ss.

[20] Génesis 21.12; ver Gálatas 4.23ss.

[21] Génesis 18.10, 14.

[22] Génesis 25.23.

[23] Malaquías 1.2s.

[24] Calvino, p. 202.

[25] Lucas 14.26.

[26] Mateo 10.37.

[27] Génesis 25.29ss.

[28] Génesis 27.1ss.

[29] Juan 13.18; ver 15.16; 17.6.

[30] Salmo 115.1.

[31] Apocalipsis 5.12s; 7.10ss.

[32] Éxodo 33.19.

[33] Éxodo 9.16.

[34] Denney, p. 662.

[35] Por ej. Éxodo 8.10; ver Ezequiel 6.7, 14, etc.

[36] Morris (1988), p. 361.

[37] Por ej. Éxodo 4.42ss; 7.13, 14, 22; 8.15, 19, 32; 9.7, 17, 27, 34s; 10.3, 16; 11.9; 13.15; 14.5.

[38] Por ej. Éxodo 4.21; 7.3; 9.12; 10.1, 20, 27; 11.10; 14.4, 8, 17.

[39] Isaías 6.9s; Mateo 13.13ss; Marcos 4.11s; Juan 12.39s; Hechos 28.25ss.

[40] Jeremías 18.1ss.

[41] Isaías 29.16.

[42] Isaías 45.9.

[43] Dodd, p. 159.

[44] Éxodo 3.5s.

[45] Job 40.4; 42.3, 6.

[46] Job 42.7s.

[47] Job 40.2; ver 1.22; 2.10.

[48] Por ej. Génesis 9.6.

[49] Por ej. Ezequiel 1.28; 2.1s; Deuteronomio 10.7ss.

[50] Bruce, p. 179.

[51] Hodge, p. 319.

[52] 2 Pedro 3.3ss; ver Romanos 2.4.

[53] Oseas 1.6.

[54] Oseas 1.9.

[55] Oseas 2.23.

[56] Oseas 1.10.

[57] Efesios 2.12s, 19.

[58] 1 Pedro 2.10.

[59] Isaías 1.4ss.

[60] Isaías 10.12ss.

[61] Isaías 7.3.

[62] Isaías 10.22s.

[63] Isaías 1.9.

[64] Génesis 22.17; ver 15.5.

[65] Mateo 8.11s.

[66] 2 Timoteo 3.1ss.

[67] 1 Corintios 1.23.

[68] Gálatas 5.11 (RVR).

[69] Gálatas 2.21.

[70] 1 Pedro 2.6, 8.

[71] Salmo 118.22; Marcos 12.10; ver Hechos 4.11; 1 Pedro 2.7.

[72] 1 Corintios 3.11.

[73] Lloyd-Jones, t. 9, p. 285.

[74] *Memoirs of the Life of the Rev. Charles Simeon*, ed. William Carus, Hatchard, 1848, pp. 674s.

[75] Prefacio a *Horae Homileticae* en 21 tomos (1832), p. 5.

13. La falla de Israel

[1] Gálatas 1.14.

[2] Gálatas 1.13; Filipenses 3.6.

[3] Hechos 22.3.

[4] Hechos 26.9ss.

[5] Proverbios 19.2.

[6] Ver Apéndice 511ss.

[7] Dunn, t. 38B, p. 593.

[8] *Ibid.*, pp. 587, 595. Comparar E. P. Sanders (1883): "'su justicia propia' significa 'esa justicia que solamente los judíos tienen el privilegio de obtener', más que 'la autojustificación que consiste en que las personas individuales presenten sus méritos a Dios como exigencia", p. 38.

[9] Dunn, t. 38B, p. 588.

[10] *Ibid.*, p. 598.

[11] Calvino, p. 221.

[12] Isaías 64.6.

[13] Filipenses 3.9.

[14] Morris (1988), p. 380.

[15] Levítico 18.5.

[16] Gálatas 3.10ss.

[17] Murray, t. II, p. 56.

[18] Ver Gálatas 3.28.

[19] Efesios 3.8.

[20] Hechos 2.21.

[21] 1 Corintios 1.2.

[22] Dunn, t. 38B, p. 620.

[23] Ver 2 Corintios 5.20; 13.3.

[24] Ver Gálatas 1.15s.

[25] Por ej. Lucas 6.12s; Gálatas 1.1.

[26] 2 Corintios 8.23.

[27] Por ej. Hechos 13.1ss.

[28] Ver Isaías 52.7.

[29] Ver Isaías 53.1.

[30] Dunn, t. 38B, p. 623.

[31] Colosenses 1.23, 6.

[32] Bruce, p. 194.

[33] Mateo 13.19.

[34] Ver Deuteronomio 32.21.

[35] Oseas 1.9s; 2.23.

[36] Isaías 65.1.

[37] Isaías 65.2.

14. El futuro de Israel

[1] Hodge, p. 353. De hecho, Pablo enfatiza 'su carácter temporal y providencial' (Fitzmyer, p. 608).

[2] Salmo 94.14. Ver también 1 Samuel 12.22.

[3] Lutero (1515), p. 421.

[4] Jeremías 33.19ss.

[5] 1 Reyes 19.10.

[6] 1 Reyes 19.18.

[7] Hechos 21.20.

[8] Barrett, p. 209.

[9] Juan 15.25 = Salmo 69.4.

[10] Ziesler (1989), p. 273.

[11] Hechos 13.46.

[12] Hechos 14.1; 18.6; 19.8s.

[13] Hechos 28.28.

[14] Mateo 8.11s; 21.43.

[15] Hechos 5.17; 13.45; 17.5.

16 Para otras referencias a su ministerio apostólico tan especial a los gentiles ver Hechos 9.15s; 22.21; 26.16ss; Gálatas 1.1, 16; 2.7ss; 1 Timoteo 2.7.

17 Dunn, t. 38B, p. 656.

18 Cranfield, t. II, p. 560.

19 Efesios 2.11ss.

20 Sanday y Headlam, p. 319.

21 Barrett, p. 215. Así también Cranfield, t. II, p. 563, Dunn, pp. 658, 670, y Käsemann, p. 307.

22 Por ej. Efesios 2.1ss; Colosenses 3.1ss.

23 Denney, p. 679.

24 Ezequiel 37.3ss.

25 Moule (1884), p. 193.

26 Murray, t. II, p. 84.

27 Ver Números 15.17ss.

28 Jeremías 11.16; Oseas 14.6.

29 Por ej. Salmo 80.8ss.

30 Sanday y Headlam, p. 328.

31 Dodd, p. 180.

32 Página 19. Este artículo apareció en W. Robertson Nicoll (ed.), *The Expositor*, 6ta. Serie, t. XI, Hodder y Stoughton, 1905, pp. 16ss y 152ss, y posteriormente fue incluido en la obra de Ramsay *Pauline and Other Studies* (1906), pp. 217ss.

33 *Ibid.*, pp. 24, 34.

34 Ziesler (1989), p. 281.

35 Por ej. Hebreos 3.14; 1 Juan 2.19.

36 E. M. Smallwood: *The Jews under Roman Rule from Pompey to Diocletian*, Leiden, 1976, pp. 123s.

37 Sanday y Headlam, p. 330.

38 Colosenses 2.3; 4.3.

39 Efesios 1.9; 3.3ss; Colosenses 1.26s; 3.11.

40 2 Corintios 3.14ss; 4.3s.

41 Ver Marcos 13.10; ver Apocalipsis 7.9ss.

42 Calvino, p. 255.

43 Murray, t. II, p. 96.

44 Bruce, p. 209.

45 Isaías 59.20.

46 Jeremías 31.33s.

47 Stendahl, p. 4.

48 Dunn, t. 38B, p. 683. Ver Sanders (1983), pp. 194ss y p. 205, n. 88, y Ziesler (1989), p. 285. Para una declaración completa y acertada sobre lo correcto de llevar a cabo evangelización entre los judíos, ver: *The Willowbank Declaration on the Christian Gospel and the Jewish People*, World Evangelical Fellowship, 1989.

49 Wright, p. 233.

50 *Ibid.*, p. 249.

51 *Ibid.*, p. 253.

52 *Ibid.*, p. 249.

53 Números 23.19.

54 Cranfield, t. II, p. 587.

55 Gálatas 3.22ss.

56 Apocalipsis 7.9.

57 Cranfield, t. II, p. 587.

58 Bruce, p. 211.

15. La doxología

1 Godet, p. 416.

2 Efesios 2.4; ver 1.7.

3 Efesios 3.8; 3.16. Ver también 2 Corintios 8.9; Filipenses 4.19.

4 Colosenses 2.2s.

5 1 Corintios 1.18ss.

6 Efesios 1.8; 3.10.

7 Para el carácter insondable de la mente y los misterios de Dios ver, por ej., Job 5.9; 11.7; Salmo 139.6; Isaías 40.28.

8 Isaías 40.13.

9 Job 35.7– 41.11.

10 Apocalipsis 1.8; 21.6; 22.13.

16. Un manifiesto sobre la evangelización

1 Isaías 52.7.

[2] Lloyd-Jones, t. 9, p. 33.

[3] Graham W. Hughes: *With Freedom Fired*, Carey Kingsgate, 1955, pp. 10–12.

[4] Por ej. 1 Corintios 1.21.

[5] J. I. Packer: *Evangelism and the Sovereignty of God*, InterVarsity, 1961, p. 106. Ver también R. B. Kuiper: *God-Centred Evangelism*, Banner of Truth, 1961.

IV. La voluntad de Dios para relaciones transformadas

[1] Es útil la forma en que el doctor Michael Thompson distingue entre (a) una 'cita', que Pablo presenta mediante una fórmula explícita para citas, (b) una 'alusión', que es un recordatorio intencional a sus lectores de una tradición que ya conocen, y (c) un 'eco' o 'reminiscencia', que parecería equiparar con la enseñanza de Jesús pero que en la mente de Pablo no se trata de algo que hace conscientemente (Thompson, pp. 29s). El doctor Thompson llega a la conclusión de que en Romanos 12.1–15.13 no hay citas, 'sólo una probable alusión' (es decir, en 12.14b), y 'tres ecos virtualmente seguros', además de varios otros que probablemente lo sean (p. 237). Más aun, el efecto de estos ecos 'favorece decisivamente la conclusión de que las enseñanzas dominicales [o del Señor] influyeron significativamente en Pablo' (p. 238), como lo hizo todavía más el ejemplo de Cristo.

17. Con Dios

[1] Cranfield, t. II, p. 448. Es verdad que 'misericordia' es traducción de *oiktirmos* en 12.1 y *eleos* (su verbo relacionado) en 9.16, 23 y 11.30ss. No obstante, si bien las palabras son diferentes, el sentido es el mismo.

[2] Bruce, p. 213, nota al pie, con cita de Thomas Erskine, *Letters* (1877), p. 16.

[3] Ver Levítico 1.3, 9.

[4] Epicteto: *Discursos* I.16.20s, citado por Cranfield, t. 2, p. 602, y por Dunn, t. 38B, p. 711.

[5] Levítico 18.3; ver 2 Reyes 17.15; Ezequiel 11.12.

[6] Mateo 6.8.

[7] Barclay, p. 157.

[8] Sanday y Headlam, p. 353.

[9] Dunn, t. 38B, p. 712.

[10] Marcos 9.2.

[11] Marcos 9.9.

[12] Barth, pp. 424ss.

[13] Por ej. 1 Corintios 2.14ss; 2 Corintios 5.17; Efesios 4.20ss; Colosenses 3.9s; Tito 3.5.

[14] Efesios 6.17.

[15] Por ej. 1 Tesalonicenses 2.13; 4.1ss; 2 Tesalonicenses 2.15; 3.6.

18. Con nosotros mismos

[1] Filipenses 2.5ss.

[2] Dunn, t. 38B, p. 720.

[3] Ver también 1 Corintios 15.9s; Efesios 3.7s.

[4] Cranfield, t. II, pp. 613ss.

[5] Pedro hace la misma distinción: 'El que habla … el que presta algún servicio …' (1 Pedro 4.11).

[6] Ver Efesios 3.5.

[7] 1 Corintios 13.2.

[8] Apocalipsis 1.3; 22.7, 18s.

[9] 1 Corintios 12.28; ver 14.37; Efesios 4.11.

[10] 1 Corintios 14.29; 1 Tesalonicenses 5.19ss; 1 Juan 4.1.

[11] Por ej. 2 Tesalonicenses 3.6ss.

[12] Hodge, p. 389.

[13] Cranfield, t. II, p. 621.

[14] 1 Corintios 12.6.

[15] Hechos 6.1ss.

[16] Hechos 4.36; 9.26ss.

[17] Calvino, p. 270.

[18] Por ej. 1 Timoteo 3.4s, 12.

[19] Por ej. 1 Tesalonicenses 5.12;
1 Timoteo 5.17.

19. Entre nosotros

[1] Robinson, p. 135.

[2] Murray, t. II, p. 128.

[3] Lucas 22.48.

[4] Dunn, t. 38B, p. 740.

[5] R. A. Knox: *Enthusiasm, A chapter in the History of Religion*, Oxford, 1950, p. 581.

[6] *Ibid.*, p. 9.

[7] Dunn, t. 38B, p. 753.

[8] Hechos 2.42ss.

[9] 1 Timoteo 3.2; Tito 1.8.

[10] Citado de su comentario sobre Romanos por Cranfield, t. II, p. 640, nota al pie 1.

[11] Lucas 6.28a.

[12] Lucas 6.28b; Mateo 5.44.

[13] Lucas 6.27.

[14] Filipenses 2.2.

20. Con nuestros enemigos

[1] Ver 1 Tesalonicenses 5.15; 1 Pedro 3.9.

[2] Por ej. Mateo 5.39ss; Lucas 6.27ss.

[3] Por ej. Proverbios 20.22; 24.29.

[4] Ver Mateo 5.9.

[5] Deuteronomio 32.35.

[6] Mateo 16.27.

[7] Proverbios 25.21s.

[8] Salmo 11.6; 140.10; ver 2 Esdras 16.53.

[9] Haldane, t. 2, p. 574.

[10] Esta es la conclusión de William Klassen en 'Coals of Fire: Sign of Repentance or Revenge?', *New Testament Studies* 9, 1962-63, p. 349, citado, por ej., por Murray (t. II, p. 143), Morris (1988, p. 455) y Dunn (t. 38B, p. 571).

[11] 1 Pedro 2.23; ver Salmo 37.5ss.

[12] Godet, p. 439.

21. Con el estado

[1] Cullmann (1962), p. 196.

[2] Cullmann (1957), p. 63.

[3] Cullmann (1962), pp. 194s.

[4] *Ibid.*, p. 196.

[5] Efesios 6.11s; ver Romanos 8.37ss.

[6] Cranfield, t. II, p. 658.

[7] Murray, t. II, p. 254.

[8] Efesios 1.20ss; 2.4ss; 1 Pedro 3.22.

[9] Marcos 12.17.

[10] Daniel 4.17, 25, 32.

[11] Proverbios 8.15s.

[12] Hechos 18.2.

[13] Suetonio, *Vidas de los Doce Césares* II, Gredos, Madrid 1992, pp. 102-103.

[14] Juan 19.11. El libro de Proverbios contiene varias referencias a la existencia de gobernantes perversos (por ej. 28.3, 12, 15, 16, 28), aun cuando afirma que es por la sabiduría que reinan los reyes (Proverbios 8.15).

[15] Hechos 25.11.

[16] Cullmann, (1957), pp. 55s.

[17] *Ibid.*, p. 57.

[18] Michael Cassidy: *The passing summer, A South African pilgrimage in the politics of love*, Hodder y Stoughton, 1989, pp. 298s.

[19] Hechos 5.29.

[20] Éxodo 1.17.

[21] Daniel 3.

[22] Daniel 6.

[23] Hechos 4.18s.

[24] Charles W. Colson: *Kingdoms in conflict, An insider's challenging view of politics, power and the pulpit*, William Morrow/Zondervan, 1987, p. 251.

[25] Cullmann (1957), p. 86.

[26] Hodge, p. 415.

[27] 1 Pedro 2.14.

[28] Por ej. Hechos 12.2; Apocalipsis 13.10.

[29] Denney, p. 697.

[30] Génesis 9.6.

[31] Génesis 4.13ss.

[32] 1 Pedro 2.23.

[33] Bruce W. Winter: 'The Public Honouring of Christian Benefactors', en *Journal for the Study of the New Testament* 34 (1988), p. 93.

[34] Ver Jeremías 29.7; 1 Timoteo 2.1ss.

22. Con la ley

[1] Ver, por ej., John A. T. Robinson: *Honest to God*, SCM, 1963, pp. 105ss.

[2] Mateo 22.39s; ver Gálatas 5.14.

[3] Cranfield, t. II, p. 677.

23. Con el tiempo actual

[1] Marcos 13.32.

[2] 1 Tesalonicenses 5.1s; ver Hechos 1.6s.

[3] Marcos 13.10.

[4] 2 Tesalonicenses 2.1ss.

[5] Por ej. Hechos 2.17; 1 Corintios 10.11.

[6] Apocalipsis 22.7, 12, 20.

[7] Marcos 13.35s.

[8] Denney, p. 699.

[9] Gálatas 3.27.

[10] Colosenses 3.12.

[11] Ziesler (1989), p. 321.

[12] Ver Gálatas 5.24.

24. Con los débiles

[1] Cranfield, t. II, p. 700; ver 14.2, 22s.

[2] Käsemann, p. 365.

[3] Barrett, p. 256.

[4] Gálatas 1.8s.

[5] Hechos 15.19ss, 27ss.

[6] Por ej. Hechos 16.3; 21.20ss; Gálatas 6.12ss; 1 Corintios 9.20.

[7] Dunn, t. 38B, p. 795.

[8] Daniel 1.3ss.

[9] Dunn, t. 38B, p. 800.

[10] *Ibid.*, p. 805.

[11] *Ibid.*, p. 801.

[12] Griffith Thomas, p. 373.

[13] Filemón 17.

[14] Hechos 28.2.

[15] Juan 14.3.

[16] Moule (1894), p. 374.

[17] Ver Gálatas 4.10; Colosenses 2.16.

[18] Ver 1 Corintios 10.30; 1 Timoteo 4.3ss.

[19] Murray, t. II, p. 175.

[20] Mateo 7.1.

[21] Mateo 7.15.

[22] 1 Timoteo 4.1ss.

[23] Marcos 7.14ss.

[24] Hechos 10.15, 28.

[25] 1 Corintios 8.9ss.

[26] Dunn, t. 38B, p. 821.

[27] Mateo 10.28.

[28] Por ej. Hechos 14.22; 17.7; 19.8; 20.25; 28.23, 31; 1 Corintios 6.10; Efesios 5.5; Colosenses 1.13.

[29] Mateo 6.33.

[30] Barrett, p. 265.

[31] Ver 1 Corintios 8.8.

[32] Levítico 19.18; ver Romanos 13.9.

[33] Por ej. Gálatas 1.10; Colosenses 3.22; 1 Tesalonicenses 2.4.

[34] Cranfield, t. II, p. 732.

[35] Filipenses 2.6ss.

[36] Ver 1 Corintios 10.11.

[37] Mateo 23.23.

[38] Lucas 24.27; ver Juan 5.39.

[39] 2 Timoteo 3.15.

[40] Alec Vidler, *Essays in Liberality* (SCM, 1957), p. 166.

Conclusión

25. Su servicio apostólico

[1] Sanday y Headlam, p. 403.

[2] Por ej. Romanos 6.17; 1 Corintios 15.1ss; Filipenses 3.1; 2 Tesalonicenses 2.15; 1 Timoteo 6.20; 2 Timoteo 1.13s; 3.14; Hebreos 2.1; 2 Pedro 1.12ss; 3.1; 1 Juan 2.21ss; Judas 3.

[3] Ver Gálatas 2.9; Efesios 3.2ss.

[4] Hebreos 10.11.

[5] Hebreos 8.2.

[6] Por ej. 1 Pedro 2.5.

[7] Por ej. Éxodo 29.33ss.

[8] Isaías 66.20.

[9] Hechos 21.27ss.

[10] 1 Corintios 3.9; ver 2 Corintios 6.1.

[11] 2 Corintios 5.20: ver Hechos 15.12; 21.19.

[12] Hechos 1.1.

[13] Ver lo que dice Hechos y, por ej., Hebreos 2.4.

[14] Crisóstomo, p. 543.

[15] Efesios 6.17.

[16] Por ej. 1 Corintios 2.4; 1 Tesalonicenses 1.5.

[17] Hechos 13.1ss.

[18] Lucas 24.47; Hechos 1.8; ver Isaías 2.13.

[19] Hechos 9.26ss.

[20] Hechos 20.1ss.

[21] Cranfield, t. II, p. 762.

[22] 1 Corintios 3.6, 10.

[23] Isaías 52.15.

26. Sus planes de viaje

[1] Ver Tito 3.13; 3 Juan 6s.

[2] Por ej. Hechos 20.38; 21.5.

[3] Por ej. Filipenses 4.14ss.

[4] Hechos 11.27ss.

[5] Hechos 2.44s; 4.32ss.

[6] Dodd, p. 230.

[7] Romanos 15.25ss; 1 Corintios 16.1ss; y especialmente 2 Corintios 8–9.

[8] 2 Corintios 10.16.

[9] Ver 1 Reyes 10.22.

[10] Cranfield, t. II, p. 769.

[11] *1 Clemente* 5.7.

[12] Gálatas 5.22.

[13] Génesis 32.24ss.

[14] Efesios 6.12.

[15] Ver Colosenses 2.1s; 4.12.

[16] Hechos 21.13.

[17] 1 Juan 5.14.

[18] Mateo 6.10.

[19] Lucas 22.42.

[20] Ver Santiago 4.15.

[21] Hechos 24.17.

[22] Hechos 21.30ss; 22.22ss; 23.10.

[23] Hechos 22.25ss.

[24] Hechos 23.12ss.

[25] Hechos 23.11.

[26] Dunn, t. 38B, p. 884.

27. Recomendación y saludos

[1] Crisóstomo, p. 553; Brunner, p. 126. Ver 'The Roman Christians of Romans 16' por Peter Lampe, en Donfried, pp. 216ss.

[2] Dunn, t. 38B, pp. 888s. Esta opinión se basa en el hecho de que en 1 Corintios 6.1 *pragma* (v. 2) se usa en relación con un pleito.

[3] Por ej. Hechos 18.27; 2 Corintios 3.1.

[4] Crisóstomo, p. 550.

[5] *Ibid.*, p. 549.

[6] Por ej. Filipenses 1.1; 1 Timoteo 3.8, 11.

[7] Cranfield, t. II, p. 781.

[8] Hechos 18.1ss, 18, 26; 1 Corintios 16.19.

[9] Filipenses 4.22.

[10] J. B. Lightfoot: *St Paul's Epistle to the Philippians*, Macmillan, 1868; 8va. ed., 1885, p. 177.

[11] Marcos 15.21.

[12] Hechos 18.18, 26; 2 Timoteo 4.19.

[13] 2 Corintios 8.23.

[14] Filipenses 2.25, literalmente 'apóstol de ustedes'.

[15] Hechos 13.1ss; 14.4, 14; ver 1 Tesalonicenses 2.6.

[16] Gálatas 3.28.

[17] Ver Hechos 12.12; 1 Corintios 16.19; Colosenses 4.15; Filemón 2.

[18] Apocalipsis 7.9ss.

[19] Ver: *The Pasadena Consultation on the Homogeneous Unit Principle*, Documentos Ocasionales de Lausana, no. 1, 1978.

[20] 1 Corintios 16.20; 2 Corintios 13.12; 1 Tesalonicenses 5.26; 1 Pedro 5.14.

[21] Justino Mártir: *Apología* 1.65.

[22] Tertuliano: *Sobre la oración*, 14.

[23] Hechos 20.4.

28. Advertencias, mensajes y una doxología final

[1] Ver Mateo 10.34ss.

[2] 1 Corintios 1.23.

[3] Para instrucciones similares ver 1 Corintios 5.11; 2 Tesalonicenses 3.6, 14; 2 Timoteo 3.5; Tito 3.10. Se relacionan con asuntos que no son triviales, sino con personas transgresoras inveteradas e impenitentes, que deliberadamente se apartan de la clara verdad apostólica, y que ignoran las repetidas advertencias.

[4] Cranfield, t. II, p. 800.

[5] Sanday y Headlam, p. 431.

[6] Salmo 8.6.

[7] Efesios 1.22; ver Hebreos 2.8s.

[8] Salmo 110.1, y sus muchas aplicaciones a Cristo en el Nuevo Testamento.

[9] Por ej. 1 Corintios 4.17.

[10] Hechos 20.4.

[11] Hechos 13.1.

[12] Hechos 20.5s.

[13] Hechos 17.5ss.

[14] Hechos 20.4.

[15] 1 Corintios 1.14.

[16] Hechos 18.7.

[17] Bruce, p. 266.

[18] Hechos 19.22.

[19] 2 Timoteo 4.20.

[20] Complejas cuestiones textuales rodean el final de Romanos en general y la doxología en particular. Lo que evidencian los manuscritos sugiere que circularon dos ediciones de Romanos, una más larga y otra más corta. Orígenes escribió que Marción, el hereje del siglo II, debido a su hostilidad para con el Antiguo Testamento y el judaísmo, fue responsable de la preparación de la edición más corta que omitía los dos capítulos finales. Otros eruditos sugieren que Pablo mismo autorizó la publicación de dos ediciones, una con y otra sin la larga lista de saludos. La doxología (vv. 25–27) y la gracia (vv. 20, 27) también aparecen en diferentes partes. Los comentarios corrientes proporcionan los detalles. También lo hace el doctor Bruce Metzger en su *Textual Commentary* (pp. 533ss, 540). Pese a las incertidumbres textuales, la autenticidad de Romanos 16 no está en duda, y los temas de la doxología al final de la carta se ensamblan admirablemente con los de su introducción. Para una firme defensa de la autenticidad de Romanos 16 ver Donfried, 'A short note on Romans 16', pp. 44ss, 119s.

[21] Por ej. Hechos 14.21s; 15.41; 18.23.

[22] Por ej. Romanos 1.11; 1 Corintios 1.8; 2 Corintios 1.21; Colosenses 2.7; 1 Tesalonicenses 3.2, 13; 2 Tesalonicenses 2.17; 3.7.

[23] Colosenses 2.2.

[24] Colosenses 1.27.

[25] Efesios 3.6ss; 6.19s.

[26] 1 Corintios 2.7ss.

[27] Efesios 1.9s.

[28] Ver Hechos 17.1ss.

[29] Colosenses 2.3; ver 1 Corintios 1.30.

[30] 1 Corintios 1.24.

[31] 1 Corintios 1.21.

[32] Efesios 3.10.

[33] Efesios 1.8ss.

[34] Apocalipsis 7.12.

Apéndice
Nuevos desafíos para antiguas tradiciones

1 Calvino, p. 5.

2 Publicado primeramente en 1976.

3 *Ibid.*, pp. 11ss, 78ss.

4 *Ibid.*, p. 27.

5 *Ibid.*, p. 2.

6 *Ibid.*, pp. 14, 40, 80.

7 Filipenses 3.6.

8 Stendahl, p. 13.

9 *Ibid.*, p. 4; ver p. 28.

10 *Ibid.*, p. 29.

11 *Ibid.*, p. 27.

12 Filipenses 3.6.

13 Juan 16.8ss.

14 Sanders (1977), p. 56.

15 *Ibid.*, p. 59.

16 Stephen Nelly y Tom Wright: *The Interpretation of the New Testament 1861-1986*, Oxford University Press, 2ª ed., 1988, p. 374.

17 Sanders (1977), p. 420.

18 *Ibid.*, p. 474.

19 *Ibid.*, por ej. pp. 453ss, pp. 506ss.

20 *Ibid.*, p. 491.

21 *Ibid.*, pp. 547s.

22 *Ibid.*, p. 549.

23 Sanders (1983). Ver también Sanders (1991).

24 *Ibid.*, p. 30.

25 *Ibid.*, p. 156.

26 Sanders (1977), p. 146.

27 Gálatas 5.4.

28 Sanders (1977), p. 117.

29 *Ibid.*, p. 409.

30 Jacob Neusner y Bruce Chilton: 'Uncleanness', *Bulletin for Biblical Research* 1, 1991, pp. 63ss.

31 Hengel, p. 44.

32 *Ibid.*, p. XI.

33 Sanders (1977), p. 426.

34 Artículo XI.

35 La 'Oración de humilde acceso en el servicio de la santa comunión'.

36 Por ej. 1 Corintios 1.31; 2 Corintios 10.17; Gálatas 6.14.

37 Por ej. 1 Corintios 1.29; 3.21; 4.6s.

38 Ver Efesios 2.9.

39 Filipenses 3.9; Romanos 10.3.

40 Marcos 7.22ss.

41 Lucas 18.9ss; Mateo 20.1ss; Marcos 10.13ss.

42 Sanders (1977), p. 433. Ver Sanders (1983), p. 148.

43 Räisänen, p. 11.

44 *Ibid.*, p. 199.

45 *Ibid.*, p. 69.

46 *Ibid.*, pp. 264s.

47 Jeremías 31.33; Ezequiel 36.27; Romanos 7.6; 8.4; Gálatas 5.14ss.

48 Dunn, t. 38A, pp. LXIIIss.

49 Westerholm, pp. 118ss, 167.

Editoriales de la Comunidad Internacional de Estudiantes Evangélicos (CIEE) apoyan esta publicación de Certeza Unida:

Andamio, Alts Forns 68, Sótano 1, 08038, Barcelona, España.
editorial@publicacionesandamio.com
www.publicacionesandamio.com

Certeza Argentina, Bernardo de Irigoyen 654,
(C1072AAN) Ciudad Autónoma de Buenos Aires, Argentina.
certeza@certezaargentina.com.ar

Lámpara, Calle Almirante Grau Nº 464, San Pedro,
Casilla 8924, La Paz, Bolivia. *coorlamp@entelnet.bo*

A la CIEE la componen los siguientes movimientos nacionales:

Asociación Bíblica Universitaria Argentina (ABUA)

Comunidad Cristiana Universitaria, Bolivia (CCU)

Aliança Bíblica Universitária do Brasil (ABUB)

Grupo Bíblico Universitario de Chile (GBUCH)

Unidad Cristiana Universitaria, Colombia (UCU)

Estudiantes Cristianos Unidos, Costa Rica (ECU)

Grupo de Estudiantes y Profesionales Evangélicos Koinonía, Cuba

Comunidad de Estudiantes Cristianos del Ecuador (CECE)

Movimiento Universitario Cristiano , El Salvador (MUC)

Grupo Evangélico Universitario, Guatemala (GEU)

Comunidad Cristiana Universitaria de Honduras (CCUH)

Compañerismo Estudiantil Asociación Civil, México (COMPA)

Comunidad de Estudiantes Cristianos de Nicaragua (CECNIC)

Comunidad de Estudiantes Cristianos, Panamá (CEC)

Grupo Bíblico Universitario del Paraguay (GBUP)

Asociación de Grupos Evangélicos Universitarios del Perú (AGEUP)

Asociación Bíblica Universitaria de Puerto Rico (ABU)

Asociación Dominicana de Estudiantes Evangélicos (ADEE)

Comunidad Bíblica Universitaria del Uruguay (CBUU)

Movimiento Universitario Evangélico Venezolano (MUEVE)

**Oficina Regional de la CIEE: c/o ABUB, Caixa Postal 2216,
01060-970 São Paulo, SP, Brasil.**
cieeal@cieeal.org | secregional@cieeal.org | www.cieeal.org

El propósito de Dios es crear a través de Jesucristo una nueva humanidad. Un comentario que expone el texto bíblico con fidelidad y lo aplica a la vida contemporánea.